AF293593

Arbeitsschutz in Biotechnologie und Gentechnik

Springer-Verlag Berlin Heidelberg GmbH

S. Adelmann · H. Schulze-Halberg (Hrsg.)

Arbeitsschutz in Biotechnologie und Gentechnik

Mit 100 Abbildungen und 118 Tabellen

Springer

Dr. Siegfried Adelmann
Berufsgenossenschaft Chemie
Bezirksverwaltung Köln
TAD Köln
Stolberger Straße 86
50933 Köln

Dr. Harald Schulze-Halberg
Berufsgenossenschaft Chemie
Fachausschuß Chemie
Kurfürsten-Anlage 62
69115 Heidelberg

Die Deutsche Bibliothek – CIP-Einheitsaufnahme

Arbeitsschutz in Biotechnologie und Gentechnik : mit
118 Tabellen / S. Adelmann ; H. Schulze-Halberg (Hrsg.). – Berlin ;
Heidelberg ; New York : Springer, 1996
   ISBN 978-3-642-64615-7   ISBN 978-3-642-60942-8 (eBook)
   DOI 10.1007/978-3-642-60942-8
NE: Adelmann, Siegfried [Hrsg.]

© Springer-Verlag Berlin Heidelberg 1996
Softcover reprint of the hardcover 1st edition 1996

Produktion: PRODUserv Springer Produktions-Gesellschaft, Berlin
Herstellung: Christiane Messerschmidt, Leipzig
Satz: Fotosatz-Service Köhler OHG, Würzburg
SPIN 10424329   02/3020 – 5 4 3 2 1 0   Gedruckt auf säurefreiem Papier

Autorenverzeichnis

Professor Dr. H. Brunner
Bärenmuhlweg 39, 82362 Weilheim

Dr. D. Claus
Deutsche Sammlung von Mikroorganismen und Zellkulturen GmbH (DSM),
Mascheroder Weg 1b, 38124 Braunschweig

Dr. M. Comer
Am Bodenbach 5, 82393 Iffeldorf

Dr. K. E. J. Dittmar
Gesellschaft für Biotechnologische Forschung mbH (GBF), Mascheroder Weg 1,
38124 Braunschweig

Dr. T. Eckebrecht
Hoechst AG, Werksärztliche Abteilung, Postfach 800320, 65903 Frankfurt

Dr. H.-G. Heidrich
Max-Planck-Institut für Biochemie, 82152 Martinsried

Dipl.-Ing. H. Heine
Hoechst AG, Brüningstr. 50, 65926 Frankfurt

Dr. D. von Hoerschelmann
Schwalbenweg 12, 82407 Wielenbach

Dr. P. Hoffmann
Deutsche Sammlung von Mikroorganismen und Zellkulturen GmbH (DSM),
Mascheroder Weg 1b, 38124 Braunschweig

Dr. K.-D. Jahnke
Deutsche Sammlung von Mikroorganismen und Zellkulturen GmbH (DSM),
Mascheroder Weg 1b, 38124 Braunschweig

Dipl.-Biol. J. Katzek
Birresborner Str. 24, 50935 Köln

Dr. H. A. Klein
Rochusstr. 1, 53123 Bonn

Dr. I. Kruczek
Grußdorfstr. 15, 13507 Berlin

Dr. G. Meyer
IG Chemie-Papier-Keramik (IGCPK), Abt. Arbeitssicherheit, Königsworther Platz 6, 30167 Hannover

Dr. C. Rohde
Deutsche Sammlung von Mikroorganismen und Zellkulturen GmbH (DSM), Mascheroder Weg 1b, 38124 Braunschweig

Dr. J. Schwab
Luegallee 102, 40545 Düsseldorf

Dr. S. Wegel
Hoechst AG, Brüningstr. 50, 65926 Frankfurt

Inhaltsverzeichnis

9   Arbeitsmedizinische Aspekte in der Gentechnologie
T. Eckebrecht   471

10   Biologischer Arbeitsschutz und die Mitgestaltungs-
möglichkeiten der Arbeitnehmer
J. Katzek   480

Vorwort

Bereits vor Einführung verbindlicher Anforderungen durch gesetzliche Regelungen an den Umgang mit biologischen Agenzien im Rahmen biotechnischer Arbeiten und Verfahren hat die Berufsgenossenschaft der chemischen Industrie durch ihren Arbeitskreis „Biotechnologie" im Fachausschuß Chemie zu Beginn des Jahres 1988 eine Unfallverhütungsvorschrift „Biotechnologie" erlassen. Diese Unfallverhütungsvorschrift verpflichtet den Unternehmer, zum Schutz von Leben und Gesundheit der Beschäftigten biologische, technische und organisatorische Schutzmaßnahmen zu treffen, die mindestens den allgemein anerkannten sicherheitstechnischen, arbeitsmedizinischen und hygienischen Regeln entsprechen und sonstige gesicherte arbeitswissenschaftliche Erkenntnisse zu beachten.

Als Durchführungsanweisungen und Erläuterungen, wie die allgemeinen Schutzziele der Unfallverhütungsvorschrift erreicht werden können, wurden zehn Sicherheitsmerkblätter im gleichen Arbeitskreis von Fachleuten verschiedener Fachrichtungen erarbeitet, die detailliert Auskunft über die Ausstattung der Arbeitsbereiche, die Einstufungen der biologischen Agenzien in Risikogruppen und der Arbeiten in Sicherheitsstufen sowie über allgemeine Verhaltensregeln zum sicheren Arbeiten geben. Eine Vielzahl an Sicherheitsinformationen, Erklärungen und praktischer Verhaltensregeln für die Beschäftigten konnte jedoch nicht in die Sicherheitsmerkblätter aufgenommen werden. Dies hätte dem Charakter der kurz und knapp gefaßten Sicherheitsmerkblätter nicht entsprochen.

Mit dem vorliegenden Werk will der Fachausschuß Chemie dazu beitragen, die erforderlichen Kenntnisse und praktischen Erfahrungen für den sicheren Umgang mit biologischen Agenzien in mikrobiologischen Laboratorien und bei ihrer technischen Anwendung so weiterzugeben, wie sie dem augenblicklichen Stand der Wissenschaft und der Technik entsprechen, ohne daß der Leser sich selbst durch die Fülle an Spezialliteratur arbeiten oder in mühevoller Kleinarbeit bisher nicht Veröffentlichtes bei den Experten erfragen muß.

Dennoch wird der Ratsuchende zu jedem Kapitel eine Auswahl an maßgebender Literatur finden oder wie im Kapitel zur Einstufung der gentechnischen Arbeiten eine Auswahl an aufschlußreichen Beispielen, die der Zentralen Kommission für die Biologische Sicherheit, Robert-Koch-Institut, Berlin, zur Prüfung vorgelegen haben und entschieden wurden. Ausführungen zur Reinigung und Desinfektion sind ebenso zu finden, wie die zur persönlichen Schutzausrüstung, Ersten Hilfe u. a.

Die Auswahl der Beiträge erfolgte unter dem Gesichtspunkt, aktuelle Entwicklungen und Erfahrungen der Sicherheit und des Gesundheitsschutzes im Bereich der Biotechnologie in Laboratorien und Betrieben der letzten Jahre in den Vordergrund zu stellen. Sie sind gedacht für die Beschäftigten vor Ort, für Betriebsleiter, Sicherheitsfachkräfte, Betriebsräte und Behördenvertreter als Kompendium und als Hilfe für ihre Entscheidungen zur Auswahl geeigneter Maßnahmen zum sicheren Arbeiten mit biologischen Agenzien.

Allen Beteiligten an der Erarbeitung des Werkes sei herzlich gedankt.

Siegfried Adelmann
Harald Schulze-Halberg

August 1995

Abkürzungsverzeichnis

ABFG	Abfallgesetz
ACTH	Adenocorticotropes Hormon
ADP	Adenosindiphosphat
AIDS	Acquired immune deficiency syndrome
AMG	Arzneimittelgesetz
AML	Akute myeloische Leukämie
AOX	Adsorbierbare organische Halogenide
APC	Adenomatous polyposis coli-gen
ARC	AIDS related complex
ASBV	Avocado sunblotch viroid
ASIG	Arbeitssicherheitsgesetz
ASSV	Apple scar skin viroid
AZ	Aktenzeichen
BAM	Bundesanstalt für Materialforschung und -prüfung
BAT	Biologische Arbeitsstofftoleranzwerte
BBS	Beauftragte für die Biologische Sicherheit
BCG	Bacille-Calmette-Guérin
BG	Berufsgenossenschaft
BGA	Bundesgesundheitsamt bzw. Bundesinstitut für Arzneimittel und Medizinprodukte
BGenTGKostV	Bundeskostenverordnung zum Gentechnikgesetz
BIMSchG	Bundesimmisionsschutzgesetz
BMA	Bundesminister für Arbeit und Sozialordnung
BMFT	Bundesministerium für Forschung und Technologie
BMG	Bundesminister für Gesundheit
BMJFFG	Bundesminister für Jugend, Familien, Frauen und Gesundheit
BPWP	Bauprüfung und Wasserdruckprobe
BSE	Bovine spongiforme Encephalopathie
BSG	Blutsenkungsgeschwindigkeit
BSeuchG	Bundesseuchengesetz
BT-DS	Bundestagsdoppelbeschluß

BVerfG	Bundesverfassungsgericht
BVerwG	Bundesverwaltungsgericht
CDC	Centers of Disease Control
CEN	Comite Europeen de Coordination des Normes
ChemG	Chemikaliengesetz
CMV	Cytomegalievirus
CrNi-Stähle	Chrom-Nickel-Stähle
CSV	Chrysanthemum stunt viroid
Dap	Diaminopimelinsäure
DART	Daily air removal test system
DCC	Deleted in colon-cancer-gen
DEHS	Diethyl-heptyl-sebacetat
DGB	Deutscher Gewerkschaftsbund
DGHM	Deutsche Gesellschaft für Hygiene und Mikrobiologie
DIN	Deutsche Industrie-Norm
DMK	Dimethylmenachinon
DMS	Dehnmeßstreifen
DN	Durchmessernennwerte
DSM	Deutsche Sammlung von Mikroorganismen und Zellkulturen GmbH
DVG	Deutsche Veterinärmedizinische Gesellschaft
DVV	Deutsche Vereinigung zur Bekämpfung von Viruskrankheiten
EMBL	Europäisches Labor für Molekularbiologie
EPDM	Ethylen-Propylen-Dien-Kautschuk
ESchG	Embryonenschutzgesetz
EU	Europäische Union
FCC	Familiar colon-cancer-gen
FDA	Food and Drug Administration
FV	Froschvirus
(Gamma-)GT	Gereinigtes Tuberkulin
GBF	Gesellschaft für Biotechnologische Forschung mbH
GDK	Gasdichte Klappe
GenTAnhV	Gentechnikanhörungsverordnung
GenTAufzV	Gentechnikaufzeichnungsverordnung

GenTG	Gentechnikgesetz
GenTSV	Gentechniksicherheitsverordnung
GenTVfV	Gentechnikverfahrensordnung
GefStoffV	Gefahrstoffverordnung
GGVS (E, See)	Gefahrgutverordnung Straße (Eisenbahn, See)
GILSP	Good industrial large scale practice
GLP	Good laboratory practice
GLRD	Gleitringdichtung
GMP	Good manufacturing practice
GMT	Gute mikrobiologische Technik
GS	Geprüfte Sicherheit
GSG	Gerätesicherheitsgesetz
GVO	Gentechnisch veränderter Organismus
HBV	Hepatitis-B-Virus
HCV	Hepatitis-C-Virus
HDV	Hepatitis-D-Virus
HEPA-Filter	High-efficiency-particulate-active-filter
HHV-6	Humanes Herpesvirus 6
HIV	Human immune deficiency virus
HOSCH-Filter	Hochleistungs-Schwebstoff-Filter
HPflG	Haftpflichtgesetz
HPV	Humanes Papillomavirus
HTLV	Humane T-Zellenleukämieviren
HVBG – BGZ	Hauptverband der gewerblichen Berufsgenossenschaften – Berufsgenossenschaftliche Zentrale für Sicherheit und Gesundheit
IAP	Intracisternale A-Typ-Partikel
IEC	International Electrochemical Commission
IG-CPK	Industriegewerkschaft Chemie-Papier-Keramik
IS	Insertionssequenz
i.p.	Intraperitoneal
i.v.	Intravenös
LAS	Lymphadenopathiesyndrom
LCMV	Lymphochoriomeningitisvirus
LD	Letaldosis
LIS	Level indicating switching
LPS	Lipopolysaccharid
MAK	Maximale Arbeitsplatzkonzentration
MKS	Maul- und Klauenseuche

MoMLV	Moloney-Murine-Leukemia-Virus
MSR-Technik	Messen-Steuern-Regeln-Technik
NIH	National Institute of Health
OECD	Organization for Economic Cooperation and Development
OTUs	Operational taxonomic units
ÖTV	Gewerkschaft Öffentliche Dienste Transport und Verkehr
PAS	Para-Aminosalicylsäure
PCR	Polymerasekettenreaktion
PCR	Pressure controlling recording
PDGF	Plaklet derived growth factor
PE	Pseudomonas-Exotoxin
PEI	Paul-Ehrlich-Institut
PETG	Polyethylentetra-phthalat-glycol
PIC	Pharmaceutical inspection code
ProdHaftG	Produkthaftungsgesetz
PrP^C	„normales" Protein
PrP^{SC}	Prionprotein
PTFE	Polytetrafluorethylen
PVC	Polyvinylchlorid
RAPD	Random amplified polymorphic DNA
RG	Risikogruppe
RL	Richtlinie
RVO	Rechtsverordnung
RZB	Relative zentrifugale Beschleunigung
S-Filter	Hochleistungsschwebstoff
SGPT	Serum-Glutamat-Pyruvat-Transaminase
SIV	Simian immune deficiency virus
StrlSchutzV	Strahlenschutzverordnung
StVG	Straßenverkehrsgesetz
SV	Simian-Virus
TFM	Hostaflon (Produktbezeichnung)
TH	Technische Hochschule

TierschG	Tierschutzgesetz
TRB	Technische Regeln für Druckbehälter
TRC	Temperature recording controlling
TRGS	Technische Regeln für Gefahrstoffe
TRS	Temperature recording switching
TSeuchG	Tierseuchengesetz
TÜV	Technischer Überwachungsverein
UBA	Umweltbundesamt
UHT	Ultrahochtemperatur
UN	United Nations
UPGMA-Method	Unweighted pair group method
UPM	Umdrehungen pro Minute
UV	Ultraviolett
UVC	Kurzwellige Ultraviolett-Strahlung
UVV	Unfallverhütungsvorschrift
VBG	Verwaltungsberufsgenossenschaft
VDE	Verband Deutscher Elektrotechniker
VDI	Verband Deutscher Ingenieure
VHG	Volksgerichtshof
VSG	Variantes Oberflächenglycoprotein
VwVfG	Verwaltungsverfügung
WHG	Wasserhaushaltsgesetz
WHO	World Health Organization
WI	Weight Indicating
WRG	Wärmerückgewinnung
ZKBS	Zentrale Kommission für die Biologische Sicherheit
ZKBSV	Verordnung über die Zentrale Kommission für Biologische Sicherheit
ZNS	Zentralnervensystem

Gesetzliche Vorschriften zum Arbeitsschutz im Gentechnikgesetz und den zugehörigen Verordnungen

H. A. Klein

1.1
Einleitung

Ziel des Gentechnikgesetzes (GenTG) ist es, durch Kontrolle der Gentechnik den Schutz von Leben und Gesundheit des Menschen sowie der Umwelt zu gewährleisten und einen gesetzlichen Rahmen für die Nutzung der Gentechnik zu schaffen. Zum besseren Verständnis des GenTG werden nähere Erläuterungen zur Entstehungsgeschichte, zum Aufbau und zum Inhalt gegeben. Da Beschäftigte, sei es als Forscher im Labor oder als Facharbeiter im Produktionsbetrieb, häufig als erste und am intensivsten den Gefährdungen durch biologische Organismen ausgesetzt sein können, wird die Gentechnik-Sicherheitsverordnung (GenTSV) als wichtigste Regelung zum Arbeitsschutz näher beschrieben.

1.2
Überblick

Im Geltungsbereich des GenTG kann der Arbeitsschutz durch Ausfüllen der einschlägigen Ermächtigungsnormen, insbesondere in den §§7 und 30, in umfassender Weise geregelt werden. Das GenTG unterscheidet sich somit schon von seinem Ansatz her vom Bundesimmissionsschutzgesetz (BImSchG), das bis 1990 die wichtigste Rechtsvorschrift für die Genehmigung gewerblicher gentechnischer Anlagen darstellte, aber keine konkretisierenden Bestimmungen zum Arbeitsschutz enthält. Die Ermächtigungsnormen des GenTG sind ihrem Aufbau und Inhalt nach vergleichbar der Arbeitsschutznorm in §19 Chemikaliengesetz (ChemG). Ebenso wie hier finden sich aber auch im GenTG zusätzliche wichtige Bestimmungen zum Arbeitsschutz an weiteren Stellen des Gesetzes, wobei die entsprechenden Regelungen auch andere Schutzziele, wie Umweltschutz und allgemeinen Gesundheitsschutz, mit abdecken.

Bei der Erarbeitung der Durchführungsverordnungen zum GenTG einigten sich deshalb der federführende Bundesminister für Jugend, Familien, Frauen und Gesundheit (BMJFFG), heute Bundesminister für Gesundheit (BMG) und Bundesminister für Arbeit und Sozialordnung (BMA) im Vorfeld darauf, eine übergreifende Schutzverordnung für Arbeiten in gentechnischen Anlagen gemeinsam zu erstellen. Das Ergebnis dieses Bemühens ist die GenTSV, die deshalb in einem eigenen Abschnitt näher erläutert wird.

Belange des Arbeitsschutzes werden auch in den anderen Verordnungen zum GenTG angesprochen. Im einzelnen handelt es sich um die

- Gentechnik-Verfahrensverordnung (GenTVfV): Sie bestimmt die Form und den Inhalt der Unterlagen, die den Anträgen auf Genehmigung oder Anmeldung beizufügen sind. Die Aufsichtsbehörden (Gewerbeaufsicht, Technischer Aufsichtsdienst der Berufsgenossenschaften) können anhand der gemachten Angaben die vorgesehenen Arbeitsschutzmaßnahmen auf Richtigkeit und Vollständigkeit prüfen.
- Gentechnik-Anhörungsverordnung (GenTAnhV): zusätzlich zur Unterrichtung durch den Betriebs- oder Personalrat haben einzelne Arbeitnehmer die Möglichkeit, sich über die Risiken des beabsichtigten Vorhabens zu informieren und die vorgesehenen Sicherheitsmaßnahmen kritisch nachzufragen.
- Verordnung über die Zentrale Kommission für die Biologische Sicherheit (ZKBSV): Belange des Arbeitsschutzes werden insbesondere wahrgenommen durch Fachleute für die Bereiche „Sicherheitstechnik" und „Arbeitsschutz".
- Gentechnik-Aufzeichnungsverordnung (GenTAufzV): Anhand der vorgeschriebenen Aufzeichnungen lassen sich zum einen die Überwachung durch Aufsichtsdienste effektiver gestalten, zum anderen entschädigungsrelevante Kausalitätsbeziehungen bei Unfällen und Störfällen leichter aufstellen.

Im folgenden werden nähere Erläuterungen zur Entstehungsgeschichte, zum Aufbau und zum Inhalt des GenTG gegeben, um das Verständnis dieser Basisvorschrift zu erleichtern. Weiterhin wird die GenTSV als wichtigste Ausführungsverordnung zum Arbeitsschutz näher erläutert.

1.3
Gentechnikgesetz

1.3.1
Entwicklung des Gentechnikgesetzes

Das Gesetz zur Regelung von Fragen der Gentechnik (GenTG) wurde nach etwa halbjähriger Beratung im Bundestag und nach teilweise sehr kontroverser Diskussion im Bundesrat am 20. Juni 1990 von der Bundesregierung erlassen (BGBl.I S. 1080). Vorausgegangen war der umfangreiche Enquetebericht des Bundestages „Chancen und Risiken der Gentechnologie" vom 19. Januar 1987 (BT-Ds.10/6775), dem der Gesetzentwurf mit deutlicher zeitlicher Verzögerung, unter teilweiser Übernahme wichtiger Empfehlungen, folgte.

Inhaltlich stark beeinflußt wurden die Beratungen am Gesetzentwurf durch die beiden EU-Richtlinien über die „Anwendung gentechnisch veränderter Mikroorganismen in geschlossenen Systemen" (RL 90/219/EWG, „Systemrichtlinie") und die „Absichtliche Freisetzung genetisch veränderter Organismen in die Umwelt" (RL 90/220/EWG, „Freisetzungsrichtlinie"), die parallel zu den Bundestagsberatungen im EU-Ministerrat intensiv diskutiert und schließlich am 23. April 1990 von diesem endgültig verabschiedet wurde. Die ebenfalls beratene EU-Richtlinie „Schutz der Arbeitnehmer gegen Gefährdung durch Biologische Arbeitsstoffe" (RL 90/679/EWG, „Arbeitnehmerschutzrichtlinie") konnte nicht berücksichtigt werden, da sie zum einen in ihrem Geltungsbereich weit über die Gentechnik hinausgeht und zum anderen erst Ende Mai 1990 ein gemeinsamer Standpunkt vorlag.

Einen erheblichen inhaltlichen Einfluß bewirkten auch die 254, teilweise widersprüchlichen, Änderungsanträge des Bundesrates, die in Form von Leitsätzen zur Verdeutlichung der Grundsatzposition der Länder dem Bundestag vorgelegt wurden. Dies gilt insbesondere für die Forderungen der Länder nach einer Anlagengenehmigung (ähnlich BImSchG) sowie umfassenden Zuständigkeiten beim Vollzug (s. BR-Ds. 387/1/89).

Stark beschleunigt wurde das Rechtsetzungsverfahren durch eine Entscheidung des Hessischen Verwaltungsgerichtshofs (Beschluß vom 6. November 1989, 8 TH 685/89, NJW 1990 S. 336 f), wonach die bestehenden gesetzlichen Grundlagen (insbesondere das BImSchG) für eine Genehmigung gentechnischer Anlagen nicht ausreichten, sowie durch die Aufforderung des Bundestages an die Bundesregierung, die für den Vollzug wichtigsten Rechtsverordnungen noch vor den abschließenden Beratungen des Gesetzentwurfes vorzulegen.

Bei der allgemeinpolitischen Diskussion stehen sich weiterhin Befürworter und Gegner der Gentechnik gegenüber. Während die eine Seite vielfältige Chancen durch eine neue Technologie sieht (vor allem in den Bereichen Landwirtschaft, Gesundheitsbereich, Abfallbeseitigung, Chemieproduktion), fürchtet die andere Seite neue, unbekannte Risiken und nicht beherrschbare Gefahren. Dabei wird die Gentechnik vielfach mit der Atomtechnik/Kernenergie und den damit verbundenen Gefahren verglichen. Dieser Vergleich trifft wohl in Teilbereichen zu (z. B. Gefahr irreversibler Schädigungen des Einzelnen; Auswirkungen auf die Nachkommenschaft bei Erbgutveränderungen), verkennt aber vom Grundsatz her, daß alles Leben seit Anbeginn genetischen Veränderungen in teilweise erheblichem Ausmaß unterworfen ist, und dies seit langem bewußt in der Tier- und Pflanzenzucht praktisch genutzt wird.

Das Gesetz trägt dem durch die Definition der Sicherheitsstufen in §7 ausdrücklich Rechnung. Gentechnische Arbeiten der Sicherheitsstufe 1 sind dort ausdrücklich als ungefährlich bestimmt (beachte die zum Teil abweichenden Definitionen der Arbeitnehmerschutz RL), während Arbeiten in Sicherheitsstufe 2 lediglich ein geringes Risiko für Mensch und Umwelt beinhalten. Der überwiegende Teil aller gentechnischer Arbeiten findet in diesen Sicherheitsstufen statt, so daß schon von daher der Vergleich mit der Atomtechnik nicht zutrifft. Daneben wird häufig verkannt, daß das GenTG nur einen Teilbereich der Biotechnologie regelt. In den Begriffsbestimmungen des §3, Nr. 3 wird ausdrücklich die Fortpflanzungsmedizin von der Gentechnologie unterschieden. So unterliegen beispielsweise In-vitro-Fertilisation, Embryonenforschung, pränatale Diagnostik oder Züchtung und Schaffung neuer Arten nicht dem GenTG. Diese Teilbereiche der Biotechnologie werden zwar in der Öffentlichkeit häufig mit der Gentechnik in Verbindung gebracht, sind aber tatsächlich, soweit notwendig, durch andere gesetzliche Bestimmungen geregelt. (z. B. Embryonenschutzgesetz (ESchG) vom 13. Dezember 1990, BGBl. I S. 2746).

Änderungen durch die Erste Novelle 1993 (zitiert als GenTG 1993)

Mit dem Änderungsgesetz (ÄnderungsG) sollten der Bundestagsbeschluß vom 12. 11. 1992 umgesetzt, das GenTG dem heutigen Erkenntnisstand im Umgang mit der Gentechnik angepaßt und zugleich Wettbewerbsnachteile der deutschen Forschung und Industrie vermieden werden. Aufgrund der unterschiedlichen Zielsetzungen ergaben sich folgende Schwerpunkte des ÄnderungsG:

- Der Anwendungsbereich, d. h. die unmittelbare Anwendung von gentechnisch veränderten Organismen am Menschen, wird nicht vom GenTG erfaßt (§ 2, Abs. 2).
- Der Begriff des „Inverkehrbringens" wird neu definiert (§ 3, Nr. 8).
- Die Genehmigungs- und Anmeldefristen in den Sicherheitsstufen 1 und 2 werden verkürzt; die obligatorische Einbindung der Zentralen Kommission für Biologische Sicherheit (ZKBS) wird reduziert (§§ 8 – 129).
- Bei der Anmeldung von Anlagen der Stufe 1 wird zwischen den Genehmigungen ein Entscheidungsverbund hergestellt (§ 22, Abs. 2).
- Die Anhörungsverfahren in Stufe 1 werden aufgehoben und in Stufe 2 beschränkt (§ 18, Abs. 1).
- Die Verfahren für die Freisetzung von Organismen werden erleichtert (§ 14, Abs. 4 und § 18, Abs. 2).

1.3.2
Inhaltliche Grundzüge des Gesetzes

Ziel des Gesetzes ist es, einen verbindlichen gesetzlichen Rahmen für die Nutzung der Gentechnik zu schaffen und durch deren umfassende Kontrolle den Schutz von Leben und Gesundheit des Menschen sowie der Umwelt zu gewährleisten. Gentechnik (d. h. Verfahren zur Veränderung genetischen Materials) im Sinne des Gesetzes sind DNS-Rekombinationstechniken und Tätigkeiten mit vergleichbarem Risiko (§ 3, Nr. 3). Durch klare Regelungen und Definitionen soll Rechtssicherheit für den Anwender der Gentechnik geschaffen und damit die weitere Nutzung dieser Technologie gefördert werden. Geregelt werden

- gentechnische Arbeiten im geschlossenen System,
- die bewußte Freisetzung in die Umwelt und
- das Inverkehrbringen gentechnisch veränderter Organismen.

Das Gesetz gilt nicht für die Anwendung gentechnisch veränderter Organismen am Menschen (GenTG 1993).

Der Schutz von Mensch und Umwelt soll vor allem sichergestellt werden durch

- die Verpflichtung des Betreibers zu eigenverantwortlicher Gefahrenabwehr und Risikovorsorge,
- präventive staatliche Kontrolle vor der Inbetriebnahme gentechnischer Anlagen, der Aufnahme gentechnischer Arbeiten im geschlossenen System und der Freisetzung gentechnisch veränderter Organismen,

- nachgehende staatliche Überwachung,
- Haftungsregelungen und obligatorische Deckungsvorsorge sowie general-
  präventive Straf-und Bußgeldsanktionen.

Das in sieben Teile gegliederte Gesetz enthält, ähnlich dem BImSchG, ein Ge-
nehmigungsverfahren für gentechnische Anlagen und damit verbunden eine
Konzentrationswirkung im Hinblick auf andere behördliche Entscheidungen.
Das Stammgesetz löst alle bisher speziell für die Gentechnik geschaffenen Regelungen ab [vgl. die Übergangsbestimmungen in § 41 GenTG insbesondere zum
BImSchG und den Genrichtlinien des Bundesministeriums für Forschung und
Technologie (BMFT)]. Neu, im Vergleich zu vergleichbaren Rechtsvorschriften,
ist die deutliche Differenzierung zwischen gentechnischen Arbeiten zu Forschungszwecken einerseits und zu gewerblichen Arbeiten andererseits, insbesondere im Hinblick auf Anmelde-, Erlaubnis- und Genehmigungsverfahren.

Erwartungsgemäß wird ferner differenziert zwischen gentechnischen Anlagen (Globalgenehmigung), der Freisetzung (Einzelfallentscheidung) und dem
Inverkehrbringen (Einzelfallentscheidung) von Organismen und Produkten, die
diese enthalten. Wie seit längerem im Recht der Technik üblich, werden insbesondere Sicherheits- und Schutzmaßnahmen durch Generalklauseln festgeschrieben, die der weiteren Konkretisierung durch Rechtsverordnung bedürfen.

Die Genehmigungsverfahren selbst sind überwiegend unmittelbar im Gesetz
geregelt. Die zugehörigen Ausführungsverordnungen konnten sich daher auf
Detailregelungen beschränken, was für den Betroffenen die Lesbarkeit der
Rechtstexte allerdings nicht gerade erleichtert.

1.3.3
Vorschriften des Gentechnikgesetzes

1.3.3.1
Allgemeine Vorschriften (1. Teil: §§ 1 – 6)

Ähnlich wie in § 1 Atomgesetz (AtomG) statuiert § 1 GenTG die doppelte Zweck-
setzung des Gesetzes, nämlich einerseits Gefahrenabwehr und Risikovorsorge,
andererseits Schaffung der gesetzlichen Rahmenbedingungen für die Anwendung und Nutzung der Gentechnik. Vorrang hat, ähnlich wie im AtomG,
trotz der wirtschaftlichen Komponente des GenTG 1993, der Schutzzweck und
dort wiederum Mensch und Natur vor den Sachgütern (vgl. BVerwG, DÖV 1972,
S. 758).

Entscheidend für den Geltungsbereich des Gentechnikgesetzes sind die in § 2
enthaltenen Festlegungen des Anwendungsbereiches in Verbindung mit den
Begriffsbestimmungen des § 3, insbesondere Nrn. 2 – 4. Im Unterschied zum
Regierungsentwurf sind die Ausweitungsermächtigungen durch Rechtsverordnung entfallen (beachte aber § 30, Abs. 3). Durch Übernahme der EU-Definition
des „gentechnisch veränderten Organismus" in § 3, Nr. 3 werden zwar herge-
brachte oder als ungefährlich erkannte biotechnische Verfahren ausgenommen,
jedoch bekannte, klassische Verfahren der rDNS-Technik einbezogen. Durch

eine Zuordnung zur Sicherheitsstufe 1 können ggf. Erleichterungen für Forschung und Technik erreicht werden. Entsprechend dem Votum des Bundesrates wird ferner bei der Genehmigung die Errichtung und der Betrieb gentechnischer Anlagen umfassend mitgeregelt (§ 2, Nr. 1, § 8, Abs. 1). Weitere gentechnische Arbeiten müssen eigens getrennt angemeldet oder genehmigt werden, weshalb § 2, Nr. 2 gentechnische Arbeiten als besonderen Anwendungsbereich bezeichnet.

Im übrigen sind die Definitionen von § 3 weitgehend an die EU-Definitionen angepaßt worden. Besonders hinzuweisen ist auf die Definition des geschlossenen Systems in § 3, Nr. 4, das lediglich eine „Begrenzung" der Exposition vorsieht (und keine „Nullexposition"!) sowie die Definitionen der Begriffe „Forschungszweck" (§ 3, Nr. 6), „Freisetzung" (§ 3, Nr. 7) und „Inverkehrbringen" (§ 3, Nr. 8; beachte die Änderung durch GenTG 1993), die in Verbindung mit dem Begriff der „gentechnischen Arbeit" (§ 3, Nr. 2) den Anwendungsbereich des Gentechnikgesetzes als solchen sowie wichtige Bestimmungen, wie z. B. den Geltungsbereich behördlicher Genehmigungsvorbehalte, über § 2 hinaus im einzelnen beschreiben und festlegen. Daneben enthält § 3 noch Definitionen für weitere wesentliche Begriffe des GenTG, wie z. B. den der „Sicherheitsstufen" und der „Sicherheitsmaßnahmen".

Der durch § 4 institutionalisierten „Zentralen Kommission für die Biologische Sicherheit" kommt bei der Beurteilung von Fragen der sicherheitstechnischen Einstufung gentechnischer Arbeiten eine zentrale Rolle zu. Es ist nach bisheriger praktischer Erfahrung davon auszugehen, daß die abschließend entscheidenden Genehmigungsbehörden sich bei ihrem Urteil weitgehend auf den Sachverstand der ZKBS abstützen werden. Die Zusammensetzung der ZKBS berücksichtigt sowohl die Notwendigkeit eines überwiegend fachlich-wissenschaftlich tätigen Beratergremiums (zehn wissenschaftliche Mitglieder) als auch die Sicherstellung einer gesellschaftlichen Akzeptanz der Gentechnologie durch Sachkundige aus Interessengruppen (fünf Mitglieder).

Der Verzicht auf eine reine Wissenschaflterkommission folgt der sonst in technischen Rechtsvorschriften üblichen Zusammensetzung beratender Ausschüsse (vgl. z. B. Gefahrstoffausschuß nach GefStoffV, Ausschüsse für Anlagensicherheit nach § 11 Gerätesicherheitsgesetz (GSG) und § 31a BImSchG) und behält grundsätzlich die Struktur der bisherigen ZKBS bei. Die Aufgaben der Kommission nennt § 5, der auch eine Information der Öffentlichkeit durch jährliche Berichte vorsieht. Einzelheiten der Arbeitsweise der ZKBS regelt die Verordnung über die Zentrale Kommission für Biologische Sicherheit (ZKBSV).

Der gegenüber dem Regierungsentwurf neu gestaltete § 6 enthält eine generalklauselartige Vorschrift zur Gefahrenvorsorge sowie zu allgemeinen Sorgfalts- und Aufzeichnungspflichten. Er normiert die bei allen gentechnischen Vorhaben bestehende Verpflichtung des Betreibers, sich über die im Zusammenhang mit der Durchführung des Vorhabens möglichen Risiken und Gefährdung zu informieren und diese vor Beginn der Vorhaben hinsichtlich ihrer Risiken umfassend zu bewerten. Dabei hat er, sofern bekannt, nicht nur die Eigenschaft des gentechnisch veränderten Organismus zugrunde zu legen, sondern auch die Eigenschaften von Spender, übertragener gentechnischer

Sequenz, Vektor und Empfänger. Die Risikobewertung bildet im folgenden auch die Grundlage für die Zuordnung zu den Sicherheitsstufen bei gentechnischen Arbeiten. Konsequenzen aus der Risikobewertung sind, unter Beachtung des Vorsorgegrundsatzes und nach dem Stand von Wissenschaft und Technik, zu treffen zum Schutz des menschlichen Lebens, der Umwelt und der Sachgüter. Dies gilt auch für Betriebseinstellungen (GenTG 1993).

Zur Gewährleistung einer umfassenden und effektiven Überwachung sämtlicher gentechnischer Arbeiten und von Freisetzungen (GenTG 1993) wird eine generelle Aufzeichnungspflicht eingeführt. Einzelheiten hierzu enthält die GenTAufzV. Die Aufzeichnungspflicht nach § 6, Abs. 3 wird ergänzt durch zahlreiche Anzeigepflichten nach § 21. Der Betreiber ist nach § 4, Abs. 4 verpflichtet, Projektleiter sowie Beauftragte für die Biologische Sicherheit (BBS) zu bestellen. Die Einrichtung von Betriebsbeauftragten ist neuerdings in vielen technischen Vorschriften vorgesehen und soll hauptsächlich eine Verbesserung der innerbetrieblichen Kontrolle, verbunden mit einer Verstärkung der Eigenverantwortung des Betreibers bewirken [vgl. BImSchG, Arbeitssicherheitsgesetz (ASiG), Gefahrgutgesetz (GefahrgutG)]. Die Bestellung von Projektleitern als besondere Aufsichtspersonen mit eigenem Verantwortungsbereich ist demgegenüber weniger üblich und auf Bereiche mit besonderen Anforderungen beschränkt [vergl. z. B. Herstellungsleiter nach Arzneimittelgesetz (AMG)].

Die Anforderungen an den Projektleiter regelt § 30, Abs. 1 (erleichterte Anforderungen im GenTG 1993) und an den Sicherheitsbeauftragten (speziell für die mit der Gentechnik verbundenen Gefahren) § 30, Abs. 2, Nr. 3.

1.3.3.2
Gentechnische Arbeiten in gentechnischen Anlagen (2. Teil: §§ 7–13)

Arbeiten im geschlossenen System in einer Produktions- oder Forschunganlage bilden gegenwärtig und wohl auch in naher Zukunft den Schwerpunkt gentechnischer Arbeiten. Die entsprechenden Regelungen des GenTG hierzu sind sehr detailliert gehalten und bilden den Schwerpunkt des Gesetzes. Gegenüber dem Regierungsentwurf haben sich erhebliche Änderungen bei den parlamentarischen Beratungen ergeben, insbesondere durch Verlagerung des Schwerpunktes der Regelungen von einer tätigkeitsbezogenen („nur gentechnische Arbeiten") auf eine anlagenbezogene Konzeption sowie die Einarbeitung der EU-Richtlinien.

Vorteil der Anlagengenehmigung gegenüber einer tätigkeitsbezogenen Konzeption ist, daß in diesem Verfahren die Vereinbarkeit der Anlage mit sämtlichen öffentlich-rechtlichen Bestimmungen festgestellt werden kann, also die Konzentrationswirkung in einem Verwaltungsverfahren (vgl. BImSchG) erreicht wird, ohne daß, wie bei einer tätigkeitsbezogenen Konzeption, weitere zusätzliche behördliche Verfahren (z. B. nach Baurecht) erforderlich wären. Entscheidender Unterschied zur Freisetzung, die jeweils eine Einzelfallprüfung beinhaltet, ist, daß die Anlagengenehmigung zur Durchführung aller genehmigten gentechnischen Arbeiten berechtigt und lediglich weitere Arbeiten angezeigt oder genehmigt werden müssen.

Die Abfolge der §§ 7–13 trägt dem Verfahrensablauf Rechnung und beginnt deshalb in § 7 entsprechend der bisherigen Praxis der Genrichtlinien mit der Einteilung gentechnischer Arbeiten in vier Sicherheitsstufen. Im Unterschied zum Regierungsentwurf sind die Sicherheitsstufen sehr allgemein definiert und konzentrieren sich auf den Schutz der „menschlichen Gesundheit" und „Umwelt".

Die genaue Beschreibung und die Zuordnung erfolgt durch die GenTSV auf der Basis der in § 7, Abs. 1, Satz 3 vorgegebenen Kriterien, die im Hinblick auf die Risikobewertung übereinstimmen mit den entsprechenden Kriterien zur Gefährdungsabschätzung nach § 6, Abs. 1, Satz 2. Den Sicherheitsstufen werden nach § 7, Abs. 2 GenTG bestimmte Sicherheitsmaßnahmen zugeordnet, ohne daß hierzu konkrete Vorgaben im GenTG enthalten sind. Weitere Schutzmaßnahmen in Form einer detaillierten Verordnungsermächtigung finden sich ferner in § 30. Nähere Angaben hierzu enthält ebenfalls die GenTSV.

§ 8, Abs. 1 bestimmt zunächst, daß gentechnische Arbeiten nur in gentechnischen Anlagen nach § 3, Nr. 4 durchgeführt werden dürfen. Entsprechend der Definition von § 3, Nr. 4 bedeutet dies, daß stets ein geschlossenes System verwendet werden muß. Dabei muß jedoch das Austreten von Organismen nicht in jedem Fall vollständig verhindert, sondern nur auf ein Mindestmaß reduziert werden. Aus der GenTSV geht hervor, daß hermetisch abgeschlossene Systeme im Bereich der Sicherheitsstufen 3 und 4 zwingend erforderlich sind, im Bereich der Sicherheitsstufe 1 und 2 dies jedoch nicht notwendig ist. Allerdings sind in Sicherheitsstufe 2 bereits Maßnahmen zu einer Minimierung der Exposition erforderlich.

§ 8, Abs. 1 bestimmt ferner, daß Errichtung und Betrieb gentechnischer Anlagen grundsätzlich einer Genehmigung bedürfen. § 8, Abs. 3 ermöglicht vorab eine Teilgenehmigung, während § 8, Abs. 4 die Kriterien für eine Änderungsgenehmigung festlegt.

Im weiteren wird deutlich differenziert (§ 8, Abs. 2, § 9, § 10) zwischen

1. – der erstmaligen Durchführung gentechnischer Arbeiten und
   – der Durchführung weiterer Arbeiten, sowie von
2. – Arbeiten zu Forschungszwecken und
   – Arbeiten zu gewerblichen Arbeiten.

Dabei ist zu beachten, daß die Genehmigung einer Anlage auch erstmalige gentechnische Arbeiten umfaßt. Im Unterschied zum Regierungsentwurf ist für alle Genehmigungen und Anmeldungen nicht das Robert-Koch-Institut, sondern nur eine Landesbehörde zuständig. Mit dem GenTG 1993 wurden die bisherigen Anmeldefristen von zwei bzw. drei Monaten gestrichen. Der Anmeldung bedürfen:

A Zu Forschungszwecken:
  – Errichtung und Betrieb gentechnischer Anlagen der Sicherheitsstufe 1,
  – Durchführung weiterer gentechnischer Arbeiten der Sicherheitsstufen 2, 3 oder 4, mit Ausnahme für bestimmte Patentverfahren oder für behördliche Überwachungszwecke

B Zu gewerblichen Zwecken:
- Errichtung und Betrieb gentechnischer Anlagen der Sicherheitsstufe 1,
- Durchführung weiterer gentechnischer Anlagen der Sicherheitsstufe 1.

Der Genehmigung bedürfen:

A Zu Forschungszwecken:
- Errichtung und Betrieb gentechnischer Anlagen der Stufen 2, 3 oder 4: Anlagengenehmigung,
- Gentechnische Arbeiten, die einer höheren Sicherheitsstufe zuzuordnen sind als die nach § 8, Abs. 1 genehmigten oder nach § 9, Abs. 2 angemeldeten: neue Anlagengenehmigung.

B Zu gewerblichen Zwecken:
- Errichtung und Betrieb gentechnischer Anlagen der Stufen 2, 3 oder 4: Anlagengenehmigung,
- Durchführung weiterer gentechnischer Arbeiten der Stufen 2, 3 oder 4: Einzelgenehmigung,
- Gentechnische Arbeiten die einer höheren Sicherheitsstufe zuzuordnen sind, als die nach § 8, Abs. 1 genehmigten oder nach § 8, Abs. 2 angemeldeten: neue Anlagengenehmigung.

Unberührt bleibt im übrigen die generelle Aufzeichnungspflicht nach § 6, Abs. 3 für alle angemeldeten oder genehmigten Arbeiten.

In § 11 werden Einzelheiten zum Genehmigungsverfahren geregelt und zwar für die Anlagengenehmigungen nach § 8, Abs. 1, 3 und 4, in § 11, Abs. 2 und für die Genehmigung weiterer gentechnischer Arbeiten nach § 10, Abs. 2 in § 11, Abs. 4. Die Regelungen sind an die entsprechenden Bestimmungen des BImSchG und des Atomgesetzes angelehnt. Bei Anträgen auf weitere gentechnische Arbeiten macht sich der Vorteil einer Anlagengenehmigung insoweit bemerkbar, als nicht jedesmal die Beschaffenheit und Ausstattung des Labors oder Produktionsbereiches insgesamt neu beurteilt werden muß. Die Überprüfung auf gegebenenfalls notwendige zusätzliche Sicherheitsvorkehrungen reicht dann aus. Entsprechend den EU-Regelungen ist in § 11, Abs. 6 eine Dreimonatsfrist zur Entscheidung vorgesehen, die bei der Sicherheitsstufe 2 auf einen Monat verkürzt wurde (GenTG 1993). Zur Erleichterung des Verfahrens für die Stufe 2 werden von der Zentralen Kommission für Biologische Sicherheit diesbezügliche Stellungnahmen veröffentlicht (§ 6a) und das Genehmigungsverfahren verkürzt (§ 11, Abs. 7, Satz 2 GenTG 1993). Die Mitwirkungsrechte der ZKBS sowie die Beteiligungserfordernis anderer mitwirkender Behörden sind in § 11, Abs. 8 festgelegt.

In § 12 werden Einzelheiten zum Anmeldeverfahren geregelt und zwar sowohl für die Anmeldung einer Anlage nach § 8, Abs. 2 als auch für weitere gentechnische Arbeiten nach § 9, Abs. 1 und § 10, Abs. 1. Die Fristen für eine behördliche Entscheidung von ein bzw. zwei Monaten in § 12, Abs. 7 – 9 wurden mit dem GenTG 1993 deutlich verkürzt und die Anspruchsvoraussetzungen erheblich erleichtert. Bemerkenswert ist die Regelung in § 12, Abs. 7, Satz 2, wonach der

Ablauf der vorgesehenen Frist automatisch als Zustimmung zur Durchführung der angemeldeten Arbeiten gilt.

Die Eingriffsmöglichkeiten der Behörde im Anmeldeverfahren regelt §12, Abs. 10. Danach können die angemeldeten Arbeiten untersagt, von Bedingungen abhängig gemacht, befristet oder mit Auflagen versehen werden.

In §13 werden die Voraussetzungen für die Erteilung einer Anlagengenehmigung (§8, Abs. 1, Satz 2), einer Teilgenehmigung sowie für die Genehmigung weiterer gentechnischer Arbeiten (§10, Abs. 2) zu gewerblichen Zwecken geregelt. Dabei wird im besonderen verlangt, daß

- Betreiber, Betriebsleiter der Anlage, Projektleiter und Beauftragte für die Biologische Sicherheit zuverlässig und die beiden letztgenannten auch hinreichend sachkundig sind,
- vom Betreiber die allgemeinen Sorgfaltspflichten nach §6 und die besonderen Arbeitsschutzpflichten nach §30 erfüllt werden können,
- die Anlage dem Stand von Wissenschaft und Technik entspricht,
- die gesetzlichen Verbote über das Herstellen biologischer Waffen und das Kriegswaffenkontrollgesetz beachtet werden.

Einzelheiten über die Antrags- und Anmeldeunterlagen sowie das Genehmigungs- und Anmeldeverfahren regelt im übrigen die GenTVfV nach §30, Abs. 2, Nr. 15 GenTG.

1.3.3.3
Freisetzen und Inverkehrbringen (3. Teil: §§ 14 – 16)

Freisetzen und Inverkehrbringen gentechnisch veränderter Organismen oder von Produkten, die solche enthalten, bedürfen nach §14 stets der Genehmigung. Die Genehmigung wird vom Robert-Koch-Institut, nicht von einer Landesbehörde, erteilt und ist jeweils eine konkrete Einzelfallgenehmigung. In beiden Punkten bestehen Unterschiede zur Anlagengenehmigung bei gentechnischen Arbeiten. Unter „Freisetzung" wird nach §3, Nr. 7 das gezielte Ausbringen von Organismen verstanden.

Gemeint ist jede experimentelle Freisetzung, nicht aber ein unbewußtes Freisetzen von Produkten, wie z.B. bei Verwendung von gentechnisch verändertem Saatgut durch einen Landwirt. Letzteres wird dadurch geregelt, daß das Produkt im Rahmen des Genehmigungsverfahrens zum Inverkehrbringen im Hinblick auf ein späteres Ausbringen in die Umwelt mitgeprüft wird (vgl. §3, Nr. 8; Definitionsänderung durch GenTG 1993). Diese Genehmigung kann deshalb auf bestimmte Verwendungen beschränkt werden; ferner ist eine erneute Genehmigung erforderlich, falls der bisherige bestimmungsgemäße Verwendungszweck geändert wird.

Eine Genehmigung nach §14 für den Austausch von Organismen zu Forschungszwecken für gentechnische Arbeiten in gentechnischen Anlagen ist nicht erforderlich (vgl. §3, Nr. 8; neu durch GenTG 1993). Eine Ermächtigungsnorm bestimmt (§14, Abs. 4), daß für bestimmte Freisetzungen ein vereinfachtes

Genehmigungsverfahren durch Rechtsverordnung festgelegt werden kann (erheblich erleichtert durch GenTG 1993).

§15 nennt die Antragsunterlagen, die bei Freisetzung und Inverkehrbringen vorzulegen sind. Weitere Einzelheiten hierzu enthält die GenTVfV nach §30, Abs. 2, Nr. 15 GenTG. Besonders bedeutsam ist §16, der festlegt, unter welchen Voraussetzungen eine Genehmigung für Freisetzung und Inverkehrbringen zu erteilen ist. Die Entscheidung durch das Robert-Koch-Institut muß innerhalb von drei Monaten nach Eingang des Antrags erfolgen. Bei der Entscheidung über eine Freisetzung sind weitere Bundesoberbehörden einvernehmlich zu beteiligen und das EU-Beteiligungsverfahren einzuleiten (GenTG 1993). Bei einer Entscheidung über ein Inverkehrbringen sind lediglich Stellungnahmen anderer Behörden einzuholen (GenTG 1993). In beiden Fällen ist die Stellungnahme der ZKBS einzuholen (§16, Abs. 5).

Die Voraussetzungen für die Erteilung einer Genehmigung in §16, Abs. 1 und 2 sind für Freisetzung und Inverkehrbringen unterschiedlich differenziert. In beiden Fällen ist es notwendig, daß nach dem Stand von Wissenschaft unvertretbare Schäden für Menschen und Umwelt nicht zu erwarten sind. Es sind der Schaden und der Nutzen unter gesetzlich vorgegebenen Randbedingungen in ein Verhältnis zu setzen.

Das bedeutet, daß eine Gesamtabwägung der zu erwartenden Wirkungen vorzunehmen ist unter Berücksichtigung möglicher schädlicher Auswirkungen und dem Nutzen des Vorhabens (Beispiel: neue Produkte zur Schädlingsbekämpfung, neue Arzneimittel). Diese Güterabwägung ist naturgemäß zwischen Gegnern und Befürwortern der Gentechnik sehr umstritten.

Durch den Verweis auf den Stand der Wissenschaft und Technik wird jedoch, wie schon bei gentechnischen Arbeiten im geschlossenen System, das höchstmöglich erreichbare Sicherheitsniveau vorgeschrieben. Bei der Freisetzung kommen als weitere Bedingungen hinzu, daß alle erforderlichen Sicherheitsmaßnahmen getroffen werden und Betreiber bzw. Projektleiter entsprechend zuverlässig bzw. sachkundig sind.

Der Begriff „Stand von Wissenschaft und Technik" ist aus §7 AtomG entnommen. Er stellt in der Begriffshierarchie des BVerfG (Kalkar-Entscheidung, NJW 1979 S. 151) ein höheres Sicherheitsniveau dar als der „Stand der Technik" (§19 ChemG, §3 BImSchG mit Definition). Zu beiden Begriffen liegt eine umfangreiche, auch kritische Bewertung in der Fachliteratur vor.

1.3.3.4
Gemeinsame Vorschriften (4. Teil: §§ 17 – 31)

Der vierte Teil des GenTG ist sehr heterogen zusammengesetzt. Geregelt werden insbesondere die Öffentlichkeitsbeteiligung bei der Anlagengenehmigung oder einer Freisetzung, Anzeigen- und Auskunftspflichten des Betreibers, Eingriffs- und Überwachungsbefugnisse der Behörden und besondere Arbeitsschutzbestimmungen.

§17 enthält eine dem ChemG vergleichbare Regelung zum Rückgriff auf Antragsunterlagen Dritter, insbesondere zur Verringerung oder Vermeidung weiterer Tierversuche.

Der durch das GenTG 1993 neu eingeführte §17a regelt die Vertraulichkeit von Geschäfts- und Betriebsgeheimnissen (ähnlich den Regelungen des ChemG).

§18 bestimmt, daß eine Öffentlichkeitsbeteiligung in Form eines Anhörungsverfahrens durchzuführen ist bei

- der Errichtung und dem Betrieb von gentechnischen Anlagen der Sicherheitsstufen 3 und 4 zu gewerblichen Zwecken, jedoch bei Sicherheitsstufe 2 nur, soweit ein Anhörungsverfahren nach §10 BImSchG erforderlich wäre. Bei Änderungsanträgen nach §8, Abs. 4 kann die Anhörung bei gleichbleibender Gefährdung entfallen (GenTG 1993),
- Genehmigungen von Freisetzungen für solche Organismen, deren Ausbreitung nicht begrenzt ist (Festlegung der Kriterien für die Organismen durch Rechtsverordnung). Ausgenommen sind Freisetzungen im vereinfachten Verfahren nach §14, Abs. 4 (GenTG 1993).

Einzelheiten regelt die GenTAnhV.

Vollzug

Die Paragraphen 19, 20, 22, 25, 26 und 31 enthalten nähere Bestimmungen zum Vollzug des Gesetzes durch die Landesbehörden, wie sie in analogen Formen auch im ChemG oder BImSchG enthalten sind. Im einzelnen

- kann die Behörde ihre Entscheidung mit Nebenbestimmungen versehen (§19), nachträglich Auflagen anordnen (§19) oder die einstweilige Einstellung der Tätigkeit anordnen (§20).
- schließt die Anlagengenehmigung andere behördliche Entscheidungen ein (Konzentrationswirkung, §22),
- bestehen umfassende Überwachungsrechte der Behörde verbunden mit Auskunfts- und Duldungspflichten des Betreibers (§25) sowie weitgehende Eingriffsrechte der Behörde in die laufende Tätigkeit (§26).

Dem Bundesimmissionsschutzgesetz nachgebildet sind die Bestimmungen über den Ausschluß privatrechtlicher Abwehransprüche (§23) und das Erlöschen einer Genehmigung (§27). Eine Kostenregelung für Bund und Länder zu Lasten des Betreibers enthält §24; Einzelheiten regelt die Bundeskostenverordnung zum Gentechnikgesetz (BGenTGKostV) vom 9. Oktober 1992.

Die bei der Überwachung anfallenden sicherheitstechnischen Erkenntnisse werden zwischen den Landesbehörden und dem Robert-Koch-Institut ausgetauscht (§28) und von letzterem EDV-mäßig verarbeitet und ausgewertet (§29). Von besonderem Interesse ist die Einrichtung eines automatisierten Abrufverfahrens in §29, Abs. 1a zur Erleichterung des Informationsaustausches für den Vollzug (GenTG 1993).

Besondere Anzeigepflichten für den Betreiber enthält § 21 im Hinblick auf

- Wechsel der Beauftragung des Projektleiters oder des Beauftragen für die Biologische Sicherheit,
- Änderungen sicherheitsrelevanter Einrichtungsgegenstände,
- unerwartete Vorkommnisse mit Verdacht auf Gefährdung von Mensch und Umwelt,
- Ergebnisse eines Freisetzungsversuchs,
- bestimmte Patentverfahren nach § 9, Abs. 1, Satz 2, Nr. 1,
- beabsichtigte Einstellung des Betriebs (GenTG 1993).

Ermächtigungen zu Rechtsverordnungen

Weitere besondere Pflichten für den Betreiber sind nach der Ermächtigungsnorm des § 30, Abs. 2, Nrn. 1–12 zum besonderen Schutz der Beschäftigten möglich. Sie sind weitgehend den Ermächtigungen in § 19, ChemG nachgebildet und werden durch die GenTSV als Verordnung nach § 30, Abs. 2 näher präzisiert. Insbesondere kann bestimmt werden,

- wie Anlagen, Betriebsräume und Labors gebaut und ausgerüstet sein müssen,
- wie Arbeitsverfahren gestaltet und Arbeitsbereiche auf Kontamination überwacht werden müssen,
- wie der Betrieb im einzelnen geregelt werden muß und welche besonderen Aufsichtspersonen bestellt werden können,
- daß Beauftragte für die Biologische Sicherheit zu bestimmen sind und welche Aufgaben sie haben,
- welche Sachkunde Beschäftigte haben müssen und wie sie darüber hinaus zu unterweisen sind,
- welche Maßnahmen für Notfälle und zur Gefahrenabwehr zu treffen sind,
- daß und wie die Beschäftigten gesundheitlich zu überwachen sind,
- daß die Arbeitnehmervertretungen zu unterrichten sind.

Die Ermächtigungsnorm des § 30, Abs. 2, Nr. 13 und 14 enthält Maßnahmen zum Schutz der Beschäftigten und der Umwelt insbesondere bei der Verpackung, Kennzeichnung und Transport von Organismen. Verfehlt plaziert wirken die Bestimmungen über die Anforderung an die Kenntnisse des Projektleiters (§ 30, Abs. 1, vgl. § 7, Abs. 4) und die Verordnungsermächtigung zu Inhalt und Form der Antragsunterlagen nach §§ 11, 12 und 15 (§ 26, Abs. 2, Nr. 15). Aus den EU-Richtlinien übernommen ist die Vorschrift in § 30, Abs. 2, Nr. 16, wonach die Behörde (nicht der Betreiber!) Notfallpläne zu erstellen hat und die Öffentlichkeit entsprechend unterrichten muß. Als Rechtsgrundlage für die Umsetzung der EU-Arbeitnehmerschutzrichtlinie soll § 30, Abs. 3 dienen, der eine Ausdehnung der Arbeitsschutzbestimmungen des GenTG über den Geltungsbereich der §§ 2 und 3 hinaus auf alle biologischen Arbeitsstoffe ermöglicht. Der Erleichterung für den Vollzug dienen die Ermächtigung nach § 30, Abs. 4, die es ermöglicht, auf andere technische Bestimmungen, z. B. in DIN-Normen, zu verweisen und § 30, Abs. 5 zum Erlaß von Verwaltungsvorschriften.

Eine Konzeption für die Umsetzung der ArbeitnehmerschutzRL in nationales Recht liegt noch nicht vor. § 30 GenTG allein reicht als Rechtsgrundlage jedoch nicht aus, so daß weitere arbeitsschutzrechtliche Regelungen heranzuziehen sind (z. B. ChemG, GewO etc.). Im Hinblick auf den sehr großen Geltungsbereich der ArbeitnehmerschutzRL (Landwirtschaft, medizinischer Bereich, Forschungslabors, Produktion, Abfallentsorgung etc.) ist die Erarbeitung einer eigenständigen Arbeitsschutzverordnung („BiostoffV") überaus wünschenswert. Erfahrungsgemäß sind es nämlich die Arbeitnehmer, die vor allen anderen und am intensivsten gefährdet sind, wie zahlreiche Beispiele aus dem artverwandten Gefahrstoffbereich belegen.

Besondere Regelungen für den Bereich der Bio- und Gentechnik sind aber auch dann notwendig, wenn lediglich bestehende Vorschriftenwerke erweitert werden sollen. So wurde beispielsweise die britische „Verordnung über gefährliche Stoffe" kurzerhand auf Mikroorganismen ausgedehnt und spezielle Regelungen für diesen Bereich dort aufgenommen im Unterschied zur deutschen Gefahrstoffverordnung (GefStoffV), die – ohne Detailregelung – nur „Krankheitserreger" zu den Gefahrstoffen zählt (vgl. § 19, Abs. 2 ChemG). Das Verhältnis der vorhandenen oder zukünftigen staatlichen Vorschriften zu berufsgenossenschaftlichen Unfallverhütungsvorschriften richtet sich nach den hergebrachten Rangfolgegrundsätzen sowie nach der weiteren Entwicklung des dualen Arbeitsschutzsystems im Rahmen der bevorstehenden Neugestaltung der deutschen Arbeitsschutzvorschriften.

Für die Ausarbeitung präzisierender technischer Bestimmungen stehen auch die Normungsorganisationen DIN bzw. Comité Européen de Coordination des Normes (CEN) zur Verfügung. Hierbei ist allerdings darauf zu achten, daß klare Vorgaben für die Normungsmandate erfolgen und insbesondere keine Normen in Bereichen festgelegt werden, die primär dem Verordnungsgeber vorbehalten bleiben müssen (z. B. abschließende Klassifizierung von Mikroorganismen).

1.3.3.5
Haftungsvorschriften (5. Teil: §§ 32 – 37)

Das GenTG installiert in § 32 eine Gefährdungshaftung für Schäden, die jemand infolge von Eigenschaften eines Organismus erleidet, soweit diese auf gentechnischen Arbeiten beruhen. Gemeint sind Arbeiten nach § 3, Nr. 2, wobei unerheblich ist, wo der Schaden eintritt oder bei welcher Tätigkeit dies geschieht.

Die Gefährdungshaftung ist in ihrer Formulierung an vergleichbaren Regelungen im Produkthaftungsgesetz (ProdHaftG), Straßenverkehrsgesetz (StVG), AMG oder Haftpflichtgesetz (HPflG) orientiert. Sie soll das Restrisiko abdecken, das verbleibt, wenn es trotz Beachtung aller ordentlichen Sorgfalt zu Schäden kommt. Eine reine Verschuldungshaftung reicht deshalb nicht aus, weil sich das Verhalten gentechnisch veränderter Organismen nach dem heutigen Stand der Wissenschaft nicht mit letzter Sicherheit vorhersagen läßt. Das verbleibende Restrisiko, das der Gesetzgeber nach sorgfältiger Güterabwägung der Umwelt, der Allgemeinheit und den Beschäftigten zumutet, geht zu Lasten des Betreibers.

Im Unterschied zum AtomG wurde, ebenso wie in den vorgenannten Gesetzen, durch den Bundestag mit § 33 eine Haftungshöchstgrenze eingeführt. Der Regierungsentwurf hatte darauf verzichtet, weil neben der „beschränkten" Gefährdungshaftung noch die „unbeschränkte" Verschuldungshaftung bestehen bleibe und vor allem erheblich praktische Verteilungsprobleme bei Gesamtschäden entstehen könnten.

Ebenfalls neu eingeführt wurde durch den Bundestag mit § 24 eine widerlegbare Kausalitätsvermutung zur Erleichterung der Beweislast für die Betroffenen. Der Regierungsentwurf sah davon ab, weil derzeit noch die Erfahrungsbasis fehle, aufgrund dessen sich der Schluß auf einen bestimmten wahrscheinlichen Ursache-Wirkungs-Mechanismus ziehen lasse. Ferner sei davon auszugehen, daß die (konkrete) Frage nach der Schadensursache, d. h. also, ob ein Schaden auf der gentechnischen Veränderung eines Organismus beruhe oder andere Ursachen habe, ohne Sachverständigengutachten ohnehin nicht zu klären sei (Zitat aus Regierungsentwurf BT-Ds. 11/5622).

Der Bundestag vertritt hingegen die Auffassung, daß der Betreiber den betreffenden Organismus hergestellt hat und diese Handlung damit in jedem Fall für den Schaden ursächlich ist. Eine Ursachenvermutung sei deshalb rechtlich vertretbar, zumal die Haftung eines am Schaden Unbeteiligten nicht gegeben sei und der Betreiber die Möglichkeit habe, die Vermutung der gentechnischen Ursache des Schadens zu widerlegen (Zitat aus Beschluß des BT-Ausschuß, BT-Ds 11/6778).

§ 35 billigt den Geschädigten, angesichts der denkbaren Schwierigkeiten bei der Feststellung einer Schadenursache, Auskunftsansprüche gegenüber den potentiellen Schädigern zu. Die Regelungen versuchen, einen ausgewogenen Kompromiß zwischen den Geheimhaltungsbedürfnissen des Betreibers und den Auskunftsansprüchen eines vermutlich Geschädigten zu finden.

Die Bundesregierung wird in § 36 ermächtigt, durch Rechtsverordnungen eine angemessene Deckungsvorsorge zur Sicherung der Schadenersatzverpflichtung nach dem GenTG vorzuschreiben. Ausgenommen von der Versicherungspflicht sind Betreiber gentechnischer Anlagen der Sicherheitsstufe 1 sowie Bund, Länder oder juristische Personen des öffentlichen Rechts (z. B. Universitäten). Abweichend von § 32 bestimmt § 37, Abs. 1, daß für Arzneimittel die Haftung sich nach den Vorschriften des AMG regelt, während § 37, Abs. 2 Einzelheiten einer notwendigen Abgrenzung zum ProdHaftG enthält.

1.3.3.6
Straf- und Bußgeldvorschriften (6. Teil: §§ 38 – 39),
Übergangsbestimmungen (7. Teil: §§ 40 – 42)

Zur Absicherung der wesentlichen Bestimmungen sind Verstöße gegen formelle oder materielle Ge- und Verbote des GenTG und seiner Rechtsverordnung (RechtsV) bußgeld- und strafbewehrt (§§ 38, 39). Übergangsregelungen erfassen die Genehmigungen, die bisher nach dem BImSchG erteilt worden sind, gentechnische Arbeiten aufgrund von Registrierungsbescheiden nach den bisherigen „Richtlinien zum Schutz vor Gefahren durch In-vitro-neukombinierte-

Nukleinsäuren" (Genrichtlinien) und der bis Dezember 1993 geltenden Fassung des GenTG (§ 41).

1.4
Gentechnik-Sicherheitsverordnung

Die Gentechnik-Sicherheitsverordnung (GenTSV) wurde, ebenso wie auch die anderen Ausführungsverordnungen zum GenTG, in sehr kurzer Zeit erarbeitet, da der Bundestag das Gesetz und die wichtigsten Verordnungen dazu möglichst gleichzeitig beraten wollte. Auf diesen Zeitdruck geht auch die Entscheidung zurück, vorläufig keine ergänzenden Verwaltungsvorschriften auszuarbeiten, sondern Detailregelungen in die Anhänge zur GenTSV aufzunehmen. Gewisse Unstimmigkeiten ließen sich dabei nicht vemeiden. Diese wurden mit der Ersten Änderungsverordnung (ÄnderungsV) im Herbst 1994 beseitigt.

Das Verständnis der GenTSV wird erleichtert, wenn man beachtet, daß sie sowohl die Ermächtigungsnormen des § 7 als auch des § 30 GenTG ausfüllt. Sie ist also keine rein technische Arbeitsschutzvorschrift, sondern sie legt darüber hinaus die für die Anwendung des GenTG entscheidenden Kriterien für die Zuordnung der Sicherheitsstufen fest. Dies spiegelt sich auch im Aufbau der GenTSV wieder, der sich im Überblick wie folgt darstellen läßt:

1. Abschnitt: Geltungsbereich und Definitionen
2. Abschnitt: Sicherheitseinstufung; zugeordnet sind Anhang I Bewertungskriterien für die Risikogruppen und Anhang II mit biologischen Sicherheitsmaßnahmen
3. Abschnitt: allgemeine technische Sicherheitsmaßnahmen; zugeordnet sind Anhang III – VI mit speziellen Sicherheitsmaßnahmen und Arbeitsschutzregelungen
4., 5. Abschnitt: Regelungen über den Projektleiter und den Beauftragten für die Biologische Sicherheit
6., 7. Abschnitt: Bußgeld- und Schlußvorschriften

Im folgenden soll neben einer allgemeinen Einführung besonders auf die speziellen Arbeitsschutzbestimmungen eingegangen werden.

1.4.1
Allgemeine Vorschriften (1. Abschnitt GenTSV)

Die Gentechnik-Sicherheitsverordnung regelt die Sicherheit gentechnischer Arbeiten in geschlossenen Anlagen (§ 1). Beide Begriffe sind in § 3, Nr. 2 bzw. Nr. 4 GenTG abschließend definiert und bestimmen den Geltungsbereich mit. Nicht zu den gentechnischen Arbeiten gehören beispielsweise alle Vorbereitungsarbeiten wie etwa die Anzucht geeigneter Spenderorganismen, da die eigentliche gentechnische Arbeit nach § 3, Nr. 2a GenTG erst mit der Erzeugung des gentechnisch veränderten Organismus beginnt. Ebenfalls nicht dazu gehören auch alle Tätigkeiten im Bereich der Bio- und Gentechnologie, die vom GenTG nicht erfaßt werden. Derartige Arbeiten können jedoch durch andere

Vorschriften, insbesondere die UVV „Biotechnologie" (VBG 102) geregelt sein. Im Einzelfall ist sogar eine unterschiedliche Risikobewertung der einzelnen Arbeitsvorgänge nicht auszuschließen. Positiv für den Arbeitsschutz ist die Einbeziehung von Tätigkeiten im Gefahrenbereich gentechnischer Arbeiten (vgl. analoge Regelungen in der GefStoffV) in § 1, wodurch Hilfskräfte wie Handwerker oder Reinigungspersonal von den Schutzvorschriften miterfaßt werden.

Im Hinblick auf die praktischen Schwierigkeiten bei der Bewertung des Risikopotentials von biologischem Material und der zwar gewünschten, aber letztlich nur teilweise vorhersehbaren Eigenschaften der hergestellten Organismen, gibt § 2 ein gewisses Maß an rechtlicher Flexibilität vor.

Es wird davon ausgegangen, daß die in der Verordnung genannten Sicherheitsmaßnahmen zwar den Regelfall zutreffend beschreiben, im Einzelfall jedoch davon abgewichen werden kann, soweit es mit den Vorgaben des GenTG, insbesondere dem Stand von Wissenschaft und Technik, vereinbar ist. Hierbei kommt der zuständigen Behörde eine besondere Verantwortung zu, da sie bei der Genehmigung oder mit der Anmeldung besondere Eingriffsbefugnisse in den Betrieb hat und weiterhin im Rahmen der Überwachung zusätzliche Auflagen nachträglich anordnen kann.

1.4.2
Sicherheitseinstufung (2. Abschnitt GenTSV)

Die Einstufung gentechnischer Arbeiten unter Berücksichtigung biologischer Sicherheitsmaßnahmen ist der entscheidende Schritt bei der Risikoermittlung nach dem GenTG und Ausgangspunkt für alle Folgemaßnahmen, insbesondere für die zu treffenden Arbeitsschutzmaßnahmen. Die Festlegung des Sicherheitsstandards für eine bestimmte Tätigkeit sieht folgende Schritte einer Sicherheitseinstufung vor:

- Benennung der einzelnen Komponenten (z.B. Spender- und Empfängerorganismus, Vektor), Bewertung des von ihm ausgehenden Risikos und Zusammenführung der Einzelbetrachtungen in einer Gesamtbewertung (§ 4)
- Bewertung des Risikopotentials der verwendeten Organismen einschließlich der Risikobewertung eines zu übertragenden Genoms oder Teil eines Genoms (§ 5 Abs. 1 – 4 sowie Anhang I)
- Berücksichtigung der Auswirkungen spezieller biologischer Sicherheitsmaßnahmen auf die Risikobewertung, denen wegen ihrer permanent vorhandenen Sicherheit („nicht abschaltbar") grundsätzlich Vorrang vor technischen Maßnahmen zu geben ist (§ 5, Abs. 5 in Verbindung mit § 6 sowie Anhang II)
- Konkrete Einstufung von gentechnischen Arbeiten zu gewerblichen Zwecken und zu Forschungszwecken (§ 7), wobei entsprechend dem Gefährdungspotential (bestimmt durch Art und Menge der Organismen, Zeitdauer der Versuche u.a.) unterschiedliche Voraussetzungen für Produktion und Forschung genannt werden. Maßgebend für die letztgenannten Zuordnungen sind die Definitionen in § 3, Nr. 5 und § 6 GenTG, ergänzt durch die Bestimmungen in § 9 GenTSV.

Die Sicherheitseinstufung entscheidet über die Zuordnung der entsprechenden Sicherheitsmaßnahmen des dritten Abschnitts sowie der Anhänge III–VI. Lediglich für die Sicherheitsstufe 4, für die weder aus der Produktion noch aus der Forschung gegenwärtig hinreichend praktische Erfahrungen vorliegen, ist eine Einzelfallregelung vorgesehen (§ 7, Abs. 3, Nr. 4 und Abs. 4, Nr. 4), zu der die ZKBS Empfehlungen über Sicherheitsmaßnahmen abgeben soll.

1.4.3
Arbeitsschutz- und Sicherheitsmaßnahmen (3. Abschnitt GenTSV)

Neben der Sicherheitseinstufung bilden die Sicherheitsmaßnahmen den zweiten Schwerpunkt der GenTSV. Die Ermächtigungsgrundlagen sind in § 7, Abs. 2 GenTG (allgemeine Bestimmungen) und § 30, Abs. 2 GenTG (detaillierte Ermächtigungsnormen) aufgeführt. Ebenso wie § 30, Abs. 2 GenTG in weitem Umfang § 19 ChemG nachgebildet wurde, finden sich in § 8 und 12 GenTSV zahlreich Bestimmungen wieder, die aus dem Abschnitt „Umgangsvorschriften" der GefStoffV entlehnt wurden.

Neben diesen allgemeinen Bestimmungen sind die besonderen Regelungen der Anhänge III–VI zu beachten, die fachbezogen unterteilt sind nach Labor, Produktion, Gewächshaus, Tierhaltung und arbeitsmedizinischer Vorsorge sowie innerhalb dieser Bereiche nach Sicherheitsstufen.

Die allgemeine Generalklausel in § 8 verweist nicht nur auf die generellen Arbeitsschutzvorschriften im Hauptteil der GenTSV, sondern nimmt darüber hinaus alle anderen Arbeitsschutzregelungen einschließlich der Anhänge sowie die einschlägigen Unfallverhütungsvorschriften in Bezug, ergänzt durch besondere technische Regelungen für diesen Bereich. Gegenwärtig sind hierzu nur die sehr ausführlichen Merkblätter der Berufsgenossenschaft der chemischen Industrie vorhanden, die ggf. durch Empfehlungen der Zentralen Kommission für Biologische Sicherheit ergänzt werden müssen. Aus dem Gefahrstoffbereich übernommen ist das Substitutionsgebot, wonach gefährliche Arbeiten durch ungefährliche Arbeiten ersetzt werden sollen sowie die Rangfolge der Schutzmaßnahmen, wonach technische Maßnahmen vor der Benutzung persönlicher Schutzausrüstungen Vorrang haben. Bemerkenswert ist die Trennung von Labor- und Produktionsbereich in § 9 im Hinblick auf die Sicherheitsmaßnahmen, welche die unterschiedlichen Arbeitsbedingungen in beiden Bereichen berücksichtigen sollen.

§ 12 schreibt vor, daß Beschäftigte eine ausreichende Sachkunde vor Arbeitsbeginn haben müssen; zusätzlich sind Betriebsanweisungen anzufertigen und mündliche Unterweisungen durchzuführen. Für bestimmte gefährliche Arbeitsverfahren (z. B. Umgang mit Injektionsspritzen) müssen Arbeitsanweisungen erstellt werden. Besondere Regelungen sollen Handwerker und Wartungspersonal schützen, die an ständig wechselnden Arbeitsplätzen tätig sind. Hat sich der Stand der Sicherheitstechnik fortentwickelt, besteht eine konkrete Nachrüstungspflicht für bestehende Anlagen. Zum Schutz der Beschäftigten ist der Arbeitsbereich durch geeignete Maßnahmen zu überwachen, um z. B. Kontaminationen festzustellen.

Arbeitsmedizinische Vorsorgeuntersuchungen ergänzen die technischen Schutzmaßnahmen. Diese müssen auch solchen Personen angeboten werden, die vergleichbaren Gefährdungen wie die Beschäftigten selber ausgesetzt sind. Mitwirkungsrechte der Betriebs- und Personalräte stellen sicher, daß die Belange des Arbeitsschutzes hinreichend gewahrt werden (Anhang VI).

Die technischen Detailbestimmungen der Anhänge III – VI regeln weitere Einzelheiten zu den Sicherheitsmaßnahmen. Sie enthalten die Anforderungen für den Regelfall im Sinne des §2, Abs. 2 GenTSV und werden gegebenenfalls durch die Merkblätter der BG Chemie u. a. ergänzt. Art und Umfang ihrer Anwendung folgen aus dem Ergebnis der Sicherheitsbewertung des 2. Abschnitts.

1.4.4
Projektleiter und Betriebsbeauftragte (4. und 5. Abschnitt GenTSV)

Dem Projektleiter obliegt die unmittelbare Verantwortung für die Einhaltung der festgelegten Sicherheitsmaßnahmen. Voraussetzung für seine Tätigkeit sind Kenntnisse der einschlägigen Arbeitsschutzvorschriften. Die Aufgaben des Projektleiters im Hinblick auf die Sicherheit gentechnischer Arbeiten werden vom Beauftragten für die Biologische Sicherheit überwacht. Beide üben ihre Tätigkeit auch bei Freisetzungen aus (§1, Satz 2).

Der Beauftragte für Biologische Sicherheit wird unter Mitwirkung der Arbeitnehmervertreter bestimmt und hat neben seinen Überwachungspflichten auch Überwachungsfunktionen im Hinblick auf Planung, Unterhaltung, Beschaffung, Inbetriebnahme u. a. von Einrichtungen und Betriebsmitteln sowie von persönlicher Schutzausrüstung. Von seinen Aufgaben her ist er vergleichbar mit der Fachkraft für Arbeitssicherheit nach dem ASiG im sonstigen gewerblichen und nichtgewerblichen Betrieb, jedoch ist sein Bereich begrenzt auf die besonderen Anforderungen der biologischen Sicherheit bei gentechnischen Arbeiten.

1.4.5
Hinweise zur 1. Änderungsverordnung

Die vier Jahre nach Inkrafttreten der GenTSV beschlossene erste Novelle enthält folgende Schwerpunkte:

- Herausnahme der Organismenlisten aus Anhang I
- neue Festlegungen bei arbeitsmedizinischen Vorsorgeuntersuchungen
- Erweiterung der Aufgabenbereiche des Projektleiters und des Sicherheitsbeauftragten auf Freisetzungen
- Bereinigung von Rechtsunsicherheiten und Klärung von Auslegungsfragen

Die ersten beiden Punkte sind auch für den Arbeitsschutz bedeutsam.

Die Organismenlisten werden zukünftig vom Bundesgesundheitsministerium nach Anhörung der ZKBS im Bundesgesundheitsblatt veröffentlicht (bisher: Listen in Anhang I enthalten). Dies erlaubt eine flexible Anpassung der Risikozuordnung an den Stand der Wissenschaft, hat aber zur Folge, daß die rechtsverbindliche Einstufung durch die GenTSV entfällt. Zu beachten ist, daß die Organismen in den Anhängen der EU-Arbeitsschutzrichtlinie weiterhin EU-weit rechtsverbindlich eingestuft werden! Die arbeitsmedizinischen Vorsorgeuntersuchungen werden auf gentechnische Arbeiten mit humanpathogenen Organismen beschränkt (bisher: Ausnahme durch Behörde erforderlich). Neu eingeführt werden nachgehende Untersuchungen, die erst nach Beendigung der Beschäftigung stattfinden und damit Langzeitbeobachtungen der exponierten Beschäftigten ermöglichen. Die Pflicht zur Aufbewahrung von Blutproben wird ersetzt durch eine Asservierung von Körperflüssigkeiten, soweit dies erforderlich ist.

Literaturhinweise

1. Simon J, Weyer A (1994) Die Novellierung des GenTG. NJW 759 ff
2. Schmitz MH-J, Klein HA (1992) GenTG (Loseblattslg.) ecomed, Landsberg
3. Eberbach W, Lange P, Ronellenfitsch M (1992) Gentechnikrecht (Loseblattslg. mit Kommentar) C. F. Müller, Heidelberg
4. Klein HA (1990) Bedeutende Weiterentwicklungen des Gefahrstoffrechts. Bundesarbeitsblatt 5 ff

Die Belange des Arbeitsschutzes bei der Zulassung und Kontrolle gentechnischer Arbeiten in gentechnischen Anlagen

J. Schwab

2.1
Einleitung

Seit nunmehr fünf Jahren steht das von allen gesellschaftlich relevanten Gruppen für unverzichtbar gehaltene und nach heftiger Kontroverse verabschiedete Gentechnikrecht vor der praktischen Bewährung. Eine erste Zwischenbilanz erbrachte eine am 12. Februar 1992 von den Bundestagsausschüssen für Forschung, Technologie und Technikfolgenabschätzung sowie Gesundheit durchgeführte Sachverständigenanhörung.

Als deren wichtigstes Ergebnis kann festgehalten werden, daß die unter erheblichem Zeitdruck zustandegekommenen Vorschriften vielerorts als gesetzestechnisch unzureichend, inhaltlich unausgereift und zu kompliziert empfunden werden. Fehlende sachangemessene Differenzierung zwischen den Sicherheitsstufen, ungewohnter und umfangreicher Verwaltungsaufwand (Stichpunkt: Formblätter, hohe Kosten und zeitliche Verzögerungen, um nur einige Beispiele zu nennen) haben in Forschung, Lehre und Industrie erhebliche Widerstände geweckt und die Akzeptanz des neuen Rechts herabgesetzt.

Parallel dazu hat die EU-Kommission das deutsche Gentechnikrecht überprüft und wegen (angeblich) fehlender Übereinstimmung mit den europäischen Normen bei der Bundesregierung beanstandet.

Ob diese „Kritik auf allen Ebenen" in jedem Punkt berechtigt ist, erscheint nicht ganz zweifelsfrei. Jedenfalls war sie Auslöser umfangreicher Novellierungsbestrebungen, die von einem breiten parlamentarischen Konsens getragen wurden.

Beispielhaft dafür ist die Beschlußempfehlung des Ausschusses für Forschung, Technologie und Technikfolgenabschätzung vom 4. November 1992, die folgenden Inhalt hat:

> Die Bundesregierung wird beauftragt, umgehend einen Entwurf zur Novellierung des Gentechnikrechtes vorlegen. Dabei sind unter anderem folgenden Punkte zu berücksichtigen:
>
> - Abschaffung der Anmeldepflicht und der damit verbundenen Wartefrist von drei Monaten für den Beginn von Arbeiten zu Forschungszwecken in neu angemeldeten Anlagen der Sicherheitsstufe 1 und Beschränkung auf eine Anzeigepflicht. Prüfung von Verfahrensvereinfachungen im gewerblichen Bereich der Sicherheitsstufe 1.

- Unter Beibehaltung der Aufzeichnungspflicht sollte die Anmeldepflicht für weitere Arbeiten zu Forschungszwecken der Sicherheitsstufe 2 abgeschafft werden.
  Außerdem sollte die Genehmigungspflicht für Anlagen zu Forschungszwecken der Sicherheitsstufe 2 durch eine Anmeldepflicht ersetzt werden.
- Ermöglichung der Anknüpfung der Deckungsvorsorge (gemäß §36 GenTG) an den Betrieb der Anlage und nicht nur an einzelne Arbeiten.
- In der Praxis hat sich gezeigt, daß bei Arbeiten zu Lehr-, Forschungs- und Entwicklungszwecken das Kriterium des „kleinen Maßstabs" nicht geeignet ist, den Bedürfnissen der Forschung hinreichend Rechnung zu tragen, insbesondere wenn der Maßstab „10 Liter Kulturvolumen" (so die EG-Richtlinie) als Orientierungsgröße herangezogen wird.
  Deshalb darf dieses Kriterium bei der Abgrenzung von Arbeiten zu Lehr-, Forschungs- und Entwicklungszwecken gegenüber gewerblichen Arbeiten keine Anwendung finden.
- Klarstellung, daß der internationale Austausch von gentechnisch veränderten Organismen zu Forschungszwecken genehmigungsfrei sein sollte.
- In der Praxis treten Probleme bei der Definition der Begriffe „gentechnische Anlage" und „gentechnische Arbeiten" auf. Der Begriff „gentechnische Arbeiten" sollte u. a. in der Weise klargestellt werden, daß sich die Anmeldung für Arbeiten zu Forschungszwecken sowohl auf Einzelarbeiten als auch auf eine Gruppe von Arbeiten gleicher Sicherheitsstufe beziehen kann.
- Erweiterung der Gebührenbefreiungsmöglichkeiten nach §4 Abs. 2 BGenTGKostV auf Verfahrenskosten aller Antragsarten entsprechend der Gebührenbefreiung für gemeinnützige Forschungseinrichtungen bei Freisetzungsanträgen, sofern der Antragsteller eine gemeinnützige Forschungseinrichtung ist.
- Vereinfachung der Aufzeichnungspflichten und des Formularwesens, ggf. durch Änderung der GenTAaufzV bzw. der GenTVfV mit dem Ziel einer Differenzierung nach den einzelnen Sicherheitsstufen und des damit verbundenen Aufwandes. Bei Arbeiten der Sicherheitsstufen 1 und 2 sollte ganz auf Formulare verzichtet werden zugunsten einer Aufzeichnung in Laborbüchern.
- Die Bundesregierung wird aufgefordert, entsprechend §18 Abs. 2 GenTG eine Verordnung zur Bezeichnung der Organismen, deren Ausbreitung begrenzbar ist, alsbald zu erlassen.
- Zur Schaffung größerer Rechtssicherheit und besserer Einschätzungsmöglichkeiten bei der Einordnung gentechnischer Arbeiten in die einzelnen Sicherheitsstufen durch die verantwortlichen Wissenschaftler sollte die Organismenliste unter Beteiligung der ZKBS erweitert und präzisiert werden und Aufnahme in Anhang I der Anlage zur GenTSV finden.
  Aus denselben Gründen sollte eine Liste mit Vektoren und Vektor-/Empfänger-Systemen für die Sicherheitseinstufung (§6 GenTSV) aufgestellt werden.
- Unter Wahrung eines effektiven Arbeitnehmerschutzes ist fachlich zu überprüfen, ob und inwieweit Vorsorgeuntersuchungen und Aufbewahrungspflichten im gegenwärtigen Umfang beibehalten werden müssen (Anhang VI der GenTSV).
- Straffung des Lehrstoffs der Pflichtkurse für Projektleiter (§15 GenTSV) und Beschränkung auf wesentliche Inhalte.
- Weiterhin ist zu überprüfen, ob die Verwendung gentechnisch veränderter Organismen als Lebendimpfstoff über das Arzneimittelgesetz geregelt werden kann.
- Die Bundesregierung wird beauftragt, sofern innerstaatliches Gentechnikrecht oder Zielsetzungen dieses Antrages im Widerspruch zum geltenden EG-Recht stehen, bei der EG-Kommission mit dem Ziel tätig zu werden, eine Novellierung der entsprechenden EG-Normen zu erreichen.
  Unabhängig von der anzustrebenden Änderung dieser EG-Richtlinie müssen unverzüglich alle rechtlichen Möglichkeiten unter Einhaltung insbesondere des derzeit noch geltenden EG-Rechts ausgeschöpft werden, die zu einer Verfahrensvereinfachung und Beschleunigung der Genehmigungsverfahren beitragen können.
- Weiterhin wird die Bundesregierung aufgefordert, im dreijährigen Turnus – beginnend ab Juni 1993 – einen Erfahrungsbericht über die Anwendung des GenTG und der dazu-

> gehörigen Rechtsverordnungen und Verwaltungsvorschriften dem Deutschen Bundestag
> vorzulegen.
> Der Bericht soll Angaben über Probleme bei der Handhabung der gesetzlichen Rege-
> lungen enthalten, Regelungslücken sowie eventuell bestehende Umsetzungsdefizite
> der relevanten EG-Richtlinien aufzeigen, die gesetzgeberischen Handlungsbedarf er-
> fordern.
> Daneben soll der Bericht eine synoptische Darstellung der aktuellen gesetzlichen Rege-
> lungen in anderen europäischen Staaten (Frankreich, Großbritannien, Belgien und den
> Niederlanden) sowie den USA und Japan enthalten. Weiterhin sind der Gesetzesvollzug
> und die damit gemachten Erfahrungen darzustellen und ein Vergleich mit der Genehmi-
> gungssituation in Deutschland herzustellen.

Diesen Forderungen ist zwischenzeitlich der Bundestag durch Verabschiedung des „Ersten Gesetzes zur Änderung des Gentechnikgesetzes" vom 16. Dezember 1993 in Teilbereichen nachgekommen. Weitere Änderungen sind durch die „Erste Verordnung zur Änderung der Gentechnik-Sicherheitsverordnung" vom 14. März 1995 erfolgt.

Ungeachtet dessen hat die bisherige Entwicklung des Gentechnikrechts in Deutschland einmal mehr und besonders eindrucksvoll die im individuellen und gesellschaftlichen Bereich *zunehmende Angst* vor der Technik und ihren Auswirkungen verdeutlicht.

Der technische Fortschritt steckt in einer *gesellschaftlichen Krise* mit der Folge, daß die Akzeptanz technischer Risiken immer weiter abnimmt. Die Ursachen hierfür sind vielschichtig und hängen möglicherweise mit *folgenden Komplexen* zusammen:

Die in der Vergangenheit geführte Diskussion um die Sicherheit in der Gentechnologie hat dem unbedarften Beobachter häufig ein Bild der heillosen *Zerstrittenheit* sowohl unter *Naturwissenschaftlern* als auch unter *Juristen* vermittelt. Stellvertretend sei in diesem Zusammenhang nur an die Entschei-dung des *VGH Kassel* zur geplanten Insulinproduktion der Firma Hoechst und die vor Verabschiedung des Gesetzes durchgeführte mehrtägige *Sachverstän-digenanhörung* im Unterausschuß Gentechnik des Deutschen Bundestages erinnert. Aus der Tatsache, daß die Gentechnik offenbar nur noch für wenige Fachleute durchschaubar ist und unter diesen auch noch streitig verhandelt wird, resultiert eine *Überforderung der Gesellschaft* mit der Folge einer technik-feindlichen Grundstimmung. Hinzu kommt der Umstand, daß ein Großteil der Bevölkerung zwar bereit ist, für die Möglichkeit der Nutzung *etablierter Technologien*, Auto-, Flugzeug- und Schienenverkehr oder *etablierter Genuß-mittel*, Alkohol-, Nikotin- und Tablettenkonsum, ein gewisses gesundheit-liches Risiko als Äquivalent in Kauf zu nehmen, für den Nutzen der Gen-technik oder ähnlicher Technologien jedoch keinen derartigen „Preis" zahlen möchte.

Über den Grund für diese Einstellung läßt sich nur spekulieren, wenn-gleich eine gewisse Vermutung dafür spricht, daß der Aspekt der mensch-lichen Gewöhnung an etablierte Risiken eine besondere Rolle spielt. Hinzu kommt die Überzeugung, daß „es" immer nur die anderen trifft.

Damit eng zusammen hängt schließlich die Tatsache, daß das Bedürfnis nach Sicherheit in der heutigen Gesellschaft einen völlig *anderen Stellenwert* genießt als noch vor 20 Jahren. Bezeichnend hierfür ist der Umstand, daß Bürger viele Jahre sorglos neben gentechnischen Forschungseinrichtungen gelebt und Arbeitnehmer dort gearbeitet haben und erst jetzt, möglicherweise nach einem *Wechsel der Bezugsgruppe*, Ängste und Sorgen artikulieren.

Um die nach wie vor in der Bevölkerung und bei Teilen der Arbeitnehmerschaft bestehenden emotionalen Vorbehalte gegenüber der Gentechnologie zugunsten einer sachbezogenen Diskussion abzubauen, sind vertrauensbildende Maßnahmen von geradezu elementarer Bedeutung. Es muß deutlich gemacht werden, daß die geplante Entbürokratisierung keine Verringerung der Sicherheitsstandards zur Folge haben wird. Ferner muß deutlich gemacht werden, daß mit der Zulassung der Gentechnologie in der Bundesrepublik keineswegs ein Automatismus verbunden ist und nachträgliche Überwachung ernsthaft betrieben wird. Vertrauensbildend kann der Gesetzgeber wirken, aber auch zwei wichtige gesellschaftliche Gruppen, die tagtäglich mit dem Gentechnikrecht konfrontiert werden: die Kontrolleure und die Kontrollierten.

Sachkenntnis und Überzeugungskraft sind die notwendigen Grundpfeiler, die eine Vertrauensbildung sicherstellen können. Behörden, Technische Aufsichtsbeamte, Betreiber, Projektleiter und Beauftragte für die Biologische Sicherheit (BBS) müssen sich deshalb mit dem neuen Recht beschäftigen und die dahinterstehenden Grundgedanken so übersetzen, daß sie auch den nicht mit den Details vertrauten Arbeitnehmern verständlich gemacht werden können.

Zu diesem Zweck wird in einem Überblick das gentechnikrechtliche Kontrollsystem, soweit es sich um die Durchführung von gentechnischen Arbeiten in Anlagen handelt, einschließlich der notwendigen Zusammenarbeit zwischen den Überwachungsinstitutionen unter besonderer Berücksichtigung des Arbeitsschutzes dargestellt.

2.2
Der Stellenwert des Arbeitsschutzes im Gentechnikrecht

Im Mittelpunkt vieler Diskussionen stand und steht die Frage etwaiger Risiken der Gentechnik für die Allgemeinheit. Die bisherigen Genehmigungsverfahren zeigen, daß die Bevölkerung nur ausnahmsweise an Regelungen interessiert ist, die den Schutz der in der Produktion tätigen Mitarbeiter zum Gegenstand haben.

Unternehmer, Beauftrage für die Biologische Sicherheit, Genehmigungs- und Überwachungsbehörden und nicht zuletzt die Beschäftigten selbst dürften das, von Freisetzungen und Störfällen abgesehen, differenzierter sehen und dem Arbeitsschutz wenigstens den gleichen Stellenwert einräumen, wie dem Umweltschutz.

Diese Einschätzung ist zutreffend, da das Gentechnikrecht sowohl dem *Arbeitssicherheits-* als auch dem *Umwelt- und Technikrecht* zugeordnet werden kann. Das gilt auch, obwohl das Gesetz in § 1 (nur) Leben und Gesundheit von Menschen, Tieren, Pflanzen sowie die sonstige Umwelt in ihrem Wirkungsgefüge und Sachgüter dem Schutzzweck zuordnet, ohne dort den Arbeitnehmer *expressis verbis* zu erwähnen. Da sich in der Realität des Lebens eine eindeutige Trennung von Gefahren für die Arbeitnehmer einerseits und für Außenstehende andererseits nicht begründen läßt, ist davon auszugehen, daß grundsätzlich auch die innerbetriebliche Sphäre vom Schutzzweck des Gesetzes erfaßt wird. Hierfür spricht im übrigen auch der Umstand, daß der Arbeitnehmer und sein vom Gesetzgeber beabsichtigter Schutz an vielen Stellen des neuen Regelwerkes *ausdrücklich erwähnt* wird. Umwelt- und Arbeitsschutz stehen deshalb im Gentechnikrecht in einem *Verhältnis gleichgerichteter Ergänzung.*

Im Gegensatz zu den „Vorläuferregelungen", den vom Bundesministerium für Forschung und Technologie (BMFT) erlassenen *„Richtlinien zum Schutz vor Gefahren durch In-vitro-neukombinierte-Nukleinsäuren",* wird dem Arbeitnehmer beim Umgang mit gentechnisch veränderten Organismen nunmehr grundsätzlich nicht mehr an Risiken zugemutet als der Allgemeinheit.

Das in den BMFT-Richtlinien kodifizierte System der *„gemischten Gefährdungsklassen"* bei der Eingruppierung von Organismen, das in Formulierungen wie „mäßiges Risiko für die Beschäftigten, geringes Risiko für die Bevölkerung und Haustiere" zum Ausdruck kam, wird im Gentechnikrecht nicht fortgeführt. Bei der Zuordnung gentechnischer Arbeiten zu den Sicherheitsstufen des Gentechnikgesetzes stehen deshalb der Schutz der menschlichen Gesundheit und damit auch der Schutz des Arbeitnehmers und die übrigen Schutzgüter des § 1, Nr. 1 Gentechnikgesetz (GenTG) gleichberechtigt nebeneinander.

Die Belange des Arbeitsschutzes haben an vielen Stellen des neuen Gentechnikrechts ihren Niederschlag gefunden. Besonders wichtig sind folgende Regelungen:

1. Nach § 7 GenTG werden gentechnische Arbeiten in Übereinstimmung mit der *internationalen Praxis* in *vier Sicherheitsstufen* eingeteilt. Bei der Zuordnung sind mögliche Auswirkungen auf die Beschäftigten, die Bevölkerung, Nutztiere, Kulturpflanzen und die sonstige Umwelt einschließlich der Verfügbarkeit geeigneter Gegenmaßnahmen zu berücksichtigen. Die Zuordnung erfolgt fallbezogen in jedem einzelnen Anmelde- und Genehmigungsverfahren unter Zuhilfenahme der *Gentechnik-Sicherheitsverordnung* (GenTSV).
2. Nach § 4 GenTG wird beim *Robert-Koch-Institut* unter der Bezeichnung „Zentrale Kommission für die Biologische Sicherheit" (ZKBS) eine *Sachverständigenkommission* eingerichtet, in der u. a. eine sachkundige Person aus dem Bereich des *Arbeitsschutzes* vertreten ist. Die Kommission prüft und bewertet *sicherheitsrelevante Fragen* nach den Vorschriften des Gentechnikrechts und ist insbesondere bei Anmelde- und Genehmigungsverfahren zu beteiligen.
3. § 6 GenTG verpflichtet den Betreiber gentechnischer Anlagen zu einer umfassenden Risikobewertung, die sich auch auf die *Belange des Arbeitsschutzes*

und damit auf die Abwendung arbeitsbedingter Gesundheitsgefahren erstreckt.

4. Nach § 6, Abs. 4 GenTG, hat derjenige, welcher gentechnische Arbeiten durchführt, *Projektleiter* sowie *Beauftragte oder Ausschüsse für Biologische Sicherheit* zu bestellen. Der Projektleiter muß u.a. die erforderlichen Kenntnisse über Sicherheitsmaßnahmen und Arbeitsschutz bei gentechnischen Arbeiten besitzen. Seine Verantwortung erstreckt sich u.a. auf die Beachtung der in der GenTSV genannten *Arbeitsschutzvorschriften,* die Durchführung von Sicherheitsbelehrungen für die Beschäftigten sowie die Veranlassung der erforderlichen *arbeitsmedizinischen Vorsorgeuntersuchungen.* Die Verpflichtung des *Beauftragten für die Biologische Sicherheit* erstreckt sich u.a. auf die *Überwachung* des Projektleiters und die Beratung des Betreibers bei der Planung, Ausführung zur Unterhaltung von *sicherheitsrelevanten Einrichtungen.* Zum Beauftragten für die Biologische Sicherheit darf nur bestellt werden, wer u.a. die erforderlichen Kenntnisse über den *Arbeitsschutz* bei gentechnischen Arbeiten besitzt.

5. Nach § 13 GenTG darf eine Genehmigung *nur* erteilt werden, wenn u.a.
   - der Betreiber, der Projektleiter und der Beauftragte für die Biologische Sicherheit *zuverlässig* sind,
   - gewährleistet ist, daß der Projektleiter sowie der Beauftragte für die Biologische Sicherheit u.a. die im *Arbeitsschutz erforderliche Sachkunde* besitzen und
   - sichergestellt ist, daß u.a. die *Arbeitsschutzregelungen* der GenTSV eingehalten werden.

Von besonderer Bedeutung ist auch die in § 30 GenTG gebotene Möglichkeit, *arbeitsschutzrechtliche Bestimmungen* über das Arbeiten in gentechnischen Anlagen zu erlassen. Von dieser Ermächtigung ist zu einem großen Teil mit Erlaß der GenTSV Gebrauch gemacht worden. Diese Verordnung begründet in § 8 die für den *Arbeitsschutz* bedeutsame Verpflichtung des Betreibers, die erforderlichen Maßnahmen nach den Vorschriften der GenTSV *und* den geltenden *Arbeitsschutz- und Unfallverhütungsvorschriften* sowie die nach dem Stand von Wissenschaft und Technik erforderlichen *Vorsorgemaßnahmen* zu treffen. Hierbei sind insbesondere die *allgemein anerkannten sicherheitstechnischen, arbeitsmedizinischen* und *hygienischen Regeln,* die sonstigen *gesicherten arbeitswissenschaftlichen Erkenntnisse* sowie allgemeine Empfehlungen der ZKBS zu beachten. Daneben sind die Anhänge III und IV zu § 9 der GenTSV zu beachten, die *umfangreiche technische* und *organisatorische Sicherheitsmaßnahmen* für den Labor- und Produktionsbereich sowie Gewächshäuser und Tierställe vorschreiben, die überwiegend dem *Schutz der Arbeitnehmer* dienen.

Arbeitssicherheitsmaßnahmen enthält ferner § 12 GenTSV sowie der hierzu erlassene Anhang VI, der Einzelheiten über die *arbeitsmedizinischen Vorsorgeuntersuchungen* festlegt. Der Verordnung ist schließlich auch die bemerkenswerte Erkenntnis zu entnehmen, daß die arbeitsschutzbezogenen Verpflichtungen des Betreibers *dynamischen Charakter* haben:

Hat sich der Stand der Sicherheitstechnik eines Arbeitsverfahrens fortentwickelt, hat sich diese bewährt und erhöht sich die Arbeitssicherheit hierdurch erheblich, hat der Betreiber das nicht entsprechende Arbeitsverfahren innerhalb einer angemessenen Frist dieser Fortentwicklung anzupassen (§ 12, Abs. 6 GenTSV).

2.3
Das System der behördlichen Vorkontrolle

Wie eingangs dargestellt, besteht der Zweck des Gesetzes u. a. darin, den Arbeitnehmer und die Umwelt vor den im Umgang mit der neuen Technologie verbundenen oder vermuteten spezifischen Gefahren zu schützen und dem Entstehen solcher Gefahren vorzubeugen.

Die Zielsetzung verdeutlicht, daß der Gesetzgeber mit Hilfe des Gentechnikrechts zwei *grundlegende politische Handlungsmaximen* des modernen Umwelt- und Arbeitsschutzrechts umgesetzt hat:

- das *Gefahrenabwehrprinzip,*
- das *Vorsorgeprinzip.*

Wichtigstes Instrument zur Durchsetzung dieses Ziels ist die Einführung eines *gentechnikrechtlichen Kontrollsystems:* Vorhaben dürfen grundsätzlich nur nach vorheriger staatlicher Kontrolle durchgeführt werden und unterliegen *während* der Durchführung der Aufsicht durch die zuständigen Behörden.

Sowohl im Rahmen des behördlichen Zulassungsverfahrens als auch bei der nachträglichen Kontrolle von gentechnischen Arbeiten in Anlagen wird u. a. geprüft, ob von der *konkreten Arbeit* Gefahren ausgehen und ob alle erforderlichen Vorsorgemaßnahmen ergriffen worden sind. Auf diese Art und Weise soll im Ergebnis ein *gefahrloser Umgang* mit gentechnisch veränderten Organismen sichergestellt werden.

Das Gentechnikrecht greift damit auf Vorbilder des bereits existierenden Umwelt(ordnungs-)rechts, Abfallgesetz, Bundesimmissionsschutzgesetz (BImSchG) etc. zurück. Hier wie dort soll durch eine behördliche Vorkontrolle und eine nachträgliche Überwachung von Anlagen ein ausreichender Schutz vor potentiellen Gefahren gewährleistet und dem Entstehen von Gefahren vorgebeugt werden.

Diesen Vorbildern, und damit auch dem gentechnikrechtlichen Kontrollsystem, liegt ein gewisses *Vorverständnis von der Regelung technischer Sachverhalte durch die Rechtsordnung* zugrunde, das in Diskussionen bisweilen vernachlässigt wird, für den täglichen Umgang mit dem neuen Recht und für das Verständnis seiner grundlegenden Begriffe aber von elementarer Bedeutung ist.
Wer beispielsweise als Unternehmer seiner Pflicht zur umfassenden *Risikobewertung* nachkommen muß, wird sich die Frage stellen, was der Gesetzgeber meint, wenn der vom *Risiko* spricht. Wer als Aufsichtsbeamter bestimmte Zustände als *gefährlich* beanstandet, muß eine Vorstellung davon haben, wann

eine *Gefahr* im Rechtssinne vorliegt. Ähnliches gilt für den Genehmigungsbeamten, der aus Gründen der *Vorsorge* zusätzliche Sicherheitsvorkehrungen
vom Antragsteller verlangt. Da er bei seiner Tätigkeit an das bestehende Gesetz
gebunden ist, muß er seiner Forderung die Überlegungen des Gesetzgebers
zugrunde legen.

Gleiches gilt für *Sachverständige*, die zur Beurteilung der Frage eingeschaltet werden, ob von einer gentechnischen Arbeit Gefahren ausgehen und die
erforderlichen Vorsorgemaßnahmen getroffen sind. Der Arbeitnehmer wird
sich schließlich die Frage stellen, wo das oft zitierte *Restrisiko* beginnt, das
er, wie alle anderen Mitglieder der Gesellschaft, hinzunehmen hat und wer
dieses Restrisiko bestimmt. Neben diesen mehr grundsätzlichen Fragen ist für
denjenigen, der täglich mit der Gentechnologie befaßt ist, von Interesse, zu er-
fahren,

- welche Tätigkeiten anmelde- bzw. genehmigungspflichtig sind,
- welche Pflichten den Unternehmer im Rahmen solcher Verfahren treffen,
- ob wesentliche Unterschiede zwischen anmelde- und genehmigungspflichtigen Tatbeständen bestehen und
- wie die Verfahren im einzelnen ablaufen.

2.3.1
Risikosteuerung durch das Gentechnikrecht

Die Erkenntnis, daß der Umgang des Menschen mit der Technik Risiken nach
sich ziehen kann, ist mindestens so alt wie die Entwicklung der Dampfmaschine
und gilt prinzipiell auch für die Beurteilung von gentechnischen Arbeiten in
Anlagen. Trotz aller Sorgfalt von Anlagenbetreibern, Autofahrern, Flugzeugpilo-
ten etc. und zusätzlichen Sicherheitsvorkehrungen in Form von Frühwarnsy-
stemen, Ventilen, automatischen oder manuellen Bremsen oder Landeklappen,
läßt sich nie mit absoluter Sicherheit ausschließen, daß sich vorhandene oder
vermutete Risiken der Technik für den Einzelnen oder die Gesellschaft zu
irgendeiner Zeit an irgendeinem Ort realisieren.

Sind solche Risiken erkannt oder haben sich bereits in einzelnen Unglücks-
fällen manifestiert, steht die Rechtsordnung immer wieder vor der elementaren
Aufgabe, eine Entscheidung darüber zu treffen, ob erkannte oder vermutete
Risiken dem Einzelnen oder der Allgemeinheit zugemutet werden können oder
nicht.

Im Rahmen der hierbei zu treffenden Abwägung ist zu berücksichtigen, daß
der Staat einerseits die Verpflichtung zur bestmöglichen Gefahrenabwehr und
Risikovorsorge hat, aber andererseits diese Verpflichtung kein Recht auf völlige
Risikofreiheit garantiert, die im Ergebnis einem Verbot der Nutzung und
Anwendung aller Technik gleichkäme. Deshalb haben in Deutschland grundsätzlich alle technischen Systeme die Chance, nach Maßgabe rechtlicher Vorschriften errichtet und betrieben werden zu können.

In den Fällen, in denen der Gesetzgeber den Einsatz bestimmter Technologien nicht ausdrücklich als sozialschädlich verbietet, entscheidet er gleichzeitig

über das Maß des Erlaubten und damit über den Umfang es den Mitgliedern der Rechtsgemeinschaft zumutbaren technischen Risikos. Dieses Restrisiko ist letztlich der „Preis" für die Inanspruchnahme der jeweiligen Technologie.

Einem solchen Prozeß der Risikosteuerung ist die Tatsache immanent, daß es sich dabei nicht um die Festlegung wertneutraler Erkenntnisse, sondern um die Wahrnehmung einer Gestaltungsaufgabe handelt, bei der letztlich die demokratische Mehrheit nach vorheriger sachkundiger Beratung die Spielregeln des Umgangs mit der Technik und das Maß des noch hinnehmbaren Restrisikos festlegt.

Gesetzestechnisch erfolgt die Festlegung der Grenze zwischen dem hinnehmbaren und dem nicht mehr hinnehmbaren Risiko *durch den Erlaß von gesetzlichen Vorschriften,* anhand derer das konkrete Vorhaben von den Genehmigungsbehörden überprüft wird. Die Gesamtheit der Gesetze, Rechtsverordnungen und Verwaltungsvorschriften, deren primärer Zweck der Schutz vor Gefahren ist, die aus der Herstellung technischer Anlagen oder der Verwendung technischer Systeme erwachsen können, wird auch als „Recht der technischen Sicherheit" bezeichnet. Hierzu zählen weite Bereiche des heutigen Umweltrechts [BImSchG, Abfallgesetz (AbfG), Wasserhaushaltsgesetz (WHG)], des Gentechnikrechts, Gerätesicherheitsrechts, Gefahrstoffrechts und des technischen Arbeitsschutzrechts.

Wegen des Spannungsverhältnisses zwischen Recht und Technik, das Recht ist statisch, die Technik ist dynamisch, und dem daraus resultierenden ständigen Anpassungsprozeß gesetzlicher Vorschriften verzichtet das technische Sicherheitsrecht allerdings weitgehend auf technische Einzelregelungen. Es regelt das behördliche Genehmigungs- und Überwachungsverfahren, legt Schutz und Sicherheitsziele fest und umschreibt die technischen Sicherheitspflichten gewöhnlich mit unbestimmten Begriffen und generalklauselartigen Formulierungen.

Diese offene Regelungstechnik hat zwar den Vorteil, daß Sicherheitsstandards von heute nicht bereits morgen überholt sind, dem steht auf der anderen Seite allerdings der gravierende Nachteil gegenüber, daß Generalklauseln und unbestimmte Rechtsbegriffe die Einzelheiten offenlassen, was mit erheblichen Rechtsunsicherheiten verbunden sein kann.

Mit der Institutionalisierung des dargestellten Kontrollsystems soll einerseits der technische Fortschritt für die Allgemeinheit nutzbar gemacht werden, andererseits aber auch die erforderliche Sicherheit im Umgang mit der Technik gewährleistet werden.

Werden die gesetzlichen Anforderungen eingehalten, ist grundsätzlich davon auszugehen, daß etwaige Gefahren gleichsam „neutralisiert" und dem Entstehen von Gefahren in ausreichendem Maße vorgebeugt wird. Die trotz Einhaltung der genannten Anforderungen unvermeidbaren Auswirkungen sind rechtlich erlaubt. Der Jurist spricht deshalb auch von der „Rechtsfigur des erlaubten Risikos".

Folgende Differenzierungen sind zu beachten: Regelungen, die nicht darauf abzielen, eingetretene Schäden auszugleichen, sondern den Schadenseintritt präventiv zu verhindern, werden auch als *Gefahrenabwehrregelungen* bezeichnet. Eine so verstandene Gefahrenabwehr ist von der Spekulation abzugrenzen und bedarf deshalb einer näheren Definition des *Gefahrenbegriffs*.

Nach dem klassischen Gefahrenbegriff, der auch dem Gentechnikrecht zugrunde liegt, ist eine Gefahr dann anzunehmen, wenn eine Sachlage besteht, die bei ungehindertem Geschehensablauf mit Wahrscheinlichkeit zu einem Schaden für die Schutzgüter führen würde, wobei die Anforderungen an die Eintrittswahrscheinlichkeit um so geringer sind, je größer das potentielle Schadensausmaß ist. Der Gefahrenbegriff wird demnach durch die Komponenten der *Eintrittswahrscheinlichkeit* und des möglichen *Schadensausmaßes* geprägt. Die Prognose darüber, ob sich die Sachlage so weiterentwickelt, daß es zu der erwarteten Beeinträchtigung kommt, setzt einen entsprechenden *Konkretisierungsgrad* voraus. Gefahr im Rechtssinne meint demnach (nur) die *konkrete Gefahr*. Im technischen Sprachgebrauch wird sie meist als *Gefährdung* bezeichnet und setzt, im Gegensatz zur abstrakten Gefahr, eine bestimmte „Gefahrennähe" voraus.

Daneben sind Situationen denkbar, in denen sich ein Schadenseintritt nicht mit an Sicherheit grenzender Wahrscheinlichkeit ausschließen läßt oder momentan zwar ausgeschlossen erscheint, in absehbarer Zeit aber aufgrund der prognostizierten Entwicklung wahrscheinlich ist. Im ersten Fall spricht der Jurist auch von *Gefahrenverdacht,* im zweiten Fall von *abstrakter* bzw. *hypothetischer Gefahr*. Beide Fälle können vereinfacht als „*Noch-nicht-Gefahr*" bezeichnet werden. In einer solchen Situation liegt es nahe, daß der Gesetzgeber Maßnahmen trifft, die von vornherein verhindern, daß auch zukünftig die Gefahrenschwelle überschritten wird. Solche Maßnahmen, die dem Entstehen einer konkreten Gefahr vorbeugen, werden als *Vorsorgemaßnahmen* bezeichnet. Die Kombination von Gefahrenabwehr- und Vorsorgeregelungen soll nach der Vorstellung und Wertung des Gesetzgebers insgesamt einen sicheren Umgang mit der Gentechnik gewährleisten, bei dem Risiken unterhalb der *Schwelle der praktischen Vernunft* liegen. Wenn der Gesetzgeber im neuen Recht Begriffe wie „*Gefahr*" oder „*Vorsorge*" verwendet, dürften diese im besagtem Sinne auszulegen sein.

Diese Überlegung führt zu der Frage, was der Gesetzgeber meint, wenn er beispielsweise dem Anlagenbetreiber in § 6 GenTG die Verpflichtung auferlegt, die mit der Durchführung gentechnischer Arbeiten verbundenen *Risiken* vorher umfassend zu bewerten bzw. die jeweilige Sicherheitsstufe davon abhängig macht, ob und inwieweit von einem Risiko auszugehen ist. Ist diese Risikobewertung bzw. Zuordnung zu den einzelnen Sicherheitsstufen wegen vorhandener Gefahren erforderlich oder erfolgt sie rein vorsorglich? Wenn nein, wird damit eine weitere begriffliche Ebene eröffnet, die sich außerhalb der gängigen juristischen Terminologie bewegt? Unterstellt, das ist der Fall, was soll damit ausgedrückt werde?

Derartige Fragestellungen mag man als „juristische Spitzfindigkeiten" abtun. Das kann allerdings nicht darüber hinwegtäuschen, daß die Verwendung unterschiedlicher bzw. neuer Begriffe Verunsicherung in der Praxis und damit Diskussionen zwischen Antragstellern und Genehmigungsbehörden auslösen kann. Wer den Risikobegriff als etwas begreift, das außerhalb des Gefahren- und

Vorsorgebegriffs, also gewissermaßen kurz vor dem hinnehmbaren Restrisiko angesiedelt ist, wird keine Probleme damit haben, auf diesen Risikobegriff Forderungen zu stützen, die jeder sachlichen Grundlage entbehren. Spekulationen und Forderungen auf Verdacht wären damit Tür und Tor geöffnet.

Es ist allerdings kaum vorstellbar, daß der Gesetzgeber derartiges vor Augen hatte, so daß vieles dafür spricht, daß mit der in § 6 GenTG postulierten Risikobewertungspflicht lediglich dokumentiert werden sollte, daß es Situationen gibt, in denen der Anlagenbetreiber überhaupt noch nicht in der Lage ist, zu beurteilen, ob bestimmte Tätigkeiten den Gefahrenabwehr- oder den Vorsorgebereich tangieren.

Darüber hinaus sollte offenbar auch zum Ausdruck gebracht werden, daß insbesondere dem Gefahrenbegriff eine gewisse Flexibilität immanent ist. Nur so läßt es sich jedenfalls erklären, daß der Gesetzgeber bei der Sicherheitseinstufung in § 7 GenTG von *keinem Risiko, einem geringen Risiko, einem mäßigen Risiko* und *einem hohen Risiko* spricht.

Ein so verwendeter Risikobegriff ist deshalb als Oberbegriff zu verstehen, dem das technische Risiko je nach Ausmaß unter Gefahrenabwehr oder Vorsorgegesichtspunkten zugeordnet werden kann.

Die bisherigen Ausführungen zeigen, mit welchen Mitteln der Staat seiner Verpflichtung zur bestmöglichen Gefahrenabwehr und Risikovorsorge nachkommt und daß er dabei die Grenze des Erlaubten und damit hinnehmbaren Restrisikos festlegt.

Natürlich ist durch die Verabschiedung von abstrakten Gesetzen, die sich an diesem Konzept orientieren, noch nichts darüber ausgesagt, wie im konkreten Einzelfall der Schutz vor potentiellen Gefahren, beispielsweise durch gentechnische Arbeiten in Anlagen, sichergestellt wird.

Das erfolgt durch die Prüfung der abstrakten Vorschriften bezogen auf den jeweiligen Einzelfall, also der „Anwendung des Rechts" durch die Genehmigungsbehörde.

Dieser Gesichtspunkt kommt beispielsweise in § 13 GenTG zum Ausdruck, wonach die Genehmigung zur Errichtung und zum Betrieb einer gentechnischen Anlage u. a. nur erteilt werden darf, wenn

- sichergestellt ist, daß vom Antragsteller alle Pflichten erfüllt werden und
- gewährleistet ist, daß die nach dem Stand der Wissenschaft und Technik notwendigen Vorkehrungen getroffen sind und deshalb schädliche Einwirkungen auf die Schutzgüter des Gentechnikgesetzes nicht zu erwarten sind.

An dieser Stelle wird von Genehmigungsbeamten, Sachverständigen und beteiligten Behörden eine konkrete Antwort auf die Frage erwartet, ob von dem beantragten Vorhaben Gefahren ausgehen und ob die notwendigen Vorsorgemaßnahmen getroffen sind. Unter Zugrundelegung der bereits erläuterten abstrakten Begriffe müssen sie folglich eine Prognose darüber abgeben, ob von dem konkreten Projekt bei ungehindertem Geschehensablauf mit Wahrscheinlichkeit ein Schaden für die Schutzgüter des Gentechnikgesetzes eintreten wird und unterhalb der Gefahrenschwelle alle Vorkehrungen getroffen worden sind, um dieses zu verhindern.

Würde sich eine solche Beurteilung ausschließlich an den abstrakten Risikosteuerungsbegriffen orientieren, würde das die Praxis vor unlösbare Probleme stellen und zu einer nicht vertretbaren Rechtsunsicherheit führen.

Die Anwendung des Gentechnikgesetzes setzt daher naturwissenschaftlich-technische Umweltstandards voraus, aus denen sich ergibt, *wie das rechtlich erlaubte Risiko im Einzelfall bestimmt werden kann.*

Wegen des hohen Abstraktionsgrades gesetzlicher Vorschriften erfolgt die Festlegung solcher Standards nach dem Prinzip zunehmender Verdichtung häufig in Form von Rechtsverordnungen oder Verwaltungsvorschriften, die in ihrem Rang unterhalb des Gesetzes stehen. Möglich ist auch der Verweis in einem Gesetz oder einer Rechtsverordnung auf außergesetzliche Regelwerke, z.B. solche privater Institutionen.

Die für den Rechtsanwender notwendige Konkretisierung ist in Abb. 2.1 dargestellt.

Für das Gentechnikrecht ist die Konkretisierung auf untergesetzlicher Ebene mit Einschränkungen durch die GenTSV erfolgt. In ihren Kernaussagen ist sie Ausdruck einer vom Gesetzgeber festgelegten und damit auch von den Genehmigungsbehörden zu beachtenden Sicherheitskonzeption, die im Sinne einer *„case-by-case“-Bewertung* in Abhängigkeit vom jeweiligen Risikopotential der gentechnischen Arbeit abgestufte und damit *flexible Sicherheitsmaßnahmen* festlegt. In diesem Sinne ist die *Risikobewertung* grundsätzlich nach *festen Beurteilungsmaßstäben* vorzunehmen, während die *Sicherheitsmaßnahmen* je nach dem Ergebnis dieser Beurteilung *variabel* auf die gentechnische Arbeit zuzuschneiden sind.

Werden die in der GenTSV enthaltenen Anforderungen eingehalten, ist für den Regelfall davon auszugehen, daß etwaige Gefahren gleichsam „neutralisiert“ und dem Entstehen von Gefahren nach dem Stand von Wissenschaft und

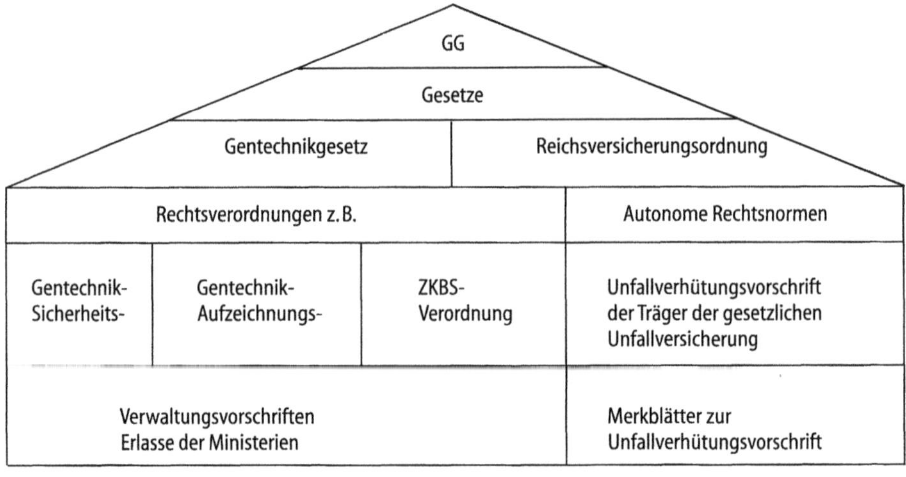

Abb. 2.1   Vorschriften zum Schutz vor Gefahren der Gentechnik

Technik vorgebeugt wird. Die trotz Einhaltung der genannten Anforderungen verbleibenden Risiken sind erlaubt und müssen hingenommen werden.

Etwas anderes gilt nur dann, wenn die der GenTSV zugrunde liegenden Erkenntnisse überholt sind. In einem solchen Fall wäre es nicht gerechtfertigt, auf „veraltete" Standards zurückzugreifen, da diese den notwendigen Schutz der in §1 GenTG genannten Rechtsgüter nicht mehr gewährleisten.

Allerdings muß bezweifelt werden, ob die GenTSV den Genehmigungsbehörden in allen Fällen ausreichende Bewertungsmaßstäbe und technische Anforderungen an die Hand gibt. Einige ihrer Begriffe sind selbst zu unbestimmt, um daraus konkrete Schlußfolgerungen ableiten zu können. Wer beispielsweise liest, daß „gentechnische Arbeiten den Sicherheitsstufen 2, 3 oder 4 zuzuordnen sind, wenn der gentechnisch veränderte Organismus für die Rechtsgüter nach §1, Nr. 1 GenTG insgesamt bei

- der Sicherheitsstufe 2 ein geringes,
- der Sicherheitsstufe 3 ein mäßiges und
- der Sicherheitsstufe 4 ein hohes

Risiko darstellt", wird die Stirn runzeln und sich fragen, welchen Wert eine solche Formulierung haben mag. Trotz dieser unbestimmten Formulierungen hat in allen Zulassungsverfahren eine Zuordnung der gentechnischen Arbeit in die jeweilige Sicherheitsstufe zu erfolgen, von der gleichzeitig eine Aussage über die mögliche Gefahr und die damit korresspondierenden Schutzmaßnahmen abhängt.

Ein weiteres Beispiel soll verdeutlichen, wie schwierig die Konkretisierung des GenTG im Einzelfall sein kann.

§13, Abs. 1, Nr. 4 GenTG fordert von den Genehmigungsbehörden die Beurteilung, daß für die erforderliche Sicherheitsstufe die nach dem *Stand der Wissenschaft und Technik* notwendigen Vorkehrungen getroffen sind *und* deshalb schädliche Einwirkungen auf die in §1, Nr. 1 GenTG bezeichneten Rechtsgüter nicht zu erwarten sind.

Geht man davon aus, daß die GenTSV Kriterien für die Prüfung der „Erforderlichkeit" der jeweiligen Sicherheitsstufe bereithält und die nach dem Stand der Wissenschaft und Technik notwendigen Vorkehrungen jedenfalls für den Regelfall festlegt, obliegt den Genehmigungsbehörden ohne Vorgabe detaillierter Kriterien die Schlußfolgerung, daß deshalb schädliche Einwirkungen nicht zu erwarten sind.

Der „Schwarze Peter" liegt damit bei den Genehmigungsbehörden, die letztlich im jeweiligen Einzelfall darauf zu achten haben, daß die Sicherheitsanforderungen weder unnötig hoch, noch unzulässig niedrig sind. Zwar bewegt sich die Genehmigungsbehörde bei Fehlen konkreter Regelungen nicht im rechtsfreien Raum, denn der grundlegende Rahmen ist durch das Gentechnikgesetz vorgegeben. Allerdings wird dadurch die Rechtsanwendung, d.h. die Umsetzung rein abstrakter Begriffe ungleich schwieriger und vor allem subjektiver. Die damit einhergehenden Rechtsunsicherheiten und Auseinandersetzungen zwischen Antragstellern und Genehmigungsbehörden sind vorprogrammiert.

Da die dem Gentechnikrecht immanente Rechtsunsicherheit nur ein Spiegel-
bild der im wissenschaftlich-technischen Bereich bestehenden Unsicherheit ist,
kann die Rechtsunsicherheit nur verringert werden, wenn durch Bildung einer
qualifizierten naturwissenschaftlich-technischen Meinung und die *Durchführung von Sicherheitsforschung* die dort bestehenden Wissenslücken verringert werden. Die in diesem Werk publizierten Abhandlungen stellen einen ersten
Schritt in diese Richtung dar.

Solange nicht naturwissenschaftlich-technische Vorschläge ihren Niederschlag etwa in Verwaltungsvorschriften gefunden haben, die auf der Grundlage
des § 30, Abs. 5 GenTG von der Bundesregierung zu erlassen sind, sind Genehmigungsbehörden darauf angewiesen, sich mit Einzelpublikationen zu
beschäftigen bzw. Sachverständige einzuschalten.

Eine Entscheidungshilfe können auch die von der BG Chemie herausgegebenen Merkblätter bieten, die allerdings inhaltlich und sprachlich der GenTSV
angepaßt werden müssen. Da Verwaltungsvorschriften und Merkblätter nie
einen Konkretisierungsgrad erreichen können, der Dritten eine vollständige
Beurteilung des beantragten Projekts ermöglicht, sind Wissenschaft und Technik aufgefordert, die notwendigen Analysen und die technischen Lösungen zur
Risikobegrenzung zu präsentieren. Es obliegt dann der Genehmigungsbehörde,
derartige Vorschläge auf ihre Vereinbarkeit mit den gesetzlichen Vorstellungen
von Gefahr, Vorsorge und Restrisiko im Einzelfall zu überprüfen.

2.3.2
Die gentechnikrechtlichen Zulassungstatbestände

Das Gentechnikrecht unterwirft gentechnische Vorhaben grundsätzlich einer
präventiven staatlichen Kontrolle. Im Rahmen von Anmelde- und Genehmigungsverfahren wird in jedem Einzelfall geprüft, ob ein bestimmtes Vorhaben
durchgeführt werden darf oder nicht. Abhängig vom vermuteten Gefährdungspotential soll die behördliche Vorkontrolle um so intensiver sein, je mehr Anhaltspunkte für eine Gefahr sprechen.

Der Gesetzgeber bringt diese Differenzierung u. a. darin zum Ausdruck, daß
bestimmte Vorhaben (nur) anzeigepflichtig sind. Andere Vorhaben sind dagegen
einem mehr oder weniger umfangreichen Genehmigungsverfahren unterworfen, das aufgrund der bisherigen Erfahrungen erhebliche zeitliche Verzögerungen nach sich ziehen kann.

Um dem Differenzierungsgedanken Rechnung zu tragen, wird die beantragte
Arbeit in jedem Einzelfall einer der vier Sicherheitsstufen zugeordnet. Die
Zuordnung entscheidet sowohl über das anwendbare Zulassungsverfahren als
auch über die im Regelfall erforderlichen Sicherheitsvorkehrungen. Die Zuordnung nimmt damit im Bereich des gentechnikrechtlichen Kontrollinstrumenta-
riums eine Schlüsselstellung ein. Die für den gesamten Bereich des Gentechnikrechts, einschließlich Freisetzungen und Inverkehrbringen, maßgeblichen
Anmelde- und Genehmigungstatbestände sind in § 1 der Gentechnik-Verfahrensverordnung aufgeführt. Allerdings ist darauf hinzuweisen, daß die GenTVfV
noch nicht an die letzte Novellierung der GenTG angepaßt wurde.

Tabelle 2.1   Zulassungstatbestände im Gentechnikgesetz

	Sicherheitsstufe 1	Sicherheitsstufen 2 – 3

Forschung	– Erstmalige Arbeit
	  Anmeldung ohne Frist
		– Erstmalige Arbeit
		  Anlagengenehmigung

	– Weitere Arbeit
	  Aufzeichnungen,
	  keine Anmeldung
		– Weitere Arbeit
		  gleiche Stufe:
		  Anmeldung ohne Frist

		– Weitere Arbeit
		  höhere Stufe: neue
		  Anlagengenehmigung

Produktion	– Erstmalige Arbeit
	  Anmeldung ohne Frist
		– Erstmalige Arbeit
		  Anlagengenehmigung

	– Weitere Arbeit
	  gleiche Stufe:
	  Anmeldung ohne Frist
		– Weitere Arbeit
		  gleiche Stufe:
		  gesonderte (Arbeits-)
		  Genehmigung

	– Weitere Arbeit
	  höhere Stufe: neue
	  Anlagengenehmigung
		– Weitere Arbeit
		  höhere Stufe: neue
		  Anlagengenehmigung

Die Zulassungstatbestände wurden durch das „Erste Gesetz zur Änderung des Gentechnikgesetzes" vom 16. Dezember 1993 umfangreich dereguliert.

Tabelle 2.1 zeigt die Errichtung und den Betrieb einer gentechnischen Anlage einschließlich der Durchführung gentechnischer Arbeiten im geschlossenen System. Dieses System enthält folgende Grundstruktur:

Ziel des Gesetzes ist es, *gentechnikbezogenes* Handeln soweit wie möglich zu erfassen. Für den Fall, daß gentechnische Arbeiten in *Anlagen* durchgeführt werden, sind Errichtung, Betrieb und die wesentlichen Änderungen solcher Anlagen bis auf Arbeiten in der Sicherheitsstufe 1 *immer* genehmigungspflichtig. Die Anlagengenehmigung bzw. Anmeldung berechtigen *immer* zur Durchführung der entsprechenden gentechnischen Arbeit in der Anlage. Eine gesonderte tätigkeitsbezogene Genehmigung bzw. Anmeldung ist daneben nicht erforderliche. Das gilt allerdings nur, soweit es sich um die *erstmalige Durchführung* von Arbeiten in genehmigten bzw. angezeigten Anlagen handelt. Die Durchführung *weiterer Arbeiten* in Anlagen ist entweder

- *aufzeichnungspflichtig,*
- *anmeldepflichtig oder*
- *genehmigungspflichtig.*

Genehmigungspflichtige weitere Arbeiten lösen, abgesehen von dem Sonderfall des § 10, Abs. 2 GenTG, *immer* ein neues Anlagengenehmigungsverfahren aus. Die Genehmigung nach § 10, Abs. 2 GenTG ist eine rein *tätigkeitsbezogene Genehmigung,* welche die vorhandene Anlagengenehmigung unberührt läßt.

Bei der Zuordnung gentechnischen Handelns zu den einzelnen Genehmigungs- bzw. Anmeldetatbeständen steht die Praxis vor folgenden Problemen:

Da der Gesetzgeber erklärtermaßen die Durchführung gentechnischer *Arbeiten* in *Anlagen* reglementieren wollte, knüpft er an zwei Begriffe an, deren Inhalt weder dem Gesetzestext noch den Gesetzesmaterialien hinreichend deutlich zu entnehmen ist. Weder die *Reichweite* des gentechnikrechtlichen *Anlagenbegriffs* noch die *zeitliche, räumlich* und *inhaltliche* Abgrenzung der einzelnen gentechnischen Arbeiten voneinander können deshalb als abschließend geklärt angesehen werden. Das kann erhebliche Konsequenzen für die Praxis haben. Beispielsweise werden die Regelungen in den §§ 9 und 10 GenTG über *„weitere gentechnische Arbeiten"* zum Teil so interpretiert, daß eine begonnene gentechnische Arbeit beendet sein muß.

Der Umfang einer gentechnischen Arbeit bestimmt nach dieser Auffassung maßgeblich die Anzahl der erforderlichen Anmelde- oder Genehmigungsverfahren nach dem neuen Gentechnikrecht. Je enger die zuständige Genehmigungsbehörde die Auslegung vornimmt, desto häufiger muß sich der Betreiber einem Genehmigungs- bzw. Anmeldeverfahren unterwerfen. Auf diese Art und Weise wird das gentechnikrechtliche Kontrollsystem in erheblichem Maße tangiert, da jeder Antrag und jede Anmeldung erneut die Möglichkeit einer detaillierten Prüfung liefern. Ob eine solche Auslegung dem Willen des Gesetzgebers entspricht, ist nicht ganz zweifelsfrei und bedarf weiterer Diskussionen. Hierbei sollte berücksichtigt werden, daß der Umfang der gentechnischen Arbeit im wesentlichen von ihrer *Zielsetzung* sowie der zum Zeitpunkt der Aufnahme der Arbeit vorliegenden *Planung* der einzelnen Arbeitsschritte bestimmt wird. Die *anfänglich Planung* umfaßt danach insbesondere

- die verwendeten Organismen,
- die eingesetzten gentechnischen Verfahren und
- die sicherheitsrelevanten Einrichtungen der gentechnischen Anlage, in welcher die Arbeit durchgeführt werden soll.

Bedeutsame Abweichungen hiervon oder *sicherheitsrelevante Ergänzungen* sind als *„weitere gentechnische Arbeit"* einzustufen.

Mit diesem Vorschlag erschöpft sich eine *„gentechnische Arbeit"* nicht in der Durchführung des stets gleichen Arbeitsschrittes, sondern kann verschiedene Stationen durchlaufen und sich dabei über verschiedene Sicherheitsstufen erstrecken, ohne daß jeweils erneut ein Anmelde- oder Genehmigungsverfahren durchzuführen ist. Voraussetzung ist allerdings, *daß der Betreiber in der Lage ist, eine Planung vorzunehmen, die beispielsweise einen Zeitraum von mehreren Jahren umfaßt* und die Behörde in die Lage versetzt, alle für diesen Zeitraum relevanten Beurteilungskriterien zu prüfen.

Der Begriff der *„gentechnischen Anlage"* kann funktional verstanden werden, so daß in *einer* gentechnischen *Anlage* gleichzeitig *mehrere gentechnische Arbeiten* als auch *eine gentechnische Arbeit,* verteilt über *mehrere gentechnische Anlagen,* vorgenommen werden können.

Es ist zu empfehlen zur Klärung dieser Fragen, möglichst frühzeitig mit der zuständigen Behörde Kontakt aufzunehmen. Besonders hilfreich sind auch die Erkenntnisse des Länderausschusses Gentechnik, die zur Lösung vieler Streitfragen des neuen Rechts fruchtbar gemacht werden können.

Tabelle 2.2 Gentechnikrechtliche Straf- und Bußgeldtatbestände

Ordnungswidrigkeiten	Straftatbestände
Durchführung gentechnischer Arbeiten außerhalb von Anlagen	Betrieb einer gentechnischen Anlage ohne die erforderliche Genehmigung:
Errichtung einer gentechnischen Anlage ohne die erforderliche Genehmigung	– Freiheitsstrafe bis zu 3 Jahren oder Geldstrafe
Wesentliche Änderung der Lage, der Beschaffenheit oder des Betriebes einer gentechnischen Anlage ohne die erforderliche Genehmigung	– Freiheitsstrafe bis zu 5 Jahren bei Gefährdung – Freiheitsstrafe bis zu 1 Jahr oder Geldstrafe bei Fahrlässigkeit
Durchführung weiterer genehmigungspflichtiger Arbeiten in gentechnischen Anlagen ohne die erforderliche Genehmigung	– Der Versuch ist strafbar

Das System der behördlichen Vorkontrolle ist ferner dadurch gekennzeichnet, daß der Betreiber, je nach Zulassungsart, zu unterschiedlichen Zeiten mit der Durchführung der Arbeit beginnen darf:

Soweit gentechnisches Handeln (lediglich) anmeldepflichtig ist, darf nach Ablauf der in § 12, Abs. 7, 8 und 9 GenTG genannten Frist die gentechnische Arbeit durchgeführt werden.

Soweit gentechnisches Handeln allerdings genehmigungspflichtig ist, darf mit der Errichtung, Inbetriebnahme und wesentlichen Änderung der Anlage bzw. der Durchführung von Arbeiten in dieser Anlage erst nach Erteilung einer Genehmigung begonnen werden. Eine Übersicht über die Folgen etwaiger Verstöße gibt Tabelle 2.2.

2.3.3
Ablauf des Anmelde- und Genehmigungsverfahrens

Das gentechnikrechtliche Zulassungsverfahren ist ein Kontrollinstrument, das einerseits feststehenden Verfahrensregeln folgt und andererseits der inhaltlichen Prüfung dient, ob von dem angemeldeten bzw. beantragten Vorhaben Gefahren für die Schutzgüter des § 1 GenTG ausgehen und dem Entstehen etwaiger Gefahren in ausreichendem Maße vorgebeugt wird.

Die einzelnen Stadien des gentechnikrechtlichen Zulassungsverfahrens sind in Abb. 2.2 dargestellt.

Wie im einzelnen noch darzustellen ist, wird die Beachtung der Belange des Arbeitsschutzes und der sonstigen Schutzgüter u. a. dadurch sichergestellt, daß diese von den verschiedensten Stellen an unterschiedlichen „Stationen" des Anmelde- und Genehmigungsverfahrens vorgebracht werden können und damit in die behördliche Entscheidung einfließen. Folgenden Personengruppen obliegt in diesem Zusammenhang eine besondere Verantwortung:

- dem *Anmelder* bzw. *Antragsteller,*
- dem *beratenden Ingenieur,*

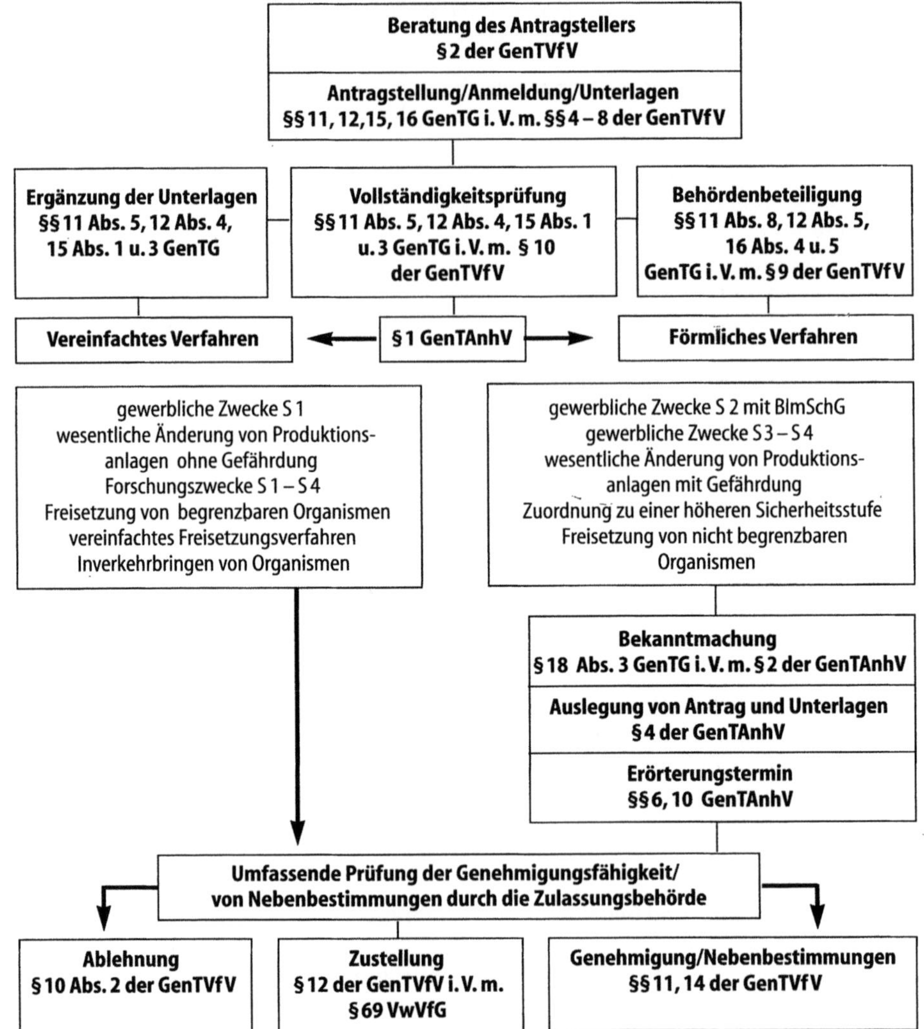

Abb. 2.2   Das Zulassungsverfahren nach dem Gentechnikgesetz

- der *Zentralen Kommission für die Biologische Sicherheit,*
- den *Behörden,* deren Aufgabenbereich durch das Vorhaben berührt wird,
- den behördlicherseits eingeschalteten *Sachverständigen* und
- der *Behörde,* die für die Prüfung im Anmelde- und Genehmigungsverfahren *verantwortlich* ist.

Die bisherigen Erfahrungen in der Praxis zeigen, daß die zuständigen Behörden von seiten der Betreiber häufig bereits im Vorfeld des Anmelde- und Genehmigungsverfahrens über das beabsichtigte Vorhaben informiert werden.

Eine solche Unterrichtung geschieht derzeit überwiegend wegen der nach wie vor bestehenden Unsicherheiten über Rechte und Pflichten des Unternehmers und Art und Umfang der beizubringenden Antragsunterlagen. Findet eine solche Unterrichtung statt, soll die zuständige Behörde gemäß § 2 GenTVfV den Betreiber „im Hinblick auf die Antragstellung oder auf eine notwendige Anmeldung beraten". Einzelheiten über Art und Umfang dieser Beratung sind weder dem GenTG, noch seinen Rechtsverordnungen zu entnehmen.

In der Praxis dürfte zu berücksichtigen sein, daß einerseits die Beratungsmöglichkeit immer nur durch ein konkretes Vorhaben ausgelöst wird und andererseits die *Verantwortung* für den Antrag und die Antrags- bzw. Anmeldeunterlagen ausschließlich beim *Antragsteller* bzw. *Anmelder* liegt. Eine ausführliche Beratung über Grundfragen des Gentechnikrechts gehört deshalb ebensowenig zu den Aufgaben der zuständigen Behörden, wie die Beteiligung bei der Planungsvorbereitung in einem Umfang, der üblicherweise von Beratungsfirmen wahrgenommen wird.

Demgegenüber muß der Betreiber wissen, welche Verfahrensart, Anmeldung oder Genehmigung, Verfahren mit oder ohne Öffentlichkeitsbeteiligung, für sein konkretes Projekt vorgeschrieben ist und welche Unterlagen für die Durchführung des jeweiligen Verfahrens erforderlich sind. Die Klärung dieser Fragen gehört deshalb zu den Aufgaben der staatlichen Behörden, die ggf. bereits in diesem frühen Stadium auch andere Behörden hinzuziehen können.

Eingeleitet wird sowohl das Anmelde- als auch das Genehmigungsverfahren durch einen schriftlichen Antrag, der in mehrfacher Ausfertigung bei der zuständigen Behörde einzureichen ist. Die genaue Anzahl der Exemplare sollte mit der Anmelde-/Genehmigungsbehörde abgestimmt werden. Welche Unterlagen im einzelnen eingereicht werden müssen, ergibt sich aus den §§ 11 und 12 GenTG in Verbindung mit der GenTVfV.

Dem Antrag sind alle Unterlagen beizufügen, die benötigt werden, um die Genehmigungsvoraussetzungen zu prüfen bzw. das angemeldete Vorhaben zu beurteilen. Das setzt voraus, daß sich der Betreiber seiner besonderen Verantwortung bei der Erstellung der Unterlagen bewußt ist. Oberstes Ziel muß an dieser Stelle die Vorlage von Unterlagen sein, die *transparent* und im einzelnen *nachvollziehbar* darlegen, wie der Schutz des Arbeitnehmers und der sonstigen Rechtsgüter sichergestellt wird.

Das kann u. a. mit Hilfe der überarbeiteten und vom Länderausschuß Gentechnik verabschiedeten Formblätter geschehen. Hilfreich können ferner die von der ZKBS-Geschäftstelle erstellten „Eingruppierungslisten" von Organismen und Vektoren sein.

In diesem Zusammenhang ist hervorzuheben, daß den Betreiber gentechnischer Anlagen bzw. denjenigen, der gentechnische Arbeiten durchführt, nach § 6 GenTG eine Reihe von Grundpflichten treffen, die mit den *immissionsschutzrechtlichen Grundpflichten* in § 5 BImSchG vergleichbar und teilweise bereits im Anmelde- und Genehmigungsverfahren zu erfüllen sind. Es sind dies im wesentlichen:

- die *Risikobewertungspflicht* (§ 6, Abs. 1 GenTG),
- die *Gefahrenabwehrpflicht* (§ 6, Abs. 2 GenTG),
- die *Vorsorgepflicht* (§ 6, Abs. 2 GenTG),
- die *Aufzeichnungspflicht* (§ 6, Abs. 3 GenTG) und
- die *Bestellpflicht* (§ 6, Abs. 4 GenTG).

In *jedem* Anmelde- und Genehmigungsverfahren ist vom Unternehmer eine eigenständige *Risikobewertung* einschließlich der vorgesehenen *Gefahrenabwehr-* und *Vorsorgemaßnahmen* vorzulegen. Eine solche Aufgabe mag von manchen als zeitaufwendig empfunden werden, sie ist jedoch für eine inhaltliche Beurteilung des angemeldeten bzw. genehmigungspflichtigen Vorhabens unerläßlich.

Neben der verstärkten Inanspruchnahme von Beratungsfirmen oder Sachverständigen kann deshalb auch die Qualifizierung eigenen Personals die effiziente und rasche Wahrnehmung dieser Verantwortung erleichtern. In jeder Hinsicht optimale Antrags- bzw. Anmeldeunterlagen können darüber hinaus ganz wesentlich dazu beitragen, daß Verzögerungen im Ablauf des Verfahrens vermieden werden.

Nach Eingang der Unterlagen hat die zuständige Behörde unverzüglich zu prüfen, ob diese für die Prüfung der Genehmigungsvoraussetzungen ausreichen bzw. eine Beurteilung des angemeldeten Vorhabens zulassen. Ist das nicht der Fall, weil beispielsweise die Darstellung der Einhaltung der Belange des Arbeitsschutzes unzulänglich ist, muß die Behörde den Antragsteller bzw. Anmelder unverzüglich auffordern, die Unterlagen innerhalb einer angemessenen Frist zu ergänzen. Im Genehmigungsverfahren kann der Antrag abgelehnt werden, falls der Antragsteller dieser Aufforderung nicht nachkommt. Das dürfte sinngemäß auch für das Anmeldeverfahren gelten, obwohl eine diesbezügliche Vorschrift in der GenTVfV fehlt.

Im weiteren Ablauf des Verfahrens ist zwischen dem Anmelde- und Genehmigungsverfahren zu differenzieren.

Der GenTVfV ist in § 9 zu entnehmen, daß das Genehmigungsverfahren grundsätzlich als „*Sternverfahren*" durchgeführt wird. Der Begriff des Sternverfahrens wird in der Regel im Zusammenhang mit der Beteiligung der Behörden benutzt, deren Aufgabenbereich durch das Vorhaben berührt wird. Im Sternverfahren beteiligt die Genehmigungsbehörde *gleichzeitig*, nicht nacheinander, alle anderen Stellen und macht es damit möglich, daß diese Stellen ohne Zeitverlust parallel ihre Beiträge zur Genehmigungsentscheidung erarbeiten können. Auf diese Art und Weise wird die Genehmigungsbehörde in die Lage versetzt, auch außerhalb ihrer eigentlichen fachlichen Kompetenz liegende Gesichtspunkte berücksichtigen zu können.

Das gilt v. a. in den Fällen, in denen andere behördlichen Entscheidungen, Baugenehmigung, Immissionsschutzrechtliche Genehmigung, Genehmigung nach tierschutzrechtlichen Vorschriften etc., aufgrund der *Konzentrationswirkung* des § 22 GenTG durch die gentechnikrechtliche Genehmigung ersetzt werden. Zu beteiligen ist ferner unter bestimmten Voraussetzungen die ZKBS, die auf diese Art und Weise die Möglichkeit erhält, die sicherheitsrelevanten

Fragen zu prüfen und zu bewerten. Ob darüber hinaus zusätzliche Sachverständigengutachten in Auftrag gegeben werden, entscheidet die Genehmigungsbehörde *nach pflichtgemäßem Ermessen*, da sie nach § 24 VwVfG verpflichtet ist, den entscheidungserheblichen Sachverhalt von Amts wegen aufzuklären. Sowohl das Sternverfahren als auch die, nach der Novellierung nicht mehr in allen Fällen zwingend, vorgeschriebene *Beteiligung der ZKBS* stellen in ausreichendem Maße sicher, daß u. a. auch die Belange des Arbeitsschutzes in die Zulassungsentscheidung mit einfließen können.

Ähnliche Überlegungen gelten auch für das gentechnikrechtliche Anmeldeverfahren, wenngleich der Betreiber mangels Konzentrationswirkung parallel zum Anmeldeverfahren alle weiteren behördlichen Entscheidungen selbständig einholen muß, die nach anderen Bestimmungen für sein Vorhaben erforderlich sind. Da im Anmeldeverfahren lediglich die spezifischen gentechnischen Besonderheiten des Vorhabens geprüft werden, findet deshalb ein *beschränktes Sternverfahren* statt. Vorgesehen ist auch hier die Beteiligung der ZKBS (§ 12, Abs. 5 GenTG). Welche Stellen darüber hinaus beteiligt werden, liegt im Ermessen der Behörde, die für die Beurteilung des angemeldeten Vorhabens zuständig ist. So kann es beispielsweise geboten sein, zentrale Dienststellen des jeweiligen Landes oder die Standortgemeinde einzuschalten.

Von diesen Gemeinsamkeiten abgesehen gibt es allerdings wesentliche Unterschiede zwischen anmelde- und genehmigungspflichtigen Vorhaben.

Diese dokumentieren sich in einer erheblichen verfahrensmäßigen Erleichterung für anmeldepflichtige Vorhaben: Der Betreiber bedarf keines förmlichen Gestattungsaktes in Form einer Genehmigung, sondern darf nach Ablauf bestimmter Fristen mit der Durchführung der Arbeit beginnen, es sei denn, es liegt eine ausdrückliche Untersagungsverfügung der zuständigen Behörde vor.

Demgegenüber darf mit genehmigungspflichtigen Arbeiten nur dann begonnen werden, wenn vorher eine entsprechende Genehmigung erteilt wurde.

Hinzu kommen Unterschiede im Hinblick auf die Notwendigkeit einer Öffentlichkeitsbeteiligung.

Während genehmigungspflichtige Vorhaben z. T. nur in einem *förmlichen Verfahren*, d. h. unter Beteiligung der Öffentlichkeit, genehmigt werden dürfen, entfällt eine solche Öffentlichkeitsbeteiligung bei bestimmten genehmigungsbedürftigen und bei allen anmeldepflichtigen Vorhaben.

In den Fällen, in denen ein vereinfachtes Verfahren durchzuführen ist, kann die zuständige Behörde bereits nach Abschluß des Sternverfahrens mit der umfassenden Prüfung der Genehmigungsfähigkeit bzw. bei anmeldepflichtigen Tatbeständen mit der Prüfung, ob das Vorhaben unter Beifügung von Nebenbestimmungen zugelassen werden kann oder zu untersagen ist, beginnen. In allen anderen Fällen ist zunächst die *Beteiligung der Öffentlichkeit* durchzuführen, die in folgenden Stufen abläuft:

- *Bekanntmachung des Vorhabens* (§ 2 GenTAnhV),
- *Auslegung von Antrag und Unterlagen* (§ 4 GenTAnhV),
- *Erhebung von Einwendungen* (§ 5 GenTAnhV),
- *Erörterungstermin* (§ 6 GenTAnhV).

Sowohl anmelde- als auch genehmigungspflichtige Vorhaben sind von der Zulassungsbehörde umfassend auf ihre Vereinbarkeit mit gesetzlichen Vorschriften zu überprüfen. Neben einer eigenständigen Sachverhaltsaufklärung ist die Zulassungsbehörde gehalten, die Erkenntnisse zu verwerten, die im Sternverfahren gewonnen wurden. Das gilt allerdings nur, soweit die beteiligten Behörden die Anforderungen, die aus ihrer Sicht an das Vorhaben zu stellen sind, so konkret beschreiben und begründen, daß diese Anforderungen von der Zulassungsbehörde ohne weiteres nachvollzogen und als Auflage oder Bedingung in die Zulassungsentscheidung aufgenommen und begründet werden können.

Inhaltliche Prüfungskriterien, die letztendlich ein sicheres Arbeiten in Anlagen gewährleisten und deshalb auch von den Novellierungsbestrebungen unberührt bleiben, enthält das Gesetz in den §§ 12 und 13 GenTG. Vereinfacht ausgedrückt verlangt der Gesetzgeber, daß

- der *Betreiber* und die für die Errichtung, die Leitung und die Beaufsichtigung des Betriebs der Anlage verantwortlichen Personen *zuverlässig* sind,
- der *Projektleiter* und der *Beauftragte für die biologische Sicherheit sachkundig* sind und ihre Verpflichtungen ständig erfüllen,
- der *Antragsteller* den in § 6 GenTG genannten *Grundpflichten* und den in Rechtsverordnungen festgelegten Pflichten nachkommt,
- die nach dem Stand der Wissenschaft und Technik notwendigen Vorkehrungen getroffen werden, so daß *schädliche Einwirkungen* auf die in § 1, Nr. 1 GenTG genannten Schutzgüter nicht zu erwarten sind,
- das *Verbot* der Entwicklung, Herstellung und Lagerung bakteriologischer (biologischer) Waffen und von Toxinwaffen beachtet wird und
- *andere öffentlich-rechtliche Vorschriften* dem Vorhaben nicht entgegenstehen (gilt nicht im Fall des § 10, Abs. 2 GenTG).

Der Regelung in § 12, Abs. 11 GenTG ist zu entnehmen, daß die in § 13, Abs. 1 Nrn. 1–5 GenTG festgelegten Kriterien im gleichen Umfang auch für anmeldepflichtige Vorhaben gelten.

Außer der Tatsache, daß dem Unternehmer bei anmeldepflichtigen Tatbeständen gewisse verfahrensrechtliche Erleichterungen zugestanden werden, folgt deshalb keine Relativierung des Schutzanspruchs des Arbeitnehmers. Das gilt auch, obwohl die GenTVfV einen teilweise von § 13 GenTG abweichenden Prüfungsumfang festgelegt hat.

Denn der in einem der vorangehenden Kapitel dargestellten Pyramide gesetzlicher Vorschriften ist zu entnehmen, daß das GenTG der GenTVfV als höherrangiges Recht vorgeht.

Stellt die Zulassungsbehörde fest, daß die Zulassungskriterien nicht erfüllt sind, *ist* bei genehmigungspflichtigen Vorhaben der Antrag abzulehnen. Bei anmeldepflichtigen Vorhaben *kann* die Durchführung der angemeldeten gentechnischen Arbeiten untersagt werden. Soweit Nebenbestimmungen erforderlich sind, *kann* die Durchführung von anmelde- und genehmigungspflichtigen Vorhaben von der Einhaltung solcher Bestimmungen abhängig gemacht werden. Auch auf diese Art und Weise wird letztlich sichergestellt, daß der Zweck des Gesetzes erfüllt wird.

2.4
Überwachung gentechnischer Arbeiten

Die Ausführungen über das System der behördlichen Vorkontrolle haben verdeutlicht, daß die Prüfung der Schutz- und Vorsorgekriterien im Genehmigungs- und Anmeldeverfahren zu den wichtigsten Aufgaben der zuständigen Behörden zählt.

Es liegt auf der Hand, daß eine einmalige Prüfung im Genehmigungs- bzw. Anmeldeverfahren nicht ausreicht, um auf Dauer einen sicheren Umgang der Arbeitnehmer mit gentechnisch veränderten Organismen zu gewährleisten. Ähnlich wie andere Umweltgesetze formuliert deshalb § 25 GenTG einen *verwaltungsbehördlichen Überwachungsauftrag* für den Bereich der Gentechnologie.

Gegenstand der Kontrolle ist die Einhaltung aller, zum Schutz der in § 1 GenTG genannten Rechtsgüter, erlassenen Vorschriften und damit auch solcher, die den Schutz der Arbeitnehmer bezwecken.

Im Gegensatz zu vielen Streitfragen des Gentechnikrechts wurde der Themenkomplex „Überwachung" im Gesetzgebungsverfahren nur am Rande diskutiert. Das hat mehrere Gründe.

Einerseits haben die Anlagenbetreiber die Notwendigkeit über- und innerbetrieblicher Kontrolle von Anfang an akzeptiert, so daß im Gesetzgebungsverfahren nur noch über (geringfügige) Änderungswünsche der Opposition zu verhandeln war. Diese Änderungswünsche sind vollständig in die Endfassung des Gesetzes eingeflossen. Andererseits hängt eine effektive Kontrolle in der Praxis weniger von rechtlichen Vorgaben als vielmehr von einer adäquaten sachlichen und personellen Ausstattung und einem verantwortungsbewußten Verhalten der Aufsichtsbeamten ab. Diese Gesichtspunkte waren aber nicht Gegenstand des Gesetzgebungsverfahrens. Schließlich dürfte der Umstand eine Rolle gespielt haben, daß Außenstehende wenig Detailkenntnisse über die inner- und außerbetriebliche Kontrollpraxis haben. Insofern waren der Austragung gegensätzlicher Standpunkte auch faktische Grenzen gesetzt.

Da allerdings von den Kritikern der Gentechnologie während des Gesetzgebungsverfahrens bzw. bei Erörterungsterminen mehr oder weniger pauschal vorgetragen wurde, eine nachträgliche Kontrolle gentechnischer Arbeiten sei entweder überhaupt nicht oder nur eingeschränkt möglich, drängt sich die Frage auf, welche Kontrollaufgaben und -befugnisse das Gentechnikrecht postuliert und wie die externe und innerbetriebliche Überwachung organisiert ist.

Bei der Beantwortung des letzten Teils der Frage ist zu berücksichtigen, daß das überbetriebliche Arbeitsschutzsystem in der Bundesrepublik traditionell durch eine Doppelspurigkeit nicht nur bei den Vorschriften, sondern auch bei den Aufsichtsdiensten gekennzeichnet ist (*sog. dualer Arbeitsschutz*). Neben den staatlichen Aufsichtsbehörden haben auch die technischen Aufsichtsdienste der Unfallversicherungsträger die Aufgabe, Betriebe zu besichtigen und dabei die Einhaltung der Vorschriften durch den Arbeitgeber zu kontrollieren.

Zwar wurde in der Finanzministerkonferenz der Länder am 01.10.1992 vorgeschlagen, den bestehenden Dualismus zwischen staatlichem Arbeitsschutz und gewerblichen Berufsgenossenschaften aufzugeben und die Aufgaben des

Arbeitsschutzes den Berufsgenossenschaften zu übertragen, ob aber überhaupt und zu welchem Zeitpunkt diese Forderung realisiert wird, läßt sich jedoch derzeit nicht absehen.

Deshalb ist im Zusammenhang mit der Kontrolle gentechnischer Arbeiten auch der Frage nachzugehen, wie das existierende *System der dualen Aufsicht und Beratung* zum Schutz der Arbeitnehmer möglichst optimal in der Praxis genutzt werden kann.

2.4.1
Kontrollaufgaben und -befungisse im Gentechnikrecht

Die Aufgaben und Befugnisse der *zuständigen Landesbehörden* ergeben sich aus den §§ 25 und 26 GenTG. Im Zusammenhang damit steht die in § 28 GenTG geregelte *Unterrichtungspflicht* sowie die in § 29 GenTG kodifizierte *Auswertungspflicht*.

Die Überwachungsregelungen im GenTG stimmen weitgehend mit entsprechenden Vorschriften in anderen Gebieten des Umweltrechts überein. Sie zählen zu den „gemeinsamen Vorschriften" und gelten damit gleichermaßen für anmelde- und genehmigungspflichtige Tatbestände. Absatz 1 des § 25 GenTG weist den zuständigen Landesbehörden in sehr allgemeiner Form die Überwachung als eine selbständige, öffentliche Aufgabe zu.

Zur Erfüllung dieser Aufgabe sind die Behörden gesetzlich verpflichtet. Es kommt nicht darauf an, ob eine konkrete Beschwerde vorliegt oder eine vorherige Anordnung oder Verfügung erlassen worden ist.

Der Überwachungsauftrag korrespondiert inhaltlich mit der in § 1, Nr. 1 GenTG festgelegten Zielsetzung und erstreckt sich damit im wesentlichen auf die Kontrolle der Einhaltung von *Gefahrenabwehr-* und *Vorsorgeregelungen*.

Die Überwachung dient insbesondere der Kontrolle, ob und inwieweit

- die notwendigen *sicherheitsrelevanten Einrichtungen vorhanden sind* und noch ausreichen, um den Schutz der in § 1 GenTG genannten Rechtsgüter sicherzustellen (§ 26, Abs. 1, Nr. 4 GenTG),
- alle *Nebenbestimmungen eingehalten werden*, mit denen die Genehmigung versehen wurde oder unter denen ein anmeldepflichtiges Vorhaben durchgeführt werden darf (§ 11, Abs. 1, Nr. 4, § 14, Abs. 2 GenTVfV),
- eine gentechnische Anlage *ohne die erforderliche Anmeldung oder Genehmigung* betrieben wird (§ 8 GenTG),
- eine gentechnische Anlage *ohne Genehmigung wesentlich geändert* worden ist (§ 8, Abs. 4 GenTG) und
- weitere gentechnische Arbeiten *ohne die erforderliche Anmeldung oder Genehmigung* durchgeführt werden (§§ 9, 10 GenTG).

Die Überwachung ist besonders dort wichtig, wo eine präventive Vorkontrolle durch die Behörden entweder nicht oder nur unter großem Zeitdruck erfolgt. Das ist bei allen Anmeldeverfahren und bei allen aufzeichnungspflichtigen Vorgängen der Fall.

Zur Erfüllung ihres Überwachungsauftrags hat der Gesetzgeber den Landesbehörden in § 26, Abs. 1 GenTG die ausdrückliche Befugnis zur Anordnung von Maßnahmen zur Beseitigung festgestellter oder zur Verhütung künftiger Verstöße gegen das GenTG oder die aufgrund des GenTG erlassenen Rechtsverordnungen eingeräumt. Die Befugnisse der Überwachungsbehörden reichen von der Betriebsuntersagung bis hin zur vollständigen Beseitigung einer illegal errichteten Anlage. Darüber hinaus kann die zuständige Behörde grundsätzlich alle Anordnungen treffen, die zur Beseitigung festgestellter oder zur Verhütung künftiger Verstöße gegen das neue Gentechnikrecht notwendig sind.

Nicht von § 26 GenTG gedeckt ist allerdings die gegen Anlagenbetreiber gerichtete Anordnung, einzelne oder regelmäßige sicherheitstechnische Prüfungen durch eine anerkannte Stelle durchführen zu lassen. Eine solche Anordnung, die die Überwachungsbehörde von der Pflicht entbinden würde, eigene Sachverhaltsermittlungen durchzuführen, wäre zwar im Gentechnikrecht sinnvoll, bedarf aber einer eindeutigen gesetzlichen Grundlage.

Möglich ist dagegen die Durchführung eigener sicherheitstechnischer Prüfungen einschließlich der Entnahme von Proben auf der Grundlage von § 25, Abs. 3, Nr. 2 GenTG, da ansonsten der Überwachungsauftrag vielfach leerlaufen würde. Hierbei ist in besonderem Maße auf die Wahrung von Betriebsgeheimnissen zu achten.

Nach allgemeinen Grundsätzen des Verwaltungsrechts kann die Behörde für Prüfungen und Beurteilungen *externe Sachverständige* hinzuziehen und ist nicht auf die im Gentechnikgesetz genannte Bundesbehörde, das Robert-Koch-Institut, beschränkt.

Daneben werden den Überwachungsbehörden in § 25 GenTG weitere Befugnisse eingeräumt.

§ 25, Abs. 3, Nr. 1 GenTG räumt den regelmäßig im Außendienst tätigenden Angehörigen der zuständigen Überwachungsbehörde ausdrücklich die Befugnis ein, Grundstücke, Geschäfts- und Betriebsräume zu betreten und zu besichtigen. Aufgrund der vorstehenden Überlegungen dürfte sich diese Befugnis auch auf die hinzugezogenen Sachverständigen erstrecken.

Nach § 25, Abs. 3, Nr. 3 sind die Angehörigen der zuständigen Behörde ferner befugt, erforderliche Unterlagen einzusehen und hieraus Ablichtungen oder Abschriften anzufertigen. Um welche Unterlagen es sich hier handelt, ist dem Gesetz nicht zu entnehmen.

Da die Befugnis aber ausdrücklich im Zusammenhang mit der Überwachung eingeräumt worden ist, erstreckt sich die Einsichtnahme in alle Unterlagen, in die zur Zweckerreichung eingesehen werden muß. Hilfreich ist in diesem Zusammenhang eine Einsicht in die *aufzeichnungspflichtigen Unterlagen.*

Aus der Tatsache, daß die Einsicht in die Unterlagen zur Erfüllung erforderlich sein muß, folgt, daß der Behörde durch § 25, Abs. 3, Nr. 3 kein allgemeines Ausforschungsrecht eingeräumt wird. Die Einsichtnahme steht demnach unter dem Vorbehalt der individuellen Erforderlichkeit.

Obwohl den Aufsichtsbehörden die Befugnis, Auskünfte zu verlangen nicht ausdrücklich eingeräumt wird, folgt eine solche Befugnis aus dem Umstand, daß der Gesetzgeber dem Betreiber und den verantwortlichen Personen im Sinne des § 3, Nr. 10 und 11 GenTG eine *Auskunftsverpflichtung* auferlegt hat (vgl. § 25, Abs. 2 GenTG). Art, Ort, Zeit und Umfang der vom Betreiber und den verantwortlichen Personen zu machenden Ausführungen werden von der Aufsichtsbehörde bestimmt und stehen ebenfalls unter dem Vorbehalt der individuellen Erforderlichkeit und Verhältnismäßigkeit.

Adressat von überwachungsbehördlichen Maßnahmen ist grundsätzlich der Anlagenbetreiber. Bei Gefahr im Verzug können allerdings Anordnungen nach § 26 GenTG auch gegen Aufsichtspersonen – Projektleiter und Beauftragte für die Biologische Sicherheit –, und sonstige Beschäftigte erlassen werden (§ 8, Abs. 3 GenTSV). Der Überwachung dienen auch

- die *Anzeigepflicht* (§ 21 GenTG),
- die *Unterrichtungspflicht* (§ 29 GenTG),
- die *Auswertungspflicht* (§ 29 GenTG) und
- die *Aufzeichnungspflicht* (§ 6 Abs. 3 GenTG).

Nach § 21 GenTG ist der Betreiber in folgenden Fällen zu einer Anzeige bei der Überwachungsbehörde verpflichtet:

- *Jede* beabsichtigte Änderung der sicherheitsrelevanten Einrichtungsgegenstände.
- *Jeder* Wechsel in der Person des Projektleiters, des Beauftragten für die Biologische Sicherheit oder eines Mitgliedes des Ausschusses für die Biologische Sicherheit.
- *Alle* neuen Informationen über Risiken für die menschliche Gesundheit oder die Umwelt.
- *Jedes* Vorkommnis, das nicht dem erwarteten Verlauf der gentechnischen Arbeit entspricht und bei dem der Verdacht einer Gefährdung der in § 1, Nr. 1 GenTG bezeichneten Rechtsgüter besteht. Dabei sind alle für die Sicherheitsbewertung notwendigen Informationen sowie geplante oder getroffene Notfallmaßnahmen mitzuteilen.

Durch diese Angaben wird die Entscheidung der Überwachungsbehörde über die Erforderlichkeit von Maßnahmen nach § 26 GenTG oder nachträglichen Anordnungen nach § 19 GenTG erheblich erleichtert.

Die Anzeige nach § 21 GenTG löst die *Unterrichtungspflicht* nach § 28 GenTG aus.

Danach haben die zuständigen Behörden das Robert-Koch-Institut unverzüglich über die ihnen nach § 21 GenTG angezeigten sicherheitsrelevanten Vorkommnisse etc. zu unterrichten. Die unverzügliche Unterrichtungspflicht besteht darüber hinaus in allen Fällen, in denen den Überwachungsbehörden sicherheitsrelevante Vorkommnisse etc. im Rahmen der Überwachung bekannt werden. Darüber hinaus haben die Überwachungsbehörden das Robert-Koch-Institut jährlich über die im Vollzug des Gentechnikgesetzes getroffenen Entscheidungen zu unterrichten.

Die Unterrichtungspflicht versetzt das Institut in die Lage, seiner in § 29 GenTG geregelten *Auswertungspflicht* nachzukommen. Auf diese Art und Weise können alle sicherheitsrelevanten Erkenntnisse ausgewertet und bei zukünftigen Entscheidungen über die Zulassung von Arbeiten in Anlagen berücksichtigt werden.

Unabhängig davon wird das Robert-Koch-Institut als eigenständige Genehmigungsbehörde über Vorkommnisse bei Freisetzungen und Inverkehrbringen informiert.

Um die Auswertung von sicherheitsrelevanten Erkenntnissen möglichst optimal im Gesetzesvollzug zu nutzen, trifft das Institut nach § 28, Abs. 2 GenTG eine selbständige *Mitteilungspflicht*. Danach gibt das Robert-Koch-Institut seine Erkenntnisse den zuständigen Behörden bekannt, soweit sie für den Gesetzesvollzug von Bedeutung sein können.

Von erheblicher Bedeutung für die Überwachung ist schließlich die in § 6, Abs. 3 GenTG geregelte *Aufzeichnungspflicht*. Danach hat der Betreiber über die Durchführung gentechnischer Arbeiten in Anlagen Aufzeichnungen zu führen und der Überwachungsbehörde auf ihr Ersuchen vorzulegen. Einzelheiten über Form und Inhalt der Aufzeichnungen und die Aufbewahrungs- und Vorlagepflichten sind in der GenTAufzV geregelt.

Die GenTAufzV gilt für alle gentechnischen Arbeiten zu Forschungszwecken oder zu gewerblichen Zwecken. Bereits vor Beginn der gentechnischen Arbeiten sind sämtliche Angaben aufzuzeichnen, die nach Maßgabe der in Anhang I zur GenTSV festgelegten Kriterien für die Risikobewertung erforderlich sind. Die weiteren Aufzeichnungen sind, soweit erforderlich, fortlaufend zu führen.

Inhaltlich sind die Anforderungen an die Aufzeichnungen nach Sicherheitsstufen gestaffelt. Ohne Anspruch auf Vollständigkeit ist auf folgendes hinzuweisen:

Immer aufzuzeichnen sind

- *allgemeine Angaben* (Name des Betreibers, Projektleiters, Beauftragten für die Biologische Sicherheit, Sicherheitsstufe, Genehmigungsbescheid, Zustimmung),
- *Zeitpunkt des Beginns* und des *Abschlusses* der gentechnischen Arbeiten,
- *Art der Ausgangsorganismen* und der *Ausgangsstoffe*,
- die für die Sicherheitsstufe bedeutsamen *Merkmale des gentechnisch veränderten Organismus*,
- Angaben über die *Risikobewertung*,
- *jedes Vorkommnis*, das nicht dem erwarteten Verlauf der gentechnischen Arbeiten entspricht und bei dem der *Verdacht einer Gefährdung* der in § 1, Nr. 1 GenTG bezeichneten Rechtsgüter nicht auszuschließen ist (vgl. aber auch § 21, Abs. 3 GenTG).

Bei allen gentechnischen Arbeiten zu gewerblichen Zwecken sind zusätzlich aufzuzeichnen:

- soweit erforderlich das *Prinzip der Herstellung* und *Aufarbeitung* einschließlich der Beschreibung des durch die Arbeit herzustellenden Erzeugnisses,
- die bei der Herstellung zu verwendenden *Geräte*,
- die zur *Inprozeßkontrolle* zu verwendenden Verfahren und Geräte und
- die *Anzahl der Ansätze* einschließlich der einzelnen *Produktionsvolumina*.

Darüber hinaus gibt es zusätzlich Aufzeichnungspflichten für alle gentechnischen Arbeiten zu Forschungszwecken und für gentechnische Arbeiten der Sicherheitsstufen 3 oder 4, die unabhängig von der Zweckrichtung bestehen.

Alle Aufzeichnungen dürfen weder durch Streichung, noch auf andere Weise unleserlich gemacht werden und sind von dem Betreiber, dem von ihm beauftragten Projektleiter oder einer von diesen bestimmten Person zu unterschreiben.

Insgesamt sind die Aufzeichnungspflichten sehr umfangreich und dürften den Aufsichtsbehörden ihre Arbeit erheblich erleichtern. Allerdings bestehen gewisse Spielräume des Unternehmens, da *kontinuierliche Aufzeichnungen* nur gefordert werden, soweit sie „erforderlich" sind.

2.4.2
Organisation der externen und innerbetrieblichen Überwachung

Bereits in der Einleitung wurde darauf hingewiesen, daß bei der Zulassung und Kontrolle gentechnischer Arbeiten in Anlagen zu einem großen Teil Aufgaben des Arbeitsschutzes wahrzunehmen sind.

Um die auf dem Gebiet der Gentechnologie anfallenden Arbeitsschutzaufgaben wirksam erfüllen zu können, bedarf es grundsätzlich einer entsprechenden Organisation und der Gewinnung von qualifizierten Mitarbeitern.

Von Kritikern wird in diesem Zusammenhang vielfach übersehen, daß in der Bundesrepublik Deutschland seit Jahrzehnten ein Kontrollsystem existiert, das sich sehr bewährt hat und zwischendurch auch für die Aufgaben auf dem Gebiet der Gentechnologie fruchtbar gemacht werden konnte.

Dieses Kontrollsystem läßt sich zunächst in zwei große Bereiche untergliedern:

- die *außerbetriebliche* und
- die *innerbetriebliche* Überwachung.

Einzelheiten sind den Tabellen 2.3 und 2.4 zu entnehmen.

Die außerbetriebliche Überwachung des Arbeitsschutzes besteht aus zwei Säulen:

- den *staatlichen Überwachungsbehörden* der Bundesländer und
- den *Technischen Aufsichtsdiensten* der Unfallversicherungsträger.

Aufgabe der *staatlichen Ämter* ist vornehmlich die Durchsetzung und Einhaltung der staatlichen Umweltschutz- und Arbeitsschutzvorschriften, während die *Berufsgenossenschaften* für die Erarbeitung und Überwachung der berufsgenossenschaftlichen Unfallverhütungsvorschriften, die zum Schutz der Arbeitnehmer erlassen wurde, verantwortlich sind. Soweit es um den Arbeitssschutz geht, besteht, vereinfacht dargestellt, die Aufgabe beider Institutionen darin, die Einhaltung der in den Arbeitsschutzbestimmungen niedergelegten Gebote und Verbote in den Betrieben zu überwachen.

Da es sich anbot, die vorhandenen Organisationsstrukturen für das neue Gebiet der Gentechnologie zu nutzen, wurde die staatliche Umweltverwaltung in

Tabelle 2.3 Technisches Sicherheitsrecht: Außerbetriebliches Kontrollsystem

Normsetzend	Überwachend

– Staat
  ○ Bund
  ○ Länder
	– Staat
	  ○ Staatliche Ämter für
	    Arbeits-/Umweltschutz

– Unfallversicherungsträger
  ○ Berufsgenossenschaften
  ○ Eigenunfall-
    versicherungsträger
	– Unfallversicherungsträger
	  ○ Technische
	    Aufsichtsdienste

– Privatrechtl. Organisationen
  ○ DIN, VDI, VDE etc.
	– Privatrechtliche
	  Organisationen
	  ○ z. B. TÜV

Tabelle 2.4 Technisches Sicherheitsrecht: Innerbetriebliches Kontrollsystem

Verantwortlich	Beratend und unterstützend
– Unternehmer	– Betriebsrat – Betriebsärzte
– Vorgesetzte	– Betriebsbeauftragte ○ Sicherheitsbeauftragte

– Koordinatoren	○ Fachkräfte für
	    Arbeitssicherheit
	  ○ Beauftragte für
	    Umweltschutz

den meisten Bundesländern mit der Wahrnehmung von Überwachungsaufgaben nach dem GenTG beauftragt.

Ähnliche Überlegungen gelten für die Berufsgenossenschaften als Träger der gesetzlichen Unfallversicherung. Die im dualen Arbeitsschutzsystem auf die Berufsgenossenschaften zukommenden Aufgaben werden gemäß §712, Abs. 1 RVO von Technischen Aufsichtsbeamten wahrgenommen. Da sich die Berufsgenossenschaft der chemischen Industrie mit Erlaß der Unfallverhütungsvorschrift „Biotechnologie" und der konkretisierenden Merkblätter auch des neuen Gebiets der Gentechnologie angenommen hat, sind zwangsläufig diesbezügliche Kontrollaufgaben von den Technischen Aufsichtsbeamten wahrzunehmen.

Mit den beiden Säulen des dualen Arbeitsschutzsystems steht deshalb eine Organisation zur Verfügung, der wegen ihrer Überwachungserfahrung auf dem Gebiet des technischen Arbeitsschutzes im Grundsatz auch die Überwachung gentechnischer Arbeiten in Anlagen anvertraut werden konnte. Beide Zweige verfügen über Beamte, die auf dem Gebiet des technischen Arbeitsschutzes entsprechend vor- und ausgebildet sind.

Es liegt auf der Hand, daß zwischen vielen Anlagen, die traditionell von beiden Berufsgruppen überwacht werden und Anlagen, in denen mit gentechnisch veränderten Organismen gearbeitet wird, Überschneidungen im technischen Bereich bestehen.

Hier wie dort müssen zum Schutz der Arbeitnehmer viele technische Details bestimmte Beschaffenheitsanforderungen erfüllen, unabhängig von der Frage, ob es sich um eine Chemieanlage oder um eine gentechnische Anlage handelt. Insoweit verfügen beide Zweige des dualen Arbeitsschutzsystems über die jeweilige aufgabenspezifische Sachkompetenz.

Das gilt allerdings nicht uneingeschränkt für die Überwachung der „Biologischen Sicherheit". Um sicherzustellen, daß staatliche Verantwortung von der Umweltverwaltung faktisch auch auf dem Gebiet der Gentechnologie wahrgenommen werden kann, ist das qualitativ und quantitativ erforderliche Personal vorzuhalten. Ähnliches gilt für die Berufsgenossenschaften, die nach § 712, Abs. 1 RVO gesetzlich verpflichtet sind, Technische Aufsichtsbeamte in der für eine wirksame Unfallverhütung erforderlichen Zahl anzustellen. Nur durch Schaffung adäquater personeller und sächlicher Voraussetzungen läßt sich verhindern, daß möglicherweise Vollzugsdefizite auf dem Sektor der Gentechnologie entstehen.

Neben der externen Überwachung durch die staatlichen Ämter und die Berufsgenossenschaften kann die Arbeitssicherheit in gentechnischen Anlagen durch das existierende *innerbetriebliches Arbeitsschutzsystem* gewährleistet werden. Zum innerbetrieblichen Arbeitsschutzsystem gehören Personengruppen, die im wesentlichen

- verantwortlich,
- beratend und unterstützend sowie
- mitbestimmend und mitwirkend

tätig werden.

Verantwortlich für die Einhaltung aller Arbeitsschutzvorschriften und damit für die Sicherheit aller im Betrieb Beschäftigten ist *grundsätzlich der Unternehmer.* Ihn treffen sowohl allgemeine Arbeitsschutzpflichten als auch solche, die den Arbeitnehmer vor den spezifischen Gefahren der Gentechnik schützen sollen. Seine Verantwortung ist im einzelnen in folgenden gesetzlichen Bestimmungen festgelegt:

- Gentechnikgesetz (einschließlich Verordnungen)
- Unfallverhütungsvorschriften
- Arbeitsschutzrahmengesetz
- Arbeitsstättenverordnung
- Gefahrstoffverordnung
- Gewerbeordnung und
- Bürgerliches Gesetzbuch.

Innerbetrieblicher Arbeitsschutz ist folglich nicht lediglich eine *Nobile Officium, sondern eine rechtlich* abgesicherte Verpflichtung für den Unternehmer.

Innerbetriebliche Arbeitssicherheit wird ferner dadurch gewährleistet, daß der Unternehmer nach § 6, Abs. 4 GenTG verpflichtet ist, *Projektleiter* sowie *Beauftragte* oder *Ausschüsse für Biologische Sicherheit* zu bestellen. Dadurch wird gleichsam ein *doppeltes personelles Sicherheitssystem* installiert.

Der *Projektleiter* wird als verlängerter Arm des Betreibers im Betrieb tätig und führt die unmittelbare Planung, Leitung und Beaufsichtigung der gentechnischen Arbeiten durch. Er ist dabei u. a. verantwortlich für

- die *Beachtung aller Schutzvorschriften* der GenTSV sowie der seuchen-, tier-
  seuchen-, artenschutz- und pflanzenschutzrechtlichen Vorschriften,
- die *Umsetzung* von *behördlichen Auflagen* und *Anordnungen*,
- die ausreichende *Qualifikation* und *Einweisung der Beschäftigten*,
- die *Unterrichtung* des Beauftragten für die Biologische Sicherheit und des
  Betreibers.

Um diese Aufgaben wahrzunehmen zu können, werden besondere Anforderungen an die fachliche Qualifikation gestellt. Erforderlich sind u. a.

- *nachweisbare Kenntnisse,* insbesondere in klassischer und molekularer
  Genetik,
- *praktische Erfahrungen* im Umgang mit Mikroorganismen und
- *Kenntnisse* über *Sicherheitsmaßnahmen* und *Arbeitsschutz* bei gentechnischen Arbeiten.

Falls im Zuständigkeitsbereich des Projektleiters mit human-, tier- oder
pflanzenpathogenen Organismen gearbeitet wird, muß der Projektleiter im
Besitz einer entsprechenden Erlaubnis nach dem Bundesseuchengesetz, der
Tierseuchenerregerverordnung oder pflanzenschutzrechtlichen Bestimmungen sein.

Neben dem Projektleiter hat der Betreiber einen oder mehrere Beauftragte
für die Biologische Sicherheit zu bestellen. Der Beauftragte für die Biologische
Sicherheit ist verantwortlich für

- die *Überwachung* des Projektleiters,
- die *Beratung* des Betreibers und des Betriebs- oder Personalrats und
- die *Berichterstattung* gegenüber dem Betreiber.

Um diese Aufgaben wahrnehmen zu können, werden grundsätzlich die gleichen
Anforderungen an die fachliche Qualifikation des Beauftragten für die Biologische Sicherheit gestellt, wie an den Projektleiter.

Der Betreiber hat den Beauftragten für die Biologische Sicherheit bei der
Erfüllung seiner Aufgaben zu unterstützen und ihm insbesondere Hilfspersonal,
Räume, Einrichtungen, Geräte und Arbeitsmittel zur Verfügung zu stellen und
ihm die zur Erfüllung seiner Aufgaben erforderliche Fortbildung zu ermöglichen. Bei seiner Tätigkeit wird der Beauftragte für die Biologische Sicherheit
durch ein besonderes Benachteiligungsverbot geschützt (vgl. §19, Abs. 2
GenTSV).

Beratend und *unterstützend* wirken schließlich im Arbeitsschutz folgende
Personengruppen mit:

- Betriebs- bzw. Personalräte,
- Betriebsärzte,
- Fachkräfte für Arbeitssicherheit und die
- Sicherheitsbeauftragten.

Abgesehen von den Betriebs- bzw. Personalräten, deren Mitwirkung das Gentechnikgesetz durch eine eigenständige Mitteilungspflicht des Arbeitgebers

sicherstellt, werden die übrigen Gruppen auf der Grundlage anderer gesetzlicher Vorschriften tätig. In der Praxis ist jedoch davon auszugehen, daß diese auch in Arbeitsschutzfragen konsultiert werden, die die Arbeit in gentechnischen Anlagen zum Gegenstand haben.

2.4.3
Zusammenarbeit bei der Überwachung

Das duale Arbeitsschutzsystem hat zur Konsequenz, daß *unterschiedliche Aufsichtsbeamte* die Durchführung gentechnischer Arbeiten in Anlagen mit der, zumindest für den Bereich des Arbeitsschutzes, *gleichen Zielrichtung* überwachen. Daneben werden andere Organe bei der Umsetzung des Arbeitsschutzes in gentechnischen Anlagen beratend und unterstützend tätig:

Die staatliche Verwaltung wird von *Zentralstellen* unterstützt, *innerbetrieblich* wirken die *Betriebs-* bzw. *Personalräte*, der *Projektleiter*, der Beauftragte für die Biologische Sicherheit und *Fachkräfte für den Arbeitsschutz*.

Darüber hinaus wird sich in Einzelfällen die Notwendigkeit ergeben, zur Beurteilung schwieriger Fragen der biologischen und physikalischen Sicherheit *externe Sachverständige* hinzuzuziehen.

Um sicherzustellen, daß die Vielzahl der am Arbeitsschutz beteiligten Personengruppen möglichst effektiv handeln, ist eine intensive Zusammenarbeit nicht nur bei der Überwachung, sondern bereits im Vorfeld wünschenswert. Hierbei ist in Erinnerung zu rufen, daß verschiedene Dienstanweisungen bereits Regelungen über die Zusammenarbeit einzelner Gruppen bei der Überwachung enthalten, die auch für die Zusammenarbeit auf dem Gebiet der Gentechnologie fruchtbar gemacht werden können.

Das Zusammenwirken der *Träger der Unfallversicherung* und der *Gewerbeaufsichtsbehörden* ist in einer Dienstanweisung des Bundesministers für Arbeit und Sozialordnung (BMA) vom 28. 11. 1977 geregelt.

Diese allgemeine Verwaltungsvorschrift wurde beispielsweise in Nordrhein-Westfalen zum Bestandteil der Dienstanweisung für die, inzwischen neu organisierten, Staatlichen Gewerbeaufsichtsämter gemacht. Von besonderer Bedeutung für die Zusammenarbeit sind folgende Regelungen (Auszug):

§ 2
Allgemeiner Grundsatz

Die Unfallversicherungsträger und die Gewerbeaufsichtsbehörden müssen auf dem Gebiet der Unfallverhütung und Ersten Hilfe eng zusammenwirken, damit die Vorschriften auf diesem Gebiet möglichst wirkungsvoll ausgeführt werden können.

§ 3
Erfahrungsaustausch

(1) Die Unfallversicherungsträger und die Gewerbeaufsichtsbehörden haben den Erfahrungsaustausch unter den technischen Aufsichtsbeamten und Gewerbeaufsichtsbeamten zu fördern. Dem Erfahrungsaustausch dienen auch gemeinsame Fachtagungen.

(2) Die Aufsichtsbeamten der Unfallversicherungsträger und der Gewerbeaufsichtsbehörden setzen sich bei der Ausübung ihrer Besichtigungstätigkeit, soweit dies den Umständen nach möglich ist, in Verbindung; sie tauschen hierbei ihre Erfahrungen aus. Überdies teilen sie sich aufgestellte Besichtigungspläne gegenseitig mit.

§4
Gemeinsame Betriebsbesichtigungen

(1) Die Aufsichtsbeamten der Unfallversicherungsträger und der Gewerbeaufsichtsbehörden sollen einen Betrieb gemeinsam besichtigen, wenn ein wichtiger Anlaß gegeben ist.

§5
Besichtigungen aus Anlaß eines Arbeitsunfalles (Unfalluntersuchung)

(1) Die Aufsichtsbeamten der Unfallversicherungsträger und der Gewerbeaufsichtsbehörden sollen einen Unfall gemeinsam untersuchen, wenn
1. es sich um einen Arbeitsunfall mit tödlichem Ausgang oder um einen Massenunfall handelt,
2. aus der Unfallanzeige ersichtlich ist, daß der Unfall bei der Verwendung neuartiger Maschinen oder bei der Anwendung neuartiger Arbeitsverfahren eingetreten ist.

§6
Gegenseitige Anhörung

(1) Beabsichtigt ein Unfallversicherungsträger oder eine Gewerbeaufsichtsbehörde, eine Maßnahme zu treffen, die für den Aufgabenbereich der jeweils mit der Sache nicht befaßten Stelle von erheblicher Bedeutung sein kann, so ist dieser Gelegenheit zu geben, sich zu der beabsichtigten Maßnahme zu äußern.

§7
Gegenseitige Unterrichtung

Die Unfallversicherungsträger und die Gewerbeaufsichtsbehörden unterrichten sich gegenseitig über Vorgänge, die für die Tätigkeit der anderen Stelle auf dem Gebiet der Unfallverhütung und Ersten Hilfe wichtig sind.

Neben einer Zusammenarbeit bei der Kontrolle von gentechnischen Arbeiten in Anlagen ist der in §3 angesprochene Erfahrungsaustausch unter den Technischen Aufsichtsbeamten und Gewerbeaufsichtsbeamten hervorzuheben. Ein solcher Erfahrungsaustausch ist dann von besonderem Wert, wenn es darum geht, ein neues Aufgabengebiet zu bewältigen.

Er sollte deshalb möglichst kontinuierlich stattfinden. Im Rahmen ihres Ermessens steht es den Technischen Aufsichtsbeamten und den Gewerbeaufsichtsbeamten frei, zu einem derartigen Erfahrungsaustausch die übrigen am Arbeitsschutz beteiligten Personengruppen einzuladen.

Weitere Regelungen über die Zusammenarbeit der an der Kontrolle beteiligten Institutionen und Personengruppen sind beispielsweise der Dienstanweisung für die nordrhein-westfälische Gewerbeaufsicht und dem Gentechnikgesetz zu entnehmen: So haben die Gewerbeaufsichtsbeamten die Fachkräfte für Arbeitssicherheit und die Betriebsärzte zu beteiligen. Der Betriebsrat (Personalrat) oder die von ihm bestimmten Mitglieder des Betriebsrates (Personalrats) sind bei allen im Zusammenhang mit dem Arbeitsschutz oder der Unfallverhütung stehenden Erörterungen (Besprechungen, Revisionen, Umfalluntersuchungen) hinzuzuziehen.

Ebenfalls geregelt ist die *Verpflichtung der Staatlichen Gewerbeärzte* zur Beratung und Unterstützung der Gewerbeaufsichtsämter in allen arbeitsmedizinischen Fragen des Arbeitsschutzes.

Die Möglichkeit der Überwachungsbehörden, Vertreter des Robert-Koch-Instituts, des Umweltbundesamtes und der Bundesanstalt für Arbeitsschutz als Sachverständige zu beteiligen, ergibt sich aus § 25, Abs. 1 GenTG.

Die darüber hinausgehende Befugnis der staatlichen Aufsichtsbehörden, zur Prüfung schwieriger Fragen Sachverständige hinzuzuziehen, folgt aus allgemeinen Grundsätzen des Verwaltungsrechts.

2.5
Zusammenfassung

Das Gentechnikrecht nimmt für sich in Anspruch, den Arbeitnehmer und die Umwelt umfassend vor den im Umgang mit der neuen Technologie verbundenen oder vermuteten spezifischen Gefahren zu schützen und dem Entstehen solcher Gefahren vorzubeugen.

Zu diesem Zweck werden vom GenTG und seinen Durchführungsverordnungen alle Stadien gentechnischer Arbeiten erfaßt und einem umfangreichen staatlichen Kontrollsystem unterworfen. Dieses System reicht

- von der vorbereitenden *Risikoeinschätzung* der geplanten Arbeit (§ 6, Abs. 1 GenTG),
- über die *Einstufung* der Arbeit in (international übliche vier Sicherheitsstufen (§ 7 GenTG),
- von Vorschriften über die *Anmeldung* oder den *Genehmigungsantrag* (§§ 8 – 16 GenTG),
- Maßgaben zu *Sicherheitsmaßnahmen* während der Arbeit (§ 6, Abs. 2 GenTG mit §§ 8 – 12 GenTSV),
- und Regelungen zur *Abfall-* und *Abwasserbeseitigung* (§ 13 GenTSV)
- bis zur Befugnis zum Erlaß *nachträglicher Anordnungen* (§ 26 GenTG).

Auf diese Art und Weise soll im Ergebnis ein für den Arbeitnehmer und die Umwelt sicherer Umgang mit gentechnisch veränderten Organismen gewährleistet werden.

Parallel dazu haben die Träger der gesetzlichen Unfallversicherung autonome Rechtsnormen erlassen, die für den Umgang mit biologischen Agenzien gelten und deren Einhaltung ebenfalls kontrolliert wird.

Im Ergebnis existieren deshalb teilweise sich überschneidende Regelwerke, die allerdings auf ein und denselben Arbeitsplatz gerichtet sind und von den verschiedensten Institutionen umgesetzt werden.

Das alles dient dem Schutz des Arbeitnehmers und bildet ein weltweit einmaliges Kontrollnetz.

Auch bei optimaler Personalausstattung der zuständigen Behörden und der Berufsgenossenschaften kann es eine gegenständlich und zeitlich lückenlose Überwachung gentechnischer Arbeiten in Anlagen nicht geben.

Die Betreiberpflichten des Gentechnikrechts und die Organisation der innerbetrieblichen Verantwortung durch Installation eines Projektleiters und eines Beauftragten für die Biologische Sicherheit dokumentieren, daß der Anlagenbetreiber selbst die Verantwortung dafür trägt, daß gentechnische Arbeiten in Anlagen sicher durchgeführt werden können. Staatliche Überwachung, Kontrolle durch die Berufsgenossenschaften und innerbetriebliche Überwachung des Unternehmers ergänzen sich deshalb komplementär.

Um dieses Zusammenspiel im Bereich der Betriebsüberwachung optimal zur Geltung zu bringen, kann es geboten sein, über die Befugnisse und Verantwortlichkeiten des BBS kritisch nachzudenken und dem Betreiber eine gesetzliche Pflicht zur Kontrolle seiner Anlage aufzuerlegen.

Bei der externen Kontrolle ist schließlich zu berücksichtigen, daß sich duale Überwachung nicht in einer Kontrolle und ggf. Ahndung mit den Mitteln des Ordnungs- bzw. Ordnungswidrigkeitenrechts erschöpft. Im Rahmen ihrer Aufgaben haben sowohl die Beamten der Staatlichen Umweltverwaltung als auch die Technischen Aufsichtsbeamten der Unfallversicherungsträger die Verpflichtung, den Arbeitgeber und die Mitglieder des Betriebsrats (Personalrats) zu beraten und ihnen Anregungen für geeignete Maßnahmen zu geben.

Beide Aufsichtsdienste sollten deshalb auch als Berater angesehen werden, mit denen ein regelmäßiger und offener Kontakt zu pflegen ist. Solche Formen der Zusammenarbeit setzen eine entsprechende vertrauensvolle Atmosphäre voraus, die es dem Unternehmen erleichtert, von sich aus auf Schwachstellen hinzuweisen und die Aufsichtsbeamten in ihrer Beratungsfunktion anzusprechen.

Literaturhinweise

1. Eberbach W, Lange P, Schwab J (1993) Gentechnikrecht und angrenzende Gebiete (Textbuch). Deutscher Fachschriften Verlag, Heidelberg
2. Fluck J (1990) Die anlagenbezogenen Vorschriften des Gentechnikgesetzes. BB 1716 ff
3. Fluck J (1991) Aufzeichnungs-, Aufbewahrungs- und Vorlagepflichten bei gentechnischen Arbeiten. DÖV 129 ff
4. Fluck J (1993) Zum Anlagenbegriff nach dem Gentechnikgesetz. UPR 81 ff
5. Fuchs W, Rapsch A (1991) Die Richtlinien der Europäischen Gemeinschaft zur Gentechnik – Antrieb oder Hemmnis für die Wirtschaft? NuR 401 ff
6. Fritsch K, Haverkamp K (1990) Das neue Gentechnikrecht der Bundesrepublik Deutschland. BB Heft 25 (Beilage 31)
7. Hasskarl H (1991) Gentechnikrecht, Materialsammlung. Editio Cantor, Aulendorf
8. Heublein D (1993) Auslegung des Forschungsbegriffs in § 3, Nr. 5 des Gentechnikgesetzes. NuR 12 ff
9. Hirsch G, Schmidt-Didczuhn A (1991) Gentechnik und Öffentlichkeit. DVBL 428 ff
10. Jarras HD (1991 Die Vorgaben des europäischen Gentechnikrechts für das deutsche Recht. NuR 49 ff
11. Kloepfer M, Delbrück K (1990) Zum neuen Gentechnikgesetz (GenTG). DÖV 897 ff
12. Ladeur K-H (1992) Gefahrenabwehr und Risikovorsorge bei der Freisetzung von gentechnisch veränderten Organismen nach dem Gentechnikgesetz. NuR 254 ff

13. Knoche J (1991) Der Begriff der „Forschung" im Gentechnikrecht. NVwZ 964 ff
14. Knoche J (1992) Auslegungsprobleme des Gentechnikrechts. DVBL 1079 ff
15. Knoche J (1993) Auslegungsprobleme des Gentechnikrechts. DVBL 879 ff
16. Knoche J, Löw A (1995) Gentechnikrecht: aktueller Stand der rechtlichen und politischen Entwicklung. GewArch 305 ff
17. Laber B (1993) Die Genehmigung nach dem Gentechnikgesetz. VR 361 ff
18. Lukes R (1986) Die Gentechnologie aus der Sicht des Rechts der Technik. DVBL 1221 ff
19. Lukes R (1990) Der Entwurf eines Gesetzes zur Regelung von Fragen der Gentechnik. DVBL 273 ff
20. Meffert R (1992) Vollzug des Gentechnikgesetzes. Pharm Ind 686 ff
21. Ott W (1992) Zur Konkurrenzklausel in § 2, Nr. 4 des Gentechnikgesetzes. NuR 459 ff
22. Schwab J (1991) Gentechnik-Anhörungsverordnung. In: Eberbach W, Lange P, (Hrsg) Gentechnikrecht. Müller, Heidelberg
23. Sendler H (1990) Gesetzes- und Richtervorbehalt im Gentechnikrecht. NVwZ 231 ff
24. Simon J, Weyer A (1994) Die Novellierung des Gentechnikgesetzes. NjW 759 ff
25. Turck G (1992) Der Anlagenbegriff nach dem Gentechnikgesetz. NVwZ 650 ff
26. Wahl R, Melchinger H (1994) Das Gentechnikrecht nach der Novellierung. JZ 973 ff

KAPITEL 3

Biologische Grundlagen

K. E. J. Dittmar

> „Handle so, daß du die Menschheit sowohl in deiner Person, als in der Person eines jeden andern jederzeit zugleich als Zweck, niemals bloß als Mittel brauchest" (Kant 1785).
>
> „Mißtrauen gegen methodisch nicht gezügelten Menschenverstand ist die einzige Voraussetzung eines illusionsfreien Erkennens von Sachverhalten" (Berg zitiert nach W. Doerr u. G. Quadbeck 1979).
>
> „Auch wir haben mit Sicherheit viele Fehler gemacht, und wir werden weiterhin Fehler machen. In gewisser Hinsicht läßt sich das gar nicht vermeiden. Denn ich glaube, es ist eine biologische Tatsache, daß wir durch Versuch und Irrtum lernen. Anscheinend brauchen wir den Irrtum, die Fehler ebenso wie die Versuche ..."
>
> „Der zweite Fehler, den ich meine (und der bis auf den heutigen Tag gemacht wird), besteht in einem verantwortungslosen Angriff auf die Naturwissenschaften und die Vernunft" (Popper 1991).
>
> „Nicht Einsichten, sondern akute Schadensfälle führen homo sapiens allmählich zur Änderung seiner Gewohnheiten ..."
>
> „Die Brücke vom Wissen und Können zum Sollen ist schmal und beschwerlich" (Mittelstraß 1990).

3.1
Einleitung

In der Biotechnologie und Gentechnik wird mit Organismen (biologische Arbeitsstoffe bzw. biologische Agenzien) (Tabelle 3.1) und chemischen Stoffen gearbeitet. In diesem Beitrag soll nur über den Umgang mit Organismen berichtet werden.

Was sind Organismen?

Diese Frage kann aus der Sicht der Biologie oder des Rechts beantwortet werden. Begriffsumfang und -inhalt sind jeweils andere. Für rechtliche Vorschriften sind nur die *Legaldefinitionen* (z.B. Legaldefinition des Organismus nach §3, Nr. 1 Gentechnikgesetz (GenTG) von Bedeutung (Tabelle 3.1).

Es sind sowohl Beispiele biologischer Einheiten genannt, die unter den „rechtlichen Organismusbegriff fallen, als auch solche, die nicht darunterfallen.

Tabelle 3.1   Was sind Organismen? (§ 3, Nr. 1. (GenTG): Organismus: jede biologische Einheit, die fähig ist, sich zu vermehren oder genetisches Material zu übertragen)

Biologische Einheiten, die als Organismen gelten	Biologische Einheiten, die nicht als Organismen gelten
Lebewesen – Bakterien – Pilze – Algen – Protozoen – Pflanzen – Tiere	Nichtlebende, aber vermehrungsfähige Teile von Organismen – Zellkerne – Chromosomen – Chromosomale DNA – Transposons – Episomen – Plasmide – Mitochondrien – Plastiden – mRNA – rRNA – snRNA – IAP's (intracisternale A-Typ-Partikel)
Lebende Teile von Lebewesen, z. B.: – Einzelzellen von mehrzelligen Organismen (Zellkultur) – Gewebe	
Überlebensformen, Dauerformen, Fortpflanzungsformen, z. B.: – Sporen von Bakterien – (Asexuelle Sporen von Pilzen, Moosen etc. – Samen (von Samenpflanzen)	
Nichtlebende biologische Einheiten – Viren – Viroide – Prionen	

Welches Risiko kann von Organismen ausgehen? Organismen *ohne Gefährdungspotential* (Risikogruppe (RG) 1, sog. „harmlose Organismen"[1]) werden Organismen *mit Gefährdungspotential* (RG 2 – 4) gegenübergestellt. Die Mehrzahl der Organismen in der Natur wird der RG 1 zugeordnet. Bei der Bewertung des *realen bzw. möglichen Gefährdungspotentials* eines Organismus stehen solche Eigenschaften im Vordergrund, die den vermehrungs- bzw. lebensfähigen Organismus voraussetzen. Stoffe von oder aus Organismen werden nur beurteilt, wenn sie für ein *pathogenes Prinzip*, z. B. *hochwirksame Proteintoxine* wie Diphtherie-, Botulinus-, Cholera-, Shiga- oder Tetanustoxin, im direkten Zusammenhang mit dem infektiösen und vermehrungsfähigen Organismus von Bedeutung sind.

Beim Umgang mit Organismen z. B. Viren, Bakterien, Pilzen oder Parasiten bzw. mit lebenden oder vermehrungsfähigen Teilen vielzelliger höherer Organismen (z. B. Vermehrungsformen, Dauerstadien oder „Zellkulturen"), müssen Mensch und Umwelt vor *möglichen Risiken und Gefahren* geschützt werden. Bei

---

[1] In die RG 1 wurden auch Organismen eingeordnet, die beim Menschen unter bestimmten Bedingungen Infektionen oder allergische Reaktionen auslösen können, z. B. sog. opportunistische Mikroorganismen oder Allergien hervorrufende Pilze. Auch in der Natur weitverbreitete Pflanzenpathogene sind in die RG 1 eingeordnet.

den Organismen sowie den lebensfähigen bzw. vermehrungsfähigen Teilen oder Stadien kann es sich um *natürliche* oder *gentechnisch veränderte biologische Einheiten* handeln. Im Rahmen des biologischen Arbeitsschutzes werden biologische Grundlagen und die daraus abgeleiteten Schutzmaßnahmen für Beschäftigte beschrieben. Die Sicherheitskonzepte der Biotechnologie und Gentechnik gehen davon aus, daß

- entweder *keine Gefahren oder Risiken* von Organismen ausgehen,
  oder
- *wenn Gefahren oder Risiken* von Organismen ausgehen,
- diese *klassifizierbar* sind und
- *abgestufte Sicherheitsmaßnahmen* in den einzelnen Sicherheitsstufen zur Verfügung stehen.

Ziel ist es, *möglichen Gefahren vorzubeugen* und *Risiken zu neutralisieren*. Die Sicherheitsstufen sind den Risikogruppen parallel zugeordnet. Um eventuellen Restrisiken vorzubeugen, sind schon in der Sicherheitsstufe 1 gewisse Sicherheitsmaßnahmen (z. B. nach Anhang Gentechnik-Sicherheitsverordnung III – IV (GenTSV)) vorgesehen. Demselben Zweck dient die Einhaltung der „Grundregeln guter mikrobiologischer Technik".

In diesem Teil des Buches werden die biologischen Grundlagen der Sicherheitskonzepte beschrieben. Die Sicherheitsmaßnahmen werden in anderen Kapiteln dieses Buches ausführlich dargestellt. Für den *biologischen Arbeitsschutz* stehen die *krankmachenden Eigenschaften (Pathogenität)* von Organismen im Vordergrund. Es gibt Organismen, die für den Menschen, für bestimmte Tiere oder für Pflanzen pathogen sind. Für welchen Zielorganismus (Wirt oder Wirtsorganismus) ein anderer Organismus („*Gast*") krankmachende Eigenschaften zeigt, ist genetisch festgelegt. Jeder krankmachende Organismus kann nur bestimmte Organismen schädigen, für andere ist er mehr oder weniger harmlos. Im Bereich der krankmachenden Organismen *(Krankheitserreger)* für Mensch bzw. Haus- und Nutztiere sind bisher die sinnvollsten Listen erstellt worden. Dies liegt daran, daß für diese Organismen die genauesten Bewertungskriterien und die längste Erfahrung mit aufgelisteten Organismen in Risikogruppen vorliegt. Die richtige Einordnung eines Organismus konnte in der Praxis überprüft werden. Im Bereich des Umweltschutzes gibt es bisher keine Listen für Organismen, die nach umweltrelevanten Daten eingeordnet worden sind. Dies ist sehr viel schwieriger, da keine verbindlichen Bewertungsmaßstäbe vorliegen bzw. die Bewertungsmaßstäbe nicht für eine sinnvolle Einordnung in Listen herangezogen werden können. Bei der Umweltbewertung kommt es z. B. sehr auf die Größenordnung (Menge, Konzentration) der Organismen an. Der Organismus als solcher verursacht möglicherweise nicht die Schäden, sondern der Eintrag von Protein oder Stickstoff. Solche möglichen Risiken sind keine speziellen gentechnischen oder vom Organismus ausgehende Risiken.

Zur Beurteilung von Umwelteigenschaften gilt als Regel, daß sich ca. 5 – 10 % von neu, in ein fremdes Ökosystem, eingeführten Arten ohne oder mit Hilfe des Menschen anpassen können. Von diesen neu etablierten Arten zeigen ca. 5 – 10 % negative Effekte.

Die Furcht in der Öffentlichkeit, daß eine gentechnische Manipulation ein „Supermonster-Organismus" entstehen ließe, der alles Leben auf der Erde ausrotten könne, gehört sicherlich der Welt der Fantasie an. Bei allem heutigen Wissen (z. B. über Tausende von Krankheitserregern des Menschen, der Tiere oder Pflanzen) ist ein solcher Fall nicht denkbar. Auf der anderen Seite ist die Annahme, daß alle gentechnisch veränderten Organismen so geschwächt sind, daß sie außerhalb eines Labors nicht überleben oder sich nicht mehr vermehren können, sicherlich falsch. Auch gentechnisch veränderte Organismen können sich nach einer bewußten oder unbewußten Freisetzung in der Umwelt etablieren.

Die Glaubwürdigkeit und die Begründung der Einordnungen von natürlichen und gentechnisch veränderten Organismen in Risikogruppen sind neben dem Nutzen, der aus der gentechnischen Forschung gezogen werden kann, für die Akzeptanz von risikobehafteten Verfahren durch die Öffentlichkeit unerläßlich.

3.2
Was ist ein Risiko?

3.2.1
Allgemeines

Um den Risikobegriff gibt es nicht nur in der Öffentlichkeit zahlreiche Kontroversen, auch die abstrakten Definitionen, wie sie im GenTG vorkommen, können diese Bezeichnung nicht ausreichend klären. Unter der Voraussetzung, daß die Liste der Beispielorganismen (veröffentlicht im Bundesgesundheitsblatt) nach Gentechnikrecht der RG 1 – 4 den Stand der Wissenschaft wiedergeben, können diese Organismen herangezogen werden, um den biologischen Risikobegriff zu erläutern.

- *Was wird als Risiko bewertet?*
- *Wie hoch wird ein solches Risiko bewertet bzw. eingeschätzt?*

Was als ein Risiko empfunden und wie es eingeordnet wird, ist stark von der Vertrautheit der befragten Person mit dem betrachteten Gegenstand, der Methode, der Technik bzw. Technologie abhängig. Paul Slovic hat in den USA die Ängste und das Risikoempfinden, die mit der Nutzung von Nuklearenergie verbunden sind, erforscht. Bei seinen Untersuchungen haben sich einige interessante Gesichtspunkte ergeben. Experten in den jeweiligen Fachbereichen orientieren sich in erster Linie an konkreten Fakten (z. B. Unfallzahlen, Erkrankungsfälle), weniger an möglichen, bisher jedoch nicht beobachteten Risiken. Unbekanntes oder Unbestimmtes ist hingegen für „Laien" oft mit einem höheren Risiko behaftet. Bei Tätigkeiten, die gerne gemacht werden (z. B. sportliche Aktivitäten) oder Technik, die gerne genutzt wird (z. B. Autos, Motorräder), ist eine höhere Risikobereitschaft vorhanden bzw. wird das Risiko niedriger bewertet. Bei Diskussionen um spezifische Risiken von Gentechnik ist dieses unterschiedliche Empfinden zu berücksichtigen. Das Verhältnis der Öffentlichkeit zu den Natur- und Ingenieurwissenschaften hat sich verändert, erkennbar an Ethikdiskussionen. Ein verstärkter Bedarf an Orientierungshilfen bei der Festlegung von Grenzen der Zulässigkeit und bei der Festlegung der Ziele unter Berücksichtigung der Bewertung von Forschungsmethoden und Technologien ist offensichtlich. Für eine rationale Betrachtung, die die objektive und subjektive Seite von Risiken beachtet, müssen zunächst einige Begriffe geklärt und ihre unterschiedliche Anwendung erläutert werden.

Im deutschen Sprachraum wird ähnlich wie im angelsächsischen Raum zwischen *Gefahr* (hazard) und *Risiko* (risk) unterschieden. Zwischen den beiden Begriffen besteht ein Unterschied, der nachfolgend erklärt wird. Leider hat sich bisher kein einheitlicher Sprachgebrauch in den verschiedenen Fachgebieten durchgesetzt. Problematisch wird ein solch uneinheitlicher Gebrauch, wenn verschiedene Disziplinen wie die Biotechnologie und Gentechnik zusammenwirken. So ist der in der Biologie verwendete Begriff des Risikos nicht deckungsgleich mit dem, der im Technik- oder Rechtsbereich verwendet wird. Allgemein heißt Risiko, *die Möglichkeit, einen Schaden zu erleiden bei ungewissem Eintritt des Schadensfalls.*

In die Größenordnung eines Risikos geht der Schadensumfang (z.B. Schwere einer Erkrankung, Letalität) und die Eintrittswahrscheinlichkeit (z.B. Häufigkeit schwerer Erkrankungsformen, Häufigkeit tödlicher Ausgänge, Grad der Übertragbarkeit eines Organismus und Manifestation einer Krankheit) ein.

Was wird unter einem Risiko oder einer Gefahr im Rechtsbereich, in der Technik oder in der Biologie verstanden?

Im GenTG wird die Größenordnung eines Risikos für vier Sicherheitsstufen definiert:

1. Der Sicherheitsstufe 1 sind gentechnische Arbeiten zuzuordnen, bei denen nach dem Stand der Wissenschaft *nicht von einem Risiko für die menschliche Gesundheit und die Umwelt* auszugehen ist.
2. Der Sicherheitsstufe 2 sind gentechnische Arbeiten zuzuordnen, bei denen nach dem Stand der Wissenschaft von *einem geringen Risiko für die menschliche Gesundheit oder die Umwelt* auszugehen ist.
3. Der Sicherheitsstufe 3 sind gentechnische Arbeiten zuzuordnen, bei denen nach dem Stand der Wissenschaft von *einem mäßigen Risiko für die menschliche Gesundheit oder die Umwelt* auszugehen ist.
4. Der Sicherheitsstufe 4 sind gentechnische Arbeiten zuzuordnen, bei denen nach dem Stand der Wissenschaft von *einem hohen Risiko oder dem begründeten Verdacht eines solchen Risikos für die menschliche Gesundheit oder die Umwelt* auszugehen ist.

3.2.2
Risikobegriff im Rechtsbereich

Im technischen Sicherheitsrecht, dazu zählt auch das Gentechnikrecht, sind die Begriffe Gefahr und Risiko wichtige Begriffe mit weiten Überschneidungen zum Umwelt-, Arbeitsschutz- und Seuchenrecht.

Was ist unter diesen Begriffen zu verstehen?
Eine absolute Sicherheit beim Umgang mit Technik oder mit Organismen, die
für Mensch oder Umwelt ein Gefährdungspotential darstellen, gibt es nicht. Die
Schutzpflicht des Staates erfordert Regelungen, die den einzelnen angemessen
vor direkten und indirekten Schädigungen schützt. Bei der Vielfalt der möglichen Gefährdungen sind *praktikable Regelungen* notwendig, die das *Schutzziel*
erfüllen und durchführbar sind. Sicherheitsmaßnahmen sollten abgestuft den
unterschiedlichen Gefahren und Risiken angepaßt sein. Der *Schutzzweck* erfordert es, daß *Vorsorge* unter strenger Auslegung der Maßstäbe menschlichen
Ermessens getroffen wird, um Schäden an Mensch und Umwelt bei gentechnischen Arbeiten (Erzeugung und Umgang mit gentechnisch veränderten
Organismen) wirksam zu vermeiden. Absolute Sicherheit ist nicht möglich. Deshalb ist eine Abgrenzung von *Gefahren* und *Risiken* zu einem *Restrisiko* notwendig. Nach dem *Stand der Wissenschaft* wird zur Zeit davon ausgegangen, daß
der größte Teil der durchgeführten gentechnischen Arbeiten der Sicherheitsstufe 1 zugeordnet werden kann, d. h. solche Arbeiten sind maximal mit einem
Restrisiko behaftet. Wegen einer gewissen Unsicherheit bei der Risikoabschätzung werden aber trotzdem auch in der Sicherheitsstufe 1 Sicherheitsmaßnahmen gefordert. dies geschieht unter dem Vorsorge- und Gefahrenab-
wehrgesichtspunkt. Zu beachten ist, daß u. a. folgende Organismen auch in die
RG 1 eingeordnet sind:

- einige tierpathogene Organismen, die nur in bestimmten Entwicklungsstadien des Wirtsorganismus pathogen sind,
- einige pflanzenpathogene Organismen, die in der Natur weit verbreitet sind,
- opportunistische Krankheitserreger des Menschen und
- toxinproduzierende bzw. allergene Pilze.

Im Rechtsbereich gibt es die Abstufung der verschiedenen Gefährdungspotentiale in Gefahr, Risiko und Restrisiko. Im Schutzbereich werden die Schwerpunkte *Gefahrenabwehr* und *Risikovorsorge* unterschieden. Bei der Gefahrenabwehr geht es um die Abwehr konkreter Gefahren, bei der Risikovorsorge
um die Vorbeugung und Abwehr möglicher Gefahren (Risiken). Von Gefahr
wird gesprochen, wenn bei ungehindertem Ablauf ein Schaden oder eine
Schädigung auftritt. Ein Risiko unterscheidet sich von der Gefahr in dem
Konkretisierungsgrad, es kann möglicherweise zu einem Schaden kommen
(Tabelle 3.2).
  Bei der Diskussion um die Risiken gentechnischer Arbeiten oder Risiken
beim Umgang mit Organismen ist es eine wichtige Unterscheidung, ob ein
Gefahrenverdacht vorliegt oder es sich bloß um eine *Spekulation* handelt. Gerade
bei den Sicherheitsvorkehrungen, die im Bereich der Gentechnik, unter Berücksichtigung mancher Unsicherheiten in unseren Kenntnissen aufgestellt wurden,
ist oft nicht klar, ob es sich um Spekulationen handelt oder nicht. Zwischen einer
wohlbegründeten Theorie, einer *Arbeitshypothese* und einer Spekulation sollte
deutlich unterschieden werden. Hypothesen und Spekulationen sind in bestimmten Abläufen wichtig, um z. B. mögliche Risiken abzutasten und sie einzuschätzen.

Tabelle 3.2 Der Gefahr- und Risikobegriff im Rechtsbereich

Gefahr	Risiko
Hinreichende Wahrscheinlichkeit für Eintritt des Schadensfalls bei ungehindertem Ablauf	Unterhalb der Gefahrenschwelle Mögliche Eintrittswahrscheinlichkeit Wahrscheinlicher Schadensumfang
Eintritt des Schadensfalls Nicht außerhalb der Lebenserfahrung Nicht unwahrscheinlich Nicht lediglich hypothetisch oder theoretisch	Schadenseintritt muß nicht wahrscheinlich sein

3.2.3
Risiko in der Technik

Die verstärkte Nutzung von Technik war schon immer mit Sicherheitsfragen verbunden. Seit Anfang der 70er Jahre ist es vermehrt zu Diskussionen im Rahmen von Technikbewertungen gekommen. Bei dem heutigen Stand komplexer Technologien und Systeme ist es eine Forderung unserer Gesellschaft, gegen mögliche Risiken und Gefahren geschützt zu werden. Dies gilt insbesondere bei der Bewertung von Techniken mit hohem Gefährdungspotential. Vom Verein Deutscher Ingenieure (VDI) sind in seinen Ausschüssen Begriffsbestimmungen zu Sicherheits- und Risikofragen vorgenommen worden. Diese sind später beim Deutschen Institut für Normung (DIN) modifiziert worden (Tabelle 3.3). Dieser Risikobegriff aus dem Bereich der Technik läßt sich nicht direkt auf den der Biologie und Gentechnik übertragen.

Tabelle 3.3 Der Risiko- und Gefahrenbegriff in der Technik. (Nach Meyna (1982) Einführung in die Sicherheitstheorie, Sicherheitstechnische Analyseverfahren, Carl Hansa Verlag, Husum)

nach DIN 31004	nach VDI/VDE
Gefahr Gefahr ist ein Zustand, Umstand oder Vorgang, aus dem ein Schaden entstehen kann	= Gefährdung
Gefährdung Gefährdung ist eine räumlich und zeitlich sowie nach Art, Größe und Richtung bestimmte Gefahr für eine Person, eine Sache oder eine Funktion	Zustand, aus dem ein Unfall entstehen kann
Risiko Risiko ist das Maß der Eintrittswahrscheinlichkeit eines Schadens bestimmter Art und Größe	Das Maß für eine Gefährdung durch einen Schaden bestimmter Art
Schaden Schaden ist eine materielle oder funktionelle Beeinträchtigung einer Person und/oder einer Sache	

3.2.4
Risiko in der Biologie

Was ist ein biologisches Risiko?
Welche Organismen haben ein Gefährdungspotential? (Tabelle 3.4)
Zunächst scheinen diese Fragen einfach zu beantworten zu sein. Menschliche Krankheitserreger wie z.B. pathogene *Escherichia coli-* oder *Yersinia-pestis-*Stämme haben ein Gefährdungspotential. Sie stellen ein Risiko, ein biologisches, für den Menschen dar. Wie sieht es aber mit apathogenen Organismen wie z.B. mit Großkatzen wie dem Löwen aus? Löwen haben natürlich keine krankmachenden Eigenschaften für den Menschen, sie können ihn aber stark schädigen. Sie können einem Menschen natürlich auch gefährlich werden, ihn verletzen oder töten. Wie ist sein Gefährdungspotential zu bewerten? Wie ist das Gefährdungspotential von Blutzellen eines Löwen zu bewerten? Löwen dürfen nur unter bestimmten Bedingungen gehalten werden. Bei der Eingruppierung in Risikogruppen wird diese Art von Gefährlichkeiten nicht herangezogen und Löwen trotz ihrer Gefährlichkeit in die RG 1 eingeordnet. Ähnlich werden auch die Blutzellen aus Löwen bewertet. Die Gefährlichkeit eines Löwen erfordert gewisse Sicherheitsmaßnahmen beim Umgang mit ihm, diese Gefährlichkeit wird aber bei der Eingruppierung in die Risikogruppen der BG Chemie oder der GenTSV nicht berücksichtigt. Wie sieht es mit der Umweltschädlichkeit aus? Tiere wie z.B. Wildschweine können große ökologische Schäden anrichten. Sie können ein Risiko für ihre Umwelt darstellen. Trotzdem werden sie in die RG 1 unter den von uns betrachteten Gesichtspunkten eingeordnet. Das heißt aber, das, was wir als ein biologisches Risiko, besser biologisches Teilrisiko, sehen und bewerten, hängt weitgehend vom Einzelfall ab, also z.B. vom betrachteten Organismus, der pathogen oder apathogen sein kann, sowie der Art, des Zwecks und Ziels des Umgangs.

Ein gentechnisches Risiko ist in erster Linie ein biologisches (Teil-)Risiko, das von der jeweiligen biologischen Einheit verursacht werden kann oder nicht. Die pathogenen Eigenschaften stehen dabei im Vordergrund. Risiken, die von gen-

Tabelle 3.4 Risiko in der Biologie

Was ist kein Risiko für Mensch und Umwelt?
Was ist ein niedriges Risiko für Mensch oder Umwelt?
Was ist ein mäßiges Risiko für Mensch oder Umwelt?
Was ist ein hohes Risiko für Mensch oder Umwelt?

Größenordnung des möglichen Schadens   Wahrscheinlichkeit des Eintritts
(der möglichen Schädigung)   Inzidens

Annahme: menschlicher Krankheitserreger
          Schadensumfang konstant (3 Tage Fieber mit Kopf- und Gliederschmerzen)
          Ist 1% Eintrittswahrscheinlichkeit geringes Risiko, 100% hohes Risiko?

Antwort: Orientierung an natürlichen Organismen und Infektionskrankheiten
          (differenzierte Antwort)

---

technisch veränderten Organismen ausgehen, orientieren sich an entsprechenden Risiken, die von natürlichen Organismen ausgehen. Im Regelfall heißt das, das Gefährdungspotential eines gentechnisch veränderten Organismus an den Risiken zu messen, die vom Empfängerorganismus ausgehen, wenn kein Gefährdungspotential übertragen, das den Empfängerorganismus entscheidend verändert. Natürliche Organismen sind in Risikogruppen eingeordnet worden. Diese begründete Einordnung gibt wichtige Hinweise für die Einordnung von gentechnisch veränderten Organismen. Den Risikogruppen sind bestimmte Sicherheitsmaßnahmen zugeordnet. Die Eingruppierung von Organismen in Risikogruppen sollen dem Anwender helfen, adäquate Sicherheitsmaßnahmen leichter zu finden und anzuwenden. Eine Standardisierung von Sicherheitsmaßnahmen sollen den Überwachungsorganen (z. B. Behörden, Berufsgenossenschaften) die Überprüfung von Einrichtungen und die Einhaltung von Vorschriften erleichtern.

Bei der allgemeinen Diskussion um Abschätzung des Risikopotentials von gentechnisch veränderten Organismen, insbesondere unter dem Gesichtspunkt der Freisetzung, haben verschiedene Modelle eine große Rolle gespielt:

- The Ordinary-Sexual-Species-Model,
- The Unintended-Super-Species-Model,
- The Biotically-Regulated-Species-Model,
- The Untuned-Engine-Model,
- The Pregnant-Pole-Vaulter-Model,
- The Hopeless-Monster-Model,
- The Bankrupt-Venture-Model,
- The Baroque-Pest-Model,
- The Introduced-, or Exotic-Species-Model.

Regal [39] hat die einzelnen Modelle, wie oben angeführt, mit prägnanten Namen, die teilweise leider nicht ins Deutsche übersetzt werden können, versehen. Die Modell können eingeteilt werden in solche, die besagen, daß gentechnische Manipulationen die Natur nachahmen (Ordinary-Sexual-Species-Model), oder daß durch gentechnische Verfahren nur gestörte, in der Umwelt nichtverbreitungsfähige Organismen (Untuned-Engine-, Pregnant-Pole-Vaulter-, Hopeless-Monster-Model) oder aber äußerst gefährliche Organismen (Baroque-Pest-Model) entstehen können. Einzelne Modelle sollen kurz erläutert werden. Das Ordinary-Sexual-Species-Model besagt, daß durch gentechnische Methoden, wie bei sexueller Fortpflanzung, das Genom neu zusammengesetzt wird. Das Untuned-Engine-Model besagt, daß durch gentechnische Manipulationen der Organismus so verändert wird, daß er in seinen Regulationsvorgängen gestört ist und sich deshalb nicht gegen einen natürlichen Organismus durchsetzen kann (Gesteigerte Formen: Hopeless-Monster- und Pregnant-Pole-Vaulter-Model). Das Baroque-Pest-Model besagt, daß durch gentechnische Methoden Organismen entstehen können, die sich wie „die Pest verbreiten" können. Das Introduced-, or Exotic-Species-Model beschreibt, daß sich gentechnisch veränderte Organismen bei einer unbeabsichtigten oder beabsichtigten Freisetzung so verhalten wie sog. exotische Organismen, die in einem Ökosystem nicht heimisch sind, sondern in ein solches eingeführt werden [z.B. Einführung der Kartoffel nach Europa (Nahrungsmittel) oder Kaninchen nach Australien (Plage)].

Für die Eingruppierung von Organismen in Risikogruppen sind umfangreiche Kataloge mit bestimmten Kriterien zusammengestellt worden, wobei mehrere Merkmale über eine Eingruppierung entscheiden. In RG 2, 3 oder 4 sind Organismen aufgeführt, die tödliche Erkrankungen hervorrufen können. Ein Grund für die unterschiedliche Eingruppierung kann 1) die Anzahl tödlich Infizierter sein, 2) ob sich der Organismus ausbreiten kann und 3) ob die Erkrankung an Nichtbeteiligte übertragen werden kann. Weitere Beispiele mit Begründungen für Eingruppierungen, die diesen Aspekt näher erläutern, werden noch angeführt. Unter Eingruppierung versteht man die Einordnung von natürlichen oder gentechnisch veränderten Organismen in Risikogruppen. Einstufung ist das Zuordnen gentechnischer Arbeiten zu einer Sicherheitsstufe. Für die Kategorie, in die Organismen ohne Gefährdungspotential eingeordnet sind, gibt es zwei verschiedene Bezeichnungen:

1. Gruppe 1 bei der BG Chemie,
   da diese Kategorie nur Organismen ohne Gefährdungspotential, also keine Organismen mit einem Risiko enthält und deshalb keine *Risiko*gruppe ist.
2. Risikogruppe 1 im Gentechnikrecht (analog zur leeren Menge in der Mathematik).

Beim Erstellen von Listen mit Organismen mit unterschiedlichem Gefährdungspotential ist der *Eingruppierungszweck* zu beachten. Solche Listen können als Hilfe für die Einstufung von gentechnischen Arbeiten (Gentechnikrecht) gesehen werden oder für den Umgang mit natürlichen Organismen (z.B. Listen in den Merkblättern „Sichere Biotechnologie" der BG Chemie).

Zum Schluß soll noch erwähnt werden, daß der Risikobegriff, der in der Öffentlichkeit meist verwendet wird, über die bisher besprochenen Risikobegriffe hinausgeht. Dies soll in diesem Beitrag aber nicht näher erläutert werden. Die Öffentlichkeit hat einen Anspruch darauf, daß ihr von Seiten der Wissenschaft, insbesondere der Natur- und Technikwissenschaften, die aktuellen Forschungsinhalte nahegebracht werden und die möglichen Auswirkungen, der Nutzen für Mensch und Umwelt verständlich gemacht werden. Eine kritische Betrachtung von Wissenschaft und den benutzten „Werkzeugen" („tools"), die Spezifität und die Übertragbarkeit von Ergebnissen und Methoden ist insbesondere in Zusammenhang mit Risikoszenarien unerläßlich. Dies ergibt sich nicht zuletzt aus dem *Kritik-, Verständigungs- und Folgenbeurteilungsgebot* von Wissenschaft. Irrationalitäten und pseudowissenschaftliche Ansätze sind schärfstens abzulehnen.

3.3
Risikogruppen von „natürlichen" Organismen

Viren und Mikroorganismen

Begriff	Definition
Bakterium (bacterium)	Mikroskopisch kleiner Organismus mit membranloser Kernregion, Bakterien gehören zur Gruppe der Eu-, Archae- oder Cyanobakterien
Parasit (parasite)	Lebewesen, das in oder auf anderen Organismen (Wirt) lebt, von diesen Nahrung bezieht und in oder an ihnen Krankheiten auslösen kann. Parasiten im Sinne der GenTSV oder des Merkblattes „Parasiten" der BG Chemie sind eukaryotische Organismen, die größer als Viren oder Bakterien und keine Pilze sind
Pilz (fungus)	Chlorophyllfreier eukaryotischer Organismus mit einer Zellwand, die aus Chitin oder Cellulose besteht
Viroid (viroide)	Vermehrungsfähiges, nacktes, ringförmiges RNA-Molekül, das z. B. eine Pflanzenkrankheit hervorrufen kann
Virus (virus)	Einfach gebaute, vermehrungsfähige biologische Einheit (Nucleinsäure-Protein-Komplex) ohne oder mit Lipidhülle

3.3.1
Allgemeines

Infektionskrankheiten des Menschen, ausgelöst durch vermehrungsfähige bzw. lebende Organismen wie Viren, Bakterien, Pilze oder Parasiten, sind so alt wie die Menschheit selbst. Sie waren in den vergangenen Jahrhunderten die wichtigste Krankheits- und Todesursache des Menschen. Dies gilt heutzutage noch für viele Entwicklungsländer. In diesen Ländern erkranken mehr als 1 Mrd. Menschen jährlich an Infektionskrankheiten, von denen ca. 10 % (mit einem Anteil von ungefähr 30 Mio. Kindern und Säuglingen) tödlich verlaufen. Im Laufe seines Lebens macht ein Mensch wahrscheinlich mehr als 150 Infekte durch. In den entwickelten Ländern heilen viele dieser Infekte ohne bleibenden Schaden aus. Die Warnungen von Experten wie Lederberg sollten allerdings ernst genommen werden, daß in entwickelten Ländern in den nächsten Jahren einige Infektionskrankheiten, die entweder als erfolgreich bekämpft gelten oder die bisher nur in Ländern der Dritten Welt vorkommen bzw. die durch veränderte oder neue Krankheitserreger hervorgerufen werden, wieder oder zum 1. Mal auftauchen werden. Zu diesen Krankheiten von Mensch und Tier gehören insbesondere solche, die durch Viren hervorgerufen werden. Viele Infektionskrankheiten sind *selbstbegrenzend*, d.h. nach Ablauf eines gewissen Zeitraums wird der eingedrungene *Krankheitserreger* vom *Abwehrsystem* inaktiviert oder aus dem

Körper eliminiert. *Pathogene Organismen* haben Eigenschaften, die *(obligat-) saprophytische Organismen* nicht besitzen. Die *pathogenen Eigenschaften* sind erblich festgelegt. Faktoren, die diese Eigenschaften bedingen, heißen *Virulenzfaktoren* und werden durch *Virulenzgene* kodiert. Sie unterteilen sich in *spezifische* und *unspezifische (akzessorische) Virulenzfaktoren* bzw. *Virulenzgene*. Spezifische Virulenzfaktoren sind für die *Besiedlung* eines spezifischen Bereichs im Wirtsorganismus erforderlich, außerhalb dieses Bereichs jedoch nicht. Akzessorische Virulenzfaktoren sind für eine erfolgreiche Besiedlung und optimales Wachstum im spezifischen Bereich und außerhalb dieses Bereichs notwendig. Pathogene werden unterschieden in extra- und intrazelluläre. Beide Typen haben während ihrer Evolution unterschiedliche Virulenzgene erworben. Die Summe der einzelnen Virulenzfaktoren macht den *pathogenen Phänotyp* eines Mikroorganismus aus.

Die Überlebensfähigkeit eines pathogenen Organismus außerhalb seines Wirtsorganismus ist genetisch festgelegt und sehr unterschiedlich. Pathogene, deren Überleben streng an ihren Wirtsorganismus gebunden ist, haben oft andere Übertragungsmechanismen (z. B. *Neisseria gonorrhoeae, Treponema pallidum*) als solche, die unbegrenzt in der Umwelt überleben können. Nicht-kontagiöse Mikroorganismen, z. B. die humanpathogenen Clostridien, leben normalerweise in der Umwelt. Nur unter besonderen Bedingungen können sie Menschen infizieren. Auch viele opportunistische Krankheitserreger leben gewöhnlich in der Umwelt. Sie können nur immungeschwächte Wirtsorganismen befallen, werden aber nicht von Mensch zu Mensch übertragen.

Ende des 19. und Anfang des 20. Jahrhunderts wurden zahlreiche Erreger von Krankheiten isoliert und charakterisiert. Anlaß für die Forschungsarbeiten war meist die Erkrankung eines Organismus (Mensch, Tier oder Pflanze) und die Suche nach ihren Ursachen. Da Krankheitserreger eine Erkrankung hervorrufen können, ist der Umgang mit ihnen prinzipiell mit Gefahren verbunden. Besonders zu Beginn der Erforschung von *Infektionskrankheiten* ist es wiederholt zu Erkrankungen beteiligter Wissenschaftler gekommen. In den Pionierjahren der Forschungen stand der Zugang zu den *Ursachen von Seuchen und ihren Erregern* im Vordergrund. Mit zunehmenden Erkenntnissen und ansteigender Zahl von isolierten und charakterisierten Krankheitserregern war die Notwendigkeit gegeben, *Standards* zu schaffen für den *Umgang (handling)* mit solchen krankmachenden Organismen. Wichtige Eigenschaften für eine Einordnung wurden zusammengestellt und Organismen mit ähnlichen Eigenschaften in bezug auf ihr Gefährdungspotential in Risikogruppen zusammengefaßt.

Bei der Eingruppierung gibt es neben objektiven Gründen auch subjektive. Einige Erkrankungen, wie z. B. die Pest oder Cholera, lösen bei vielen Menschen stärkere Befürchtungen oder Ängste aus als weniger bekannte oder ähnlich gefährliche. Dies kommt u. a. auch im Bundesseuchengesetz zum Ausdruck in § 19 (1):

> „Wer 1. a) die vermehrungsfähigen Erreger von Chagaskrankheit, Cholera, Coccidioidomykose, Lepra, Milzbrand, Ornithose, Parathyphus, Pest, Toxoplasmose, Tuberkulose, Tularämie oder Typhus,…"

Hier gibt es für den Umgang mit einigen Krankheitserregern besondere Einschränkungen. Dies entspricht nicht unbedingt dem heutigen Stand von Wissenschaft. Zu beachten ist, daß im Gentechnikrecht Organismen bewertet, im Seuchenrecht Krankheiten klassifiziert werden.

Bei der Einordnung von Organismen in Risikogruppen muß weiterhin das relative Gefährdungspotential untereinander berücksichtigt werden. Eine Eingruppierung in Spumaviren und HIV in dieselbe Risikogruppe erscheint nicht sinnvoll. Pathogene für niedere Wirte und apathogene Organismen sollten auch voneinander in verschiedenen Risikogruppen abgegrenzt sein (Beispielpaar: Lambdaviren – Froschiridovirus (fraglich pathogen)). Auch die Stellung des Wirtsorganismus muß berücksichtigt werden, d.h. abhängig vom Wirtsorganismus sollten verschiedene Risikogruppensysteme aufgestellt werden. In dem Merkblatt B 004 „Sichere Biotechnologie – Viren" der BG Chemie ist dies berücksichtigt. Folgende Listen wurden aufgestellt:

- menschenpathogene Viren,
- tierpathogene Viren für Wirbeltiere,
- tierpathogene Viren für Wirbellose,
- pflanzenpathogene Viren.

Die Risikogruppen innerhalb einer Liste stellen eine relative Bewertung dar. Die Risikogruppen verschiedener Listen sind nicht direkt miteinander vergleichbar, d.h. die rechtlichen Anforderungen und die zu treffenden Sicherheitsmaßnahmen sind unterschiedlich (Beispiel Viren der RG 2 (Merkblatt): humanpathogene, tierpathogene (Haus- und Nutztiere) oder pflanzenpathogene Viren bzw. pathogene Viren für Invertebraten). Dies sollte bei Anträgen und den Sicherheitsmaßnahmen berücksichtigt werden und Eingang in die rechtlichen Regelungen finden. In den Neuauflagen der Merkblätter der BG Chemie werden diese Unterschiede noch deutlicher herausgearbeitet werden.

Eine weitere Schwierigkeit besteht darin, daß unterschiedliche Definitionen für die einzelnen Risikogruppen verwendet werden.

Nach spektakulären *Einzelfällen* von *Laborinfektionen* mit tödlichem Ausgang wie beim Umgang mit infizierten Grünen Meerkatzen (Marburg-Virus) oder mit humanem Pockenvirus (London, Birmingham), sind von nationalen Beratergruppen Vorschläge für den Umgang und Transport – auch über nationale Grenzen hinweg, mit pathogenen Organismen entwickelt worden. Von der WHO sind 1979 international anerkannte Definitionen von Risikogruppen veröffentlicht worden. Diese Definitionen haben Eingang in viele nationale Regelungen gefunden. *Wesentliche Eigenschaften* für die Eingruppierung in eine definierte Risikogruppe bei der WHO-Klassifizierung sind die *Schwere der Erkrankung, prophylaktische und therapeutische Eingriffsmöglichkeiten* sowie der *Übertragungsweg* und die *Ausbreitung* des Organismus („risk of spread"). Die RG 3 und 4 unterscheiden sich im wesentlichen durch die Verbreitungsmöglichkeiten (z.B. hohe Kontagiosität mit Möglichkeit der Pandemie) des Organismus. Dies verdeutlichen auch die einzuhaltenden Sicherheitsmaßnahmen. Risikogruppe und Sicherheitsmaßnahmen müssen immer im Zusammen-

Tabelle 3.5   Laborunfälle und unerwartete Ereignisse

Jahr	Ort	Ereignis
1967	Marburg/Frankfurt	„Marburg-Virus-Krankheit" Marburg-Virus aus infizierten Grünen Meerkatzen (Uganda)
1974	London: London School of Hygiene and Tropical Medicine	Pocken (Tabelle 3.29) Laborinfektion/Todesfall
1976	Philadelphia	„Legionärskrankheit" Legionella pneumophila
1978	Birmingham: Department of Medical Microbiology University of Birmingham	Pocken (Tabelle 3.29) Laborinfektion/Todesfall
1979	Tübingen: Deutsches Virologisches Institut	Semliki forest Virus Tödliche Erkrankung einer Mitarbeiterin
1981	Atlanta: Center of Disease Control (CDC)	Häufung von Pneumocystis carinii, Pneumonie bei Homosexuellen aus Los Angeles Parallel Ende der 70er Jahre/Anfang 1980 Häufung von Kaposi-Sarkomen HIV – AIDS (Tabelle 3.26)
1984	Lake Tahoe Disease	Plötzlicher Ausbruch einer Krankheit, die der Mononukleose ähnelt. Erreger: Humanes Herpesvirus 6 (HHV-6)
1985/ 1986	National Institute of Health (NIH)	gesicherter Nachweis einer Laborinfektion mit HIV eine weitere Laborinfektion mit HIV
1985	Großbritannien	Mysteriöse Erkrankung bei Rindern („Rinderwahnsinn" oder „mad cow disease"), eine Prion bedingte Krankheit BSE = bovine spongiforme Enzephalopathie
1986	Pan American Health Organization mit Hauptquartier in Buenos Aires, Farm in Azul bei Versuchen mit einer rekombinanten Tollwutvakzine	Versuch mit rekombinanten Vacciniaviren mit 20 Kühen. Es werden mehrere (wahrscheinlich 17 Personen) Mitarbeiter passiv mit dem Impfstamm mitinfiziert. Das allgemeine Problem ist: Vakziniavektoren sind infektiös
1987	USA	2 Todesfälle durch Herpes-B-Virus in den USA beim Umgang mit primären Affenzellen (Tabelle 3.53)
1987	Rotterdam	170 Fälle von Hepatitis-B-Virus-Infektionen bei In-vitro-Fertilisation durch kontaminiertes Serum für Embryonen (Erkrankung eines Spenders)

Tabelle 3.5   (Fortsetzung)

Jahr	Ort	Ereignis
1988/ 1989	US Cancer Research Institute	Lymphochoriomeningitisvirus (LCMV) Infektion (Tabelle 3.52) bei Mitarbeitern 7 von 82 Mitarbeitern hatten Antikörper LCMV, 2 waren wegen fieberhaften Infekts im Krankenhaus; Quelle des Virus: infizierte nackte Mäuse (die durch virusproduzierende Zellinien infiziert wurden) 1989 Antikörper gegen LCMV bei einem Hamster eine Zellinie, die seit 1964 in diesem Institut verwendet wurde, war LCMV infiziert. (seit 1972 sind z. B. Laborinfektionen beschrieben durch infizierte Zellinien)
1990	berichtet von CDC	Simian immune deficiency virus (SIV-)Laborinfektionen 1. Fall: Beim Umgang mit infizierten Affen Nadelstichverletzung, nach 3 Monaten spezifische Antikörper im Blut nachweisbar, nach 2 Jahren abgefallener Antikörpertiter, kein Virusnachweis 2. Fall: Umgang mit Blut aus infizierten Affen, keine Handschuhe getragen bei abheilender Dermatitis, ansteigender Antikörpertiter
1992	Heidelberg	nach Verbrennung Vaciniavirusinfektion mit Erkrankung beim Umgang mit Vakzinia - virusvektoren
1993	Afrika/New York	Todesfall eines Wissenschaftlers nach viraler Infektion bei Felduntersuchungen in Afrika

hang gesehen werden. Bei der Aufstellung der Risikogruppen lagen *seuchenhygienische Erfahrungen* zugrunde.

Wenn Mikroorganismen oder Viren mit potentiell empfänglichen Menschen nicht oder in einer nicht geeigneten Weise in Kontakt kommen (z. B. wegen getrennter Habitate), so kann aufgrund epidemiologischer Untersuchungen keine endgültige Aussage über die Apathogenität solcher Organismen für den Menschen gemacht werden, es sei denn, bestimmte physiologische Eigenschaften dieser Organismen sprechen dagegen. Einige Krankheitserreger sind als Humanpathogene dadurch entdeckt worden, daß beim Umgang das Laborpersonal infiziert wurde und erkrankte. Als Beispiele seien hierfür *Coxiella burneti*, das Herpes-B-Virus, das Marburg-Virus (Tabelle 3.5), das Newcastle-Disease-Virus oder das Louping-Ill-Virus genannt. Andere Krankheitserreger haben durch eine Anhäufung von Mutationen ihren Wirtsbereich geändert. Als Beispiele hierfür seien HIV, das sich von Affenretroviren ableitet, und das Parvovirus des Hundes, das sich aus dem felinen Panleukopenievirus entwickelt hat, genannt.

3.3.2
Definition von Risikogruppen

Die Definitionen von Risikogruppen in verschiedenen nationalen und internationalen Rechtsvorschriften sind nicht identisch. Dies liegt teilweise daran, daß unterschiedliche Objekte (z. B. Mensch, Mensch und Umwelt, Haus- und Nutztiere, Nutzpflanzen) geschützt werden sollen bzw. es muß vor verschiedenen Organismen (natürliche Organismen, gentechnisch veränderte Organismen) geschützt werden. Im deutschen Gentechnikrecht (GenTG bzw. GenTSV) gibt es keine Definitionen der Risikogruppen. 3 Definitionen von Risikogruppen sind nachfolgend angeführt. Eine der ersten Definitionen von Risikogruppen hat die WHO aufgestellt (Tabelle 3.6). Diese Definition lag der Liste der vorläufigen Empfehlungen (Genrichtlinie) zugrunde.

Weitere Definitionen von Risikogruppen gibt es in der Arbeitnehmerschutzrichtlinie der EU (Tabelle 3.7) und in den Merkblättern „Sichere Biotechnologie" der BG Chemie (Tabelle 3.8). Diese Definitionen sind angeführt, um die Unterschiede klar zu machen.

Bei der Eingruppierung von Organismen in Risikogruppen (Risikogruppen in den Merkblättern der BG Chemie oder in der GenTSV sowie in den jeweiligen EU-Richtlinien) sind teilweise die *Bewertungskriterien,* die den WHO-Risikogruppen zugrundeliegen, abgewandelt worden. Ansonsten ist die Eingruppierung z. B. des HIV nicht zu verstehen. Die RG 1 erfaßt auch, abweichend von der WHO, nur Organismen, von denen kein (bis sehr geringes) Risiko für den Menschen (BG Chemie) bzw. kein Risiko für Mensch und Umwelt (GenTSV) ausgeht. Dies hat im Bereich der medizinischen Forschung zu erheblichen Mißverständnissen und zur Kritik an einigen Eingruppierungen geführt. Bei einer Trennung der Sicherheitsmaßnahmen und des bürokratischen Aufwands von der Risikogruppe ist diese Eingruppierung verständlich. Allerdings gibt es keine

Tabelle 3.6 Definition der Risikogruppen nach WHO (Classification of infective microorganismus by risk groups)

Risk group I (low individual and community risk)	A microorganism that is unlikely to cause human disease or animal disease of veterinary importance
Risk group II (moderate individual risk, limited community risk)	A pathogen that can cause human or animal disease but is unlikely to a serious hazard to laboratory workers, the community, livestock, or the environment. Laboratory exposure may cause serious infection, but effective treatment and preventive measures are available and the risk of spread is limited
Risk group III (high individual and community risk)	A pathogen that usually produces serious human disease but does not ordinarily spread from one infected individual to another
Risk group IV (high individual and community risk)	A pathogen that usually produces serious human disease and may be readily transmitted from one individual to another, directly or indirectly

Tabelle 3.7   Definition der Risikogruppen nach Richtlinie 90/679/EWG (nur Humanpathogene)

Biologische Arbeitsstoffe der Gruppe 1 sind Stoffe, bei denen es unwahrscheinlich ist, daß sie beim Menschen eine Krankheit hervorrufen	Group 1 biological agent means one that is unlikely to cause human disease
Biologische Arbeitsstoffe der Gruppe 2 sind Stoffe, die eine Krankheit beim Menschen hervorrufen können und eine Gefahr darstellen könnten; eine Verbreitung des Stoffes in der Bevölkerung ist unwahrscheinlich; eine wirksame Vorbeugung oder Behandlung ist normalerweise möglich	Group 2 biological agent means one that can cause human disease and might be a hazard to workers; it is unlikely to spread to the community; there is usually effective prophylaxis or treatment available
Biologische Arbeitsstoffe der Gruppe 3 sind Stoffe, die eine schwere Erkrankung hervorrufen und eine ernste Gefahr für Arbeitnehmer darstellen können; die Gefahr einer Verbreitung kann bestehen, doch ist normalerweise eine wirksame Vorbeugung oder Behandlung möglich	Group 3 biological agent means one that can cause severe human disease and present a serious hazard to workers; it may present a risk of spreading to the community, but there is usually effective prophylaxis or treatment available
Biologische Arbeitsstoffe der Gruppe 4 sind Stoffe, die eine schwere Erkrankung beim Menschen hervorrufen und eine ernste Gefahr für einen Arbeitnehmer darstellen; die Gefahr einer Verbreitung in der Bevölkerung ist unter Umständen groß; normalerweise ist eine wirksame Vorbeugung oder Behandlung nicht möglich	Group 4 biological agent means one that causes severe human disease and is a serious hazard to workers; it may present a high risk of spreading to the community; there is usually no effective prophylaxis or treatment available

strenge Koppelung von Risikogruppen und Sicherheitsstufen auf der einen Seite und den Sicherheitsmaßnahmen auf der anderen Seite. HIV ist in die RG 3 eingruppiert. Da dieses Virus beim Umgang im Labor nicht auf dem Luftweg übertragen wird, ist eine Schleuse oder der Unterdruck im Labor nicht notwendig.

Risikogruppen geben immer eine Bandbreite von Gefährdungspotentialen wieder, z. B. sind in die RG 2 schwachpathogene bzw. fakultativ pathogene Bakterien wie *E. coli, Listeria monocytogenes* und obligat pathogene wie *Vibro cholerae* eingeordnet.

Weitere Mißverständnisse bei den Eingruppierungen von Organismen in Risikogruppen können sich u. a. auch aufgrund unterschiedlicher Definitionen oder Ziellebewesen (gesunde Erwachsene (Mensch oder Mensch und Nutztiere), alle Lebewesen (auch immungeschädigte Lebewesen)), aus Abgrenzungsproblemen oder verschiedener Sicherheitsmaßnahmen ergeben. Beispielhaft sei die Diskussion um die Einordnung vom Hepatitis-B-Virus in die BG Chemieliste (1. u. 2. Auflage: RG 2) und europäische Listen (RG 3*) genannt. Beides ist gerechtfertigt. Den europäischen Listen liegen u. a. andere Sicherheitsmaßnahmen zugrunde, d. h. die deutschen Sicherheitsmaßnahmen der Sicherheitsstufe 2 decken die Erfordernisse der europäischen aufgrund der EG-Richtlinie der Stufe 3 in diesem Fall ab. Dies erfordert in den nächsten Jahren eine vernünftige Anpassung der Regelungen.

Tabelle 3.8 Definition der Risikogruppen der BG Chemie (Merkblatt „Sichere Biotechnologie – Viren" Stand 4/91, wird z. Z. überarbeitet)[a]

Risikogruppe		Gesamtbewertung
Gruppe 1	– Kein (bis sehr geringes)[b] Risiko für Beschäftigte und die Bevölkerung. sowie Haus- und Wildtiere. Kein Risiko für die Umwelt	Fehlendes (bis sehr geringes) Risiko
Risikogruppe 2	– Menschenpathogene Erreger[c]: Kein oder geringes Risiko für Beschäftige und die Bevölkerung. Kein Risiko für Haus- und Wildtiere	Geringes bis mäßiges Risiko
	– Tierpathogene Erreger[d]: Kein Risiko für Beschäftigte und die Bevölkerung. Geringes bis mäßiges Risiko für Haus- und Wildtiere	
	– Tier- und menschenpathogene Erreger[e]: Kein oder geringes Risiko für Beschäftigte und Bevölkerung. Geringes bis mäßiges Risiko für Haus- und Wildtiere	
	– Pflanzenpathogene Viren[f]: kein Risiko für Beschäftigte, Bevölkerung, Tiere. Geringes bis mäßiges Risiko für Nutz- und Wildpflanzen. Die Viren kommen zumeist in Europa nicht vor, Vektorbeziehungen zu europäischen Vektorformen sind ungeklärt, daher kann über eine Etablierung in der Umwelt keine sichere Aussage gemacht werden	
Risikogruppe 3	– Menschenpathogene Erreger: mäßiges bis hohes Risiko für Beschäftigte, geringes oder mäßiges Risiko für die Bevölkerung. Kein Risiko für Haus- und Wildtiere	Mäßiges bis unbekanntes Risiko
	– Tierpathogene Erreger[g]: Kein Risiko für Beschäftigte und die Bevölkerung. Unbekanntes Risiko für Haus- und Wildtiere in Mitteleuropa	
	– Tier- und menschenpathogene Erreger: mäßiges bis hohes Risiko für Beschäftigte, geringes oder mäßiges für die Bevölkerung. Unbekanntes Risiko für Haus- und Wildtiere in Mitteleuropa	
Risikogruppe 4	– Menschenpathogene Erreger: mäßiges bis hohes Risiko für Beschäftigte, mäßiges bis hohes Risiko für die Bevölkerung. Kein Risiko für Haus- und Wildtiere	Hohes Risiko
	– Tierpathogene Erreger: kein Risiko für Beschäftigte und Bevölkerung. Hohes Risiko für Haus- und Wildtiere	

Tabelle 3.8   (Fortsetzung)

Risikogruppe		Gesamtbewertung
Risikogruppe 4	– Tier- und menschenpathogene Erreger: mäßiges bis hohes Risiko für Beschäftigte, mäßiges bis hohes für die Bevölkerung. Mäßiges bis unbekanntes Risiko für Haus- und Wildtiere in Mitteleuropa	Hohes Risiko

[a] Die Eingruppierung einiger Viren für niedere Vertebraten und Invertebraten ist umstritten

[b] „Bis sehr geringes Risiko" berücksichtigt z. B. das Risiko bei Impfschäden mit attenuierten Viren. Dieses ist vorhanden, aber sehr klein.

[c] Krankheitserreger, die nur beim Menschen Krankheiten hervorrufen können, aber nicht bei Tieren oder Pflanzen.

[d] Krankheitserreger, die nur bei Tieren, aber nicht beim Menschen oder bei Pflanzen Krankheiten hervorrufen können.

[e] Krankheitserreger, die bei Mensch und Tieren, aber nicht bei Pflanzen Krankheiten hervorrufen können.

[f] Krankmachende Viren, die nur bei Pflanzen, aber nicht bei Mensch oder Tieren Krankheiten hervorrufen können.

[g] Hier sind u. a. nichtheimische oder exotische Erreger eingeordnet, von denen man die krankmachenden Eigenschaften in den Ursprungsgebieten kennt.

3.3.3
Gefährdungspotential, Pathogenität und Virulenz

Begriffe aus der Mikrobiologie

Begriff	Definition
Adhärenz (adherence)	Vorgang der Anlagerung eines Mikroorganismus an Oberflächenstrukturen eines Wirts
Ätiologie (etiology)	Lehre von den Krankheitsursachen
Erreger (etiologic agent)	Mikroorganismus, der ursächlich eine Krankheit hervorruft
Infektion (infection)	Besiedlung eines Wirtsorganismus durch einen übertragbaren pathogenen Mikroorganismus und Vermehrung dieses Mikroorganismus in oder an seinem Wirtsorganismus
Invasion (invasion)	Eindringen eines Mikroorganismus in die Zellen oder Gewebe seines Wirts sowie Ausbreitung in diesem Wirt
Keimträger (carrier)	Mensch oder Tier trägt ohne Krankheitszeichen einen pathogenen Mikroorganismus, der auf empfängliche Menschen oder Tiere übertragen werden kann
Klon (clone)	Organismen, die von einem (gemeinsamen) Vorfahren abstammen
Latenz (latency)	Erreger ist im Wirt vorhanden, wird aber nicht abgegeben (s. auch Persistenz)

Begriff	Definition
Opportunist (opportunistic pathogen)	(fakultativ) saprophytär oder als Bestandteil der eigenen Mikroflora lebender Mikroorganismus, der nur bei stark vorgeschädigtem Abwehrsystem eine Krankheit hervorrufen kann
Pathogen (pathogen)	Mikroorganismus, der eine Krankheit hervorrufen kann
Pathogenese (pathogenesis)	Krankheitsentwicklung: warum und wie eine Krankheit entstehen kann (Bedingungen der Krankheitsentstehung)
Pathogenitität (pathogenicity)	Fähigkeit eines Organismus, eine Krankheit hervorzurufen
Persistenz (persistence)	Erreger ist im Wirt vorhanden und wird ständig produziert (meist in kleinen Mengen)
Phänotyp (phenotype)	1. sichtbares, biochemisches oder biophysikalisches Merkmal 2. Summe aller Merkmale
Saprophyt (saprophyte)	(Fäulnisbewohner) obligate Saprophyten: ernähren sich ausschließlich von abgestorbenen Materialien fakultative Saprophyten: können sich von lebenden Geweben und abgestorbenen Materialien ernähren
Tenazität (tenacity)	Überlebensfähigkeit außerhalb eines Wirtsorganismus
Toxigenität (toxigenicity)	Fähigkeit eines Mikroorganismus, ein Toxin zu produzieren, das zur Krankheitsentwicklung beiträgt
Virulenz (virulence)	Quantitatives Ausmaß der Pathogenität (Stammerkmal)

In den existierenden Risikogruppen (z. B. nach WHO, EG, GenTSV, BG Chemie) von Organismen sind bisher vorwiegend pathogene Organismen aufgenommen worden. Wie bereits gesagt, wird ein pathogener Organismus oft definiert als ein Organismus, der das Potential hat, in einem definierten Wirtsorganismus eine Krankheit hervorrufen zu können. Dieses Konzept jedoch beschreibt eine Krankheit als das Ergebnis eines Infektionsprozesses und läßt den Wirtsorganismus weitgehend außer Betracht.

Ein anderes Konzept[2] beschreibt einen pathogenen Organismus als einen Organismus, der an seinen Wirtsorganismus hoch adaptiert ist und der deshalb eine Krankheit hervorruft, weil seine *Überlebensstrategie* die Infektion eines Wirtsorganismus erfordert. Der Wirtsorganismus ist ein „lebendes Habitat"[3] für

---

[2] Für die Risikoabschätzung von gentechnisch veränderten Organismen ist dieses Konzept deshalb wichtig, weil es aussagt, daß sich das Gefährdungspotential eines Organismus nicht unabhängig von seinem Wirtsorganismus entwickelt hat, d.h. der Wirtsorganismus greift in den Selektionsprozeß auf eine pathogene Variante entscheidend ein. Es ist eine Wechselwirkung zwischen 2 Organismen wichtig, die eine Koevolution durchgemacht haben.

[3] Ein lebendes Habitat kann sich natürlich ändern und aktive Abwehrmaßnahmen ergreifen bzw. sich in der Evolution anpassen.

den pathogenen Mikroorganismus oder einen Parasiten. Dies heißt u. a., daß ein pathogener Organismus sich im Laufe der Evolution in seiner Genausstattung an seinen Wirtsorganismus und umgekehrt der Wirtsorganismus sich an das Pathogen angepaßt hat. Diese Anpassung auf seiten des Pathogens ermöglichen in der Regel keine Einzelgene, sondern mehrere Gene, die oft in räumlichen oder funktionellen Einheiten[4] (Cluster, Regulons) zusammengefaßt sind. Ein Vergleich von pathogenen und stabil apathogenen Stämmen einer Art zeigt, daß das Genom der pathogenen Stämme oft größer ist, d.h. mehr Gene enthält, als das der apathogenen Stämme. Pathogene Bakterien sind meist klonaler Herkunft mit Hinweis darauf, daß der pathogene Genotyp als Einzelereignis einmal entsteht und sich an seinen Wirt adaptiert. Ein horizontaler Genaustausch unter natürlichen Bedingungen zwischen pathogenen und apathogenen Stämmen scheint für die Entstehung pathogener Varianten keine oder kaum eine Rolle zu spielen[5]. Für die Verbreitung von Antibiotikaresitenzgenen ist der horizontale Gentransfer hingegen von großer Bedeutung. Bei diesem Konzept darf allerdings der Schaden, den ein pathogener Organismus bei seinem Wirt verursacht, nicht außer acht gelassen werden.

Ausnahmen dieses Konzepts sind Organismen, die zufällig in einen Wirt gelangen, aus dem sie sich dann nicht mehr befreien oder in dem sie sich nicht entwickeln können (Fehlwirt) bzw. von dem sie durch geographische Grenzen oder Grenzen ihres Ökosystems, auch durch Mangel an geeigneten Überträgern oder Übertragungsbedingungen getrennt waren. Solche Organismen kommen u.a. bei Viren und Parasiten vor. Der befallene Wirt kann, muß aber nicht erkranken.

3.3.3.1
Eintrittspforten und Übertragungswege

Ein pathogener Organismus muß in ausreichender Zahl und in geeigneter Weise seinen Wirt befallen, um eine Infektion (oder Infestation[6]) hervorzurufen. Er muß bei seinem Wirt eine geeignete Stelle („Nische") finden, um überleben oder sich vermehren zu können. Haut und Schleimhäute spielen als Ort des Eintritts und der Vermehrung (primäre Eintritts- und primäre Vermehrungsstellen) eine wichtige Rolle. Die Übertragungsfähigkeit von Wirt zu Wirt („Infektkette") wird meist als eine Wahrscheinlichkeitsfunktion gesehen, auf die der pathogene Organismus wenig Einfluß hat. Pathogene Organismen haben sich an wichtige Übertragungswege angepaßt und diese für sich nutzbar gemacht. Die Möglich-

---

[4] Struktur- und Regulationseinheiten.

[5] Bei pathogenen Neisserien gibt es Hinweise darauf, daß ein horizontaler Genaustausch möglich ist. Durch natürliche Transformation kann exogene DNA aus verwandten Stämmen aufgenommen werden. Durch homologe Rekombination können danach eigene Genabschnitte durch fremde ersetzt werden. Auf diese Weise kann sich die Antigenität ändern.

[6] Begriff, der von manchen Parasitologen gebraucht wird. Viele Parasiten können ihren Wirtsorganismus krankmachen, ohne sich in ihm zu vermehren. Allgemein hat sich aber ein modifizierter Infektionsbegriff in der Parasitologie durchgesetzt.

Tabelle 3.9 Tenazität von Organismen

Organismus	Tenazität in Tagen (in Wasser bzw. Abwasser[a])
Viren	
– Enteroviren (z. B. Poliovirus)	bis zu: 200
– Herpesviren	30
– Vacciniavirus	200
Bakterien	
– *Mycobacterium tuberculosis*	bis zu: 200
– *Shigella dysenteriae*	90
– *Vibro cholerae*	200
Sporen	
– *Bacillus anthracis*	fast unbegrenzt
– *Clostridium tetani*	fast unbegrenzt
Parasiten	
– Askarideneier	bis zu 30

[a] Die Überlebensdauer ist stark von der Art des Wassers abhängig (Leitungs-, Fluß-, Meer- oder Abwasser). Im Einzelfall kann die Überlebenszeit verkürzt oder auch verlängert sein.

keiten, sich eines bestimmten Übertragungsweges zu bedienen, sind genetisch festgelegt. Dabei spielt z. B. auch die Überlebensfähigkeit außerhalb des Wirtsorganismus *(Tenazität)* eine große Rolle (Tabelle 3.9). Organismen sind unterschiedlich empfindlich, z. B. gegen Temperaturänderungen (Erniedrigung oder Erhöhung), Austrocknung, ionisierende und nichtionisierende Strahlen (UV-Strahlen etc.), chemische Einwirkungen oder Ultraschall. Erfahrungen im Umgang mit bestimmten humanpathogenen Krankheitserregern belegen dies. Organismen, wie z. B. *Neisseria gonorrhoeae* werden durch intensiven Kontakt und nicht durch Gegenstände oder die Luft übertragen. Eine solche beschränkte Übertragungsfähigkeit ist nicht durch einfache genetische Manipulationen zu ändern. Welche Gene bei einem bestimmten Organismus für die Übertragung wichtig sind, ist weitgehend unbekannt.

Neben natürlichen Eintrittspforten gibt es auch iatrogene. Typische iatrogene Eintrittspforten sind Verletzungen durch spitze oder scharfe Gegenstände (Nadeln, Skalpelle, Scherben etc.). Iatrogene Eintrittspforten spielen beim Umgang in der Forschung und Produktion eine wichtige Rolle. Organismen, die diese Eintrittspforten nutzen, können arbeitsbedingte Infektionskrankheiten hervorrufen. Beispiele für solche Organismen sind u. a.: Hepatitis-B-Virus (HBV), Hepatitis-C-Virus (HCV), Humane T-Zelleukämieviren I + II (HTLV), *Treponema pallidum*, Trypanosomen, Plasmodien.

Bei den Übertragungswegen werden horizontale und vertikale unterschieden (Tabelle 3.10). Die letzteren sind wichtig u. a. unter dem Gesichtspunkt des Mutterschutzes. Die verschiedenen Übertragungswege werden bei Ermittlung des

Gefährdungspotentials unterschiedlich stark gewichtet. Die Übertragung über die Luft durch Tröpfchen oder Staubpartikel wird als risikoreicher eingeschätzt als die Übertragung durch Gegenstände oder die orale Aufnahme. Ein besonderer Fall stellt die Übertragung durch Verletzungen dar.

Weshalb können Kenntnisse über die Tenazität wichtig sein?
Mit pathogenen Organismen wird z. B. in einer Sicherheitswerkbank gearbeitet. Die Abluft aus dem Arbeitsraum einer solchen Werkbank wird filtriert. Die Filter müssen in gewissen Abständen (nach mehreren Jahren Gebrauch) gewechselt werden. Unter welchen Bedingungen kann der Filter gewechselt werden? Sind alle Organismen, mit denen in der Werkbank gearbeitet wurde, und ihre Tenazität im Filter bekannt, so kann eventuell bei kurzer Überlebenszeit der Organismen im Filter und bei Stillegen der Werkbank für mehrere Tage der Filter ohne weitere Desinfektionsmaßnahmen ausgetauscht werden. Entsprechendes gilt auch für Wartungsarbeiten oder Umbaumaßnahmen in einem Laborbereich.

3.3.3.2
Infektionsdosis

Die Anzahl der infizierenden Organismen spielt eine große Rolle. Man kann eine Mindestinfektionsdosis definieren. Diese ist für einen Krankheitserreger charakteristisch. Die Mindestinfektionsdosis ist u. a. vom Wirtsorganismus, vom Übertragungsweg, der Eintrittspforte, von gewissen Begleitumständen und von der Konstitution des Wirtsorganismus abhängig (Tabellen 3.11 und 3.12).

3.3.3.3
Suche nach einer geeigneten Nische (Haften, Ansiedeln und Vermehren)

Ein „erfolgreicher" pathogener Organismus muß in oder an seinem Wirt eine geeignete Stelle zum Überleben und Vermehren finden. Eine der ersten Wechselwirkungen mit dem Wirtsorganismus ist die Anheftung (attachment) an geeignete Strukturen der Oberfläche (Haut oder Schleimhaut), die ein erster wichtiger und notwendiger Schritt ist, um ein tieferes Eindringen und eine weitere Ausbreitung im Wirtsorganismus zu ermöglichen. Für eine Anheftung braucht ein pathogenes Bakterium unspezifische und spezifische Anheftungsfaktoren (Adhäsine). Meist stehen einem Pathogen davon mehrere verschiedene zur Verfügung. Das Adhäsinrepertoir eines Pathogens, das durch entsprechende Gene festgelegt ist, ermöglicht es, alternative Stellen (verschiedene Gewebe oder Organe) für die Anheftung zu nutzen bzw. sich unter unterschiedlichen Bedingungen anzuheften. Es kann somit Auswirkungen auf die Schwere einer Erkrankung haben. Ist der Anheftungsbereich nicht steril, muß zunächst unter Umständen die natürliche Mikroorganismenflora, die auch eine Platzhalterfunktion inne hat, verdrängt werden. Weiterhin muß ein pathogener Organismus sich gegen die lokalen Abwehrmechanismen durchsetzen. Wichtige

Tabelle 3.10　Beispiele für Übertragungswege von Mikroorganismen, Viren und Parasiten[a]

**Horizontale Übertragung: Übertragung zwischen Wirten einer Generation
(über Blut, Lymphbahn und Makrophagenähnliche Zellen der Schleimhäute)**

	Viren	Bakterien	Pilze	Parasiten
1) Verletzungen durch z.B. Injektionen, Transfusionen oder beim Sexualverkehr	– Hepatitis-B-Virus – Hepatitis-C-Virus – HIV I und II – Humane Papillomaviren	– *Neisseria gonorrhoeae,* – *Treponema pallidum*	– *Candida Albicans*	– *Trichomonas vaginalis*
2) Biß	– Tollwutvirus – Hepatitits-B-Virus (Schimpansen) – Herpes-B-Virus			
3) Unbelebte und belebte Vektoren (Infektionsnadel, infiziertes Futter, Kleidung bzw. Insekten, Mücken, Läuse, Flöhe, Wanzen, Milben, Zecken etc.)	– Gelbfiebervirus – Zeckenenzephalitis-viren	– *Borrelia burgdorferi* – Rickettsien – *Y. pestis*		– Plasmodien – Trypanosomen
4) Über den Atmungstrakt				
a) Tröpfcheninfektion	– Influenzaviren – Rhinoviren	– *Mycobacterium tuberculosis* – *Streptococcus pneumoniae* – *Yersinia pestis*		
b) Mit Staub etc.	– Lymphochorio-meningitisvirus		– *Coccidioides immitis*	
5) Über den Verdauungstrakt				
a) Schmierinfektionen	– Hepatitis-A-Virus – Poliomyelitisvirus			

b)	Wasser – Abwasser – Lebensmittel	– Enteroviren	– *Leptospira interrogans* – *Mycobacterium bovis* – *Salmonella typhi* – *V. cholerae*	
6)	Über die Haut			
a)	Eindringen ohne Verletzung	– Papillomaviren		– *Strongyloides stercoralis* (Larven) – *Necator americanus* (Larven)
b)	Über Schweiß- oder Talgdrüsen bzw. verletzte Haut:		– *Staphylococcus aureus* – *Streptococcus pyogenes* (Erysipel)	
7)	Durch direkten Kontakt			
a)	Mensch – Mensch	– Masernvirus		
b)	Tier – Mensch	– Marburg-Virus		

Vertikale Übertragung: Übertragung zwischen Generationen

1)	Keimbahn	– Endogene Retroviren		
2)	Hämatogen-Diaplazentar	– Cytomegalievirus (CMV) – Rötelnvirus – Parvovirus B 19 – Bovines Diarrhoevirus	– *Listeria monocytogenes* – *Treponema pallidum*	– *Toxoplasma gondii*
3)	Aufsteigende Infektion im Genitaltrakt	– Herpesviren		
4)	Perinatale Übertragung	– HIV – Hepatitis-C-Virus	– *Neisseria gonorrhoeae* – *Treponema pallidum*	

[a] Einige der angegebenen Organismen können über mehrere Wege übertragen werden.

Tabelle 3.11 Übertragungs-
medien

Typ	Beispiele
Gasförmig	Luft – Tröpfchen – Staub
Flüssig	Wasser – Leitungswasser – Flußwasser – Meereswasser – Abwasser Nahrungsmittel und Getränke
Fest	Gegenstände – Geräte – Spielzeug

Eintrittsporten beim Umgang mit biologischen Agenzien in Labor und Produktion sind:

1. Schleimhäute
   – Auge (Aerosol, Staub)
   – Atmungstrakt (Aerosol, Staub)
   – Magen-Darm-Trakt (Verschlucken; deshalb nicht essen …)
     (Urogenital-trakt)
2. Haut
   – verletzt (z. B. Stich- und Schnittverletzungen, Wunden)
   – unverletzt

3.3.3.4
Umgehen der Abwehrmechanismen des Wirtsorganismus

Eine geeignete Strategie ermöglicht einem Pathogen, die unspezifischen und spezifischen Abwehrmechanismen seines Wirts zu umgehen, sogar aufzuheben. Diese Eigenschaften sind mit die wichtigsten Kennzeichen eines Pathogens. Faktoren, die dies dem Pathogen ermöglichen, gehören zu den *spezifischen Virulenzfaktoren*. Extrazelluläre und intrazelluläre Pathogene nutzen verschiedene Strategien gegen das Abwehrsystem des Wirtsorganismus. Die Möglichkeit, z. B. eine antiphagozytäre Kapsel, Toxine oder Immunglobulinspezifische Proteasen zu bilden, Antigendeterminanten, die für den Wirt bei der Erkennung und Bekämpfung notwendig sind, zu variieren oder die Antigenpräsentation zu unterdrücken bzw. den intrazellulären Abbauweg in Makrophagen und anderen phagozytierenden Zellen zu meiden, sind wichtige Merkmale für die Pathogenität.

Tabelle 3.12   Mindestinfektionsdosis verschiedener Humanpathogene

Organismen	Dosis	Applikation – Auswirkungen – Bedingungen für eine Infektion und Erkrankung
Viren [a]		
Hepatitis-B-Virus	Serum 10^{-8} verdünnt	Noch infektiös bei Schimpansen
Influenza-A2-Virus	> 800 infektiöse Einheiten	Über Nasenrachenraum
Masernvirus	0,2 infektiöse Einheiten	Nasenspray
Rhinovirus	< 1 infektiöse Einheiten	Nasentropfen
Rötelnvirus	< 10 infektiöse Einheiten	Rachenspray
	< 30 infektiöse Einheiten	Subkutane Injektion
	< 60 infektiöse Einheiten	Nasentropfen
Venezuelisches Pferde-enzephalitisvirus	1	Intramuskuläre Injektion
Westnile	1	Über subkutane Injektion
Bakterien		
Bacillus anthracis	> 1300	Inhalation
Coxielle burneti	< 10	
E. coli	$>10^{8}$	
Francisella tularensis	< 10	
Mycobacterium tuberculosis	1	Bei Nichtprimaten (in Lunge)
Salmonella typhi	10^{9}	In 5 Tagen sind 95 % erkrankt
	10^{5}	In 9 Tagen sind 28 % erkrankt
	10^{3}	Keine Erkrankungen
Salmonella	10^{5}	
Shigella spec.	$<10^{2}$	
Staphylococcus aureus	$10^{8}-10^{10}$ Organismen	Subkutan injiziert: selten Infektionen,
	10^{2}	Mit Fremdkörper: Infektion
Treponema pallidum	60	Über intradermale Injektion
Vibro cholerae	$>10^{8}$	
Parasiten		
Plasmodium (vivax, tertianum etc.)	10	
Zysten von *Giardia lamblia*	$<10^{2}$	

[a] Das Verhältnis von Viruspartikeln zu infektiöser Einheit schwankt zwischen

1	Semliki-Forest-Virus
7 – 10	Influenzaviren
30 – 1000	Poliovirus
$10^{4}-10^{6}$	Tabak-Mosaik-Virus.

3.3.3.5
Bakterielle Pathogene

Die klonale Natur eines Pathogens

Pathogen zu sein für einen bestimmten Wirtsorganismus, ist nicht eine zufällige
Eigenschaft, die nach Belieben gewechselt oder erworben werden kann. Arbeiten
über natürliche Bakterienpopulationen haben gezeigt, daß nur eine kleine
Anzahl nichtverwandter Stämme ein pathogenes Potential erworben haben.
Natürliche pathogene Stämme zeigen eine klonale Herkunft, d.h. in systematischen Kategorien gesprochen, nicht ein Biovar oder Serovar ist die eigentliche
pathogene Einheit, sondern ein bestimmter Klon und die sich eventuell aus ihm
entwickelten Varianten. Unter dem Gesichtspunkt von Sicherheitsüberlegungen
ist die klonale Natur von Krankheitserregern wichtig, weil dies u. a. aussagt, daß
ein horizontaler Gentransfer zwischen pathogenen und apathogenen Stämmen
mit dem Ergebnis eines Phänotypwechsels (beim apathogenen Stamm zum pathogenen Phänotyp) in der Natur nicht bzw. nur äußerst selten vorkommen kann.

Chromosomale und extrachromosomale Gene für Virulenzfaktoren

Gene, die für Virulenzfaktoren kodieren, können auf dem *Chromosom* oder auf
extrachromosomalen Einheiten (Plasmiden, Phagen) liegen. Die Zahl der Virulenzgene kann sehr unterschiedlich sein. In der Regel besitzen intrazelluläre
Pathogene mehr Virulenzgene als extrazelluläre. Bei *Salmonella typhimurium*
wird geschätzt, daß ca. 10 % der Gene Erbfaktoren für die Virulenz kodieren.

Weshalb sind Kenntnisse über die Lokalisation von Virulenzgenen wichtig?
Sind bestimmte Virulenzfaktoren oder -gene für die vorgesehenen Arbeiten
nicht notwendig und sind die Gene dieser Faktoren auf Plasmiden lokalisiert,
kann das Gefährdungspotential herabgesetzt werden, indem mit plasmidfreien
Stämmen gearbeitet wird und gleichzeitig eine zufällige Aufnahme von Viru-
lenzplasmiden verhindert wird. Ein Beispiel für diese Art des biologischen
Arbeitsschutzes ist das Arbeiten mit virulenzplasmidfreien Stämmen von
Y. pestis. Die Umweltschutzmaßnahmen sollten aber strikt eingehalten werden,
um ein Freisetzen plasmidfreier Bakterien zu verhindern (Tabelle 3.13).

Tabelle 3.13 Häufigkeit von Plasmiden in pathogenen Bakterien. (Modifiziert nach Pfaller &
Hollis (1989) Clin. Microbiol. Newsl. 11, 137 – 141)

Organismus	Häufigkeit des Plasmidvorkommens in %
E. coli	70
Legionella pneumophila	60
Klebsiella pneumoniae	100
Pseudomonas aeruginosa	25
Serratia marcescens	bis zu 95
Staphylococcus aureus	bis zu 95
Staphylococcus epidermidis	bis zu 90

Pathogene Bakterien, bei denen die Gene für Virulenzfaktoren auf ein oder wenige Cluster verteilt sind (Beispiel: *Listeria monocytogenes*), werden bei bestimmten gentechnischen Arbeiten, wie z. B. die Herstellung von genomischen Genbanken, anders eingeschätzt als solche, bei denen die Virulenzgene über das Chromosom und extrachromosomale Einheiten verteilt sind (Beispiel: *Salmonella typhi*). Bei den ersten könnte ein langes DNA-Stück, das auf einen Empfängerorganismus übertragen wird, alle wesentlichen Informationen für die Virulenz tragen, diese auf den Empfänger übertragen und dadurch seine Eigenschaften wesentlich ändern. Sind die Virulenzgene aber weit verstreut, so ist eine Übertragung des gesamten oder wesentlicher Teile des pathogenen Potentials unwahrscheinlich (Abb. 3.1).

Regulation von Virulenzgenen

Wie alle Gene werden auch Gene für Virulenzfaktoren reguliert. Die Regulationsvorgänge sind auf die spezifische Situation im Wirtsorganismus angepaßt. Temperaturerhöhung ($> 30\,°C$) oder Mangel an wichtigen Faktoren (Metallionen wie z. B. Eisen, essentielle Bausteine für Nucleinsäuren (Purine, Pyrimidine) oder Proteine (Aminosäuren), Substrate für den Energiestoffwechsel, etc.). können die Expression bestimmter Virulenzgene bewirken. Zwei Hauptfaktoren sind bei der Genregulation wichtig:

1. spezifische Sequenzen auf Nucleinsäureebene, an die Regulationsfaktoren binden können und
2. spezifische Faktoren, in der Regel Proteine, die einen hemmenden (Repressoren) oder fördernden Einfluß (Aktivatoren, Derepressoren) haben

Kenntnisse über die Regulation von Virulenzgenen sind u. a. deshalb wichtig, um z. B. die Grundlage der Apathogenität von Varianten zu verstehen. Sind die Strukturgene für Virulenzfaktoren deletiert, ist das, unter Sicherheitsaspekten anders einzuschätzen, als wenn nur die Regulationssequenz oder bestimmte Regulationsfaktoren fehlten, die Strukturgene aber noch vorhanden sind. Dies ist insbesondere bei gentechnischen Arbeiten mit apathogenen Stämmen zu beachten. Einfach- oder Mehrfachmutationen im Bereich von Regulationselementen oder -faktoren (z. B. von Repressoren) können zur Erhöhung der Virulenz führen.

3.3.3.6
Analyse von Pathogenitätsmechanismen und Virulenzgenen

Gentechnische Arbeiten, die ein Risiko beinhalten können, sind z. B. Arbeiten zur Untersuchung von Pathogenitätsmechanismen. Typische Arbeiten bei der Untersuchung von bakteriellen Virulenzgenen sind die Deletion bzw. Inaktivierung (Abb. 3.2) von Genen, die für Virulenzfaktoren kodieren, z. B. mittels Transposonmutagenese, die Isolierung einzelner Virulenzgene und ihre Expression (Abb. 3.3) in geeigneten Empfängerorganismen, oder die Komplementation (Abb. 3.4) apathogener Varianten. Die Höhe des Risikos und damit der Sicher-

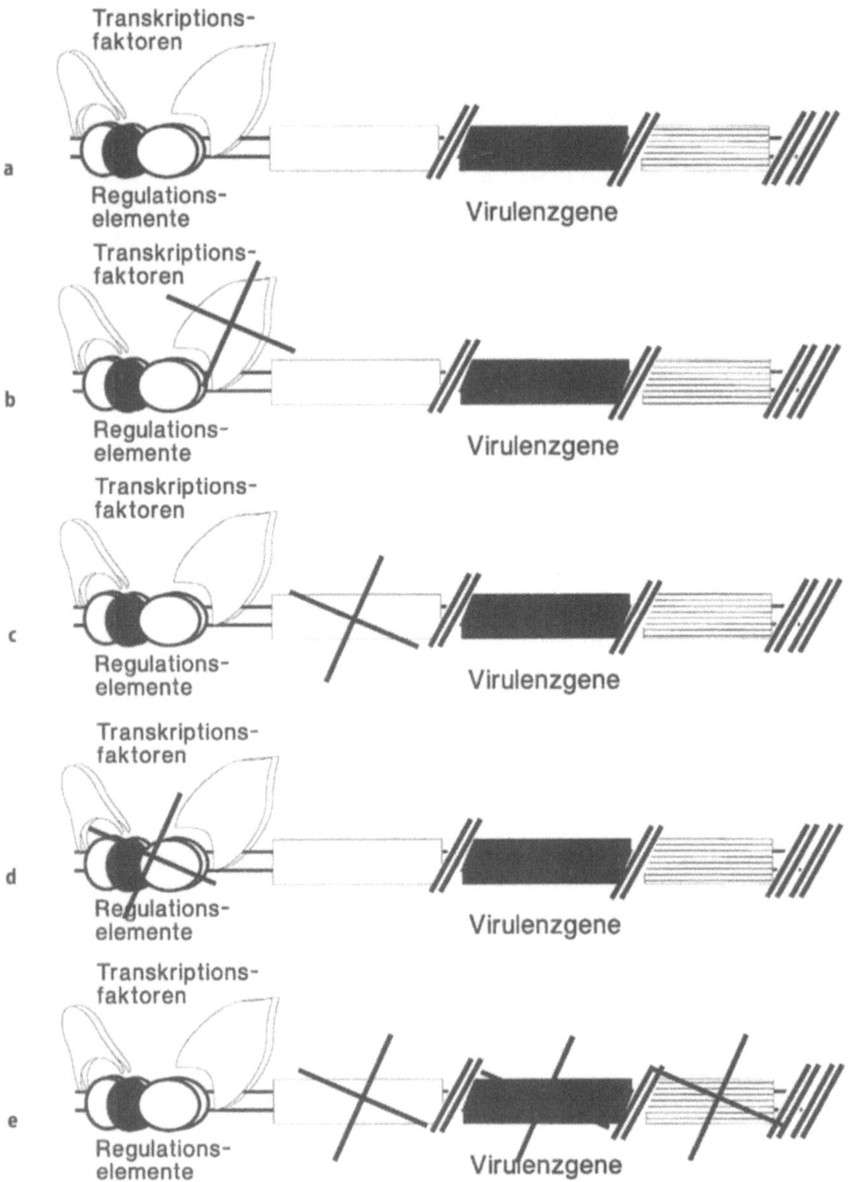
Transkriptions-
faktoren
Regulations-
elemente
Virulenzgene
a
Transkriptions-
faktoren
Regulations-
elemente
Virulenzgene
b
Transkriptions-
faktoren
Regulations-
elemente
Virulenzgene
c
Transkriptions-
faktoren
Regulations-
elemente
Virulenzgene
d
Transkriptions-
faktoren
Regulations-
elemente
Virulenzgene
e

heitsstufe ist von der Art der Organismen und Arbeiten abhängig. Arbeiten, die das Ziel haben, einzelne Virulenzgene, die nicht für Toxine kodieren, zu exprimieren, können oft in der Sicherheitsstufe 1 durchgeführt werden. Komplementationsversuche müssen meist in der Sicherheitsstufe, in der mit dem Pathogen gearbeitet werden darf, durchgeführt werden. Dies gilt ebenso für eine mögliche Entstehung von Revertanten. Beim Umgang mit Mutanten kommt es auf den exprimierten Phänotyp und seine Stabilität an.

3.3.3.7
Toxine und ihre Gene

Es gibt eine ganze Reihe von Krankheiten, bei deren Pathogenese Toxine eine wichtige Rolle spielen. Zu diesen Krankheiten gehören z. B. Cholera (cholera), Ruhr und andere Durchfallerkrankungen (dysenteria), Diphtherie (diphtheria), Milzbrand (anthrax), Wundstarrkrampf (tetanus), Scharlach (scarlet fever) oder Keuchhusten (pertussis). Gegen einige dieser Krankheiten gibt es einen aktiven Impfschutz, wenn mit einem nichttoxischen, aber immun wirksamen Toxinanalog, Toxoid, geimpft wird. Diese Möglichkeit der Prophylaxe unterstreicht die wichtige Rolle des Toxins bei der Krankheitsentstehung, für die das Toxin aber meist nicht allein verantwortlich ist. Die Besiedlung (d. h. die Adhäsion und Vermehrung) reicht oft zur Entstehung einer Erkrankung aus. Dies wurde u. a. mit Toxin und nicht Toxin produzierenden *Shigella dysenteriae*-Stämmen gezeigt. Wurde kein Toxin produziert, so kam es zur Erkrankung, aber die hämorrhagisch-hämolytische Komponente wurde nicht ausgebildet. Auf der anderen Seite kann das Toxin die Besiedlung unterstützen (z. B. *Corynebacterium diphtheriae*).

Lebensmittelvergiftungen sind Beispiele dafür, daß das Toxin (oder mehrere Toxine), das durch einen Bakterienstamm produziert wurde, für das Krankheitsgeschehen im Vordergrund steht oder für die Auslösung der Krankheit ausreichend ist. Beispiele für bakterielle Toxikosen sind Staphylokokken-Enterotoxikosen, Botulismus, *Clostridium perfringens*- oder *Bacillus cereus*-Toxikosen.

Abb. 3.1 a – e Regulation und Deletion von Virulenzgenen in pathogenen Stämmen und avirulenten/apathogenen Derivaten. Ein Grundverständnis der Regulation von Virulenzgenen ist für die Risikobewertung wichtig, insbesondere wenn mit apathogenen oder niedrigvirulenten Varianten gearbeitet wird. **a** Wildtyp. Regulationregion mit Regulationfaktoren (Transkriptionsfaktoren) sowie der Strukturgenbereich der Virulenzfaktoren; **b** Störung der Regulation: Ein Transkriptionsfaktor kann nicht mehr gebildet werden. Folgen: Die Virulenz kann sowohl erhöht als auch erniedrigt sein je nachdem, ob ein Aktivator (Derepressor) oder ein Repressor betroffen ist; **c** Deletion eines Strukturgens, das für einen Virulenzfaktor kodiert. Folgen: Eventuell ist der Stamm noch bedingt virulent; **d** Regulationsregion ist deletiert, aber die Strukturgene sind noch vorhanden. Folgen wie unter b; **e** Deletion mehrerer Strukturgene, sicherster Typ einer avirulenten/apathogenen Variante, da die Bildung einer Revertante zum Wildtyp unwahrscheinlich ist

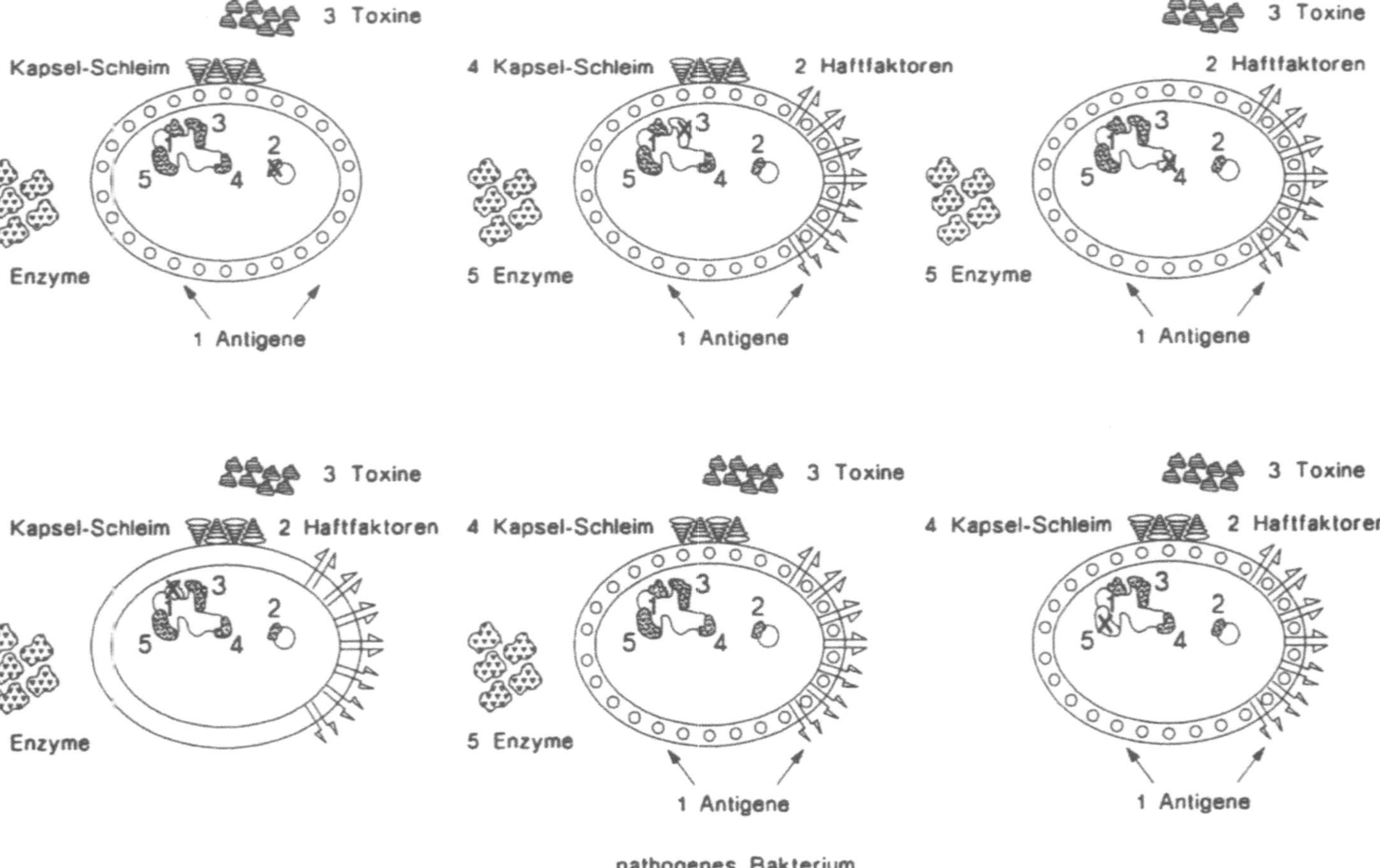

3 Toxine
4 Kapsel-Schleim
2 Haftfaktoren
3
2
5
4
5 Enzyme
1 Antigene
3 Toxine
4 Kapsel-Schleim
2 Haftfaktoren
3
2
5
4
5 Enzyme
1 Antigene
3 Toxine
2 Haftfaktoren
3
2
5
4
5 Enzyme
1 Antigene
3 Toxine
4 Kapsel-Schleim
2 Haftfaktoren
3
2
5
4
5 Enzyme
3 Toxine
4 Kapsel-Schleim
3
2
5
4
5 Enzyme
1 Antigene
3 Toxine
4 Kapsel-Schleim
2 Haftfaktoren
3
2
5
4
1 Antigene
pathogenes Bakterium

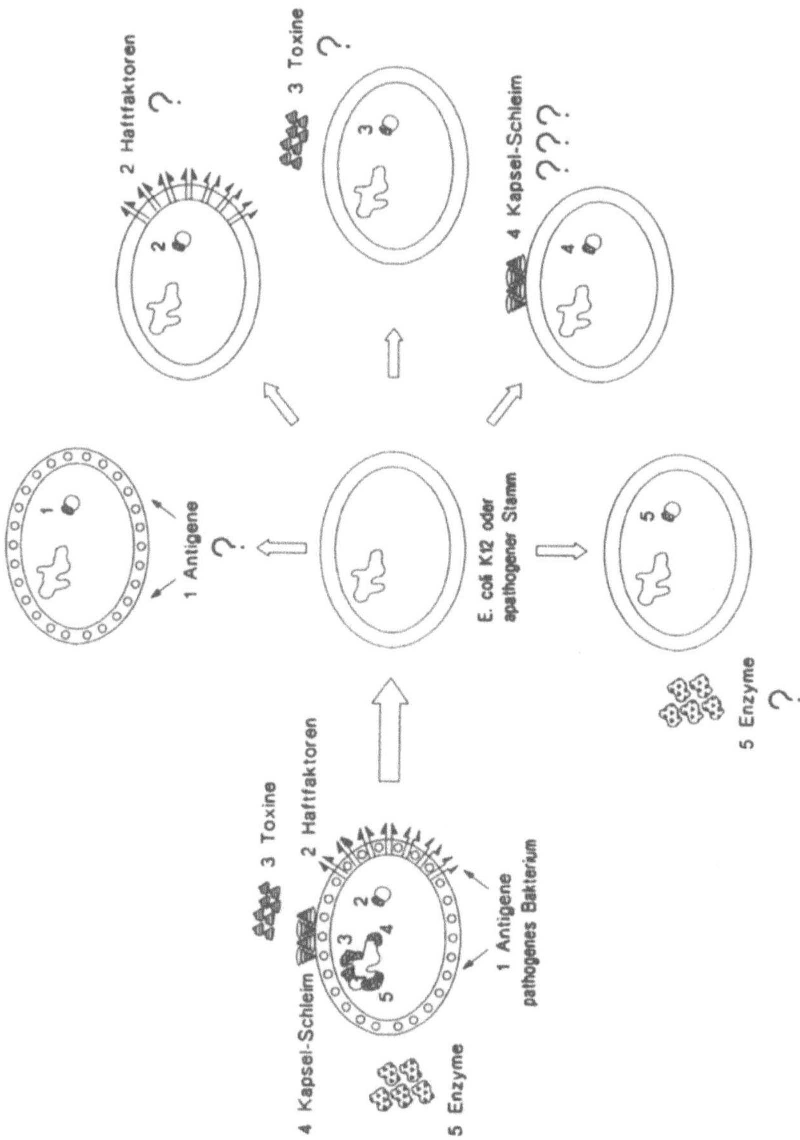

Abb. 3.3 Umgang mit gentechnisch veränderten (möglicherweise) pathogenen Bakterien bei der Untersuchung von Pathogenitätsmechanismen: Expression von einzelnen Genen oder Genbereichen in *E. coli* K 12 oder in anderen apathogenen Stämme, ? – ??? möglicherweise pathogen

Abb. 3.2 Umgang mit gentechnisch veränderten pathogenen Bakterien bei der Untersuchung von Pathogenitätsmechanismen: Deletion von Genen oder Genbereichen, die für Virulenzfaktoren kodieren. Voraussetzung für das Verständnis der Pathogenitätsmechanismen ist der Umgang mit pathogenen Bakterien. Die immer wieder auftretenden Epidemien (z. B. Cholera in Asien und Süd-/Mittelamerika, Pest in Indien, kleinere Ausbrüche auch in anderen asiatischen Staaten und in den USA) erfordern deren Erforschung. Die molekulare Pathogenitätsforschung der letzten 10 Jahre, die ohne gentechnische Methoden nicht denkbar wäre, führte zu entscheidend neuen Erkenntnissen. In den Abb. 3.2 – 3.4 sind einige wichtige Typen experimenteller Ansätze dargestellt

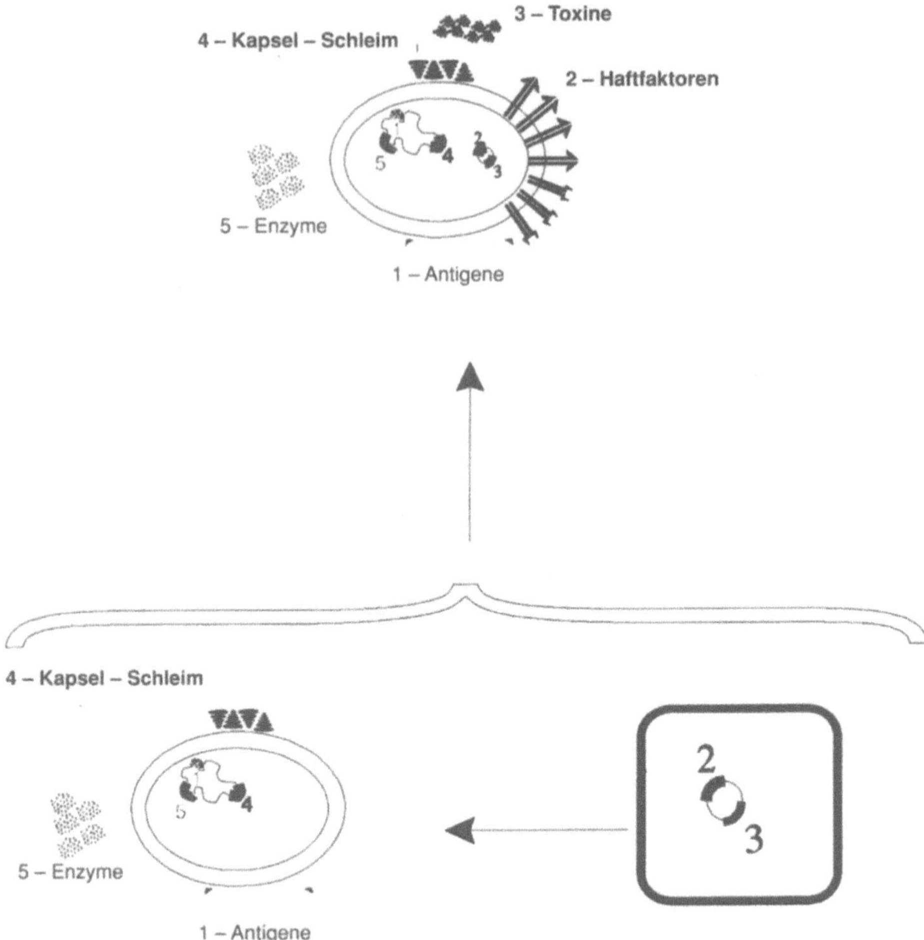

Abb. 3.4 Umgang mit gentechnisch veränderten Bakterien bei der Untersuchung von Pathogenitätsmechanismen: Komplementation, Übertragung von Virulenzgenen und Virulenzgenbereichen in apathogene Varianten mit dem Ziel, die vollständige Virulenz wiederherzustellen

Es gibt zwei Arten von Virulenzfaktoren, solche, die immer mit anderen zusammenwirken müssen und solche, die im Prinzip allein schon ein Krankheitsgeschehen auslösen können. Zu den letzteren zählen die Toxine. Die einzelnen Toxine unterscheiden sich hinsichtlich ihrer biologischen Aktivität. Die biologische Aktivität ist von der Zielzelle abhängig. Zellen können empfindlich oder resistent gegen ein Toxin sein. Die Empfindlichkeit kann abhängig sein von der Form der Applikation. Einige Toxine wirken nur, wenn sie innerhalb einer Zelle in einem bestimmten Kompartment synthetisiert werden.

Viele Toxine werden von der Bakterienzelle nach außen sezerniert. *Staphylococcus aureus* kann mehr als 30 verschiedene Proteine sezernieren. Einige dieser sezernierten Proteine sind Virulenzfaktoren, ein Teil davon gehört zu den Toxinen.

Die Definition eines *hochwirksamen Toxins* wurde nicht aus der 5. Fassung der Genrichtlinien in die GenTSV übernommen, sondern es wurde eine Neufassung der Definition, die sich an der Gefahrstoffverordnung anlehnt, vorgenommen:

5. Hochwirksame Toxine

Sehr giftige Stoffwechselprodukte, die infolge von Einatmen, Verschlucken oder einer Aufnahme durch die Haut äußerst schwere akute oder chronische Gesundheitsschäden oder den Tod bewirken können; dies ist insbesondere der Fall, wenn mit ihnen

a) nach Verbringen in den Magen der Ratte eine LD_{50} bis zu 25 mg/kg Körpergewicht,

b) nach Verbringen auf die Haut der Ratte oder des Kaninchens eine LD_{50} bis zu 50 mg/kg Körpergewicht,

c) nach Aufnahme über die Atemwege an der Ratte eine LC_{50} bis zu 0,5 mg/l Luft pro 4 Stunden ermittelt wurde.

Diese Definition führt in vielen Fällen dazu, daß jetzt Substanzen unter diese Definition fallen, die bisher nicht zu den hochwirksamen Toxinen gezählt haben.

Die hochwirksamen bakteriellen Proteintoxine sind oft mehrere Größenordnungen giftiger als sehr giftige chemische Agenzien (Tabellen 3.14 – 3.16). Verschiedene Botulinustoxine und das Tetanustoxin sind millionenfach giftiger als z. B. das „sehr giftige" Strychnin.

Im amerikanischen Schrifttum sind Toxine in vier verschiedene Klassen mit abnehmender Giftigkeit eingeteilt. Diese Vorgehensweise entspricht mehr den bisherigen wissenschaftlichen Erfahrungen im Umgang mit toxinproduzierenden Bakterien, z. B. in der medizinischen Diagnostik oder beim Umgang mit Bodenbakterien.

Wenn es Ziel einer *gentechnischen Arbeit* ist, eine genomische Genbank eines pathogenen Bakteriums in *E. coli* K12 als Empfängerorganismus herzustellen, dann ist für die Einstufung solcher Arbeiten wichtig, ob und wieviele Virulenzfaktoren des Pathogens *hochwirksame Proteintoxine* sind.

Tabelle 3.14 Beispiele sehr giftiger und mindergiftiger Stoffe nach der Gefahrstoffverordnung			
	Sehr giftig	Strychnin	
		MAK	$0,15\ \mathrm{mg/m^3}$
		LD_{50} (Ratte, i. v.)	0,96 mg/kg
		LD_{50} (oral)	5 mg/kg
	Mindergiftig	Methanol	260 mg/ml
		MAK:	30 mg/l (Harn)
		BAT:	30 – 100 ml
		Mensch (tödliche Dosis)	(300 – 1500 mg/kg)

Tabelle 3.15 Relative Giftigkeit von Toxinen im Vergleich zu Strychnin

Toxin	Letale Toxizität im Vergleich zu Strychnin
Botulinustoxine[a,b]	1 000 000 – 3 000 000
Tetanustoxin[b]	1 000 000
Diphterietoxin[b]	2 000
Staphylokokken α-Toxin[b]	350
Fischtoxin (Tetrodoxin)	290
Saxitoxin (Algentoxin)	50
Ricin (Pflanzenlectin)[b]	20
Crotactin (Schlangengift)[b]	10
Fluoroacetat	10
Strychnin	1
Ciguatoxin (Algentoxin)	
Patulin (Mykotoxin)	0,2
Bakterielles Endotoxin (LPS)	0,1

[a] Toxische Dosis von Botulinustoxinen: 10 – 30 pg/Maus.
[b] Proteintoxin.

Tabelle 3.16 Einteilung von Toxinen. (Nach Gill (1982): Bacterial toxins: a table of lethal amounts. Microbiol. Rev 46, 86 – 94)

Klasse	LD_{50} für den Menschen/ kg Körpergewicht	Beispiel
I	Bis 100 ng	Botulinustoxine, Tetanustoxin, Shigatoxine, Diphtherietoxin
II	100 ng bis 1 µg	*Clostridium perfringens*-Epsilontoxin, *Clostridium difficile*-Enterotoxin
III	1 – 100 µg	Sauerstoffempfindliche Hämolysine
IV	Über 100 µg	*S. aureus*-Deltatoxin

Im allgemeinen werden solche gentechnischen Arbeiten mit *Toxingene enthaltenden Stämmen* höher eingestuft als mit vergleichbaren toxingenfreien Stämmen.

3.3.3.8
Messung der Toxizität

Toxine können mit verschiedenen Verfahren bestimmt werden. Tierversuche bzw. Versuche in Organ- oder Zellkulturen geben Auskunft über die biologische Wirksamkeit. Mit gentechnischen Methoden (DNA-Sonden, PCR mit spezifischen Primern) kann das Vorhandensein von Genen oder die Expression auf mRNA-Ebene nachgewiesen werden. Mit immunologischen Methoden kann toxisches Protein bestimmt werden. Allerdings sagen die beiden letzten Methoden nichts über die biologische Aktivität aus. Stämme von toxinproduzierenden Arten, bei denen die Gene für Toxine

Tabelle 3.17 Messung von Toxizität		
	Tierversuch	z. B. Temperaturerhöhung
	Organkultur	Darmschlinge – Flüssigkeitsansammlung
	Zellkulturen	Zytotoxizität – HeLa-Zellen – Vero-Zellen – andere Zellen
	Gentechnisch	spez. DNA-Sonden, PCR
	Biochemisch	spez. enzymatische Aktivität
	Immunologisch	spez. Antiseren, monoklonale Antikörper, Phagenantikörper

defekt sind und nicht revertieren können, werden oft niedriger eingeordnet (Tabelle 3.17).

3.3.3.9
Schutz vor Erkrankungen (Impfstoffe)

Impfstoffe sind wichtige Prophylaktika beim Umgang mit pathogenen Organismen. Stehen solche zur Verfügung, sollte geprüft werden, ob und welche Mitarbeiter geimpft werden sollten. Hier sind nur einige Impfstoffe aufgeführt, die wichtig sind, wenn mit entsprechenden Agenzien umgegangen wird.

Schutzimpfungen stellen einen unverzichtbaren Teil der medizinischen Vorsorge von Beschäftigten dar, die mit pathogenen Organismen umgehen. In Tabelle 3.18 sind einige wichtige Impfstoffe aufgeführt. Bei der Frage, ob immer geimpft werden soll, wenn mit einem entsprechenden Krankheitserreger umgegangen wird, muß auf mögliche Impfprobleme und Problemimpfungen hingewiesen werden. Einige Beispiele von Erkrankungen, bei denen eine strenge Indikation angezeigt ist, sind nachfolgend aufgeführt:

- entzündliche Erkrankungen des ZNS (z. B. „Multiple Sklerose")
- bei Arzneimittelverabreichung (z. B. Insulin, Antikonvulsiva, immunsuppressive Therapie (Kortikoide, adenocorticotropes Hormon (ACTH), Antimetabolite, Strahlentherapie), Diabetestherapie, Ovulationshemmer, Gichttherapie, Antikoagulantien)
- Hauterkrankungen (z. B. endogenes Ekzem, Psoriasis vulgaris, Pyodermien u. Acne conglobata, Acrodermatitis enteropathica, Pemphigus, Dermatomyositis)
- Allergien (gegen Hühnerprotein, Formaldehyd, Phenol und Phenolderivate, Affennierenproteine, Rinderproteine, Antibiotika, Pferdeprotein, Aluminiumoxid, gegen spezifische Antigene aus früheren Impfungen (z. B. Tetanustoxoid, BCG etc.)
- chronische Erkrankungen (z. B. Asthma bronchiale, chronische Nierenerkrankungen, Tumorerkrankungen, rheumatische Erkrankungen, Diabetes mellitus)

Tabelle 3.18   Beispiele für Impfstoffe[a]

Typ	Krankheit
Toxoidimpfstoff	Bakterielle Infektionskrankheiten – Diphtherie – Tetanus
Totimpfstoffe oder Impfstoffe mit nichtvermehrungsfähigen Viren	Bakterielle Infektionskrankheiten – Cholera – Keuchhusten – Meningokokkenmeningitis – Pneumokokkeninfektion – Pest – Typhus Virale Infektionskrankheiten – Frühsommer-Meningoenzephalitis – Hepatitis A – Hepatitis B – Influenza – Poliomyelitis – Tollwut
Lebendimpfstoffe oder Impf-Stoffe mit vermehrungsfähigen Viren	Bakterielle Infektionskrankheiten – Tuberkulose[b] – Typhus Virale Infektionskrankheiten – Gelbfieber – Masern – Mumps – Pocken – Poliomyelitis – Röteln – Windpocken

[a] Viele dieser Impfstoffe sind nur begrenzte Zeit und gegen eine begrenzte Zahl von Typen (Stämme, Serotypen, Isolate) wirksam.
[b] Bacillus-Calmette-Guérin-(BCG)Impfstoff, hemmt Generalisation und mindert Manifestation.

Die Impfproblematik wird am deutlichsten bei der Diskussion, ob beim Umgang mit Vacciniavektoren mit Vacciniavirus geimpft werden soll. Die Zentrale Kommission für die Biologische Sicherheit (ZKBS) hat hier eine Empfehlung ausgesprochen, die durchaus nicht unumstritten und die nicht eindeutig in der Praxis umsetzbar ist. So bereitet die Beschaffung des Impfstoffes[7] und das Finden eines geeigneten Arztes in Einzelfällen große Schwierigkeiten.

Für einige Pathogene stehen auch therapeutisch wirksame Immunglobulinpräparate bzw. Hyperimmunseren zur Verfügung. Vor Aufnahme von Arbeiten

---

[7] Drug Service, National Center for Infectious Diseases, Building 1, Room 1259, Mailstop D09, Centers for Disease Control, Atlanta, Georgia 30333, USA, Telefon: 001(404)639-3670, Fax: 001(404)639-3296.
Lehrstuhl für Mikrobiologie und Seuchenlehre, Infektions- und Seuchenmedizin, Tierärztliche Fakultät der Universität München, Veterinärstr. 13, D-80539 München, 089–2180 2528.

mit sehr gefährlichen Pathogenen sollte man sich über die Beschaffung im In-
und Ausland und Anwendung solcher Präparate ausreichend informieren, damit
im Fall eines Laborunfalls unverzüglich gehandelt werden kann. Zum Beispiel
kann bei einem Unfall mit Vacciniaviren (bzw. Vacciniavirusvektoren) Immun-
globulin von der CDC in Atlanta bezogen werden.

3.3.4
Risikogruppen (allgemeine Kriterien)

Begriffe der Epidemiologie

Begriff	Definition
Endemie (endemia)	Zeitlich unbegrenztes Auftreten einer Krankheit in einem (räumlich) umschriebenen Gebiet
Epidemie (epidemic)	Gehäuftes, aber zeitlich und räumlich begrenztes Auftreten einer bestimmten Infektionskrankheit
Infektionskrankheit (infectious disease)	Durch Mikroorganismen oder Viren bedingte (verursach-te) Krankheit
Inkubationszeit (incubation period)	Zeit von der Infektion bis zum Ausbruch von Krank-heitserscheinungen
Inzidenz (incidence)	Erkrankungshäufigkeit (Zahl der erstmals Erkrankten in einem bestimmten Zeitraum, bezogen auf 1000 (10 000 oder 100 000 Einwohner)
Letalität (lethality)	Sterblichkeit (Prozentzahl der Verstorbenen bezogen auf die Zahl der Erkrankten)
Morbidität (morbidity)	Zahl der Erkrankten (allgemein oder an einer bestimmten Krankheit), bezogen auf 10 000 oder 100 000 Einwohner
Mortalität (mortality)	Zahl der Verstorbenen (allgemein oder an einer bestimm-ten Krankheit), bezogen auf 10 000 oder 100 000 Einwohner
Pandemie (pandemy)	Epidemie, die sich über Länder und Kontinente ausbreiten
Prävalenz (prevalance)	Bestandszahl einer bestimmten Krankheit an einem Stich-tag, bezogen auf 1000 (10 000 oder 100000) Einwohner oder untersuchten Personen
sporadischer Krankheitsfall (sporadic case)	Sporadische oder einzelne spontane Erkrankungsfälle (im Gegensatz zu einer Epidemie)

3.3.4.1
Aufstellen von Risikogruppen

In diesem Kapitel werden nicht die Definitionen von Risikogruppen beschrieben, sondern die Vorgehensweise beim Einordnen von Organismen, die ein
bestimmtes Gefährdungspotential haben.

Wie wird bei der Aufstellung dieser Listen allgemein vorgegangen?
Über Krankheitserreger, die *umschriebene Krankheiten* hervorrufen, gibt es eine
Vielzahl von Informationen. Solche Krankheitserreger sind seit den 60er Jahren

in den verschiedenen Ländern in Risikogruppen zusammengefaßt worden. Für
den Umgang im Labor stehen Veröffentlichungen über Laborinfektionen und
ihre Ursachen zur Verfügung. Bei der Aufstellung neuer Listen kann auf die vorhandenen zurückgegriffen werden. Sie müssen an den jeweiligen Verwendungszweck und an den Stand der Wissenschaft angepaßt werden. Die Einschätzung
des Gefährdungspotentials kann sich durch verbesserte hygienische Bedingungen, allgemeine Ernährungsbedingungen, optimierte Therapie- und Prophylaxe-
möglichkeiten ändern. So ist in den entwickelten Ländern die Gefährdung von
Mycobacterium tuberculosis oder *Y. pestis* heute durchaus anders einzuschätzen
als vor 100 Jahren. Allerdings, wie der Pestausbruch mit wahrscheinlich mehreren Hundert Toten 1994 in Indien zeigt, sollte die Gefahr nicht unterschätzt werden. Für ein betroffenes Individuum ist *Y. pestis* durchaus ein hochpathogener
Krankheitserreger. Die Möglichkeit einer Ausbreitung und damit einer Epidemie ist aber geringer einzuschätzen. Dies belegen Daten der Centers of Disease
Control (CDC) (Atlanta, USA) über das Vorkommen von *Y. pestis*-Infektionen in
den letzten Jahren in den USA. Allerdings sind besondere Maßnahmen (z. B. Isolierung des Patienten) erforderlich, da im Einzelfall eine Übertragung durch
Tröpfchen (bei Befall der Lunge, Lungenpest) nicht ausgeschlossen werden
kann. Kontaktpersonen sind zu impfen oder es ist eine Antibiotikaprophylaxe zu
betreiben. Für eine ganze Reihe von Krankheitserregern gibt es Hinweise darüber, wie diese sich ausbreiten, wenn einzelne Personen erkrankt sind. Wurden
Krankheitserreger nach einem Aufenthalt in einem Epidemie- oder Endemie-
gebiet eingeschleppt, kommt es meist nur zu Einzelerkrankungen. Beispiele sind
hierfür die Cholera, Malaria (ca. 1000 gemeldete Erkrankungen in Deutsch-
land/Jahr), Leishmaniasen, Amöbenruhr, Bilharziose, Filariasen, Virushepatitis
(Hepatitis A, B oder E), Pilz- und Geschlechtskrankheiten.

Eine *Infektionskrankheit* ist immer eine Folge der Wechselwirkung zwischen
zwei Organismen, dem krankmachenden Organismus („Erreger", „etiologic
agent") und dem erkrankten Organismus („erkrankter Wirt", „affected host").
Beide können nicht unabhängig voneinander gesehen werden. Für die Einordnung von Organismen in Risikogruppen ist dies wichtig. Das Maul- und Klauenseuchenvirus (MKS) ist für Paarhufer ein hochpathogenes Virus, für den Menschen hingegen (bis auf seltene Lokalreaktionen) nicht pathogen. In bezug auf
das Rind wird es in die RG 4 einzuordnen sein, in bezug auf den Menschen in die
RG 1 – 2. Das cercopithecine Herpesvirus 1 verursacht in nichtmenschlichen
Primaten kaum Krankheitssymptome, es ist aber für den Menschen hochpathogen (Letalität für den Menschen > 90 %). Hinsichtlich des Menschen muß es
mindestens in die RG 3 eingeordnet werden, hingegen für Affen in die RG 1 – 2.
Für alle krankmachenden Organismen lassen sich immer Wirtsorganismen
angeben, bei denen keine Krankheiten hervorgerufen werden. Die Einordnung
in eine bestimmte Risikogruppe muß sich deshalb zunächst immer an einem
bestimmten Erreger und Wirt (z. B. Mensch) orientieren. Danach müssen für
eine endgültige Einordnung eventuell noch weitere wichtige Wirte herangezogen werden (s. Beispiel „Maul- und Klauenseuchenvirus": eine Einordnung in
die RG 1 – 2 aufgrund seiner Eigenschaften in bezug auf den Menschen wäre
sicherlich unter Tierseuchenaspekten keine sinnvolle Klassifizierung).

Tabelle 3.19　　Aufstellen von Risikogruppen: Einordnen von Organismen

Bestehende Listen	Meist „klassische" Krankheitserreger
Andere Organismen	
Hinweise für	– Humanpathogenität oder – Apathogenität für den Menschen – Pathogenität bzw. – Apathogenität für „warmblütige" Nutz- und Haustiere bzw. gewisse Wildtiere – Mögliche Pflanzenpathogenität (z. B. Assoziation) oder – Apathogenität für Pflanzen
Informationen über	– Lebensweisen oder – spezielle Eigenschaften
Umgang	Langjähriger Umgang bzw. Kontakt unter „einfachen Bedingungen" ohne erkennbare Gefährdung des Menschen (von Haus- und Nutztieren bzw. Pflanzen)

Erfahrungen im Umgang mit apathogenen und pathogenen Organismen liegen vielfach vor. Mit einer Vielzahl an Mikroorganismen wurde in den letzten Jahrzehnten umgegangen, z. B. in der Ausbildung (mikrobiologisches Praktikum). Von manchen ist bekannt, daß der Mensch ständigen Kontakt mit ihnen hat oder er diese mit der täglichen Nahrung aufnimmt und keine Krankheitsfälle beschrieben sind. Solche Organismen werden, wenn keine anderen Schadwirkungen für die belebte und unbelebte Umwelt auftreten, der RG 1 zugeordnet. In Tabelle 3.19 ist die allgemeine Vorgehensweise beim *Aufstellen von Risikogruppen*, in Tabelle 3.20 die Vorgehensweise bei der *Einordnung eines Organismus* in die Risikogruppe beschrieben.

Für den biologischen Arbeitsschutz sind ausschließlich Listen mit humanpathogenen Organismen von Bedeutung. Ein Umgang mit Organismen darf aber nicht nur unter Arbeitsschutzgesichtspunkten erfolgen, sondern auch unter Umweltschutzaspekten hinsichtlich der tier- und pflanzenpathogenen Eigenschaften, wobei die entsprechenden rechtlichen Regelungen beachtet werden müssen.

3.3.4.2
Risikogruppe 1

Wann können Organismen in die RG 1 eingeordnet werden? Gibt es allgemeine Kriterien?
Der Mensch und andere vielzellige Organismen haben ständig Kontakt mit einer Vielzahl von Mikroorganismen. Solche Mikroorganismen werden z. B. ständig mit der Nahrung aufgenommen. Trotz dieses Kontakts wurden keine Erkrankungen beschrieben.

Tabelle 3.20   Einordnen eines Organismus in eine Risikogruppe

Ist der Organismus als Beispielorganismus in den Listen zur GenTSV angeführt?
(Aktuelle Veröffentlichung des Bundesministeriums für Gesundheit im Bundesgesundheitsblatt)

Zweck der Einordnung

Auswählen der relevanten (Bewertungs-)Kriterien (Liste zur GenTSV)

Hinweise für die Apathogenität bzw. Pathogenität
z.B. eigene Untersuchungen, allgemein bekannte Eigenschaften, Literaturrecherchen

Organismus	Wirt
Aufgrund der Genausstattung bzw. Eigenschaften des Organismus	Folgende mögliche Wirte werden betrachtet
– Fehlen von Genen für bekannte Toxine	– Mensch
– Fehlen von Genen für bekannte Virulenzfaktoren	– Haus- und Nutztiere
– Fehlen bzw. Vorhandensein von bestimmten physiologischen Eigenschaften	– Pflanzen

Gibt es vergleichbare Organismen, die in den Beispielslisten der EG, zur GenTSV oder BG
Chemie angeführt sind?
Hat sich am Stand der Wissenschaft etwas geändert?
Können internationale Listen herangezogen werden?
Sind die Eingruppierungskriterien dieser Listen vergleichbar mit denen der GenTSV?

Gewichten der Kenntnisse

Eingruppierung vornehmen

Eingruppierung (möglichst) schriftlich begründen

Rechtlichen Anforderungen nachkommen
(z.B. Umgang anzeigen bei der BG Chemie)

Mikroorganismen und Viren scheiden als Krankheitserreger für den Menschen[8]
aus,

1. wenn sie bedingt durch ihre Wachstumsphysiologie, nicht humanpathogen[8]
   sein können. Als (relativ gute) *Kriterien* hierfür sind folgende Eigenschaften
   zu nennen:

   a) Wachstumstemperatur:
      – psychrophil (Wachstum nur $< 20\,°C$)
      – thermophil (Wachstum nur $> 50\,°C$)

---

[8] Kann auch auf warmblütige Nutz-, Haus- und gewisse Wildtiere übertragen werden.

b) Salzbedingungen:
   - halophil (Wachstum nur $> 3,5\%$ Salz)

c) pH-Bedingungen[9]:
   - acidophil (Wachstum nur $< \text{pH } 4$)
   - alkaliphil (Wachstum nur $> \text{pH } 8,5$)

d) Energiestoffwechsel:
   - obligat phototroph
   - obligat chemolithotroph

2. wenn sie als Stämme von Mikroorganismen und Viren ihre Pathogenität durch Mutationen erwiesenermaßen dauerhaft verloren haben, z.B. bestimmte Impfstoffstämme, *E. coli* K12,

3. wenn über sie trotz des ständigen Kontakts zum Menschen[8] keine von ihnen ausgelösten Krankheiten dokumentiert sind.

In den Listen zum Gentechnikrecht sind auch Bakterien, Pilze, Viren und Parasiten aufgeführt, die in die RG 1 eingeordnet worden sind. Höhere Pflanzen und Tiere sowie deren Zellen sind in der Regel in die RG 1 eingeordnet. Ausnahmen sind z.B. primäre Zellen von Primaten oder primäre menschliche Zellen aus Virusträgern (HBV, HCV, HIV, HTLV).

Können Organismen der RG 1 an Krankheitsprozessen beteiligt sein?
Die Bewertungskriterien in bezug auf den Menschen gehen von einem *gesunden Erwachsenen* aus. Kinder bzw. immungeschädigte Personen werden bei der Eingruppierung weitgehend nicht oder nicht berücksichtigt. Sogenannte opportunistische Krankheitserreger, die durchaus schwere Schädigungen bei immungeschwächten Menschen hervorrufen können, sind oft in die RG 1 eingeordnet, d.h. Organismen dieser Gruppe können auch an Krankheitsprozessen des Menschen beteiligt sein. Weitere Organismen der RG 1, die bei Krankheitsverläufen mitwirken, sind allergische Erkrankungen auslösende Organismen. Dies können z.B. Sporen mancher Pilze, Pilze selbst, Pollen von Gräsern und anderen Pflanzen oder Pflanzensamen sein. In der RG 1 sind, den Menschen betreffend, also zwei Typen von Organismen eingeordnet:

1. Organismen, die nie an Krankheitsprozessen beim Menschen beteiligt sind

2. Organismen, die an Krankheitsprozessen des Menschen beteiligt sein können

Diese Einordnung der letztgenannten in die RG 1 ist unter folgenden Gesichtspunkten erfolgt:

1. Diese Organismen sind nicht übertragbar.
2. Das allergene Potential ist von einer anderen Qualität als das infektiöse.

---

[9] (Relativ) humanpathogenes Beispiel: Helicobacter pylori.

3.3.4.4
Risikogruppe 2

Die RG 2 zeigt das heterogenste Spektrum an Organismen mit Gefährdungspotential. Hier sind z. B. humanpathogene Organismen eingruppiert, die entweder relativ harmlose (z. B. Rhinoviren) oder schwere, auch tödliche Krankheiten hervorrufen können, für die aber ein spezieller Übertragungsmechanismus oder besondere Eintrittspforten notwendig sind (z. B. *Clostridium tetani*). Organismen wie *Clostridium tetani* werden, ähnlich wie viele Sepsiserreger, zu den nichtkontagiösen Organismen gezählt. Außerdem können in Mitteleuropa, wo die blutsaugenden Überträger fehlen, auch die Krankheitserreger von Malaria, Schlafkrankheit, Fleckfieber und Gelbfieber generell als nichtkontagiös angesehen werden. Folgende Eigenschaften kennzeichnen Mikroorganismen und Viren der RG 2:

1. Art und Schwere der Krankheit (Manifestation):
   - harmlose Erkrankungen,
   - schwere Erkrankungen, die trotz ständigen Kontaktes zwischen Mensch und Krankheitserreger nur selten auftreten.

2. Übertragungswege, Eintrittspforten, Infektionsdosis bei Krankheitserregern, die schwere Erkrankungen hervorrufen:
   - spezielle Übertragungswege oder spezielle Eintrittspforten,
   - hohe Infektionsdosis.

3. Prophylaxe und Therapie:
   - gute Prophylaxe bzw. gute Therapierbarkeit.

4. Epidemiologie (Wirt: Resistenz, Immunität; Erreger: Verbreitung, Reservoirs; mögliche Überträger (Vektoren):
   - hohe Immunität in der Bevölkerung,
   - weite Verbreitung.

Umstritten sind einige Einordnungen von Pathogenen für niedere Vertebraten und Wirbellose. Die Zentrale Kommission für Biologische Sicherheit hat und wird noch einige dieser Einordnungen überprüfen und notwendige Korrekturen vornehmen. Beispielhaft seien das Waldmurmeltierhepadnavirus, das Entenhepatitisvirus (jetzt in RG 1) und Iridovirus des Frosches (FV 3 wurde von der ZKBS neu bewertet: RG 1) genannt. FV 3 ist wahrscheinlich krankmachend für bestimmte Entwicklungsstadien des Frosches. Aus diesen Gründen wurde dieses Virus ursprünglich in die RG 2 eingeordnet. Das FV-3-Virus ist aber nicht vergleichbar mit dem Masernvirus oder dem Schweinepestvirus. Diese Viren sind in die RG 2 eingeordnet. Tabelle 3.26 gibt einige Eigenschaften von FV 3 wieder. Aufgrund dieser Eigenschaften ist es gerechtfertigt, FV 3 in der RG 1 aufzuführen. Die Herabstufung von FV 3 ist deshalb als Beispiel angeführt, weil es bei so umfangreichen Listen, wie sie die BG Chemie erstellt hat oder in der GenTSV angeführt sind, immer einzelne Organismen in ihrer Einordnung zur Disposition stehen. Dies liegt u. a. daran, daß nach der Veröffentlichung von Listen eine größere Zahl von Fachleuten diese zur Kenntnis nehmen und ihre Erfahrungen einbringen können.

Tabelle 3.21   Steckbrief Iridovirus des Frosches FV 3[a]

Organismus	Iridovirus:	Icosahedrales Virus
	Genom:	Einzelne lineare dsDNA
	Isolation u. Wirte:	
		Erstisolat 1966 (Granoff et al.) aus renalem Adenokarzinom (Ursache: Luckés Herpesvirus) von Leopardfrosch (Rana pipiens)
	Andere Wirte:	Ochsenfrosch (Rana catesbeiana), echte Wassermolche, Kröten
	Zellkultur:	breiter Wirtsbereich (Amphibien-, Fisch-, Hühner und Säugerzellen <Hamster, Maus, Affe, Mensch>)
Anwendungen Auswirkungen Krankheitsbilder	Infektionskrankheit:	fraglich
	Nach Injektion in	
	Embryonen von Rana pipiens letal (toxischer Effekt?)	
	Ratten oder Mäuse: letale degenerative Hepatitis durch Virus oder Virusproteine, Virus repliziert nicht in Säugern	

[a] Wegen seines breiten Spektrums bei der Infektion von Zellinien ist dieses Virus als Vektor für die Gentechnik interessant.

Kann der Standort einen Einfluß auf die zu treffenden Sicherheitsmaßnahmen haben?
Das Virus der klassischen (europäischen) Schweinepest ist in RG 2 eingeordnet. Beim Umgang mit diesem Virus und in der Durchführung der Maßnahmen muß unterschiedlich verfahren werden, je nachdem, ob es sich um eine Gegend ohne oder mit Schweinehaltung handelt. Im letzteren Fall muß allemal sichergestellt werden, daß kein Virus in die Schweinepopulation gelangen kann. Nach den Massenschlachtungen und den verheerenden Auswirkungen der letzten Schweinepestepidemien in Mitteleuropa wird gegenwärtig eine Eingruppierung in die RG 3 diskutiert.

3.3.4.5
Risikogruppe 3

In die RG 3 sind solche Organismen und Viren eingeordnet, die schwere Erkrankungen hervorrufen können, deren Verbreitung man verhindern bzw. sehr stark einschränken muß. Bei sog. exotischen Erregern, nichtheimischen Krankheitserregern, kann es sein, daß über ihr Verhalten in unseren Ökosystemen keine Aussagen gemacht werden können. Solche Erreger werden vorsorglich in die RG 3 eingeordnet. Folgende Eigenschaften kennzeichnen Mikroorganismen und Viren der RG 3:

1. Art und Schwere der Krankheit (Manifestation):
   - schwere Erkrankungen,
   - schneller oder tödlicher Krankheitsverlauf.

2. Übertragungswege, Eintrittspforten, Infektionsdosis:
   - über die Luft übertragbar
   - niedrige Infektionsdosis.

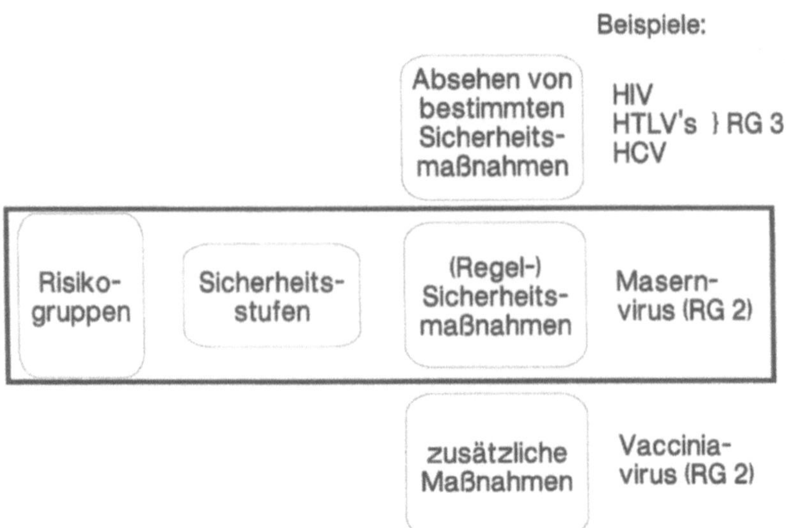

Abb. 3.5   Zusammenhang zwischen Risikogruppe, Sicherheitsstufe und Sicherheitsmaßnahmen

3. Prophylaxe und Therapie:
   - schlechte oder keine Prophylaxe,
   - langwierige oder keine Therapie.

Mikroorganismen und Viren der RG 3 (z.B. *Y. pestis, Mycobacterium tuberculosis*, HIV, Gelbfiebervirus) können schwere Erkrankungen hervorrufen. Neben der Schwere der Erkrankung spielt auch der Übertragungsweg eine wichtige Rolle. Einige Organismen der RG 3 werden über den Luftpfad durch Staub oder Aerosole (z.B. *Y. pestis, Mycobacterium tuberculosis*) übertragen. Für andere Organismen besteht eine langwierige (z.B. *Mycobacterium tuberculosis*) oder keine Therapie bzw. Prophylaxe (z.B. HIV).

In den Listen der EU zur Arbeitnehmerschutzrichtlinie (RL 89/391/EWG) ist die RG 3 unterteilt worden. In die Kategorie 3* werden Organismen der RG 3 eingeordnet, die normalerweise nicht über den Luftweg übertragen werden.

Ab RG 3 wird es besonders deutlich, daß die Sicherheitsmaßnahmen erheblich voneinander abweichen können (Stichwort: keine strikte Beziehung zwischen Risikogruppe und Sicherheitsstufe). Organismen, die nicht über den Luft- oder (Ab-)wasserpfad verbreitet oder übertragen werden können, wie z.B. HIV, HBV oder Tollwutvirus, erfordern andere Sicherheitsmaßnahmen als solche, bei denen eine Übertragung und Verbreitung über einen solchen Weg möglich ist. Ein Unterdruck im oder eine Schleuse zum Arbeitsbereich ist bei Viren wie HIV, HBV oder Tollwutvirus nicht erforderlich, weil dadurch ihre Verbreitung nicht verhindert oder eingeschränkt wird. Auf eine sichere Arbeitstechnik beim Umgang ist hingegen großer Wert zu legen, damit Verletzungen und Einimpfen vermieden werden (Abb. 3.5).

3.3.4.6
Risikogruppe 4

In die RG 4 sind bisher nur Viren eingeordnet worden, da nur diese die Bewertungskriterien für Organismen der RG 4 erfüllen. Das hat in erster Linie zwei Gründe. Erstens sind die Therapiemöglichkeiten bei Viruserkrankungen sehr viel eingeschränkter und zweitens, aufgrund ihres Aufbaus, die Ausbreitungsmöglichkeiten und die Möglichkeit einer Pandemie sehr viel ausgeprägter als bei lebenden Organismen. Folgende Eigenschaften kennzeichnen Viren der RG 4:

1. Art, Verlauf und Schwere der Krankheit (Manifestation):
   - tödliche Erkrankungen (nicht nur in Einzelfällen).

2. Prophylaxe und Therapie:
   - nach Infektion keine spezifische Therapie möglich,
   - Prophylaxe oft nicht möglich (Ausnahme: humanes Pockenvirus, hier gibt es eine Prophylaxe).

3. Übertragungswege, Eintrittspforten, Infektionsdosis, Ausbreitung:
   - hohe Virulenz, hohe Kontagiosität, hohe Manifestation,
   - Pandemie möglich,
   - schnelle Übertragung durch Luft, Insekten und einfachen Haut- oder Schleimhautkontakt mit Infizierten.

3.3.5
Fragen zu den Risikogruppen

Auf welcher Stufe der biologischen Systematik werden Organismen eingruppiert?
Am genauesten sind Organismen auf der Ebene des Individuums oder Stammes beschrieben. Wegen der Vielzahl von Stämmen (gemeint ist hier die Subkategorie einer Art (species)) oder Einzelindividuen ist diese Stufe nur in Einzelfällen als Einheit für die Eingruppierung geeignet. In der Regel werden Organismen auf dem Artniveau eingruppiert. In einer Art können mehrere Stämme, Typen oder Individuen zusammengefaßt sein. Bei pathogenen Organismen, bei denen eine Art eine Vielzahl von Stämmen mit einem unterschiedlichen Gefährdungspotential umfaßt, kann dies problematisch sein. Es muß deshalb Möglichkeiten geben, sollte nur die Art eingruppiert sein, individuelle Stämme mit einem deutlich anderen Gefährdungspotential (z.B. Impfstoffstämme) einer anderen Risikogruppe zuzuordnen. Entsprechendes gilt, wenn eine Gattung eingeordnet wurde. Zum Beispiel ist die Gattung Legionella in die RG 2 eingeordnet. Von den mehr als 20 Arten sind aber nur einige (human)pathogen, deshalb muß es möglich sein, einzelne Arten mit einem anderen Gefährdungspotential unterschiedlich einzuordnen. Diese Möglichkeit ist z.B. nach §7 GenTSV gegeben.

Müssen weltweit die Eingruppierungen identisch sein?
Nein. Die Einordnung in eine bestimmte Risikogruppe ist immer abhängig auf
der einen Seite vom Erreger und auf der anderen Seite vom Wirtsorganismus.
Die Situation für den Erreger und den Wirtsorganismus kann, geographisch
oder klimatisch gesehen, durchaus verschieden sein. Dies soll nachfolgend
erläutert werden.

– Humanpathogene Organismen:
  Wenn ein humanpathogener Organismus für seine Ausbreitung oder seinen
  Entwicklungszyklus einen bestimmten Wirtsorganismus (Zwischenwirt,
  Endwirt, Überträger) außer dem Menschen braucht, und dieser in der entsprechenden Region (z. B. Mitteleuropa) nicht vorhanden ist, bzw. wenn sich
  der humanpathogene Organismus unter den klimatischen Verhältnissen
  dieser Region nicht vermehrt, dann kann er in diesem Gebiet anders eingruppiert sein. Ebenfalls kann ein humanpathogener Organismus anders eingruppiert sein aufgrund der speziellen örtlichen epidemiologischen Situation
  (z. B. die Bevölkerung ist immun gegen diesen Organismus oder der Organismus kann sich leicht ausbreiten, da sowohl Überträger vorhanden sind als
  auch die klimatischen Bedingungen begünstigend wirken).

– Tier- bzw. pflanzenpathogene Organismen:
  Ist für einen tier- oder pflanzenpathogenen Organismus ein geeigneter Zielorganismus nicht vorhanden, könnte dies eine Tiefergruppierung zur Folge
  haben (z. B. Diskussion um die Eingruppierung des Waldmurmeltierhepadnavirus). Kommt in einer Region ein pathogener Organismus bisher
  nicht vor und es ist unwahrscheinlich, daß er auf einfache Weise eingeschleppt
  wird, könnte das eine Höhergruppierung in diesem Land bedeuten (z. B.
  Diskussion um die Einordnung von Tollwutvirus in tollwutvirusfreien und
  nichtfreien Ländern).

3.3.6
Viren

Viren sind nichtzelluläre biologische Einheiten, die sich natürlicherweise nur in
geeigneten Wirtszellen vermehren können. Viren werden in Familien eingeteilt
aufgrund der Art und Form ihres Genoms (ihrer Nukleinsäuren), der Größe
und Form des Viruspartikels (Virions), der Größe und Form von Substruk-
turen („core", Nukleokapsid, etc.), sowie der Art der Replikation. Innerhalb
der Familien werden Gattungen und Arten unterschieden. Diese weitere Klas-
sifikation beruht vorwiegend auf Antigen- oder Nukleinsäuresequenzverwandt-
schaften.

Im Folgenden soll die Eingruppierung von Viren an Beispielen erläutert
werden. In jeder Risikogruppe gibt es ein Spektrum unterschiedlicher Organismen. Das Gefährdungspotential dieser Organismen stellt ebenfalls ein Spektrum
dar. Für jede Risikogruppe werden Beispielorganismen herausgegriffen, und
zwar jeweils solche, die sich in der Mitte einer oder an der Grenze zwischen
höheren und niedrigeren Risikogruppen ansiedeln. Gerade die Beispiele für den

Übergang zu einer tieferen RG sind oft in ihrer Eingruppierung umstritten. Spumaviren (RG 1/2) und HIV[10] (RG 2/3*/3) seien hierfür genannt.

3.3.6.1
Beispiele für Risikogruppe 1

Die Eingruppierung von Viren in die RG 1 soll an einigen Beispielen erläutert werden. Das erste Beispiel ist die Eingruppierung von Bakteriophagen (u.a. Lambda-Phagen), die nicht für Virulenzfaktoren kodieren:

1. Vorkommen/Anwendung:
   - ubiquitäres Vorkommen,
   - Typisierung von Bakterien (Phagovar), Genetik (Studien zu Regulations- und Replikationsvorgängen), Gentechnik (Genbanken, Mutagenese, etc.).
2. Gefährdungspotential:
   - keine Infektion bei Mensch, Tier oder Pflanze bekannt.
3. Beziehung zum Menschen:
   - in Organismen der Mikroflora vorkommend, Regulation der Mikroflora in Gewässern (Lysieren von Bakterien, Proteinreservoir in Gewässern).

Bakteriophagen sind Viren von Bakterien. Sie haben ein enges Wirtsspektrum. Darauf beruht z.B. die Typisierung von Bakterienstämmen (Phagovar).

Das Tabakmosaikvirus ist ein in der Natur weitverbreitetes Pflanzenvirus und ist in vielen Pflanzen nachweisbar. Nur in wenigen Pflanzenarten kann es Schäden anrichten (Tabelle 3.22). Die Einordnung in die RG 1 erfolgte weitgehend aufgrund der epidemiologischen Daten und Verbreitungsdaten dieses Virus:

1. Vorkommen/Anwendung
   - in der Umwelt verbreitet
2. Gefährdungspotential:
   a) Gründe für eine niedrigere Eingruppierung
      - keine Infektion bei Mensch und Tier
      - in vielen Pflanzen[11] latent vorhanden und keine Krankheitssymptome
   b) Gründe für eine höhere Eingruppierung
      - vertikale und horizontale Transmission
      - kann mehrere Jahre in Samen überdauern (in getrockneten Tabakblättern > 20 Jahre)
      - breites Wirtsspektrum (Solanaceen und Arten anderer Pflanzenfamilien)
3. Beziehung zum Menschen
   - z.B. in Zigaretten (viele Sorten) vorkommend

---

[10] Als Kompromiß wurde die 3* Kategorie eingeführt bei Organismen der RG 3.

Tabelle 3.22   Steckbrief „Tabakmosaikvirus"

Biologische Einheit- Organismus	RNA-Virus (Tobamovirus: ssRNA, positiv Strang) verschiedene Stämme (z. B. vulgare aus Tabak, dahlemense aus Tomate, HRG aus Wegerich) mit unterschiedlichem Wirtsspektrum Infektiöse RNA

Anwendungen
Auswirkungen
Krankheitsbilder
	Krankheitsbild abhängig von Wirtsorganismus und Stamm
	– Systemische Infektion:
	  Mosaikkrankheit: Blattfleckungen (Mosaik brauner Nekrose-
	  flecken), mosaikartige Blattmaserung
	– Lokale Reaktionen:
	  (hypersensitive) Nekrotisierungen kleiner Zonen
	  (am Penetrationsort)

Impfstoffe für eine aktive Immunisierung werden eingeteilt in solche, die lebens-
bzw. vermehrungsfähige Einheiten, und solche, die abgetötete bzw. inaktivierte
Einheiten enthalten. Die Viren, die im Sabin-Impfstoff verwendet werden, haben
ihre krankmachenden Eigenschaften verloren, d.h. sie sind attenuiert. Diese
attenuierten Viren sind als Impfstoff zugelassen. Sie haben einen begrenzten
engen Wirtsbereich. Weltweit sind Millionen von Kindern bei guter Verträglichkeit geimpft worden. Aufgrund dieser Eigenschaften sind diese „Impfstoffviren
gegen Kinderlähmung" in die RG 1 eingeordnet worden:

1. Biologische Einheit/Organismus:
   – unbehülltes, positivsträngiges RNA-Virus (Picorna-Virus),
   – Nukleinsäure: infektiös.

2. Vorkommen/Anwendung:
   – Impfstoff mit vermehrungsfähigen Viren,
   – Antigenchimären,
   – Vermehrungsfähige Viren werden vom Menschen ausgeschieden, Viren im
     Abwasser.

3. Gefährdungspotential
   – Impfstoffvirus, Impfschadensrisiko (z. B. seltene Fälle von Revertanten
     besonders des Typ 3, mögliche Gefährdung Dritter).

4. Beziehung zum Menschen:
   – vermehrt sich im Menschen,
   – Übertragung über Schmierinfektion,
   – Revertanten bekannt,

---

[11] Pflanzenviren sind wichtige Schadorganismen von Nutzpflanzen. Circa 1/5 der Ertragsver-
luste von Pflanzen werden auf Virusinfektionen zurückgeführt. Virusbedingte Ertragsver-
luste schwanken von Jahr zu Jahr, von Region zu Region und Kulturpflanze zu Kulturpflanze
beträchtlich. Exotische Pflanzenviren werden aus diesen Gründen in die RG 2 eingeordnet
(s. Merkblatt „Viren" der BG Chemie). Pflanzenpathogene Viren rufen in Menschen oder
Säugetieren keine Erkrankungen hervor. Oft werden große Mengen an pflanzlichen Viren
oder Virusproteinen mit der Nahrung aufgenommen. Experimentell konnte gezeigt werden,
daß transgene Pflanzen, die gewisse Virusproteine („Cross-Protection") oder Antisense-RNA
exprimieren, vor weiteren Virusinfektionen geschützt sind.

- mögliche Übertragung auf nicht unmittelbar beteiligte Personen,
- Impfstoffprophylaxe möglich,
- Bevölkerung ist zu hohem Prozentsatz geimpft.

5. Anwendungen:
   - zugelassener Impfstoff,
   - in der Gentechnik: neue Impfstoffe mit diesen Viren als Carrier.

6. Auswirkungen/Krankheitsbilder:
   - zeitlich begrenzter Impfschutz,
   - bekannte Impfschäden, in seltenen Fällen Poliomyelitis (revertierte Viren).

Was passiert, wenn Phagen in den menschlichen Magen-Darm-Trakt oder in einen Fermenter gelangen und Bakterien lysieren?
Beim Menschen kann es in einem solchen Fall zu einer Durchfallerkrankung kommen. Bei Lysieren von Bakterien in einem Fermenter kann ein großer finanzieller Schaden auftreten. Ist die Eingruppierung solcher Phagen in die RG 1 doch falsch? Die Fachleute des Arbeitskreises „Viren" der BG Chemie haben auch unter Beachtung dieses Aspekts Phagen in die RG 1 eingeordnet.

Sind alle Impfstoffviren in die RG 1 eingruppiert oder gibt es Impfviren, die nicht in RG 1 aufgeführt sind?
Das Vacciniavirus ist z. B. in die RG 2 eingeordnet. Nach „Ausrottung" der Pocken ist in vielen Ländern die allgemeine Pockenimpfpflicht abgeschafft worden. Das Vacciniavirus wird nicht mehr als Impfvirus verwendet außer für Militärpersonal und Personen mit höherem Risiko (bestimmte Arbeiten mit Vacciniavirusvektoren wie z. B. Tierversuche). Rekombinante Vacciniaviren werden in der biologischen Forschung verwendet. Beim Umgang mit ihnen sind die Empfehlungen der ZKBS zu beachten. Bei immungeschwächten Personen (z. B. AIDS-Erkrankte) sind in einzelnen Fällen schwere Erkrankungen und Todesfälle nach der Impfung mit rekombinantem Vacciniavirus beschrieben worden. An dieser Stelle kann aber nicht auf die Problematik im Umgang mit Vacciniavirusvektoren eingegangen werden. In der Neuauflage des Virenmerkblatts (1995/96) wird eine Extraliste für Impfstoffviren aufgeführt.

3.3.6.2
Beispiele für Risikogruppe 2

Spumaviren sind unter dem Vorsorgegesichtspunkt in die RG 2 eingeordnet:

1. Vorkommen/Anwendung:
   - Zellkulturen von nichtmenschlichen Primatenzellen, mögliche Kontamination bei der Impfstoffherstellung.

2. Gefährdungspotential:
   - bisher keine menschlichen Erkrankungen sicher bekannt, aber nicht auszuschließen,
   - Virionen sind labil,
   - unbekannte Übertragungswege,

Tabelle 3.23   Steckbrief „Spumaviren"

Biologische Einheit/ Organismus	Retroviren Nucleinsäure nicht infektiös, aber Provirus infektiös	
Anwendungen Auswirkungen Krankheitsbilder	**Infektionskrankheit**	Mit Sicherheit nicht auszuschließen, aber denkbar (nach Übertragung der bel-Gene in die Keimbahn von Mäusen kommt es zu neurologischen Erkrankungen in den transgenen Tieren)

	Klinik
	– Übertragung/
	   Eintrittspforte
		– horizontale Übertragung
		  – intensiver Kontakt
		  – Vertikale Übertragung möglich

   – transgene Mäuse, denen die bel-Gene übertragen wurden, entwickeln neurologische Erkrankungen.
3. Beziehung zum Menschen:
   – nichtmenschliche Primaten sind häufig Keimträger,
   – bei bestimmten Autoimmunkrankheiten wird ein Zusammenhang mit der Spumavirusinfektion vermutet.

Eindeutige Erkrankungen beim Menschen sind bisher nicht beschrieben, das Virus ist aber für den Menschen infektiös und kann in infektiöser Form aus menschlichen Geweben isoliert werden (Tabelle 3.23).

Die folgenden Beispiele erläutern geänderte Einordnungen[12] (von RG 2 (bisher in Deutschland, Stand 1994) in RG 3* (EU)). Hepatitis-B-Virus:

1. Vorkommen/Anwendung:
   – Keimträger bes. in Entwicklungsländer

2. Gefährdungspotential:
   a) Gründe für eine niedrigere Eingruppierung:
      – Impfstoffprophylaxe möglich (in einigen Fällen nicht möglich!), zeitlich begrenzter Impfschutz
      – Regel: parenterale Übertragung (1. perkutan, 2. sexuell)
   b) Gründe für eine höhere Eingruppierung:
      – selten: orale Übertragung (meist längere Inkubationszeit)
      – Impfstoffprophylaxe in Einzelfällen nicht möglich
      – zeitlich begrenzter Impfschutz
      – geringe Infektionsdosis
      – von Infektionsdosis abhängige Inkubationszeit
      – Virus kann eingetrocknet auf Oberflächen > 1 Woche infektiös bleiben
      – lange Inkubationszeit (45–120 Tage)
      – gesunde Virusausscheider können Virus verbreiten
      – chronische Hepatitis möglich

---

[12] Auf europäischer Ebene RG 3*.

  - letale Ausgänge in Einzelfällen bekannt
  - Laborinfektionen bekannt
  - mögliche Übertragung auf nicht unmittelbar beteiligte Personen
  - keine kausale Therapie
3. Beziehung zum Menschen:
  - Mensch ist Hauptreservoir von HBV (selten in nichtmenschlichen Primaten)
4. Besondere Anmerkungen:
  a) Unterdruck und Schleuse nicht erforderlich,
  b) Nebenwirkungen der Impfung
     - Injektionsort: Schwellung, Rötung, Wärme, Verhärtung
     - Systemische Reaktionen: Müdigkeit, Krankheitsgefühl, Fieber, Arthtralgie, Myalgie, Kopfschmerzen, Schwindel, Erythem; seltener: Urtikaria, Pruritus, Erythema nodosum, Asthma; neurologische Nebenwirkungen: Guillain-Barre-Syndrom

Ob das Hepatitis-B-Virus in die RG 2 oder 3 eingruppiert werden soll, ist lange diskutiert worden. Es gibt gute Gründe, die eine Einordnung in die RG 3 rechtfertigen, z.B. die Schwere der Erkrankung und die Spätfolgen. Bei der Gesamtbewertung haben sich die Experten für eine Eingruppierung in die RG 3* entschieden, da eine Impfung möglich und die Erforschung des Virus aus humanmedizinischen Gründen wichtig ist. Beim Hepatitis-B-Virus sind sehr viele berufsbedingte Erkrankungen (Krankenhaus: Versorgung von Patienten, Labor: Umgang mit virusinfizierten Proben etc.) beschrieben worden. Nach Einführung des Impfstoffes ist es zu einem deutlichen Rückgang gekommen (Tabelle 3.24).

Die Einordnung des Tollwutvirus wurde ebenfalls längere Zeit kontrovers diskutiert:

1. Vorkommen/Anwendung:
  - Mitteleuropa: Fuchs ist Haupterregerreservoir[13], „Totimpfstoff" (aus nicht so hoch pathogenen Stämmen)
  - durch Eingriffe des Menschen in die Natur hat sich das Reservoir vergrößert.
2. Gefährdungspotential:
  a) Gründe für eine niedrigere Eingruppierung:
     - aktive Impfung nach Infektion noch möglich, Immunglobuline sind wirksam,
     - lange Inkubationszeit, mehrjährige Inkubationszeiten sind in der Fachliteratur dokumentiert (Inkubationszeiten bis zu 6 Jahren),
     - Virus ist in Natur weit verbreitet (verbreitetes Erregerreservoir), bis auf einige Ausnahmen (z.B. Großbritannien, Australien) kommt Virus weltweit vor,

---

[13] Silvatische Tollwut: Infektionszyklus innerhalb von Wildtieren; urbane Tollwut: Haustollwut (Hund, Katze); Straßenvirus: von natürlichen Infektionen abstammendes Virus.

Tabelle 3.24   Steckbrief „HBV"

Biologische Einheit/ Organismus	Behülltes Virus (Hepadnavirus), vermehrt sich über RNA-Zwischenstufe (eigene reverse Transkriptase und RNase H) Nucleinsäure: nicht infektiös (in polymerisierter Form: infektiös), eventuell tumorinduzierend	
Anwendungen Auswirkungen Krankheitsbilder	**Infektionskrankheit**	Hepatitis (Serum- oder Transfusionshepatitis)
	Klinik	
	– Übertragung/Eintrittspforte	– Parenteral/Sexualkontakte – Blut oder Blutprodukte von Infizierten
	– Pathologie/Symptome	Gelbsucht (Ikterus), Leberentzündung
	– Spätfolgen	Chronisch-aggressive Hepatitis, Leberzellkarzinome
	– Inkubationszeit	4–20 Wochen
	– Verlauf	– Akut-chronisch (bis zu 10%) – Persistierende Infektion, Keimträger und Keimausscheider
	– Keimträger/ Keimausscheidung	Monate–Jahre
	– Prophylaxe/Therapie	Impfung
	– Letalität	<1–2%

- Übertragung in der Regel durch Biß, in Einzelfällen Übertragung auf dem Luftweg möglich (Höhlenforscher, bei Impfvirusproduktion),
- Immunprophylaxe möglich, nicht bei allen Serotypen wirksam (einige Serotypen sind stark an ihren Wirt adaptiert (z. B. Lagos bat),
- Übertragung auf die Bevölkerung unwahrscheinlich.

b) Gründe für eine höhere Eingruppierung:
- unbehandelt tödlicher Ausgang.

3. Beziehung zum Menschen:
- Infektion beim Umgang mit infizierten Tieren.

4. Besondere Anmerkungen:
- Unterdruck und Schleuse nicht erforderlich, da das Virus nicht über Luft[14], bzw. Abwasserpfad übertragen wird.

Bisher (Stand 1994) war es in den Listen der BG Chemie in die RG 2 eingeordnet. In den europäischen Listen sind die Viren des 2. und 3. Beispiels in die RG 3*

---

[14] Das Virus kann in Einzelfällen über Aerosole übertragen werden, deshalb sind bei allen Arbeiten Aerosole strikt zu vermeiden.

Tabelle 3.25 Steckbrief „Tollwutvirus"

Biologische Einheit/ Organismus	behülltes RNA-Virus (Einzelstrang, negative Orientierung), Rhabdovirus Nucleinsäure: nicht infektiös	
Anwendungen Auswirkungen Krankheitsbilder	**Infektionskrankheit**	Tollwut
	Klinik	
	– Übertragung/ Eintrittspforte	Biß
	– Pathologie/ Symptome	3 Phasen: – Initialstadium (Prodromalerscheinungen): Kopfschmerzen, Übelkeit, Erbrechen, Durst, Trockenheit im Rachenbereich, Schluckbeschwerden, „Hydrophobie" – Erregungsstadium: Schlundkrämpfe, allgemeine Agitation („rasende Wut") – Lähmungsstadium
	– Inkubationszeit	1 – 3 Monate, abhängig von Eintrittspforte
	– Verlauf	akut
	– Prophylaxe/Therapie	Impfung (Serotypabhängig, Impfstoff wirkt nicht bei Serotyp 2 u. 3), Wundbehandlung
	– Letalität	wahrscheinlich 100 %, wenn unbehandelt

eingeordnet worden. Die ZKBS diskutiert (1995) über die endgültige Eingruppierung. Ausschlaggebend für die Einordnung in die RG 3* war die Epidemiologie des Virus in Europa, die Übertragungswege und die Möglichkeiten der Prophylaxe (nicht bei Serotyp 2 u. 3). Eine Einordnung von Serotypen, gegen die kein Impfstoff zur Verfügung steht, in die RG 3 ist auf jeden Fall zu rechtfertigen (Tabelle 3.25).

3.3.6.3
Beispiele für Risikogruppe 3

Die Eingruppierung von HIV in die RG 3 (EV: 3*) wurde aufgrund der Schwere der Erkrankung vorgenommen:

1. Vorkommen/Anwendung
   - Mensch und nichtmenschliche Primaten
   - in vielen Ländern eine der Haupttodesursachen

- für das Jahr 2000 wird geschätzt, daß weltweit 40 Mio. Menschen HIV-infiziert sind

2. Gefährdungspotential
   a) Gründe für eine niedrigere Eingruppierung:
      - Virus sehr labil
      - Infektion über Sexual- oder Blutkontakt, bei normalen Sozialkontakten sehr geringes Übertragungsrisiko
   b) Gründe für eine höhere Eingruppierung:
      - lange Inkubationszeit (schafft Möglichkeit, Virus auf andere zu übertragen)
      - keine Therapie
      - keine Prophylaxe
      - lange Inkubationszeit
      - eventuell 100 % Manifestation[15]
      - eventuell 100 % Letalität[15]

3. Beziehung zum Menschen
   - Mensch ist Virusträger und wichtigstes Virusreservoir

4. Besondere Anmerkungen
   - Unterdruck und Schleuse nicht erforderlich, da Virus nicht über den Luft- oder Abwasserpfad verbreitet wird

Zusätzlich wurde der Mangel an einer Impfprophylaxe negativ bewertet. Der Verbreitungsmechanismus (d. h. der spezielle Übertragungsweg) wurde weniger berücksichtigt (Tabelle 3.26).

Die Einordnung des Gelbfiebervirus in die RG 3 ist unbestritten:

1. Vorkommen/Anwendung:
   - endemisch in tropischen Regionen

2. Gefährdungspotential:
   a) Gründe für eine niedrigere Eingruppierung:
      - Immunprophylaxe möglich,
      - durch bestimmte (in Mitteleuropa nicht vorkommende) Insekten übertragbar, keine Verbreitung in der Bevölkerung ohne Vektor.
   b) Gründe für eine höhere Eingruppierung:
      - hohe Letalität,
      - hohe Manifestation,
      - keine Therapie.

3. Beziehung zum Menschen:
   - Übertragung durch Stechmücken vom Affen auf den Menschen bzw. zwischen Menschen.

Es handelt sich um ein exotisches Virus, d. h. ein in Mitteleuropa nichtheimisches Virus. Die Überträger sind in Mitteleuropa nicht vorhanden. Damit ist eine

---

[15] Es ist noch nicht endgültig gesichert, ob die Manifestation und die Letalität so hoch sind.

Tabelle 3.26 Steckbrief „HIV"

Biologische Einheit/ Organismus	Retrovirus – Lentivirus (Subgenus: Primatenimmundefiziensviren) Nucleinsäure: nicht infektiös, aber Provirus: infektiös	
Anwendungen Auswirkungen Krankheitsbilder	**Infektionskrankheit**	AIDS
	Klinik	
	– Übertragung/ Eintrittspforte	Sexualkontakt, Blutkontakt
	– Pathologie/ Symptome	Mangel an CD4-Zellen, häufige Infektionen mit Opportunisten bzw. Krankheitsausbruch bei persistierender Infektion AIDS-Vollbild
		– Allgemeinsymptome Gewichtsverlust Fieberschübe Diarrhöen
		– Opportunistische Infektionen z. B. Pneumocystis carinii oder andere Pathogene (Candida albicans, Cytomegalievirus (CMV), Mycobacterium tuberculosis)
		– Neoplasien Kaposi-Sarkom Lymphome
	– Inkubationszeit	Variabel – Meist 8 – 10 Jahre (mittlere Inkubationszeit) – Wenige Monate (kurze Verläufe) – Symptomfreiheit >13 Jahre
	– Verlauf	chronisch, schubweise Stadien – I Symptomlos bzw. fieberhafter Infekt – II Latenz (Antikörper positiv) – II Lymphadenopathiesyndrom (LAS) – IV ARC (AIDS related complex) – V Vollbild
	– Prophylaxe-Therapie	Keine
	– Letalität	Bis 100 % (siehe Anmerkung zu Tab. 3.41)

Verbreitung des Virus z. B. nach einer Laborinfektion nicht zu erwarten. Nach Aufenthalt in Endemiegebieten sind Erkrankungen an Gelbfieber möglich. Erkrankte Personen haben nicht zu einer Etablierung oder Verbreitung von Gelbfiebervirus in Mitteleuropa geführt, d. h. es bleibt bei Einzelerkrankungen (Tabelle 3.27).

Tabelle 3.27   Steckbrief „Gelbfiebervirus"

Biologische Einheit/ Organismus	Behülltes Positivstrang RNA-Virus (Flavivirus)	
Anwendungen Auswirkungen Krankheitsbilder	**Infektionskrankheit**	Gelbfieber – Urbanes Gelbfieber – Sylvatisches Gelbfieber
	Klinik	
	– Übertragung/ Eintrittspforte	Stechmücken (transovarielle Persistenz in Mücken)
	– Pathologie/ Symptome	Verschiedene Schweregrade sehr mild, mild, mittelschwer, bösartig
	– Inkubationszeit	3 – 6 Tag
	– Verlauf	Akut
	– Prophylaxe/Therapie	Impfung („Lebendimpfstoff")
	– Letalität	Abhängig vom Verlauf, Bösartige Form: bis zu 50 %

3.3.6.4
Beispiele für Risikogruppe 4

Das Lassavirus ruft eine schwere, häufig auch tödliche Krankheit hervor und kann durch Aerosole übertragen werden. Aeorogene Laborinfektionen mit Todesfällen sind bekannt:

1. Vorkommen/Anwendung:
   - (West)Afrika (Nigeria, Sierra Leone etc.), besonders in ländlichen Gegenden, gelegentlich in Städten.
2. Gefährdungspotential:
   a) Gründe für eine niedrigere Eingruppierung:
      – keine (sinnvollen)
   b) Gründe für eine höhere Eingruppierung:
      – Pantropes Virus,
      – hohe Kontagiosität bei Mensch-zu-Mensch-Übertragung,
      – hoher Manifestationsindex,
      – Übertragung über den Luftweg,
      – hohe Letalität,
      – keine Therapie,
      – keine Impfprophylaxe.
3. Beziehung zum Menschen:
   – 20 – 50 % Antikörperprävalenz,
   – direkte und indirekte Übertragung von Tier auf Mensch,
   – Nagetierreservoir von Lassavirus und Lassavirus-verwandten Viren (Westafrika: Mastomys natalesis)
      in Nagern bei einer Infektion im Uterus oder einer postpartalen Infektion eine lebenslange Ausscheidung (z. B. im Urin); je nach Art bei wildlebenden (Wald, Savanne, landwirtschaftlich genutzte Gebiete) und im Haus lebenden Mastomysarten

Aufgrund dieser Schwere der Krankheit wurde das Virus in die RG 4 eingeordnet (Tabelle 3.28).

Tabelle 3.28 Steckbrief „Lassavirus"

Biologische Einheit/ Organismus	Behülltes mehrsegmentiges RNA-Virus (Arenavirus)	
Anwendungen Auswirkungen Krankheitsbilder	**Infektionskrankheit**	Lassa-Fieber (hämorrhagisches Fieber)
	Klinik	
	– Übertragung/ Eintrittspforte	Von Mensch zu Mensch (Virus im Blut, Sputum (ersten 2 Wochen) und Urin (nach ca. 1. Monat) Erkrankte müssen isoliert werden
	– Pathologie/ Symptome	– Prodromalphase (kurz) Abgeschlagenheit, Muskel- und Gliederschmerzen, Übelkeit und Kopfschmerzen – Fieberphase Hohes Fieber mit Schüttelfrost, Entzündungen im Rachen- und Gaumenbereich, Schluckbe- schwerden, Brust-, Bauch-, Muskelschmerzen, Lymphknoten- anschwellungen, 7. Tag makulopapulöses Exanthem (am ganzen Körper) – Bei schwerkranken Patienten Apathie, Somnolenz – Komplikationen Hämorrhagische Diathese
	– Inkubationszeit	8–10 Tage (extrem: 3–16 Tage)
	– Verlauf	– Akut unkompliziert Erkrankung klingt nach 2 Wochen ab – Akut unkompliziert, verlängert Fieber > 3 Wochen – Akut mit früh einsetzenden Komplikationen – Biphasischer Verlauf
	– Prophylaxe-Therapie	Eventuell Ribavirin
	– Letalität	– Abhängig vom Krankheitsverlauf bis zu 20 % – In Westafrika sind 30 % aller Krankenhaustodesfälle durch Lassavirus bedingt – Bei Infektion während der Schwangerschaft 100 % der Feten 30 % der Mütter

Tabelle 3.29   Steckbrief „Variolavirus"

Biologische Einheit/ Organismus	Variolavirus, Orthopoxvirus (komplexes DNA-Virus mit Hülle, das im Cytoplasma repliziert) Varianten des Virus: Variola major, Variola minor, Alastrim, „Weiße" Pocken Virus noch vorhanden: WHO Collaborating Centers for Smallpox and other Poxvirus bei CDC (Atlanta, USA) und Forschungsinstitut für Bereitstellung von Viren (Moskau, Rußland)	
Anwendungen Auswirkungen Krankheitsbilder	**Infektionskrankheit**	Pocken – Schwere Formen: Variola major Hämorrhagische Pocken – Leichtere Formen: Variola minor (Alastrim, Amass, Kaffirpocken)
	Klinik – Übertragung/ Eintrittspforte	– Vorwiegend aerogen: Aerosole oder – Direkter Kontakt
	– Pathologie/ Symptome	– Hohes Fieber, Enanthem und Exanthem: Pusteln am ganzen Körper
	– Inkubationszeit	8 – 17 Tage
	– Ansteckungsfähigkeit	– Im Prodromalstadium (2 Tage vor Eruptionsstadium) und – im Eruptionsstadium
	– Verlauf	akut
	– Prophylaxe-Therapie	Vacciniavirus
	– Letalität	– Bis zu 40 % Alastrim 1 % (Vergleich: Affenpockenvirus (RG 3) 16 %)

Das Arbeiten mit dem Variolavirus ist verboten. Auf seinen Seuchenzügen durch die ganze Welt hat dieses Virus zu Millionen von Toten geführt. Seit 1977 gelten die Pocken als ausgerottet. Um eine unbeabsichtigte Freisetzung beim Umgang im Labor zu unterbinden, ist das Arbeiten mit diesem Virus weltweit (bis auf 2 Laboratorien) verboten:

1. Vorbemerkungen/Anwendung:
   – vorhanden nur noch in Hochsicherheitstrakts, Arbeiten sonst verboten.
2. Gefährdungspotential:
   a) Gründe für eine niedrigere Eingruppierung:
      – Impfstoffprophylaxe möglich,
      – Virus etabliert kein Tierreservoir (d.h. Virus infiziert keine Tiere unter natürlichen Bedingungen).

b) Gründe für eine höhere Eingruppierung:
   - kürzere Inkubationszeit,
   - durch Aerosole oder direkten Kontakt übertragbar,
   - hohe Kontagiosität – Ausbreitung in der Bevölkerung,
   - Pandemie möglich,
   - hoher Manifestationsindex,
   - hohe Letalität,
   - keine Therapie,
   - Infektion von mit Vaccinia-Virus-Geimpften möglich, damit Verbreitung in der Bevölkerung,
   - ungenügender Impfschutz in der Bevölkerung.

3. Beziehung zum Menschen:
   - Mensch einziges natürliches Reservoir,
   - seit WHO-Programm zum Ausrotten der Pocken wird davon ausgegangen, daß keine humanen Pockenviren in der Natur vorhanden sind. Der letzte „natürlich" vorkommende Pockenfall wurde 1977 aus Somalia berichtet. 1978 kamen zwei Pockenfälle (Laborinfektionen, Tab. 3.5) in England vor. Daraufhin wurde weltweit das Arbeiten mit humanen Pockenviren (Variolavirus) eingeschränkt. Der Erfolg des WHO-Ausrottungsprogramms gegen Pocken wurde am 9.12.1979 durch die Global Commission berichtet und im Mai 1980 durch die World Health Assembly allgemein akzeptiert. Zum 31.12.1993 sollten ursprünglich die restlichen Pockenvirenbestände vernichtet werden

Aufgrund seiner biologischen Eigenschaften wurde dieses Virus in die RG 4 eingeordnet (Tabelle 3.29).

3.3.7
Subvirale Agenzien

Subvirale Agenzien

Begriff	Definition
Prion (prion)	Übertragbares, krankheitserregendes, „sich vermehrendes" Proteinmolekül
Satellit (satellite)	Nucleinsäure, die für ihre Vermehrung und Verbreitung in einer Wirtszelle von einem Helfervirus abhängig ist. Es besteht keine Sequenzhomologie zwischen Satellitennucleinsäure und dem Genom des oder Teilen des Genoms des Helfervirus
Viroid (viroid)	Niedermolekulares, zirkuläres, einzelsträngiges, infektiöses RNA-Molekül mit Ribozymaktivität
Virusoid (virusoid)	Bei Pflanzen vorkommende, durch andere Viren übertragene infektiöse Nucleinsäure

3.3.7.1
Humane spongiforme Enzephalopathien

Die spongiformen Enzephalopathien sind eine Gruppe von menschlichen und
tierischen Erkrankungen, die durch ein typisches klinisches und histopatholo-
gisches Bild gekennzeichnet sind. Sie verlaufen oft fortschreitend über einen
längeren Zeitraum, weshalb sie auch „langsame" („slow") Infektionen genannt
werden. Die fortschreitenden Veränderungen des Zentralnervensystems stehen
dabei im Vordergrund. Eine dieser Erkrankungen „Kuru", war vor 1960 eine häufige Todesursache auf Papua Neuguinea, bei den Stämmen, die eine bestimmte
Art von Kannibalismus betrieben. Betroffen waren Frauen und Kinder unter
4 Jahren. Die Übertragung der Erkrankung ist nicht ganz klar. Zunächst wurde
eine enterale Aufnahme angenommen. Aber auch eine parenterale Aufnahme
durch Verletzungen bei den rituellen Zeremonien war nicht auszuschließen. Als
Inkubationszeit wurden 4–30 Jahre veranschlagt. Mit Änderung der Sitten seit
1960 ist die Erkrankung fast komplett verschwunden. Als eine weitere menschliche Erkrankung in diesem Zusammenhang ist die Creutzfeldt-Jakob-Krankheit zu nennen, die durch ungenügend desinfizierte Geräte oder durch infizierte
Transplantate (z. B. Hornhaut des Auges) bzw. Extrakte (z. B. Wachstumshormon
aus Hypophysen) übertragen wird. Die Agenzien, welche die in Tabelle 3.30
genannten Krankheiten hervorrufen, zeichnen sich durch eine erhöhte Resistenz gegen Hitze oder Formaldehyd aus. Die Prionhypothese besagt, daß der
Erreger ein modifiziertes Protein ist, das Prionprotein (PrP^{sc}) und im Gegensatz
zum „normalen" Protein (PrP^{c}) resistent gegen Proteasen ist. Das Prionprotein
induziert in dem normalen Protein eine Änderung der Konformation und wan-
delt das normale Protein in Prionprotein um. Verändertes Protein löst die
Krankheitsprozesse aus. Prionprotein entsteht spontan, wenn eine Mutation des
PrP^{c}-Gens vorliegt (z. B. bei der Creutzfeldt-Jakob-Krankheit und dem Gerst-
mann-Sträußler-Syndrom) oder wird durch Behandlung von Tiermehl bei der
Futterherstellung (wenn infizierte Tiere verwendet werden) induziert. Das
Prionprotein und das normale PrP^{c}-Protein müssen möglichst ähnlich sein,

Tabelle 3.30   Subvirale Agenzien und spongiforme Enzephalopathien[a]

Natürlicher Wirtsorganismus	Krankheit	RG
Mensch	Creutzfeldt-Jakob-Krankheit, Gerstmann-Sträußler-Syndrom, „Kuru"	3 (neu: 2?)
Elch, Maultier	Chronic wasting disease (selten Zooelche, in freier Wildbahn fraglich)	2
Nerz	Übertragbare Nerzenzephalopathie	2
Rind	BSE (mad cow disease)	2
Schaf, Ziege	Scrapie	2

[a] Zusätzliche Auflagen: spezielle Inaktivierungsmethoden sind zu beachten (s. Merkblatt
„Viren" der BG Chemie).

damit das Prionprotein in seinem normalen Gegenpart eine Konformations-
änderung induzieren kann. In Organismen, die kein exprimierbares PrP^c-Gen
enthalten wie z. B. PrP^c-knock-out-Mäuse, kann das PrP^{sc} keine neuen Prion-
proteine induzieren und keine Krankheitsprozesse hervorrufen. Die Empfänglichkeit von einzelnen Organismen, durch Prionen befallen zu werden, ist
unterschiedlich. Schweine, die ähnliches Futter wie befallene Kühe erhalten
haben, entwickeln keine Krankheit. Einzelne arbeitsbedingte Infektionen sind
bei Histologen beschrieben worden.

3.3.7.2
Viroide

Viroide wurden als Krankheitserreger bei Pflanzen entdeckt. Sie sind einzel-
strängig, zirkuläre RNA-Moleküle mit Ribozymaktivität, die in vielen Pflanzen,
ohne irgendwelche Krankheitsanzeichen, vorkommen. Bei gentechnischen
Arbeiten ist zu beachten, daß aus vollständiger cDNA in geeigneten Empfängerzellen und unter Kontrolle eines geeigneten Promotors Viroid entstehen kann.
Das Agens der humanen Hepatitis D ähnelt den Viroiden, wie sie bei Pflanzen
gefunden wurden (Tabelle 3.31).

3.3.8
Bakterien

Bakterien sind Organismen mit einfacher Zellstruktur. Die Eubakterien
(Bakteria) mit den z. B. grampositiven, gramnegativen oder den Cyanobakterien
und die Archaebakterien (Archea) mit den z. B. methanogenen, extrem
halo- oder extrem thermophilen Bakterien werden zu den Prokaryonten zusammengefaßt.

Tabelle 3.31 Beispiele für Viroide und Satelliten

Wirtsgruppe		Agens	Wirt/Krankheit bzw. Symptome
Mensch			
– Hepatitis-D-Virus (HDV)		Hepatitis-δ-Agens	Hepatitis δ
Pflanzen			
– ASSV-Gruppe	ASSV	apple scar skin viroid	Apfel: Narbenkrankheit
– ASBV-Gruppe	ASBV	avocado sunblotch viroid	Avocado: Sonnenfleckenkrankheit
– PSTV-Gruppe	CSV	chrysanthemum stunt viroid	Chrysanthemen: Chlorose, Zwergwuchs, Stauche
	PSTV	potato spindle tuber viroid	Kartoffel: verlängerte Knollen

3.3.8.1
Beispiele für Risikogruppe 1

Lebende und vermehrungsfähige Bakterien können in Lebensmitteln vorhanden sein und werden vom Menschen mit der Nahrung aufgenommen. Aufgrund seiner biologischen Eigenschaften ist *Lactobacillus delbrueckii subspec. bulgaricus* (grampositives, Milchsäure produzierendes Eubakterium, Joghurtbakterium) in die RG 1 eingeordnet worden:

1. Vorkommen/Anwendung
   - in vielen durch Säuerung haltbar gemachten Lebensmitteln enthalten (z. B. Joghurt)
2. Gefährdungspotential
   - keine pathogenen Eigenschaften beschrieben
3. Beziehung zum Menschen
   - kann in vermehrungsfähiger Form aus Lebensmitteln aufgenommen werden

Stämme von *Streptomyces aureofaciens* werden im großtechnischen Maßstab ($> 100\,\text{m}^3$) zur Herstellung von Antibiotika genutzt. Nach Angaben der anwendenden Industrie sind bei diesem großtechnischen Einsatz keine Erkrankungen oder andere Schädigungen bekannt geworden. Die Gesamtbewertung des Organismus rechtfertigt eine Eingruppierung in die RG 1:

1. Vorkommen/Anwendung bzw. Beziehung zum Menschen
   - filamentöses Bodenbakterium, mit dem der Mensch relativ häufig in Hautkontakt kommen kann
2. Gefährdungspotential
   - es gibt jahrelange Erfahrungen im Umgang mit diesem Organismus, ohne daß Infektionen und Erkrankungen der Beschäftigten bekannt sind.

Sind E. coli K12-Stämme doch pathogen?
E. coli wurde als Art in die RG 2 eingeordnet. Viele seiner Stämme wurden in die RG 1 eingruppiert wie z. B. *E. coli* K12. Mit einigen dieser Stämme wurden im Zusammenhang mit gentechnischen Sicherheitsfragen Untersuchungen zur Verbreitung in der Umwelt und zur Pathogenität durchgeführt. Wie können pathogene Eigenschaften festgestellt werden? Auf diese Frage kann nur kurz eingegangen werden. Epidemiologische Untersuchungen, Tierversuche, Versuche mit Zellkulturen oder Berichte über Laborinfektionen können Hinweise über pathogene Eigenschaften geben. Fehlt z. B. ein epidemiologischer Hinweis, kann das auch daran liegen, daß der Mensch mit dem „verdächtigen" Organismus nie unter krankheitsauslösenden Bedingungen zusammengekommen ist. Weder die Apathogenität noch die Pathogenität in einem Tiermodell für den Menschen widerlegen oder beweisen die entsprechenden Eigenschaften. Tiermodelle sind nur begrenzt aussagefähig, da u. a. immer „Extrembedingungen" gewählt werden, die möglicherweise zur Erkrankung eines Tieres

führen. Solche Bedingungen können für eine Infektion und Erkrankung beim Menschen total irrelevant sein. Die striktesten Bedingungen für ein menschliches Pathogen werden in den sog. Koch-Henle-Postulaten beschrieben:

- Der Erreger muß in jedem Fall vorhanden sein, und zwar unter den Verhältnissen, welche den pathologischen Veränderungen und dem klinischen Verlauf der Krankheit entsprechen.
- Der Erreger darf bei anderen Erkrankungen nicht als zufälliger, apathogener Erreger vorkommen.
- Mit Reinkulturen des Erregers muß experimentell ein identisches (Mensch) oder ähnliches (Tier) Krankheitsbild erzeugt werden können.

Für viele Pathogene, insbesondere Viren, kann aber ihre Gültigkeit nicht gezeigt werden. Werden Pathogenitätstests für die Beurteilung einer Humanpathogenität herangezogen, so muß die Aussagekraft solcher Tests und ihre Beschränkung immer mitbetrachtet werden, um zu einer qualifizierten Bewertung zu kommen. Tabelle 3.32 zeigt, daß *E. coli* K12-Stämme unter gewissen Bedingungen krankmachende Eigenschaften haben können, was bei der Einordnung in die RG 1 beachtet wurde.

Tabelle 3.32 a   Eigenschaften von *E. coli* K12 (mögliches Gefährdungspotential?) (Levy et al. (1978) Nature)

Dosis	Do-11[a]			X1776[b]
	6×10^8	2×10^9	2×10^8	$1,5 \times 10^8$
i.p.	0/10	–	–	4/10
i.p. + Mucin[c]	3/10	3/10	1/15	4/10
+ Mucin	0/5	–	–	0/5
i.v.	4/10	3/10	–	3/10
i.v. + hitzeinaktiviert		0/5		0/5
intracranial	10/10	–	10/10	10/10
Intracranial + hitzeinaktiviert		3/5		1/5

Tabelle 3.32 b   Überleben von E. coli K 12 außerhalb des Labors

Menschlicher Darm	8 – 10 Tage
Wasser	ca. 15 Tage
Abwasser	ca. 10 Tage
Boden	ca. 20 Tage

[a] Besiedelt den normalen Darm nicht, aber einen „keimarmen" Darm.
[b] Besiedelt auch den „keimfreien" Darm nicht; diaminopimelinsäureabhängig, empfindlich gegen Gallensäuren.
[c] In Tiermodellen müssen oft für die Versuche spezielle Bedingungen gewählt werden. Mucin (Schleimprotein) wird verwendet, damit sich die Bakterien an eine Oberfläche anheften können. Dies ist in diesem Modell für eine Infektion notwendig.

3.3.8.2
Beispiele für Risikogruppe 2

Die Klassifizierung von *Streptococcus mutans* in die RG 2 ist in der Fachwelt durchaus umstritten, die Einordnung in diese Gruppe aber verbindlich, da es pathogene Eigenschaften hat:

Gefährdungspotential
a) Gründe für eine niedrigere Eingruppierung:
   - in der Mundflora ständig nachzuweisen
   - relativ harmlose Erkrankung mit guter Therapierbarkeit
b) Gründe für eine höhere Eingruppierung:
   - eines der ätiologischen Agenzien der Karies

Seiner weiten Verbreitung wegen wurde eine niedrigere Eingruppierung für nicht angemessen gehalten (Tabelle 3.33).

In die RG 2 werden fakultative und obligate Pathogene eingeordnet. *Vibrio cholerae* (Erreger der Cholera), ist ein obligater, pathogener Mikroorganismus:

1. Gefährdungspotential
   a) Gründe für eine niedrigere Eingruppierung:
      - Erreger ist austrocknungsempfindlich
      - hohe Infektionsdosis: $10^5 - 10^7$ Bakterien
      - Schmutz- und Schmierinfektion: Übertragung durch Fäkalien kontaminierte Stoffe bzw. durch direkten Körperkontakt

Tabelle 3.33   Steckbrief *„Streptococcus mutans"*

Organismus	Grampositives Eubakterium, Hauptagens der Karies
	Eigenschaften:
	- Wächst bei pH 4,5 – 5
	- Produziert • größere Mengen Milchsäure
	             • eigenes Glykan, um sich an Zähne anheften
	               zu können
	Speichel: ca. 10^8 Bakterien/ml (insgesamt)	

Anwendungen Auswirkungen Krankheitsbilder	**Infektionskrankheit**	Karies
	Klinik	
	- Übertragung/ Eintrittspforte	Speichel, Mundhöhle
	- Pathologie/Symptome	Plaques
	- Inkubationszeit	Unbestimmt
	- Verlauf	Chronisch
	- Prophylaxe/ Prävention/Therapie	- Hygiene der Mundhöhle Mechanische Entfernung von Plaques - Beschränkter Kohlenhydratanteil in der Nahrung - Behandlung der Zähne mit Fluorid

b) Gründe für eine höhere Eingruppierung:
   - Schwere und tödliche Erkrankungen
2. Beziehung zum Menschen
   - große Epidemien im 17., 18. und 19. Jahrhundert
   - von Peru aus beginnt sich seit 1991 eine Choleraepidemie auszubreiten mit 600 000 Erkrankungen in > 20 Ländern in 18 Monaten bei 5000 Todesfällen

Aufgrund seiner biologischen Eigenschaften und seines pathogenen Potentials wurde er in diese Gruppe eingeordnet, wobei auch die sehr unterschiedlichen Krankheitsverläufe und deren Therapie eine Rolle spielten (Tabelle 3.34).

Aufgrund seiner allgemeinen Eigenschaften wurde *Clostridium tetani* in die RG 2 eingeordnet:

1. Vorkommen:
   - Erdboden.
2. Gefährdungspotential:
   a) Gründe für eine niedrigere Eingruppierung:
      - Sporen in der Umwelt weit verbreitet,
      - spezielle Verletzung sind für Infektionen und Erkrankung notwendig,

Tabelle 3.34 Steckbrief „*Vibro cholerae*"

Organismus	Gramnegatives Eubakterium, verschiedene Biovare	

Anwendungen Auswirkungen Krankheitsbilder	**Infektionskrankheit**	Verschieden schwer:
		 - Asymptomatisch
		 - Leichter Durchfall
		   (1–5 Tage, Spontanheilung
		   ohne Therapie)
		 - Cholera
		   (ernste lebensbedrohliche Durchfälle)

	Klinik Übertragung/ Eintrittspforte	kontaminiertes Wasser und Lebensmittel Magen-Darm-Trakt
	– Pathologie/ Symptome	Schwere Form: Schwere katarrhalische und ulzerierende Enterokolitis; Wasserverlust (Dehydratation), Azidose, Störung des Elektrolythaushaltes. Leibschmerzen, Reiswasserstühle
	– Inkubationszeit	1–5 Tage
	– Verlauf	Akut
	– Prophylaxe/Therapie	Ausgleich des Wasserhaushaltes, eventuell Antibiotika
	– Letalität	Bei schweren Fällen: - unbehandelt bis zu 50%, - behandelt 1%

- relativ geringe Infektionshäufigkeit und Manifestation,
- sicherer Impfstoff vorhanden.

b) Gründe für eine höhere Eingruppierung:
- unbehandelt führt Erkrankung in der Regel zum Tode.

3. Beziehung zum Menschen:
- weltweit bis zu 100000 Toten (in unterentwickelten Ländern häufig Neugeborene: Infektion über die Nabelschnur, infantiler Tetanus).

4. Anmerkung:
- Beim Umgang mit dem Toxin bzw. toxinhaltigen Flüssigkeiten ist Vorsicht geboten. Zwischenfälle im Labor sind bekannt geworden. Vorherige Impfung wird empfohlen

Der Umgang mit den Bakterien unterscheidet sich von der Arbeit mit dem Toxin insoweit, als daß Arbeiten mit dem Ziel, größere Mengen an Toxin zu produzieren oder Toxingene zu klonieren, nur unter Beachtung bestimmter zusätzlicher Sicherheitsmaßnahmen durchgeführt werden dürfen (Tabelle 3.35).

3.3.8.3
Beispiele für Risikogruppe 3

Die Schwere der Erkrankung, aber auch die langwierige Therapie und die mögliche aerogene Übertragung waren ausschlaggebend für die Einordnung von *Mycobacterium tuberculosis* in die RG 3:

1. Vorkommen:
- weltweit, wichtige spezifische Todesursache durch ein spezielles bakterielles Agens, weltweit endemisch.

2. Gefährdungspotential:
a) Gründe für eine niedrigere Eingruppierung:
- Impfstoff vorhanden, wirkt aber nur vor Infektion bzw. Wirksamkeit umstritten,

b) Gründe für eine höhere Eingruppierung:
- hohe Infektiosität,
- Übertragung auf dem Luftweg möglich,
- schwere Erkrankung, chronische Erkrankung,
- ohne Therapie in Einzelfällen tödlich (entwickelte Länder),
- langwierige und kostspielige Therapie,
- gehäuft mehrfachresistente Stämme gegen Tuberkulostatika,
- Überleben außerhalb des Wirtsorganismus (wichtig: Desinfektion von allem, was Kontakt haben könnte).

3. Beziehung zum Menschen:
- Erregerreservoir: Mensch.

Beim Umgang im Labor sind Infektionen bekannt geworden. In Zeiten vieler Tuberkuloseerkrankungen in den Industrieländern war *Mycobacterium tuberculosis* die häufigste Ursache für bakterielle Laborinfektionen (Tabelle 3.36).

Tabelle 3.35 Steckbrief „*Clostridium tetani*"

Biologische Einheit/ Organismus	Grampositives, anaerobes, sporenbildendes, stäbchenförmiges Eubakterium Tetanustoxin ist hitzelabil	
Anwendungen Auswirkungen Krankheitsbilder	**Infektionskrankheit**	Tetanus (Wundstarrkrampf) infantiler Tetanus
	Klinik	
	– Übertragung/ Eintrittspforte	Wunde (unter speziellen Bedingungen)
	– Pathologie/ Symptome	Tetanospasmin (Toxin) wandert durch Nerven in ZNS (retrograder axonaler Transport) Krämpfe, spastische Paralyse Tod durch Asphyxie
	– Inkubationszeit	Wenige Tage bis Wochen
	– Verlauf	Akut
	– Prophylaxe/Therapie	Impfung mit Tetanustoxoid
	– Letalität	Hoch

Tabelle 3.36 Steckbrief „*Mycobacterium tuberculosis*"

Biologische Einheit/ Organismus	Säurefestes, stäbchenförmiges Eubakterium	
Anwendungen Auswirkungen Krankheitsbilder	**Infektionskrankheit**	Tuberkulose
	Klinik	
	– Übertragung/ Eintrittspforte	– Tröpfcheninfektion: Aerosol, Staub, Luft, Lunge (oder selten: Verdauungstrakt) – Wichtigste Infektionsquelle: der Mycobakterien ausscheidende Mensch (z. B. bei offener Lungentuberkulose) – Mögliche andere Eintrittspforten: Verletzungen der Haut
	– Pathologie/ Symptome	– primäre Tuberkulose, Lungentuberkulose
	– Inkubationszeit	– Variabel – Kurz: Ausbildung des Primärkomplexes – Lang: Ausbruch der Krankheit
	– Verlauf	– Chronisch
	– Krankheitsfördernde Faktoren	Mangelernährung, Immunschwäche
	– Prophylaxe/Therapie	– BCG-Impfung – Antituberkulostatika – Problem: Antibiotikaresistenzen
	– Letalität	Abhängig vom Allgemeinzustand

Als antimykobakterielle Agenzien sind folgende Tuberkulostatika und Antibiotika wirksam:

- Isoniazid
- Rifampizin
- Ethambutol
- Pyrazinamid
- Aminoglycoside (z.B. Streptomycin, Kanamycin, Amikacin)
- PAS (para-Aminosalicylsäure)
- Cycloserin
- Ethionamid
- Capreomycin
- Viomycin
- Rifabutin
- Dapsone und Derivate
- Clofazimin

Die Schwere der Erkrankung, die Möglichkeit eine aerogenen Übertragung (ein wichtiger möglicher Übertragungsweg insbesondere beim Umgang in Labor und Produktion), eine geringe Infektionsdosis sowie ein möglicher außergewöhnlicher Verlauf waren die Hauptgründe, *Y. pestis* (Pesterreger) in die RG 3 einzuordnen (Tabelle 3.37):

1. Gefährdungspotential:
   a) Gründe für eine niedrigere Eingruppierung:
      - Impfstoff für gefährdete Personen,
      - UV-empfindlich.
   b) Gründe für eine höhere Eingruppierung:
      - geringe Infektionsdosis (5 Keime im Tiermodell), 10 000 – 30 000 bei Übertragung auf Menschen durch den Rattenfloh,
      - sehr schneller Krankheitsverlauf (Lungenpest, anders bei Beulenpest),
      - Antibiotikatherapie nur in den ersten Stunden nach Infektion möglich,
      - Tierreservoir: Übertragung auf Nagetiere (weltweit in über 200 Nagerarten; Ausbreitung z.B. durch Ratte und Rattenfloh; Menschenfloh ist ein schlechter Überträger),
      - bleibt in getrocknetem Sputum oder Flohkot monatelang infektiös.

2. Beziehungen zum Menschen – Vorkommen:
   - Pestausbruch in Indien 1994, kleinere lokale Ausbrüche weltweit.

3. Anmerkungen:
   - das Risiko kann durch Arbeiten mit virulenzplasmidfreien Stämmen gesenkt werden,
   - beim Arbeiten mit plasmidfreien Stämmen kann von einigen Sicherheitsmaßnahmen der Sicherheitsstufe 3 abgesehen werden.

Wie der Pestausbruch 1994 in Indien gezeigt hat, kann jederzeit wieder eine neue Epidemie ausgelöst werden. Von einigen Wissenschaftlern (z.B. J. Leder-

Tabelle 3.37   Steckbrief „*Yersinia pestis*"

Biologische Einheit/ Organismus	Gramnegatives, nichtsporenbildendes, kurzes, stäbchenförmiges unbewegliches Eubakterium	
Anwendungen Auswirkungen Krankheitsbilder	**Infektionskrankheit/ Zoonose**	Pest: – Beulenpest – Lungenpest
	Klinik – Übertragung/ Eintrittspforte	– Rattenflohstich: Haut, Schleimhaut – Luft (Lungenpest): Tröpfchen
	– Pathologie/ Symptome	– Bis zu 10 % symptomfreie Verläufe (Keimträger!) – Beulenpest (Bubonenpest): Regionäre Lymphknoten geschwollen (Bubonen), Hämorrhagischer Zerfall – Lungenpest: Hämorrhagische Pneumonie – Primäre Septikämie (ca. 1 % der Fälle): Hämorrhagische Entzündung und Nekrosen der Lunge, Leber, Milz etc.
	– Inkubationszeit	– 1–3 Tage (Lungenpest) – 2–6 Tage (Beulenpest)
	– Verlauf	Akut, perakut (fulminant)
	– Prophylaxe/ Therapie	– Impfung (z. B. bei besonders Gefährdeten) – Antibiotika
	– Letalität	– Beulenpest: 25–60 % (unbehandelt) bis 10 % mit Therapie – Lungenpest, primäre Septikämie: bis zu 100 % (unbehandelt, nach 2–5 Tagen)

berg, F. A. Murphy, S. Morse, S. Oaks, A. Schulderberg und R. Shope) hat es immer wieder Warnungen gegeben, die Forschung über Infektionskrankheiten nicht zu vernachlässigen. Cholera, Pest und Tuberkulose sind 3 Beispiele für Infektionskrankheiten, die Ende des 20. Jahrhunderts wieder auf dem Vormarsch sind. Gerade bei der Tuberkulose wurde jahrelang die Entwicklung von neuen Medikamenten vernachlässigt bzw. fand überhaupt nicht statt.

3.3.9
Pilze

3.3.9.1
Allgemeines

Pilze sind chlorophyllfreie eukaryotische Organismen mit einer aus Chitin oder Cellulose bestehenden Zellwand. 100 000 – 200 000 Pilzarten (Spezies), die in der Natur (Erdboden, Wasser, Luft, auf Pflanzen) weit verbreitet sind, spielen in vielen Ökosystemen und im Gesamthaushalt der Natur eine wichtige Rolle. Für den Menschen sind die Pilze, die *Infektionserreger* sind, *(Myko-)Toxine* (Tabelle 3.38) produzieren oder als *Allergene* (Mykoallergenosen) wirken, gefährlich. Viele nachstehend genannte Allergenosen treten sehr selten auf:

- Ahornrindenschälerkrankheit
- Baumwollstaublunge (Byssinosis)
- Farmerlunge, Drescherlunge
- Käsewäscherkrankheit
- Paprikaspalterlunge
- Zuckerrohrstaublunge (Bagassosis)

Durch Pilztoxine hervorgerufene Krankheiten werden *Mykotoxikosen* (akute oder chronische) genannt. Die allergene Potenz von Pilzen liegt in der gleichen Größenordnung wie von Pflanzenteilen (z. B. Pollen). Bei der Eingruppierung in die RG 2 oder 3 wird allerdings das infektiöse, nicht aber das toxigene oder allergene Potential herangezogen. Die meisten für den Menschen infektiösen Pilze bilden in Geweben oder Organen andere Morphen aus als in der Kultur. Pilzinfektionen können endogen oder exogen bedingt sein (Tabelle 3.39). Erreger *endogener Mykosen* sind bereits vor Krankheitsbeginn im gesunden Individuum vorhanden (z. B. *Candida albicans*). Die Erreger *exogener Mykosen* kommen aus der Umwelt (z. B. *Histoplasma capsulatum, Cryptococcus neoformans, Coccidioides immitis*). Für Pilzinfektionen spielen prädisponierende Faktoren wie Alter, Schwangerschaft, Streß, Erkrankungen des phagozytierenden Systems, Karzinome, Defekte der zellulären Abwehr, Zuckerkrankheit (Diabetes mellitus), antibakterielle Therapie (Schädigung der Standortflora) oder immunsuppressive Chemotherapie (Schädigung des Immunsystems), Bestrahlung, Verbrennungen und medizinische Eingriffe (Operation, Organtransplantation) eine wichtige Rolle.

Die Listen der Risikogruppen der Pilze (BG Chemielisten) unterscheiden sich von den Listen der anderen Organismen. Positiv- und Negativlisten liegen vor. Was bedeutet das? In den Positivlisten sind Pilze mit einem bestimmten Gefährdungspotential beschrieben, z. B. infektiöse, krankmachende Pilze für den Menschen. Die Einordnung liegt auf dem Artniveau. In der Negativliste werden die Pilze auf dem Familien-, Ordnungs- und Klassenniveau angegeben. Taxa, die humanpathogene Pilze enthalten, sind durch Fettdruck hervorgehoben. Die Eingruppierung der pathogenen Art kann in der Positivliste nachgesehen werden.

Tabelle 3.38   Mykotoxikosen (durch (Myko-)Toxine bedingte Erkrankungen durch Pilze)

Mykotoxin	Krankheit/Symptome
Aflatoxin B_1	Indian childhood cirrhosis Leberkarzinome
Citroviridin	Cardiac Beriberi: kardiale Störungen, Dyspnoe, Atemstillstand, gastrointestinale Beschwerden
Sporofusariogenin	Kaschin-Beck-Krankheit: Wachstumsstörungen bei Kindern (multiple Osteoarthrosen, Epiphysenschäden etc.)
Trichothecene	Toxische Aleukie: Hämorrhagien, Anämie, Thrombopenie, Knochenmarksschäden, Haut- und Schleimhautnekrosen, Sepsis

Tabelle 3.39   Herkunft von Pilzinfektionen

Endogen	Exogen
Candidiasis	Aspergillose Cryptococcose Zygomykose

Ist ein Taxon nicht durch Fettdruck hervorgehoben, sind in ihr bisher keine humanpathogenen Arten beschrieben. Vertreter dieser Klassen, Ordnungen oder Familien sind in die RG 1 eingeordnet, solange nach dem Stand der Wissenschaft keine Umgruppierung erfolgen muß (z.B. *S. cerevisiae* ist in den Positivlisten nicht aufgeführt). In der Familie der Saccharomycetaceae (Negativliste) sind bislang keine pathogenen oder umweltschädlichen Pilze beschrieben, deshalb wird dieser Hefepilz in die RG 1 eingeordnet. *Dictyostelium discoideum*, ein Pilz, der in der Grundlagenforschung untersucht wird, wurde in die RG 1 eingeordnet. Der Grund für dieses Vorgehen ist die ungeheure Vielfalt der Pilze. Schätzungen gehen von mindestens 100 000 verschiedenen Arten aus.

3.3.9.2
Der geschwächte Organismus

Bei der Eingruppierung humanpathogener Pilze wird von der Empfänglichkeit des gesunden Erwachsenen ausgegangen. Bei vielen Pilzerkrankungen spielen oft Vorschädigungen, die zelluläre Abwehr betreffend, eine wichtige Rolle. Man findet z.B. bei bösartigen Erkrankungen des hämolymphatischen Systems bei 1/3 der Betroffenen eine Pilzinfektion. Bei an AIDS Erkrankten stellen Pilzinfektionen eine zusätzliche Komplikation dar. Bei der medizinischen Vorsorgeuntersuchung sollte dieser Aspekt besonders beachtet werden.

3.3.9.3
Beispiel für Risikogruppe 1

Einer der bestuntersuchten eukaryoten Organismen ist der Hefepilz *S. cerevisiae*, der seit alters her für die Lebensmittelherstellung von praktischer Bedeutung ist:

1. Vorkommen/Anwendung:
   - Lebensmittelherstellung von z. B. Brot, anderen Hefebackwaren, Bier oder Wein,
   - Expression von Fremdproteinen, Klonierungssysteme für große DNA-Stücke,
   - Grundlagenforschung (Untersuchungen über Stoffwechselwege, Generationszyklus, Genexpression, Transkriptionsfaktoren, Organellenbildung, Proteinmodifikation, Sekretionsvorgänge etc.).
2. Gefährdungspotential:
   - keine pathogenen Eigenschaften für den Menschen beschrieben.
3. Beziehung zum Menschen:
   - wird in lebensfähiger Form mit der Nahrung aufgenommen.

In manchen Nahrungsmitteln ist er in lebender und vermehrungsfähiger Form vorhanden. Haploide Laborstämme von *S. cerevisiae* sind als Empfängerorganismen für biologische Sicherheitsmaßnahmen anerkannt (Tabelle 3.40).

Tabelle 3.40   Steckbrief „*Saccharomyces cerevisiae*"

Biologische Einheit/ Organismus	– Eukaryoter mikroskopischer kleiner Pilz, Sproßpilz oder Hefepilz – Bestuntersuchter Eukaryont – Kann in drei Zelltypen (haploid: a und α, diploid) auftreten, die sich durch Mitose vermehren können – Natürliche Stämme: diploid (vorwiegend) – Industrielle Stämme: polyploid (oft) – Genetik: stabile haploide Zellinien (seit 1943)
Eigenschaften	– Haploides Genom: 16 Chromosomen – zwei Typen von haploiden S. cerevisiae-Zellen: a und α Paarungstypen: MATa und MATα – Vegetative Vermehrung durch Knospung – Verdopplungszeit (Optimum): 90 Min. – Lebenszyklus: Paarung von haploiden Zellen, Zygote, 1. Zygote, Meiose, Ascus, (4 haploide Sporen), keimende Sporen zu hetero[a] oder homo[b] thallischen Hefen
Anwendungen	Lebensmittelindustrie
Auswirkungen	Bei Aufnahme mit der Nahrung keine Ansiedlung im Magen-Darm-Trakt
Krankheitsbilder	Keine Krankheitsbilder beim Menschen beschrieben

[a] Heterothallische Hefen können ihren Paarungstyp nicht wechseln und sind auf Fremdbefruchtung angewiesen.
[b] Homothallische Hefen können ihren Paarungstyp wechseln.

3.3.9.4
Beispiel für Risikogruppe 2

Obwohl *Candida albicans* (Soorpilz) hauptsächlich ein opportunistischer Krankheitserreger ist, wurde er von den Fachleuten in die RG 2 eingeordnet:

1. Vorkommen/Anwendung
   - in der Natur weit verbreitet, z.B. in der Mundhöhle und im Verdauungstrakt von gesunden Menschen.
2. Gefährdungspotential
   - oberflächliche Haut- und Schleimhautmykosen insbesondere bei Vorschädigungen; bei schweren Vorschädigungen: systemische und Organmykosen
   - Therapeutika (Antimykotika) vorhanden
3. Beziehung zum Menschen
   - der Mensch wird meist bei der Geburt mit diesem Pilz in geringer Keimzahl besiedelt (Darm-, Rachen- oder Genitalflora). Ob zwischen diesen Stämmen und denen, die von erkrankten Individuen isoliert wurden, ein qualitativer Unterschied besteht (unterschiedliches Set an Virulenzgenen) ist noch nicht endgültig entschieden

Neben lokalen Krankheitserscheinungen kann er bei abwehrgeschwächten Menschen schwere Erkrankungen hervorrufen (Tabelle 3.41).

3.3.9.5
Beispiel für Risikogruppe 3

Coccidioides immitis kann schwere Erkrankungen hervorrufen:

1. Vorkommen/Anwendung
   - Südwestliche Regionen der USA in Trocken- und Wüstengebieten, Sandböden
2. Gefährdungspotential
   - Sporenaufnahmen durch Atemluft
3. Beziehung zum Menschen
   - Erreger schwerer Organmykosen
   - spontane Heilungen
   - Laborinfektionen bekannt (unsachgemäße Handhabung: Öffnen von Röhrchen und Einatmen der Sporen)

Welche Form der Erkrankung nach einer Infektion auftritt, kann nicht vorhergesagt werden. Laborinfektionen sind bekannt. Aufgrund seiner Eigenschaften, insbesondere wegen möglicher schwerer Verlaufsformen und der aerogenen Übertragbarkeit, wurde *Coccidioides immitis* in die RG 3 eingeordnet (Tabelle 3.42).

Tabelle 3.41   Steckbrief *„Candida albicans"*

Biologische Einheit/ Organismus	Dimorpher[a] anaskosporogener[b] Pilz; Sproßpilz; bildet Chlamydosporen; Eukaryont; asexuell; quasidiploid; häufigste Pilzinfektion beim Menschen	
Virulenz: Gene/Faktoren		
Anwendungen Auswirkungen Krankheitsbilder	**Infektionskrankheit**	– Breites Spektrum der Erkrankungsmöglichkeiten: • Örtliche Infektion: lokaler Soor (Candidiasis) • Systemische Mykose: disseminierter Soor (Organmykose) – Spektrum: leichte oberflächliche Haut- oder Schleimhautschädigung bis zu lebensbedrohlicher systemischer oder disseminierter Krankheit (bei schwerer Grunderkrankung)
	Klinik	
	– Übertragung/ Eintrittspforte	Geschädigte oder feuchte Haut- und Schleimhautregionen
	– Pathologie/ Symptome	In hefepilz- und fadenpilzähnlicher Form in Geweben und Organen vorliegend
	– Inkubationszeit	Variabel
	– Verlauf	Akut, subakut oder chronisch
	– Krankheitsfördernde Faktoren	Mangelernährung, Immunschwäche, Tumorerkrankungen, Zytostatika-, Antibiotika-, immunsuppressive Therapie
	– Grundkrankheiten	Zuckerkrankheit (Diabetes mellitus), Tumorerkrankungen, Immunschwächen, T-Zelldefekte (z.B. AIDS)
	– Prophylaxe/ Therapie	Antimykotika, Behandlung der Grundkrankheit
	– Letalität	Durch Grundkrankheit bestimmt

[a] Dimorphe Pilze sind Pilze, die bei verschiedenen Wachstumstemperaturen einen Phasenwechsel zwischen hefepilzähnlichem (37 °C) und schimmelpilzartigem Wachstum (20 °C) zeigen (z.B. *Histoplasma capsulatum, Blastomyces dermatitidis, Coccidioides immitis*).
[b] Sich nur vegetativ vermehrender Hefepilz.

Tabelle 3.42 Steckbrief „*Coccidioides immitis*"

Biologische Einheit/ Organismus	Dimorpher Pilz	
Anwendungen Auswirkungen Krankheitsbilder	**Infektionskrankheit**	Kokzidioidomykose – Akute, benigne Erkrankung des Respirationstrakts – Schwere chronische Systemerkrankung
	Klinik – Übertragung/ Eintrittspforte	Luft, Lunge (Aufnahme von Sporen, Arthrokonidien)

	– Pathologie/
	  Symptome
		– 60 % ohne klinische Symptome
		– grippeähnliche Krankheitserscheinungen
		– 40 % akute Lungenentzündung (Pneumonie: multifokale, fibrinös-eitrige Herdpneumonie), Hautausschlag
		– Schwere Fälle:
		  5 % der Infizierten fortschreitende Lungenmykose mit Kavernenbildung; < 1 % hämatogene Generalisation (Haut, Knochen, Gelenke)

	– Inkubationszeit	Tage bis Wochen
	– Krankheitsfördernde Faktoren	Mangelernährung, Immunschwäche
	– Verlauf	Akut, chronisch
	– Prophylaxe/Therapie	Antimykotika teilweise wirksam
	– Epidemiologie	USA (südwestl. Staaten): 50 – 80 % der Bevölkerung positiv für Coccidioidin (Pneumonie heilt oft aus und hinterläßt Immunität)
	– Letalität	Bei schweren Fällen relativ hoch

3.3.10
Parasiten

Begriffe der Parasitologie

Begriff	Definition
Endwirt (final host)	Geschlechtlich vermehrende Parasiten: der Wirt, in dem der Parasit Geschlechtsreife erlangt
Fehlwirt (abortive host)	Wirt, aus dem sich ein Parasit nicht mehr „befreien" oder weiterentwickeln kann
Hauptwirt (maintain host)	Wirt, der für die Aufrechterhaltung des parasitären Zyklus die Hauptrolle spielt (egal ob End- oder Zwischenwirt)
Heterogonie (heterogony)	Wechsel zwischen einer eingeschlechtlichen (weiblichen, parthenogenetischen) und einer zweigeschlechtlichen Generation
Heteroxen (heteroxenic)	Mehrwirtig
Metagenese (metagenesis)	Wechsel zwischen einer (oder mehreren) ungeschlechtlichen und einer geschlechtlichen Generation
Monoxen (monoxenic)	Einwirtig
Nebenwirt (accidental host)	Wirtsart, die quantitativ von geringer Bedeutung ist
Protozoa (protozoan)	Urtiere, eukaryote Einzeller; von den gegenwärtig lebenden Arten sind ca. 10000 parasitär für Mensch, Tier oder Pflanze. Sie können sich auf sexuelle oder asexuelle Weise vermehren
Präpatenz (prepatent period)	Zeit zwischen Infektion eines Wirts und dem 1. Auftreten von nachweisbaren Stadien oder Eiern (noch nicht manifest)
Transportwirt (paratenic host)	Organismus, der hauptsächlich für den Transport verantwortlich ist
Vektor (vector)	Organismus, der Parasit bzw. bestimmte Stadien eines Parasiten auf einen Wirtsorganismus überträgt
Zwischenwirt (intermediate host)	Wirt, in dem eine ungeschlechtliche Vermehrung stattfindet oder die Reifung des Parasiten abläuft

Parasiten sind Lebewesen, die in oder auf anderen Organismen leben, von diesen Nahrung beziehen und krankheitsauslösend sein können. Parasiten im Sinne der GenTSV oder des Merkblatts „Parasiten" der BG Chemie sind eukaryotische Organismen, die größer als Viren oder Bakterien und keine Pilze sind. Diese können aus einer einzigen Zelle (*protozoische Parasiten*) oder aus vielen Zellen (*metazoische Parasiten*) bestehen. Parasiten oder bestimmte *Entwicklungsstadien* können innerhalb einer Zelle (intrazelluläre Parasiten) oder außerhalb von Zellen (extrazelluläre Parasiten) leben. Die Größe von Parasiten variiert zwischen mikroskopischer Ausdehnung und mehreren Metern. Das Wirtsspektrum der meisten Parasiten ist beschränkt, einige haben nur einen Wirt, andere einen oder mehrere Zwischenwirte oder Überträger (Vektoren). Viele Parasiten haben einen komplexen Lebenszyklus, in dem die einzelnen Formen (bestimmte Stadien) morphologisch und physiologisch unterscheidbar sind. Alle Parasiten schädigen ihren Wirt, nur wenige töten ihn. Viele parasitäre Erkrankungen verlaufen chronisch.

Fakultative Parasiten (Gelegenheitsparasiten) sind Organismen, die nur bei passender Gelegenheit schmarotzen, sie brauchen den Wirtsorganismus für ihr Überleben nicht. Oft handelt es sich um Fäulnisbewohner (z. B. Amöben). *Obligate Parasiten* sind für ihre Lebenserhaltung auf andere Organismen angewiesen. Der spezifische Anpassungsgrad eines Parasiten an einen bestimmten Wirt wird mit dem Begriff *Wirtsspezifität* beschrieben. *Monoxene Parasiten* befallen nur einen Wirt, *heteroxene Parasiten* können mehrere Wirte befallen. Eine geringe Wirtsspezifität liegt vor, wenn der Parasit in zahlreichen Wirtsarten gedeihen kann (Trichinen z. B. befallen viele verschiedene Säugetiere), eine hohe, wenn der Parasit sich auf wenige Wirte beschränkt. Durchläuft ein Parasit einen Entwicklungszyklus mit mehreren Wirtsarten, werden verschiedene Wirtskategorien unterschieden. *Endwirt* nennt man den Wirt, in dem der Parasit sich zur Geschlechtsreife entwickelt. Alle übrigen Wirte sind *Zwischenwirte*. Ist ein Zwischenwirt (vorwiegend) für den Transport oder die Ausbreitung zuständig, heißt er auch *Transportwirt*. Der *Hauptwirt* ist die Wirtsart, die die Hauptrolle in der Aufrechterhaltung des parasitären Zyklus spielt. Er kann Zwischen- oder Endwirt sein. *Nebenwirt* sind solche Wirte, in denen sich ein Parasit zwar entwickeln kann, die aber quantitativ eine geringe Rolle spielen. Nebenwirte können in Krisensituationen für einen Parasiten eine wichtige Rolle spielen. So sind Parasiten des Menschen schwerer zu bekämpfen, wenn der Nebenwirt ein Tier ist, der den Menschen als Wirt ersetzen kann. Aktive und passive tierische Überträger von Parasitosen heißen auch *Vektoren*.

Eine *Infektion* (im Sinne der Mikrobiologie) liegt vor, wenn sich ein Organismus an oder in seinem Wirt vermehrt. Einige Parasiten befallen einen Wirt, ohne sich an oder in ihm zu vermehren. Man spricht auch hier von einer Infektion (im Sinne der Parasitologie) oder auch von einer *Infestation*, d. h. aber nicht, daß der Wirtsorganismus nur von einem Parasitenindividuum befallen ist. Die bloße Produktion von Eiern wird nicht als Vermehrung gesehen.

Parasiten können sich gegen die Abwehrmaßnahmen ihres Wirts auf vielfältige Weise zur Wehr setzen. Eine Möglichkeit, die bei Viren, Bakterien oder Pilzen nicht vorliegt, ist die Bildung von Zysten (Enzystierung) aus parasiteneigenem Material. Sie sind dann durch das Abwehrsystem des Wirts nicht mehr angreifbar.

Besonderheiten beim Umgang im Labor: Parasiten und Pathogene können beim Umgang im Labor durch Verletzungen und Einimpfen übertragen werden. Dieser Übertragungsweg spielt unter natürlichen Bedingungen oft keine Rolle, ist aber typisch für das Arbeiten im Labor. Auf diese Weise können Stadien auf den Menschen übertragen werden, die unter natürlichen Bedingungen nicht übertragbar wären, und es werden Organismen in bestimmten Stadien weitergegeben, die schwere Krankheiten hervorrufen können. Hier seien z. B. Trypanosomen, Leishmanien oder Plasmodien aufgeführt. Erfahrungen mit solchen „atypisch" übertragenen Organismen liegen in der (Blut-)Transfusions- und

Transplantationsmedizin vor, wenn Blut oder Spenderorgane, die Krankheitserreger tragen, verwendet werden. Aufgrund der medizinischen Kenntnisse sind auch die Abweichungen von den „natürlichen" Krankheitsbildern und ihre Verläufe bekannt.

Gentechnische Arbeiten mit Parasiten: Das pathogene Prinzip von eukaryoten Parasiten kann nicht auf Prokaryonten wie z. B. *E. coli* K12 übertragen werden. Gentechnische Arbeiten mit dem Ziel, Gene aus solchen Parasiten (auch der RG 2 oder 3) in *E. coli* K12 zu klonieren, zu exprimieren oder Genbanken anzulegen, sind in der Regel der Sicherheitsstufe 1 zugeordnet.

3.3.10.1
Beispiele für Risikogruppe 1

Als Beispiele für Eingruppierungen einzelliger Parasiten in die RG 1 sind folgende Organismen aufgeführt:

a) *Tetrahymina pyriformis* (Wimperntierchen, eukaryotischer Einzeller):
1. Vorkommen/Anwendung
   - weit verbreitet im Wasser, insbesondere Faulwasser; Beobachtungsobjekt in biologischen Kursen
2. Gefährdungspotential
   - nicht beschrieben
3. Beziehung zum Menschen
   - Abwasserreinigung
   - Kontakt mit Teichwasser (z. B. Gartenteich)

b) *Paramecium aurelia* (Pantoffeltierchen, eukaryoter Einzeller):
1. Vorkommen/Anwendung
   - weit verbreitet im Wasser, insbesondere an faulenden Pflanzenteilen; Beobachtungsobjekt in biologischen Grundkursen
2. Gefährdungspotential
   - nicht beschrieben
3. Beziehung zum Menschen
   - Kontakt mit Teichwasser (z. B. Gartenteich)

c) *Amoeba proteus* (Chaos proteus), Amöbe, eukaryoter Einzeller, bis zu 3 mm ⌀ groß, 1000 Kerne, „Allesfresser" (z. B. Bakterien, Pantoffeltierchen):
1. Vorkommen/Anwendung
   - weit verbreitet im Wasser (z. B. Schlamm, Aquarienfilter)
2. Gefährdungspotential
   - nicht beschrieben
3. Beziehung zum Menschen
   - Kontakt mit Teichwasser (z. B. Gartenteich, faulige, bakterienreiche Teiche und Tümpel)

Sie sind in der Natur weit verbreitet und rufen beim Menschen (normalerweise) keine Krankheiten hervor.

3.3.10.2
Beispiel für Risikogruppe 2

Ein Beispiel für die Eingruppierung in die RG 2 ist *Entamoeba histolytica*
(Ruhramöbe), der Erreger der Amöbenruhr:

1. Vorkommen/Anwendung
   - vorwiegend in subtropischen und tropischen Ländern, seltener in
     gemäßigten Zonen
   - Infektionen und Erkrankungen stark vom Hygienestand abhängig
2. Gefährdungspotential
   - Amöbenruhr: Ulzeration im Darmepithel
   - Abszeßbildung nach Durchwanderung des Darmepithels
3. Beziehung zum Menschen
   - ca. 500 Mio. Menschen sind weltweit infiziert, ca. 25 Mio. mit der invasiven
     Form
   - Kontamination von Trinkwasser, Speisen und Getränken mit Fäkalien

Nahezu 500 Mio. Menschen sind Entamoeba histolytica-Träger, bei ca. 7 % der
Infizierten liegt eine invasive Form der Amoebiasis vor. Seltener sind auffallende
außergewöhnliche Verlaufsformen oder eine Leberabzeßbildung. Amöbizid
wirkende Chemotherapeutika sind wirksam (Tabelle 3.43). Aus diesen Gründen
wurde *E. histolytica* in die RG 2 eingeordnet.

3.3.10.3
Beispiel für Risikogruppe 3

Ein Beispiel für die Eingruppierung in die RG 3 ist *Naegleria fowleri*, der Erreger
der Amöbenmeningoenzephalitis:

1. Vorkommen/Anwendung
   - freilebende Amöben im Uferschlamm von Flüssen, in Süßwasser oder
     beheizten, schlechtgefilterten Schwimmbadanlagen
2. Gefährdungspotential
   a) Gründe für eine niedrigere Eingruppierung:
      - besondere Eintrittspforte: Nasenschleimhaut, Riechnervenenden des
        Nervus olfactorius (Fili olfactorii)
   b) Gründe für eine höhere Eingruppierung:
      - Schwere der Erkrankung (Meningoenzephalitis)
3. Beziehung zum Menschen
   - selten: Erkrankung nach Baden, Schwimmen oder Tauchen in kontami-
     nierten (Süßwasser-)Seen, Flüssen oder beheizten Schwimmbädern.

Tabelle 3.43   Steckbrief „*Entamoeba histolytica*"

Biologische Einheit/ Organismus	Eukaryoter Einzeller (Protozoe), Amöbe 2 verschiedene Formen (Minutaform, Magnaform) 2 Typen: nichtinvasive und invasive Form	
Anwendungen Auswirkungen Krankheitsbilder	**Infektionskrankheit**	Amöbenruhr
	Klinik	

	– Übertragung/ Eintrittsporte	– Orale Aufnahme von Zysten:
		  • kontaminierte Lebensmittel oder Trinkwasser
		  • Zysten können durch Stubenfliegen verbreitet werden;
		– Erkrankte und Keimträger scheiden vorwiegend Trophozoiten aus (geringe Infektionsgefahr)

	– Pathologie/ Symptome	– Schwere blutige Durchfälle mit starken Leibschmerzen – Abszeßbildung (z. B. Leberabszesse) nach Durchdringung der Darmschleimhaut
	– Inkubationszeit	Wechselnd, nicht normiert
	– Verlauf	Akut, häufig Rückfälle, häufig chronisch, keine schützende Immunität nach Erkrankung
	– Prophylaxe/ Therapie	Chemotherapeutika

3.3.10.4
Vom Entwicklungsstadium bzw. von der Anwesenheit eines Überträgers oder Zwischenwirts abhängige Eingruppierung

Parasiten zeigen oft komplexe Entwicklungs- bzw. Vermehrungsweisen. Die krankmachenden Eigenschaften eines Parasiten können auf ein Entwicklungsstadium beschränkt sein, Parasiten in verschiedenen Entwicklungsstadien können ein unterschiedliches Gefährdungspotential haben. Dies ist eine Besonderheit bei Parasiten und muß bei der Risikobewertung beachtet werden.

In welchem Stadium sind Parasiten infektiös für den Menschen?
In welchem Stadium können Parasiten durch Vektoren übertragen werden?
In welchen Stadien können sie auf Zwischen- oder Endwirte übertragen werden?

Dies sind wichtige Fragen, die im Zusammenhang mit Sicherheitsproblemen bei Parasiten angesprochen werden müssen. In den folgenden Beispielen wird diese Problematik erläutert. *Echinococcus granulosus* (Tabelle 3.45) und *Fasciola hepatica* (Tabelle 3.46) sind Parasiten, deren Eingruppierung vom Entwicklungsstadium abhängt.

Tabelle 3.44   Steckbrief „*Naegleria fowleri*"

Biologische Einheit/ Organismus	– Freilebende Amöbe, Einzeller (Protozoe), fakultativer Parasit
	– Verschiedene Formen:
	  • kleine Amöbe (20 µm × 7 µm, z. B. im Liquor)
	  • einkernige Zyste (Dauerform)
	  • 2fach begeißelte Form
	– Wirt: Mensch und bestimmte Labortiere	

Anwendungen Auswirkungen Krankheitsbilder	**Infektionskrankheit**	primäre Amöbenmeningoenzephalitis frühzeitige Diagnose wichtig
	Klinik	
	– Übertragung/ Eintrittspforte	– Nasenschleimhaut – Infektion beim Baden in kontaminierten Gewässern
	– Pathologie/ Symptome	– Meningoenzephalitis, Hirnabszesse Symptome: hohes Fieber, Übelkeit, Nackensteifigkeit, Husten – Tod nach 2 – 3 Tagen
	– Inkubationszeit	1 – 9 Tage (in der Regel: 8 Tage)
	– Verlauf	Akut
	– Prophylaxe/Therapie	Antibiotika (möglicherweise Amphotericin B)
	– Letalität	Wahrscheinlich meist letal (zu späte oder keine Diagnose und Therapie), Tod innerhalb von 2 – 3 Tagen

Fasciola hepatica (Großer Leberegel) (RG 1/RG 2):

1. Vorkommen/Anwendung
   - weltweit verbreitet, besonders in Rind und Schaf
2. Gefährdungspotential
   - Zysten oder befallene Zwischenwirte:
     RG 2, Übertragung auf den Menschen möglich
   - Eier ohne Zwischenwirt:
     RG 1, nicht infektiös für den Menschen
3. Beziehung zum Menschen
   - gelegentlich menschliche Infektionen

Echinococcus granulosus (Hundebandwurm) (RG 2/RG 3):

1. Vorkommen/Anwendung
   - in Europa verschiedene Endemiegebiete, ansonsten weltweit verbreitet mit verschiedener Häufigkeit
2. Gefährdungspotential
   - Endwirte, freie Bandwurmglieder und Eier: RG 3 (Befall mit Finnen →
     Echinokokkose)

Tabelle 3.45 Steckbrief *„Echinococcus granulosus"*

Biologische Einheit/ Organismus	Hundebandwurm (Cestode), eukaryoter Mehrzeller	
Anwendungen Auswirkungen Krankheitsbilder	**Infektionskrankheit/ Parasitose**	(zystische) Echinokokkose (Hydatidose)
	Klinik	
	– Übertragung/ Eintrittspforte	– Orale Aufnahme der Eier: Magen-Darm-Trakt
	– Pathologie/ Symptome	– abhängig von Lokalisation • 75 % Leber — Leibschmerzen, Ikterus • 10 – 20 % Lunge — Brustschmerzen, Husten, Atembeschwerden • je 2 % Niere, Milz, Gehirn — Neurologische Symptome • 1 % Knochen – Lange Zeit (Jahre) beschwerdefrei – Spontane Ruptur der Zysten • Anaphylaktischer Schock, sekundäre Echinokokkose
	– Inkubationszeit	Nicht normiert
	– Verlauf	Chronisch
	– Prophylaxe/Therapie	– Chemotherapie, teilweise nicht möglich – Chirurgisch Cysten nicht öffnen, sonst Gefahr eines anaphylaktischen Schocks und Verteilung von Skolices
	– Letalität	3 – 4 % abhängig von Lokalisation und Anzahl

- Stadien aus Zwischenwirten (Metazestoden): RG 2 (Darmbefall mit geschlechtsreifen Würmern → Umweltschutz)

3. Beziehung zum Menschen
    - Kontakt mit Endwirten: Fleischfresser (Hund, Fuchs, Katze)
    - Kontakt mit Zwischenwirten: Huftiere (Schaf, Rind, Pferd etc.)
    - Mensch kann als Zwischen- und Endwirt fungieren

Trypanosoma brucei brucei (Tabelle 3.47), *Trypanosoma brucei rhodensiense* (Tabelle 3.48) und *Plasmodium falciparum* (Tabelle 3.49) sind Eingruppierungsbeispiele, die abhängig davon sind, ob Überträger vorhanden sind oder nicht.

Trypanosoma brucei brucei (RG 1/RG 2):

1. Vorkommen/Anwendung
    - Tropisches Afrika (38 Länder, Ost-, Zentral- und Westafrikas)
    - Wirtsspektrum: Equiden, Schweine, Nager, Wiederkäuer

Tabelle 3.46 Steckbrief *„Fasciola hepatica"*

Biologische Einheit/ Organismus	Großer Leberegel (Trematode), eukaryoter Mehrzeller Entwicklungszyklus: Eier → Mirazidien → Schnecke → Zerkarien → Rind (Metazerkarien)	
Anwendungen Auswirkungen Krankheitsbilder	**Infektionskrankheit/ Parasitose**	Fasciolose
	Klinik	
	– Übertragung/ Eintrittspforte	Orale Aufnahme der Metazerkarien: Magen-Darm-Trakt
	– Entwicklung Pathologie/ Symptome	– Metazerkarie → Zwölffingerdarm, durch Darmwand in Bauchhöhle → Leber, Hauptgallengänge (junge Leberegel) – Bis Leberzirrhose bei Verlegung der Gallengänge
	– Inkubationszeit	Nicht normiert
	– Verlauf	Chronisch
	– Prophylaxe/Therapie	Emetin, Bithionol
	– Letalität	Wahrscheinlich gering, exakte Größe unbekannt

Tabelle 3.47 Steckbrief *„Trypanosoma brucei brucei"*

Biologische Einheit/ Organismus	– Tierpathogener, protozoischer Parasit – Reservoir: Wildherbivoren – Pathogen für Haus- und Nutztiere (Pferd, Maulesel, Esel, Hunde, Katzen, Nager) – Experimentelle Wirte: Maus (C3H/He), Ratte – Überträger: Insekten der Gattung Glossina (z. B. Tsetsefliege) – Besonderheit: Genaustausch zwischen verschiedenen Stämmen Reinfektion möglich Variantes Oberflächenglykoprotein (VSG) – Vermehrung: Selbstlimitiert	
Anwendungen Auswirkungen Krankheitsbilder	**Infektionskrankheit**	Naganaseuche der Haustiere
	Klinik	
	– Übertragung/ Eintrittspforte	– Stich durch infiziertes Insekt – Übertragung von Säuger zu Säuger durch Vektoren
	– Pathologie/ Symptome	Fieber, Meningoenzephalitis, Lähmungen
	– Inkubationszeit	Abhängig vom Wirt, chronisch
	– Verlauf	Abhängig vom Wirt
	– Prophylaxe/Therapie	Bekämpfung des Überträgers
	– Letalität	Abhängig vom Wirt

Tabelle 3.48   Steckbrief „*Trypanosoma brucei rhodesiense*"

Biologische Einheit/ Organismus	Hämoflagellat Entwicklungszyklus: temperaturabhängig Parasit lebt extrazellulär im Blut, Gewebeflüssigkeit, Liquor	
Anwendungen Auswirkungen Krankheitsbilder	**Infektionskrankheit**	Afrikanische Trypanosomiasis, seltenere Form der Schlafkrankheit[a]
	Klinik	
	– Übertragung/ Eintrittspforte	Stich durch infizierten Vektor
	– Pathologie/ Symptome	– Haut: 2 – 5 Tage nach Einstich entsteht Primäraffekt (um Einstichstelle): markstückgroßes, schmerzhaftes, entzündliches Infiltrat – Blutbahn: nach 2 – 3 Wochen – Febril-glanduläres Stadium (1. Stadium): unregelmäßiges Fieber, starke Kopfschmerzen, Exanthem, generalisierte Lymphknotenschwellungen – ZNS – meningoenzephalitisches Stadium (2. Stadium): Milzvergrößerung, Tachykardie, Winterbottom-Zeichen (doppelseitige Schwellung der Halslymphknoten), chronische Meningoenzephalitis, Affektlabilität, Charakterveränderungen, Kopfschmerzen, Erbrechen, Unruhezustände, epileptiforme Krämpfe, Schlafstörung
	– Inkubationszeit	2 – 5 Tage bis Primäraffekt, 2 – 3 Wochen bis zum 1. Stadium
	– Verlauf	Chronisch (2 – 6 Jahre)
	– Prophylaxe/ Therapie	– Chemoprophylaxe, Chemotherapeutika (teilweise für verschiedene Stadien unterschiedliche Medikamente), z. B. Germanin, Pentamidin, Melaminylderivate, Nitrofurane – Erfolg der Therapie stadienabhängig
	– Letalität	Ohne Therapie führt Stadium 2 meist zum Tode

[a] Die häufigere Form wird durch *Trypanosoma brucei gambiense* hervorgerufen.

Tabelle 3.49   Steckbrief *„Plasmodium falciparum"*

Biologische Einheit Organismus	Haemosporidium (im Blut lebender eukaryoter Einzeller) Entwicklungszyklus mit Wirts- und Gewebewechsel	
Anwendungen Auswirkungen Krankheitsbilder	**Infektionskrankheit**	Malaria tropica
	Klinik	
	– Übertragung/ Eintrittspforte	Stich durch Vektor, kontaminierte Blutkonserve
	– Pathologie/ Symptome	– Allgemeines Krankheitsgefühl: Abgeschlagenheit, Kopfschmerzen, Müdigkeit, Fieber (Verlauf: unregelmäßig intermittierend, remittierend oder auch als Kontinua), Muskelschmerzen, Bauchschmerzen, Erbrechen, Übelkeit – Biliäre Form: Gelbsucht, galliges Erbrechen, Leberschmerzen – Kardiale Form: Herzdilatation, Herzinsuffiziens → plötzlicher Herztod – renale Form: verminderte Harnproduktion, Retention, Oligurie, Nekrosen (Tubuli- u. Papillenepithel), Urämie – Algide Form (kann fieberlos verlaufen!): Kreislaufkollaps und Koma – Perniziöse und zerebrale Malaria – Chronische Sauerstoffmangelversorgung des Gehirns infolge der Anämie[a]
	– Inkubationszeit	8 – 20 Tage
	– Verlauf	Chronisch, Spätrezidive bekannt
	– Prophylaxe/ Therapie	– Chemoprophylaxe: Chloroquin + Proguanil oder Mefloquin – Chemotherapie: Sulfadoxin, Mefloquin
	– Letalität	2 – 5 % (andere Malariaarten: 0,1 – 0,3 %)

[a] Erythrozyten werden durch den Parasiten zerstört.

2. Gefährdungspotential (vektorfreies Arbeiten: RG 1; Arbeiten mit infizierten Vektoren: RG 2)
   a) Gründe für eine niedrigere Eingruppierung:
      – Übertragung durch Vektoren
      – Vektoren nicht überall vorhanden
   b) Gründe für eine höhere Eingruppierung:
      – breites Wirtsspektrum
      – Haus- und Nutztiere können erkranken

3. Beziehung zum Menschen
   – nicht pathogen für Menschen (Infektionsversuche an Freiwilligen) bis auf wahrscheinlich sehr wenige Ausnahmen; menschliches Serum enthält Bestandteile, die den Parasiten lysieren können

Trypanosoma brucei rhodesiense (RG 2/RG 3):

1. Vorkommen/Anwendung
   – Afrika zwischen dem 20. nördlichen und südlichen Breitengrad, vorwiegend Ostafrika
2. Gefährdungspotential (vektorfrei: RG 2: infizierte Vektoren/Arbeiten mit Vektoren: RG 3)
   a) Gründe für eine niedrigere Eingruppierung:
      – Übertragung durch Vektoren (sowohl bei Übertragung von Mensch zu Mensch, von Tier zu Tier, von Tier zu Mensch); Vektoren: Insekten der Gattung Glossina
      – Entwicklungszyklus temperaturabhängig
   b) Gründe für eine höhere Eingruppierung:
      – Schwere der Erkrankung
      – Tierreservoir
      – breites Wirtsspektrum: Mensch, Haus- und Nutztiere (Rind, Schaf, Ziege, vielleicht Hund), Wildtiere (z.B. Antilope, Giraffe, Warzenschwein, Löwe, Hyäne)
      Labortypisch: Übertragung bei Verletzung und Einimpfung
3. Beziehung zum Menschen
   – laut WHO sind mehr als 50 Mio. Menschen in 36 Länder betroffen
   – ca. 20000 Neuerkrankungen/Jahr

Plasmodium falciparum (RG 2/RG 3):

1. Gefährdungspotential (vektorfrei: RG 2; mit Vektoren: RG 3)
   a) Gründe für eine niedrigere Eingruppierung:
      – Übertragung durch Vektor (ca. 60 der 400 Anophelesarten, wichtige Überträger: *Anopheles gambiae*, *Anopheles arabiensis*, *Anopheles funestus*), infizierte Vektoren bzw. Vektoren in Mitteleuropa nicht vorhanden
      – Vektorabhängiger Entwicklungszyklus
      – temperaturabhängiger Entwicklungszyklus
      – Krankheit selbstbegrenzt (ca. 15 Monate)
   b) Gründe für eine höhere Eingruppierung:
      – Schwere der Erkrankung
      – diaplazentare Übertragung (Schutz von Schwangeren!)
      – Reinfektion möglich
      – Rezidive möglich
      – weit verbreitete und weltweit noch fortschreitende Multiresistenz
      – Nebenwirkung von Antimalariamitteln
   c) Labortypisch: Übertragung bei Verletzung und Einimpfung, Laborinfektionen bekannt

2. Beziehung zum Menschen
   - weltweit ca. 270 Mio. Menschen infiziert (alle Malariaformen zusammen)
3. Gebiete ohne Malariaansteckungsmöglichkeiten: Mittel- und Nordeuropa, Nordamerika, Nordasien
   ca. 500 –1500 Malariafälle in Mitteleuropa[16] (eingeschleppte Fälle; davon ca. 50 % Malaria tropica (P. falciparum))
   in Mitteleuropa normalerweise keine weitere Ausbreitung der Krankheit, da Vektoren nicht vorhanden und die klimatischen Bedingungen ungünstig sind
4. Endemiegebiete mit geringer Übertragungswahrscheinlichkeit
   Südostasien, Lateinamerika, Nord- und Südafrika
5. Endemiegebiete mit hoher Übertragungswahrscheinlichkeit
   Zentralafrika, Ostafrika, Teile von Westafrika: Durchseuchungsrate bis zu 90 %. Wichtig ist das Beachten der von dem jeweiligen Parasiten abhängigen Sicherheitsmaßnahmen (s. Merkblatt „Parasiten" der BG Chemie).

3.3.11
Zellen

Zellkulturen

Begriff	Definition
adhärente Zellen (adherent cells)	Zellen, die für ihr Überleben oder ihre Vermehrung eine Oberfläche zum Anheften brauchen
endogene Retroviren (endogenous retroviruses)	Retroviren, deren Genome („Proviren" über die Keimbahn weitergegeben werden und die normale Gene in einem Organismus sind. Sie sind in die RG 1 eingeordnet, wenn sie kein pathogenes Potential (was der Regelfall ist) haben
primäre Zellen (primary cells)	Zellen bis zur 1. Subkultivierung
Suspensionszellen (suspension cells)	Zellen, die in einer Kulturflüssigkeit schwimmend überleben oder sich vermehren können
Zellinie (cell line)	Zellen nach der ersten Subkultivierung. 2 Typen: Zellstämme, begrenzt vermehrungsfähige Zellen Kontinuierliche Linie, unbegrenzt vermehrungsfähige Zellen
Zellkultur (cell culture)	Kultivierung von Zellen. Dazu gehört die Kultivierung von Gewebe- und Organexplantaten, von primären Zellen sowie von Zellinien mit begrenzter (Kultur von Zellstämmen) und unbegrenzter Lebensdauer (permanente Zellkulturen)

Zellen sind lebende Teile von höheren Organismen. Sie können unter künstlichen Bedingungen in Kultur gehalten werden (Zellkulturen). Zellen werden in der Regel in die RG 1 eingeordnet.

---

[16] In Deutschland ist die Malaria seit dem 2. Weltkrieg ausgerottet.

GenTSV (Fassung vom 24. 10. 1990):

Höhere Tiere und Pflanzen als Spender- und Empfängerorganismus werden in die Risiko-gruppe 1 eingestuft, wenn keine schädlichen Auswirkungen auf die Rechtsgüter nach §1, Nr.1 Gentechnikgesetz zu erwarten sind. Zellen und Zellinien als Spender- und Empfängeror-ganismen werden in Risikogruppe 1 eingestuft, wenn sie keine Organismen einer höheren Risikogruppe abgeben. Enthalten sie Organismen höherer Risikogruppen, werden sie in die Risikogruppe dieser Organismen eingestuft. Sind die Tiere und Pflanzen bzw. Zellen und Zellinien gentechnisch verändert, werden sie der der gentechnischen Veränderung ent-sprechenden Risikogruppe zugeordnet. (s. a. Anmerkungen zu Zellen, in der jeweils neuesten veröffentlichten Liste des BMG im Bundesgesundheitsblatt).

Tabelle 3.50   Eingruppierung von Zellen und Zellinien

RG 1	Zellen und Zellinien, die keine Organismen höherer Risikogruppen abgeben (kontaminationsfreie Zellen)
Risikogruppe wie infektiöses Agens	Mit Organismen höherer Risikogruppen infizierte Zellen, Organismen produzierende Zellen (Abb. 3.6 a–c)
Risikogruppe wie gentechnisch veränderter Organismus	Gentechnisch veränderte Zellen

Bei der Eingruppierung von Zellen können vier Gesichtspunkte betrachtet werden:

- Umgang mit natürlichen Zellen
- Zellen als Spenderorganismen
- Zellen als Empfängerorganismen
- Umgang mit gentechnisch veränderten Zellen.

Zellinien, die keine Organismen höherer Risikogruppen abgeben, sind als Empfängerorganismen für biologische Sicherheitsmaßnahmen anerkannt, d. h. der Umgang mit ihnen wird als besonders sicher angesehen (s. Glossar „Zell-kulturen" und Tabelle 3.50).

Zellkulturen werden in der Forschung und Produktion vielfach verwendet. Eine Gefährdung besteht nicht, sofern sie nicht kontaminiert oder mit Organis-men höherer Risikogruppen infiziert sind. Während bei Mikroorganismen (mit Ausnahme der Viren) Kontaminationen leicht ausgeschlossen werden können, ist dies bei Zellkulturen oft schwieriger. Primäre Zellen von nichtmenschlichen Primaten sind in die RG 2 eingeordnet.

3.3.12
Tiere und Pflanzen

Für Tiere und Pflanzen gilt eine ähnliche Eingruppierung wie für Zellen (Tabelle 3.51). Sie sind in die RG 1 eingeordnet, wenn von ihnen keine

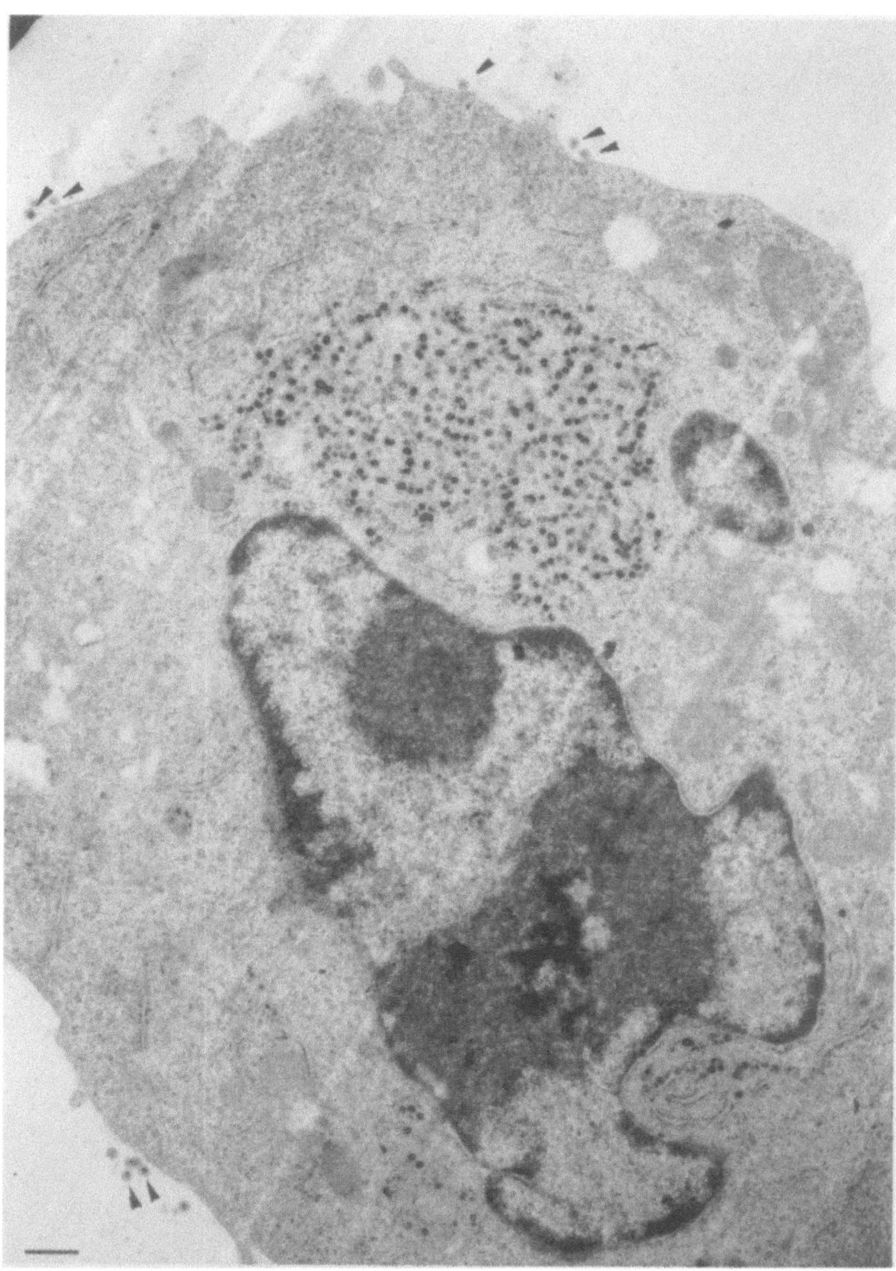

a

Abb. 6 a – c Aktivierung von endogenen Retroviren und A-Typ-Partikeln in Hybridomazellen. **a** Übersichtsaufnahme einer murinen Hybridomzelle. Maßstab: 0,5 μm (← C-Typ-Partikel, ← A-Typ-Partikel); **b** Knospende und freigesetzte endogene C-Typ-Retroviren (←). Maßstab: 0,1 μm; **c** intrazelluläre A-Typ-Partikel (←) und in das endoplasmatische Retikulum knospende A-Typ-Partikel (←). Maßstab: 0,1 μm.

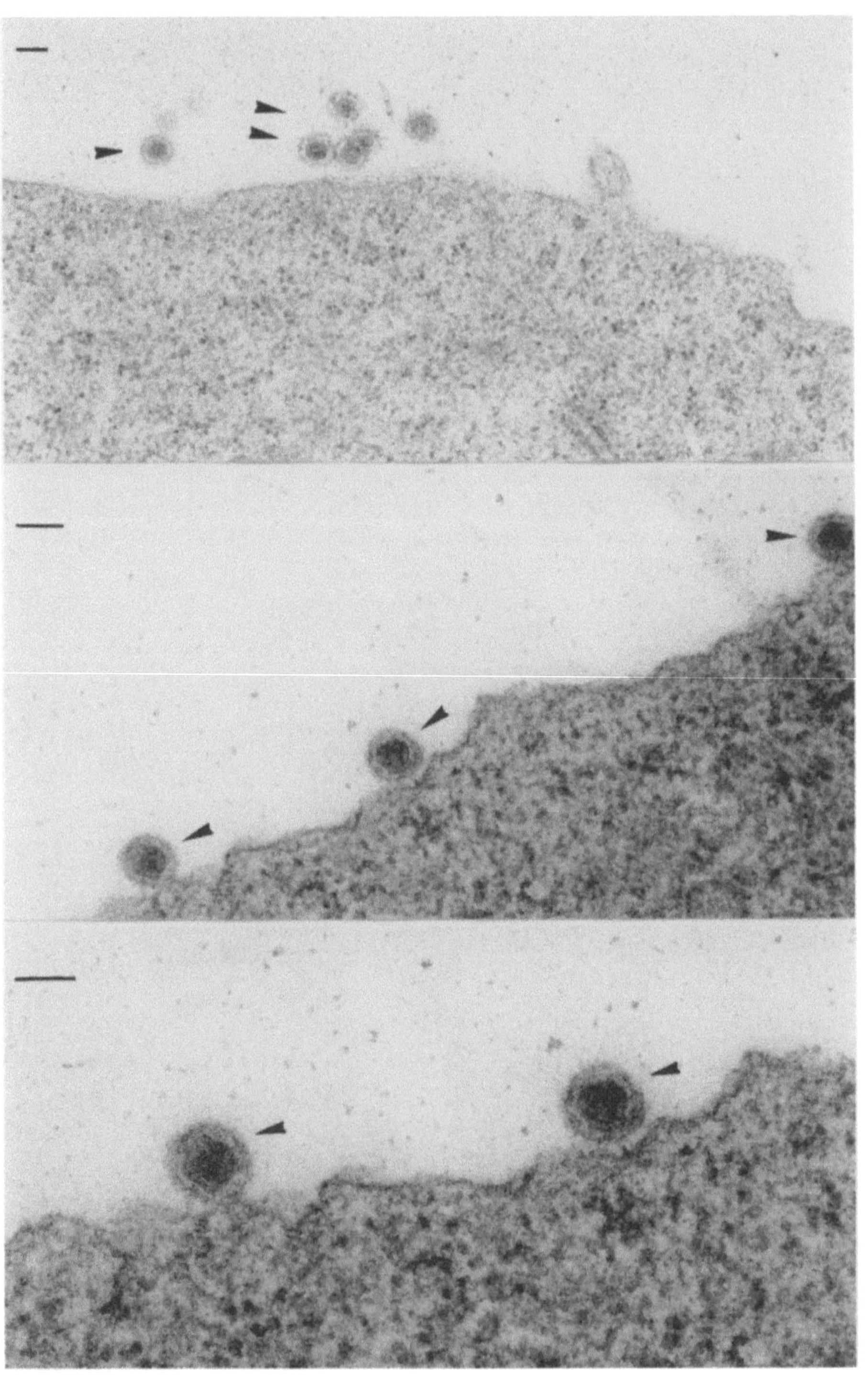

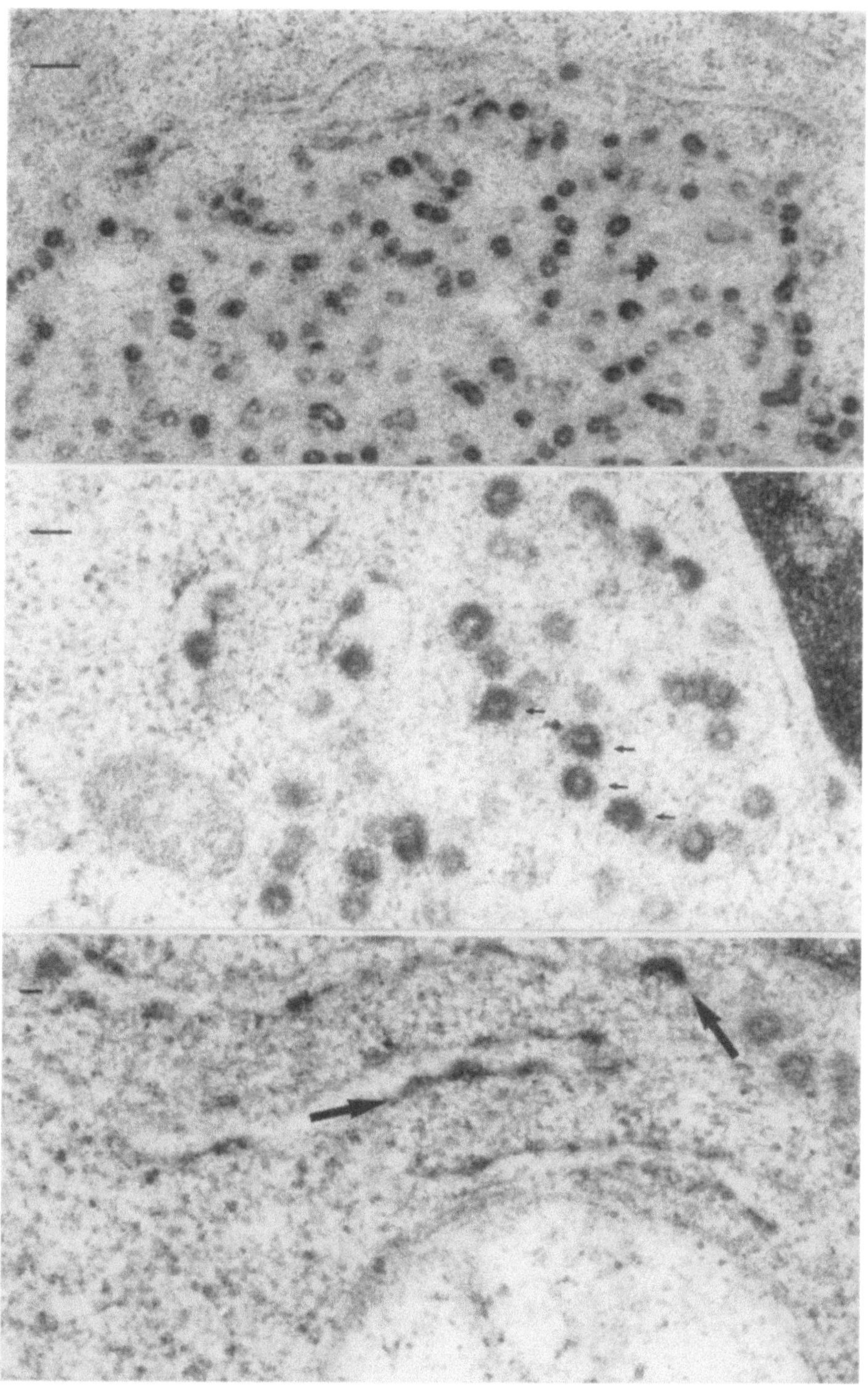

c

Tabelle 3.51   Eingruppierung von Tieren und Pflanzen

RG 1	Tiere und Pflanzen, die keine Organismen höherer Risikogruppen abgeben (pathogenfreie Tiere und Pflanzen) und keine Schadorganismen sind
Risikogruppe des Schadorganismus	Tiere und Pflanzen als Schadorganismen (Tiere und Pflanze mit schädlichen Auswirkungen auf die Rechtsgüter § 1, Nr. 1 GenTG)
Risikogruppe wie infektiöses Agens	Mit Organismen höherer Risikogruppen infizierte Tiere und Pflanzen
Risikogruppe wie gentechnisch veränderter Organismus	Gentechnisch veränderte Tiere und Pflanzen (transgene Tiere und transgene Pflanzen)

Tabelle 3.52   Steckbrief „LCMV"

Biologische Einheit Organismus	Behülltes, pleomorphes, mehrsegmentiges RNA-Virus, Arenavirus (LCMV Gruppe)	
Anwendungen Auswirkungen Krankheitsbilder	**Infektionskrankheit/ Zoonose**	Lymphozytäre Choriomeningitis
	Klinik	
	– Übertragung/ Eintrittspforte	– Inhalation von virushaltigem Staub (Kot von infizierten kleinen Nagern) (Übertragung von Mensch zu Mensch unwahrscheinlich) – Bei Nagern vertikale Übertragung (Erhaltung des Virusreservoirs)
	– Pathologie/ Symptome	– meist inapparent – Leichter Verlauf: grippeähnliche Erkrankung – Schwerer Verlauf: (Beteiligung des ZNS) Meningitis (mit Vorherrschen der Lymphozyten), selten schwere Form der Meningoenzephalitis (Fieber, Kopfschmerzen, Husten, Leukopenie)
	– Inkubationszeit	Mensch: 1–3 Wochen
	– Verlauf	meist inapparent, sonst akut (bei europäischen Wildstämmen: ca. 35 % inapparent ca. 50 % leichtere Verläufe ca. 15 % Choriomeningitis)
	– Prophylaxe/ Therapie	–/symptomatisch
	– Letalität	Gering (stammabhängig)

Schädigungen ausgehen. Auch Schädlinge sind oft in die RG 1 eingeordnet. Für diese können aber zusätzliche rechtliche Regelungen gelten (z.B. Pflanzenbeschauverordnung, Verordnungen über den Feuerbrand, die Reblaus etc.). Weiterhin ist zu beachten, daß Menschen, Tiere oder Pflanzen Krankheitserreger latent oder persistierend enthalten können. In diesem Zusammenhang sollen zwei Beispiele (*Einzelfälle*), die *weder typisch, noch repräsentativ*, dennoch wichtig sind, angeführt werden. In der Tumorforschung wird mit transplantierbaren Tumoren bzw. Tumorzellen gearbeitet. Sind diese Zellen oder Tumoren, was nur in sehr seltenen Fällen vorkommt, mit LCMV kontaminiert und ist die Kontamination nicht bekannt, kann es beim Umgang mit Tieren (z.B. Hamster, „nackten" Mäusen) zu Infektionen kommen (Tabelle 3.52). An dieser Stelle sei die Eingruppierung des LCMV (RG 2/RG 3) erläutert:

1. Vorkommen/Anwendung
   - Weltweit, Reservoir kleine Nager z.B. Hausmaus, Hamster (persistente Infektion ohne klinische Symptome)
   (seit 1938 ist die latente Durchseuchung von Maus- und Hamsterzuchten bekannt)

2. Gefährdungspotential
   a) Gründe für eine niedrigere Eingruppierung:
      - Virus ist in Natur verbreitet (verbreitetes Erregerreservoir)
      - Übertragung auf die Bevölkerung unwahrscheinlich
      - asymptomatische oder milde Verläufe (meist grippeähnliche Erkrankung) (stammabhängig)
   b) Gründe für eine höhere Eingruppierung:
      - schwere Verläufe, Beteiligung des ZNS

3. Beziehung zu Labortieren
   - inapparente Infektionen bei Maus und Hamster, beim Meerschweinchen Pneumonie
   - Ausscheidung des Virus im Kot und Urin (wichtig bei latent Infizierten)

4. Beziehung zum Menschen
   - Infektion beim Umgang mit infizierten Tieren, wenn Infektion nicht bekannt ist
   Problembereich: Umgang mit unbekannt infizierten Zellinien, die in nackten Mäusen oder Hamstern passagiert werden. Hohe Infektionsrate der Beschäftigten, die mit Tieren (Spreu mit Urin u. Kot, Staub) umgehen. Die Infektion wird nicht erkannt, da meist keine Erkrankung auftritt (Nachweis nur durch Serokonversion)

Als zweites sei der Umgang mit Affen angeführt. In Affenkolonien, insbesondere bei Makaken, kann eine persistierende Infektion mit dem cercopithecinen Herpesvirus 1 vorliegen. Dieses Virus ist verwandt mit dem humanen Herpes simplex Virus Typ 1. Ähnlich wie das menschliche Virus zu einer Durchseuchung führt (Erkrankung beim Menschen: Herpes labialis, ca. 80 % der Erwachsenen sind in Mitteleuropa persistierend infiziert), sind Makakenkolonien mit diesem Virus infiziert. Je nach Dichte der Kolonie schwankt die Durchseuchungsrate zwischen 20–70 % bei unter Standardbedingungen gehaltenen Tieren. Dieses Affenherpesvirus ist für den Menschen hochpathogen. 70 Todesfälle sind in der Weltliteratur beschrieben. Beim Umgang mit dem Virus ist äußerste Vorsicht geboten. Die Wahrscheinlichkeit einer Infektion durch einen persistent infizierten Affen wird als gering eingeschätzt, insbesondere wenn zusätzlich bestimmte Sicherheitsmaßnahmen eingehalten werden (Untersuchung des Antikörpertiters, Inspektion der Tiere auf typische Krankheitsmerkmale). Die Übertragungsrate von virus-produzierenden Affen auf den Menschen wird auf 2–3 % geschätzt (Tabelle 3.53); die Eingruppierung[17] (RG 3/RG 4) begründet sich wie folgt:

1. Vorkommen/Anwendung
   - verschiedene Altweltaffen
   - latente Infektion (wildlebende Tiere): enzootisch in Makaken (Rhesusaffe, Cynomolgusaffe, andere asiatische Makaken)
   - bei Tierhaltung (je nach Dichte): bis zu 70 % infizierte Tiere

2. Gefährdungspotential
   a) Gründe für eine niedrigere Eingruppierung:
      - Infektionsrisiko sehr niedrig
      - Übertragung durch direkten Kontakt mit Virus oder virushaltigen Materialien
      - Übertragung auf die Bevölkerung unwahrscheinlich
      - Chemotherapie in Einzelfällen wirksam
      - asymptomatische oder milde Verläufe möglich

   b) Gründe für eine höhere Eingruppierung:
      - Einzelfälle: unbehandelt tödlicher Ausgang
      - tödliche Laborinfektionen (Tabelle 3.5) (Biß, Wunden)
      - Latenz

3. Beziehung zum Menschen
   - Biß: Infektion beim Umgang mit Tieren, die Virus abgeben (viruspartikelhaltige Bläschen), ca. 2–3 % der infizierten Tiere sind Virusausscheider (1932: 1. Todesfall wurde beschrieben: Arzt der vom Affen gebissen wurde)

Die Erkrankungen von Menschen, die in der Literatur beschrieben sind, nahmen bis auf wenige Ausnahmen einen tödlichen Ausgang. Gefährdet sind solche Personen, die mit virusproduzierenden Kulturen oder mit infizierten bzw. virusfreisetzenden Affen umgehen. Arbeiten mit virushaltigen Kulturen sollten in einer Klasse III Werkbank durchgeführt werden.

Die angeführten Beispiele sind für den normalen Umgang mit Tieren und Zellen nicht sicherheitsrelevant, sie sind nur aufgeführt, um auf äußerst seltene Gefahren hinzuweisen.

Der Infektionsweg von LCMV bei einer nicht beabsichtigten Infektion soll nach Angaben von C.J. Peters und Mitarbeiter dargestellt werden (deren eigene Erfahrungen (1987) wird in „Current Topics Microbiol. Immunol. *134*: 5–67" geschildert „Disease Assessment Division, US Army Medical Research Institute of Infectious Diseases, Fort Detrick, Frederick, MD 21701, USA"):

---

[17] Im Anhang I GenTSV in der Fassung vom 24.10.1990.

Tabelle 3.53 Steckbrief „Herpes-B-Virus"

Biologische Einheit Organismus	Großes behülltes dsDNA-Virus (Herpesvirus) vermehrungsfähig z. B. in Affenzellen, humanen Zellen, Kaninchen- zellen	
Anwendungen Auswirkungen Krankheitsbilder	**Infektionskrankheit** **Klinik**	

	– Übertragung/
	   Eintrittspforte
		– Direkter Kontakt: normalerweise Biß
		  (soziale Kontakte nicht ausreichend)
		– Verletzte Haut, Schleimhaut: Wunde,
		  Auge, sehr selten Atemtrakt
		  (infizierter Speichel, Tröpfchen)

	– Infektiöse
	   Flüssigkeiten
	   oder Gewebe
		Speichel, Tränen- und Samenflüssigkeit,
		eventuell Stuhl, Nervengewebe

	– Pathologie/ Symptome	Je nach Verlauf (asymptomatische und milde Verläufe beim Menschen möglich) lokales Ödem, Lymphangitis, Lymphadenitis, aufsteigende transversale Myelitis, Enzephalomyelitis, respiratorische Insuffiziens
	– Inkubationszeit	3 – 5 Tage (kurz)
	– Verlauf	Akut Latent (beim Affen, vielleicht beim Menschen)
	– Prophylaxe/ Therapie	Chemotherapeutika in Einzelfällen: Acyclovir
	– Letalität	Tödliche Verläufe möglich (Verhältnis von asymptomatischen bzw. milden zu tödlichen Verläufen nicht bekannt), Tod nach ca. 2 Wochen

8 Cynomolgusaffen wurden für 10 Tage in einem Raum mit LCMV (WE Stamm) infizierten C57Bl/6 Mäusen untergebracht, danach in eine LCMV freien Raum gehalten. Nach 5 Tagen in dem letzteren Raum starben 6 Affen. LCMV konnte aus Blut und inneren Organen dieser verstorbenen Affen isoliert werden. Die beiden letzten Affen zeigten eine Serokonversion, erkrankten aber nicht. LCMV konnte in der Raumluft gemessen werden. Die Titer waren in der Luft aber nur nach dem Umsetzen der Mäuse hoch genug für eine Infektion. Mit anderen Versuchen konnte gezeigt werden, daß die Schwere der Erkrankung von der Infektionsdosis abhängig ist.

Von Dykewicz et al. (Tabelle 3.5) wurden Infektionen mit LCMV am US Cancer Research Institute beschrieben. Zwei von 87 Mitarbeitern erkrankten, sieben zeigten eine Serokonversion. Die Infektionsquelle waren „nackte Mäuse", die durch eine virusproduzierende Zellinie infiziert worden waren. Die Infektion der Mäuse war nicht bekannt. Deshalb wurden keine angemessenen Schutzmaßnahmen ergriffen.

3.3.13
Algen und Moose

Die Liste der Algen und Moose enthält bisher nur Organismen der RG 1. In wenigen Einzelfällen kann es aber sein, daß eine Alge bzw. ein Moos höher eingeordnet werden muß.

3.3.14
Nachweis und Identifizierung

Für Genehmigungsverfahren nach §11 GenTG ist eine Beschreibung der verfügbaren Techniken zur Erfassung, Identifizierung und Überwachung des gentechnisch veränderten Organismus (§11, Abs. 2, Nr. 6 GenTG) in den Antragsunterlagen gefordert. Die Verfahren zur Erfassung und Identifizierung von gentechnisch veränderten Organismen unterscheiden sich teilweise von denen, die normalerweise in der Mikrobiologie verwendet werden, z.B. müssen Stämme mit bestimmten gentechnischen Veränderungen erfaßt werden. In Tabelle 3.54 werden einige Möglichkeiten für eine Erfassung und Identifizierung angeführt, ausführlicher werden diese Methoden in Kapitel 5 beschrieben. Verfahren, die molekulare Merkmale erfassen, sind für die Erfassung und Identifizierung von gentechnisch veränderten Organismen wichtig.

Gibt es besondere Risiken, die nur gentechnisch veränderte Organismen haben?
Die Modelle für die Abschätzung des Gefährdungspotentials gehen davon aus, daß es keine spezifischen Risiken gibt, die ausschließlich von gentechnisch veränderten Organismen ausgehen. Im wesentlichen bestimmen die Eigenschaften des Empfängerorganismus die des gentechnisch veränderten. Das heißt aber nicht, daß sich im Einzelfall durch die neueingebrachten Gene das Gefährdungspotential eines Empfängerorganismus nicht wesentlich ändern kann.

Tabelle 3.54 Merkmale und Eigenschaften von Organismen zur Identifizierung und Charakterisierung

Merkmale	Eigenschaften
Morphologische	
– Ultrastruktur	
– Bakterien (Begeißelung, Kapselbildung, Sporenbildung etc.)	
– Pilze (Anamorph, Telomorph)	
Genetische	
– Pilze	– Möglichkeit der Paarung („mating")
	– Vegetative Inkompatibilität
	– Myzelische Intersterilität
Biologische	
– Substrate	
– Wirte – Wirtsspektrum	
– Biogeographie	
Molekulare	
– Proteine	– Enzym- und Isoenzymmuster
	– Sequenzierung
	– Immunologische Determinanten
– Nucleinsäuren	– Restriktionsstellenanalyse
	– Restriktionsfragmentlängenpolymorphismus
	– Restriktionskarten
	– rRNA
	– PCR-Produktanalyse (Polymerasekettenreaktion)
	• Länge
	• Restriktionsstellen
	• Sequenz
	• RAPD (random amplified polymorphic DNA)

3.4
Gentechnisch veränderte Organismen

3.4.1
Allgemeines

Grundlage für die *Einstufung* von gentechnischen Arbeiten in vier Sicherheitsstufen sind der § 6 und 7 des GenTG[18] sowie die §§ 4 – 7 der GenTSV. Das GenTG regelt in § 6 die allgemeinen Sorgfalts- und Aufzeichnungspflichten ebenso wie die Gefahrenvorsorge. Vor Aufnahme der gentechnischen Arbeiten muß der Betreiber eine Risikobewertung[19] vornehmen, die insbesondere die *Eigen-*

---

[18] GenTG = Artikel 1 des Gesetzes zur Regelung von Fragen der Gentechnik = Gesetz zur Regelung der Gentechnik (Gentechnikgesetz).

[19] Die Begriffe Risiko, Risikopotential, Gefährdungspotential usw. werden im GenTG mit seinen Verordnungen nicht durchgehend verwendet, wodurch sich eine gewisse Unsicherheit ergibt (vgl. Kap. 3.2).

Tabelle 3.55 Leitorganismen für Sicherheitsstufen

Mensch	Tier	Pflanze
Sicherheitsstufe 1 (S 1)		
– Bakterien • *Lactobacillus bulgaricus*		

– Pilze
  • *Saccharomyces cerevisiae*
  • *(Penicillium chrysogenum)*		

– Viren
  • Lambda-Phage
	– Viren
	  • Putenherpesvirus
	    (Impfvirus)
		– Viren
		  • Tabak-Mosaik-Virus

Sicherheitsstufe 2 (S 2)		

– Bakterien
  • *Staphylococcus aureus*
  • *Streptococcus pyogenes*
  • *Vibrio cholerae*		

– Pilze
  • *Aspergillus flavus*
  • *Cryptococcus neoformans*
    (Filobasidiella neoformans)		

– Viren
  • Windpockenvirus
  • Masernvirus
	– Viren
	  • Myxomatosevirus
		– Viren
		  • Südamerikanische
		    Potato-Viren

Sicherheitsstufe 3 (S 3)		

– Bakterien
  • *Yersinia pestis*
  • *Mycobacterium tuberculosis*		

– Pilze
  • *Histoplasma capsulatum*
    (Ajellomyces capsulatus)		

– Viren
  • Gelbfiebervirus
  • Rifttalvirus
	– Viren
	  • Afrikanisches Pferde-
	    pestvirus,
	  • Bluetongue-Virus
		– Viren
		  Kein Beispiel bekannt

Sicherheitsstufe 4 (S 4): nur Viren		

– Viren
  • Lassavirus,
    humanes Pockenvirus
    (Variolavirus)
	– Viren
	  • Maul- und
	    Klauenseuchenvirus,
	  • Rinderpestvirus
		– Viren
		  Kein Beispiel bekannt

schaften der *Empfängerorganismen* und der *gentechnisch veränderten Organismen* berücksichtigt. In diese Überlegungen miteinbezogen werden müssen die eingebrachten Nucleinsäuren und Vektoren, um die Auswirkungen des Organismus auf die menschliche Gesundheit und die Umwelt miteinzubeziehen. Der Betreiber muß nach dem *Stand von Wissenschaft und Technik* die notwendigen Vorkehrungen treffen, um die in §1, Nr. 1 GenTG genannten Rechtsgüter

vor möglichen Gefahren zu schützen und dem Entstehen von Gefahren vorzubeugen:

§ 1, Nr. 1 GenTG: Zweck dieses Gesetzes ist,

> ... Leben und Gesundheit von Menschen, Tieren, Pflanzen sowie die sonstige Umwelt in
> ihrem Wirkungsgefüge und Sachgütern vor möglichen Gefahren gentechnischer Verfahren
> und Produkte zu schützen und dem Entstehen solcher Gefahren vorzubeugen.

§ 7 GenTG definiert die Sicherheitsstufen (s. Kap. 3.2.1) und ermächtigt, eine
Rechtsverordnung zu erlassen, welche die Zuordnung von gentechnischen
Arbeiten zu den Sicherheitsstufen regelt. Diese Rechtsverordnung, die GenTSV,
ist die Verordnung über Sicherheitsstufen und Sicherheitsmaßnahmen bei gentechnischen Arbeiten in gentechnischen Anlagen. Sie regelt die Einstufung, d. h.
die Zuordnung gentechnischer Arbeiten zu den einzelnen Sicherheitsstufen.
Eine Sicherheitsbewertung setzt an bei den Einzelelementen wie dem *Spender-*
und *Empfängerorganismus* und dem *Vektor* (soweit ein solcher verwendet wird)
sowie bei der Bewertung des *gentechnisch veränderten Organismus* unter
Berücksichtigung der *eingebrachten Nucleinsäuren*. Organismen werden über
Bewertungskriterien für die Eingruppierung in vier Risikogruppen eingeteilt
(überarbeitete Listen werden nach Anhörung der ZKBS regelmäßig veröffentlicht), wobei der § 7 GenTSV formal die Einstufung regelt. Für eine verständliche
Einstufung aufgrund einer umfassenden Gesamtbewertung müssen die
Organismen (Empfänger) und der gentechnisch veränderte Organismus (GVO)
anhand von Eigenschaften, die für die Risikobewertung der genetischen Änderungen des gentechnisch veränderten Organismus wesentlich sind, vorbewertet
sein. Diese Vorbewertung, auch Eingruppierung, muß nach § 5 GenTSV (und
Kriterien des Anhangs I) erfolgen. Allerdings sind nur die für einen bestimmten
Organismus jeweils wichtigen Kriterien heranzuziehen. (Die Liste der Bewertungskriterien muß deshalb so umfassend sein, weil es in der Natur eine
Vielzahl unterschiedlicher Organismen gibt. Für die Sicherheitsbewertung eines
konkreten Organismus kann eine Auswahl möglichst adäquater, für diesen
Organismus relevanter Kriterien getroffen werden. Es können nicht alle aufge-
führten Kriterien bei jedem Organismus angewendet werden.)

Gentechnisch veränderte Organismen entstehen nach GenTG nicht nur durch
die „klassischen" gentechnischen Methoden (Einsatz von DNA-Rekombinationstechniken), sondern z. B. auch nach Einführen von Erbgut, das außerhalb
des Organismus zubereitet wurde. Als Verfahren zur gentechnischen Veränderung gelten:

- DNA-Rekombinationstechniken, bei denen Vektorsysteme eingesetzt werden
- Verfahren, bei denen in einen Organismus direkt Erbgut eingeführt wird,
  welches außerhalb des Organismus zubereitet wurde, einschließlich Mikro-,
  Makroinjektion, Mikroverkapselung
- Zellfusionen und Hybridisierungsverfahren, bei denen lebende Zellen mit
  neuen Kombinationen von genetischem Material anhand von Methoden
  gebildet werden, die unter natürlichen Bedingungen nicht auftreten

- Ausnahmen[20]: In-vitro-Befruchtung,
  - Konjugation, Transduktion, Transformation oder jeder andere natürliche Prozeß,
  - Polyploidie-Induktion
  - Mutagenese
  - Zell- und Protoplastenfusion von pflanzlichen Zellen, die Pflanzen erzeugen, wie sie auch unter natürlichen Bedingungen entstehen
  - Erzeugung somatischer menschlicher und tierischer Hybridomas
  - Selbstklonierungen nichtpathogener Organismen

Ob ein gentechnisch veränderter Organismus im Sinne des GenTG entsteht, wenn DNA aus einem menschlichen Tumor isoliert und durch Transfektion in Maus-NIH-Zellen eingebracht wird, ist fraglich (s. BG Chemie Merkblatt „Gentechnisch veränderte Organismen").

Bevor auf die einzelnen Typen gentechnischer Arbeiten eingegangen wird, wird auf den Unterschied *„Labor-Produktion"* und *„Forschungszweck – gewerblicher Zweck"* hingewiesen. Das 1. Begriffspaar ist entscheidend für die zu wählenden Sicherheitsmaßnahmen. Die Anhänge für Labor- und Produktionssicherheitsmaßnahmen der GenTSV sind zu beachten.

Beispiel: Wird ein Fermenter im Labor betrieben, sind die entsprechenden Sicherheitsmaßnahmen für den Produktionsbereich (einschließlich der für den Laborbereich) zu beachten.

Begründung: Das Betreiben eines Fermenters ist eine produktionstypische Arbeit.

Das zweite Begriffspaar „Forschungszwecke – gewerbliche Zwecke", das den Zweck der Arbeiten bestimmt, hat Auswirkungen auf die Art der Anträge (Aufzeichnung, Anmeldung oder Genehmigung), die Einstufung gentechnischer Arbeiten und die Anforderungen an die Überwachung gentechnischer Arbeiten und Anlagen.

3.4.2
Typen gentechnischer Arbeiten

Nach §7 der GenTSV werden drei prinzipielle Typen von gentechnischen Arbeiten unterschieden:

1. Gentechnische Arbeiten mit Mikroorganismen und Zellkulturen zu gewerblichen Zwecken,
2. Gentechnische Arbeiten mit Mikroorganismen und Zellkulturen zu Forschungszwecken,

---

[20] Wenn keine gentechnisch veränderten Organismen verwendet werden.

3. Gentechnische Arbeiten mit Tieren und Pflanzen (gewerblich und zu Forschungszwecken).

Diese Typen von gentechnischen Arbeiten sind wichtig für die Vorgehensweise bei der Einstufung, die nach den in §7 genannten formalen Einstufungskriterien erfolgt.

3.4.3
Allgemeine Vorgehensweise

Bei der Einstufung gentechnischer Arbeiten wird folgendermaßen vorgegangen: Das Projekt, welches durchgeführt werden soll, wird in sinnvolle Einheiten aufgeteilt. Der Zusammenhang zwischen diesen Einheiten sollte in einem Fließdiagramm dargestellt werden. Die einzelnen gentechnischen Arbeiten werden dann abschnittweise beschrieben. Nachdem klar ist, ob überhaupt und wenn ja, welche gentechnischen Arbeiten ausgeführt werden sollen, (*Ausnahme* z.B. Selbstklonierungen in der Sicherheitsstufe 1), wird für *jede gentechnische Arbeit* die Einstufung vorgenommen wie beschrieben:

- Festlegen und Definieren von Empfänger(organismus), einzubringender Nucleinsäure und Vektor
- Charakterisierungsgrad von einzubringender Nucleinsäure und Vektor
- Zweck der gentechnischen Arbeit
- Risikogruppen von Empfänger(organismus) nachsehen oder selbst festlegen
- Eigenschaften der einzubringenden Nukleinsäure bestimmen (Informationsgehalt, Reinheits- und Charakterisierungsgrad, Gefährdungspotential)
- Eigenschaften des Vektors bestimmen (wenn verwendet)
- Vergleich des Gefährdungspotentials des jeweiligen gentechnisch veränderten Organismus mit dem jeweiligen Empfängerorganismus (Vergleich der Risikogruppen)
- Biologische Sicherheitsmaßnahmen berücksichtigen
- Typ der gentechnischen Arbeit
- Sicherheitseinstufung vornehmen: formal nach Regelungen in §7 oder bei Regelungslücke analog zu Regelungen in §7
- Rechtsfolgen
  Gentechnikrecht: nur Aufzeichnungen führen oder Anzeige oder Anmeldung oder Genehmigung
  andere Rechtsvorschriften (z.B. BSeuchG, TSeuchG)
  Erlaubnisse, Meldungen oder Genehmigungen

Nach Einstufung der gentechnischen Arbeiten ist den vorgesehenen Regelungen zu folgen (z.B. nur Aufzeichnungen führen, Anmeldung oder Genehmigung (Tabelle 3.56), Beantragung von Erlaubnissen).

Tabelle 3.56   Anzeige – Anmeldung – Genehmigung – öffentliches Anhörungsverfahren

Gentechnische Arbeiten dürfen nur in gentechnischen Anlagen durchgeführt werden
(§ 8 GenTG)
Es müssen Aufzeichnungen über die gentechnischen Arbeiten geführt werden (§ 6 (3) GenTG)
Die Errichtung, der Betrieb sowie wesentliche Änderungen einer gentechnischen Anlage
bedürfen der Anmeldung bzw. Genehmigung (§ 8 GenTG)

Nur Aufzeichnung	Weitere gentechnische Arbeiten zu Forschungszwecken der Sicherheitsstufe 1
Anzeige	Bereits angemeldete bzw. genehmigte gentechnische Arbeit(en) zu Forschungszwecken der Sicherheitsstufe 2 in einer anderen genehmigten Anlage desselben Betreibers
Anmeldung	– Errichtung und Betrieb einer gentechnischen Anlage, in denen gentechnische Arbeiten der Sicherheitsstufe 1 zu Forschungszwecken durchgeführt werden sollen – Weitere gentechnische Arbeiten der Sicherheitsstufe 2–4 zu Forschungszwecken in bereits genehmigter Anlage (außer Arbeiten in höherer Sicherheitsstufe) – Weitere gentechnische Arbeiten der Sicherheitsstufe 1 zu gewerblichen Zwecken in bereits genehmigter Anlage
Ausnahme	– Bedürfen keiner Anmeldung: gentechnische Arbeiten im Rahmen einer Patenthinterlegung in internationalen Hinterlegungsstellen nach Budapester Vertrag Anordnung zur Untersuchung einer Probe auf Veranlassung der zuständigen Behörde im Rahmen der behördlichen Überwachung
Genehmigung	– Alle anderen gentechnischen Anlagen, deren Betrieb sowie wesentliche Änderungen – Alle anderen gentechnischen Arbeiten – Freisetzung und gewerbliches Inverkehrbringen
Anhörungsverfahren	– Regel: Anlagen für gewerbliche Arbeiten der Sicherheitsstufen 3–4 sowie wesentliche Änderungen solcher Anlagen (Lage, Beschaffenheit, Betrieb) – Ausnahme: Anlagen zu gewerblichen Arbeiten der Sicherheitsstufe 2, wenn Verfahren nach BImSchG notwendig ist. – Freisetzung, außer es gilt § 14 (4): Organismen ohne Gefährdungspotential – vereinfachtes Verfahren oder Organismen, deren Ausbreitung begrenzt ist. Näheres regeln Rechtsverordnungen. Es müssen Aufzeichnungen über die gentechnischen Arbeiten geführt werden

3.4.4
Ermittlung des Gefährdungspotentials

Das Grundschema einer Gesamtbewertung nach § 4 GenTSV berücksichtigt die

- Eigenschaften des Empfängerorganismen,
- Eigenschaften des gentechnisch veränderten Organismus unter Beachtung der eingebrachten Nucleinsäuren, die natürlichen oder synthetischen Ursprungs sein können und der Eigenschaften der Vektoren.

Die Risikobewertung von Organismen und der vorgesehenen biologischen Sicherheitsmaßnahmen darf dabei nicht außer acht gelassen werden.

Bei der Ermittlung des Gefährdungspotentials wird von einem *erwiesenen* bzw. einem *begründeten Verdacht* einer Schädigung von Mensch, Tier, Pflanze und der materiellen Umwelt ausgegangen. Es ist zu beachten, daß auch die Eigenschaften des gentechnisch veränderten Organismus bewertet[21] werden müssen und daß ein begründeter Verdacht einer möglichen Schädigung dafür ausreicht. Das Modell, das einer Gesamtbewertung nach dem Stand der Wissenschaft zugrunde liegt, ist kein ausschließlich additives oder synergistisches. Die umfassende Gesamtbewertung muß den Einzelfall und den Stand der Wissenschaft berücksichtigen.

Die Eigenschaften des gentechnisch veränderten Organismus[22] können z.B. zu einer Erhöhung der Einstufung führen. Dies kann der Fall sein beim Umgang mit bestimmten Oncogenen insbesondere unter Verwendung infektiöser Vektoren bzw. effizienter eukaryoter Promotoren. Besteht hier der begründete Verdacht, daß ein gentechnisch veränderter Organismus mit erhöhtem Gefährdungspotential entsteht, das über die Risikogruppe des Empfängerorganismus hinausgeht, so muß die gentechnische Arbeit mit diesem Organismus einer höheren Sicherheitsstufe zugeordnet werden. Ähnliche Überlegungen können z.B. schon beim Einführen von bestimmten Antibiotikaresistenzgenen[23] in Organismen der RG 2 und 3 gelten. Die Betrachtung der Eigenschaften des gentechnisch veränderten Organismus ist ein wichtiges Regulativ bei der Einstufung von gentechnischen Arbeiten. Die Ermittlung des Gesamtgefährdungspotentials eines Organismus ist nicht die Summe der Einzelgefährdungspotentiale (z.B. *Y. pestis* (RG 3) + Antibiotikaresistenzgen (RG 1) für therapeutisches Antibiotikum →S?)

---

[21] Es muß klar sein, daß sicherheitsrelevante Eigenschaften von gentechnisch veränderten Organismen erst „gemessen" werden können, wenn sie bereits erzeugt sind.

[22] Da eine Gesamtbewertung vorgenommen werden muß und die Eigenschaften konjunktiv zu beachten sind, können formal die Eigenschaften des gentechnisch veränderten Organismus nicht zu einer Herabstufung führen.

[23] Die Therapierbarkeit mit Antibiotika ist ein wichtiges sicherheitsrelevantes Eingruppierungskriterium. In human- und tierpathogene (d.h. krankmachend für Haus- und Nutztiere) Krankheitserreger sollten keine Antibiotikaresistenzgene eingefügt werden, um nicht die Entstehung neuer unerwünschter resistenter Erreger zu fördern.

Merke:

Die Ermittlung des Gefährdungspotentials ist nicht ein bloßes Zusammenzählen der einzelnen Gefährdungspotentiale von Empfängerorganismus, einzubringender Nucleinsäure und Vektor, sondern eine Gesamtbewertung.

§5 der GenTSV regelt die Risikobewertung von Organismen (Tabelle 3.57). Je nach eingeschätztem Element und Organismus (Spender der einzubringenden Nucleinsäure oder Empfänger) geht das Gefährdungspotential des Organismus, d.h. die Risikogruppe, insgesamt oder nur teilweise, das Gefährdungspotential des Empfängerorganismus dagegen immer vollständig in die Bewertung ein; Ausnahme: durch die gentechnische Manipulation werden gezielt und irreversibel Gene ausgeschaltet, die wichtig sind für das Gefährdungspotential des Empfängerorganismus (z.B. Virulenzgene, Gene für die Regulation von Virulenzgenen, Gene für Toxine). Bei der Bewertung des Gefährdungspotentials der Nucleinsäuren des Spender- oder Ausgangsorganismus kommt es auf die verwendeten Nucleinsäuren an. Die Bewertung berücksichtigt dabei den Erkenntnisgrad oder Bestimmtheitsgrad für das Gefährdungspotential. Viele Gene aus Organismen höherer Risikogruppen haben kein Gefährdungspotential (z.B. Gene für Polymerasen, Gene für Enzyme des Zitratzyklus, der Glykolyse, der Fettsäure-, Zucker- oder Aminosynthese), einzelne Gene aus Organismen der RG 1 können ein Gefährdungspotential haben (z.B. Gene für Proteintoxine aus Amphibien oder Reptilien). Die Anwendung biologischer Sicherheitsmaßnahmen kann (aber muß nicht) gefahrmindernd sein (siehe auch Einstufungsbeispiele).

Tabelle 3.57   Risikobewertung

	Betrachtetes Element	Eingang in die Bewertung
einzubringende Nucleinsäure (natürlichen oder synthetischen Ursprungs)	Genom und Subgenom mit Gefährdungspotential (RG 2 – 4)	– Vollständig
Spender	Subgenom mit niedrigerem Gefährdungspotential als Spender	– entsprechend dem Gefährdungspotential
	Informationsgehalt des Nucleinsäureabschnitts (z.B. Art der kodierten Sequenz, Regulationssequenz) Reinheitsgrad, Charakterisierungsgrad	
	Besondere Genprodukte (z.B. Toxine) Subgenomische Nucleinsäuresequenz(en) für hochwirksame Toxine	– Sonderregelung
Empfänger		– Vollständig
Vektor-Empfänger-System		– Vollständig
Biologische Sicherheitsmaßnahmen		– Gefahrenmindernd

Im folgenden ist die formale Vorgehensweise für die Einstufung gentechnischer Arbeiten nach § 7 GenTSV beschrieben.

3.4.5
Einstufung gentechnischer Arbeiten mit Mikroorganismen und Zellkulturen zu gewerblichen Zwecken

3.4.5.1
Sicherheitsstufe 1

Bei gentechnischen Arbeiten zu gewerblichen Zwecken kann in der Regel davon ausgegangen werden, daß der gentechnisch veränderte Organismus bereits seit längerer Zeit existiert und daß einige Erfahrungen über den Umgang mit ihm vorliegen. Dies ist insbesondere dann der Fall, wenn der Organismus für die großtechnische Herstellung eines Massenproduktes oder als Produzent eines Humanpharmakons verwendet werden soll. In der Sicherheitsstufe 1 sind Anforderungen an die sicherheitsrelevanten Eigenschaften eines solchen Organismus besonders hoch. Die Anzahl der möglichen eingebrachten Nucleinsäuren und Empfängerorganismen ist auf solche beschränkt, die kein Gefährdungspotential haben bzw. nicht pathogen sind und bestimmte umweltverträgliche Eigenschaften (z.B. begrenzte Überlebensfähigkeit in der Umwelt, eingebaute biologische Schranken) haben. Die Anforderungen an die Vektoren mit den eingefügten Sequenzen ist gegenüber den gentechnischen Arbeiten zu Forschungszwecken der Sicherheitsstufe 1 deutlich erhöht. Es gibt eine Größenbeschränkung („so kurz wie möglich") und eine Beschränkung in der Art der Sequenzen („Sequenzen ohne Gefährdungspotential"[24]). Diese erhöhten Anforderungen sind unter zwei Gesichtspunkten zu sehen. Erstens wird für gewerbliche Zwecke oft mit größeren Volumina gearbeitet; ein großes Volumen wird als mögliche zusätzliche Komponente des Risikopotentials gesehen. Zweitens sind die Anforderungen an die Abfall- und Abwasserbehandlung für diese Organismen weniger streng geregelt (§ 13 GenTSV) (Tabelle 3.58).

Der gentechnisch veränderte Organismus (in dieser Sicherheitsstufe) muß bestimmte Umweltverträglichkeitseigenschaften (begrenzte Überlebens- oder Replikationsfähigkeit in der Umwelt) erfüllen. Die Eigenschaften müssen nachweisbar vorhanden sein. Das Gefährdungspotential von Organismen der RG 1 darf nicht überschritten[25] und es dürfen keine gentechnisch veränderten

---

[24] Sequenzen mit Gefährdungspotential sind z.B. solche, die für Virulenzfaktoren oder bestimmte Oncogene kodieren.

[25] Der Gesetzgeber schreibt (Anhang I TeilB GenTSV vom 24.10.1990) zu den Risikogruppen, „... die einzelne Risikogruppe definiert nicht ein einziges, „punktgenau" bestimmbares Wirkungspotential. Vielmehr umfaßt jede Risikogruppe notwendig einen bestimmten Bereich, da in der Natur ein kontinuierliches Spektrum an Organismen von harmlos bis äußerst gefährlich vorliegt." Werden beim gentechnisch veränderten Organismus bestimmte sicherheitsrelevante Eigenschaften innerhalb der Risikogruppe moduliert, so muß dies keine Einstufung in eine höhere Sicherheitsstufe zur Folge haben.

Tabelle 3.58　　Sicherheitsstufe 1 für gewerbliche Zwecke

Empfängerorganismus	– Organismen mit begrenzter Überlebens- bzw. Vermehrungsfähigkeit in der Umwelt – Eukaryote Zellen (die nicht spontan zu Organismen regenerieren) Keine Abgabe von Organismen höherer Risikogruppen.
Vektor	– Gut beschrieben – Frei von Sequenzen mit Gefährdungspotential – So kurz wie möglich, so lang wie nötig – Keine stabilitätserhöhenden Eigenschaften[a] (in bezug auf die Überlebensfähigkeit in der Umwelt) – Wenig mobilisierbar – Keine Resistenzgenübertragung (wenn nicht natürlich schon möglich)
gentechnisch veränderter Organismus	– Gleich ungefährlich wie der Empfängerorganismus mit begrenzter Überlebensfähigkeit in der Umwelt und ohne nachteilige Folgen für die Umwelt – Gefährdungspotential von Organismen der RG 1 wird nicht überschritten Keine Abgabe von gentechnisch veränderten Organismen höherer Risikogruppen

[a] Die Stabilitätserhöhung einer mRNA, z.B. die Verlängerung der Halbwertszeit, ist hier nicht gemeint.

Organismen höherer Risikogruppen abgegeben werden. Werden infektiöse Vektoren verwendet, kann dies von Bedeutung sein. Von retroviralen Vektoren ist z.B. bekannt, daß sie mit (verwandten) zellulären Sequenzen rekombinieren können. Ein solches Pseudovirus könnte eventuell einer höheren Risikogruppe angehören. Kriterien für Organismen der RG 1 zu gewerblichen Zwecken sind folgende:

– Stand der Wissenschaft: kein Risiko für die menschliche Gesundheit und Umwelt
– nicht human, tier- oder pflanzenpathogen (sehr hohe Forderung)
– kein Vorhandensein von Organismen höherer Risikogruppen
– Umweltverträglich:　• Experimentell erwiesen oder
　　　　　　　　　　　• Lange sichere Anwendung oder
　　　　　　　　　　　• Eingebaute biologische Schranken (bei optimalem Wachstum im Fermenter, Begrenzung der Überlebens- oder Vermehrungsfähigkeit in der Umwelt)

Welche Organismen erfüllen die Bedingungen als Spender- und Empfängerorganismen für gentechnische Arbeiten zu gewerblichen Zwecken der RG 1?
Der Gesetzgeber hat Listen veröffentlicht, in der Beispielorganismen aufgeführt sind, welche die Bedingungen erfüllen:

– *E. coli* K12, *E. coli* chi 1776, *E. coli* MRC 1
– asporogene, thyminabhängige Mutanten von *B. subtilis*-Stamm 168

- haploide Laborstämme von S. cerevisiae
- Pseudomonas putida-Stamm mt-2KT2440
- eukaryote Zellen (die nicht zu Organismen regenerieren und nicht kontaminiert sind)
- unter Verwendung der für biologische Sicherheitsmaßnahmen beschriebenen Vektoren

An den Eigenschaften dieser Organismen kann man sich orientieren, um andere entsprechend einzuordnen.

3.4.5.2
Sicherheitsstufen 2 – 4

Die gentechnischen Arbeiten mit Mikroorganismen und Zellkulturen höherer Sicherheitsstufen für gewerbliche Zwecke sind *nicht im Detail* geregelt. Tabelle 3.59 gibt abstrakt die Größenordnung des Risikos für jede Sicherheitsstufe an, wie sie in §7 der GenTSV angeführt ist, d.h. für gentechnische Arbeiten zu gewerblichen Zwecken der Sicherheitsstufen 2 – 4 gibt es eine *Einzelfallregelung*.

Tabelle 3.59 Höhere Sicherheitsstufen für gewerbliche Zwecke

Sicherheitsstufe 2	– Geringes Risiko für die Rechtsgüter § 1, Nr. 1 GenTG
Sicherheitsstufe 3	– Mäßiges Risiko für die Rechtsgüter § 1, Nr. 1 GenTG
Sicherheitsstufe 4	– Hohes Risiko für die Rechtsgüter § 1, Nr. 1 GenTG

3.4.6
Einstufung gentechnischer Arbeiten mit Mikroorganismen und Zellkulturen zu Forschungszwecken

3.4.6.1
Allgemeines

Von den z. Z. durchgeführten gentechnischen Arbeiten gehören die meisten dem Typ „gentechnische Arbeiten mit Mikroorganismen und Zellkulturen zu Forschungszwecken" an und fallen vermutlich in die Sicherheitsstufen 1 und 2. Arbeiten der Sicherheitsstufe 3 sind sicher selten, Arbeiten in der Sicherheitsstufe 4 nicht bekannt.

3.4.6.2
Sicherheitsstufe 1

Abweichend von den Genrichtlinien („Richtlinien zum Schutz vor Gefahren durch in-vitro neukombinierte Nukleinsäuren", 5. Fassung vom Mai 1986) wurde

Tabelle 3.60   Sicherheitsstufe 1 für Forschungszwecke (Mikroorganismen und Zellkulturen)

(Empfänger)Organismus	– Organismen aus RG 1 – Stämme[a], die Eigenschaften von Organismen der RG 1 haben (durch lange Erfahrung oder experimentell erwiesen) der RG 2 – 4 – Eukaryote Zellen (wenn ohne spontane Organismenbildung) Keine Abgabe von Organismen höherer Risikogruppen
Gentechnisch veränderter Organismus, besondere Anforderungen, wenn Organismus im Fermenter verwendet werden soll	Vorläufige Sicherheitsbewertung: – Vektoren und überführte Nucleinsäure sind soweit charakterisiert, daß das Gefährdungspotential von Organismen der RG 1 nicht überschritten wird Keine Abgabe von gentechnisch veränderten Organismen höherer Risikogruppen

[a] Von seiten der forschenden Naturwissenschaftler hat es oft scharfe Kritik an den Eingruppierungen mancher Mikroorganismen gegeben. Diese sollten insbesondere den Satz hinter dem 2. Spiegelstrich (§ 7 (3) 1. a.) und den ersten Satz Anhang I, Teil B II GenTSV (Fassung vom 24. 10. 1990) Bakterien, RG 1 lesen.

in der GenTSV (Fassung vom 24. 10. 1990) die Einstufung gentechnischer Arbeiten in die niedrigste Sicherheitsstufe teilweise strenger geregelt; die Eigenschaften des Vektors können zu einer höheren Einstufung führen (infektiösen Vektoren, z. B. amphotrope Retrovirusvektoren, Vakziniavirusvektoren). Solche Vektoren werden auch als Organismen angesehen (Pseudovirionen), entweder als Empfängerorganismen oder als gentechnisch veränderte Organismen (Tabelle 3.60).

Wann kann eine gentechnische Arbeit mit Mikroorganismen oder Zellkulturen zu Forschungszwecken in die Sicherheitsstufe 1 eingestuft werden?
Welche Voraussetzungen müssen die einzubringende Nucleinsäure und der Empfängerorganismus, der Vektor, wird einer verwendet, und der gentechnisch veränderte Organismus erfüllen?
Das verwendete Genomteil hat kein Gefährdungspotential und ist ebenso wie der Vektor ausreichend charakterisiert.

Der Empfängerorganismus ist als Art oder Gattung in die RG 1 eingruppiert oder es wird ein Stamm verwendet, der sein Gefährdungspotential verloren hat. Für den *Empfänger* muß sichergestellt sein, daß sie nicht mit anderen Organismen einer höheren Risikogruppe befallen oder verunreinigt sind, wenn dies zu einer Erhöhung des Gefährdungspotentials führt. Dies kann insbesondere dann der Fall sein, wenn die *Empfängerorganismen* kontaminiert sind.

Grenzen der Einstufung in die Sicherheitsstufe 1: Wenn die einzubringende Nucleinsäure aus einem Organismus der RG 1 stammt, der Empfängerorganismus in die RG 1 eingeordnet ist und der Vektor keine gefahrenerhöhenden Eigenschaften hat, ist dann der gentechnisch veränderte Organismus immer in die RG 1 eingestuft?
Nicht in jedem Fall.

Als Ausnahmen der Regel „Einzubringende Nukleinsäure aus Organismus der RG 1, Empfänger ist RG 1 und Vektor ist RG 1, dann ist auch der GVO RG 1" seien folgende Beispiele angeführt:

- Klonieren und Exprimieren von Proteintoxin- bzw. Veningenen aus höheren Organismen (z. B. Insekten, Amphibien, Reptilien (bestimmte Schlangengifte) oder Pflanzen) in *E. coli* K12, in andere Mikroorganismen der RG 1 oder in resistenten Zellinien
- Klonieren von bestimmten Oncogenen unter der Kontrolle eines effizienten eukaryoten Promotors in *E. coli* K12.

3.4.6.3
Sicherheitsstufe 2

In der Sicherheitsstufe 2 für gentechnische Arbeiten mit Mikroorganismen und Zellkulturen zu Forschungszwecken werden zwei Arten von Arbeiten unterschieden,

- solche, denen besondere Eigenschaften des Vektors zugrunde liegen (amphotrope Retrovirusvektoren, Vacciniavirusvektoren) und
- solche, bei denen die Organismen pathogene Eigenschaften (auch für den Menschen) haben können.

Die gentechnischen Arbeiten des zweiten Typs werden in der modernen Pathogenitätsforschung von Infektionskrankheiten (z. B. Erforschung von Virulenzfaktoren von Salmonellen, Shigellen, Listerien und vielen anderen Mikroorganismen) durchgeführt (Tabelle 3.61).

Wenn das einzubringende Gen kein Gefährdungspotential hat, der Empfängerorganismus in die RG 2 eingeordnet ist und der Vektor keine einstufungserhöhenden Eigenschaften hat, ist dann der gentechnisch veränderte Organismus maximal in die RG 2 eingestuft?
Nein. Werden z. B. Resistenzgene wichtiger Antibiotika, die in der Humanmedizin verwendet werden, in pathogene Bakterien eingeführt, in denen sie natürlicherweise nicht vorkommen, kann das zu einer Einstufung in eine höhere Sicherheitsstufe führen.

Tabelle 3.61 Sicherheitsstufe 2 für Forschungszwecke (Mikroorganismen und Zellkulturen)

(Empfänger)Organismus	– Organismen bis RG 2 Keine Abgabe von Organismen höherer Risikogruppen
Gentechnisch veränderter Organismus	Vorläufige Sicherheitsbewertung: – Vektoren und überführte Nucleinsäure sind soweit charakterisiert, daß das Gefährdungspotential von Organismen der RG 2 nicht überschritten wird Keine Abgabe von gentechnisch veränderten Organismen höherer Risikogruppen

Die Verwendung mobilisierbarer Vektoren, die eine hohe Effizienz für die
Aufnahme in humanpathogene Bakterien haben und die ein Antibiotikum-
resistenzgen für ein wichtiges humantherapeutisch eingesetztes Antibiotikum
unter der Kontrolle eines in vielen pathogenen Bakterien funktional-aktiven
Promotors tragen, kann ebenfalls ein Grund dafür sein, solche Arbeiten einer
höheren Sicherheitsstufe zuzuordnen.

3.4.6.4
Regelungslücken (Sicherheitsstufen 1 und 2) in der GenTSV

Lücken in der Regelung traten auf, wenn von Sicherheitsstufe zu Sicherheitsstufe
zwei Punkte gleichzeitig geändert werden. In der zweiten Fassung ist der § 7
umfassend geändert worden. Das Problem der Regelungslücken in Rechtsvorschriften bleibt aber bestehen. Deshalb wird dieses Beispiel auch weiterhin
angeführt. Es soll dazu anregen, die Neufassungen der GenTSV auf Regelungslücken zu untersuchen.

Einige Einstufungen gentechnischer Arbeiten waren in § 7 der GenTSV
(Fassung vom 24.10.1990) nicht ausdrücklich geregelt, wie z.B. folgender Fall:
Der Spender- und Empfängerorganismus sind in RG 1 eingeordnet, das übertragene Gen hat kein Gefährdungspotential, aber der Vektor ist mobilisierbar und
erfüllt nicht die Bedingungen von § 6, Abs. 5. Sind solche gentechnischen Arbeiten in die Sicherheitsstufe 1 oder 2 einzustufen? Bei solchen gentechnischen
Arbeiten kommt es im wesentlichen auf die Beurteilung des erzeugten gentechnischen Organismus an. Überschreitet dieser nicht das Gefährdungspotential von Organismen der RG 1 und sind weitere Anforderungen an den
gentechnisch veränderten Organismus, wie sie in § 7, Abs. 3, Nr. 1.d gefordert
sind, erfüllt, so können solche Arbeiten der Sicherheitsstufe 1 zugeordnet werden (Tabellen 3.62 und 3.63). Regelungslücken, wie sie hier beschrieben wurden,
kommen in rechtlichen Regelungen häufiger vor, sie sind nicht Gentechnik-
rechtspezifisch.

3.4.6.5
Sicherheitsstufe 3

Gentechnische Arbeiten der Sicherheitsstufen 3 und 4 sind sicherlich seltener.
Als Beispiel für gentechnische Arbeiten der Sicherheitsstufe 3 seien bestimmte
gentechnische Arbeiten mit HIV genannt (Tabellen 3.64 und 3.65).

Ein besonderer Typ gentechnischer Arbeiten in dieser Sicherheitsstufe 3 sind
Arbeiten zur Expression hochwirksamer Toxine. Die Legaldefinition „hochwirksamer Toxine" ist definiert in § 3, Nr. 5 GenTSV. Diese Definition läßt
sich schwierig in der Praxis umsetzen[26]. In Tabelle 3.16 sind deshalb aus dem
amerikanischen Schrifttum Beispiele für unterschiedlich wirksame Toxine
aufgeführt.

---

[26] *Merke:* Bei rechtlichen Regelungen ist die Legaldefinition vorrangig.

Tabelle 3.62 Regelungslücken in §7 GenTSV (Fassung vom 24. 10. 1990)

Typ der Arbeit	Mikroorganismen und Zellkulturen für Forschungszwecke
Spender/Empfänger Vektor GVO	RG 1 Erfüllt nicht Bedingungen für biologische Sicherheitsmaßnahmen RG 1 möglich oder immer höher?

Tabelle 3.63 Gentechnische Arbeiten zu Forschungszwecken (Einstufungsbeispiel „mobilisierbare Vektoren")

Spender	Klonierte Gene für Abbauweg von Biphenylen aus Bakterien der RG 1
Vektor	Mobilisierbarer Transposon-Suizid-Vektor pUT (Km$^+$, Transposase negativ)
Empfänger	a *E. coli* S17–1 λ-pir (trägt RP4-tra-Gene im Chromosom, trägt λ-pir-Gene) (RG 1) b *P. putida* (RG 1)
Gentechnisch veränderter Organismus	Übersteigt nicht Gefährdungspotential der RG 1
Sicherheitsstufe	1
Begründung	– Spender und Empfänger sind RG 1 – Genomteil ist ohne Gefährdungspotential – GVO überschreitet nicht Gefährdungspotential von Organismen der RG 1

Tabelle 3.64 Sicherheitsstufe 3 für Forschungszwecke (Mikroorganismen und Zellkulturen)

(Empfänger)Organismus	Organismen bis RG 3 Nucleinsäuren, die für hochwirksame Toxine kodieren[a] Keine Abgabe von Organismen höherer Risikogruppen
Vektor	Keine besonderen Anforderungen, wenn Nucleinsäure nicht für hochwirksames Toxin kodiert
Gentechnisch veränderter Organismus	Vorläufige Sicherheitsbewertung: Vektoren und überführte Nucleinsäure sind soweit charakterisiert, daß das Gefährdungspotential von Organismen der RG 3 nicht überschritten wird Keine Abgabe von gentechnisch veränderten Organismen der RG 4

[a] Wenn gentechnische Arbeit ausgerichtet ist, hochwirksame Toxine herzustellen, müssen Biologische Sicherheitsmaßnahmen angewendet und besondere Empfehlungen der ZKBS beachtet werden.

Tabelle 3.65   Gentechnische Arbeiten zu Forschungszwecken (Einstufungsbeispiel „HIV und biologische Sicherheitsmaßnahmen)

Spender	HIV (RG 3) Provirus
Vektor	Plasmidvektor – pBR322-Abkömmling Kein Expressionsvektor
Empfänger	(Kontaminationsfreie) Affen- oder Humanzellinie Kommentar: Vektor-Wirts-System ist anerkannte Sicherheitsmaßnahme
Gentechnisch veränderter Organismus	Übersteigt nicht Gefährdungspotential der RG 3
Sicherheitsstufe	3
Begründung	Das als eine anerkannte biologische Sicherheitsmaßnahme eingesetzte Vektor-Empfänger-System verhindert nicht, daß infektiöses Virus produziert werden kann Gentechnisch veränderter Organismus ist in RG 3 einzuordnen

3.4.6.6
Sicherheitsstufe 4

Bei gentechnischen Arbeiten der Sicherheitsstufe 4 muß man sich immer vor Augen halten, daß es sich hier um Arbeiten mit einem hohen Gefährdungspotential handelt. Es gibt deshalb in der GenTSV keine allgemeinen Einstufungsregeln für diesen Typ Arbeit. Nach Auffassung des Gesetzgebers können solche Arbeiten nur nach intensiver Beratung mit der ZKBS unter detaillierten Auflagen durchgeführt werden.

3.4.7
Einstufung gentechnischer Arbeiten mit Tieren und Pflanzen

3.4.7.1
Allgemeines

Für gentechnische Arbeiten mit Tieren und Pflanzen wurde deshalb ein besonderer Einstufungsmechanismus entwickelt, da andere Kriterien im Vordergrund stehen als bei Arbeiten mit Mikroorganismen oder Zellkulturen. Auch hier wird ein Großteil der gentechnischen Arbeiten der Sicherheitsstufe 1 und 2 zugeordnet. Insbesondere ist zu beachten, daß für die Sicherheitsstufe 1 spezielle Anforderungen an den Vektor gestellt sind. Virale Vektoren dürfen nicht horizontal übertragbar sein. Der Begriff der horizontalen Übertragung stammt aus der Infektionskrankheitslehre und bedeutet die Übertragung von Krankheitserregern von einem unabhängigen Wirtsorganismus auf einen anderen. Die Übertragung von Krankheitserregern von der Mutter (im Uterus) auf den Embryo oder Feten fällt nicht unter diesen Begriff (vertikale Übertragung).

Tabelle 3.66   Sicherheitsstufe 1 (Tiere und Pflanzen)

(Empfänger)Organismus	Tiere und Pflanzen, die keine Schäden an den Rechtsgütern §1, Nr. 1 GenTG verursachen Keine Abgabe von Organismen höherer Risikogruppen
Vektor	Virale Vektoren sind nicht horizontal übertragbar[a]
Gentechnisch veränderter Organismus	– Vorläufige Sicherheitsbewertung (bei Arbeiten für Forschungs- und gewerbliche Zwecke): Vektoren und überführte Nucleinsäure sind soweit charakterisiert, daß das Gefährdungspotential von Organismen der RG 1 nicht überschritten wird – Keine Abgabe von gentechnisch veränderten Organismen höherer Risikogruppen

[a] Damit soll in dieser Sicherheitsstufe (kein Risiko für Mensch oder Umwelt) ausgeschlossen werden, daß der gentechnisch veränderte Organismus (z.B. die transgene Pflanze oder ein transgenes Tier) den Vektor abgibt und der „freigesetzte" Vektor andere empfängliche Organismen infiziert, d.h. der Vektor mit dem eingeführten Merkmal darf nur vertikal auf die Nachkommen weitergegeben werden.

3.4.7.2
Sicherheitsstufe 1

Bei diesem Typ von gentechnischen Arbeiten wird in bezug auf die Einstufung nicht zwischen Arbeiten für Forschungszwecke und zu gewerblichen Zwecken unterschieden. Die unterschiedlichen Rechtsfolgen für diese beiden verschiedenen Zwecke müssen allerdings beachtet werden. Die Mehrzahl der Arbeiten dieses Typs werden in den Sicherheitsstufen 1 und 2 durchgeführt. Beispiele für gentechnische Arbeiten in der Sicherheitsstufe 1 sind die Erzeugung vieler transgener Pflanzen und Mäuse. In der Immunologie und Tumorforschung werden transgene Mäuse, die bestimmte Gendefekte[27] oder zusätzliche Gene tragen, benötigt, um grundlegende Mechanismen aufzuklären. Die Wirkungsweise und die Auswirkung konnten erst aufgeklärt werden, nachdem sie in die Keimbahn der Maus eingebracht wurden (z.B. die bel-Gene der Spumaviren und die Erzeugung von neurologischen Erkrankungen oder der Zusammenhang zwischen bestimmten Genen von HIV und dem Kaposi-Sarkom). Transgene Pflanzen der RG 1 werden u.a. auch unter dem Aspekt einer späteren Freisetzung erzeugt (z.B. gegen Schaderreger resistente Pflanzen) (Tabelle 3.66).

3.4.7.3
Sicherheitsstufe 2

Bei den gentechnischen Arbeiten mit Tieren und Pflanzen ist die Sicherheitsstufe 2 weniger klar geregelt als bei den gentechnischen Arbeiten mit Mikroorganismen und Zellkulturen. Im Einzelfall ist zu klären, welche Tiere und

---

[27] Es ist zu klären, ob es sich um eine gentechnische Arbeit oder um eine Selbstklonierung handelt. Dies ist von der angewendeten Methode abhängig.

Tabelle 3.67   Sicherheitsstufe 2 (Tiere und Pflanzen)

(Empfänger)Organismus	Tiere und Pflanzen, die nicht unter „Sicherheitsstufe 1" fallen und von denen höchstens geringes Risiko für die Rechtsgüter nach § 1, Nr. 1 GenTG ausgeht Keine Abgabe von Organismen höherer Risikogruppen
Vektor	Auch horizontal übertragbar
Gentechnisch veränderter Organismus	– Vorläufige Sicherheitsbewertung (bei Arbeiten für Forschungszwecke) bzw. Sicherheitsbewertung (bei Arbeiten für gewerbliche Zwecke): Vektoren und überführte Nucleinsäure sind soweit charakterisiert, daß das Gefährdungspotential von Organismen der RG 2 nicht überschritten wird – Keine Abgabe von gentechnisch veränderten Organismen höherer Risikogruppen

Pflanzen als Empfängerorganismen in die RG 2 fallen. Wird mit gentechnischen Methoden z. B. eine transgene Maus erzeugt, in deren Keimbahn ein sog. Überlängengenom vom HBV eingebracht wurde, so sind solche Arbeiten mindestens in die Sicherheitsstufe 2 (eventuell demnächst angeglichen an EG-Richtlinien in 3*) einzustufen. Solche transgenen Tiere können infektiöses HBV abgeben). Weshalb werden solche Arbeiten überhaupt durchgeführt? Ein Grund dafür ist, den Zusammenhang zwischen Leberkarzinomen und HBV genauer aufzuklären (Tabelle 3.67).

3.4.7.4
Sicherheitsstufe 3

Gentechnische Arbeiten der Sicherheitsstufe 3 sind mit einem höheren Risiko behaftet. Die Pflanzen und Tiere sind nicht so genau definiert. Sie haben ein mäßiges Risiko für die Rechtsgüter nach § 1, Nr. 1 GenTG. Für hochwirksame Toxine gibt es eine Sonderregelung. Sie gilt, wenn z. B. transgene Pflanzen, in die ein exprimierfähiges Toxingen für ein hochwirksames Toxin eingebracht wurde, erzeugt werden. Solche Pflanzen können für Wirbeltiere einschließlich des Menschen giftig sein. Eine unbeabsichtigte Freisetzung solcher Pflanzen und damit die Möglichkeit einer Verbreitung der transgenen Pflanzen oder ihrer Nachkommen in der Umwelt muß vermieden werden (Tabelle 3.68).

3.4.7.5
Sicherheitsstufe 4

Gentechnische Arbeiten der Sicherheitsstufe 4 beinhalten ein hohes Risiko oder es besteht der Verdacht eines hohen Risikos. Daß die Einstufung solcher Arbeiten mit den zugehörigen strengen Sicherheitsmaßnahmen erst nach ausführlichen Diskussionen und nur im Einzelfall möglich ist, sollte selbstverständlich sein.

Tabelle 3.68 Sicherheitsstufe 3 (Tiere und Pflanzen)

(Empfänger)Organismus	Tiere und Pflanzen, von denen ein höchstens mäßiges Risiko für die Rechtsgüter nach § 1, Nr. 1 GenTG ausgeht Keine Abgabe von Organismen höherer Risikogruppen
Gentechnisch veränderter Organismus	– Vorläufige Sicherheitsbewertung (bei Arbeiten für Forschungs- und gewerbliche Zwecke): Vektoren und überführte Nucleinsäure sind soweit charakterisiert, daß das Gefährdungspotential von Organismen der RG 3 nicht überschritten wird – Keine Abgabe von gentechnisch veränderten Organismen höherer Risikogruppen

3.4.8
Biologische Sicherheitsmaßnahmen

3.4.8.1
Allgemeines

Sicherheitsmaßnahmen können in organisatorische, physikalisch-technische und biologische unterteilt werden. Nach § 3, Nr. 14 GenTG definieren sich biologische Sicherheitsmaßnahmen als Verwendung von Empfängerorganismen und Vektoren mit bestimmten gefahrenmindernden Eigenschaften. Um gentechnische Arbeiten unter besonders sicheren Bedingungen durchzuführen, sollten biologische Sicherheitsmaßnahmen Anwendung finden, § 6 mit Anhang II der GenTSV führt Näheres dazu aus. Es ist zu einer Begriffserweiterung gegenüber dem GenTG gekommen. Zum einen wird das Wirt-Vektor-System unter diesem Begriff erfaßt, zum anderen werden Maßnahmen zur Verhinderung der Ausbreitung von Pflanzen, pflanzenassoziierten Mikroorganismen oder pflanzenassoziierten Kleintieren beschrieben (z. B. die Entfernung von Fortpflanzungsorganen bei Pflanzen, die Verwendung männlich steriler Samenpflanzensorten, die Verwendung von flugunfähigen und sterilen Gliedertieren).

Für gentechnische Arbeiten mit Mikroorganismen und Zellkulturen sind die als biologische Sicherheitsmaßnahmen anerkannten Vektor-Empfänger-Systeme wichtig. Sie sind im Anhang II A GenTSV aufgeführt. Allerdings dürfen die biologischen Sicherheitsmaßnahmen nicht kritiklos angewendet werden (s. auch Einstufungsbeispiel mit HIV), d. h. sie greifen nicht in jedem Fall als biologischer Sicherheitsmaßnahmen. Die angeführten anerkannten Vektor-Empfänger-Systeme bieten darüber hinaus die Möglichkeit, bestimmte Begriffe des Gentechnikrechts zu erläutern. Wir haben das am Beispiel der Vektoren im Abschnitt 3.4 getan und den Begriff „geringe Mobilisierbarkeit" erläutert.

3.4.8.2
Empfängerorganismen

Empfängerorganismen, die als biologische Sicherheitsmaßnahme verwendet werden, müssen bestimmte Bedingungen erfüllen:

- Vorliegen einer wissenschaftlichen Beschreibung und taxonomische Einordnung
- Vermehrung nur unter Bedingungen, die außerhalb gentechnischer Anlagen
  selten oder nicht angetroffen werden oder Möglichkeit, die Ausbreitung
  außerhalb gentechnischer Anlagen durch geeignete Maßnahmen unter Kontrolle zu halten
- keine bei Menschen, Tieren oder Pflanzen Krankheiten hervorrufenden und
  keine umweltgefährdenden Eigenschaften
- geringer horizontaler Genaustausch mit anderen Spezies

Wichtige Eigenschaften sind die Apathogenität und die Umweltverträglich-
keit (eingeschränkte Überlebensfähigkeit in der Umwelt, eingeschränkte Gen-
transfermöglichkeiten).

Abb. 3.7   Aufbau eines Plasmids mit Angabe der Elemente und ihrer Herkunft, z. B. pBR322,
ein in den Anfängen der Gentechnik wichtiges Plasmid

3.4.8.3
Erläuterungen zum Vektor

Was ist ein Vektor?

Nach § 3, Nr. 15 GenTG ist ein Vektor ein biologischer Träger, der Nucleinsäuresegmente in eine neue Zelle einführt. Diese Definition des Vektors lehnt sich eng an den Begriffsgebrauch in der Gentechnik an (Abb. 3.8).

Die Anforderungen an die biologischen Eigenschaften von Vektoren haben sich gegenüber den Genrichtlinien geändert. Am Beispiel eines historischen Vektors für *E. coli* – pBR322 – sollen einige Anforderungen aus dem Gentechnikrecht erläutert werden (Tabelle 3.69).

Übertragung von Nucleinsäuren

Nucleinsäuren können zwischen Bakterien über verschiedene Mechanismen ausgetauscht werden (Tabellen 3.70 und 3.71) (Abb. 3.8). Bei der Konjugation und Mobilisation ist ein Zell-Zell-Kontakt notwendig. Transduktion nennt man die Übertragung, wenn bakterielle Viren (Phagen) die Transfervehikel sind. Durch Transformationsprozesse können lösliche Nucleinsäuren aufgenommen werden. Bakterien können natürlicherweise in der Lage sein (z. B. Neisserien und viele grampositive Bakterien) oder werden durch künstliche Methoden (z. B. *E. coli*) befähigt, lösliche DNA aufzunehmen.

Tabelle 3.69 Anforderungen an Vektoren für biologische Sicherheitsmaßnahmen (Vektor-Empfänger-Systeme)

Ausreichende Charakterisierung des Genoms des Vektors Vorliegen einer begrenzten Wirtsspezifität	
Speziell bei Bakterien und Pilzen	– Kein eigenes Transfersystem – Geringe Cotransfer-Rate – Geringe Mobilisierbarkeit
Speziell bei Vektoren für eukaryote Zellen auf viraler Basis	– Keine eigenständige Infektiosität – Geringer Transfer durch endogene Helferviren

Tabelle 3.70 Transfer von Nucleinsäuren bei Prokaryonten

Konjugation	Aktive Übertragung von Nucleinsäuren von Zelle zu Zelle
Pheromon induzierter Plasmidtransfer	Plasmidübertragung mit Zell-Zell-Kontakt induziert durch Lockstoffe (bei Enterococcus faecalis)
Mobilisation/Cotransfer	Mitübertragung durch Helfertransferfunktionen
Transduktion	Übertragung von zellulären Nucleinsäuren durch Viren
Transformation	Effektive Aufnahme von (löslichen) Nucleinsäuren aus der Umgebung

Abb. 3.8 Übertragungs-
mechanismen von
Nucleinsäuren zwischen
Bakterien

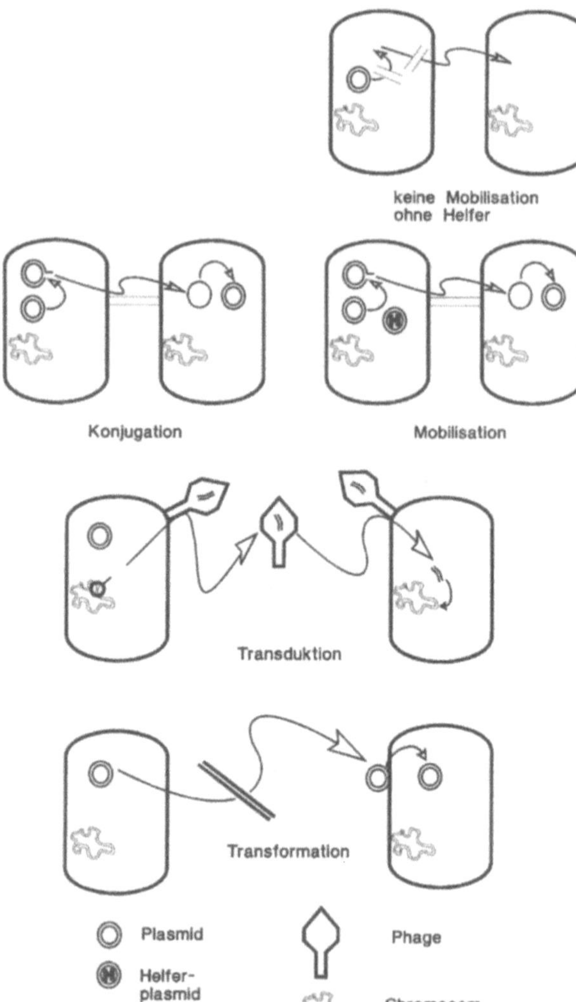

Tabelle 3.71   Transfer von Plasmiden

Konjugative Plasmide	tra$^+$
	Besitzen eigenes Transfersystem
	Beispiel: F-Faktor (*E. coli*), R54drd11
	(dereprimiertes Plasmid)
Nichtkonjugative Plasmide	tra$^-$
	Haben kein eigenes Transfersystem
	Plasmide mit Mobilisierungssystem
	mob(trans) + mob(cis) + <nic/bom+>
	Beispiel: ColK, ColE
	mob(trans)– mob(cis) + <nic/bom+>
	Beispiel: pBR322 (Standardbedingungen: $10^{-7} - 10^{-5}$)
	Optimale Bedingungen: 1
	Plasmide ohne eigenes Mobilisierungssystem
	mob(trans)– mob(cis)–
	Beispiel: Vektoren der puc-Serie
	Kommentar: können nicht direkt mobilisiert werden, aber eventuell nach Rekombination. Übertragung durch Transduktion oder Transformation möglich

Plasmide können in bezug auf ihre Transfereigenschaften (Tabelle 3.71) eingeteilt werden in solche, die ein eigenes Transfersystem besitzen (tra$^+$-Plasmide)
und solche, die keines haben (tra$^-$-Plasmide). Die tra$^-$-Plasmide werden
wiederum unterteilt in mob$^+$-Plasmide ((direkte) Mobilisierung) und
mob$^-$-Plasmide (keine direkte Mobilisierung). Allerdings können auch
tra$^-$mob$^-$-Plasmide übertragen werden (z. B. durch Cotransduktion oder nach
Rekombination zu mob$^+$ (= Cotransfer)).

Geringe Mobilisierung, geringer Cotransfer

Was heißt geringe Mobilisierbarkeit?
Nach § 6 GenTSV müssen Vektoren, von den biologischen Sicherheitsmaßnah-
men als anerkannte Wirt-Vektor-Systeme die vorstehend genannten Kriterien
erfüllen. Im Anhang zu § 6 GenTSV ist pBR322 mit den *E. coli* K12-Stämmen
chi-1776 und MRC1 als Biologische Sicherheitsmaßnahme anerkannt. Aus der
Literatur sind Mobilisierungsdaten dieses Vektors bekannt.
   Am Beispiel des Plasmids pBR322 sollen die obigen Angaben erläutert
werden. Die vollständige DNA-Sequenz des Plasmids ist bekannt. Sie ist in
Datenbanken wie im Europäischen Labor für Molekularbiologie (EMBL),
Vec-Base oder Genbank mit vielen weiteren Angaben erhältlich. Abbildung 3.7
zeigt die Karte des Plasmids mit Angabe der Ursprungsplasmide:

– oriV (Startstelle für die DNA-Verdopplung), mit dem rop-Gen und der nic-
  bom-Stelle (Stelle, an der das Plasmid aufgeschnitten wird, um übertragen
  werden zu können), stammt ab vom Plasmid pMB3 (aus einem klinischen
  Isolat, vom CoIE1-Replikationstyp),

– amp^r-Gen stammt vom Plasmid pRSF2124, welches das Transposon Tn3 enthält (auch β-Lactamase-Gen genannt),
– tet^r-Resistenzgen stammt aus dem Plasmid pSC101[28].

Durch Ligieren (d. h. Zusammenführen der Fragmente) entstand in pBR322 ein neuer (künstlich geschaffener) Promotor (P2) (Abb. 3.7).

Die Frequenz der Mobilisierung hängt von vielen Faktoren ab, wie z. B. vom Spender- und Empfängerorganismus für das Plasmid von dem mobilisierbaren Plasmid, dem (den) Helferplasmid(en) sowie den Übertragungsbedingungen (Labor, Mikrokosmos, Ökosystem, Temperatur, Feuchtigkeit, Salzgehalt etc.). Für pBR322 kann je nach Bedingung die Übertragungsfrequenz um mehrere Zehnerpotenzen schwanken. Die Bedingungen für pBR322 können so optimiert werden, daß innerhalb von 3 h auf jedes Empfängerbakterium ein Plasmid übertragen wird. Das sind aber sehr spezielle Bedingungen, die nur im Labor erreicht werden können und unter natürlichen Bedingungen meist auszuschließen sind. Voraussetzung für die Mobilisation oder den Cotransfer von pBR322 und anderen Plasmiden sind:

– funktionelle bom- und nic-Stellen (cis-mob-Funktion)
– vier funktionelle mob-Proteine eines kompatiblen Plasmids (ColE1, ColK etc.) oder die entsprechenden Gene (transmob-Funktionen)
– kompatibles konjugatives Plasmid oder die entsprechenden Gene (auf einem Plasmid oder dem Chromosom)

Für die Sicherheitsbeurteilung sind die unter speziellen Laborbedingungen gewonnen Ergebnisse oft irrelevant.

Begrenzter Wirtsbereich

Der Begriff „Begrenzter Wirtsbereich von Vektoren" orientiert sich nicht an taxonomischen Verwandtschaften von Organismen. Dies ist leicht zu verdeutlichen am Beispiel von eukaryoten Expressionsvektoren. Diese Vektoren lassen sich in *E. coli* K12 vermehren (Reich der „Prokaryonta"), in Säugerzellen (Reich der „Animalia") werden solche Vektoren für die Expression von Genen verwendet. Shuttle-Vektoren für *E. coli* K12 und Hefen haben auch einen begrenzten Wirtsbereich über Art- und Reichsgrenzen hinweg (Abb. 3.9).

Tabelle 3.72 Mobilisierung von pBR322

Plasmid	Helferplasmid	Frequenz Transkonjuganten/Donor
pBR322		$< 10^{-10}$
pBR322	R64drd111	$2,5 \times 10^{-8}$
pBR322	R64drd11 + ColK	$6,4 \times 10^{-4}$

---

[28] Mit diesem Plasmid wurden 1973 von Cohen et al. eine der ersten gentechnischen Arbeiten durchgeführt.

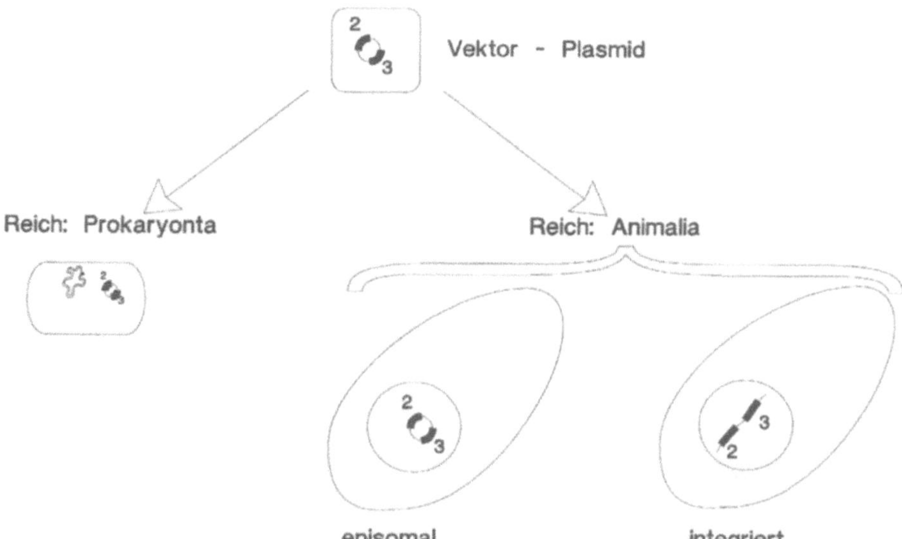

Abb. 3.9 Wirtsbereich von Plasmiden, z.B. „Expressionsplasmide für eukaryote Zellen mit begrenztem Wirtsbereich"

Angaben zum Vektor

Um einen Vektor ausreichend zu charakterisieren, sind die angeführten Punkte zu beachten:

- Bezeichnung und Karte des Vektors
- Ursprungsvektor
- Replikons
- Promotoren, Enhancern, weitere regulatorische Elemente
- Selektionsgene
- weitere Leseraster
- Wirtsspezifitäten
- Mobilisierbarkeit, Co-Transfer
- Eigenes Transfersystem
- Eigenständige Infektiosität
- Tumorigenes Potential

Die Vektoren, für die bei Antragstellung keine Angaben mehr erforderlich sind, hat die Geschäftsstelle der ZKBS in einer ständig aktualisierten Liste zusammengestellt. Im Merkblatt „Gentechnisch veränderte Organismen" der BG Chemie sind weitere Vektoren und dazugehörige Literatur aufgeführt. Sind die Eigenschaften des Ausgangsvektors bekannt (z.B. pBR322) und haben sich relevante Eigenschaften im abgeleiteten Vektor nicht geändert, so können die Angaben zu den Eigenschaften des Ausgangsvektors herangezogen werden (z.B. hat sich die Mobilisierbarkeit von puc-Vektoren (pBR322 Derivate) in bezug auf pBR322 nicht erhöht oder der Wirtsbereich ist nicht unbegrenzt).

Übertragbare und infektiöse Vektoren

Übertragbare bzw. infektiöse Vektoren müssen gesondert betrachtet werden. Sie können nur im Zusammenhang mit den eingeführten Sequenzen bewertet werden. Bei Arbeiten mit Prokaryonten werden häufig mobilisierbare Vektoren verwendet. In der Regel tragen solche Vektoren keine Gene für ein eigenes Transfersystem. Diese werden entweder durch ein weiteres kompatibles Plasmid oder integriert im Chromosom des Donorstammes zur Verfügung gestellt.

3.5
Retroviren, Oncogene, infektiöse virale Nucleinsäuren

Retroviren haben bei der Diskussion um biologische Sicherheitsfragen immer eine große Rolle gespielt. Um die Herkunft von HIV hat sich dabei eine kontroverse Diskussion entwickelt, die teilweise auch in der Öffentlichkeit geführt wurde. Deshalb soll kurz auf die Retroviren eingegangen werden, besonders auf ihre Geschichte wird tabellarisch hingewiesen. Ein anderes, kontrovers diskutiertes Thema ist das Gefährdungspotential von Nucleinsäuren. Auch hier wird ein kurzer zeitlicher Abriß über die Entdeckung von Nucleinsäuren mit infektiösem und Gefährdungspotential gegeben.

Retroviren bzw. durch Retroviren bedingte Krankheiten sind seit Anfang dieses Jahrhunderts bekannt (Tabelle 3.73). Die biologischen Eigenschaften dieser

Tabelle 3.73   Geschichtliche „Highlights" der Retroviren

Jahr	Ereignis/Entdeckung
1904	Lentivirus (Infektiöse Anämie des Pferdes)
1908	Leukämievirus des Huhns (Bang und Ellermann)
1911	Onkovirus (RSV/Rous-Sarcoma-Virus) des Huhns (Peyton Rous)
1955	Morphologische Struktur wurde beschrieben (Elektronenmikroskopie durch Gaylord bzw. Bernhard)
1956	RSV transformieren sekundäre Hühnerfibroblasten (Manaker und Groupe)
1958	RSV macht Transformationsfoci (Temin und Rubin)
1961	RNa als Genom von RSV beschrieben (Crawford und Crawford)
1964	Vorschlag Termin: RSV liegt als DNa-Provirus in Zellen (im Zellgenom) vor
1970	Reverse Transkriptase in Retroviren beschrieben (Mizutani und Temin, Baltimore)
um 1970	Viele neue Retroviren beschrieben und biochemisch untersucht
1970 – 1980	Intensive Suche, insbesondere in den USA nach humanen Retroviren. Alle Standardmethoden und Hilfsmittel wurden angewandt, zahlreiche Isolate beschrieben (fast von jeder bekannten Forschergruppe auf dem Gebiet der Retroviren). Viele Publikationen waren aber falsch.
1980/1981	Erstes echte humane Retrovirus beschrieben, HTLV 1 oder ATLV genannt
1982	HTLV II
1983	HIV (HTLV III/LAV)

Der Weg von den Retroviren zu den Oncogenen ab 1975/1976

1975	In allen normalen Vertebratenzellen kommen homologe Sequenzen zum src-Gen des RSV vor, nicht aber zu den gag/pol/env Genen (Stehelin)

Tabelle 3.73   (Fortsetzung)

1979–1982	Zahlreiche Oncogene aus Tumorzellen wurden isoliert und charakterisiert auf der Grundlage der DNA-Transfektion (NIH-Zellsystem) und DNA-Klonierung. Die zellulären Gene konnten zahlreichen verschiedenen transformierenden Genen aus Retroviren zugeordnet werden
1983	Mehrere Gene sind für die Karzinogenese erforderlich: (Land) – Gene für das permanente Wachstum (Zellteilung) der Zellen – Gene für die Umwandlung einer normalen in eine transformierte Zelle

Jetztstand

– Ca. 1/3 der menschlichen Tumoren stehen in Zusammenhang mit Viren
– Ursache menschlicher Tumoren liegt in multiplen Mutationen (Punktmutationen, Translokationen, Amplifikationen) in Onco-, Tumorsuppressor- und Mutatorgenen (wahrscheinlich 5–6 unabhängige Schritte wie im Vogelsteinmodell des Colonkarzinoms angenommen)

Die unerwartete Verwandtschaft

1983	Entdeckung, daß das virale v-sis-Genprodukt mit dem platelet derived growth factor (PDGF) verwandt ist (c-sis-Genprodukt). Dieser Entdeckung folgte, daß viele Oncogene für Wachstumsfaktoren, Wachstumsfaktorrezeptoren, Transkriptionsfaktoren usw. kodieren

Viren sind von vielen Arbeitsgruppen untersucht worden. HIV ist, obwohl erst Anfang der 80er Jahre entdeckt, eines der bestuntersuchten eukaryoten Viren. Die ersten Oncogene wurden in Retroviren gefunden, die funktionellen Eigenschaften von Oncogenen wurden zuerst an Retrogenoncogenen beschrieben. Viele Untersuchungen über die biologischen Eigenschaften von Oncogenen wurden und werden mit retroviralen Oncogenen gemacht. Diese sind als Modellorganismen anzusehen, wenn es um die Abschätzung von Risiken geht, die von Oncogenen ausgehen. Das src-Oncogen wird sich in einem aviären Retrovirusvektor nicht wesentlich anders verhalten als im Rous-Sarkomavirus.

3.5.1
Infektiöse virale Nucleinsäuren

Daß eine Nucleinsäure infektiös sein kann, wurde durch Gierer und Schramm am Beispiel des Tabak-Mosaik-Virus schon 1956 beschrieben (Tabelle 3.74). Auch die RNA vom Poliovirus, einem humanpathogenen Virus, ist infektiös. An anderen Viren konnte ebenfalls gezeigt werden, daß ihre genomische Nucleinsäuren infektiös sind. Aber nicht von allen Viren ist die Nucleinsäure infektiös. Negativbeispiele sind die Myxoviren (z.B. „Grippe"-Viren) oder die Paramyxoviren (z.B. Morbilliviren wie Masernvirus, Hund- und Seehundstaupevirus). Infektiöse virale Nucleinsäuren sind Beispiele für Nucleinsäuren mit eigenständigem Gefährdungspotential. Sie haben bei der allgemeinen Diskussion um das Gefährdungspotential von Nucleinsäuren eine wichtige Rolle gespielt. Tabelle 3.74 ist aufgeführt, um zu verdeutlichen, seit wann diese Eigen-

Tabelle 3.74 Infektiöse virale und übertragbare Nucleinsäuren

Jahr		Nucleinsäure
1952	Hershey und Chase	Hinweis, daß Phagen-DNA für Infektion ausreicht (T_2Phage)
1956	Gierer und Schramm	Pflanzenvirus Hochgereinigtes RNA des Tabak-Mosaik-Virus ist infektiös, d.h. sie ruft, eingebracht in geeignete Zielzellen, in diesen Krankheitssymptome hervor und führt zur Viruspartikelbildung. Nature
1959	Mountain und Alexander	Humanes virus Infectivity of ribonucleic acids (RNA) from Type 1 poliovirus in embryonated eggs Proc. Soc. Exp. Bio. & Med. *101*, 527
1970	Pagano	Früher Review: Biologic acitivity of isolated viral nucleic acids. Progress Med. Virol. *12*, 1[a]
1972	Hill und Hillova	Hühnertumorvirus Recovery of a temperature-sensitive mutant of Rous Sarcoma virus from chicken cells exposed to DNA extracted from hamster cells transformed by mutants Virology *49*, 39
1972	Boyd und Butel	Papovavirus Demonstration of infectious deoxyribonucleic acid in transformed cells. I. Recovery of simian virus 40 from yielder and nonyielder transformed cells. J. Virol *10*, 399–406
1973	Graham und van der Eb	Adenovirus A new technique for the assay of infectivity of human adenovirus 5 DNA. Virology *52*, 456–467
1980	Pellicer, Robins, Wold, Sweet, Jackson, Lowy, Roberts, Sim, Silverstein und Axel	Celluläre Oncogene Altering genotype and phenotype by DNA-mediated transfer. Science *209*, 1414–1422
1983	Fung, Crittenden, Fadly und Kung	Kloniertes v-src ruft in Hühnern Sarkome hervor. Tumor induction by direct injection of cloned v-src DNA into chickens. Proc. Natl. Acad. Sci. USA *80*, 353–357
1984	Asselin, Gelinas, Branton und Bastin	Kloniertes Polyomavirus „middle T" in neugeborenen Hamstern bewirkt Tumorbildung Mol. Cell. Biol. *4*, 755–760
1991	Burns, Jack, Neilson, Haddow und Balmain	T24-H-ras Oncogen Transformation of mouse skin endothelial cells in vivo by direct application of plasmid DNA encoding the human T24 H-ras oncogene Oncogene *6*, 1973–1978

[a] Weitere Viren: Enzephalomykarditisvirus, Virus der östlichen und westlichen Pferde-enzephalitis, Maul- und Klauenseuche (MKS), Semliki-Forest-, Sindbis-, Parvo, Polyoma- und Papillomavirus.

Tabelle 3.75 Nucleinsäuren von Tumorviren

	Menge µg	Tier	Ergebnis % der Tiere mit Tumorentwicklung
Bouchard et al. 1984 *Polyoma Virus*			
(Komplettes) Genom in pBR322	2	Neugeborene Ratte	18/37 48,7%
Subgenom – Small und middle T in pBR322	2		57/111 51,4%
	0,2		2/9 22,3
(Komplettes) Genom in pBR322	2	Neugeborener Hamster	5/6 83,3%
Subgenom – Small und middle T in pBR322	2		6/8 75%
SV 40 (Komplettes) Genom in pBR322	2		4/7 57%
Moyer et al. 1989 *SV 40*			
(Komplettes) Genom oder Genomäquivalente aus Virionen	5–10		134/137 97,8%
(Komplettes) Genom in pBR322	5–10		5/182 2,7%
Subgenom Subgenom mit vollständigem T-Antigen aus Virionen	5–10		0/131 0%
Mufson et al. (1985) *Polyoma A 2*			
Virales Genom	1		2/22 9,0%

schaft von Nucleinsäuren bekannt ist. Sie wurde entdeckt, lange bevor gentechnische Verfahren beschrieben und angewendet wurden.

Die Tumorigenität von Nucleinsäuren wurde mit DNA-Tumorviren bzw. dem Genom der Genomteilen von DNA-Tumorviren untersucht. In den Tabellen 3.75 und 3.77 sind einige wichtige Untersuchungen zur Tumorigenität von Nucleinsäuren zusammengefaßt.

Zellen und Organismen verfügen über die Fähigkeit, Nucleinsäuren aufzunehmen und nutzen zu können (Tabelle 3.76). Pathogene Bakterien und einzellige Parasiten können sich durch horizontalen Genaustausch besser an ihren Wirtsorganismus anpassen. Bedeutsam für die Sicherheit ist diese Eigenschaft, wenn es um die Beurteilung von Nucleinsäuren, insbesondere bei der Freiset-

Tabelle 3.76 Nucleinsäureaufnahme durch Organismen und Zellen

Dogma:	Lebende Zellen sind prinzipiell in der Lage, Nucleinsäure aufzunehmen und zu „nutzen"! Die aufgenommene Nucleinsäure kann in freier Form oder im Genom integriert vorliegen. Die Effizienz der Aufnahme ist sehr unterschiedlich: mal schlecht – mal gut, oft aber nicht sicherheitsrelevant

Beispiele	Typen der Aufnahme
Bakterienzellen	Spontan, induziert
Insektenzellen	Mit speziellen Methoden (z. B. Liposomen,
Amphibienzellenoocyten	Elektroporation, Ca-Phosphatpräzipitationsmethode)
Säugerzellen	

Tabelle 3.77 Übertragung von viralen Genen und Genomen

Organismus	Empfänger/ Wirt	Dosis	Anzahl der möglichen Genome	Erfolg
Polyomavirus	Maus	200 Viruspartikel	200	+
Polyomavirus-DNA	Maus	10^8 Moleküle	10^8	+
Kloniertes Polyomavirus DNA in *E. coli* K12	Maus	10^{12} Bakterien	$1 - 30 \times 10^{12}$	–

zung größerer Mengen, geht. Fachleute gehen davon aus, daß Nucleinsäuren bis auf die oben genannten Ausnahmen kein wesentliches Gefährdungspotential besitzen. Für die Inaktivierung von pathogenen Bakterien reicht z. B. deren vollständige Abtötung durch Autoklavieren aus. Die Nucleinsäuren der abgetöteten Bakterien müssen nicht besonders nachbehandelt werden.

Das Verfahren der gentechnischen Immunisierung beruht auf dieser Eigenschaft von Zellen. Dabei werden spezielle Vektoren (DNA-Vektoren) mit besonderen Geräten oder einfach durch Injektion in die Haut oder Muskulatur eingebracht. Die Vektoren enthalten DNA-Stücke mit folgenden Eigenschaften: Sie kodieren für Antigene, welche für den Schutz vor Infektionen oder zur Tumorabwehr wichtig sind und enthalten geeignete Regulationssequenzen. Die Vektoren werden von Gewebszellen aufgenommen, integriert und exprimiert. Das Immunsystem erkennt die so veränderten Körperzellen, die auf ihrer Oberfläche das „neue" Antigen tragen oder präsentieren, es wird aktiviert und entwickelt eine Immunantwort. Bei der somatischen Gentherapie werden Vektoren (z. B. retrovirale Vektoren, Adenovirusvektoren) z. B. über Aerosole in die Lungen eingebracht. Geeignete Zellen in der Lunge nehmen den Vektor auf und können Gene des Vektors exprimieren.

Tabelle 3.78 Gegensätzlichkeit der Oncogene

Normale zelluläre Gene	Virale Oncogene
Gene, die bei Tumorentstehung eine wichtige Rolle spielen. (Theorie der kumulativen Änderung an Oncogenen und Antioncogenen bei der Tumorentstehung).	Mögliche infektiöse Übertragung
Problem: Oncogene in infektiösen Vektoren (z. B. Retro-, Vaccinia-, Herpes-, Adenovirusvektoren)	

3.5.2
Oncogene

Was sind Oncogene?

Oncogene sind Gene, welche für Proteine kodieren, die für übergreifende Funktionen einer Zelle eine wichtige Rolle spielen. Ist die Regulation dieser Gene gestört oder sind diese Gene verändert, können Tumoren entstehen oder induziert werden. Oncogene sind normale Gene („Protooncogene") oder in Viren („virale Oncogene") enthalten (Tabelle 3.78). In ihren Auswirkungen unterscheiden sich diese beiden Oncogenarten. Protooncogene müssen meist vorher verändert werden, um oncogen sein zu können. Die Änderung kann eine Änderung im Strukturenbereich sein, aber auch eine Änderung im Regulationsbereich des Gens. Virale Oncogene sind von sich aus schon oncogen. Für die Tumorentstehung bösartiger Tumoren beim Menschen geht man davon aus, daß mehrere Gene (> 4) verändert sein müssen: Oncogene, Tumorsuppressorgene und Mutatorgene. Bei der Onkogenese des Kolonkarzinoms sind mindestens folgende Gene beteiligt: „familiar colon cancer"-Gen (FCC) (Mutatorgen auf Chromosom 2), K-Ras (Oncogen auf Chromosom 12), Gene für Cycline (Oncogene auf verschiedenen Chromosomen), neu/HER2 (Oncogen auf Chromosom 17), myc (Oncogen auf Chromosom 8), „adenomatous polyposis coli"-Gen (APC) (Tumorsuppressorgen auf Chromosom 5), „deleted in colon cancer"-Gen (DCC) (Tumorsuppressorgen auf Chromosom 18) und p53 (Tumorsuppressorgen auf Chromosom 17).

Oncogene Viren können herangezogen werden, um im gentechnischen Kontext das Risiko von Oncogenen abschätzen zu können. Beispielsweise sind Arbeiten, bei denen mit Zellen umgegangen wird, die das große T-Antigen von SV 40 tragen, der Sicherheitsstufe 1 zugeordnet. Arbeiten mit *E. coli* K12, die ein aktiviertes Oncogen, das z. B. aus menschlichen Tumoren isoliert wurde (unter der Kontrolle eines „starken" eukaryoten Promotors), sind mindestens in die Sicherheitsstufe 2 eingestuft, veranschaulicht durch folgende Beispiele:

- SV40 large T-Gen in eukaryotem Plasmidexpressionsvektor (Sicherheitsstufe 1)
- v-H-ras-Gen in eukaryotem Plasmidexpressionsvektor mit starkem eukaryotem Promotor in *E. coli* (Sicherheitsstufe 2)

Beim Umgang mit Oncogenen sind, unabhängig von der Sicherheitsstufe, von der ZKBS Empfehlungen ausgesprochen worden, die wichtige Maßnahmen zusammenfassen:

- Handschuhe tragen
- keine spitzen Gegenstände verwenden
- nicht mit großflächigen Wunden oder Wundekzemen arbeiten

Literaturhinweise

Zitate

1. Berg HH (1979) In: Allgemeine Pathologie, Doerr W, Quadbeck G (Hrsg). Springer, Berlin Heidelberg New York (HTB 68)
2. Kant J (1785) Grundlegung zur Metaphysik der Sitten
3. Mittelstraß J (1990) Von der Freiheit der Forschung und der Verantwortung des Wissenschaftlers. Naturwissenschaften 77:149–157
4. Popper KR (1991) Gedankenskizzen über das, was wichtig ist. In: Dürr HP, Zimmerli WC (Hrsg) Geist und Natur. Scherz, Bern

Recht und BG Chemie

1. Eberbach W, Ferdinand FJ (1990) Gentechnikrecht: Gentechnikgesetz, Verordnungen, EG-Richtlinien, Formulare mit amtlicher Begründung und Erläuterungen. Müller, Heidelberg
2. Engisch K (1983) Einführung in das juristische Denken. Kohlhammer, Stuttgart
3. Hasskarl H (1990) Gentechnikrecht (Textsammlung): Gentechnikgesetz und Rechtsverordnungen. Editio Cantor, Aulendorf
4. Hasskarl H (1991) Gentechnikrecht (Materialsammlung): Amtliche Begründungen zum Gentechnikgesetz und zu den Gentechnikrechtsverordnungen sowie Texte der maßgeblichen EG-Richtlinien. Editio Cantor, Aulendorf
5. Rehbinder M (1991) Einführung in die Rechtswissenschaft. deGruyter, Berlin
6. Wesel U (1992) Fast alles was Recht ist. JURA für Nicht-Juristen. Eichborn, Frankfurt
7. Berufsgenossenschaft der chemischen Industrie (ab 1990) Merkblätter „Sichere Biotechnologie" B 001 Einführung, Begriffe, Vorschriften; B 002 Laboratorien; B 003 (Betrieb; B 004 Viren; B 005 Parasiten; B 006 Bakterien; B 007 Pilze; B 008 Gentechnisch veränderte Organismen; B 009 Zellkulturen. Jedermann, Heidelberg

Biologie

Mikrobiologie

8. Brandis H, Eggers HJ, Köhler W, Pulverer G (1994) Medizinische Mikrobiologie. Fischer, Stuttgart
9. Davies BD, Dulbecco R, Eisen HN, Ginsberg HS (1990) Microbiology. Lippincott, Philadelphia
10. Hahn H, Falke D, Klein P (1991) Medizinische Mikrobiologie. Springer, Berlin Heidelberg New York Tokyo
11. Kayser FH, Bienz KA, Eckart J, Lindenmann J (1993) Medizinische Mikrobiologie. Thieme, Stuttgart
12. Jawetz E, Melnick JL, Adelberg EA (1991) Medical microbiology. Prentice Hall, Englewood Cliffs
13. Rolle M, Mayr A (1994) Medizinische Mikrobiologie, Infektions- und Seuchenlehre. Enke, Stuttgart

14. Schlegel HG (1992) Allgemeine Mikrobiologie. Thieme, Stuttgart
15. Volk WA, Benjamin DC, Kadner RJ, Parsons JT (1991) Essentials of medical microbiology. Lippincott, Philadelphia
16. Werner H, Heizmann WR, Döller PC (1991) Medizinische Mikrobiologie. Schattauer, Stuttgart
17. Dönges J (1988) Parasitologie. Thieme, Stuttgart
18. Katz M, Despommier DD, Gwadz R (1989) Parasitic diseases. Springer, Berlin Heidelberg New York Tokyo
19. Mehlhorn H, Pikarski G (1989) Grundriß der Parasitenkunde. Schattauer, Stuttgart

Pilze

20. Gemeinhardt H (1989) Endomykosen. Fischer, Stuttgart
21. Heizmann WR (1993) Systemische Pilzinfektionen. Fischer, Stuttgart
22. Müller E, Loeffler W (1992) Mykologie. Thieme, Stuttgart

Virologie

23. Fields BN, Knipe DM (1990) Virology. Raven Press, New York

Phytopathologie – Pflanzenschädlinge

24. Ohnesorge B (1991) Tiere als Pflanzenschädlinge. Thieme, Stuttgart
25. Schlösser E (1983) Allgemeine Phytopathologie. Thieme, Stuttgart

Infektionskrankheiten und Hygiene

26. Alexander M, Raettig H (1987) Infektionskrankheiten. Thieme, Stuttgart
27. Borneff J, Borneff M (1991) Hygiene. Thieme, Stuttgart
28. Farrar WE, Wood MJ, Innes JA, Tubs H (1992) Infectious dieseases – text and color atlas. Gower, London
29. Feigin RD, Cherry JD (1992) Textbook of pediatric infectious diseases, Vol I u. II. Saunders, London
30. Gorbach SL, Barlett JG, Blacklos NR (1992) Infectious diseases. Saunders, London
31. Hart CA, Broadhead RL (1993) Infektionskrankheiten im Kindesalter (Wolfe Coloratlas) Ullstein Mosby, Berlin
32. Lange W (1993) Tropenmedizin in Klinik und Praxis. Thieme, Stuttgart
33. Thomas C, Brunner H, Hagedorn M, Salfelder K, Weuta H (1991) Infektionskrankheiten. In: Thomas C (ed.) Grundlagen der klinischen Medizin, Bd 10. Schattauer, Stuttgart

Immunologie

34. Klein J (1990) Immunologie. VCH, Weinheim
35. Paul WE (1993) Fundamental immunology. Raven Press, New York
36. Stites DP, Terr AI, Parslow TG (1994) Basic and clinical immunology. Lange, Norwalk, CT

Impfungen

37. Stickl H, Weber HG (1987) Schutzimpfungen. Hippokrates, Stuttgart

Genetik, Molekularbiologie und Gentechnik

38. Knippers R, Philippson P, Schäfer KP, Fanning E (1990) Molekulare Genetik. Thieme, Stuttgart
39. Regal PJ (1985) Models of genetically engineered organisms and their ecological impact. Recomb DNA Tech Bull 10:67–85

Oncologie

40. Calabresi P, Schein PS (1993) Medical oncology. McGraw Hill, New York
41. DeVita VT, Hellmann S, Rosenberg SA (1993) Cancer – principles & practice of oncology. Lippincott, Philadelphia
42. Mendelsohn J, Howley PM, Israel MA, Liotta LA (1995) The molecular basis of cancer. Saunders, London
43. Nathan DG, Oski FA (1993) Hematology of infancy and childhood. Saunders, London

Sicherheit

44. Dittmar KEJ (1992) Sicherheit im Umgang mit Viren (einschließlich Mycoplasmen und Oncogenen), Zellkulturen und Versuchstieren. In: Sicherheit in der Biotechnologie – Technische Grundlagen. Hüthig, Heidelberg
45. Dittmar KEJ (1993) Sicherheit im Umgang mit Mikroorganismen. In: Arbeitsplatz Gentechnik – neue Aufgaben für den Arbeitsschutz. Edition Temmen, Bremen

Beispiele der Sicherheitseinstufung gentechnischer Arbeiten mit häufig wiederkehrenden Fragestellungen

I. Kruczek

4.1
Pathogenitätsprinzip bei Prokaryonten und Übertragbarkeit

Pathogene bakterielle Infektionserreger enthalten im Gegensatz zu apathogenen Stämmen bestimmte spezifische Pathogenitäts- oder Virulenzfaktoren, die für deren Pathogenität verantwortlich sind. Werden im Verlauf einer gentechnischen Arbeit Nucleinsäureabschnitte eines pathogenen Spenderorganismus in einen apathogenen Empfängerorganismus übertragen, muß bei der Frage nach der Übertragbarkeit der Pathogenitätsfaktoren die genetische Grundlage, d. h. die am Pathogenitätsprinzip beteiligten Gene, betrachtet werden. Wird der Pathogenitätsfaktor von einem einzelnen Gen kodiert, besteht die Möglichkeit der Übertragung. Ist der Pathogenitätsfaktor das Endprodukt einer Synthesekette mit mehreren Syntheseschritten, ist nicht zu erwarten, daß das Pathogenitätsprinzip übertragen wird. Wenn die Pathogenitätsgene auf Plasmiden oder auf sog. „Pathogenitätsinseln" liegen, muß das Risiko der Übertragbarkeit in Abhängigkeit des zu verwendenden Vektors abgeschätzt werden.

Gleichzeitig müssen die molekularen Grundlagen der Pathogenität oder Apathogenität des Empfängerorganismus betrachtet werden, um beurteilen zu können, ob durch die neu eingeführten Nucleinsäureabschnitte der pathogene oder apathogene Zustand verändert wird.

Als Beispiel soll das Bakterium *Escherichia coli* dienen.

E. coli ist ein natürlicher Bestandteil der Darmflora und umfaßt ungefähr 1% der Darmbakterien. Manche *E. coli*-Stämme sind fakultativ pathogen. Sie können intestinale oder extraintestinale Infektionserkrankungen hervorrufen. Für die Pathogenität sind 5 Faktoren verantwortlich [1–3]:

- Adhäsionsfaktoren (Fimbrien)
- Invasionsfaktoren
- Toxine
- Serumresistenz
- Oberflächenstrukturen

Entsprechend sind gemäß §5, Abs. 2 in Verbindung mit Anhang I der Gentechniksicherheitsverordnung (GenTSV) enteroinvasive, enteropathogene, enterohämorrhagische, enterotoxische und uropathogene Stämme von *E. coli* Organismen der *Risikogruppe* (*RG*) 2.

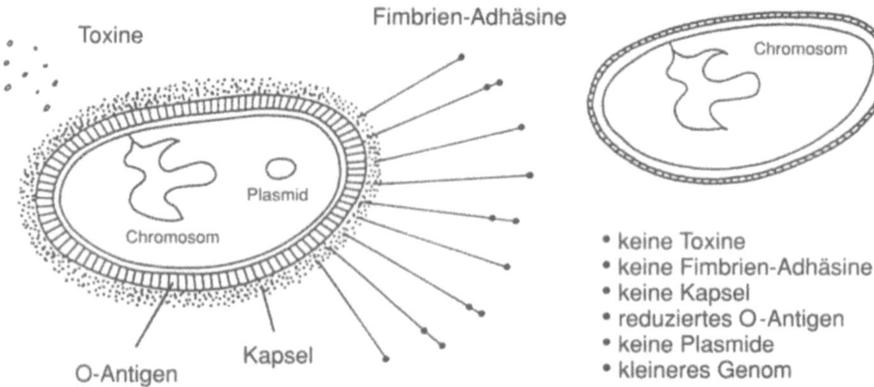

Abb. 4.1 Schematische Darstellung eines pathogenen und eines apathogenen *E. coli*-Stammes [3], linker Teil: pathogen, rechter Teil: apathogen

E. coli K12, welches in nahezu allen Genlaboratorien als Empfängerorganismus bei Klonisierungsexperimenten verwendet wird, ist dagegen ein apathogenes natürliches Isolat und somit gemäß § 5, Abs. 2 in Verbindung mit Anhang I GenTSV ein Organismus der *RG 1*. Die aufgeführten fünf Pathogenitätsfaktoren fehlen bei *E. coli* K12 [3] (Abb. 4.1).

Werden Gene aus pathogenen bakteriellen Spendern in *E. coli* K12 überführt, muß dessen apathogener Zustand erneut überprüft werden. Die folgenden Beispiele gentechnischer Arbeiten sollen solche Risikoabschätzungen veranschaulichen. Die Zitate beziehen sich auf gentechnische Arbeiten zu Forschungszwecken.

4.1.1
Beispiel: Anlegen einer Genbank von *Enterobacter aerogenes*

Spenderorganismus

Gemäß § 5, Abs. 2 i. V. m. Anhang I GenTSV
Enterobacter aerogenes
Risikogruppe 2

Empfängerorganismus

Gemäß § 5, Abs. 2 i. V. m. Anhang I GenTSV
E. coli K12 mit dem Vektor pUC18
Risikogruppe 1

Gentechnisch veränderte Organismen (GVO)

Gemäß § 5, Abs. 2, 3 und 5 i. V. m. Anhang I GenTSV
E. coli K12 einschließlich o. g. Vektors mit shotgun-klonierten sugenomen Nukleinsäureabschnitten von *Enterobacter aerogenes*
Risikogruppe 1

Begründung
Enterobacter aerogenes ist ein ubiquitärer, opportunistischer Krankheitserreger des Respirations-, Darm- und Urogenitaltrakts von Säugetieren. Die Pathogenität von *Enterobacter aerogenes* wird durch Lipopolysaccharide (Lipid A) und Kapselpolysaccharide bestimmt, die durch das Zusammenwirken mehrerer Gene gebildet werden [1,2]. Eine Übertragung des Pathogenitätsprinzips auf den Empfängerorganismus ist nicht wahrscheinlich, da der Pathogenitätsmechanismus des Spenders von verschiedenen Genen bestimmt wird. Außerdem erfüllt das Vektor-Empfänger-System die Voraussetzungen von § 6, Abs. 4 und 5 GenTSV und entspricht einer anerkannten biologischen Sicherheitsmaßnahme gemäß Anhang II A GenTSV.

Einstufung der gentechnischen Arbeit

Gemäß § 7, Abs. 3 und 5 GenTSV
Sicherheitsstufe 1

4.1.2
Beispiel: Anlegen einer Genbank von *Streptococcus pyogenes*

Spenderorganismus

Gemäß § 5, Abs. 2 i. V. m. Anhang I GenTSV
Streptococcus pyogenes
Risikogruppe 2

Empfängerorganismus

Gemäß § 5, Abs. 2 i. V. m. Anhang I GenTSV
E. coli K12 mit dem Vektor pUC18
Risikogruppe 1

Gentechnisch veränderte Organismen (GVO)

Gemäß § 5, Abs. 2 und 3 i. V. m. Anhang I GenTSV
E. coli K12 einschließlich o. g. Vektors mit shotgun-klonierten subgenomischen Nukleinsäureabschnitten von *Streptococcus pyogenes*
Risikogruppe 2

Begründung
Streptococcus pyogenes ist der Erreger von Scharlach. Seine Pathogenität wird durch eine Reihe von Exotoxinen wie z.B. Hämolysin, Fibrinolysin, Hyaluronidase und den erythrogenen Toxinen hervorgerufen [1,2]. Diese Toxine werden durch einzelne Gene kodiert. Damit kann nicht ausgeschlossen werden, daß Pathogenitätsfaktoren auf den Empfängerorganismus übertragen werden.

Einstufung der gentechnischen Arbeit

Gemäß § 7, Abs. 3 GenTSV
Sicherheitsstufe 2

In einer weiteren gentechnischen Arbeit soll ein Immuntoxin produziert werden. Ein bereits hergestellter, gentechnisch veränderten *E. coli* K12-Stamm, der auf einem Plasmid das Immuntoxingen trägt [4], soll zur Aufarbeitung des Immuntoxins vermehrt werden.

Der Spenderorganismus für den Toxinanteil ist *Pseudomonas aeruginosa*, ein humanpathogenes Bakterium der *RG 2*. *Pseudomonas aeruginosa* bildet ein Exotoxin, welches auf Säugerzellen eine zytotoxische Wirkung ausübt, indem es durch ADP-Ribosylierung und Inaktivierung des Elongationsfaktors 2 die Proteinsynthese blockiert.

Dieses Pseudomonas-Exotoxin (PE) besteht aus 3 Strukturdomänen mit unterschiedlichen Funktionen:

- Zellerkennung
- Transport durch die Zellmembran
- ADP-Ribosylierung

Durch die Deletion der Strukturdomäne I geht die Zytotoxizität verloren, da die Bindung an zelluläre Rezeptoren nicht mehr erfolgen kann. Damit geht gleichzeitig der Verlust eines wesentlichen Teils des Pathogenitätsprinzips einher.

Die Nucleinsäureabschnitte der Strukturdomänen II und III des Pseudomonas-Toxins wurden an ein Antikörperfragment fusioniert, welches gerade noch in der Lage ist, ein Antigen auf der Oberfläche von Tumorzellen zu erkennen. Dieses Antikörperfragment stammt von einem monoklonalen Antikörper und wurde bis auf einen minimalen Antigen-erkennenden Teil verkürzt.

Es wurde festgestellt, daß das im Bakterium gebildete Immuntoxin in einer inkorrekten Faltung vorliegt, so daß keine biologische Aktivität vorhanden ist. Das Toxin muß zunächst über einen komplizierten Vorgang renaturiert werden, damit es biologisch aktiv wird. Im geplanten Experiment sollen die rekombinanten *E. coli* K12-Bakterien gezüchtet, das Protein isoliert und die Renaturierung unter verschiedenen experimentellen Bedingungen getestet werden.

Die gentechnische Arbeit ist in diesem Falle lediglich die Vermehrung und die Lagerung oder gegebenenfalls die Inaktivierung eines gentechnisch veränderten Organismus, da er bereits hergestellt und teilweise analysiert wurde.

4.1.3
Beispiel: Herstellung eines Immuntoxins

Gentechnisch veränderter Organismus (GVO)

Gemäß § 5, Abs. 2, 3 und 5 i. V. m. Anhang I GenTSV
E. coli K12 einschließlich des Vektors pEX, mit einem Nukleinsäurefragment eines Antikörpers der Maus und den Nukleinsäureabschnitten der Strukturdomänen II und III von *Pseudomonas aeruginosa*
Risikogruppe 1

Begründung
Die Spenderorganismen sind Organismen der *RG 1* (Maus) und 2 (*Pseudomonas aeruginosa*). Der Empfänger ist ein Organismus der *RG 1*.

Der aus *Pseudomonas* übertragene Nucleinsäureabschnitt kodiert für einen Teil eines Exotoxins. Da die Strukturdomäne I des Exotoxins deletiert wurde, hat das Toxin einen wesentlichen Teil seiner zytotoxischen Eigenschaft verloren, da es den Kontakt zur Säugerzelle nicht mehr herstellen kann. Durch die Kopplung an das Mäuseantikörperfragment ist eine sehr hohe Spezifität der Zellerkennung für Tumorzellen vorhanden, so daß auch dadurch die ursprünglich vorhandene, für alle Säugerzellen wirksame zytotoxische Eigenschaft des *Pseudomonas*-Toxins nicht wieder hergestellt ist, sondern auf die jeweilige Tumorzelle beschränkt ist.

Das in *E. coli* K12 hergestellte Immuntoxin liegt in einer inaktiven Form vor.

Das Pathogenitätsprinzip des Spenderorganismus ist somit nicht übertragen worden.

Darüber hinaus handelt es sich bei dem Vektor-Empfänger-System um eine anerkannte biologische Sicherheitsmaßnahme gemäß Anhang II GenTSV.

Einstufung der gentechnischen Arbeiten

Gemäß § 7, Abs. 3 und 5 GenTSV
Sicherheitsstufe 1

4.2
Humanpathogene Viren als Spenderorganismen

Die Pathogenität von Viren kann dadurch verursacht werden, daß sich das Virus in der infizierten Zelle repliziert und durch die Lyse dieser Zelle deren Tod herbeiführt, oder daß das Genom des Virus in der infizierten Zelle persistiert und durch bestimmte selbst codierte Proteine eine Fehlfunktion der Wirtszelle, z. B. deren neoplastische Transformation, hervorruft. Bei vielen Viren wurden beide pathogenen Wirkungen festgestellt. Es besteht jedoch in Ausübung der jeweiligen pathogenen Wirkung eine Wirtsspezifität sowohl der Spezies als auch des Zelltyps innerhalb einer Spezies.

Das humanpathogene Adenovirus Typ 12 z. B. infiziert die Schleimhautzellen des menschlichen Respirationstraktes und führt dort durch die Lyse der infizierten Zellen zu Entzündungen [10]. Eine Persistenz des Virus bzw. seines Genoms und eine dadurch verursachte Transformation wurden beim Menschen nicht festgestellt. In Nagerzellen wurde die Replikation des Adenovirus Typ 12 nicht beobachtet. Die Untersuchungen ergaben, daß es in Nagerzellen zu einer abortiven Infektion kommt, d. h. nur zur Expression der frühen viralen Gene, die DNA-Replikation findet nicht statt. Nach Injektion des Virus in neugeborene Hamster können diese Tumore entwickeln. Das virale Genom persistiert in diesen Zellen, indem es sich in das Wirtsgenom integriert [9].

Ein anderes Beispiel sind die human Papillomaviren. Diese können sich nur in bestimmten Differenzierungsstadien der menschlichen Epidermis vermehren [5]. Bei der weiteren Differenzierung dieser Zellen kann die Persistenz des viralen Genoms in Abhängigkeit des Virustyps zur benignen oder malignen Transformation führen [5, 6].

Sollen das Genom eines humanpathogenen Virus der *RG 2 – 4* oder subgenomische Nucleinsäureabschnitte, die das Gefährdungspotential dieses Virus bestimmen, in einen Empfängerorganismus überführt werden oder können derartige Überführungen nicht ausgeschlossen werden, so ist das Gefährdungspotential des Spenderorganismus vollständig in die Risikobewertung einzubeziehen.

Werden andere subgenomische Nucleinsäureabschnitte überführt, kann deren Gefährdungspotential niedriger als das des Spenderorganismus bewertet werden; dabei sind hauptsächlich zu berücksichtigen

- der Informationsgehalt der zu übertragenden Nucleinsäure,
- der Reinheits- und Charakterisierungsgrad dieser Nucleinsäure,
- die Gefährdung, insbesondere der Beschäftigten, durch Genprodukte des Spenderorganismus.

Bei der Übertragung von Nucleinsäureabschnitten eines humanpathogenen Virus auf einen Empfängerorganismus (z. B. *E. coli* K12) spielen bei der Risikobetrachtung u. a. noch folgende Gesichtspunkt eine Rolle.

- Kann die zu klonierende Nucleinsäure im Falle einer Übertragung auf eine menschliche Zelle exprimiert werden, z. B. bei Verwendung eines eukaryoten Expressionsvektors?
- Welches ist die Zielzelle im menschlichen Organismus bei der Entfaltung des pathogenen Prinzips?
- Liegt eine biologische Sicherheitsmaßnahme vor?
- Liegt die übertragene Nucleinsäure episomal, d. h. leicht übertragbar, oder integriert in ein hochmolekulares zelluläres Chromosom vor?

Bei gentechnischen Arbeiten mit human- oder tierpathogenen Viren als Spendern und bakteriellen Empfängern ist natürlich nicht zu erwarten, daß durch die eingeführten Nucleinsäuren die o. g. für Prokaryonten typischen Pathogenitätsfaktoren auf das Empfängerbakterium übertragen werden. Die Pathogenität des gentechnisch veränderten Organismus wird unter dem Aspekt bewertet, daß die Bakterien zu Überträgern von Nucleinsäuren mit einem für den Menschen pathogenen Potential geworden sind. Diese Nucleinsäuren würden ihre Pathogenität erst nach der Übertragung auf menschliche Zellen entfalten.

Eine solche Risikoabschätzung muß natürlich auch durchgeführt werden, wenn Gene human- oder tierpathogener Viren in eukaryoten Zellen, z.B. Hefen oder Säugerzellkulturen, eingeführt werden. Bei Verwendung von in eukaryoten Zellen nichtreplizierender Vektoren wird jedoch davon ausgegangen, daß die in diese Zellen eingeführten Nucleinsäuren in das Wirtsgenom integrieren und somit nicht mehr leicht übertragbar sind.

In den folgenden Beispielen der Sicherheitseinstufung werden gentechnische Arbeiten mit Säugerviren als Spenderorganismen vorgestellt.

4.2.1
Beispiel: Klonierung des transformierenden Gens E7 des humanen Papillomavirus (HPV) 18

Spenderorganismus

Gemäß § 5, Abs. 2 i. V. m. Anhang I GenTSV
HPV 18
Risikogruppe 2

Empfängerorganismus

Gemäß § 5, Abs. 2 i. V. m. Anhang I GenTSV
E. coli K12 mit dem Vektor pUC18
Risikogruppe 1

Gentechnisch veränderte Organismen (GVO)

Gemäß § 5, Abs. 2, 3 und 5 i. V. m. Anhang I GenTSV

a) *E. coli* K12 einschließlich o. g. Vektors mit shotgun-klonierten sugenomischen Fragmenten von HPV 18
   Risikogruppe 1

Begründung
Der Spenderorganismus ist ein humanpathogenes Virus der *RG 2*. Es werden nicht charakterisierte subgenomische Fragmente in den Empfängerorganismus überführt. Es kann nicht ausgeschlossen werden, daß die transformierenden Gene E6 und E7 gemeinsam mit ihren, für die Expression in Säugerzellen, notwendigen Transkriptionssignalen in hoher Kopienzahl vorliegen. Die Zielzellen für die transformierende Wirkung des Virus sind menschliche Schleimhautepithelzellen. Das Vektor-Empfänger-System ist aber eine biologische Sicherheitsmaßnahme.

b) *E. coli* K12 einschließlich o. g. Vektors mit einem charakterisierten subgenomischen Nukleinsäureabschnitt von HPV 18, welcher das Gen E7 ohne eukaryote Transkriptionssignale enthält
Risikogruppe 1

Begründung
Der Spenderorganismus ist ein humanpathogenes Virus der *RG 2*. Es wird ein charakterisiertes transformierendes Gen in den Empfängerorganismus übertragen. Es liegt kein eukaryoter Promotor vor, weshalb bei einer eventuellen Übertragung auf menschliche Zellen nicht von einer Expression des Gens ausgegangen wird.
Darüber hinaus erfüllt das Vektor-Empfänger-System die Voraussetzungen von § 6, Abs. 4 und 5 GenTSV und entspricht einer anerkannten biologischen Sicherheitsmaßnahme gemäß Anhang II A GenTSV.

Einstufung der gentechnischen Arbeiten

- mit GVO a.:
  gemäß § 7, Abs. 3 GenTSV
  Sicherheitsstufe 1
- mit GVO b.:
  gemäß § 7, Abs. 3 und 5 GenTSV
  Sicherheitsstufe 1

4.2.2
Beispiel: Expression des transformierenden Gens E7 des humanen Papillomavirus (HPV) 18 mit Hilfe des Vacciniavirus

Spenderorganismus

Gemäß § 5, Abs. 2 i. V. m. Anhang I GenTSV
HPV 18
Risikogruppe 2

Ausgangsorganismus

Gemäß § 5, Abs. 2, 3 und 5 i. V. m. Anhang I GenTSV
E. coli K12 einschließlich des Vektors pUC18 mit dem E7-Gen von HPV 18 ohne eukaryote Transkriptionssignale
Risikogruppe 1

Begründung
Der Spenderorganismus ist ein humanpathogenes Virus der *RG 2*, der Empfänger ein Organismus der *RG 1*. Das Vektor-Empfänger-System ist gemäß Anhang II A GenTSV eine anerkannte biologische Sicherheitsmaßnahme. Die über-

tragene Nucleinsäure ist charakterisiert und enthält zwar das Gefährdungspotential des Spenders, liegt aber ohne eukaryoten Promotor vor und könnte somit bei einer eventuellen Übertragung auf eine Säugerzelle nicht transkribiert werden.

Empfängerorganismen

Gemäß § 5, Abs. 2 i. V. m. Anhang I GenTSV
a) *E. coli* K12 einschließlich des Vektors pTM1:
   (Rekombinationsplasmid: pUC-Derivat mit Sequenzen des Vaccinia-TK-Gens)
   Risikogruppe 1
b) Vacciniavirus-infizierte Hela-Zellinie einschließlich des o. g. Rekombinationsplasmides
   Risikogruppe 2
c) Vacciniavirus
   Risikogruppe 2

Gentechnisch veränderte Organismen (GVO)

Gemäß § 5, Abs. 2, 3 und 5 Anhang I GenTSV

a) *E. coli* K12 einschließlich des o. g. Rekombinationsplasmids mit dem E7-Gen von HPV 18
   Risikogruppe 1

   Begründung
   Der Spenderorganismus ist ein humanpathogenes Virus der *RG 2*, der Empfänger ein Organismus der *RG 1*. Das Vektor-Empfänger-System ist gemäß Anhang II A GenTSV eine anerkannte biologische Sicherheitsmaßnahme. Die übertragene Nucleinsäure ist charakterisiert und enthält zwar das Gefährdungspotential des Spenders, steht aber unter der Kontrolle eines Vacciniavirus-spezifischen Promotors und könnte somit bei einer eventuellen Übertragung auf eine Säugerzelle von der eukaryoten Polymerase II nicht transkribiert werden.

b) Vacciniavirus-infizierte Hela-Zellen einschließlich o. g. Rekombinationsplasmides mit dem E7-Gen von HPV 18
   Risikogruppe 2

   Begründung
   Der Spenderorganismus ist ein humanpathogenes Virus der *RG 2*, der Empfänger ebenfalls ein Organismus der *RG 2*, da es sich um eine Zellinie (sonst: *RG 1*) handelt, die mit einem Organismus der *RG 2* infiziert ist und diesen abgibt.

c) rekombinantes Vacciniavirus mit dem ins Genom integrierten E7-Gen von HPV 18
   Risikogruppe 2

Begründung
Spender und Empfänger sind Organismen der *RG 2*. Das Vacciniavirus ist ein lytisch replizierendes Virus. Das transformierende Potential würde sich bei einer Infektion nicht entfalten. Das gentechnisch veränderte Vacciniavirus überschreitet daher nach einer vorläufigen Sicherheitsbewertung nicht das Gefährdungspotential von Viren der *RG 2*.

Einstufung der gentechnischen Arbeiten

- mit GVO a.:
  gemäß § 7, Abs. 3 und 5 GenTSV
  Sicherheitsstufe 1
- mit GVO b. und c.:
  gemäß § 7, Abs. 3 GenTSV
  Sicherheitsstufe 2

4.2.3
Beispiel: Klonierung des proviralen Genoms von HIV und Expression von HIV-Genen in E. coli K12 und Zellkulturen

Spenderorganismus

Gemäß § 5, Abs. 2 i. V. m. Anhang I GenTSV
HIV 1 und 2
Risikogruppe 3

Ausgangsorganismen

Gemäß § 5, Abs. 2 i. V. m. Anhang I GenTSV
Lymphozyten von AIDS-Patienten
Risikogruppe 3

Begründung
Lymphozyten von AIDS-Patienten sind HIV-infiziert und geben diesen Virus ab. HIV-Viren sind Organismen der *RG 3*. Sie bestimmen das Gefährdungspotential der Ausgangsorganismen.

Empfängerorganismen

Gemäß § 5, Abs. 2 i. V. m. Anhang I GenTSV

a) *E. coli* K12
   mit den Vektoren
   - Lambda ZAP
   - pBluescript

- pEX2
  (prokaryoter Expressionsvektor; es entsteht ein Fusionsprotein mit β-Galaktosidase)
- pCDM8
  (eukaryoter Expressionsvektor mit CMV-Promotor und Replikationsursprünge von SV40 und Polyoma (eukaryot) sowie von pUC und M13 (prokaryot)
  Risikogruppe 1

b) etablierte Säugerzellinien wie
   Hela, Jurkat, CV1
   mit dem Vektor
   - pCDM8
   Risikogruppe 1

Gentechnisch veränderte Organismen (GVO)

Gemäß § 5, Abs. 2, 3 und 5 i. V. m. Anhang I GenTSV

a) *E. coli* K12 einschließlich des Vektors Lambda ZAP mit shotgun-klonierten Nukleinsäureabschnitten aus Lymphozyten von AIDS-Patienten
   Risikogruppe 3

Begründung
Der Empfänger ist ein Organismus der *RG 1*. Der Spender ist ein Organismus der *RG 3* [8]. Es muß davon ausgegangen werden, daß das vollständige Genom von HIV in den Empfängerorganismus überführt wird. Das Gefährdungspotential des Spenderorganismus ist vollständig in die Risikobewertung des gentechnisch veränderten Organismus einzubeziehen.

b) *E. coli* K12 einschließlich der Vektoren
   - Lambda ZAP
   - pBluescript
   mit dem vollständigen proviralen Genom von HIV 1 oder HIV 2
   Risikogruppe 3

Begründung
Der Empfänger ist ein Organismus der *RG 1*. Die Spenderorganismen sind humanpathogene Viren der *RG 3*. Es wird das vollständige provirale Genom in den Empfängerorganismus überführt. Das Gefährdungspotential des Spenderorganismus ist vollständig in die Risikobewertung des gentechnisch veränderten Organismus einzubeziehen.

c) *E. coli* K12 einschließlich prokaryoter Vektoren wie pEX2 mit einzelnen subgenomischen Fragmenten von HIV
   Risikogruppe 1

Begründung
Der Empfänger ist ein Organismus der *RG 1*. Die Spenderorganismen sind humanpathogene Viren der *RG 3*. Es werden subgenomische Nucleinsäureabschnitte mit Hilfe prokaryoter Vektoren in den Empfängerorganismus überführt. Es liegen keine eukaryoten Promotoren vor. Die übertragenen Nucleinsäuren sind somit ohne Gefährdungspotential. Außerdem handelt es sich bei dem Vektor-Empfänger-System um eine anerkannte biologische Sicherheitsmaßnahme gemäß Anhang II GenTSV.

d) *E. coli* K12 einschließlich des Vektors pCDM 8 mit subgenomischen Nukleinsäurefragmenten von HIV, die für die Strukturproteine gag, pol und env codieren
Risikogruppe 1

Begründung
Der Empfänger ist ein Organismus der *RG 1*. Die Spenderorganismen sind humanpathogene Viren der *RG 3*. Es werden charakterisierte subgenomische Nucleinsäurefragmente ohne Gefährdungspotential überführt. Außerdem entspricht das Vektor-Empfänger-System einer anerkannten biologischen Sicherheitsmaßnahme gemäß Anhang II GenTSV.

e) *E. coli* K12 einschließlich des Vektors pCDM8 mit subgenomischen Nukleinsäurefragmenten von HIV, die für regulatorische Proteine (wie tat, rev, nev, vif, vpu) codieren
Risikogruppe 2

Begründung
Der Empfänger ist ein Organismus der *RG 1*. Die Spenderorganismen sind humanpathogene Viren der *RG 3*. Es werden Gene übertragen, die für regulatorische Proteine codieren. Diese Gene liegen in Verbindung mit einem eukaryoten Promotor (CMV) vor. Die Plasmide mit den Genen liegen episomal und in hoher Kopienzahl vor. Sie beinhalten einen Teil des Gefährdungspotentials des Spenders.

f) etablierte Säugerzellinien Hela, Jurkat, CV1 einschließlich des Vektors pCDM8 mit subgenomischen Nukleinsäureabschnitten von HIV
Risikogruppe 1

Begründung
Der Empfänger ist ein Organismus der *RG 1*. Die Spenderorganismen sind humanpathogene Viren der *RG 3*. Die in die Empfängerorganismen eingeführten Nucleinsäureabschnitte von HIV werden im Wirtsgenom integriert und sind somit nicht mehr übertragbar. Außerdem entsprechen die Vektor-Empfänger-Systeme anerkannten biologischen Sicherheitsmaßnahmen gemäß Anhang II GenTSV.

Einstufung der gentechnischen Arbeiten

- mit GVO a. und b.:
  gemäß § 7 Abs. 3 GenTSV
  Sicherheitsstufe 3
- mit GVO e.:
  gemäß § 7 Abs. 3 und 5 GenTSV
  Sicherheitsstufe 2
- mit GVO c., d. und f.:
  gemäß § 7 Abs. 3 und 5 GenTSV
  Sicherheitsstufe 1

4.2.4
Beispiel: Analyse der frühen Funktionen des Adenovirus Typ 12 mit Hilfe des Baculovirus

Spenderorganismus

Gemäß § 5, Abs. 2 i. V. m. Anhang I GenTSV
Adenovirus Typ 12 (Ad12)
Risikogruppe 2

Ausgangsorganismen

Gemäß § 5, Abs. 2, 3 und 5 i. V. m. Anhang I GenTSV
E. coli K12 einschließlich des Vektors pBR322 mit den frühen Genen von Ad12
Risikogruppe 1

Begründung
Der Empfängerorganismus ist ein Organismus der *RG 1*, der Spenderorganismus
ein humanpathogenes Virus der *RG 2*. Dieses Virus kann sich in permissiven
menschlichen Zellen lytisch vermehren. Nichtpermissive Nagerzellen können
durch Ad12 unter bestimmten Umständen transformiert werden. Verantwortlich
für die Transformation ist die frühe Genregion E1a und b. Eine Adenovirus-
infektion tritt beim Menschen sehr häufig auf, jedoch wurde bisher noch keine
Tumorentwicklung beobachtet, die mit Adenoviren in Verbindung gebracht werden konnte. Außerdem entspricht das Vektor-Empfänger-System einer anerkannten biologischen Sicherheitsmaßnahme gemäß Anhang II GenTSV.

Empfängerorganismen

Gemäß § 5, Abs. 2 i. V. m. Anhang I GenTSV

a) *E. coli* K12 mit dem Vektor pEV-55 (pBR-Derivat mit Nukleinsäuresequenzen
   des Polyhedringens des Baculovirus zur Transkription und homologen Rekombination in das Baculovirusgenom)
   Risikogruppe 1

b) Baculovirus
   Risikogruppe 1

c) Schmetterlingzellinie SF9 mit dem Vektor pEV-55
   Risikogruppe 1

Gentechnisch veränderte Organismen (GVO)

Gemäß § 5, Abs. 2, 3 und 5 i. V. m. Anhang I GenTSV

a) *E. coli* K12 einschließlich des Vektors pEV-55
   mit den frühen Genen von Ad12
   Risikogruppe 1

   Begründung
   Der Empfänger ist ein Organismus der *RG 1*, der Spender ein humanpathogenes Virus der *RG 2*. Von den zu übertragenden Nucleinsäureabschnitten ist
   kein Gefährdungspotential für den Menschen zu erwarten. Die Gene liegen
   mit Baculovirus-spezifischen Transkriptionssignalen vor.
   Außerdem entspricht das Vektor-Empfänger-System einer anerkannten biologischen Sicherheitsmaßnahme gemäß Anhang II GenTSV.

b) SF9-Zellinie einschließlich der Baculo-Wildtyp-Virus-DNA und dem o.g.
   Vektor mit frühen Genen von Ad12
   Risikogruppe 1

   Begründung
   Der Empfängerorganismus ist eine Zellinie der *RG 1*. Diese wird mit Baculo-
   Wildtyp-Virus-DNA und dem Vektor, der die frühen Gene von Ad12 enthält,
   cotransfiziert. Der Spender Ad12 ist ein humanpathogenes Virus der *RG 2*. Von
   den zu übertragenden Nucleinsäureabschnitten ist kein Gefährdungspotential für den Menschen zu erwarten. Die Gene liegen mit Baculovirusspezifi-
   schen Transkriptionssignalen vor. Die transfizierte Zellinie gibt Baculo-Wild-
   typ-Viren (*RG 1*) und rekombinante Baculoviren ab.

c) rekombinantes Baculovirus mit den frühen Genen von Ad12
   Risikogruppe 1

   Begründung
   Der Empfänger (Baculovirus) ist ein Organismus der *RG 1*, der Spender ein
   humanpathogenes Virus der *RG 2*. Von den zu übertragenden Nucleinsäureabschnitten ist kein Gefährdungspotential für den Menschen zu erwarten. Die
   Gene liegen mit Baculovirus-spezifischen Transkriptionssignalen vor. Das
   gentechnisch veränderte Baculovirus überschreitet in einer vorläufigen
   Sicherheitsbewertung nach § 5 Abs. 2 GenTSV nicht das Gefährdungspotential von Organismen der *RG 1*.

Einstufung der gentechnischen Arbeiten

mit dem Ausgangsorganismus und den GVO a., b. und c.:
gemäß § 7 Abs. 3 und 5 GenTSV
Sicherheitsstufe 1

4.2.5
Beispiel: Expression des HBs- und HBx-Antigens des Hepatitis-B-Virus (HBV) in Zellkultur

Spenderorganismus

Gemäß § 5, Abs. 2 und 6 i. V. m. Anhang I GenTSV
Humanes Hepatitis-B-Virus (HBV)
*Risikogruppe 3**

Ausgangsorganismus

Gemäß § 5, Abs. 2 und 3 i. V. m. Anhang I GenTSV
E. coli K12 einschließlich des Vektors pBluescript mit dem vollständigen Genom
von HBV
Risikogruppe 2

Begründung
Der Empfänger ist ein Organismus der *RG 1*, der Spenderorganismus ein Virus
der *RG 3** [11]. Es wurde das vollständige Genom des Spenderorganismus übertragen. Das Gefährdungspotential des Spenderorganismus ist in die Risikobetrachtung einzubeziehen.

Empfängerorganismen

Gemäß § 5, Abs. 2 i. V. m. Anhang I GenTSV

a) *E. coli* K12 mit dem Vektor pSVK3 (pBR-Derivat mit dem fl ori und dem SV40
   ori/Promotor)
   Risikogruppe 1
b) humane Zellinie HepG2 mit dem Vektor pSVK3
   Risikogruppe 1

Gentechnisch veränderte Organismen (GVO)

Gemäß § 5, Abs. 2, 3 und 5 i. V. m. Anhang I GenTSV

a) *E. coli* K12 einschließlich des o. g. Vektors mit subgenomischen Nukleinsäureabschnitten des HBV
   Risikogruppe 1

Begründung
Der Empfänger ist ein Organismus der *RG 1*, der Spenderorganismus ein Virus der *RG 3**. Es wurden subgenomische Nucleinsäureabschnitte des Spenderorganismus übertragen. Bei einer Infektion des Menschen mit HBV tritt die pathogene Wirkung in Leberzellen auf. Diese Zielzellen werden beim Umgang mit dem GVO durch Aerosole nicht erreicht. Außerdem entspricht das Vektor-Empfänger-System einer biologischen Sicherheitsmaßnahme gemäß Anhang II A GenTSV.

b) Zellinie HepG2 einschließlich o. g. Vektors mit subgenomischen Nukleinsäureabschnitten des HBV
   Risikogruppe 1

Begründung
Der Empfänger ist ein Organismus der *RG 1*, der Spenderorganismus ein Virus der *RG 2*. Es wurden subgenomische Nucleinsäureabschnitte des Spenderorganismus übertragen. Bei einer Infektion des Menschen mit HBV tritt die pathogene Wirkung in Leberzellen auf. Diese Zielzellen werden beim Umgang mit dem GVO durch Aerosole nicht erreicht. Außerdem entspricht das Vektor-Empfänger-System einer biologischen Sicherheitsmaßnahme gemäß Anhang II A GenTSV.

Einstufung der gentechnischen Arbeiten

- mit dem Ausgangsorganismus:
  gemäß § 7 Abs. 3 GenTSV
  Sicherheitsstufe 2
- mit GVO a. und b.:
  gemäß § 7 Abs. 3 und 5 GenTSV
  Sicherheitsstufe 1

4.3
Tumorzellinien und Oncogene

Zellen und Zellinien als Spender- oder Empfängerorganismen werden in die *RG 1* eingestuft, wenn sie keine Organismen einer höheren Risikogruppe abgeben.

Tumorzellinien enthalten häufig vollständige Genome oder subgenomische Nucleinsäureabschnitte von Viren höherer Risikogruppen. Diese viralen Nucleinsäuren sind meistens in das zelluläre Genom integriert und üben nur noch bestimmte Funktionen, wie z. B. die Aufrechterhaltung des transformierten Zustands der Wirtszelle, aus. Viruspartikel entstehen nicht mehr.

Die im Jahre 1951 aus einem menschlichen Zervixkarzinom etablierte Zellinie HeLa enthält z. B. defekte virale Genome des humanen Papillomavirus (HPV) 18 [12]. Viruspartikel können sich nicht ausbilden, da keine vollständigen viralen Genome vorliegen und die subgenomischen viralen Nucleinsäureabschnitte in das Wirtsgenom integriert sind. Außerdem sind nur wenige frühe Gene aktiv,

z. B. die transformierenden Gene E6 und E7. Da diese Gene im Verhältnis zu der Gesamtheit der zellulären Gene in sehr niedriger Kopienzahl vorliegen (bei HeLa-Zellen sind es ca. 50 Kopien/Zelle, bei andern Tumorzellen meist weniger), und da die Möglichkeit einer Übertragbarkeit auf menschliche Zellen wegen der Integration in das hochmolekulare zelluläre Wirtschromosom nicht anzunehmen ist, wird beim Umgang mit solchen Zellinien nicht von einer Gefährdung des Experimentators ausgegangen. Das gleiche gilt für Tumorzellinien, die anstelle eines viralen Oncogens ein aktiviertes zelluläres Oncogen enthalten.

Werden aus humanen Tumorzellinien Oncogene isoliert, sind folgende Risikobetrachtungen anzustellen:

- Ist für dieses Oncogen bereits eine direkte Beteiligung an der Ausprägung des malignen Phänotyps experimentell dokumentiert worden?
- Um welchen Zelltyp handelt es sich bei der Tumorzelle?
- Kann dieser Zelltyp beim Experimentator durch Aerosolbildung erreicht werden?
- Liegt eine biologische Sicherheitsmaßnahme vor?
- Steht das Oncogen unter der Kontrolle eines eukaryoten Promotors?

Werden Tumorzellinien als Spenderorganismen benutzt, kann in Abhängigkeit des verwendeten Vektors das angenommene „Dogma"

- *Spenderorganismus*   *Risikogruppe 1*
- *Empfängerorganismus*   *Risikogruppe 1*
  also
  GVO   *Risikogruppe 1*

in Frage gestellt werden.
Die folgenden Beispiele sollen das erläutern.

4.3.1
Beispiel: Klonierung des transformierenden Gens von (HPV) 18 aus einer menschlichen Zervixkarzinomzellinie und Expression in einer Keratinozytenzellinie

Spenderorganismus

Gemäß § 5, Abs. 2 i. V. m. Anhang I GenTSV
humane Zervixkarzinomzellinie HeLa
Risikogruppe 1

Empfängerorganismen

Gemäß § 5, Abs. 2 i. V. m. Anhang I GenTSV

a) *E. coli* K12 mit den Vektoren
   - pUC18
   - pCDM8
   Risikogruppe 1

b) humane Keratinozytenzellinie HaCat mit dem Vektor pCDM8
Risikogruppe 1

Gentechnisch veränderte Organismen (GVO)

Gemäß § 5, Abs. 2 i. V. m. Anhang I GenTSV

a) *E. coli* K12 einschließlich des Vektors pUC18 mit shotgun-klonierten Nukleinsäureabschnitten der Zervixkarzinomzellinie Hela
Risikogruppe 1

Begründung
Spender und Empfänger sind Organismen der *RG 1*. Das Vektor-Empfänger-
System entspricht einer biologischen Sicherheitsmaßnahme gemäß Anhang
II GenTSV. Die rekombinanten *E. coli* K12-Bakterien mit dem transformierenden Gen liegen in geringer Kopienzahl vor.

b) *E. coli* K12 einschließlich des Vektors pCDM 8 mit dem transformierenden
Gen E7 von HPV 18
Risikogruppe 1

Begründung
HPV 18 ist ein Organismus der *RG 2*. Es handelt sich um ein humanpathogenes Virus, das mit der Entstehung des Zervixkarzinoms ursächlich in Verbindung gebracht wird. Das isolierte Gen ist nachweislich an der Ausprägung
des malignen Phänotyps beteiligt. Das isolierte Gen beinhaltet somit das
Gefährdungspotential von HPV 18 und steht unter der Kontrolle eines starken
eukaryoten Promotors. Es liegt in hohen Kopienzahl vor. Bei dem Vektor-
Empfänger-System handelt es sich aber um eine anerkannte biologische
Sicherheitsmaßnahme.

c) Zellinie HaCat einschließlich des Vektors pCDM8 mit dem transformierenden
Gen E7 von HPV 18
Risikogruppe 1

Begründung
HPV 18 ist ein Organismus der *RG 2*. Es handelt sich um ein humanpathogenes Virus, das mit der Entstehung des Zervixkarzinoms ursächlich in Verbindung gebracht wird. Das isolierte Gen ist nachweislich an der Ausprägung
des malignen Phänotyps beteiligt. Das isolierte Gen beinhaltet somit zwar das
Gefährdungspotential von HPV 18 und steht unter der Kontrolle eines starken
eukaryoten Promotors, die in die Empfängerzellen übertragenen Nucleinsäuren werden aber ins Wirtsgenom integriert und sind somit nicht mehr
übertragbar.

Einstufung der gentechnischen Arbeiten

- mit GVO a., b. und c.:
  gemäß § 7 Abs. 3 und 5 GenTSV
  Sicherheitsstufe 1

4.3.2
Beispiel: Isolierung des transformierenden Gens (aktiviertes ras-Oncogen) aus einer humanen Blasentumorzellinie und Expression in einer Mauszellinie

Spenderorganismus

Gemäß § 5, Abs. 2 i. V. m. Anhang I GenTSV
humane Blasentumorzellinie
Risikogruppe 1

Empfängerorganismen

Gemäß § 5, Abs. 2 i. V. m. Anhang I GenTSV

a) *E. coli* K12 einschließlich der Vektoren
   - pUC18
   - pCDM8
   Risikogruppe 1

b) Mauszellinie NIH3T3 einschließlich des Vektors pCDM8
   Risikogruppe 1

Gentechnisch veränderte Organismen (GVO)

Gemäß § 5, Abs. 2, 3 und 5 i. V. m. Anhang I GenTSV

a) *E. coli* K12 einschließlich des Vektors pUC18 mit shotgun-klonierten Fragmenten der Blasentumorzellinie
   Risikogruppe 1

   Begründung
   Spender und Empfänger sind Organismen der *RG 1*.
   Das Vektor-Empfänger-System entspricht einer biologischen Sicherheitsmaßnahme gemäß Anhang II GenTSV. Rekombinante *E. coli* K12-Bakterien mit dem transformierenden Gen liegen in geringer Kopienzahl vor.

b) *E. coli* K12 einschließlich des Vektors pCDM8 mit dem zellulären aktivierten ras-Oncogen
   Risikogruppe 1

Begründung
Für das aktivierte ras-Oncogen ist eine tumorinduzierende Wirkung experimentell dokumentiert [13]. Es liegt in einem eukaryoten Expressionsplasmid vor. Ausgangszellen des Tumors sind menschliche Epithelzellen. Das Vektor-Empfänger-System entspricht aber einer anerkannten biologischen Sicherheitsmaßnahme.

c) Zellinie NIH3T3 einschließlich des Vektors pCDM8 mit dem zellulären aktivierten ras-Oncogen
   Risikogruppe 1

Begründung
Für das aktivierte ras-Oncogen ist eine tumorinduzierende Wirkung experimentell dokumentiert, und es liegt in einem eukaryoten Expressionsplasmid vor, die in die Empfängerzellen übertragenen Nucleinsäuren werden aber in das Wirtsgenom integriert und sind somit nicht mehr übertragbar.

Einstufung der gentechnischen Arbeiten

– mit GVO a., b. und c.:
  gemäß § 7 Abs. 3 und 5 GenTSV
  Sicherheitsstufe 1

4.4
Primäre Säugerzellen

Es wird zwischen etablierten Zellinien, primären Zellkulturen und primären Zellen unterschieden. Als primäre Zellen werden direkt aus Körperflüssigkeiten oder aus Körpergeweben gewonnene Explantate von vielzelligen Organismen bezeichnet. Primäre Zellkulturen sind in Kultur genommene primäre Zellen. Etablierte Zellinien sind gut charakterisiert und befinden sich seit vielen Passagen in sicherem Gebrauch.

Generell können höhere Tiere und Pflanzen sowie Zellkulturen als ungefährlich in die Risikogruppe 1 eingestuft werden. Ein mögliches Risiko kann auf eine bereits vorliegende Infektion zurückzuführen sein. Da davon ausgegangen werden muß, daß Menschen und Tiere Träger verschiedener Viren sind, kann bei primären Zellen und primären Zellkulturen nicht sofort mit Sicherheit davon ausgegangen werden, daß diese Zellen frei von exogenen Viren sind. Die ZKBS hat deswegen eine allgemeine Stellungnahme zur Risikobewertung primärer Zellen von Primaten verabschiedet (siehe Anhang).

Ein Beispiel für eine Sicherheitseinstufung einer gentechnischen Arbeit, bei der primäre Zellen verwendet werden, wird in Verbindung mit den nachfolgend diskutierten retroviralen Vektoren gegeben.

4.5
Retrovirale Vektoren

Retroviren sind in der Lage, Säugerzellen effizient zu infizieren. Diese Eigenschaft wollte man sich bei der Konstruktion von Vektoren aus diesen Viren zu Nutze machen. Dabei ist das Ziel, ein Retrovirus zu erhalten, welches nur einmal infiziert, sein rekombinantes Genom in die Wirtszelle einbringt, sich aber dort nicht mehr repliziert. Retrovirale Vektoren haben in der mittlerweile angewandten Gentherapie an Bedeutung gewonnen.

Komponenten der retroviralen Genübertragung [14]:

– Plasmid mit den für die Vermehrung in *E. coli* K12 notwendigen Funktionen,
  dem 5'-LTR (einschließlich Verpackungssignal psi),
  dem zu übertragenden Fremdgen,
  dem Selektionsgen (meistens Neo^R),
  dem 3'-LTR (die LTRs sind in der Regel dem Genom des MoMLV entnommen).

Beispiele für rekombinante retrovirale Plasmide und deren Herleitung aus dem retroviralen Genom sind in Abb. 4.2 dargestellt.

  – *E. coli* für die Selektion des gesuchten Klons und zur Plasmidvermehrung
  – Verpackungszellinie, diese enthält ein defektes retrovirales Genom, welches noch in der Lage ist, die für die Verpackung eines retroviralen Genoms notwendigen Proteine herzustellen [15]. In der Regel handelt es sich auch hierbei um defekte Genome des MoMLV. In diese Zelle wird das o. g. Plasmid transfiziert, welches, dort beginnend, am 5'-LTR transkribiert wird. Diese RNA wird von den in der Zelle bereits vorliegenden Verpackungsproteinen zu einem infektiösen Virus verpackt.

Beispiele für integrierte retrovirale Genomen von Verpackungszellinien sind in Abb. 4.3 dargestellt.

  – Empfängerzellen (z. B. Lymphozyten) werden mit dem verpackten Retrovirus infiziert. Das virale Genom mit dem Fremdgen integriert als Provirus ins Wirtsgenom, kann sich aber nicht vermehren, weil die dafür notwendigen viralen Gene nicht vorliegen.

Bei diesen Vektor-Empfänger-Systemen wird deutlich, daß eine Empfängerzelle nur in Abhängigkeit eines Vektors (und umgekehrt) als biologische Sicherheitsmaßnahme anerkannt werden kann. Das Plasmid zusammen mit *E. coli* K12 z. B. entspricht einer biologischen Sicherheitsmaßnahme, aber nicht zusammen mit der Verpackungszelle. Die Verpackungszelle kann aber gemeinsam mit einem anderen Plasmid, welches keine retroviralen LTRs enthält, die Voraussetzungen für eine biologische Sicherheitsmaßnahme erfüllen.

Gentechnische Arbeiten mit retroviralen Vektoren werden, abhängig von der verwendeten Verpackungszellinie, entweder *Sicherheitsstufen 1, 2* oder *3* zugeordnet:

Wird eine Verpackungszellinie auf der Basis des MoMLV (Moloney Murine Leukemia Virus) verwendet, welche die eingeführte Nucleinsäure zu *ecotropen*

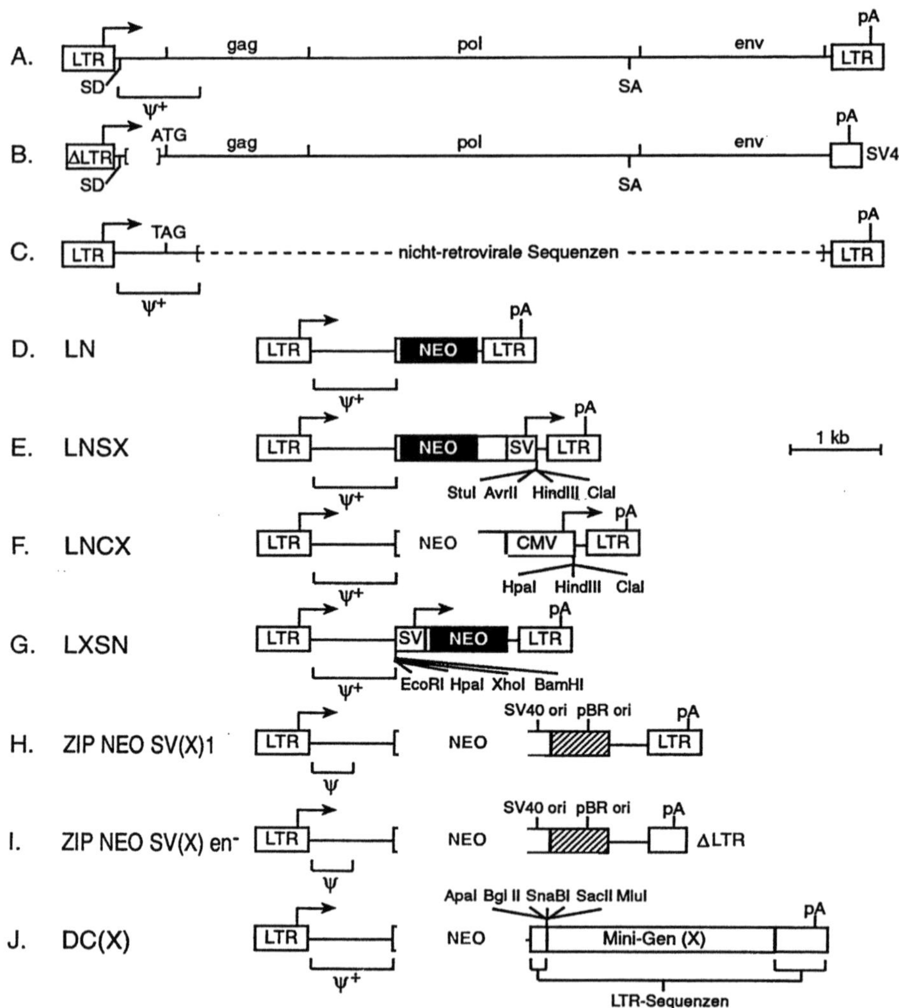

Abb. 4.2 A–J Schematische Darstellung eines retroviralen Genoms und die daraus abgeleiteten retroviralen Plasmide. **A** Wildtyp-Mäuse-Leukämievirus-Genom. **B** Das zur Verpackung retroviraler Transkripte notwendige retrovirale Genom in einer Verpackungszellinie (z. B. PA317). **C–D** Struktur der LN-Typ-Vektoren. **E–J** Beispiele häufig verwendeter retroviraler Vektoren [15]

replikationsdefekten Retroviren verpackt, *ohne* daß dabei Helferviren oder Wildtypviren entstehen, werden die gentechnischen Arbeiten der *Sicherheitsstufe 1* zugeordnet (z. B. bei Verwendung der Verpackungszellinie GPE).

Werden Verpackungszellinien auf der Basis des MoMLV verwendet, welche die eingeführten Nucleinsäuren zu ecotropen replikationsdefekten Retroviren verpacken und besteht dabei die Möglichkeit, daß durch Rekombination Helferviren oder Wildtypviren entstehen (z. B. bei Verwendung der Verpackungszelli-

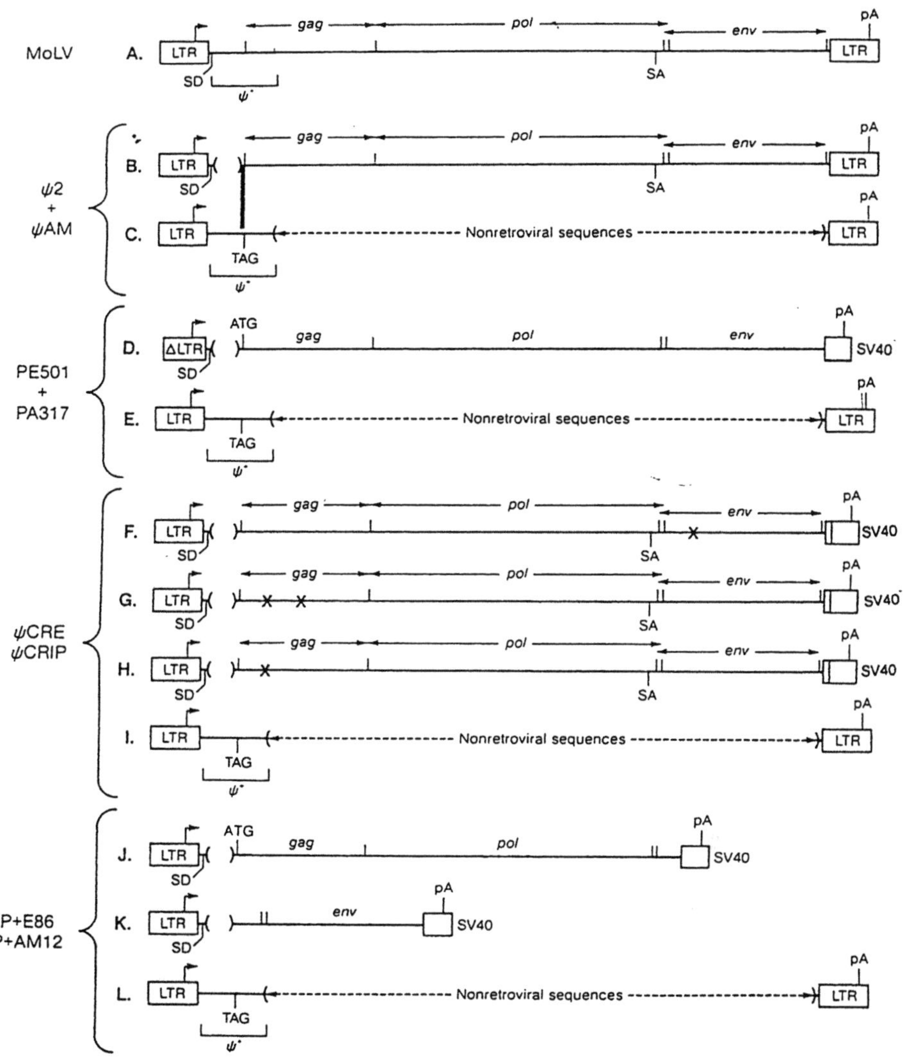

Abb. 4.3 A – L Rekombinante retrovirale Genome in Verpackungszellinien. A Wildtyp-Mäuse-Leukämievirus-Genom. B – L Entwicklung von rekombinanten Zellinien zur Verpackung amphotroper und ecotroper retroviraler RNAs und die retroviralen Anteile der in die Verpackungszellinien transfizierten Plasmide [15]

nie psi2), oder werden *amphotrope* Verpackungszellinien verwendet, werden die gentechnischen Arbeiten in der Regel der *Sicherheitsstufe 2* zugeordnet. Jedoch kann bei längerem sicheren Gebrauch der infizierten Empfängerzelle eine Herabstufung vorgenommen werden, wenn sichergestellt ist, daß keine infektiösen retroviralen Partikel mehr vorhanden sind oder abgegeben werden.

Gentechnische Arbeiten mit amphotrop verpackenden Zellinien werden aber nur dann der *Sicherheitsstufe 2* zugeordnet, wenn das mit Hilfe des retroviralen

Vektors zu übertragende Gen das Gefährdungspotential eines amphotropen Mäuseretrovirus nicht erhöht. Sollen z.B. die im Abschnitt 4.3 aufgeführten Oncogene, die das Gefährdungspotential des GVO gegenüber dem Empfänger nur dann nicht erhöhen, wenn eine biologische Sicherheitsmaßnahme vorliegt, mit Hilfe amphotroper retroviraler Vektoren übertragen werden, kann das Gefährdungspotential der verpackten Retroviren im Vergleich zum amphotropen Mäuseretrovirus höher bewertet werden. Solche gentechnischen Arbeiten können der *Sicherheitsstufe 3* zugeordnet werden.

Werden Oncogene mit für menschliche Zellen transformierendem Potential mit Hilfe amphotroper Retroviren übertragen, kann das angenommene „Dogma"

- *Spenderorganismus:*   *Risikogruppe 1 oder 2*
- *Empfängerorganismus:*   *Risikogruppe 2*
  also:
  GVO: *Risikogruppe 2*

in Frage gestellt werden.

Die folgenden Beispiele sollen diese Einstufung erläutern.

4.5.1
Beispiel: Immortalisierung menschlicher Stromazellen und Etablierung permanenter Rattenzellinien durch das SV40 T-Antigen

Spenderorganismus

Gemäß § 5 Abs. 2 i. V. m. Anhang I GenTSV
Affenvirus SV40
Risikogruppe 2

Ausgangsorganismus

Gemäß § 5 Abs. 2, 3 und 5 i. V. m. Anhang I GenTSV
E. coli K12 einschließlich des Vektors LXSN (pBR-Derivat mit 5'- und 3'-LTR des MoMLV, Neomycinresistenzgen) mit dem Gen des SV40 T-Antigens
Risikogruppe 1

Begründung

Der Empfänger ist ein Organismus der *RG 1*, der Spender ein Organismus der *RG 2*. Es wurde ein subgenomischer Nucleinsäureabschnitt in den Empfängerorganismus eingeführt, von dem keine Gefährdung für den Menschen zu erwarten ist. Mit dem SV40-Virus als Kontamination eines Impfstoffes wurde eine ganze Reihe von Personen versehentlich infiziert, jedoch wurden bei ihnen noch keine dadurch verursachten Erkrankungen beobachtet. Das Vektor-

Empfänger-System entspricht einer biologischen Sicherheitsmaßnahme gemäß Anhang II A GenTSV.

Empfängerorganismus

Gemäß § 5 Abs. 2 i. V. m. Anhang I GenTSV

a) Verpackungszellinie GP+E-86 (ecotrop) mit dem Vektor LXSN
   Risikogruppe 1
b) Verpackungszellinie GP+envAm12 (amphotrop) mit dem Vektor LXSN
   Risikogruppe 2
c) primäre Rattenzellen
   Risikogruppe 1
d) primäre menschliche Stromazellen, die nachweislich frei von HIV, HBV und HCV sind bzw. die aus für diesen Viren seronegativen Spendern stammen
   Risikogruppe 1

Gentechnisch veränderte Organismen (GVO)

Gemäß § 5 Abs. 2, 3 und 5 i. V. m. Anhang I GenTSV

a) Verpackungszellinie GP+E-86 einschließlich des Vektors LXSN mit dem Gen des SV40 T Antigens
   Risikogruppe 1

Begründung
Die Verpackungszellinie GP+E-86 ist eine Mauszellinie mit ins Genom integrierten voneinander getrennten proviralen Genomabschnitten des MoMLV mit den gag/pol-Genen bzw. dem env-Gen. Die Signalsequenz psi zur Verpackung von viraler RNA und die 3'-LTRs fehlen.
In diese Verpackungszellinie werden rekombinante retrovirale Plasmide eingeführt, welche das Neomycinresistenzgen und das Gen des SV40 T Antigens enthalten.
Es entstehen infektiöse, aber replikationsdefekte und ecotrope Retroviren. Diese infizieren keine menschlichen Zellen. Die Abgabe vermehrungsfähiger MoMLV, die möglicherweise durch Rekombination entstehen, wurde bei dieser Verpackungszellinie nicht beobachtet.
Die verpackte Nucleinsäure enthält ein Oncogen für Nagetiere. Sie liegt in Form von RNA vor und kann erst nach Umschreibung in DNA durch reverse Transkriptase ins Wirtsgenom integrieren. Eine solche Übertragung auf den Menschen durch Infektion oder Aerosol ist jedoch nicht zu erwarten.

b) Verpackungszellinie GP+envAm12 einschließlich des Vektors LXSN mit dem Gen des SV40 T Antigens
   Risikogruppe 2

Begründung
Die Verpackungszellinie GP+envAm12 ist eine Mauszellinie mit ins Genom integrierten voneinander getrennten proviralen Genomabschnitten des MoMLV mit den gag/pol-Genen bzw. dem env-Gen. Die Signalsequenz zur Verpackung von viraler RNA und die 3'-LTRs fehlen. In diese Verpackungszellinie werden rekombinante retrovirale Plasmide eingeführt, welche das Neomycinresistenzgen und das Gen des SV40 T Antigens enthalten.
Es entstehen infektiöse, aber replikationsdefekte und amphotrope Retroviren. Diese können menschliche Zellen infizieren.

c) primäre Rattenzellen einschließlich des rekombinanten retroviralen Vektors aus dem Überstand der Verpackungszellinie GP+E-86
Risikogruppe 1

Begründung
Bei primären Rattenzellen ist nicht von einer Gefährdung für den Experimentator auszugehen. Die primären Rattenzellen werden mit einem rekombinanten ecotropen replikationsdefekten Retrovirus infiziert. Dieses ist nicht infektiös für den Menschen. Bei der übertragenen Nukleinsäure ist kein Gefährdungspotential für den Menschen zu erwarten.

d) primäre menschliche Stromazellen einschließlich des rekombinanten retroviralen Vektors aus dem Überstand der Verpackungszellinie GP+envAm12
Risikogruppe 2

Begründung
Die primären menschlichen Stromazellen sind nachweislich frei von HIV, HBV und HCV und somit Empfängerorganismen der *RG 1*. Sie werden mit einem rekombinanten amphotropen Retrovirus der *RG 2* infiziert.

Einstufung der gentechnischen Arbeiten

- mit dem Ausgangsorganismus und mit GVO a. und c.:
  gemäß §7 Abs. 3 GenTSV
  Sicherheitsstufe 1
- mit GVO b. und d.:
  gemäß §7 Abs. 3 GenTSV
  Sicherheitsstufe 2

Hinweis
Der GVO d. kann nach mehreren Passagen der *RG 1* zugeordnet werden, wenn sichergestellt ist, daß die Zellen keine Retroviren mehr enthalten. Entsprechend können dann die gentechnischen Arbeiten mit dem GVO d. nach mehreren Passagen der *Sicherheitsstufe 1* zugeordnet werden.

4.5.2
Beispiel: Übertragung des E7-Gens von HPV 18 auf menschliche HaCat-Zellen mit Hilfe retroviraler Vektoren

Spenderorganismus

Gemäß § 5 Abs. 2 i. V. m. Anhang I GenTSV
humanes Papillomavirus HPV 18
Risikogruppe 2

Ausgangsorganismus

Gemäß § 5 Abs. 2, 3 und 5 i. V. m. Anhang I GenTSV
E. coli K12 einschließlich des Vektors pUC18 mit dem E7-Gen von HPV 18 ohne
eukaryote Transkriptionssignale
Risikogruppe 1

Begründung
Der Spenderorganismus ist ein humanpathogenes Virus der *RG 2*, der Empfänger ein Organismus der *RG 1*. Das Vektor-Empfänger-System ist gemäß Anhang II A GenTSV eine anerkannte biologische Sicherheitsmaßnahme. Die übertragene Nucleinsäure ist charakterisiert und enthält zwar das Gefährdungspotential des Spenders, liegt aber ohne eukaryoten Promotor vor und könnte somit bei einer eventuellen Übertragung auf eine Säugerzelle nicht transkribiert werden.

Empfängerorganismen

Gemäß § 5 Abs. 2 i. V. m. Anhang I GenTSV

a) *E. coli* K12 mit dem Vektor LXSN
   Risikogruppe 1
b) Verpackungszellinie PA 317 mit dem Vektor LXSN
   Risikogruppe 2
c) humane Keratinozytenzellinie HaCat
   Risikogruppe 1

Gentechnisch veränderte Organismen (GVO)

Gemäß § 5 Abs. 2 i. V. m. Anhang I GenTSV

a) *E. coli* K12 einschließlich des Vektors LXSN mit dem E7-Gen von HPV 18
   Risikogruppe 1

   Begründung
   Der Spenderorganismus ist ein humanpathogenes Virus der *RG 2*, der Empfänger ein Organismus der *RG 1*. Die übertragene Nucleinsäure ist charakte-

risiert und enthält das Gefährdungspotential des Spenders. Sie liegt mit eukaryoten Transkriptionssignalen vor und könnte somit bei einer eventuellen Übertragung auf eine Säugerzelle exprimiert werden.
Ausgangszellen des Zervixkarzinoms sind Schleimhautepithelzellen. Bei dem verwendeten Vektor-Empfänger-System handelt es sich jedoch um eine anerkannte biologische Sicherheitsmaßnahme.

b) Verpackungszellinie PA 317 einschließlich des Vektors LXSN mit dem E7-Gen von HPV 18
   Risikogruppe 3

   Begründung
   Die Verpackungszellinie PA 317 ist eine Mauszellinie mit ins Genom integrierten proviralen Genomabschnitten des MoMLV mit den: gag-, pol- und env-Genen. Die Signalsequenz zur Verpackung von viraler RNA und die 3'-LTR fehlen. In diese Verpackungszellinie werden rekombinante retrovirale Plasmide eingeführt, welche das E7-Gen von HPV 18 enthalten. Es entstehen infektiöse, replikationsdefekte und amphotrope Retroviren, möglicherweise auch Helferviren. Diese können menschliche Zellen infizieren und sind der *RG 3* zuzuordnen, da sich ihr Gefährdungspotential durch das zusätzliche menschliche Epithelzellen transformierende E7-Gen gegenüber anderen amphotropen murinen Retroviren (*RG 2*) erhöht. Ihr Gefährdungspotential ist auch höher zu bewerten als das der Spenderorganismus HPV 18, da ihre Infektiosität für den Menschen höher als die der Papillomaviren ist.

c) Zellinie HaCat einschließlich des rekombinanten retroviralen Vektors aus dem Überstand der Verpackungszellinie PA 317
   Risikogruppe 3

   Begründung
   Die HaCat-Zellinie ist ein Organismus der *RG 1*. Sie wird mit einem rekombinanten amphotropen Retrovirus der *RG 3* infiziert.

Einstufung der gentechnischen Arbeiten

- mit dem Ausgangsorganismus:
  gemäß § 7 Abs. 3 GenTSV
  Sicherheitsstufe 1
- mit GVO a:
  gemäß § 7 Abs. 3 GenTSV
  Sicherheitsstufe 1
- mit GVO b. und c.:
  gemäß § 7 Abs. 3 GenTSV
  Sicherheitsstufe 3

Hinweis

Der GVO c. kann nach mehreren Passagen der *RG 1* zugeordnet werden, wenn sichergestellt ist, daß die Zellen keine Retroviren mehr enthalten. Entsprechend können dann die gentechnischen Arbeiten mit dem GVO c. nach mehreren Passagen der Sicherheitsstufe 1 zugeordnet werden.

Literaturhinweise

1. Bergey's Manual of Systematic Bacteriology (1984) Bd 1: Krieg; Bd 2: Sneath; Bd 3: Staley; Bd 4: Williams. Williams, Baltimore
2. Davis BD, Dulbecco R, Eisen HN, Ginsberg HS (1990) Microbiology, Lippincott, Philadelphia
3. Hacker J, Ott M, Tschäpe H (1991) Das Problem der Pathogenität von *Escherichia coli* und seine Bedeutung für die rekombinante DNA-Technologie, BIOforum 14:150–157. GIT Darmstadt
4. Brinkmann U, Buchner J, Pastan I (1992) Independent domain folding of *Pseudomonas* exotoxin and single-chain immunotoxins: influence of interdomain connections. Proc Natl Acad Sci USA 89:3075–3079
5. Pfister H (1987) Papillomaviruses. General description, taxonomy, and classification. In: Salzman NP, Howley PM (eds) The Papovaviridae, Vol II. Plenum Press, New York
6. zur Hausen H (1991) Immortalization and malignant transformation by humanpathogenic papillomaviruses. In: Dorfler W, Boehm P (eds) Malignant transformation by DNA viruses. VCH, Weinheim
7. Vogel J, Hinrichs SH, Reynolds RK, Luciw PA, Jay G (1988) The HIV tat gene induces dermal lesions resembling Kaposi's sarcoma in transgenic mice. Nature 35:606–611
8. Cullen BR (1991) Regulation of gene expression in the human immunodeficiency virus type 1. Adv virus res 40:1–77
9. van der Eb A, Zantema A (1991) In: Doerfler W, Böhm P (eds) Adenovirus Oncogenesis Malignant Transformation by DNA Viruses, VCH, Weinheim
10. Tooze J (ed) (1981) DNA Tumor Viruses. Cold Spring Harbor Laboratory
11. Ganem D, Varmus H (1987) The molecular biology of the hepatitis B viruses. Ann Rev Biochem 56:651–693
12. Schwarz E, Freese UK, Gissmann L, Mayer W, Roggenbuck B, Stremlau A, zur Hausen H (1985) Structure and transcription of human papillomavirus in cervical carcinoma cells. Natur 314:111–114
13. Burns PA, Jack A, Neilson F, Haddow S, Balmain A (1991) Transformation of mouse skin endothelial cells *in-vivo* by direct application of plasmid DNA encoding the human T24 H-ras oncogene. Oncogene 6:1973–1978
14. Miller AD, Rosman GJ (1989) Improved retroviral vectors for gene transfer and expression. Biotechiques 7:980–990
15. Kriegler M (ed) (1990) Gene Transfer and Expression. A Laboratory Manual. Stockton Press, New York

KAPITEL 5

Identifizierung von Mikroorganismen und Identitätsnachweis von Stämmen

D. Claus · P. Hoffmann · K. D. Jahnke · C. Rohde

5.1
Einleitung

Nachdem der schwedische Naturforscher Carl von Linné in der Mitte des 18. Jahrhunderts die binäre Nomenklatur (zweiteilige Namensgebung) in die Biologie eingeführt hatte, ist es üblich geworden, die als unterschiedlich erkannten Pflanzen- und Tierarten mit einem zweiteiligen lateinischen Namen, einem Art- und einem Gattungsnamen, zu bezeichnen. Auch Pilze, die Linné zusammen mit Algen, Moosen und Farnen in die Pflanzenklasse der Kryptogamen (Sporenpflanzen) einreihte, werden seit dieser Zeit entsprechend den Regeln der binären Nomenklatur benannt. So wird beispielsweise der unter dem volkstümlichen Namen allseitig bekannte Fliegenpilz wissenschaftlich als *Amanita muscaria* bezeichnet. *Amanita* ist der Name der Gattung; er wird mit einem großen Anfangsbuchstaben geschrieben. Der zweite, klein geschriebene Name *muscaria* ist der spezifische Name der Art innerhalb der Gattung *Amanita*. Andere Artnamen in dieser Gattung sind z. B. *Amanita porphyria* oder *Amanita rubescens*.

Über Bakterien wußte man damals noch wenig. Linné nannte sie *specia dubia* (zweifelhafte Arten) und zählte die Bakterien zu den Würmern. Otto Friedrich Müller, Arzt und Naturforscher in Kopenhagen, hat 1786 erstmals versucht, die wenigen, damals bekannten Bakterien zu beschreiben und zu benennen. Er reihte sie in die Gattungen *Monas* und *Vibrio* ein, die er im Linné-System den kleinsten Tierchen, den *Animalcula* oder *Infusoria* zuordnete. Erst durch die Arbeiten von Ferdinand Cohn in den Jahren von 1872 – 1876 wurden die Bakterien als eine eigenständige Organismengruppe anerkannt [1, 2].

5.1.1
Taxonomie heute

Seit diesen frühen Zeiten hat die taxonomische Wissenschaft die Aufgabe wahrgenommen, die natürliche Vielfalt von Pflanzen, Tieren und Mikroorganismen zu beschreiben und jeweils nach den neuesten wissenschaftlichen Erkenntnissen in einem System zu ordnen. Die Basis dieses Ordnungssystems, der biologischen *Klassifizierung*, bildete damals wie heute die Art (species). In der Mikrobiologie versteht man darunter eine Gruppe von Stämmen, die in ihren Eigenschaften (Merkmalen, Phänotyp) weitgehend übereinstimmen und sich von anderen Arten in ihren Eigenschaften deutlich unterscheiden. Stämme einer Art, die sich durch spezifische Eigenschaften auszeichnen, werden oft als Unterarten (subspecies) zusammengefaßt (z. B. *Aeromonas hydrophila* ssp. *anaerobia*) oder als Varietäten, z. B. Biovar (mit spezifischen biochemischen oder physiologischen Merkmalen), Pathovar (mit pathogenen Eigenschaften gegenüber einem bestimmten Wirt) oder Serovar (mit spezifischen antigenen Eigenschaften), bezeichnet. Ähnliche Mikroorganismenarten werden in einer Gattung (Genus), ähnliche Gattungen (Genera) in Familien (Families) zusammengefaßt. Das hierarchische Klassifizierungssystem kennt darüber hinaus Ordnungen (Orders), in denen Familien, Klassen (Classes), in denen Ordnungen, Abteilungen, in denen Klassen und Reiche, in denen die Abteilungen vereinigt werden. Im wissenschaftlichen Sprachgebrauch wird die einzelne taxonomische Gruppe (Art, Gattung etc.) auch als Taxon (Plural: Taxa) bezeichnet.

Sollen Mikroorganismen klassifiziert werden, so müssen sie zuvor eingehend charakterisiert und mit den Eigenschaften bereits bekannter Taxa verglichen werden. Als wichtige Charakteristika für die Klassifizierung von Bakterien und Pilzen dienten seit den Anfängen der Mikrobiologie vorwiegend morphologische Merkmale, die später, vor allem bei Bakterien, durch den Nachweis anderer phänotypischer Eigenschaften, z. B. physiologischer Leistungen, biochemischer Merkmale oder der chemischen Zusammensetzung von Zellbestandteilen, ergänzt wurden. Die eingehende und exakte Charakterisierung von Arten, Gattungen oder höheren Taxa aufgrund ihrer phänotypischen Merkmale führte zu einer Klassifizierung nach Ähnlichkeiten oder zu einem künstlichen System, das vor allem für das praktische Ziel der Taxonomie, der möglichst sicheren Wiedererkennung neuer Isolate von Mikroorganismen oder deren *Identifizierung*, nützlich war und ist.

Die Analyse der Nucleinsäuren (Basenzusammensetzung, Hybridisierung, Sequenzierung) erlaubt es heute, Mikroorganismen nicht ausschließlich nach phänotypischen Ähnlichkeiten, sondern aufgrund ihrer natürlichen, d.h. ihrer genetischen Verwandtschaft zu klassifizieren. So hat sich beispielsweise bei Bakterien die Definition der Art entscheidend geändert. Anstelle der über ihre phänotypischen Eigenschaften definierten Art, der *Taxospecies*, ist die *Genospecies* getreten, in der Stämme mit übereinstimmender DNA-Basenzusammensetzung und hoher DNA-Homologie vereinigt sind. Daß auch diese Arten weiterhin eingehend phänotypisch zu charakterisieren sind, ist unstrittig [3, 4]. Sequenzanalysen der Nucleinsäuren haben die Möglichkeit eröffnet, die verwandtschaftlichen Beziehungen von Mikroorganismen auch auf höherer Ebene zu ermitteln und sie in einem natürlichen System zu ordnen. Vor allem die Klassifizierung der Bakterien ist aus diesen Gründen derzeit auf allen Ebenen im Umbruch begriffen. Viele Bakterienarten und -gattungen wurden aufgetrennt, andere vereinigt. Solche Änderungen und Verschiebungen setzen sich bis in die höchsten Einheiten des Klassifizierungssystems fort. So stehen heute den Eucarya (früher Eukaryoten genannt), welche alle Lebewesen umfassen, die einen „echten" Zellkern besitzen (Pflanzen, Tiere, Ciliaten, Flagellaten und Pilze), zwei Reiche prokaryotischer Organismen, die Archea (bisher Archaeobacteria) und die Bacteria (bisher Eubacteria), gegenüber.

Die Benennung der verschiedenen Taxa erfolgt heute nach international vereinbarten Regeln der *Nomenklatur.* Sie sind für Pilze im „International Code of Botanical Nomenclature", für Bakterien im „International Code of Nomenclature of Bacteria" [5] niedergelegt. In taxonomischen Veröffentlichungen wird hinter den Namen des jeweiligen Taxons der volle oder auch abgekürzte Name des oder der Autoren angefügt, die das Taxon zuerst beschrieben und benannt haben, wie z.B. *Bacillus subtilis* Cohn oder *Torula thermophila* Cooney und Emerson. Der Autorenname wird meist durch das Jahr der Publikation ergänzt, z.B. *Bacillus pumilus* Meyer und Gottheil 1901. Durch diese Ergänzung wird die Literatur der Originalbeschreibung festgehalten. Erscheinen Autorennamen in Klammern, wie z.B. bei *Paracoccus denitrificans* (Beijerinck und Minkmann 1910) Davis 1968, dann bedeutet dies, daß die Bakterienart erstmals von Beijerinck und Minkmann im Jahre 1910 als Art einer anderen Gattung beschrieben wurde (damals als *Micrococcus denitrificans*), daß diese Art jedoch im Jahre 1968 von Davis aus bestimmten Gründen in die Gattung *Paracoccus* überführt wurde.

Auch für die Schreibweise der verschiedenen Taxa wurden international gültige Vereinbarungen getroffen. So werden die Namen von Arten und Gattungen immer kursiv geschrieben (z.B. *Candida utilis*) oder zumindest unterstrichen (Candida utilis). Für höhere Kategorien, wie Familien oder Ordnungen, wird jedoch immer normale Schrift verwendet. In Anführungszeichen werden solche Artnamen geschrieben, die früher verwendet wurden, heute jedoch nicht mehr als gültig angesehen werden.

Eine ausführliche Darstellung der verschiedenen Aspekte der Bakterienklassifizierung ist kürzlich unter dem Titel „Handbook of New Bacterial Systematics" [6] erschienen. Viele taxonomisch wichtige Informationen finden sich auch in Cowan's „Dictionary of microbial taxonomy" [7]. Übersichten über die Probleme der Bakterientaxonomie sind von Austin und Priest [8], Brenner [9], Krieg [10, 11] sowie von Trüper u. Schleifer [12] veröffentlicht worden. Über die Probleme der Nomenklatur hat Bousfield [13] zusammenfassend berichtet. Die Taxonomie der Pilze ist von Talbot [14] dargestellt worden. Eine Übersicht über das Pilzsystem ist im „Dictionary of the fungi" [15] enthalten.

5.1.2
Wieviele Arten von Mikroorganismen gibt es?

Seit der Entdeckung der Mikroorganismen haben neue und verbesserte Untersuchungs- und Analysemethoden unsere Kenntnis über Bakterien und Pilze stetig erweitert. Es verwundert deshalb nicht, wenn neben der kontinuierlichen Isolierung und Beschreibung neuer Mikroorganismen mit dem zunehmenden Wissensstand auch die Klassifizierung und, damit verbunden, die Nomenklatur der Mikroorganismen häufigen Änderungen unterlag und weiterhin unterliegt.

Schon gegen Ende des vorigen Jahrhunderts war eine beachtliche Zahl von Bakterien- und Pilzarten bekannt. Als Folge des zunehmenden Interesses, das damals den Mikroorganismen von den verschiedensten wissenschaftlichen Disziplinen (z.B. Medizin, Landwirtschaft) entgegengebracht wurde, stieg die

Zahl der beschriebenen Arten bis zum Beginn dieses Jahrhunderts rasch an. Wegen einer ungenügenden Definition des Artbegriffs, wegen mangelnder Kommunikation und fehlender taxonomischer Regeln wurden damals jedoch viele Arten mehrmals benannt und mit unterschiedlichen Namen versehen. Heute wird in der Mikrobiologie die einheitliche Bezeichnung von Arten als wichtige Voraussetzung für eine effektive wissenschaftliche Kommunikation angesehen.

Seit den Anfängen der Bakterientaxonomie sind einige 10 000 Arten von Bakterien beschrieben und benannt worden. Sie wurden erstmals vor mehr als 20 Jahren im „Index Bergeyana" [16 – 19] zusammengestellt. Die meisten dieser Arten wurden aus heutiger Sicht äußerst schlecht oder ungenügend beschrieben. Überdies war trotz sorgfältiger, weltweiter Recherchen von der überwiegenden Anzahl dieser einstmals beschriebenen Arten kein einziger Stamm aufzufinden, der für taxonomische Vergleichsuntersuchungen zur Verfügung stand. Somit war es auch unmöglich, neu isolierte Stämme diesen „alten" Arten zuzuordnen.

Als Konsequenz wurde in den Jahren nach 1975 damit begonnen, alle die Bakterienarten zu erfassen, welche auch aus heutiger Sicht gut beschrieben waren und von denen zumindest ein einziger Stamm nachgewiesen werden konnte. Es wurde international vereinbart, mit dem Stichtag 1. Januar 1980 die Namen aller der Bakterienarten in einer Liste, den „Approved Lists of Bacterial Names" [20] zu veröffentlichen, die ab diesem Stichtag als gültig zu betrachten sind. In diese Liste wurden etwa 1700 Bakterienarten aufgenommen. Alle nicht aufgenommenen Namen zehntausender früher beschriebener und benannter Bakterienarten wurden ab diesem Zeitpunkt für ungültig erklärt.

Heute, nach mehr als zehn Jahren, ist die Zahl der gültig beschriebenen Bakterienarten auf mehr als 3500 angestiegen, und jährlich kommen etwa 100 neue Bakterienarten hinzu. Um die Benennung neuer Bakterien auch zukünftig unter Kontrolle zu haben, muß seit 1980 der Name jeder neu vorgeschlagenen Bakterienart in der Zeitschrift „International Journal of Systematic Bacteriology" publiziert werden. Dies kann in Form einer wissenschaftlichen Veröffentlichung in dieser Zeitschrift erfolgen. Es genügt aber auch nur die Aufnahme des neuen Artnamens und des Zitats der dazugehörigen Publikation in eine Liste, die „Validation List", die diese Zeitschrift regelmäßig enthält. Nur bei Einhaltung dieser Regeln wird der Name einer neuen Bakterienart international akzeptiert. Im „Index of the Bacterial and Yeast Nomenclatural Changes" [2] ist eine Zusammenfassung der Listen für die Jahre 1980 bis einschließlich 1991 erschienen. Eine Zusammenstellung aller anerkannten Bakterienarten wird von der DSM – Deutschen Sammlung von Mikroorganismen und Zellkulturen GmbH (DSM) [22] vierteljährlich in computerisierter Form zugänglich gemacht.

Es wird vermutet, daß bis heute höchstens 10 % in der Natur vorhandenen Arten von Mikroorganismen bekannt sind [23]. Die Schätzungen über die Zahl der existierenden Bakterienarten gehen von Hunderttausenden bis zu Millionen [24]. Auch bei Pilzen liegen die Schätzungen bei > 1 Mio. Arten, von denen heute erst etwa 100 000 bekannt sind [25]. Aus diesen Zahlen wird die gegenwärtige und zukünftige Bedeutung der Taxonomie der Bakterien und Pilze deutlich.

Gleichzeitig wird aber auch verständlich, warum die Identifizierung neuer Isolate von Mikroorganismen nicht immer zum Erfolg führen kann.

5.1.3
Identifizierung: Was ist das?

Die Identifizierung eines Bakteriums oder eines Pilzes ist ein vergleichender Vorgang, bei dem ein in seiner taxonomischen Stellung zunächst unbekanntes Isolat mit bekannten, zuvor klassifizierten und benannten Mikroorganismen verglichen und anhand der ermittelten Eigenschaften einer bereits bekannten Art zugeordnet wird. Ein neu isolierter Mikroorganismus kann also nur dann identifiziert werden, wenn er einer zuvor beschriebenen, klassifizierten und benannten Art angehört. Ist ein Mikroorganismus unter Berücksichtigung der neuesten Methoden und Ergebnisse der Taxonomie nicht zu identifizieren, dann kann es sich um ein Isolat einer bisherigen unbekannten Art handeln. Für die Beschreibung, Klassifizierung und Namengebung neuer Arten sind erhebliche Kenntnisse erforderlich, um den international vereinbarten Regeln der Klassifizierung und der Nomenklatur gerecht zu werden.

Während für die Klassifizierung eines neuen Mikroorganismus heute viele phänotypische und genetische Merkmale festgestellt werden müssen, damit die Art möglichst umfangreich beschrieben werden kann (für Bakterien s. [3] und [4]), werden zum Zwecke der Identifizierung eines Bakteriums oder eines Pilzes nur die wichtigsten unterscheidenden oder diagnostischen Eigenschaften ermittelt. Es bedarf jedoch meist erheblicher Erfahrung, die für eine Bakterien- oder Pilzgruppe jeweils charakteristischen und diagnostisch wichtigen Merkmale aus der Vielzahl der prüfbaren Merkmale auszuwählen und mit den geeigneten Methoden zu testen. In neuester Zeit sind durch Fortschritte der Molekularbiologie, der Gen- und der Computertechnik neue und verbesserte Möglichkeiten zur schnellen Identifizierung von Mikroorganismen aufgezeigt worden. Sie werden in den kommenden Jahren die Identifizierung vor allem von Bakterien erheblich einfacher und sicherer machen. Heute sind diese Methoden der Identifizierung erst für einen sehr geringen Teil aller bekannten Arten nutzbar.

5.1.4
Warum Identifizierung?

Die Biotechnologie ist auf Mikroorganismen angewiesen, die bestimmte Leistungen erbringen. Ob das gesuchte Produkt oder die gewünschte chemische Umsetzung auf die Aktivitäten eines stäbchen- oder kokkenförmigen Bakteriums, auf eine Hefe oder einen anderen Pilz zurückzuführen ist, ist zunächst von untergeordneter Bedeutung. Es gibt jedoch wichtige Gründe, neu isolierte Mikroorganismen frühzeitig zu identifizieren, denn eine erfolgreich abgeschlossene Identifizierung erlaubt nicht nur die Zuordnung zu einer der bereits bekannten Gattungen und Arten. Die Identifizierung eines neu isolierten Bakteriums oder Pilzes eröffnet auch den Zugang zu einer Vielzahl anderer Daten, die von anderen isolierten Stämmen der gleichen Art publiziert wurden und für den weiteren Einsatz eines neuen Isolates von ausschlaggebender Bedeutung sein können. Eine erfolgreich abgeschlossene Identifizierung erlaubt auch, das dem Isolat zukommende Gefährdungspotential, sei es aus human- oder veterinärmedizinischer Sicht oder aus Gründen des Arbeits-, Pflanzen- oder Umweltschutzes, richtig zu erkennen und eine sachgerechte Risikoabschätzung vorzunehmen [26, 27]. Für den weiteren Einsatz eines neu isolierten Mikroorganismus können dann entsprechende Sicherheitsmaßnahmen eingeplant werden.

5.1.5
Voraussetzungen für die Identifizierung

Mikroorganismen sind an ihren natürlichen Standorten mit vielen anderen Organismen vergesellschaftet. Um sie für wissenschaftliche Zwecke nutzbar zu machen, werden sie im allgemeinen aus dem Organismengemisch des Standortmaterials zur Gewinnung von Reinkulturen „isoliert". Diese sind für den Einsatz in Wissenschaft und Industrie meist unentbehrlich und zur Abschätzung eines eventuellen Gefahrenpotentials wichtig.

Reinkulturen werden meist durch wiederholtes Ausstreichen von Zellsuspensionen auf Agarmedien gewonnen oder, bei anaeroben Mikroorganismen, über das Einbringen unterschiedlich verdünnter Suspensionen in sogenannte Agarschüttelkulturen hergestellt. Die Zellsuspensionen werden dabei immer von einzelnen, getrennt liegenden Kolonien angefertigt, wobei angenommen wird, daß sich einzeln liegende Kolonien jeweils aus einer einzelnen Zelle oder aus einem kleinstmöglichen Zellverband entwickelt haben. Zum Erhalt von Reinkulturen muß deshalb immer von möglichst homogenen Zellsuspensionen ausgegangen werden, in denen das Zellmaterial durch kräftiges Schütteln zuvor in die kleinstmöglichen Einheiten aufgetrennt wurde. Geht man bei Ausstrichen oder Agarschüttelkulturen von nicht homogenisiertem Material, beispielsweise von direkt entnommenem Koloniematerial aus, so können in Zellanhäufungen eingeschlossene, fremde Mikroorganismen die Gewinnung von Reinkulturen unmöglich machen.

Während eine Isolierung von Bakterien immer darauf abzielt, Reinkulturen aus Abkömmlingen einer einzigen Zelle zu erhalten, muß bei der Reinkulturenherstellung von Pilzen beachtet werden, daß bei der Anzucht aus einer einzigen Zelle oder einer einzelnen Spore eine Selektion von Merkmalen erfolgen kann. Das Risiko, untypische oder abweichende Formen zu erhalten, die nicht mehr die gesamte, ursprüngliche vorhandene Erbinformation enthalten, ist relativ hoch. Bei Pilzen wird daher vorrangig versucht, Fremdorganismen durch veränderte Anzuchtbedingungen im Wachstum zu behindern, um den gewünschten Pilz, von einer nicht kontaminierten Stelle der Kultur ausgehend, weiter vermehren zu können.

Eine der in der mikrobiologischen Praxis bewährten Ausstrichmethoden zur Isolierung von bakteriellen Reinkulturen ist in Abb. 5.1 dargestellt. Ein Tropfen einer gut homogenisierten, nicht zu dichten Bakteriensuspension wird mit einer sterilen Impföse aufgenommen und auf einer Agarplatte durch drei aufeinan-

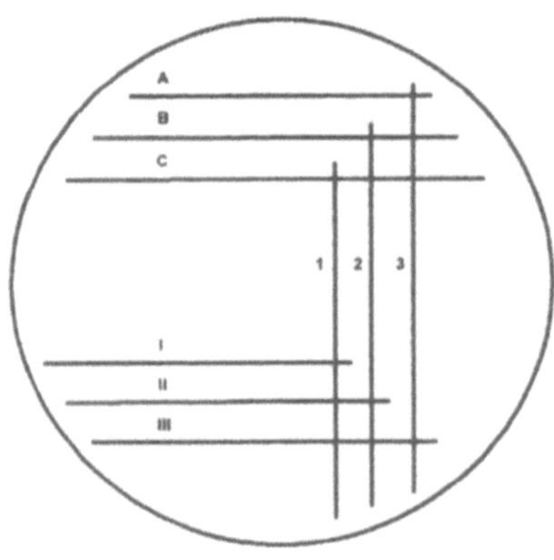

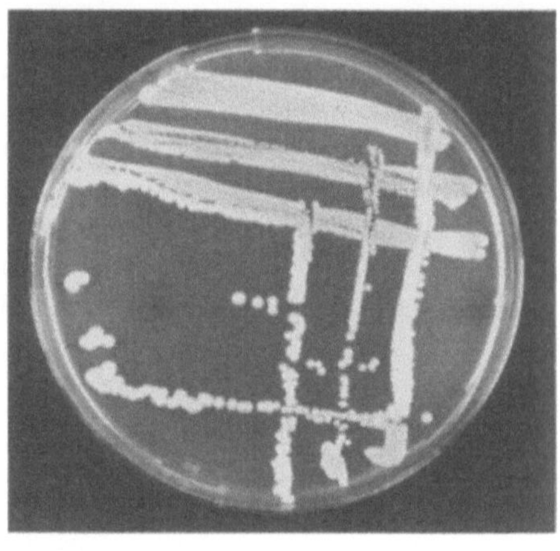

Abb. 5.1   Methode zur Herstellung von Reinkulturen

Abb. 5.2   Bakterienentwicklung auf einem nach Abb. 5.1 angefertigten Ausstrich

derfolgende parallele Striche ausgestrichen (A, B, C). Danach wird die Impföse ausgeglüht und nach deren Abkühlen die nächsten drei Striche in der abgebildeten Weise ausgeführt, wobei die Reihenfolge der auszuführenden Striche 1, 2 und 3 genau einzuhalten ist. Die Öse wird wiederum ausgeglüht. Anschließend werden die Ausstriche I, II und III vorgenommen. Bei der richtig getätigten Aufeinanderfolge der Ausstriche werden die aufgebrachten Bakterien so weit verdünnt und vereinzelt, daß sich auf der Agarplatte mehr oder weniger viele getrennt liegende Kolonien entwickeln (Abb. 5.2). Oft werden diese Kolonien unterschiedliche Anteile verschiedener Bakterienarten enthalten, so daß, ausgehend von einer einzeln liegenden Kolonie, das Ausstrichverfahren ein- oder zweimal zu wiederholen ist.

Die so gewonnenen Reinkulturen müssen im allgemeinen langfristig und in genetisch stabilem Zustand erhalten werden. Die periodische Übertragung von Kulturen („Überimpfung") auf frische Nährböden ist zwar einfach, zur Langzeiterhaltung jedoch meist ungeeignet, denn bei jeder Übertragung besteht neben der Gefahr der Kontamination oder der Verwechslung auch die Möglichkeit, Mutanten zu selektieren, wodurch sich die Eigenschaften einer Kultur ändern können. Für die sachgerechte Langzeiterhaltung von Mikroorganismen bietet sich eine Reihe von Methoden an. Neben der einfachen Trocknung oder Gefriertrocknung ist vor allem die Konservierung von Reinkulturen in flüssigem Stickstoff zu erwähnen [28].

5.2
Die Praxis der Identifizierung

5.2.1
Die Identifizierung von Bakterien

Anreicherungs- oder Isolierungsverfahren, die zur Gewinnung einer Reinkultur eines Bakteriums führen, geben in den meisten Fällen bereits deutliche Hinweise für die Zuordnung eines Stammes zu einer der drei großen Bakteriengruppen:

- *phototrophe* Bakterien (Energiegewinnung aus Licht),
- *chemolithotrophe* Bakterien (Verwertung *anorganischer Wasserstoffdonatoren*),
- *chemoorganotrophe* Bakterien (Verwendung *organischer Verbindungen als Wasserstoffdonatoren*).

In vielen Fällen können die verwendeten Verfahren zur Isolierung eines Bakteriums auch Hinweise auf eine mögliche Gattungszugehörigkeit eines Isolats geben. So lassen sich beispielsweise aus Anreicherungskulturen, die keine Stickstoffverbindung enthalten, im allgemeinen nur diazotrophe, zur Bindung von Luftstickstoff befähigte Bakterien isolieren. In Nährlösungen, denen man 10 % Harnstoff zusetzt, kann man nach einigen Tagen lediglich den harnstoffspaltenden *Bacillus pasteurii* nachweisen. Wenn das zur Beimpfung verwendete Material einige Minuten bei 80 °C erhitzt und anschließend bei Zimmertemperatur bebrütet wird, dann können die isolierten Organismen mit Sicherheit nur einer der wenigen Bakteriengattungen angehören, deren Arten zur Bildung von hitzeresistenten Endosporen befähigt sind.

5.2.1.1
Mikroskopische Untersuchungen

Es ist zweckmäßig, zur Identifizierung eines Bakterienstammes zunächst mit der mikroskopischen Untersuchung der Zellen zu beginnen. Diese soll Aufschluß über die Morphologie der Zellen, z.B. über die Zellform, Zellgröße, die Bildung von Cysten oder von Endosporen und über die Beweglichkeit oder Begeißelung geben.

Dazu werden mikroskopische Präparate auf Objektträgern aus Glas hergestellt. Ein Tropfen einer Zellsuspension wird auf einen Objektträger aufgebracht und mit einem dünnen Deckglas abgedeckt. Die Beobachtung erfolgt mit Hilfe des Phasenkontrastmikroskops unter Verwendung von Objektiven mit den Maßstabszahlen 40 und 100 (Ölimmersion) und bei Vergrößerung bis etwa 1000fach. Ungefärbte Bakterien werden bei diesem Verfahren als dunkle Zellen auf hellem Hintergrund sichtbar. Über Theorie und Praxis der Mikroskopie kann man sich bei Gerlach [29] informieren.

In dem zwischen Objektträger und Deckglas vorhandenen Wasserfilm mikroskopischer Präparate liegen Bakterienzellen im allgemeinen nicht in einer

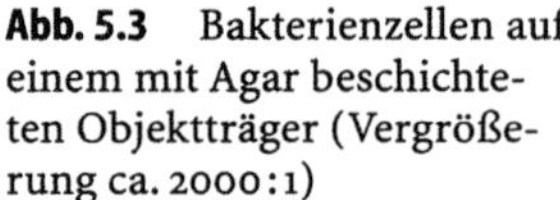

Abb. 5.3 Bakterienzellen auf einem mit Agar beschichteten Objektträger (Vergrößerung ca. 2000:1)

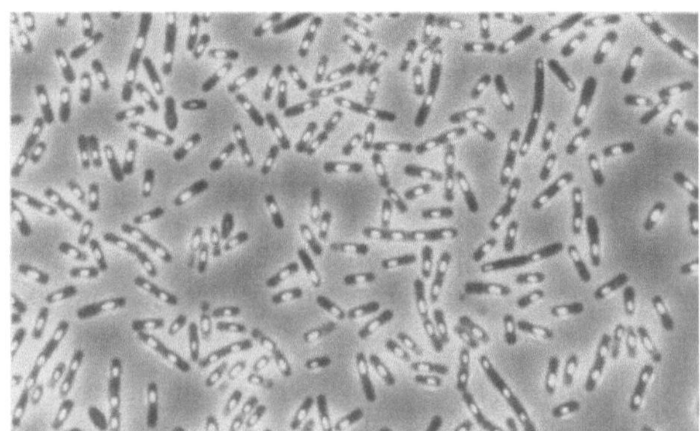

Ebene und sind deshalb nur teilweise deutlich zu sehen. Bei den starken Vergrößerungen ist die Tiefenschärfe nur gering. Da unter dem Deckglas immer Strömungen entstehen, die Eigenbeweglichkeit und die sogenannte Brownsche Molekularbewegung eine Rolle spielen, sind die Zellen in dauernder Bewegung, so daß die exakte mikroskopische Beobachtung lebender Bakterien oft schwierig ist. Man greift deshalb auf Objektträger zurück, die mit einer dünnen Schicht von höchsten 0,5 mm eines 2 %igen Wasseragars (hochreiner Agar) beschichtet sind. Ein Tropfen der zu untersuchenden Bakterienkultur wird auf die Agarschicht des Objektträgers aufgebracht und mit einem Deckglas abgedeckt. Innerhalb weniger Minuten wird das Wasser der Bakteriensuspension vom Agar weitgehend absorbiert. Die Zellen werden dabei schwach gegen das Deckglas gedrückt und dadurch fixiert. Sie können dann alle in der gleichen Ebene beobachtet werden. Entsprechend hergestellte Präparate sind vor allem auch für die Anfertigung mikrofotografischer Aufnahmen [30] zur Dokumentation der Zellmorphologie hervorragend geeignet (Abb. 5.3).

Die meisten Bakterien haben in jungen Kulturen ihre typische Form und sollen deshalb mikroskopisch untersucht werden, wenn das Wachstum einer Kultur gerade sichtbar wird. Andererseits können während des Wachstumszyklus typische morphologische Veränderungen der Zellen auftreten. Deshalb ist es meist wichtig, Kulturen verschiedenen Alters zu untersuchen. Die Morphologie bestimmter Bakterien kann auch von der Zusammensetzung des Mediums beeinflußt werden. So bilden beispielsweise einige Arten oder Stämme der Gattung *Bacillus* nur dann Endosporen aus, wenn dem Medium das Spurenelement Mangan zugesetzt wurde.

Die Größe der Zelle ist für die Identifizierung eines Isolates oft von Bedeutung. Während die Länge einer Bakterienzelle von den unterschiedlichsten Faktoren beeinflußt wird, ist die Zellbreite weitgehend konstant und deshalb für diagnostische Zwecke oft ein wichtiges Merkmal. Die Größe von Bakterienzellen läßt sich mit Hilfe eines geeichten Okularmikrometers bestimmen. Eine andere Methode zur Bestimmung der Zellgröße ist das Ausmessen der Zellen auf mikrofotografischen Aufnahmen, die bei einer Standardvergrößerung hergestellt wurden.

Viele Bakterienarten wurden als unbeweglich beschrieben, andere bewegen sich, vor allem in jungen Kulturen, auf unterschiedliche Weise. Meist zeigen sie eine schwimmende Bewegung, die durch Geißeln zustandekommt. Bei bestimmten Bakterien kann eine gleitende Bewegung beobachtet werden, wenn die Zellen Kontakt mit einer festen Oberfläche haben. Die unterschiedlichen Bewegungsarten und ihr Vorkommen bei den verschiedenen Bakteriengattungen oder -arten können diagnostischen Wert besitzen. Wichtig ist, daß von der schwimmenden oder gleitenden Fortbewegung die passive Bewegung sich unterscheidet.

Die Beweglichkeit von Bakterien ist überwiegend auf Geißeln zurückzuführen, die in der Zelloberfläche polar, subpolar oder lateral in Ein- oder Mehrzahl inseriert oder peritrich über die ganze Zelloberfläche verteilt sind. Diese Art der Begeißelung kann ein diagnostisch wichtiges Merkmal sein, ohne dessen Kenntnis viele Bakteriengattungen oder -arten nicht zu identifizieren sind. Zum lichtmikroskopischen Nachweis der Geißeln müssen diese angefärbt werden (Geißelfärbung). Von den verfügbaren Methoden kann hier lediglich die Färbung nach Heimbrook et al. [31] empfohlen werden. Die Art der Begeißelung kann natürlich auch elektronenmikroskopisch festgestellt werden.

Ein bis heute wichtiges bakteriologisches Färbeverfahren ist die *Gram-Färbung*, die 1884 von dem Dänen Christian Gram entwickelt wurde. Das Ergebnis der Färbung hängt mit dem unterschiedlichen Aufbau und der unterschiedlichen Permeabilität der Zellwand zusammen. Bei der Gram-Färbung werden Zellen zunächst mit dem Anilinfarbstoff Kristallviolett gefärbt. Bei der darauffolgenden Behandlung mit Jod-Kaliumjodid-Lösung bildet sich innerhalb der Zelle ein Farbstoff-Jod-Komplex, der nur bei bestimmten Bakterien durch eine Behandlung mit Alkohol oder Aceton aus der Zelle ausgewaschen werden kann. Wenn die Bakterien bei dieser Behandlung entfärbt werden, werden sie als gramnegativ bezeichnet; halten sie den Farbstoff zurück, sind sie grampositiv. Zur Färbung sollen nur junge Kulturen verwendet werden. Im mikroskopischen Präparat sind dann grampositive Bakterien an ihrer blauen Färbung zu erkennen. Um die Reproduzierbarkeit der Färbemethode zu gewährleisten, sollten ungeübte Personen eine standardisierte Methode anwenden [32].

Bei der Identifizierung von Bakterien kann auch das makroskopische Aussehen der Kulturen oder das Aussehen einzeln liegender Kolonien eine wertvolle Hilfe sein. Eine Reihe von Bakterien bildet gefärbte Kolonien, andere scheiden ein charakteristisch gefärbtes Pigment in das Medium aus. Die Kolonien vieler Bakterienarten zeigen auf bestimmten Medien artcharakteristische Formen oder typische Strukturen. Sie können z.B. rund oder unregelmäßig geformt, flach oder erhaben, undurchsichtig, durchscheinend oder durchsichtig, glänzend oder matt sein. Der Rand der Kolonien kann glatt, gewellt oder mit Ausläufern versehen sein. Häufig findet sich bei der Beschreibung von Bakterienarten auch eine Angabe über die Größe der gebildeten Kolonien. Man muß aber wissen, daß die Größe der sich z.B. auf einer Petrischale entwickelnden Bakterienkolonien meist mit steigender Zahl der Kolonien deutlich abnimmt. Die Koloniegröße ist auch von dem Volumen des Agarmediums und somit von der Nährstoffversorgung abhängig. Es gibt jedoch Bakterienarten, die immer nur

Abb. 5.4   Eine Kolonie von *B. mycoides*

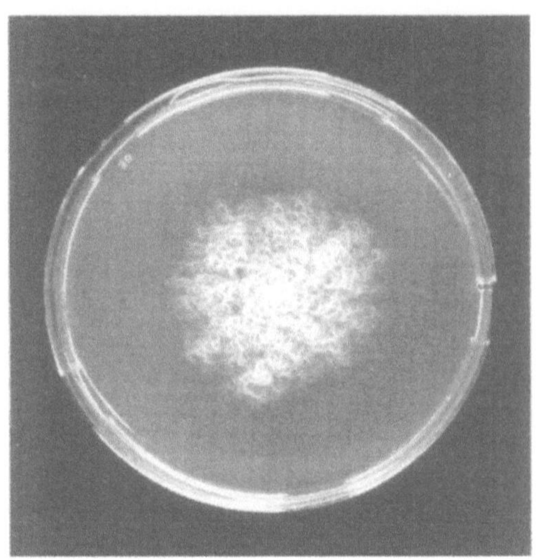

winzige, punktförmige Kolonien bilden. Nur eine einzige Bakterienart läßt sich allein aufgrund des makroskopischen Aussehens von Kolonien einwandfrei identifizieren. Es ist *Bacillus mycoides*, ein sporenbildendes Bakterium, das wurzelartig verzweigte Kolonien bildet, die sich auf der Agaroberfläche schnell ausbreiten (Abb. 5.4).

Auch in flüssigen Medien kann das Bakterienwachstum zu charakteristisch aussehenden Kulturen führen. Während viele Bakterien beim Wachstum in flüssiger Kultur eine homogene Trübung entwickeln, bilden bestimmte aerobe Bakterien auf der Oberfläche des Mediums eine Haut (Kahmhaut). Andere Bakterien zeigen ein körniges oder flockiges Wachstum oder bilden ein Sediment am Boden des Kulturgefäßes.

5.2.1.2
Primärtests und erste Eingruppierung

Neben der Kenntnis morphologischer Eigenschaften sind für eine erste Eingruppierung eines Bakterienisolates auch einige physiologische Merkmale von Bedeutung. Dazu gehört vor allem das Verhalten eines Isolates gegenüber dem Sauerstoff der Luft. Es muß untersucht werden, ob die zu identifizierende Kultur nur bei Anwesenheit von Luftsauerstoff (aerob) oder nur bei dessen Abwesenheit (anaerob) zum Wachstum befähigt ist oder ob sich das Isolat unter beiden Bedingungen entwickelt (fakultativ anaerob). Wenige Bakterien sind mikroaerophil, d. h. sie wachsen nur bei einer bestimmten, gegenüber Luft reduzierten Sauerstoffkonzentration oder benötigen zum Wachstum eine erhöhte Konzentration an Kohlendioxid. Zu den wichtigen Nachweisen gehört auch das möglicherweise Vorhandensein der Enzyme Katalase und Oxidase. Auch die Fähigkeit eines Bakteriums, Glucose oder andere Zucker zum Wachstum zu verwerten oder aus bestimmten Zuckern Säure zu bilden, ist wesentlich.

Sind die bisher erwähnten morphologischen und physiologischen Eigenschaften ermittelt, wird es, unter Berücksichtigung der Bedingungen, die zur Isolierung des betreffenden Stammes geführt haben, in den meisten Fällen gelingen, den Stamm einer der 35 Gruppen in „Bergey's Manual of Determinative Bacteriology" [33] oder einer der in den vier Bänden von „Bergey's Manual of Systematic Bacteriology" [34 – 37] aufgeführten Sektionen zuzuordnen.

5.2.1.3
Sekundärtests

Für die weitere Identifizierung sind die in „Bergey's Manual" angegebenen und für die einzelnen Sektionen meist spezifischen diagnostischen Merkmale, von denen eine Auswahl in Tabelle 5.1 aufgeführt ist, zu prüfen. Dadurch wird es möglich, ein zu identifizierendes Bakterium in eine der Bakteriengattungen einzureihen. Bei der dann folgenden Identifizierung der Art kommt es entschei-

Tabelle 5.1 Auswahl von Merkmalen zur Identifizierung von Bakterien

	Merkmal
Wachstum	– Aerob
	– Anaerob
	– Mikroaerophil
Wachstumstemperatur	– Minimal
	– Optimal
	– Maximal
Wachstum bei	– pH 4,0
	– pH 5,7
	– 2 % NaCl
	– 10 % NaCl
Bildung von:	– Katalase
	– Oxidase
	– β-Galaktosidase
	– Phenylalanindesaminase
	– Lecithinase
	– Urease
	– Coagulase
	– Ornithindecarboxylase
	– Lysindecarboxylase
	– Arginindihydrolase
	– Indol
	– Acetoin
Säurebildung aus Zuckern	– Aerob
	– Anaerob
	– Fehlend
Gasbildung aus Zuckern	
Pigmentbildung	– Diffundierend
	– Nicht diffundierend
	– Fehlend

Tabelle 5.1 Fortsetzung

	Merkmal
Hydrolyse von	– Stärke
	– Pullulan
	– Gelatine
	– Casein
	– Cellulose
	– Alginat
	– DNA
	– Tween 80
	– Äsculin
Wachstum mit	– Acetat
	– Propionat
	– Citrat
	– Malonat
	– 2-Ketogluconat
	– Gluconat
	– Glutamat
	– Histidin
	– Glucose
	– Fructose
	– Xylose
	– Trehalose
Methylrottest	
Nitratreduktion	
Denitrifikation	
Haemolyse	
H_2S-Bildung	
Antibiotika-Resistenz	

dend darauf an, die für die jeweilige Gattung beschriebenen diagnostischen Methoden (z. B. Medien, Reagenzien, Bebrütungstemperatur etc.) genau einzuhalten. Die Verwendung auch nur leicht abgeänderter Methoden kann bei der Identifizierung von Bakterien zu falschen Ergebnissen führen. Bemühungen zur Standardisierung taxonomischer Methoden hatten bisher nur teilweise Erfolg.

Bei der Durchführung einer Identifizierung wird dringend empfohlen, zur Qualitätskontrolle sowohl der verwendeten Medien als auch der spezifischen Methodik Referenzstämme in die Untersuchungen einzubeziehen. Neben allgemein vorgeschriebenen Kontrollstämmen werden hierzu meist die Typusstämme der Arten verwendet, deren Eigenschaften im einzelnen bekannt sind. Ein Typusstamm ist derjenige Stamm einer Art, mit dem der Artname dauerhaft verbunden bleibt. Wenn eine Art aufgrund neuer Erkenntnisse in mehrere Arten aufzutrennen ist, dann verbleiben der Typusstamm und alle mit ihm übereinstimmenden Stämme bei der ursprünglichen Art. Für die von der Art abzutrennenden Stämme ist ein neuer Artname mit einem neuen Typusstamm vorzuschlagen. Beruht eine Artbeschreibung nur auf einem oder auf wenigen Isolaten, dann ist der Typusstamm nicht unbedingt ein typischer oder repräsentativer Vertreter seiner Art. Wenn zu einem späteren Zeitpunkt zusätzliche Stämme dieser Art isoliert werden, kann sich herausstellen, daß der Typusstamm mehr oder weniger untypisch für die Art ist. In solchen Fällen wird eine anderer, typischer Stamm der Art als Referenzstamm ausgewählt.

Typus-, Kontroll- oder Referenzstämme sollten aus einer der bekannten Servicesammlungen für Bakterienkulturen bezogen werden. Die Bedeutung einer Identifizierung ist meist zu groß, als daß man sich mit Kulturen aus zweiter Hand begnügen sollte. Eine Broschüre mit Beschreibungen der in Europa vorhandenen Servicesammlungen kann von der European Culture Collections' Organization oder von den Autoren bezogen werden.

Die wichtigsten Handbücher für den mit der Identifizierung von Bakterien beschäftigten Mikrobiologen sind neben dem bereits erwähnten „Bergey's Manual" [33 – 37] die erste (zweibändige) und die zweite (vierbändige) Auflage von „The Prokaryotes" [38, 39]. In diesen Handbüchern werden auch die Methoden zur Identifizierung detailliert beschrieben. Daneben ist eine Reihe von Publikationen verfügbar, in denen die Identifizierung ausgewählter Bakterienarten dargestellt oder die Identifizierung von Bakterien bestimmter Herkunft (Lebensmittel, Human-, Tier- oder Phytopathologie) aufgeführt und erläutert wird [40 – 42]. Identifizierungsschlüssel und -tabellen werden auch in Form von „Sekundärliteratur" häufig angeboten. Nicht selten finden sich dort „vereinfachte" Identifizierungsschlüssel oder eine unvollständige Aufarbeitung taxonomischer Daten. Sie können oft zu Ergebnissen führen, die einer Nachprüfung kaum standhalten.

5.2.1.4
Diagnostische Tabellen und Schlüssel

Der klassische und bis heute weit verbreitete Weg zur Identifizierung von Organismen ist das dichotome Verfahren. Hier findet die Identifizierung über einen verzweigten Entscheidungsbaum oder einen *dichotomen Schlüssel* statt, der auf ausgewählten Schlüsselmerkmalen oder „key characters" beruht (Tabelle 5.2). Weil dichotome Schlüssel bei jedem Verzweigungspunkt nur zwei Alternativen zulassen, sind sie vor allem dann brauchbar, wenn die verwendeten Schlüsselmerkmale innerhalb der einzelnen Arten weitgehend konstant sind. Sind aber beispielsweise nur 90 % der Stämme einer Art für ein Schlüsselmerkmal positiv oder negativ, dann ist es schwierig, die richtige Entscheidung zu treffen. Ein einziger Entscheidungsfehler, vor allem im Anfangsbereich des Schlüssels, reicht aber aus, um eine Identifizierung scheitern zu lassen. Dichotome Schlüssel eignen sich deshalb nur dann zur Identifizierung eines unbekannten Stammes, wenn sich die einzelnen Arten der Gattung in den jeweiligen positiven oder negativen Merkmalen zu 100 % unterscheiden und wenn sich darüber hinaus der zu identifizierende, unbekannte Stamm für seine Art typisch verhält.

Wesentlich „fehlersicherer" ist das sogenannte synoptische Identifizierungsverfahren, das auf der Verwendung von diagnostischen Tabellen beruht. Es vermeidet die „Alles oder Nichts"-Entscheidung der dichotomen Schlüssel und

Tabelle 5.2　Beispiel eines dichotomen Schlüssels zur Identifizierung von ausgewählten *Bacillus*-Arten

1	Katalase (+)	2
	Katalase (–)	6
2	Acetoinbildung (+)	3
	Acetoinbildung (–)	9
3	Anaerobes Wachstum (+)	4
	Anaerobes Wachstum (–)	8
4	Wachstum bei 50 °C (+)	5
	Wachstum bei 50 °C (–)	6
5	Wachstum mit 7 % NaCl (+)	*B. licheniformis*
	Wachstum mit 7 % NaCl (–)	*B. coagulans*
6	Säure und Gas aus Glucose (+)	*B. polymyxa*
	Säure und Gas aus Glucose (–)	7
7	Wachstum bei pH 5,7 (+)	*B. cereus*
	Wachstum bei pH 5,7 (–)	*B. alvei*
8	Stärkehydrolyse (+)	*B. subtilis*
	Stärkehydrolyse (–)	*B. pumilus*
9	Wachstum bei 65 °C (+)	*B. stearothermophilus*
	Wachstum bei 65 °C (–)	10
10	Stärkehydrolyse (+)	11
	Stärkehydrolyse (–)	14
11	Säure und Gas aus Glucose (+)	*B. macerans*
	Säure und Gas aus Glucose (–)	12
12	…	

(+) = positiv; (–) = negativ

trägt der Variabilität der Bakterien bis zu einem gewissen Grad Rechnung. In *synoptischen Tabellen* werden in den Zeilen meist die Testmerkmale, in den Spalten die Organismen aufgeführt (Tabelle 5.3). Das Vorkommen bzw. das Fehlen eines Merkmals wird mit „+" bzw. „–" gekennzeichnet. Ist ein Merkmal bei einigen Isolaten, die zu einer Art gehören, positiv, bei anderen negativ, so kennzeichnet man dies durch ein „d" (different) oder durch ein „+/–". Eine Identifizierung wird vorgenommen, indem für das unbekannte Isolat für jede Art die Anzahl der übereinstimmenden oder abweichenden Tests ermittelt und die Art mit der besten Übereinstimmung ausgewählt wird.

5.2.1.5
Computergestützte Identifizierung und numerische Taxonomie

Bei der Identifizierung von Bakterien fallen meist sehr viele Testergebnisse an, die sich auf Ja-Nein-Antworten reduzieren lassen und sich daher gut für eine maschinelle Bearbeitung eignen. Auf die Nützlichkeit numerischer Verfahren zum Vergleich und zur Identifizierung von Mikroorganismen wurde schon 1957, lange vor der Verfügbarkeit moderner Microcomputer von Sneath [43] hingewiesen. Die ersten Versuche mit der numerischen Taxonomie konnten nur an

Tabelle 5.3   Synoptische Tabelle zur Identifizierung von *Bacillus*-Arten mit ellipsoiden Sporen und nicht angeschwollenen Sporenmutterzellen.
1 B. amyloliquefaciens, 2 B. anthracis, 3 B. badius, 4 B. cereus, 5 B. fastidiosus, 6 B. firmus, 7 B. lentus, 8 B. licheniformis, 9 B. megaterium, 10 B. mycoides, 11 B. pumilus, 12 B. subtilis, 13 B. thuringiensis, + = Eigenschaft vorhanden, – = Eigenschaft fehlt, d = Eigenschaft unterschiedlich, nd = Eigenschaft nicht bekannt

	1	2	3	4	5	6	7	8	9	10	11	12	13
Zellbreite > 1,0 /µm	–	+	–	+	+	–	–	–	+	+	–	–	+
Beweglichkeit	+	–	+	+	+	+	+	+	+	–	+	+	+
Parasporale Kristalle	–	–	–	–	–	–	–	–	–	–	–	–	d
Wachstum bei													
– 10 °C	nd	–	–	d	+	d	nd	–	+	d	+	d	d
– 50 °C	d	–	+	–	–	–	–	+	–	–	d	d	–
– 55 °C	–	–	–	–	–	–	–	+	–	–	–	–	
– 7 % NaCl	+	+	–	d	–	+	d	+	d	d	+	+	+
– anaerob	–	+	–	+	–	–	–	+	–	+	–	–	+
Bedarf an Allantoin	–	–	–	–	+	–	–	–	–	–	–	–	–
VP-Reaktion	+	+	–	+	–	–	–	+	–	+	–	+	d
Lecithinase (Eigelb)	–	+	–	+	–	–	–	–	–	+	–	–	+
Säure aus													
– D-Glucose	+	+	–	+	–	+	+	+	+	+	+	+	+
– L-Arabinose	d	–	–	–	–	–	+	+	d	–	+	+	–
– D-Xylose	d	–	–	–	–	–	+	+	d	–	+	+	–
– D-Mannit	+	–	–	–	–	+	+	+	d	–	+	+	–
Verwertung von													
– Citrat	d	d	–	+	–	–	–	+	+	d	+	+	+
– Propionat	–	nd	–	nd	–	–	–	+	–	nd	–	–	nd
Hydrolyse von													
– Stärke	+	+	–	+	–	+	+	+	+	+	–	+	+
– Casein	+	+	+	+	–	+	d	+	+	+	+	+	+
Nitratreduktion	+	+	–	+	–	d	d	+	d	+	–	+	+

Großrechnern durchgeführt werden. An eine allgemeine und jedermann zugängliche Anwendung im Laboratorium war zunächst nicht zu denken. Die ungeahnten Fortschritte in der Welt der Microcomputer ermöglichen heute jedoch jedem mikrobiologischen Labor die Anwendung von leistungsfähigen und preiswerten Rechnern, nicht nur als Schreibmaschine, sondern vorwiegend als Datenspeicher und als zuverlässige Helfer bei der Identifizierung von Mikroorganismen.

Die numerische Taxonomie kann man als die Gruppierung von Organismen mit Hilfe statistischer Methoden ansehen [44]. Sie erlaubt den quantitativen Vergleich der gemeinsamen und unterschiedlichen Merkmale und ermöglicht so die objektive Anordnung von Organismen in Gruppen. Die gemessenen Ähnlichkeiten können auf phänotypischen Daten (z. B. Substrattests) oder auch genetischen Daten beruhen (z. B. DNA-Basenzusammensetzung). Im Gegensatz zu diesen „phenetischen" Verhältnissen („phenetic relationships") steht das evolutionäre Verhältnis („evolutionary relationship"), auch Phylogenie genannt, das die stammesgeschichtliche Entwicklung der Organismen wiedergibt. Die phylogenetische Verwandtschaft von Organismen kann jedoch nicht mit den bisherigen numerisch-taxonomischen Methoden erfaßt werden. Eine gute Einführung in die Methode der numerischen Taxonomie ist bei Priest u. Augustin [8] und bei Priest u. Williams [45] zu finden. Eine umfangreiche Übersicht über die existierenden Computerprogramme für die numerische Taxonomie gibt Sackin [46].

Die erfolgreiche Anwendung computergestützter numerischer Identifizierungsverfahren erfordert im wesentlichen folgende Schritte [43, 47]:

- Auswahl der Bakterienisolate und geeigneter Tests
- Codierung und Anordnung der Tests für den Computer
- Analyse der gespeicherten Ergebnisse durch ein Computerprogramm
- Auswertung und graphische Darstellung der Ergebnisse

Die ausgewählten Bakterienstämme werden oft als „operational taxonomic units" (OTUs) bezeichnet. Je nach Kapazität des Computerprogramms werden meist mehrere hundert Stämme ausgewählt und bearbeitet. Zur Kontrolle werden stets Isolate bekannter Arten („Referenzstämme") zusammen mit den unbekannten Stämmen untersucht.

Die bereits im Abschnitt über diagnostische Tabellen erwähnte synoptische Identifizierung kann auch mit entsprechenden Computerprogrammen durchgeführt werden, indem wiederum die Anzahl der abweichenden oder der übereinstimmenden Tests („number of matches") für jede Art bestimmt und dann die Art mit der besten Übereinstimmung herausgesucht wird.

Die Ähnlichkeit zweier OTUs wird nach bestimmten Ähnlichkeitskoeffizienten berechnet. Gegenwärtig werden mehr als 30 verschiedene Koeffizienten verwendet, von denen einige in Tabelle 5.4 wiedergegeben sind. Die berechneten Ähnlichkeiten werden in Matrizen tabellarisch zusammengefaßt (Tabelle 5.5). Die Interpretation dieser Zahlenkolonnen wird wesentlich erleichtert durch die Anwendung von sogenannten „Cluster-Computerprogrammen", welche die Ähnlichkeiten sowohl berechnen als auch graphisch darstellen können [48]. Eine in der Bakteriologie beliebte Darstellungsweise phenetischer Ähnlichkeiten

Tabelle 5.4   In der numerischen Taxonomie häufig verwendeter Ähnlichkeitskoeffizient

Name	Formel
Jaccard	$S_J = 4a/(a + b + c)$
Simple Matching	$S_{SM} = (a + d)/(a + b + c + d)$
Dice	$S_D = 2a/(2a + b + c)$

		Art 1	Art 2
a = positive Übereinstimmungen	$\rightarrow$	+	+
d = negative Übereinstimmungen	$\rightarrow$	–	–
b = ungleiche Testergebnisse	$\rightarrow$	+	–
c = ungleiche Testergebnisse	$\rightarrow$	–	+

Tabelle 5.5 Ähnlichkeitstabelle und Dendrogramm der in der Tabelle 5.6 aufgeführten Plus-Minus-Testergebnisse verschiedener *Bacillus*-Arten

OTU	mega	lich	subt	poly	spha
mega	1.000	–	–	–	–
lich	0.600	1.000	–	–	–
subt	0.667	0.727	1.000	–	–
poly	0.400	0.636	0.545	1.000	–
spha	0.500	0.300	0.333	0.222	1.000

Ähnlichkeitskoeffizient: $S_J = (a/a + b + c))$
Cluster-Methode: average linkage

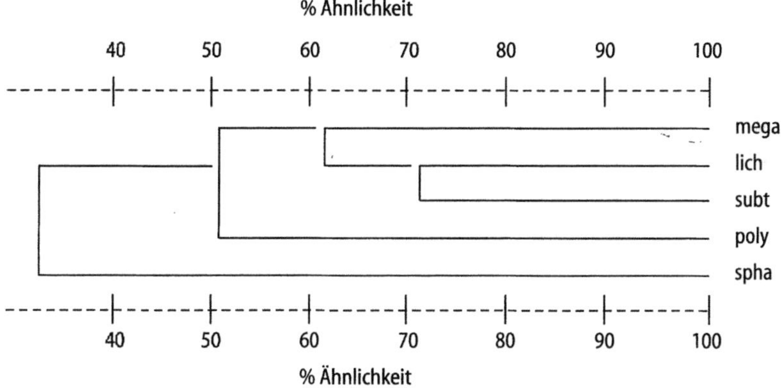

ist das Dendrogramm (Tabelle 5.5), das in der Regel nach der „unweighted pair group method" (UPGMA-Methode) („average linkage method") berechnet und gezeichnet wird [49].

Wie in allen biologischen Systemen, so ist auch bei Bakterien allgemein eine gewisse Variabilität der phänotypischen Eigenschaften festzustellen. Nicht alle zu einer Art gehörenden Stämme werden deshalb in den untersuchten Eigenschaften identische Ergebnisse zeigen. So kann z. B. ein als negativ („–") bezeichnetes Merkmal nur bei 90 % der untersuchten Stämme negativ, bei 10 % dagegen positiv sein. Die prozentuale positive Häufigkeit des Auftretens eines bestimmten Merkmals innerhalb einer Bakterienart wird daher ermittelt. Dies erfolgt durch die Untersuchung möglichst vieler Stämme einer Art. Die Ergebnisse werden in einer Häufigkeits- oder Wahrscheinlichkeitstabelle zusammengefaßt (Tabelle 5.6). Man kann diese Tabellen auch als die Mittelwerte verschiedener diagnostischer Plus-Minus-Tabellen auffassen. Die zu einer neuen Art gehörenden Stämme kann man z. B. mit Hilfe der oben beschriebenen Clusteranalyse finden, die einzelnen Testergebnisse der Stämme mitteln und so in eine Wahrscheinlichkeitstabelle für Arten umwandeln. Es liegt auf der Hand, daß diese Prozenttabellen eine bessere und wirklichkeitsnähere Beschreibung der Art liefern als einfache diagnostische Plus-Minus-Tabellen. Während synoptische Tabellen noch mit der Hand ausgewertet werden können, ist die manuelle Aus-

Tabelle 5.6 Kombinierte diagnostische und Wahrscheinlichkeitstabelle ausgewählter *Bacillus*-Arten.

Test: 1 = Stärkeabbau, 2 = Caseinabbau, 3 = Gelatineabbau, 4 = Lecithinase, 5 = VP, 6 = Nitratreduktion, 7 = Citratverwertung, 8 = Gas aus Glucose, 9 = anaerobes Wachstum mit Glucose, 10 = Säure aus Glucose, 11 = Wachstum in 7 % NaCl, 12 = Wachstum in 10 % NaCl, 13 = Wachstum bei 56 °C

Art/Test-Nr.	1	2	3	4	5	6	7	8	9	10	11	12	13
B. megaterium	+	+	+	−	−	−	+	−	−	+	+	−	−
% Häufigkeit	99	99	99	01	01	01	99	01	01	99	50	01	01
B. licheniformis	+	+	+	−	+	+	+	−	+	+	+	−	+
% Häufigkeit	99	99	99	01	99	99	95	01	99	99	99	05	99
B. subtilis	+	+	+	−	+	+	+	−	−	+	+	+	−
% Häufigkeit	99	99	99	01	99	99	87	01	01	99	99	80	01
B. polymyxa	+	+	+	−	+	+	−	+	+	+	−	−	−
% Häufigkeit	99	99	99	20	99	99	18	99	99	99	01	01	01
B. sphaericus	−	+	+	−	−	−	+	−	−	−	−	−	−
% Häufigkeit	01	89	90	01	01	01	33	01	01	01	50	01	01

wertung einer Wahrscheinlichkeitsmatrize sehr mühsam und ungenau, bei größeren Tabellen gar unmöglich. Hier wird die Hilfe eines Computerprogrammes benötigt.

Das Auswertungsverfahren ist im Prinzip verblüffend einfach, im Detail aber sehr rechenintensiv: Die Wahrscheinlichkeitstabellen enthalten stets Werte zwischen 0.01 (1%) und 0.99 (99%), aber niemals die Werte 0.00 oder 1.00. Die Plus-Minus-Testergebnisse des unbekannten Organismus werden mit jedem Eintrag jedes in der Identifizierungsmatrize vorhandenen Organismus verglichen und jeweils die sogenannte „Reihenwahrscheinlichkeit" („row probability") berechnet. Für jede Art oder jedes Taxon wird diese Wahrscheinlichkeit ermittelt, indem die positiven (!) Wahrscheinlichkeiten der einzelnen Tests miteinander multipliziert werden. Hat der unbekannte Organismus ein negatives Merkmal für einen bestimmten Test, so gilt: Die Wahrscheinlichkeit eines Merkmals, negativ zu sein, ist gleich Eins minus die Wahrscheinlichkeit, positiv zu sein. Die Wahrscheinlichkeitsprodukte jeder Art in der Matrize werden jetzt addiert, gleich 1 (oder 100 %) gesetzt und die einzelnen Reihenwahrscheinlichkeiten der Arten hierzu ins Verhältnis gesetzt. Jetzt wird auch deutlich, warum Wahrscheinlichkeiten von 0.00 und 1.00 in der Tabelle nicht auftauchen dürfen: Ein einziger dieser Werte könnte die Reihenwahrscheinlichkeit (das Wahrscheinlichkeitsprodukt) gleich Null werden lassen und so eine Zuordnung des unbekannten Organismus unmöglich machen. Der normalisierte, prozentuale Wert wird auch „Willcox Identification Score" [50] genannt. Je näher er dem Wert 1 (oder 100 %) ist, desto größer ist die Wahrscheinlichkeit, daß der unbekannte Organismus mit einer der Arten in der Tabelle übereinstimmt.

Die Wahrscheinlichkeitsidentifizierung ist das am weitesten verbreitete maschinelle Identifizierungsverfahren bei Bakterien und wird in zahlreichen

Computerprogrammen (z. B. Bacterial Identifier [51] oder MICRO-IS [52]) verwendet. Neben der „Willcox Identification Score" gibt es noch andere rechnerisch ermittelte Indikatoren, welche die Güte der Identifizierung beschreiben und als Interpretationshilfe für den Benutzer verwendet werden.

Computerisierte Datenbank- und Identifizierungssysteme stellen eine große Entscheidungshilfe dar. Sie sind schnell und werten objektiv aus, dennoch sollte man ihnen nicht blindlings vertrauen. Die Identifizierung kann nur so gut sein, wie die zugrundeliegenden Datenbanken, die wiederum vom aktuellen Wissensstand abhängig sind. Auch die besten Computerprogramme können keine guten Ergebnisse erzielen, wenn die Datenbanken unvollständig oder fehlerhaft sind oder der Benutzer hat eine Datenbank für die falsche Bakteriengruppe ausgewählt. Auch ersetzen computerisierte Systeme nicht die sorgfältige und genaue Beobachtung des Experimentators, dem die endgültige Entscheidung über das Identifizierungsergebnis obliegt.

5.2.1.6
Identifizierungssysteme

Die Erkenntnis, daß Abweichungen in der Zusammensetzung von Testmedien und Reagenzien deutliche Auswirkungen auf ein Identifizierungsergebnis haben können, hat dazu geführt, daß in Bereichen, in denen die Diagnostik von Bakterien zur täglichen Aufgabe gehören (wie z. B. in der medizinischen Mikrobiologie) in den vergangenen Jahren vermehrt kommerzielle Identifizierungssysteme zum Einsatz kommen. Diese Systeme haben den Vorteil, daß eine Vielzahl von Laboratorien auf das gleiche, gut standardisierte Material zurückgreifen kann, daß der personelle und zeitliche Aufwand von Identifizierungen deutlich reduziert wird und daß standardisierte Methoden der Beimpfung, der Bebrütung und der Auswertung zu gut reproduzierbaren und sicheren Ergebnissen führen. Es muß jedoch bedacht werden, daß alle diese Systeme jeweils für einen spezifischen Zweck, d. h. die Identifizierung bestimmter, meist medizinisch oder hygienisch relevanter Bakteriengruppen, entwickelt wurden. Eine Identifizierung von Bakterien, die solchen Gruppen nicht angehören, ist mit den Systemen meist nicht möglich. Sie führt dann zu keinen oder zu falschen Resultaten.

Von den verschiedenen Systemen soll hier das in Deutschland von ApiBiomerieux unter dem Namen API 20 NE vertriebene System zur Identifizierung von Pseudomonaden und anderen gramnegativen, aeroben Bakterien erläutert werden. In einen Plastikstreifen sind 20 Miniröhrchen integriert. Sie enthalten getrocknete Substrate, denen teilweise ein pH-Indikator zugesetzt ist und die den Nachweis bestimmter Eigenschaften erlauben. Die Miniröhrchen werden mit einer standardisierten Bakteriensuspension beimpft. Um Luft bei solchen Reaktionen, die in Gegenwart von Sauerstoff verfälscht werden, auszuschließen, müssen bestimmte Röhrchen mit sterilem Paraffinöl überschichtet werden. Die Streifen werden bei 30 °C bebrütet. Nach ein und zwei Tagen werden die Eigenschaften des Bakteriums ermittelt. Hierzu müssen einzelnen Röhrchen zunächst bestimmte Reagenzien zugesetzt werden.

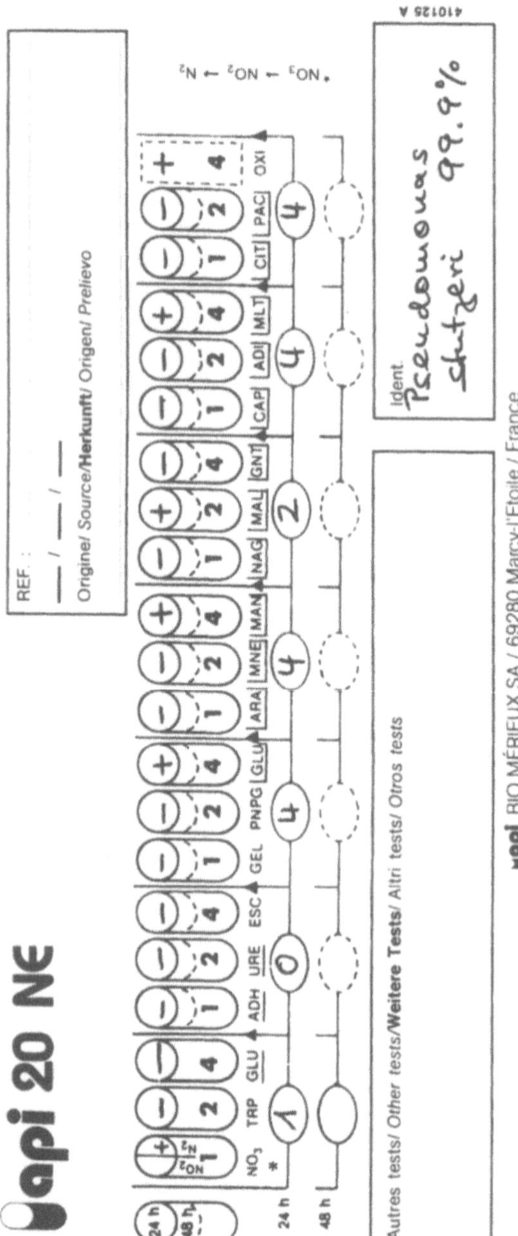

Abb. 5.5   Auswertungsblatt des API 20 NE Systems

Mit dem System API 20 NE kann man das Wachstum des jeweiligen Bakteriums auf den Kohlenstoffquellen Glucose, Arabinose, Mannose, Mannit, N-Acetylglucosamin, Maltose, Gluconat, Caprat, Adipat, Malat, Citrat und Phenylacetat feststellen. Daneben können die Fermentation von Glucose, die Reduktion von Nitrat zu Nitrit oder zu gasförmigem Stickstoff, die Hydrolyse von Gelatine sowie die Enzyme Arginindihydrolase, Urease, β-Glucosidase und β-Galactosidase nachgewiesen werden. Zusätzlich muß die Oxidasereaktion des zu identifizierenden Stammes festgestellt werden. Die 21 Tests werden ausgewertet, indem alle Reaktionen in ein numerisches Profil codiert werden. Die biochemischen Reaktionen sind auf einem Ergebnisblatt in Dreiergruppen eingeteilt. Je nach der Position des Tests innerhalb der Gruppen erhält jede positive Reaktion den Wert 1, 2 oder 4. Eine negative Reaktion wird mit 0 gewertet. Die Zahlenwerte jeder Gruppe werden addiert. Man erhält auf diese Weise sieben Zahlen, die das numerische Profil darstellen. Die möglichen Profile, die auf einer größeren Anzahl untersuchter Stämme der erfaßten Art beruhen, sind in einem „Analytischen Profilindex" enthalten. Sie werden im Index nachgeschlagen, wobei man neben dem Artnamen des zu identifizierenden Stammes auch die Wahrscheinlichkeit einer richtigen Identifizierung des Taxons erhält. Ein Beispiel eines ausgefüllten Ergebnisblattes ist in Abb. 5.5 dargestellt. Andere gebräuchliche Identifizierungssysteme werden von einer Reihe weiterer Firmen angeboten [53].

5.2.1.7
Chemotaxonomische Merkmale

Neue Analysenmethoden haben es in den letzten Jahren möglich gemacht, ganze Bakterienzellen oder Zellbestandteile und Zellprodukte chemisch genauer zu untersuchen. Unter dem Begriff „Chemotaxonomie" sind chemische Daten inzwischen eine wichtige Grundlage für die Bakterienklassifizierung geworden, die auch bei der Identifizierung eine immer größere Rolle spielen. Heute können die Arten verschiedener Bakteriengattungen ohne die Feststellung chemotaxonomischer Merkmale nicht identifiziert werden. Es muß jedoch bedacht werden, daß die chemische Zusammensetzung der Zelle von den Kulturbedingungen abhängig sein kann. In solchen Fällen ist es notwendig, die Bedingungen des Wachstums zu standardisieren.

Zellwände

Zur Aufrechterhaltung ihrer Form und Funktion sind die meisten Bakterien von einer Zellwand umgeben. Sie enthält ein Stützskelett, das aus dem Polymer Peptidoglycan oder Murein besteht. Es ist aus Ketten von N-Acetylglucosamin und N-Acetylmuraminsäure zusammengesetzt, die Seitenketten aus Tetrapeptiden tragen. Die Tetrapeptide benachbarter Ketten sind miteinander verknüpft (Abb. 5.6). Während das Gerüst aus Aminozuckerketten chemisch weitgehend homogen ist, können die Zusammensetzung der Tetrapeptide und die Art ihrer Verknüpfung variieren.

Chemischer Aufbau

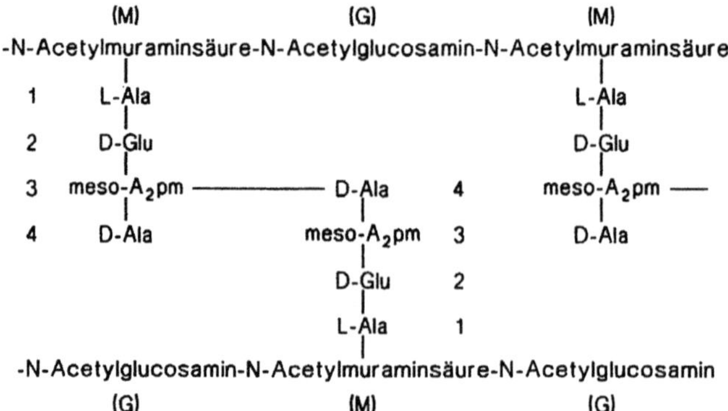

Netzwerk-Struktur der Zellwand (schematisch)

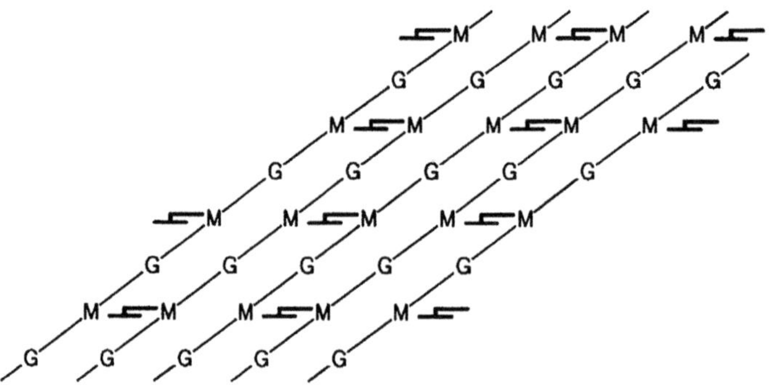

Abb. 5.6 Chemischer Aufbau und Netzwerkstruktur der Bakterienzellwand

Peptidoglycan fehlt nur den Mycoplasmen und den Archeobakterien (Archea). Bei gramnegativen Bakterien enthält das Peptidoglycan immer Diaminopimelinsäure (Dap). Für die Identifizierung dieser Bakteriengruppe liefert die Kenntnis der Zellwandzusammensetzung keinen Beitrag. Grampositive Bakterien zeigen oft deutliche Unterschiede in der Peptidoglycanstruktur. Dabei ist Dap häufig durch die Aminosäuren Lysin, Ornithin oder Diaminobuttersäure ersetzt. Bei bestimmten Gattungen oder Arten kann auch die Interpeptidbrücke des Peptidoglycans unterschiedlich zusammengesetzt sein (Tabelle 5.7). Bis heute sind etwa 100 verschiedene Zellwandtypen bekannt geworden, die bei der Identifizierung vieler grampositiver Bakterien von großer Bedeutung sind [54].

Tabelle 5.7   Beispiele der Verknüpfung der Aminosäuren bei Zellwandpeptiden

Diaminosäure in Position 3	Aminosäure(n) in der Interpeptidbrücke	Aminosäure in Position 4	Bakterienarten
Meso-A_2pm	– keine –	D-Ala	*Bacillus cereus*
Meso-A_2pm	– D-Asp – D-Glu –	D-Ala	*Dermobacter hominis*
LL-A_2pm	– D-Gly –	D-Ala	*Sarcina ventriculi*
L-Lys	– keine –	D-Ala	*Streptococcus oralis*
L-Lys	– Gly –	D-Ala	*Exiguobacterium aurantiacum*
L-Lys	– L-Ala –	D-Ala	*Lactobacillus sanfrancisco*
L-Lys	– D-Asp –	D-Ala	*Bacillus sphaericus*
L-Lys	– L-Ser – L-Ala –	D-Ala	*Leuconostoc oenos*
L-Lys	– L-Thr-L-Ala –	D-Ala	*Streptococcus sobrinus*
L-Lys	– Gly – D-Glu –	D-Ala	*Sporosarcina ureae*
L-Lys	– L-Ala – D-Asp –	D-Ala	*Bacillus pasteurii*
L-Lys	– Gly-Gly-Gly-Gly –	D-Ala	*Staphylococcus kloosii*
L-Lys	– Gly-Gly-L-Ser-Gly –	D-Ala	*Staphylococcus epidermidis*
L-Orn	– D-Asp –	D-Ala	*Sporosarcina halophila*
L-Orn	– D-Glu –	D-Ala	*Bacillus insolitus*

Isoprenoidchinone

In den Plasmamembranen der meisten Bakterien werden Isoprenoidchinone gebildet. Es hat sich gezeigt, daß in den verschiedenen Bakterientaxa unterschiedliche, mehr oder weniger modifizierte Chinone auftreten können. Die zwei wichtigsten Gruppen der bei Bakterien vorkommenden Isoprenoidchinone sind Benzochinone und Naphthochinone, von denen die zu den Benzochinonen zählenden Ubichinone (Q) und die zu den Naphthochinonen gehörenden Menachinone (MK) am verbreitetsten sind. Neben diesen Unterschieden in der chemischen Struktur des Chinonkerns können die Isoprenoidchinone auch in der Länge der Polypropylenseitenkette (1–14 Isopreneinheiten; Q-n oder MK-n) und im Sättigungsgrad der Doppelbindungen der Seitenkette [MK-n(H$_m$)] variieren. Die festgestellten Strukturunterschiede lassen sich als taxonomische Kriterien verwenden [55]. Sie sind für die Art- oder Gattungszuordnung vieler Bakterien von großer Bedeutung.

Ubichinone wurden bis heute nur in gramnegativen Bakterien gefunden. Während gramnegative, strikt aerobe Bakterien meist ausschließlich Ubichinone bilden, enthalten fakultativ anaerobe Bakterien neben Ubichinonen auch Menachinone und Demethylmenachinone (DMK) in unterschiedlichen Anteilen. Bei aeroben oder fakultativ anaeroben, grampositiven Bakterien treten nur Menachinone auf. Diese wurden auch bei Archaeobakterien gefunden. Eine Zusammenstellung der Chinontypen ausgewählter Bakterienarten findet sich in Tabelle 5.8.

Andere Zellbestandteile oder Stoffwechselprodukte, die im Rahmen von Identifizierungen häufig untersucht werden, sind vor allem kurzkettige, flüchtige [56] und langkettige Fettsäuren [57, 58]. Auch die Elektrophorese von Zellproteinen kann eine hervorragende Methode zur Bakterienidentifizierung sein [59].

Tabelle 5.8 Isoprenoidchinone in ausgewählten Bakterienarten

Bakterienart	Ubi-chinon	Mena-chinon	Demethylmena-chinon	Methylmena-chinon
Xanthomonas maltophila	Q-8			
Pseudomonas aeruginosa	Q-9			
Agrobacterium tumefaciens	Q-10			
Legionella pneumophila	Q-12			
Staphylococcus sciuri		MK-6		
Rothia dentocariosa		MK-7		
Campylobacter sp.		MK-7		MMK-6
Lactobacillus mali		MK-8		
Corynebacterium diphtheriae		MK-8 (H$_2$)		
Clavibacter michiganense		MK-9		
Mycobacterium phlei		MK-9 (H$_2$)		
Aureobacterium flavescens		MK-10 – MK-14		
Shewanella putrefaciens	Q-8	MK-7		MK-8
Escherichia coli	Q-8	MK-8	DMK-8	
Enterococcus faecalis			DMK-9	

5.2.1.8
Nucleinsäuren und Identifizierung

Wir wissen seit vielen Jahren, daß die Zusammensetzung der Desoxyribo-nucleinsäure (DNA) hinsichtlich ihrer Purin- (Guanin und Adenin) und Pyrimidinbasen (Cytosin und Thymin) bei Bakterienstämmen, die zu einer Art gehören, weitgehend konstant ist und daß sich die einzelnen Bakterienarten hinsichtlich der Basenzusammensetzung ihrer DNA unterscheiden können. Die DNA-Basenzusammensetzung ist deshalb ein charakteristisches und konstantes Merkmal von Bakterienarten. Sie liegt zwischen 25 und 75 mol% G + C und kann mit einem Fehler von etwa 2 mol% G + C ermittelt werden. Weil wir heute etwa 3500 Bakterienarten kennen, ist klar, daß Bakterienstämme mit einem ähnlichen oder mit gleichem mol% G + C-Gehalt nicht der gleichen Art angehören müssen (Tabelle 5.9). Dagegen können Bakterienstämme mit unterschiedlicher DNA-Basenzusammensetzung niemals der gleichen Art zugerechnet werden. Die Ermittlung der DNA-Basenzusammensetzung kann deshalb zur Identifizierung von Isolaten nur bedingt herangezogen werden. Sie kann aber für eine Gattungsdiagnose wertvolle Hilfestellung geben.

Für die Bakterienidentifizierung kann dagegen die Hybridisierung der DNA eines unbekannten Bakterienisolates mit der DNA eines Referenzstammes einer schon bekannten Art von großer Bedeutung sein. Sowohl in der Bakterienzelle als auch nach schonender Isolierung liegt die native DNA in doppelsträngiger Form vor. Beim Erhitzen dieser DNA dissoziiert der Doppelstrang und geht in Einzelstränge über. Bei sinkenden Temperaturen lagern sich die entsprechenden Basen der Einzelstränge wieder so aneinander, daß das doppelsträngige DNA-Molekül zurückgebildet wird. Wenn die einzelsträngigen DNA-Proben von verschiedenen Organismen stammen, wird der Vorgang als DNA-DNA-Hybridisierung bezeichnet. Mit Hilfe von Hybridisierungsmethoden kann die Anzahl der gemeinsamen DNA-Sequenzen zweier Isolate oder ihre DNA-Homologie festgestellt werden.

Die Hybridisierung einer Einzelstrang-DNA und die damit verbundene Feststellung der Höhe der DNA-Homologie hat in der Bakterientaxonomie erhebliche Bedeutung erlangt. Es war möglich, den Artbegriff neu und erstmals für

Tabelle 5.9 DNA-Basenzusammensetzung (mol % G + C) ausgewählter Bakterienarten

Bakterienart	mol % G + C
B. thuringiensis	34
B. circulans	35
B. cereus	36
B. insolitus	36
B. alcalophilus	37
B. megaterium	37
B. sphaericus	37
B. azotoformans	39
B. globisporus	40
B. firmus	41
B. pumilus	42
B. subtilis	43
B. badius	44
B. chondroitinus	45
B. amyloliquefaciens	46
B. coagulans	47
B. acidoterrestris	52
B. amylolyticus	53
B. validus	54
B. tusciae	58
B. acidocaldarius	60
B. schlegelii	64
Clostridium ramosum	26
Lactobacillus acidophilus	32
Lactobacillus plantarum	37
Enterococcus hirae	38
Lactobacillus helveticus	39
Clostridium sphenoides	42
Lactobacillus agilis	43
Eubacterium limosum	46
Vibrio parahaemolyticus	47
Vibrio cholerae	48
Zymomonas mobilis	49
Chromobacterium fluviatile	51
E. coli	52
Enterobacter aerogenes	53
Clostridium thermoaceticum	54
Desulfobulbus propionicus	60
Bifidobacterium bifidum	62
Natronobacterium magadii	63
Paracoccus denitrificans	66
Pseudomonas aeruginosa	67
Rhodocyclus gelatinosus	71
Corynebacterium bovis	73

alle Bakterienarten zu definieren. So zählt man heute Stämme, die eine DNA-Homologie von 70 % oder höher aufweisen, zu ein und derselben Bakterienart (genospecies oder genomic species) [60, 61]. Da die DNA-Zusammensetzung und die DNA-Homologie unabhängig von jeglicher phänotypischen Ausprägung eines Merkmals weitgehend konstant sind, läßt der eindeutigere Artbegriff oft auch eine eindeutigere und leichtere Identifizierung eines unbekannten Isolates zu.

5.2.1.9
Molekularbiologische Methoden

Neue Wege für die Identifizierung von Bakterien wurden in jüngster Zeit durch die Entwicklung von molekularbiologischen und gentechnischen Methoden aufgezeigt. Sie basieren auf der molekularen Struktur und der spezifischen Charakterisierung der DNA oder der rRNA. Sogenannte Gensonden, die für einzelne Arten oder Gattungen jeweils spezifische, individuelle Nucleinsäuresequenzen enthalten, haben bereits Eingang in die Praxis gefunden und beginnen, die Identifizierung von Mikroorganismen grundlegend zu ändern [62, 63]. Möglicherweise lassen sich mit diesen Methoden in Zukunft Bakterien identifizieren, ohne die zeitaufwendige Erfassung phänotypischer Merkmale durchführen zu müssen.

5.2.2
Die Identifizierung von Pilzkulturen

5.2.2.1
Was sind Pilze?

Jedem naturwissenschaftlich interessierten Laien ist die Erscheinung eines Pilzfruchtkörpers (Steinpilz, Bovist, Stinkmorchel) und die jahrtausendealte Nutzung von Pilzen bei der Herstellung von Lebensmitteln (Brot, Bier, Käse, Wein) bekannt, ebenso wie der in neuerer Zeit stattfindende Einsatz bei der Gewinnung von Antibiotika (Penicillin), von Enzymen (Amylase, Pektinase) oder von Zusatzstoffen (z. B. Zitronensäure). Als weniger sympathisch wird das Auftreten von Pilzen als Krankheitserreger bei Menschen, Tieren und Pflanzen oder als Schaderreger an Bauten (Hausschwamm) oder Kunstwerken angesehen.

Trotz dieser allgemeinen Kenntnisse ist die Frage „Was sind eigentlich Pilze?" nicht leicht zu klären. „Die Pilze" sind eine entwicklungsgeschichtlich uneinheitliche Gruppe von Organismen, denen früher auch die Bakterien (Spaltpilze) als einfach organisierte Formen angehörten. Erst später wurde der wesentliche Unterschied im Zellaufbau dieser Organismen bekannt: Pilze besitzen stets einen „echten" Zellkern, der von einer Membran umgeben ist. Sie werden daher zu den *Eukaryota* gezählt und von den „prokaryotischen" Bakterien abgegrenzt.

Pilze treten in der Natur in einer großen Arten- und Formenfülle auf. Bisher sind mehr als 100 000 Arten entdeckt und beschrieben worden [25], die Zahl der noch nicht entdeckten Arten wird noch weit höher eingeschätzt. In ihrer

Ernährungsweise ähneln Pilze den Tieren. Sie leben von bestehenden organischen Stoffen, die sie als Saprophyten (Fäulnisbewohner) oder Parasiten (Schmarotzer) in den natürlichen Kreislauf der Stoffe zurückführen. Traditionell wurden sie durch ihre weitgehende Unbeweglichkeit und die Vermehrung durch Sporen zusammen mit den „niederen" Pflanzen in der Botanik behandelt. Dementsprechend wird ihre Einteilung und Benennung auch heute gemäß den Regeln (Code) der Botanischen Nomenklatur durchgeführt. Oberstes Kriterium der Einteilung sind die Gestalt und die Entstehungsweise der sexuell oder asexuell (vegetativ) gebildeten Sporen und ihrer Bildungsorgane (Fruchtkörper, Konidienträger, Pyknidien, usw.). Leider gibt es trotz vieler Bemühungen genau so wenig eine einheitlich anerkannte Definition für die Gruppen (Taxa) des hierarchischen Ordnungssystems (Art, Gattung, Familie usw.), wie eine Liste der für ihre Beschreibung erforderlichen Minimaldaten. Einzige Ausnahme ist die sogenannte „biologische Art". Sie umfaßt Individuen, die miteinander kreuzbar sind und fruchtbare Nachkommen erzeugen. Trotz weitgehender Übereinstimmung bei den Grundsätzen der Aufstellung eines natürlichen Systems der Pilze wird man daher weiter mit Umstellungen und Namensänderungen rechnen müssen.

Die morphologische Vielfalt der Pilze hat dazu geführt, daß für verschiedengestaltige Formen desselben Organismus andere Namen erteilt wurden. Erst in den letzten Jahren ist es gelungen, hier einheitliche Prinzipien der Benennung durchzusetzen. Das sexuelle Stadium (perfekte Form; Fruchtkörper) wird als *Teleomorph* bezeichnet, die ausschließlich vegetativen Stadien heißen *Anamorphe*, alle zusammen *Holomorph* [64]. Der nach den Regeln des Codes gültige Name der Teleomorphe gilt auch für die Holomorphe. Es ist aber möglich, Anamorphen eigene Gattungs- und Artnamen zu erteilen. *Aspergillus nidulans* ist z.B. der Artname einer Anamorphen und darf nur für diese Konidienform benutzt werden. Das dazugehörige, Kleistothezienbildende (perfekte) Stadium wird *Emericella nidulans* genannt. Umfangreiche Listen der bekannten Anamorph-Teleomorph-Verbindungen sind publiziert worden [64, 65].

Die Darstellung der abstammungsgeschichtlichen (phylogenetischen) Beziehungen der Pilze in einem natürlichen taxonomischen System ist nur auf der Basis von Fortpflanzungsgemeinschaften, d.h. der Teleomorphe möglich. Die Gruppierungen der Anamorphen nach der Bildung und der Form der vegetativen Sporen (Deuteromyzeten, Fungi Imperfecti) sind künstlich, zum Teil mehrdeutig und dienen ausschließlich zur Schaffung einer praktikablen Ordnung und zur Erleichterung der Identifizierung.

Die Mehrzahl der Pilze besteht aus einer fadenartigen Grundstruktur, der *Hyphe*, die durch Querwände (Septen) unterteilt sein kann. Die chemische Zusammensetzung der Hyphenwand und die Feinstruktur der Septen sind für größere Pilzgruppen charakteristisch und werden als Klassifizierungs- und Identifizierungskriterien benutzt.

Hyphen können sich in vielfältigster Weise morphologisch und funktionell differenzieren und auch zu gewebeartigen Strukturen beträchtlicher Größe (z. B. Fruchtkörper) zusammentreten. Die umgangssprachliche Bezeichnung „Schimmel" bezieht sich auf den sichtbaren, meist unerwünschten Pilzbewuchs eines beliebigen Substrates; sie hat keinerlei Bezug zur systematischen Stellung des Verursachers.

Neben dem filamentösen Wachstum haben viele Pilze die Möglichkeit, sich mehr oder weniger ausgeprägt auch als Einzeller sprossend oder durch Teilung zu vermehren. Diese Stadien werden gewöhnlich als *Hefen* bezeichnet, es handelt sich aber um ein Phänomen, das in unterschiedlichsten systematischen Gruppen der Pilze auftritt und keinen eigenen Verwandtschaftskreis umfaßt. Bei der Charakterisierung und Identifizierung der morphologisch „einfachen" Hefen werden zusätzlich zur Morphologie auch chemotaxonomische und physiologische Merkmale, wie die Fähigkeit zur Verwertung bestimmter Zucker, herangezogen [66].

5.2.2.2
Arbeitstechniken, Stammhaltung

Beim Umgang mit Pilzkulturen sind, ebenso wie bei Bakterien, die Grundregeln mikrobiologischer Technik zu beachten. Einige Besonderheiten ergeben sich aus der Natur der Pilze:

- Um Degenerationen der Kultur zu vermeiden, sollten zum Animpfen von neuen Kulturen stets Sporen verwendet werden; ein Wechsel des Mediums bei jeder Übertragung begünstigt ebenfalls die physiologische Stabilität.
- In Einsporkulturen können einzelne Geno- und Phänotypen selektiert werden; in den meisten Fällen sind Vielsporisolate daher vorzuziehen.
- Zur Verhinderung der Aerosolbildung können Konidien in Suspension oder in Weichagar übertragen werden. Zur Verbesserung der Benetzbarkeit kann der Zusatz von Detergenzien (z. B. Tween 80) empfohlen werden.
- Zum Schneiden des oft zähen Myzels ist eine stabile Lanzette aus korrosionsfestem Stahl notwendig.
- Bei längerer Inkubationsdauer empfiehlt es sich, zur Verhinderung des Austrocknens und zur Verminderung der Kontaminationsgefahr, Petrischalen ohne Belüftungsnocken oder Schrägagarröhrchen mit hydrophoben Silikonschwammstopfen zu verwenden.
- Beimpfte Petri-Schalen werden mit dem Deckel nach oben gelagert, damit Sporen nicht vom Deckel in die Kultur zurückfallen können. Die Beschriftung erfolgt ebenfalls auf dem Deckel; erhöhte Aufmerksamkeit gegen Verwechslungen ist notwendig.
- Längere Aufbewahrungszeiten erhöhen das Risiko für einen Befall mit Pilzmilben. Diese kontaminieren die Kulturen durch Einschleppen von Bakterien und anderen Pilzen; Milben können mit bloßem Auge anfangs nicht erkannt werden. Zur Rettung wertvoller, milbenbefallener Kulturen werden diese kurz eingefroren (−20 °C; 2 – 3 h); die meisten Pilze überleben dies, während die Milben absterben. Die Verwendung von Acariciden kann wegen ihrer hohen allgemeinen Toxizität nicht mehr empfohlen werden.

Das Wuchsmedium, die Bebrütungstemperatur und die Inkubationsdauer für Pilzkulturen muß entsprechend der untersuchten Art und dem Einsatzzweck ausgewählt werden. So sind parasitische Pilze auf einem passenden Wirt, xerophile Pilze auf Medien mit niedriger Wasseraktivität zu kultivieren. Generell sollten Medien für Pilzkulturen eher nährstoffarm sein. Dies gilt insbesondere für organische Stickstoffquellen (Pepton usw.), die zwar zunächst eine starke Vermehrung fördern, später aber ein rasches Absterben der Kultur verursachen und vielfach auch die Sporulation ungünstig beeinflussen. Universell einsetzbar sind Medien auf der Basis von Getreide oder Gemüse: Malzextrakt, Karotten, Kartoffeln, Mais usw. Zur Induktion spezieller Merkmale oder Differenzierungen wie der Ascusbildung bei *Saccharomyces cerevisiae* oder Chlamydosporenbildung bei *Candida albicans* sind besondere Medien und Bedingungen notwendig. Rezepte und Hinweise finden sich in verschiedenen Publikationen [67, 68] oder den Katalogen der national oder international tätigen Sammlungen von Mikroorganismen.

5.2.2.3
Standardisierte Verfahren

Im strengen Sinn gibt es bei der Identifizierung von Pilzen keine standardisierten Verfahren. Es ist allerdings erforderlich, die bei der Erstellung von Artbeschreibungen, Monographien oder Identifizierungshandbüchern angewandten Methoden möglichst getreu zu verwenden. Andernfalls muß sichergestellt werden, daß methodische Abweichungen zu keiner Beeinflussung der Resultate führen. So hat bereits die Qualität und Herkunft des Wassers für die Wuchsmedien einen deutlichen Einfluß auf die Sporenfarbe von *Aspergillus*- oder *Penicillium*-Arten [71]. Hier liegt eine Schwierigkeit der Benutzung älterer Literatur, in der häufig oder nicht mehr reproduzierbare Medien und Anzuchtbedingungen benutzt worden sind. Ebenfalls problematisch ist die Benutzung von Beschreibungen, die auf Material aus der Natur basieren, da die hier erwähnten Eigenschaften in Reinkultur nicht oder nur stark verändert auftreten können.

Da es für viele Pilzgruppen keine geeignete, moderne Bestimmungsliteratur gibt, kommt es leider häufig zu Problemen bei der Zuordnung von Isolaten. So ist es nahezu unmöglich, Basidiomyceten anhand ihrer Myzelkulturen zu identifizieren, während für die dazugehörigen makroskopischen Fruchtkörper (Pilze im umgangssprachlichen Sinn) eine große Zahl von Bestimmungsbüchern auch für den Nichtfachmann existiert. Ausnahme aufgrund ihrer ökonomischen Bedeutung sind lediglich die holzzerstörenden Pilze.

5.2.2.4
Mikroskopische Untersuchungen

Die Untersuchung der Morphologie muß an (Rein-)Kulturen erfolgen, die weder zu jung noch zu alt sein dürfen. In jungen Kulturen sind viele Merkmale noch nicht oder nicht vollständig ausgeprägt, in alten Kulturen können sie sekundär verändert oder infolge von Pigmentierungen nicht mehr erkennbar sein. Wann der optimale Entwicklungsstand vorliegt, ist von Stamm zu Stamm und von Art zu Art unterschiedlich und nicht genau vorherzusagen; eine regelmäßige Kontrolle ist unerläßlich.

Zur Beobachtung intakter Kulturen empfiehlt sich die Verwendung eines Stereomikroskops mit variabler Vergrößerung (10:1–150:1). Hiermit können ohne größeren präparativen Aufwand bereits Details bis in den µm-Bereich in ihrer natürlichen Lage erkannt und beurteilt werden, so z. B. Konidienträger und kleine Fruchtkörper, die häufig bereits eine Zuordnung zu Gattungen erlauben und damit das weitere Vorgehen bestimmen.

Eingehende Untersuchungen und Messungen müssen bei höherer Vergrößerung (bis 2000:1) durchgeführt werden. Hierzu eignet sich ein Mikroskop mit hochauflösenden Objektiven starker Vergrößerung (40 – 100fach; Ölimmersion) und Phasenkontrasteinrichtung, das auch bei ungefärbten, kontrastarmen Objekten wie Pilzhyphen eine gute Darstellung feinster Details ermöglicht. Voraussetzung dafür ist, neben einem guten Präparat, vor allem die korrekte Einstellung des Gerätes. Dies beginnt bei der exakten Lichtführung (Köhler-Beleuchtung), der Zentrierung von Kondensor- und Phasenblenden, sauberen Linsen und reicht bis zur Auswahl des passenden Immersionsöls, der Deckglasdicke und des Einbettungsmittels [29]. Zur Längenmessung muß es mit einem Okularmikrometer ausgerüstet sein, das mit Hilfe eines Objektmikrometers geeicht werden muß. Messungen können auch mit Hilfe einer Projektionseinrichtung oder an Fotografien erfolgen, wenn der genaue Abbildungsmaßstab bekannt ist.

Die direkte Betrachtung lebender Kulturen bei hoher Vergrößerung ist nur in speziellen Kulturkammern möglich. Meist muß daher das Objekt in geeigneter Weise so präpariert werden, daß das natürliche Aussehen nicht verändert wird. Diese Bedingung ist nicht immer leicht zu erfüllen. Bereits das Einbettungsmittel kann Schwellungen oder Schrumpfungen verursachen, die zu falschen Größenangaben führen; dasselbe gilt für Fixierungen und Färbungen. Artefakte durch die Präparation als solche zu erkennen, gehört zu den Grundproblemen der Identifizierungsarbeit.

Im allgemeinen wird man mit Frischpräparaten arbeiten, lediglich für Dokumentations- und Vergleichszwecke können Dauerpräparate notwendig sein. Als Einbettungsmittel für Frischpräparate kann Wasser verwendet werden, günstiger ist allerdings Milchsäure (80 %ig), die zur besseren Sichtbarmachung der Objekte einen passenden Brechungsindex hat, nicht verdunstet, aber unter Umständen zu Schrumpfungen führt. Der Zusatz von Farbstoffen (z. B. Baumwollblau) ist zur Hervorhebung bestimmter Details oder zur Kontraststeigerung bei Hellfeldbeobachtung hilfreich; der früher übliche Zusatz von Phenol (Lactophenolblau) ist nicht notwendig. Um die dreidimensionale Struktur des Objektes bei der Präparation möglichst wenig zu verändern, nimmt man ein kleines Stück (5 × 5 mm²) transparenten Klebestreifens, drückt dieses vorsichtig auf die zu untersuchende Pilzkultur und legt es, wegen des geringen Arbeitsabstandes des Objektivs, mit der klebrigen Seite *nach oben* in einen Trpf. des Einbettungsmittels. Nach dem Auflegen des Deckglases wird kurz erwärmt, um Schrumpfungen entgegenzuwirken, danach kann sofort mikroskopiert werden. Es empfiehlt sich, die Beobachtungen durch Zeichnungen oder Fotografien zu dokumentieren.

5.2.2.5
Physiologische Untersuchungen

Für die Identifizierung wichtige physiologische Eigenschaften der Kultur sind unter anderem die Kardinaltemperaturen des Wachstums (Minimum/Optimum/Maximum), die Fähigkeit, bei hohen Zucker- oder Salzkonzentrationen zu wachsen (Xerotoleranz bzw. Osmophilie), die Verwertung bestimmter Substrate (Zellulose, Lignin) und der Nachweis der Bildung von Enzymen, wie z. B. Phenoloxidasen, die zur Unterscheidung von Braun- und Weißfäulepilzen verwendet werden. Diese Eigenschaften werden direkt mit oder an der Kultur ermittelt und sind im Gegensatz zu den chemotaxonomischen Merkmalen ohne apparativen Aufwand durchzuführen.

Besonders bei den Hefen werden, wie bereits erwähnt, auch Substratverwertungsmuster zur Identifizierung herangezogen [66, 70]. Die Durchführung dieser Tests kann sehr zeitaufwendig einzeln in Reagenzgläsern oder einfacher auf Agarplatten (ein Stamm/mehrere Substrate oder mehrere Stämme/ein Substrat) oder mit Mikrotiterplatten [71] bzw. kommerziellen Testsystemen (API 50 CH) [72] durchgeführt werden. Wichtig ist auch hier, die Richtigkeit der Ergebnisse an Kulturen bekannter Identität zu bestätigen. Die Auswertung der Ergebnisse kann mittels eines Computerprogramms [73] erleichtert werden.

5.2.2.6
Auswertung

Das richtige Erkennen der Merkmale einer Pilzkultur setzt fundierte mykologische Kenntnisse, insbesondere der morphologischen Entwicklungs- und Differenzierungsmöglichkeiten einschließlich der speziellen Terminologie, voraus. Neben einer guten Ausbildung, sorgfältiger Beobachtung, Erfahrung und viel Geduld leistet die taxonomische Literatur unentbehrliche Hilfe [74–76]. Die Fülle der aktuellen Publikationen wird mit Hilfe periodisch erscheinender Listen (z. B. „Index of Fungi", „Bibliography of Systematic Mycology", „Abstracts of Mycology") leichter zugänglich gemacht.

Die eigentliche Identifizierung wird mit Hilfe von *dichotomen* oder *synoptischen* Schlüsseln durchgeführt (s. Kap. 5.2.14).

Allen Schlüsseln gemeinsam ist das Problem, die Terminologie und das Konzept des Autors zu erkennen und zu verstehen. Zum Einarbeiten und zur Überprüfung eigener Ergebnisse ist es daher ratsam, Kulturen bekannter Identität zu untersuchen. Unbedingt notwendig ist es, das Ergebnis einer Identifizierung mit der Originalbeschreibung der betreffenden Art zu vergleichen: Nur *völlige* Übereinstimmung gibt die Gewähr einer korrekten Identifizierung!

Zusätzliche Probleme bereiten Schlüssel, in denen nach bestimmten Kriterien (z. B. Substrate, Biotope, Nützlichkeit/Schädlichkeit) ausgewählte Arten zusammengestellt sind. Die eingeschränkte Auswahl führt zwar scheinbar schneller zu einem Ergebnis, dies ist allerdings meist sehr unsicher und muß besonders kritisch überprüft werden. Vorsicht gilt auch für die Bewertung des Nichtvorhandenseins von Merkmalen. Oft genug sind sie nur nicht entdeckt worden oder werden unter anderen Kulturbedingungen ausgebildet.

5.2.2.7
Kommerzielle Identifizierungssysteme

Die wenigen kommerziell angebotenen Identifizierungssysteme für Pilze beschränken sich ausschließlich auf klinisch relevante Hefen und einige zusätzliche Arten, die als Kontaminanten erkannt werden sollen. Die Auswahl umfaßt meist weniger als 20 % der bekannten Arten, ein Einsatz dieser Systeme außerhalb der Medizin ist daher wenig sinnvoll. Darüber hinaus muß klar sein, daß diese als Schnellmethoden ausgelegten Verfahren keine in anderen Schlüsseln verwertbaren Ergebnisse liefern, sondern nur in Zusammenhang mit dem eigenen Auswertungssystem (Codebuch, Profilindex) genutzt werden können.

5.2.2.8
Chemotaxonomie

Sogenannte chemische Merkmale haben, wie bereits erwähnt, auch in der Pilztaxonomie Einzug gefunden: Ubichinotypen (Bestandteile der Atmungskette in den Mitochondrien) oder die Zuckertypen der Zellwand gehören heute zur Standardbeschreibung neuer Hefearten. Bei der Identifizierung spielen sie bisher keine größere Rolle, da sie nur Taxa oberhalb der Art charakterisieren und, im Vergleich zu „klassischen" Merkmalen, nur mit wesentlich höherem Zeit- und Geldaufwand ermittelt werden können.

Bei einigen Gattungen filamentöser Pilze (*Fusarium, Penicillium, Aspergillus*) kann die Produktion von mehr oder weniger artspezifischen Toxinen zur Identifizierung unbekannter Isolate beitragen, wenn diese nach morphologischen Merkmalen schwierig ist. Bisher haben diese Techniken aber vor allem wegen methodischer Probleme noch keine weite Verbreitung gefunden.

In der medizinischen Pilzdiagnostik werden vielfach Antiseren herangezogen. Eine Artbestimmung ist damit nach bisherigen Erkenntnissen allerdings nicht möglich, da die Antigenstrukturen der Zellwände bei vielen Pilzgruppen sehr ähnlich sind [76]. Die Entwicklung gattungsspezifischer monoklonaler Antikörper ist in Einzelfällen (*Schizosaccharomyces* [77]) geglückt. Ähnlich wie bei Gensonden dürfte ihre Bedeutung in der Zukunft aber mehr im Nachweis bestimmter Arten als in der Identifizierung unbekannter Stämme liegen.

5.2.2.9
DNA- und RNA-Analysen

Die Möglichkeit, DNA-Moleküle mit mehreren Millionen Basenpaaren, d.h. in der Größe ganzer Chromosomen, elektrophoretisch auftrennen und analysieren zu können, ließ die Hoffnung aufkommen, aus Chromosomenzahl und -größe

(Karyotyp) Aufschlüsse auf die Identität einer Pilzkultur machen zu können. Diese Erwartungen haben sich in den bisher untersuchten Gattungen angesichts der großen Heterogenität des Karyotyps bereits bei Isolaten derselben Art nicht bestätigt.

DNA-Hybridisierungen, die Ermittlung der prozentualen Basenzusammensetzung (GC-Wert), Restriktionsanalysen mitochondrialer DNA, Sequenzierung rDNA usw. haben in der heutigen Pilztaxonomie große Bedeutung bei der Analyse der Abgrenzung und Homogenität von Arten. Ihr Nutzen für die Identifizierungspraxis ist eher noch gering, da Aussagen über ihre natürliche Variabilität und damit ihre Eignung als Erkennungsmerkmal bisher nicht möglich sind.

5.2.2.10
Interfertilitätstests

Die sexuelle Fortpflanzung vieler Pilzarten wird durch artspezifische genetische Regelmechanismen [78] gesteuert. Nur Myzelien unterschiedlichen Kreuzungstyps können Zellkerne austauschen, die fusionieren und nach einer Reduktionsteilung Nachkommen mit neukombinierten Eigenschaften erzeugen. Ist daher ein unbekanntes Isolat mit einem Teststamm bekannter Identität kreuzbar, so gehören beide zu einer Fortpflanzungsgemeinschaft, also zur selben (biologischen) Art. Bei Zygomyceten, insbesondere Mucoraceen, ist das Kreuzungsverhalten oft die einzige Möglichkeit, eine sichere Zuordnung zu den morphologisch sehr ähnlichen Arten durchführen zu können. Bei vielen Basisdiomyceten kann die Kreuzbarkeit zweier Isolate bereits durch die Ausbildung der „Schnalle" (clamp) über den Septen des dikaryontischen Myzels ermittelt werden, ohne daß die Bildung von Fruchtkörpern abgewartet werden muß.

Einschränkend gilt, daß der Interfertilitätstest nur bestätigend eingesetzt werden kann. Die taxonomische Zuordnung eines unbekannten Isolates muß bereits weitgehend ermittelt worden sein, um die Zahl der notwendigen Kreuzungsversuche in praktikablen Grenzen zu halten. Fehlende Kreuzbarkeit ist auch kein Nachweis der Nichtidentität, da sie zahlreiche andere genetische, physiologische oder methodische Ursachen haben kann.

5.2.2.11
Identifizierung genetisch veränderter Kulturen

Diese erfolgt grundsätzlich nach den gleichen Kriterien, die für die unveränderte Kultur gelten. Sind von den genetischen Veränderungen jedoch arttypische Eigenschaften betroffen, kann dies zu erheblichen Problemen bei der Identifizierung führen. Häufig benutzte Stämme von *Saccharomyces cerevisiae* tragen z. B. Mutationen, die die zelleigene Bildung von einzelnen Aminosäuren oder DNA-Bausteinen blockieren. Um diese Stämme zum Wachstum zu bringen, müssen dem Nährboden die entsprechenden Substanzen zugesetzt werden. Da sie aber zugleich auch als Kohlen- bzw. Stickstoffquelle genutzt werden können, ist unter Umständen nicht mehr zu entscheiden, ob das auftretende Wachstum auf das getestete Substrat für die Identifizierung oder den erforderlichen Zusatz zum Nährboden zurückzuführen ist.

Die korrekte taxonomische Zuordnung morphologisch grob abweichender Stämme ist nicht möglich. Bereits Pigmentveränderungen haben in den Gattungen *Aspergillus* und *Penicillium* zur Beschreibung neuer Arten geführt. Die seit langem in der Käserei verwendete Art *Penicillium camemberti* wurde vor kurzem aufgrund von Enzymspektren als eine domestizierte Form von *P. commune* erkannt [79].

Bei genauer Kenntnis der Herkunft des veränderten Stammes können Interfertilitätstests oder chemotaxonomische Verfahren (Enzymmuster, DNA-Hybridisierung, Restriktionspolymorphismen u. a.) zur Ermittlung der Übereinstimmungswahrscheinlichkeit herangezogen werden.

5.2.2.12
Unschädliche Vernichtung von Kulturen

Nicht mehr benötigte Kulturen sollten unabhängig vom Gefährdungspotential sofort vernichtet werden, um eine unkontrollierte Ausbreitung verbunden mit Kontaminations- und Infektionsgefahren sowie Milbenbefall zu vermeiden. Am sichersten ist die thermische Inaktivierung im Autoklaven (121°C, 20 min.), die bei Einmal-Petri-Schalen aus Kunststoff am besten in hitzefesten Beuteln durchgeführt wird. Präparate für die Mikroskopie werden nach Gebrauch in ein geeignetes Desinfektionsbad eingelegt. Objektträger und Deckgläser werden durch das Desinfektionsmittel häufig angegriffen und können nicht wieder benutzt werden. Weitere Hinweise enthält auch die DIN-Vorschrift 58956 [80].

5.3
Nachweis der Identität von Mikroorganismenstämmen

Der Begriff Identifizierung bedeutet in der Mikrobiologie die Ermittlung der Zugehörigkeit eines neu isolierten Mikroorganismus zu einer bereits früher beschriebenen Mikroorganismenart. In der mikrobiologischen Praxis kann jedoch auch die Frage von Interesse sein, ob z.B. zwei Bakterienisolate (Wildstämme oder gentechnisch manipulierte Stämme) identisch sind oder ob ein bestimmter Stamm mit einem spezifischen, früher beschriebenen „Originalstamm" oder dessen Identität gesichert ist. Solche Fragestellungen können mit den herkömmlichen Methoden der phänotypischen Identifizierung, mit den Methoden der Chemotaxonomie, der Ermittlung der DNA-Basenzusammensetzung oder den in der Taxonomie verwendeten Methoden der DNA-Hybridisierung nicht gelöst werden. Die Wiedererkennung von Stämmen oder der Nachweis der Authentizität von Stämmen muß sich deshalb auf andere Methoden stützen als diejenigen, die bei der Artidentifizierung von Mikroorganismen zur Anwendung kommen.

5.3.1
Wie unterscheiden sich Stämme einer Art voneinander?

Es ist allgemein üblich, jedes in Reinkultur gebrachte Isolat eines Mikroorganismus als Stamm (strain) zu bezeichnen und mit einer Stammbezeichnung (Buchstaben, Nummern, sonstige Bezeichnungen) zu versehen. Innerhalb einer Art können deshalb unzählig viele Stämme existieren. Sie können aus gleichen oder unterschiedlichen Proben oder aus Material von gleichen oder verschiedenen Standorten isoliert worden sein. Zu den Stämmen einer Art zählen neben Wildstämmen, das sind aus der Natur isolierte Stämme (z.B. *Escherichia coli* K-12, *E. coli* B, *E. coli* W), auch im Labor erzeugte Mutanten oder gentechnisch veränderte Organismen (z.B. *E. coli* K-12 JM103, *E. coli* K-12 DH1, *E. coli* K-12 5K; die weltweit größte Sammlung von Mutanten von *E. coli* umfaßt z.B. über 5000 Abkömmlinge des Stammes K-12). Wegen der bei Mikroorganismen zu beobachtenden zum Teil erheblichen Variabilität stimmen unterschiedliche Stämme einer Art nur selten in ihren Eigenschaften und somit in ihrem Genotyp vollständig überein. Stämme, die einer bestimmten Art zugerechnet werden, müssen jedoch immer die taxonomischen Merkmale besitzen, die für die jeweilige Art charakteristisch sind.

5.3.2
Wann ist der Nachweis der Identität von Stämmen wichtig?

Wegen der bei Mikroorganismen zu beobachtenden Variabilität müssen in vielen Bereichen der Mikrobiologie aus Gründen der Vergleichbarkeit von Ergebnissen definierte und authentische Bakterien- und Pilzstämme eingesetzt werden. Für allgemeine Kontroll- und Prüfzwecke in der medizinischen Mikrobiologie, in der Biotechnologie oder der Lebensmitteltechnologie ist das Arbeiten mit authentischen Stämmen von ebenso großer Bedeutung wie in der mikrobiologischen Grundlagenforschung. Überall gilt, daß ein mit einem bestimmten Stamm erzieltes Ergebnis nicht auf einen beliebigen anderen Stamm übertragen werden kann.

Aus dieser Erkenntnis heraus sind in der Regel wichtige Bakterien- oder Pilzstämme, Phagen und Plasmide in national oder international tätigen Servicesammlungen von Mikroorganismen (culture collections) hinterlegt. Sie werden in diesen Sammlungen langfristig erhalten und können von dort jederzeit gegen Gebühr bezogen werden. Vor allem die international bekannteren Sammlungen haben einen hohen Standard in der Qualitätskontrolle und können so die Authentizität der angebotenen Mikroorganismen gewährleisten. Allerdings kann man feststellen, daß in der täglichen Praxis ein großer Teil der für bestimmte Prüf-, Vergleichs- oder andere Zwecke erforderlichen Stämme nicht aus den dafür eingerichteten Sammlungen bezogen, sondern aus zweiter oder gar dritter Hand beschafft wird. Erfahrungen zeigen, daß ein nicht unerheblicher Teil solcher „Second-hand-Kulturen" mit den ursprünglichen Stämmen nicht identisch ist. Ursache dieser Unstimmigkeiten ist oft eine unsachgemäße Haltung von Kulturen. Dazu gehören auch Verwechslungen oder Verunreinigungen, die im Verlauf der Kulturenhaltung aufgetreten sind und nicht beachtet bzw. erkannt wurden.

Es ist einsichtig, daß die Durchführung mikrobiologischer Kontroll- und Testverfahren mit fragwürdigen Kulturen eine nicht zu unterschätzende Gefahr darstellt. Als Konsequenz sollte bei allen Prüf- und Kontrollverfahren entweder der Nachweis des Bezugs aus einer international anerkannten Sammlung oder ein anderer Identitätsnachweis erbracht werden.

Eine besondere Bedeutung kommt der Identität von Stämmen zu, seitdem die Verwendung gentechnisch veränderter Mikroorganismen gesetzlich geregelt ist. Als Wirte für gentechnische Arbeiten werden meist Abkömmlinge des gut charakterisierten Bakterienstammes *Escherichia coli* K-12 (Stämme ohne Pathogenitätsfaktoren) oder des Stammes *Bacillus subtilis* 168 eingesetzt. Wie kann sichergestellt werden, daß diese und andere „zugelassenen" Bakterienstämme oder weitere in der Literatur erwähnten Stämme in den jeweiligen Forschungsprojekten tatsächlich verwendet werden? Anders ausgedrückt: Welche Möglichkeiten gibt es, den irrtümlichen Einsatz von nicht authentischen Bakterienstämmen auszuschließen?

5.3.3
Wie können Stämme wiedererkannt werden?

Jegliche Untersuchung zur Wiedererkennung eines Stammes oder zum Nachweis seiner Identität oder Authentizität ist nur über einen direkten Vergleich mit dem jeweiligen Originalstamm oder mit einem Abkömmling eines solchen Stammes möglich, dessen Authentizität durch Bezug aus einer anerkannten Servicesammlung oder anderweitig nachgewiesen werden sollte. Unabhängig von der Art des Identitätsnachweises müssen in jedem Falle der zu prüfende Stamm und ein entsprechender Referenzstamm in gleicher Weise angezüchtet, gleich behandelt und parallel untersucht werden.

Im Gegensatz zur Artzuordnung (Identifizierung) eines neu isolierten Mikroorganismus basieren alle Methoden, die der Wiedererkennung oder dem Authentizitätsnachweis eines Stammes dienen, auf molekularbiologischen Verfahren. Alle hierfür verfügbaren Methoden haben bestimmte Vor- und Nachteile, so daß in der Regel mehrere Methoden nebeneinander verwendet werden sollten, um ein erhaltenes Ergebnis zu verifizieren. Ein absoluter Identitätsnachweis kann jedoch nur durch die vollständige Ermittlung der Basenpaarsequenz des Erbgutes erbracht werden.

5.3.4
Methoden zur Prüfung der Identität von Stämmen

5.3.4.1
Fingerprinting

Durch die Analyse bestimmter Zellinhaltsstoffe oder deren Spaltprodukte lassen sich von Mikroorganismen sogenannte „Fingerabdrücke" herstellen, die art-

oder auch stammspezifisch sind und im letzteren Fall zum Nachweis einer Stammidentität oder Stammauthentizität herangezogen werden können.

DNA-Restriktionsfragmentlängenmuster

Viele Mikroorganismen bilden Enzyme, mit denen sie die DNA anderer Organismen abbauen können. Bestimmte Arten dieser Enzyme, die Restriktionsendonukleasen, können die Anordnung bestimmter Basen in einer DNA erkennen und spalten diese nur bei dieser Basenanordnung, so daß spezifische Bruchstücke entstehen (Abb. 5.7). Da die einzelnen Bruchstücke der DNA bei einer gelelektrophoretischen Trennung ein unterschiedlich schnelles Wanderungsverhalten aufweisen, entstehen charakteristische Bandenmuster. Heute ist eine Vielzahl unterschiedlicher Restriktionsenzyme bekannt.

Zur Analyse wird die DNA (Plasmid-, Fragment- oder Gesamtgenom-DNA) aus den zu vergleichenden Stämmen isoliert. Je nach zugesetzten Enzymen wird die DNA in unterschiedlich lange Bruchstücke geschnitten. Bei der Analyse identischer Stämme ist nach Behandlung mit Restriktionsenzymen bei der elektrophoretischen Trennung der DNA-Fragmente im Agarosegel immer das gleiche Bandenmuster zu erwarten, da die DNA identischer Isolate von den gleichen Enzymen in gleiche Fragmente zerlegt wird.

Bei nichtidentischen Stämmen einer Art treten im Genom mehr oder weniger häufig Regionen mit unterschiedlichen Basensequenzen auf. Bei der Einwirkung der Restriktionsenzyme entstehen deshalb unterschiedliche DNA-Bruchstücke, die bei der Gelelektrophorese zu unterschiedlichen Bandenmustern führen. Selbst eine einzige Punktmutation oder eine geringe Deletion im Genom kann zu einem abweichenden Muster führen, wenn das betreffende Enzym dort seine Erkennungsstelle hat. Ansonsten bleiben solche Abweichungen im Genom unentdeckt. Der Einsatz verschiedener Restriktionsenzyme (mit unterschiedlichen Basenerkennungsmustern) zur Kartierung der DNA-Bruchstücke ist daher zum Nachweis einer Stammidentität besonders wichtig. Bei der Untersuchung kompletter Genome von Mikroorganismen ist allerdings ein komplexes Bandenmuster zu erwarten. Deshalb sollte die Gesamt-DNA nur mit einem einzigen Restriktionsenzym verdaut werden und das Fragmentgemisch gelelektrophoretisch getrennt werden. Parallele DNA-Proben der zu untersuchenden Stämme werden mit anderen Endonukleasen verdaut und gelelektrophoretisch aufgetrennt.

Das Restriktionsmuster-Fingerprinting von Plasmid-DNA und von chromosomaler DNA wird seit Mitte der siebziger Jahre eingesetzt [81, 82] und wird heute allgemein als geeignete Routinemethode zum Nachweis einer Stammidentität angesehen [83, 84]. Die Vorteile des Stamm-Fingerprintings durch Analyse der Restriktionsfragmentmuster sind:

- geringer apparativer Aufwand,
- kostengünstig,
- schnell und einfach,
- bei guten Bandenmustern sehr aussagekräftig,

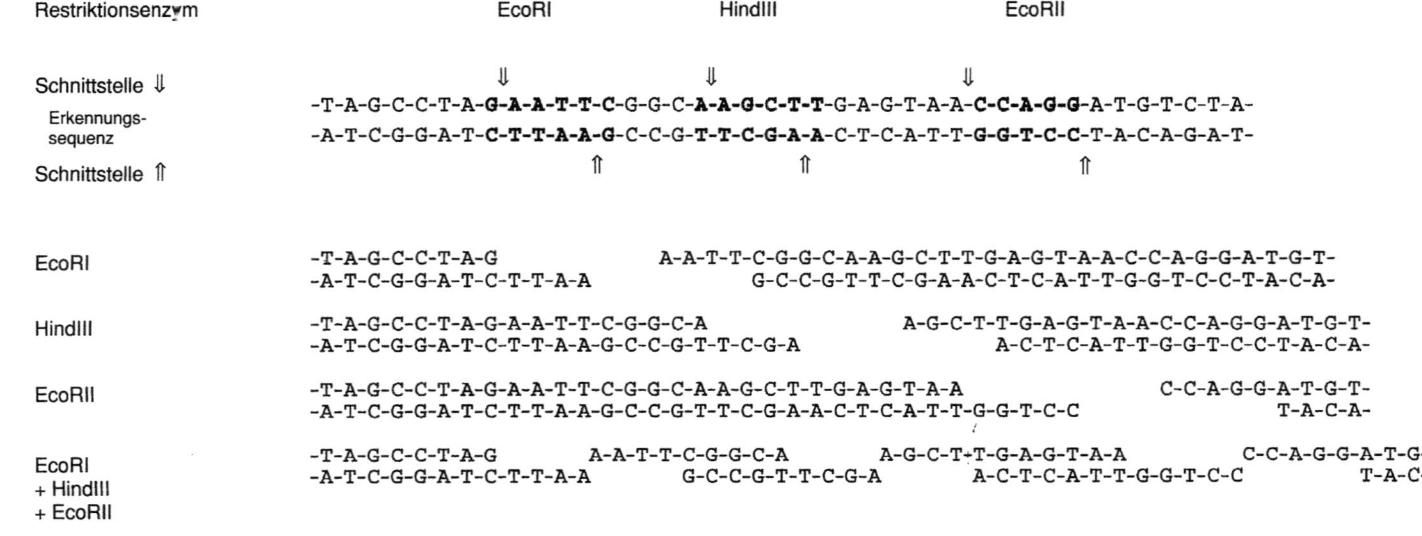

Abb. 5.7　Einwirkung von Restriktionsendonucleasen auf die DNA

- Analyse jeder beliebigen DNA-Länge (Plasmide, Fragmente, Gesamtgenom) und
- keine Verwendung von Radionukliden.

Schwierig ist dagegen oft die Interpretation der Bandenmuster. Sollen komplette Genome analysiert werden, empfiehlt sich die Verwendung einer Pulsfeld-Elektrophorese-Apparatur [85]. Die „zweite Generation" entsprechender Geräte liefert aufgrund neuer Konstruktionsprinzipien präzisere Ergebnisse und ist kostengünstiger geworden.

IS-Fingerprinting

Das Insertionssequenz-(IS)Fingerprinting wird als gut geeignete Methode zur Identitätsprüfung von Bakterienstämmen beschrieben [86, 87]: Zahl und Lage von IS-Elementen sind innerhalb einer Art stammcharakteristisch. Sie kommen in Bakterienchromosomen und Plasmiden vor, sind meist kürzer als 1500 Basenpaare und haben als „springende Gene" durch ihre Integration mutagene Wirkung. Sie können gezielt aus dem Bakteriengenom isoliert und dann als Gensonden (Oligonukleotidsequenzen, die nach Markierung zur Identifizierung proteincodierender RNA- bzw. DNA-Species eingesetzt werden) verwendet werden. Die Auflösung der Methode wird als sehr hoch beschrieben.

Ribotyping

Als Gensonden dienen beim Ribotyping Gene für rRNA, die in mehreren genomischen Kopien vorkommen. Die entstehenden Hybridisierungsmuster sind stammspezifisch. Die Gewinnung der entsprechenden Sonden ist relativ einfach und die Auflösung der entstehenden Bandenmuster sehr gut [88, 89]. Zum Ribotyping wird die bakterielle DNA gereinigt und mit einem Restriktionsenzym verdaut. Nach gelelektrophoretischer Trennung der Fragmente werden diese auf Nitrozellulose immobilisiert. Hybridisiert (s. Kap. 5.3.4.2) wird mit (radioaktiv) markierter rRNA. Ribotyping wurde zuerst mit rRNA von *E. coli* zur Feststellung der Stammidentität benutzt [90] und wurde auch für Stämme anderer Bakterien wie *Haemophilus influenzae*, *Pseudomonas cepacia*, *Providencia stuartii* und *Salmonella typhi* [91, 92] verwendet.

Gesamtprotein-Fingerprinting

Elektrophoretische Bandenmuster von zellulärem Gesamtprotein können ebenfalls als Stamm-Fingerprinting herangezogen werden. Stämme einer Art zeigen oft keine oder nur geringe Unterschiede in den Bandenmustern, die nach Migration der Proteine in Polyacrylamidgelen entstehen. Zum Nachweis der Identität von Stämmen ist es zweckmäßig, eine zweidimensionale Auftrennung vorzunehmen [93, 94]. Wenn zum Bandenmustervergleich moderne densitometrische Methoden verwendet werden, ist diese Art des Fingerprintings weitgehend zuverlässig.

5.3.4.2
Hybridisierungstechniken

Hybridisierung von Nucleinsäuren mit anschließenden Transfer- oder Blottingtechniken ist die Basis vieler Anwendungen, die auch zum Nachweis einer Stammidentität geeignet sind. Entweder findet nach der DNA-Doppelstrangdenaturierung die Nucleinsäureeinzelstrangreassoziation in Lösung oder, heute öfter üblich, auf fester Matrix wie Nylon- oder Nitrozellulosemembranen statt. Die Komplementarität der beiden Nucleinsäureeinzelstränge ist ideale Vorgabe zu eindeutigen Identifizierungen, da die in Einzelstränge getrennte DNA ihre komplementäre Basensequenz „sucht" bzw. erkennt. Hybridisierungstechniken haben breite Anwendung in der Molekularbiologie gefunden und sind mittlerweile klassische Verfahren. Mit Hybridisierungsverfahren können gelelektrophoretisch getrennte Nucleinsäurefragmente identifiziert oder Genbanken durchsucht werden. Die „richtigen" Kolonien können auf Agarplatten erkannt werden. Es muß jedoch auf ein kritisches Moment der Hybridisierungsmethoden hingewiesen werden, die DNA-DNA-Bindungsstärke (Stringenz) der Reaktion, die vom mol% G + C-Gehalt der Nucleinsäure abhängig ist [89]. Zum Beispiel kann eine Sonde gegen die DNA von *Staphylococcus aureus* bei Bedingungen niedriger Stringenz, wobei also nur geringe Wechselwirkungen notwendig sind, ein stabiles Hybrid mit der DNA anderer Arten dieser Gattung bilden, aber nur bei hoher Stringenz ist das Hybridisierungsergebnis aussagekräftig. Es gibt also keine universell idealen Reaktionsbedingungen. Andererseits kann auch vollkommen homologe DNA nicht unter ganz stringenten Bedingungen binden, wenn ihr mol% G + C-Gehalt nicht ausreichend hoch ist.

Um hybridisierte DNA-Sequenzen zu erkennen, werden Markierungen benötigt, entweder radioaktive mit ^{32}P- oder ^{35}S-tragenden Nucleotidanalogen oder nichtradioaktive mit Biotin oder Digoxigenin. Die nichtradioaktiven Markierungen finden seit Ende der achtziger Jahre immer breitere Anwendung. Eng verbunden mit den Hybridisierungsverfahren ist die Anwendung von DNA- bzw. Gensonden. Diese spielen in der medizinischen Diagnostik zur Aufklärung von Infektionsketten eine besonders große Rolle [89, 95]. Entsprechend gab es im Laufe der letzten Jahre erfolgreiche Vereinfachungen zur Sondenpräparation mit Hilfe von käuflichen Kits und Nucleinsäuresynthetisiergeräten, mit denen Oligonucleotide (= kurze einzelsträngige DNA-Sonden) schnell hergestellt werden können.

Dot Blotting

Das „Dot Blotting" erfordert wenig Aufwand, ist sehr vielseitig und zum Screening umfangreicher Probenzahlen geeignet. Gereinigte Nucleinsäureproben oder ganze Lysate von Zellen werden nach DNA-Denaturierung auf ein Filter aufgetragen, auf diesem in Form eines Fleckens (Dot) fixiert und hybridisiert [96]. Voraussetzung ist das Vorhandensein einer markierten Gensonde, die in der Hybridisierungsreaktion die komplementäre Basensequenz findet. Das Vorhandensein einer spezifischen Gensonde wird aber bislang nur in wenigen Fällen gegeben sein. Zukünftig werden Gensonden sicher eine zunehmend wichtige Rolle spielen.

Southern Blotting

Diese bereits seit 1975 häufig verwendete Technik [97] ist relativ einfach und sehr aussagekräftig: DNA-Fragmente oder Gensequenzen auf Genomabschnitten, durch Restriktionsendonucleaseverdauung entstanden, werden nach gelelektrophoretischer Auftrennung auf ein Filter transferiert. Nach der Fixierung findet die Hybridisierung statt. Die Southern-Blotting-Technik wurde im Laufe der Jahre aufgrund ihrer Bedeutung verbessert, der apparative Aufbau und die Membranen (Hybond, Nitrozellulose, Gen-Screen-Plus-Membran) wurden optimiert.

Kolonie Blotting

Das Prinzip ist die Hybridisierung der von den Bakterienzellen nach Lyse freigesetzten DNA mit einer markierten DNA-Probe [98, 99]. Kolonien, die auf Agarplatten aufliegenden Nitrozellulosemembranen gewachsen sind, können so identifiziert bzw. Genbanken abgesucht werden. Wie bei anderen Hybridisierungstechniken erfolgt die Hybridisierung mit der fixierten DNA auf einer Filtermembran.

5.3.4.3
PCR-Analyse

Methodisches Prinzip der PCR

Die Polymerasekettenreaktion (PCR) für Genamplifikation wird seit 1985 [100] sehr vielseitig als schnelle, einfache und sensitive Methode angewandt und hat bereits andere Methoden, besonders in der Mikroorganismensystematik und in der Diagnostik [101], aber auch in der mikrobiellen Ökologie, verdrängt. Es ist dennoch zu betonen, daß die in der Diagnostik verwendeten PCR-Kits meist nur zum Nachweis der Art, nicht von Stämmen geeignet sind. Trotzdem wird hier zunächst die Methode der PCR-Analyse beschrieben (im nächsten Kapitel wird auf den neueren RAPD-Assay eingegangen, der gut zur Stammidentifizierung geeignet ist). Die moderne molekulare Systematik, also die taxonomische (Art-) Zuordnung, basiert auf Sequenzvergleichen codierender Regionen bzw. auch nichtcodierender Spacer-Regionen. Kleinste DNA-Mengen und damit auch kleinste Zellmengen reichen zum Sequenzvergleich aus, und eine große Zahl von Gensequenzen kann verglichen werden [102]. Die PCR produziert schnell und effizient viele Kopien einer spezifischen DNA-Region. Hier werden aber auch dieser Technik Grenzen gesetzt: Die zu amplifizierende Region darf nicht zu lang sein, und die flankierenden DNA-Regionen müssen in ihrer Sequenz bekannt sein. Die längste amplifizierte Region ist zehn Kilobasen lang [103], die Amplifikation wesentlich kürzerer Sequenzen ist einfacher. Umfassende Informationen zur PCR wurden publiziert [104–106].

Das Prinzip der Primer-induzierten-PCR ist folgendes [107]:

1) Schmelzen der Duplex-DNA (Dissoziation des Doppelstranges),
2) Hybridisierung zweier Primer (ca. 20 Basen lange einzelsträngige DNA-Sequenzen) an die gegenläufigen Stränge,
3) Enzymatische Nucleotidaddition durch eine thermostabile DNA-Polymerase zur Entstehung der Kopie (z. B. Taq-Polymerase aus *Thermus aquaticus* YT1).

Der Vorgang ist beliebig oft repetitiv, und in einigen Stunden wiederholter Zyklen kann die DNA millionenfach amplifiziert werden, da die Kopienzahl sich nach 2^n steigert (n = Anzahl der Zyklen) [108]. Durch diese starke Anreicherung kann die DNA leicht sichtbar gemacht oder weiter untersucht werden. Das notwendige Gerät, ein Thermocycler, heizt und kühlt periodisch das Reaktionsgemisch. Ein Schwachpunkt der PCR liegt in ihrer hohen Sensitivität. Wenn kontaminierende DNA im Reaktionsgemisch vorliegt, wird auch diese amplifiziert. Eine Negativkontrolle, die keine Matrizen-DNA enthält, sollte die Kontaminationsfreiheit des Reaktionsansatzes bestätigen, und eine Positivkontrolle kann bei nicht erwartetem negativem PCR-Ergebnis den Fehler eingrenzen [109]. Insgesamt ist die PCR eine einfache sehr überzeugende Methode zur Identifizierung, da sie aber mit einem empfindlichen Vielkomponentensystem arbeitet, liegt hier ihre Grenze, und sie kann nur in routinierten Laboratorien aussagekräftig einsetzbar sein. Auch die richtige Auswahl des betreffenden Primerpaares ist wichtig, spezifische Primer müssen konstruiert werden, was die Kenntnis der DNA-Sequenz voraussetzt, und jedes neue Primerpaar erfordert die Ausarbeitung der optimalen Reaktionsbedingungen. Es ist zu betonen, daß die PCR eine große Rolle in der medizinischen Diagnostik und sicher weiterhin in der Bakterienphylogenie bzw. Dendrogrammerstellung spielen wird. Aber allen Hybridisierungsmethoden ist gemeinsam, daß nur *kleine Teile eines Genoms* wiedererkannt werden. Diese Methoden liefern daher nur Hinweise auf die Identität zweier zu vergleichender Stämme.

Der RAPD-Assay

Der von verschiedenen Autoren als schnell und sensitiv vorgestellte Random-Amplified-Polymorphic-DNA-(RAPD-)Assay ist eine neue DNA-fingerprinting-Methode, basierend auf der PCR, zuerst beschrieben von Williams et al. [110] und von Welsh und McClelland [111]. Es werden in der Polymerasekettenreaktion zufällige Primer unter Bedingungen niedriger Stringenz eingesetzt, um Genomsegmente zu amplifizieren. Die resultierenden amplifizierten Fragmente führen zur Vielgestaltigkeit (Polymorphismus) für das Fingerprinting und für Genkartierungen. Es können Serotypen oder andere Isolate (Stämme) einer Species im RAPD-Assay untersucht werden. RAPD-Fingerprints sind für eine Species eindeutig. Myers et al. [112] fanden, daß der RAPD-Assay zur Differenzierung zwischen der Gruppe *Haemophilus somnus*, *H. agni*, *H. ovis* und anderen verwandten Bakterien geeignet ist. Außerdem konnten sie mit der Methode Stämme von *H. somnus* unterscheiden und virulente Stämme wiedererkennen, indem sie 16 verschiedene Decamer-Primer einsetzten; die RAPD-Fingerprints enthielten dann für jeden Stamm zwischen 0 und 14 amplifizierte DNA-Segmente. Wiederholte Amplifikationen führen zu gleichen (oder hinreichend ähnlichen) Fingerprints sogar dann, wenn verschiedene DNA-Präparationen derselben Stämme verwendet wurden oder Reaktionsgemische, die DNA-Gemische der verschiedenen Stämme enthielten. Auch für Stämme anderer Arten wie *Streptococcus pyogenes*, *Staphylococcus* spp., *Streptococcus uberis* oder *Lactococcus lactis* wurden stammtypische Fingerprints erhalten.

Schlußbemerkungen

Um die Authentizität, d.h. die Identität von Stämmen nachzuweisen, stehen außer dem Protein-Fingerprinting einige Methoden der Nucleinsäuretechniken bzw. Genomanalyse zur Verfügung. Die heute etablierten Methoden sind aufgrund der Geräteentwicklungen und der biochemisch-molekularbiologischen Entdeckungen in den letzten zehn Jahren geradezu revolutioniert worden. Die totale DNA-Homologie zweier Organismen kann aber letztlich nur durch Basensequenzierung bewiesen werden, ein zeitlich und finanziell indiskutabler Aufwand. Daher wurde hier auf die Nucleinsäuresequenzierung nicht eingegangen. Es erscheint sinnvoll und wird von Fachwissenschaftlern postuliert, daß aus Sicherheitsaspekten in der Biotechnologie verwendete rekombinante Stämme dem *Einzelnachweis der Apathogenität* unterzogen werden sollten [95]. Genaugenommen kann jede vorgestellte Methode zur Stammwiedererkennung als Fingerprinting bezeichnet werden. Die Methode des RAPD-Assay wird sich zukünftig wahrscheinlich durchsetzen.

Literaturhinweise

1. Hoppe B (1983) Sudhoffs Arch 67:158
2. Löffler F (1887) Vorlesungen über die geschichtliche Entwicklung der Lehre von den Bakterien. Vogel, Leipzig (Reprint der Originalausgabe: Zentralantiquariat der Deutschen Demokratischen Republik, Leipzig 1983)
3. Wayne LG, Brenner DJ, Colwell RR et al. (1987) Int J Syst Bacteriol 37:463
4. Murray RGE, Brenner DJ, Colwell RR et al. (1990) Int J Syst Bacteriol 40:213
5. Lapage SP, Sneath PHA, Lessel EF, Skerman VBD, Seeliger HPR, Clark WA (1992) International Code of Nomenclature of Bacteria: Bacteriological Code, Revision (1990) Soc Microbiol Washington, D C
6. Goodfellow M, O'Donnell AG (1993) Handbook of new bacterial systematics. Academic Press, London
7. Cowan ST (1978) Dictionary of microbial taxonomy. Cambridge University Press, Cambridge
8. Priest F, Austin B (1993) Modern bacterial Taxonomy, 2nd ed. Chapman and Hall, London
9. Brenner DJ (1991) Taxonomy, classification and nomenclature of bacteria. In: Balows A, Hausler WJ, Herrmann KL, Isenberg HD, Shadomy HJ (eds) Manual of clinical microbiology, 5th edn. American Society for Microbiology, Washington, DC, p 209
10. Krieg NR (1988) Can J Microbiol 34:536
11. Krieg NR (1994) Introduction to systematics. In: Gerhardt P (ed) Methods for general and molecular bacteriology. American Society for Microbiology, Washington DC, p 604
12. Trüper HG, Schleifer KH (1992) Prokaryote characterization and identification. In: Balows A, Trüper HG, Dworkin M, Harder W, Schleifer KH (eds) The Prokaryotes, 2nd edn, Vol 1. Springer, Berlin Heidelberg New York Tokyo, p 126

13. Bousfield IJ (1993) Bacterial nomenclature and its role in systematics. In: Goodfellow M, O'Donnell AG (eds) Handbook of new bacterial systematics. Academic Press, London, p 317

14. Talbot PHB (1971) Principles of fungal taxonomy. Macmillan, London

15. Hawksworth DL, Sutton BC, Ainsworth GC (1983) Ainsworth & Bisby's dictionary of the fungi. Commonwealth Mycological Institute, Kew

16. Buchanan RE, Holt JG, Lessel EF (1966) Index Bergeyana. Williams and Wilkins, Baltimore

17. Hatt HD, Zvirbulus E (1967) Int J Syst Bacteriol 17:171

18. Zvirbulus E, Hatt HD (1969) Int J Syst Bacteriol 19:57

19. Zvirbulus E, Hatt HD (1969) Int J Syst Bacteriol 19:309

20. Skerman VDB, McGowan V, Sneath PHA (1980) Int J Syst Bacteriol 30:225

21. Moore WEC, Moore LVH (1992) Index of the bacterial and yeast nomenclatural changes. Am Soc Microbiol, Washington, DC

22. Bacterial nomenclature up-to-date (1995) DSM-Deutsche Sammlung von Mikroorganismen und Zellkulturen GmbH, Braunschweig

23. Kraus O, Kubitzki K (1982) Biologische Systematik. Denkschrift der Deutschen Forschungsgemeinschaft. Verlag Chemie, Weinheim

24. Trüper HG (1992) Biodiversity and conservation 1:227

25. Hawksworth DL (1991) Mycol Res 95:641

26. BG Chemie (1992) Sichere Biotechnologie. Eingruppierung biologischer Agenzien: Bakterien, Merkblatt 006; Pilze, Merkblatt B 007. Berufsgenossenschaft der chemischen Industrie, Heidelberg

27. BG Chemie (1992) Sichere Biotechnologie. Ausstattung und organisatorische Maßnahmen: Laboratorien, Merkblatt B 002. Berufsgenossenschaft der chemischen Industrie, Heidelberg

28. Kirsop BE, Doyle A (eds) (1991) Maintenance of microorganisms and cultured cells. Academic Press, London

29. Gerlach D (1985) Das Lichtmikroskop, 2. Aufl. Thieme, Stuttgart

30. Michel K (1962) Die Mikrophotographie, 2. Aufl. Springer, Wien

31. Heimbrook ME, Wang WLL, Campbell G (1989) J Clin Microbiol 27:2612

32. Claus D (1992) World J Microbiol Biotechnol 8:451

33. Holt JG, Krieg NR, Sneath PHA, Staley JT, Williams ST (eds) (1994) Bergey's Manual of Determinative Bacteriology, 9th ed. Williams and Wilkins, Baltimore

34. Krieg NR, Holt JG (eds) (1984) Bergey's Manual of Systematic Bacteriology, Vol 1. Williams and Wilkins, Baltimore

35. Sneath PHA, Mair NS, Sharpe ME, Holt JG (eds) (1986) Bergey's Manual of Systematic Bacteriology, Vol 2. Williams and Wilkins, Baltimore

36. Staley JT, Bryant MP, Pfennig N, Holt JG (eds) (1989) Bergey's Manual of Systematic Bacteriology, Vol 3. Williams and Wilkins, Baltimore

37. Williams ST, Sharpe ME, Holt JG (eds) (1989) Bergey's Manual of Systematic Bacteriology, Vol 4. Williams and Wilkins, Baltimore

38. Starr MP, Stolp H, Trüper HG, Balows A, Schlegel HG (eds) (1981) The Prokaryotes. Springer, Berlin Heidelberg New York

39. Balows A, Trüper HG, Dworkin M, Harder W, Schleifer KH (eds) (1992) The Prokaryotes, 2nd edn. Springer, Berlin Heidelberg New York Tokyo

40. Board ERG, Jones D, Skinner FA (eds) (1992) Identification methods in applied and environmental microbiology. Blackwell, Oxford

41. Barrow GI, Feltham RKA (1993) Cowan and Steel's Manual for the identification of medical bacteria, 3rd edn. Cambridge University Press, Cambridge

42. Balows A, Hausler WJ, Herrmann KL, Isenberg HD, Shadomy HJ (eds) (1991) Manual of clinical microbiology, 5th ed. American Society for Microbiology, Washington, DC

43. Sneath PHA (1957) J Gen Microbiol 17:201

44. O'Brien M, Colwell R (1987) Characterization tests for numerical taxonomic studies. In: Colwell R, Grigorova R (eds), Methods in Microbiology, Vol 19:69, Academic Press, London

45. Priest FG, Williams ST (1993) Computer-assisted identification. In: Goodfellow M, O'Donnell AG (eds) Handbook of new bacterial systematics. Academic Press, London p 361
46. Sackin MJ (1987) Computer programs for classification and identification. In: Colwell RR, Grigorova R (eds), Methods in Microbiology 19:459
47. Sneath PHA (1978) Identification of microorganisms. In: Norris JR, Richmond MH (eds) Essays in Microbiology. Wiley, Chichester, p 10/1
48. Ozerkaja SM, Vasilenko AN (1992) Binary 4:64
49. Austin B, Priest F (1986) Modern bacterial taxonomy. Van Nostrand, Wokingham
50. Willcox WR, Lapage SP, Holmes (1980) Antonie van Leeuwenhoek 46:233
51. Bryant TN (1991) Bacterial identifier – a utility for probabilistic identification of bacteria. Blackwell, Oxford
52. Portyrata DA, Krichevsky MI (1992) Binary 4:31
53. D'Amato RF, Bottone EJ, Amsterdam D (1991) Substrate profile systems for the identification of bacteria and yeasts by rapid and automated approaches. In: Balows A, Hausler WJ, Herrmann KL, Isenberg HD, Shadomy HJ (eds) Manual of clinical microbiology, 5th edn. Am Soc Microbiol, Washington, DC, p 128
54. Suzuki K, Goodfellow M, O'Donnell AG (1993) Cell envelopes and classification. In: Goodfellow M, O'Donnell AG (eds) Handbook of new bacterial systematics. Academic Press, London, p 195
55. Collins MD, Jones D (1981) Microbiol Rev 45:316
56. Hammann R, Werner H (1980) Fermentation products (using g. l. c) in the differentiation of non-sporing anaerobic bacteria. In: Goodfellow M, Board RG (eds) Microbial classification and identification. Academic Press, London, p 257
57. Kaneda T (1991) Iso- and anteiso-fatty acids in bacteria: biosynthesis, function, and taxonomic significance. Microbiol Rev 55:288
58. Miller L, Berger T (1985) Bacteria identification by gas chromatography of whole cell fatty acid. Application Note 228-241, Hewlett-Packard-Company
59. Vauterin L, Swings J, Kersters K (1993) Protein electrophoresis and classification. In: Goodfellow M, O'Donnell AG (eds) Handbook of new bacterial systematics. Academic Press, London, p 251
60. Johnson JL (1984) Nucleic acids in bacterial identification. In: Krieg NR, Holt JG (eds) Bergey's Manual of Systematic Bacteriology, Vol 1. Williams and Wilkins, Baltimore, p 8
61. Johnson JL (1991) DNA reassociation experiments. In: Stackebrandt E, Goodfellow M (eds) Nucleic acid techniques in bacterial systematics. Wiley, Chichester, p 21
62. Persing DH, Smith TF, Tenover FC, White TJ (1993) Diagnostic molecular microbiology. Am Soc Microbiol, Washington, DC
63. Stackebrandt E, Goodfellow M (eds) (1991) Nucleic acid technique in bacterial systematics. Wiley, Chichester
64. Kendrick WB (ed) (1979) The whole fungus. National Museums of Canada, Ottawa
65. Carmichael JW, Kendrick WB, Conners IL, Sigler L (1980) Genera of hyphomycetes. University of Alberta Press, Edmonton
66. Kreger-van Rij NJW (ed) (1984) The yeasts, a taxonomic study, 3rd edn. Elsevier, Amsterdam
67. Booth C (ed) (1971) Methods in microbiology, Vol 4. Academic Press, London
68. Kreisel H, Schauer F (1987) Methoden des mykologischen Labors. Fischer, Stuttgart
69. Samson RA, Pitt JI (eds) (1985) Advances in *Penicillium* and *Aspergillus* systematics. Plenum Press, New York
70. Barnett JA, Payne RW, Yarrow D (1990) Yeasts: characteristics and identification. Cambridge University Press, Cambridge
71. Seiler H, Busse M (1988) Forum Mikrobiol 11:505
72. Schmidt JL (1980) Ann Technol Agric 29:47
73. Barnett JA, Payne RW, Yarrow D (1990) Yeast Identification Program. Norwich
74. Arx JA, von (1981) The genera of fungi sporulating in pure culture. Cramer, Vaduz

75. Domsch KH, Gams W, Anderson TH (1980) Compendium of soil fungi. Academic Press, London
76. Seeliger HPR, Heymer T (1981) Diagnostik pathogener Pilze des Menschen und seiner Umwelt. Thieme, Stuttgart
77. Bröker M (1991) Curr Microbiol 22:339
78. Esser K, Kuenen R (1965) Genetik der Pilze. Springer, Berlin Heidelberg New York
79. Pitt JI, Cruickshank RH, Leistner L (1986) Food Microbiol 3:363
80. DIN Deutsches Institut für Normung (1986) DIN 58956 Medizinisch-Mikrobiologische Laboratorien, Teil 4: Anforderungen an die Entsorgung. Beuth, Berlin
81. Meyers JA, Sanchez D, Elwell LP, Falkow S (1976) J Bacteriol 127:1529
82. Bové JM, Saillard C (1979) Cell biology of spiroplasmas. In: Whitcomb RF, Tully JG (eds) The mycoplasma, Vol 3, New York: Academic Press
83. Forbes KJ, Bruce KD, Jordens JZ, Ball A, Pennington TH (1991) J Gen Microbiol 137:2051
84. Ott M, Bender L, Blum G, Schmittroth M, Achtman M, Tschäpe H, Hacker J (1991) Infect Immun 59:2664
85. Tschäpe H (1991) Bioforum 12:483
86. Simon R, Hötte B, Klauke B, Kosier B (1991) J Bacteriol 173:1502
87. Stanley J, Burnens A, Powell N, Chowdry N, Jones C (1992) J Gen Microbiol 138:2329
88. Portnoy DA, Moseley SL, Falkow S (1981) Infect Immun 31:775
89. Tenover FC (1992) Molecular methods for the clinical microbiology laboratory. In: Isenberg HD (ed) Diagnostic technologies in clinical microbiology. American Society for Microbiology, Washington, DC, p 119
90. Stull TL, LiPuma JJ, Edlind TD (1988) J Infect Dis 157:280
91. Altwegg M, Hickman-Brenner FW, Farmer JJ (1989) J Infect Dis 160:145
92. Owen RJ, Beck A, Dayal PA, Dawson C (1988) J Clin Microbiol 26:2161
93. Goullet P, Picard B (1988) J Gen Microbiol 134:317
94. Picard-Pasquir N, Picard B, Heeralal S, Krishnamoorthy R, Goullet P (1990) J Gen Microbiol 136:1655
95. Hacker J, Ott M, Tschäpe H (1991) Bioforum 14:150
96. Constanzi C, Gillespie D (1987) Methods Enzymol 152:582
97. Southern EM (1975) J Mol Biol 98:503
98. Grunstein M, Hogness DS (1975) Proc Natl Acad Sci USA 72:3961
99. Vogeli G, Kaytes PS (1987) Methods Enzymol 152:407
100. Saiki RK, Gelfand DH, Stoffel S et al. (1988) Science 239:487
101. Hummel M (1992) Bioforum 11:395
102. White TJ, Arnheim N, Erlich HA (1989) Trends Genet 5:185
103. Jeffreys AJ, Wilson V, Neumann R, Keyte J (1988) Nucleic Acids Res 16:10953
104. Erlich HA (ed) (1989) PCR technology – principles and applications of DNA amplification. Stockton Press, New York
105. Giovannoni S (1991) The polymerase chain reaction. In: Stackebrandt E, Goodfellow M (eds) Nucleic acid techniques in bacterial systematics. Wiley, Chichester
106. Innis MA, Gelfand DH, Sninsky JJ, White T (eds) (1990) PCR protocols – a guide to methods and applications. Academic Press, San Diego
107. Mullis KB, Faloona FA (1987) Methods Enzymol 155:335
108. Erlich HA, Gibbs R, Kazazian HH (eds) (1989) Polymerase chain reaction. Cold Spring Harbor Laboratory, Cold Spring Harbor, N Y
109. Kwok S, Huguchi R (1989) Nature 339:237
110. Williams JGK, Kubelik AR, Livak KJ, Rafalski JA, Tingey SV (1990) Nucleic Acids Res 18:6531
111. Welsh J, McClelland M (1990) Nucleic Acids Res 18:7213
112. Myers LE, Silva SVPS, Procunier JD, Little PB (1993) J Clin Microbiol 31:512

KAPITEL 6

Sicherheitsmaßnahmen für den Laborbereich

D. von Hoerschelmann · H. Brunner · M. Comer

6.1
Einleitung

Bei der Projektierung von Labors, in denen mit biologischen Agenzien umgegangen werden soll, ist der Betreiber ungeachtet seiner Zugehörigkeit zum institutionellen oder gewerblichen Bereich gefordert, ein Optimum der räumlich-apparativen Voraussetzungen zum angestrebten Verwendungszweck unter Gewährleistung sicherer Arbeitsbedingungen für die Beschäftigten zu erreichen.

Biologische Agenzien als lebende Materie bzw. Teile davon sowie viele mit deren Hilfe hergestellte Produkte sind als leicht verderbliches Gut anzusprechen. Dazu kommt, daß der Umgang mit biologischen Agenzien je nach Klassifizierung des von Ihnen ausgehenden Risikos, z.B. im Falle des Umgangs mit Krankheitserregern, besondere Vorsorgemaßnahmen erfordern. Daraus ergeben sich für das Arbeiten mit biologischen Agenzien zwei wesentliche Stoßrichtungen für Schutz- und Vorsorgemaßnahmen:

- Produktschutz,
- Personenschutz.

Unter Produktionsschutzmaßnahmen sind vor allem arbeitshygienische Maßnahmen zu verstehen, die eine Kontamination der Arbeitsstoffe durch Einwirkung von Mikroorganismen verhindern, welche vom Bearbeiter oder aus der umliegenden Umwelt stammen. Der Aspekt des Produktionsschutzes wird in der Regel die räumlichen und apparativen Ausstattungen beim Umgang mit biologischen Agenzien mit fehlendem oder geringem Risiko bestimmen. Die Einhaltung sogenannter guter mikrobiologischer Praxis beschreibt den dafür ausreichenden Rahmen.

Beim Umgang mit biologischen Agenzien mit mäßigem oder hohem Risikopotential übersteigt der zu treffende Aufwand an räumlichen, apparativen und organisatorischen Maßnahmen mit dem Ziel des Produktschutzes weit die Aufwendungen für den Schutz der Beschäftigten und/oder der Umwelt. Dabei gilt es, den Personenschutz so zu gestalten, daß der Belastungsabbau bereits am Ort des Risikoursprungs und nicht erst am betroffenen Arbeitnehmer erfolgen soll.

Sicherheitsmaßnahmen im Sinne eines biologischen Arbeitsschutzes haben sich nicht nur nach der Risikoeinstufung des jeweiligen biologischen Agens, sondern auch nach der zu bearbeitenden Menge zu richten. Im Laborbereich wird im allgemeinen nur mit geringen Volumina und Mengen von biologischen Agenzien umgegangen. Deshalb ist es sinnvoll, den Laborbereich vom Produktionsbereich mit seinen größeren Anlagen hinsichtlich der zu treffenden Maßnahmen abzugrenzen. In der Technikums- oder großen Produktionsdimension sind durch die gegebene spezifische apparative Ausrüstung (feste Verrohrung, Behälter aus Edelstahl etc.) biologische Agenzien ebenso sicher zu handhaben wie in der Kleindimension. Dies gilt unabhängig vom Ziel, d.h. zu Forschungs- oder gewerblichen Zwecken.

Bei der Projektierung von Laborbereichen, in denen mit biologischen Agenzien umgegangen wird, muß insbesondere in Forschungseinrichtungen Flexibilität hinsichtlich der Zukunftssicherheit der realisierten Voraussetzungen beachtet werden.

Im folgenden soll auf der Basis der langjährigen Praxis im Umgang mit biologischen Agenzien der Risikostufen 1–3 in Laboreinrichtungen über bewährte Problemlösungen hinsichtlich räumlicher Konzeption, apparativer Ausstattung und organisatorischer Maßnahmen, inklusive Aus- und Fortbildungsmaßnahmen, berichtet werden.

6.2
Auslegung von Sicherheitsbereichen S1 – S3 (S4)

Die Einteilung von Organismen und Viren in vier Risikogruppen ist im Beitrag von Claus und Dittmar (Kap. 3 und 5) abgehandelt. Es ist wichtig zu beachten, daß die Laborsicherheitsstufe mit der Risikoeinstufung korreliert. Der Aufwand für Ausstattung und organisatorische Maßnahmen erhöht sich mit steigender Risikogruppe. Eine Durchgängigkeit ist jedoch nicht gegeben z.B. bei den verschiedenen Konstruktionen von Sicherheitswerkbänken der Klasse 1–3 oder den Typbezeichnungen von Atemschutzfiltern. Die Kennzeichnung P1 bis P3 unterscheidet bei letzteren verschiedene Leistungsstufen, aber sie steht in keinem direkten Zusammenhang mit den Risikogruppen von Organismen.

Tabelle 6.1 gibt einen Überblick über die Anforderungen an Sicherheitslaboratorien nach dem heutigen Stand der Technik gemäß Unfallverhütungsvorschrift (UVV) „Biotechnologie" (VBG 102) und dem ergänzenden Merkblatt der BG Chemie „Sichere Biotechnologie: Ausstattung und organisatorische Maßnahmen: Laboratorien" (B 002, 2. Aufl., 1/92). Sie wurde angepaßt an die Bestimmungen des novellierten GenTG bzw. GenTSV sowie den Entwicklungen in der Normierung der Biotechnologie auf europäischer Ebene (CEN/TC 233). Dabei ist zu bedenken, daß z.B. die DIN-Normenreihe 58956 Teil 1–5 und 10 nicht mehr an europäische Richtlinien wie 90/219/EWG (Anwendung genetisch veränderter Mikroorganismen in geschlossenen Systemen) oder 90/679 EWG (Schutz der Arbeitnehmer gegen Gefährdung durch biologische Arbeitsstoffe bei der Arbeit) angepaßt, sondern wahrscheinlich durch die zukünftigen Europäischen Normen ersetzt werden.

Folgende Abweichungen bestehen insbesondere in der Gentechnik-Sicherheitsverordnung (GenTSV) vom 21.3.95:

Tabelle 6.1 Sicherheitsmaßnahmen für Sicherheitsstufe 1, Sicherheitsstufe 2, Sicherheitstufe 3, Sicherheitsstufe 4 (wesentliche Merkmale im Überblick)

Bereich	Sicherheitsstufe			
	1	2	3	4
Labor	Räumliche Abgrenzung Flächen beständig Waschbecken Abwasser und Abfall unbehandelt entsorgen bei anerkannter biologischer Sicherheitsmaßnahme oder wenn Kontamination gering; sonst bei Kontamination inaktivieren Kennzeichnung Betriebsanweisung Unterweisung Grundregeln guter mikrobiologischer Technik Eß-, Trink- und Rauchverbot Aerosole vermeiden Beauftragter für Biologische Sicherheit Laborkittel, ggfs. Schutzausrüstung	Waschbecken/Händedesinfektion Autoklav in Labor und Gebäude Abwasser und Abfall (kontaminiert) inaktivieren Aerosole verhindern Sicherheitswerkbank oder Abzug mit Filter Kennzeichnung mit Biogefährdung/Zutrittserlaubnis Betriebsanweisung Hygieneplan Unterweisung Medizinische Vorsorge Beauftragter für Biologische Sicherheit Schutzkleidung/Getrennte Aufbewahrung	Labor abgeschirmt, Fenster nicht zu öffnen Abdichtung für Raumdesinfektion Schleuse mit besonderen Türen Händedesinfekton/Waschbecken Ventilation mit Abluftfilter/Notstrom Labor ggfs. mit Unterdruck Autoklav o. ä. im Labor Abwasser oder Abfall sterilisieren Sicherheitswerkbank Klasse 1 oder 2 Kennzeichnung mit Biogefährdung/Zutrittserlaubnis Betriebsanweisung Hygieneplan Unterweisung Medizinische Vorsorge Beauftragter für Biologische Sicherheit Schutzkleidung/Handschuhe	Gebäude oder deutlich abgetrennt Sprechanlage nach außen Dreikammerige Personenschleuse mit Dusche und Unterdruck-Staffelung; vollständiges Umkleiden mit Duschpflicht Materialschleuse Besonderes Handwaschbecken Händedesinfektion, Arbeitsvorschrift Ohne Fenster oder dicht, bruchsicher, nicht zu öffnen Türen selbstschließend Wände, Decken, Fußboden nach außen dicht Innenflächen und Möbel beständig Rohrdurchführungen abgedichtet Rückflußsicherung in Ver- und Entsorgung Zentrale Vakuumversorgung verboten Durchreicheautoklav Kondenswasser des Autoklaven sterilisieren ggfs. Tauchbad/begasbare Durchreiche Abwasser und Abfall sterilisieren Eigenes Belüftungssystem mit kontrolliertem Unterdruck; Durchluft; Unterdruckstaffelung

Tabelle 6.1 (Fortsetzung)

Bereich	Sicherheitsstufe			
	1	2	3	4
Labor				Akustischer Alarm; Notstromversorgung Doppelte S-Filter in Zu- und Abluft Sicherheitswerkbank Klasse 3 mit Schleuse oder Arbeiten mit Vollschutzanzug Zentrifugen dicht oder in Sicherheitswerkbank Klasse 3 integriert Kennzeichnung mit Biogefährdung, Zugang verriegelt Betriebsanweisung; Hygieneplan Unterweisung; Medizinische Vorsorge Beauftragter für Biologische Sicherheit Besondere Schutzkleidung
Produktion	Labormaßnahmen gelten sinngemäß Kulturaustritt/Abluft verhindern	Kulturaustritt verhindern Geräte dicht oder Sicherheitswerkbank/Abzug mit Filter Unkontrollierten Austritt verhindern Geschlossenes System Probenahmesystem dicht	Personenschleuse mit Dusche Technische Lüftung ausreichend Geschlossenes System Maßnahmen gegen unkontrollierten Austritt Notablaßbehälter/Wanne	Belüfteter Vollschutzanzug für den Notfall Bei Feuer Löschwasser nicht in Kanal

Sicherheitsstufe S1

Kennzeichnungspflicht als Genlabor, räumliche Abgrenzung und Schließen der Tür während der Laborarbeiten und Aerosolbildung muß schon in der Stufe 1 vermindert bzw. beherrscht werden. Laborkittel sind Vorschrift.

Mit der Überarbeitung der 1. Auflage des Merkblattes B 002 hat teilweise eine Anpassung an die GenTSV stattgefunden. Ansonsten muß beachtet werden, daß das Merkblatt im Gegensatz zur GenTSV den Umgang mit natürlichen *und* rekombinanten Organismen behandelt.

Im S1-Labor wird mit Organismen und Viren *ohne* Gefährdungspotential gearbeitet. Daraus ergibt sich das häufig angeführte Prädikat „fallweise". Wie auch in den Abschnitten 4, 4.2, 4.4 und 4.5 detailliert behandelt, hat die Aerosolvermeidung eine besondere Bedeutung für den Personenschutz, denn es geht nicht nur um den Schutz vor Infektion, sondern auch um das Vorbeugen gegen die subtile toxische Wirkung von Substanzen sowie die Allergisierung bei Mitarbeitern (s. EU-Richtlinie 90/679/EWG über den Schutz der Arbeitnehmer gegen Gefährdung durch biologische Arbeitsstoffe bei der Arbeit).

Ein modernes S1-Labor ist stark auf Produktschutz und dem damit notwendigerweise verbundenen sauberen Arbeiten auch im Hinblick auf die Grundregeln guter mikrobiologischer Technik, den Good Laboratory Practices (GLP) und den Good Manufactoring Practices (GMP) ausgerichtet, soweit letztere z. B. nach dem Arzneimittel- oder Chemikaliengesetz vorgeschrieben sind.

Nach der UVV „Biotechnologie" trägt die Verantwortung für ein nach dem Gentechnikgesetz (GenTG) oder Bundesseuchengesetz (BSeuchG) zugelassenes biologisches Labor nicht die zulassende oder genehmigende Behörde, sondern stets der Unternehmer oder Betreiber, der die Verantwortung häufig per Pflichtenübertragung („Arbeitsschutzrecht", Merkblatt A 006 der BG Chemie, 6/93) an den Labor- oder Betriebsleiter überträgt. Deshalb kann im Einzelfall die Laborausstattung aus Vorsorge oder Produktschutzgründen stark variieren.

Ein höherer baulicher und Ausstattungsaufwand kann auch schon über andere relevante Vorschriften zwingend werden. So sind insbesondere Verfahren nach GLP-, GMP- oder Pharmaceutical Inspection Code (PIC)-Richtlinien einer besonderen Verantwortung und Sorgfaltspflicht unterworfen, wenn es sich um Produkte für Therapie und Diagnostik nach dem Arzneimittelgesetz handelt. Man findet also heute schon im S1-Labor viele Ausstattungsmerkmale, die eigentlich erst ab S2 vorgeschrieben sind. Beispiele hierfür sind Sicherheitswerkbänke Klasse 2, Sterilisator und aerosoldichtes Gerät.

Sicherheitsstufe S2

Ab S2 wird mit Organismen gearbeitet, die ein geringes Gefährdungspotential aufweisen. Hier ist schon das geschlossene System realisiert, auch wenn der Aufwand an sicherheitstechnischen Maßnahmen (Containment) begrenzt ist. Im einzelnen werden strengere Maßnahmen organisatorischer Art, wie z.B. Zutrittserlaubnis, Bereitstellung von Desinfektionsmitteln und apparativ die Sicherheitswerkbank sowie die Verfügbarkeit eines Sterilisators gefordert.

Dazu kommen in der GenTSV die ausdrückliche Betonung der Absicherung gegen Aerosole sowie die routinemäßige Desinfektion nach Beendigung der Tätigkeiten (Anhang III, Abschnitt A. II, Punkt 7). Außerdem sollte Sterilisierkapazität im Labor oder innerhalb des Gebäudes verfügbar sein. Nicht zuletzt gilt es noch zu beachten, daß die Risikogruppe 2 humanmedizinisch bedeutsame Erreger übertragbarer Krankheiten nach dem Bundesseuchengesetz einschließt, die eine besondere behördliche Betriebserlaubnis erforderlich macht (§19 BSeuchG). Bei der Laborabnahme nach BSeuchG achtet man besonders auf die Einhaltung des Standes der Technik für das klinische Labor gemäß DIN 58 956 Teil 1, Teil 5 sowie Teil 10. („Medizinisch-mikrobiologische Laboratorien").

Sicherheitsstufe 3

Ab S3 ist ein sehr striktes Containment zwingend vorgeschrieben mit den Merkmalen Raumunterdruck und Abluftfiltration, wenn Erreger verwendet werden, die über den Luftweg übertragen werden können, Zugang über eine Schleuse mit selbstschließenden Türen, die gegeneinander verriegelt sind (Abb. 6.1), häufig mit Duschmöglichkeit, Sterilisator vor Ort und Notstromversorgung.

Während die Gentechniksicherheitsverordnung als Ausstattung die Werkbank Klasse 1 oder 2 anführt, empfiehlt die BG Chemie die Werkbank Klasse 2 oder 3.

Aus Erfahrung gilt, daß wegen mangelhaften Produktschutzes die Werkbank Klasse 1 nur Nachteile im modernen biotechnologischen Labor bietet, denn sie saugt unsterile Luft aus dem Raum an, die z. B. Reinkulturen gefährdet.

Sicherheitsstufe 4

Noch aufwendiger ist der S4-Bereich, in dem mit Organismen mit hohem Gefährdungspotential umgegangen werden darf. Darunter fallen ausschließlich hochinfektiöse Viren, für die es kaum Therapiemöglichkeiten gibt. Die Notwendigkeit und Verbreitung solcher Laboratorien ist allerdings gering, so daß hier auf eine detaillierte Abhandlung verzichtet wird. Dies ist auch damit gerechtfertigt, daß in der industriellen Praxis der Umgang mit Organismen der Risikogruppe 4 (z.B. denkbar für die Herstellung von Impfstoffen gegen solche Organismen) schon deshalb heute ausscheidet, da mit den Methoden der In-vitro-Rekombination von Nucleinsäuren, d.h. durch gentechnische Methoden, eine geringere Sicherheitsstufe möglich wird, indem nicht mehr der vitale Gesamtorganismus, sondern nurmehr einzelne, für sich harmlose Genomteile dazu exprimiert werden müssen. Im übrigen gibt es in Deutschland kein genehmigtes und funktionierendes S4-Labor.

Wiederholt wird die Frage gestellt, ob in einem Labor der Stufe 3 beispielsweise auch Arbeiten der Stufen 1 oder 2 ausgeführt werden dürfen. Ganz klar, die höheren Stufen decken niedrigere ab, da erstere auf den baulichen, apparativen und organisatorischen Maßnahmen der niedrigeren aufbauen. So wie die biologische Sicherheit im wesentlichen durch ein verantwortliches Verhalten der

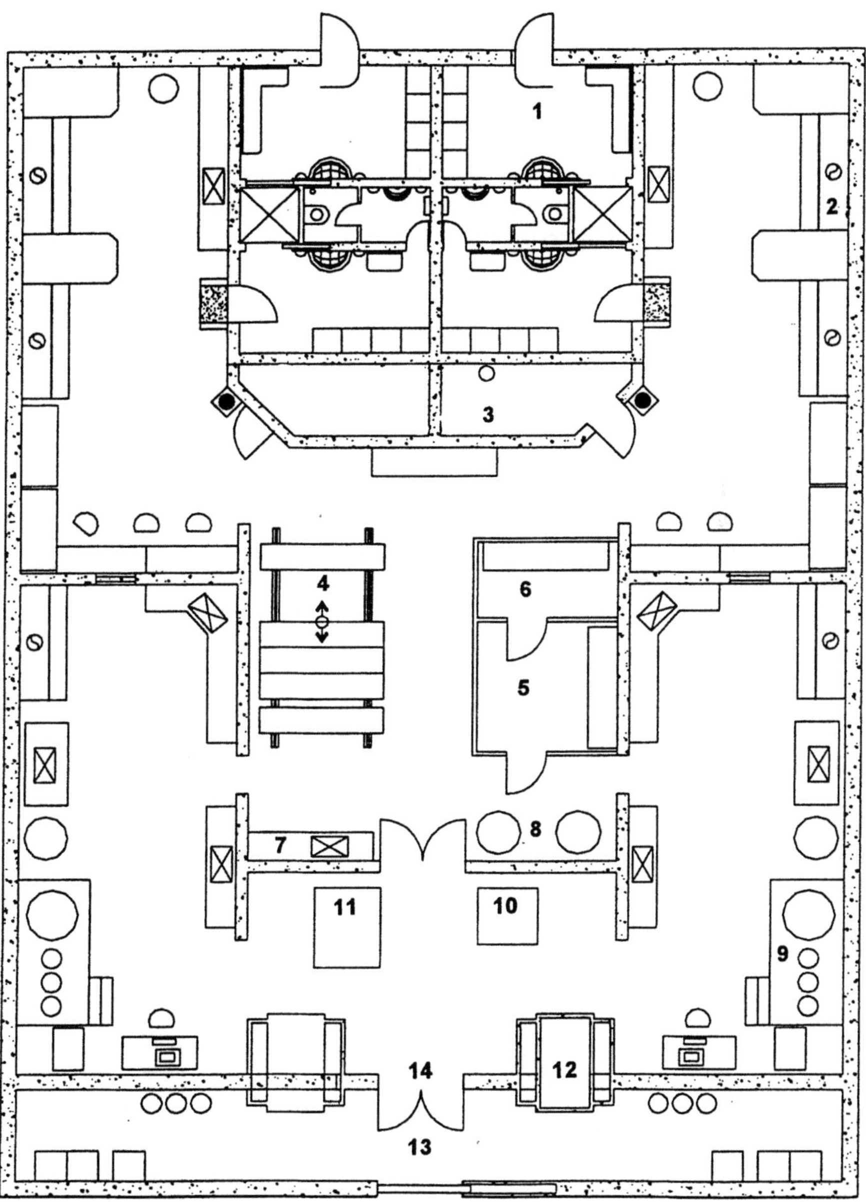

Abb. 6.1 Grundriß eines S3-Bereichs.
1 = Einkammrige Schleuse für Personal; 2 = Sicherheitswerkbank; 3 = Raum, z. B. für Zentrifugen, Waagen oder Elektrophoresen, oder Gerätelager, Lager für Laborglasware; 4 = Verschieberegal; 5 = Kühlraum 4 °C; 6 = Kühlraum 20 °C; 7 = Zeile für Nährbodeneinwaage (Labormaßstab); 8 = Mobile Medientanks oder Flüssig-Stickstoff-Konservierung; 9 = Fermenter mit Vorlagen und Schaltschrank; 10, 11 = Kühlzentrifuge oder Cross flow-Anlage oder Separator. Daneben Platz für Laborspülautomat oder Rolltisch; 12 = Durchreiche-Autoklav; 13 = Materialschleuse und Abfallsortierstation; 14 = Luftdichte Tür

geschulten Fachkraft gewährleistet ist, muß auch die angelernte Fachkraft für den Personenschutz sowie dem Schutz von Bevölkerung und Umwelt zwischen simultan durchgeführten Arbeiten unterschiedlicher Risiken klar unterscheiden.

Im folgenden soll auf einen typischen Grundriß für ein S3-Labor eingegangen werden (s. Abb. 6.1). Die räumliche Ausstattung hat dabei keinen S3-exklusiven Charakter, sondern durch Abspecken der sicherheitstechnischen Maßnahmen kann man sich auch eine durchaus sinnvolle Raumaufteilung für einen S2- oder S1-Bereich vorstellen (s. hierzu Tabelle 6.1).

Der hier dargestellte biotechnologische Laborbereich unterstellt einen Mischbetrieb, den man häufig auch an Universitäten und Forschungsinstituten vorfindet. Er ist z. B. durch eine symmetrische Anordnung von Labor und Technikum auf beiden Seiten für gleichzeitige mikrobiologische Arbeiten, Zellkultur und Virologie geeignet. Diese Vorstellung und Praxis löst früheres Denken nach kategorischer Trennung solcher Arbeiten ab. Die Qualität der heutigen Laborarbeit und ihre Verknüpfung mit den auch schon ab S1 üblichen sicherheitstechnischen Maßnahmen gewährleistet dies.

Der Entwurf stellt den heute fast ausschließlich favorisierten dreibündigen Grundriß dar. Dabei befindet sich zwischen zwei Labortrakten eine Mittelzone. Diese sogenannte Sekundärfläche für die periphere Ausstattung oder Versorgung wird mit Kühl-, Brut-, Zentrifugen-, Lagerraum oder Nährbodenküche ausgestattet. Sie kommt in der Regel ohne Tageslicht aus, da dort keine Dauerarbeitsplätze eingerichtet sind.

Flurbereiche sollten, wenn sie unverzichtbar sind, auf jeden Fall $\leqslant 30\,\%$ der Grundfläche ausmachen. Der Zugang erfolgt über eine dreikammerige Schleuse (Abb. 6.2). Die Schleusentüren dürfen nicht gleichzeitig zu öffnen sein. Die gegenseitige Verriegelung läßt sich meß- und regeltechnisch absichern und kann durch Zustandsanzeigen von beiden Seiten angezeigt werden.

In der Schleuse wird die persönliche Kleidung abgelegt und man schlüpft in getrennt aufbewahrte Laborkleidung und Laborschuhe. Beim unmittelbaren Umgang mit vermehrungsfähigen Kulturen werden zusätzlich Einmalhandschuhe getragen (z. B. Latex).

Der Sicherheitsbereich wird durch die Duschkammer betreten, wobei allgemein die Einrichtung einer Dusche nur für den Produktionsbereich vorgeschrieben ist. Nach dem heutigen Kenntnisstand gestaltet man das S3-Labor völlig autark. Das heißt, selbst das Vorratslager für Ersatzteile, Verbrauchsmaterial etc. ist im Sicherheitsbereich einbezogen, genauso wie Nährbodenküche mit Chemikalien und Kühlräume. In räumlicher Nähe zueinander sind Nährbodenküche, Autoklav, Materialschleuse, Erntebereich und Flüssigabfall- und Abwasserentsorgung angesiedelt. Ausschließliche Flurbereiche können vollständig entfallen. Im übrigen kann es vorteilhaft sein, für die Entsorgung von kontaminiertem Festabfall anstelle einfacher Autoklaven einen Durchreiche- oder doppeltürigen Autoklaven einzurichten. Dieser ist allerdings erst ab S4 verbindlich vorgeschrieben.

Soweit vorhersehbar, läßt sich ein biologischer Sicherheitsbereich in Mikrobiologie, Zellkultur (oder Virologie) und ferner in Kleinkulturlaboratorien und Fermentation und Aufarbeitung aufteilen. Letzterer Bereich sollte auf jeden Fall

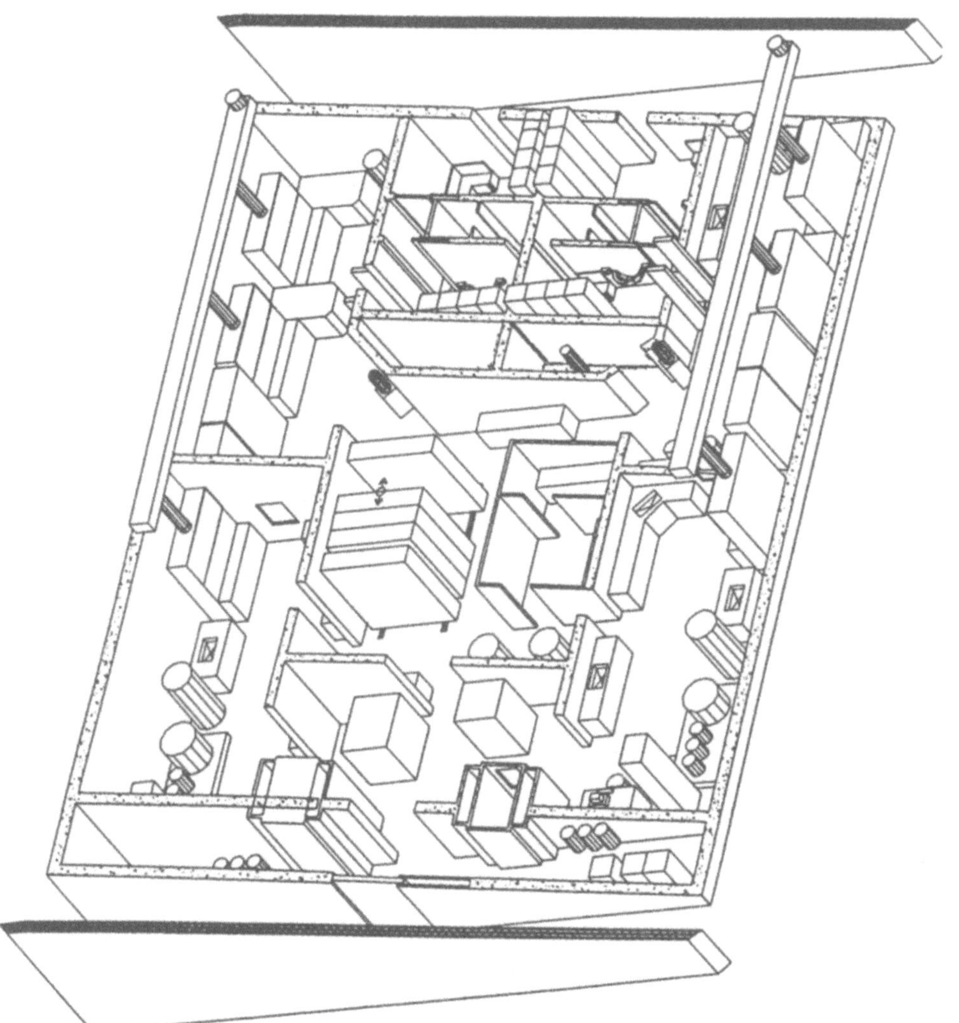

Abb. 6.2   Perspektive Labor mit 3-Kammerschleuse

mit Bodenschräge und Bodenablauf bzw. Pumpensumpf ausgestattet sein, um
größere Reinigungsaktionen und Dekontaminationen zu erleichtern. Die allgemein genutzten Räumlichkeiten, wie Lager, Kühlraum, Brutraum usw., sind
zentral angesiedelt, um für alle Mitarbeiter auf etwa gleich kurzem Wege
erreichbar zu sein. Der S3-Bereich sollte eine Toiletteneinrichtung bieten, um
eine unnötig hohe Schleusenfrequenz zu vermeiden.

Die rechteckige und etwas schmale Raumauslegung erlaubt einen guten
Laborüberblick, wie z.B. ein visuelles Abtasten einer Reihe nebeneinander
stehender Fermenter. Es sind zwei Sicherheitswerkbänke aufgestellt, da eine

Sicherheitswerkbank häufig jeweils nur einem Mitarbeiter zugeordnet ist. Die Wege zwischen einer Sicherheitswerkbank und einem Labortisch sind durch die längliche Raumkonzeption kürzer als in einem gleich großen quadratischen Raum.

Wird ein mehr oder weniger quadratisches Labor vorgesehen, so muß ab einer Fläche von ca. 20 qm an eine mittlere Nutzungszeile gedacht werden – z.B. ein Labortisch. Ab dieser Größe ist es sinnvoll, zwei Zugänge zum Labor zu schaffen, damit sich der Personenverkehr etwas aufteilt und es nicht zu stark frequentierte Bereiche gibt.

In einem technisch aufwendigen Bereich, wie einem S3-Labor, ist die Redundanz oder der sogenannte Back-up immer wichtig, denn Technik kann versagen oder Wartung erforderlich machen. Bei entsprechender Vorsorge braucht bei Versagen nicht der gesamte Betrieb stillgelegt zu werden. Dies gilt insbesondere für Autoklaven und die Abwassersterilisation.

Bei der Klimaanlage wird man optional auf ein Notabluftaggregat zurückgreifen. Dieses sollte vorzugsweise nicht mit Keilriemen ausgestattet sein, die zeitabhängig verschleißen oder gelegentlich abspringen, sondern mit festen Antriebswellen.

Für kleinere, periphere Laborbereiche bietet sich mehr die quadratische Grundform an. Für den Gerätezugang wird weniger Grund- bzw. Flurfläche benötigt als bei kleinen, langgestreckten Räumen. Dies gilt sowohl für Kühlraum, Zentrifugen-, Wäge- und Brutraum als auch für die Materialschleuse.

Technisch aufwendige Abschnitte wie Fermentation und Aufarbeitung sollten zwecks verkürzter Transportwege immer nahe der Nährbodenküche, Abfallsammlung und -Entsorgung angesiedelt sein.

Die Materialschleuse sollte Türen mit mehreren Flügeln bzw. zwei Türen mit herausnehmbarem Steg aufweisen, um auch als Montagezugang zu dienen. Wird anderswo eine Montagetür vorgesehen, geht wertvolle Wand- oder Stellfläche verloren. Abbildungen 6.3a und 6.3b zeigen schematisch den Unterschied zwischen einkammeriger und dreikammeriger Schleuse.

Bei der einkammerigen Schleuse ist auf die deutliche Trennung der Garderoben für Labor- und Straßenkleidung zu achten. Die nicht vorgeschriebene, aber häufig eingerichtete Dusche kann bei Bedarf beim Ausschleusen benutzt werden. Wegen des Unterdrucks im S3-Bereich, wenn vorhanden, muß eine gegenseitige Türverriegelung vorgesehen werden.

Wesentlich überzeugender, aber entsprechend aufwendiger, ist das Prinzip einer dreikammerigen Schleuse, wie sie eigentlich nur im S4-Betrieb zwingend ist. Hier wird durch das vollständige Ablegen der persönlichen Kleidung (einschließlich Unterwäsche) streng getrennt zwischen Labor- und Außenbereich. Durch alltäglichen Duschzwang beim Ausschleusen wird nicht nur die persönliche Hygiene gefördert. Man hat nach dem Ausschleusen tatsächlich die Gewißheit, daß keine Partikel über Strümpfe, Hosenbeine oder Hemdkragen den Arbeitsbereich verlassen. Probleme durch die Hautbelastung (Austrocknung) entstehen erfahrungsgemäß kaum. Durch passende Pflegemittelbereitstellung kann im übrigen auch bei Mitarbeitern mit relativ empfindlicher Haut gegen Hautschäden vorgebeugt werden.

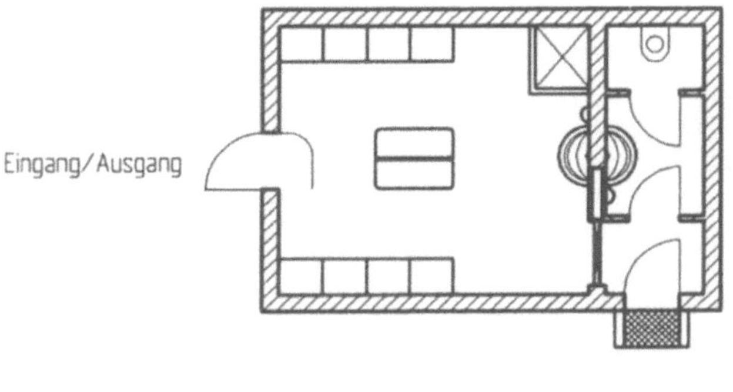

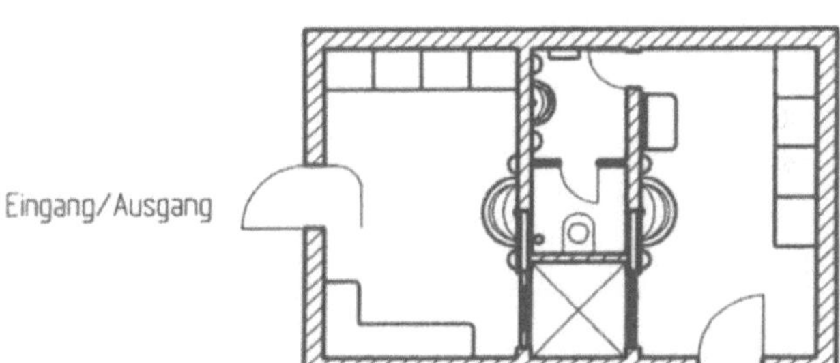

Abb. 6.3 a, b   Schematische Darstellung einer **a** einkammerigen **b** dreikammerigen Schleuse

Als Empfehlung aus der Praxis gilt, daß für die Pflege des Duschraumes der Anschluß für einen Wasserschlauch mit Dosierventil für Anti-Kalkmittel nicht vergessen werden sollte.

Abbildung 6.4 zeigt den Querschnitt eines S3-Labors.

Klimatechnisch ist zu beachten, daß die Zuluft von außen wegen der stärker mit Staub, Keimen und Insekten belasteten Luft nicht in Bodennähe angesaugt wird. Außerdem muß dies abseits von Straßenverkehr (Abgase!) oder sonstiger belasteter betrieblicher Abluft erfolgen. Filter und Lüfter sind am besten auf dem Dach angesiedelt und dort für technisches Personal jederzeit zugänglich. Alternativ kann in einem höheren Gebäude an Zwischenstockwerke gedacht werden.

Der Zuluftbereich ist möglichst weit abseits von der Abluft anzusiedeln. Weiterhin sollten die Hauptwindrichtungen berücksichtigt werden.

Zu den einzelnen Laboratorien werden jeweils mehrere Belüftungsausgänge (z. B. Drallbelüftungsausgänge, s. Abb. 6.6 a) vorgesehen.

Die Laborabluft wird vorzugsweise in Bodennähe abgesaugt. Dies begünstigt einen effektiven Luftwechsel, und Staubpartikel jeder Art werden auf kurzem Weg aus der Raumluft entfernt.

Einzelheiten werden in den nächsten Abschnitten behandelt.

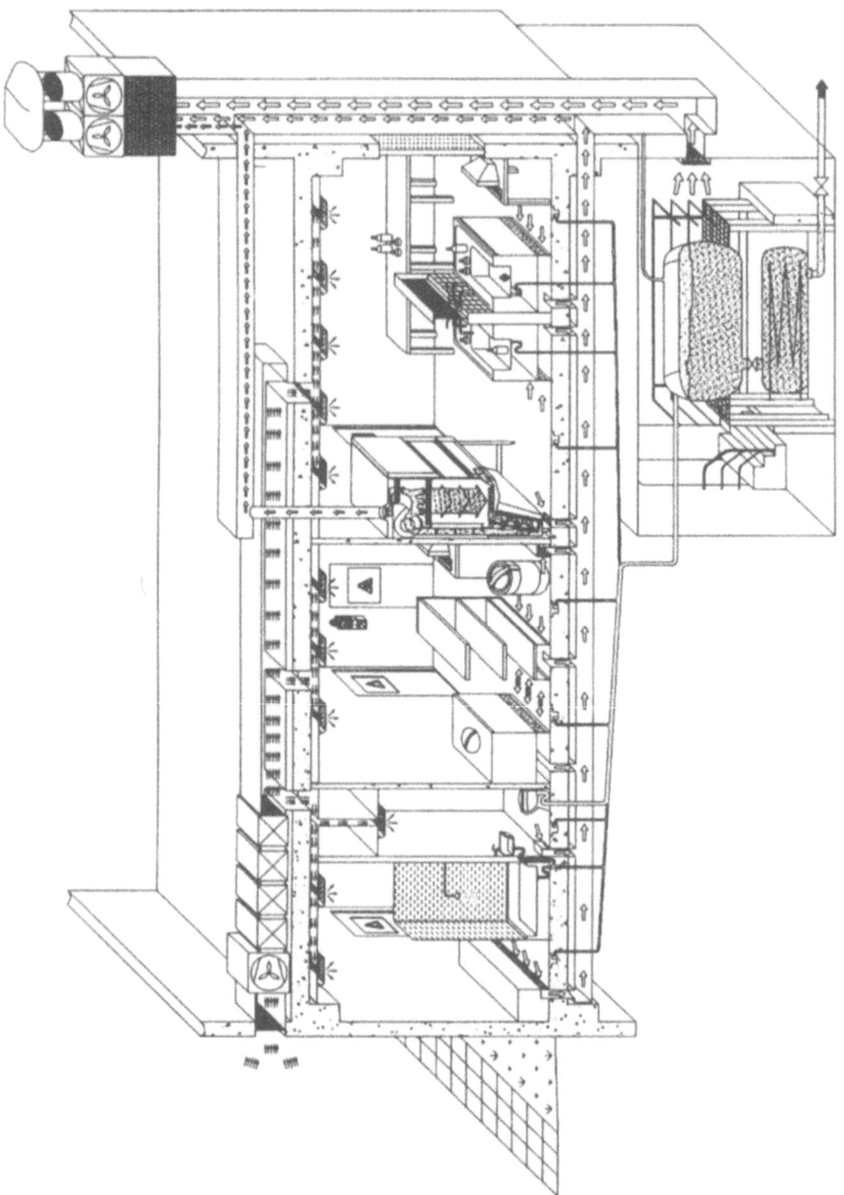

Abb. 6.4   S3-Labor im Querschnitt mit darunterliegender Abwassersterilisation

6.2.1
Gebäude- und Raumausstattung

Für die folgenden Ausführungen ist aus Sicht des Gentechnikgesetzes und einschlägiger Richtlinien und der Merkblätter der BG Chemie eine einfache Basis zu beachten. So heißt es unmißverständlich und prägnant im Anhang III AI./ Stufe 1 der Gentechnik-Sicherheitsvorschrift:

2. Die Arbeiten sollen in abgegrenzten und in ausreichend großen Räumen bzw. Bereichen durchgeführt werden.
3. Wand-, Decken-, Fußboden- sowie Arbeitsflächen müssen beständig gegen die verwendeten Stoffe und Reinigungsmittel sein.

Es wird deshalb ein moderner baulicher Standard abgehandelt, wobei im Einzelfall jeder Architekt und Planer individuell abweicht. Abgesehen vom Inhalt der DIN 58956 („Medizinische Laboratorien") gibt es keine feste Norm in der Ausführung bzw. immer wieder akzeptable Varianten. Der notwendige Aufwand ist natürlich von der Sicherheitsstufe abhängig, und darauf wird stets eingegangen.

Grundsätzlich muß die Arbeitsstättenverordnung beachtet und eingehalten werden. Es gibt zusätzlich sehr hilfreiche Schriften wie die ZH 1/28 der Einzelhandels-BG „Mensch und Arbeitsplatz" mit ausführlichen Empfehlungen zur Arbeitsplatzgestaltung wie Klima, Beleuchtung und farbliche Gestaltung.

Fenster

Fenster sind üblicherweise aus Metall und mit Standardisolierglas oder Sicherheitsglas mit innenliegender Kunststoffolie versehen und mit einfacher oder doppelter Lippendichtung im Rahmen ausgestattet. Bei Umbau oder Renovierung älterer Gebäude sind einfachere Lösungen denkbar. Für S1 gilt kein besonderer Grad an Dichtheit, und die Fenster können normal geöffnet werden.

Da es in der GenTSV im Anhang III, Abschnitt A., Punkt 5 heißt, „Türen der Arbeitsräume sollen während der Arbeiten geschlossen sein", so müßte dies logischerweise auch für Fenster gelten.

Allerdings muß der nach der Arbeitsstättenverordnung vorgesehene Luftwechsel für Dauerarbeitsplätze gemäß DIN 1946 (Teil 7, Raumlufttechnik, 8fach bei einer Raumhöhe von 3 m) gewährleistet sein, so daß in Abwesenheit einer Zwangsbelüftung das Fenster geöffnet werden darf.

Gleiches gilt für S2, obwohl im Routinebetrieb auch die Fenster geschlossen sein müssen. Lüftung ist also formal nur in den Arbeitspausen möglich. Wenn eine Raumbelüftung fehlt (s. Abschn. 3.2), kann an einen Schutz gegen Sonneneinstrahlung gedacht werden, um eine dem Raumklima abträgliche Aufheizung des Labors zu begrenzen. Ideal können hier elektrisch betriebene Jalousien an der Außenseite des Fensters sein. Falls möglich, sollte eine windmäßig nicht zu starke Exposition beachtet werden. Jalousien und Springrollos im Laborinneren führen zu starker Wärmebelastung. Andererseits reicht auf schattigen Gebäudeseiten vielleicht schon eine Glastönung, sofern baurechtlich erlaubt.

Ab S3 müssen die Fenster abgeschlossen sein. Dieser erhöhten Anforderung genügt man im einfachsten Fall durch Sicherheitsglasscheiben ohne Schließmechanismus, also eine Festinstallation, die den Fensterbereich völlig abdichtet. Da ab S3 in der Regel auch eine Raumbelüftung mit Unterdruck erforderlich ist, ist damit auch die Wärmeentwicklung im Laborbereich kein Problem.

Nicht zu öffnende Fenster sind lediglich für das Fensterputzen ein Problem. Öffnende Fenster mit Schloß stellen hier zwar prinzipiell eine Hilfe dar, aber bei einem gewählten Unterdruck von ≥ 50 Pa muß unbedingt Sicherheitsglas gewählt werden, um gegen Implosionen geschützt zu sein. Splitterschutz kann durch eingeschmolzenes Drahtgewebe hergestellt werden. Die ästhetisch befriedigendere Lösung ist der Einsatz von Mehrschichten- oder Verbundgläsern, bei denen z.B. Polyesterfolien als Zwischenlagen benutzt werden.

Nachträglich aufgebrachte Folien erfüllen den gleichen Zweck, aber sie sind bei der Reinigung empfindlich und es entstehen leicht Kratzer. Ferner altern die nachträglich aufgebrachten Folien rascher. Dies wirkt sich nachteilig sowohl auf den Splitter- als auch auf Wärme-, Sicht- und UV-Lichtschutz aus. Weiterhin ist zu beachten, daß bei zu öffnenden Fenstern, die nicht zusätzlich durch Dichtungsmasse versiegelt sind, witterungsbedingt und je nach Windrichtung die Leckrate sich so stark erhöhen kann, daß die Klimaanlage u.U. den Sollunterdruck nicht mehr einhält.

Türen

Holztüren genügen für S1- und S2-Bereiche. Sie sind mit Kunststoff beschichtet sowie mit Türschließer versehen.

Ein größeres Sichtfenster (unverklebt) beugt Unfällen vor (s. ZH 1/119 der Berufsgenossenschaftlichen Zentrale für Sicherheit und Gesundheit (BGZ) „Richtlinien für Laboratorien").

Für den Zugang zu S3-Bereichen (Schleuse, Materialschleuse Notausgang usw.) werden üblicherweise Stahl- oder Edelstahltüren verwendet, die vorzugsweise zwei Dichtungsebenen besitzen. Diese stabilisieren mit ihrer Dichtheit das Containment, erlauben im Bedarfsfall schadlose Desinfektionsmaßnahmen und dienen dem störungsfreien Funktionieren der Klimaanlage bei Unterdruck. Im Inneren des Sicherheitsbereiches ist man in der Wahl der Türqualität frei, aber es muß beachtet werden, daß nach der GenTSV für die Stufe 3 eine Raumabdichtungsmöglichkeit für die eventuelle Raumdesinfektion gefordert wird.

Sehr empfehlenswert für den Zugangsbereich (Personal-, Materialschleuse) sind Reinraumtüren mit Pneumatikdichtung. Bei einem Druck von 0,9 bar oder 900 hPa wird eine pneumatische Dichtung des Türblattes am gesamten Umfang gleichmäßig gegen die Zarge gepreßt. Die Zargenprofile sind für den dichten Wand- und Bodenanschluß konstruiert. Leckbereiche, wie sie bei ungenügender Druckverteilung mechanisch dichtender Türen vorhanden sein können, sind ausgeschlossen.

Weiterhin sind ab S3 allgemein Notausgänge von außen zu versiegeln oder durch Schließung von außen unzugänglich zu machen. Hier sind Reinraumtüren mit mechanischer Dichtung empfehlenswert. Ob Notausgang oder Hauptzugang, im einfachsten Fall sollten Türen für die geforderte Dichtheit mit 3 Schwenkriegeln auf der Schloßseite vorgesehen werden. Die Türhalterung auf der Anschlagseite kann ebenfalls mit 3 Bolzen gesichert sein.

Für die Zugangskontrolle empfiehlt sich ab S3 die Einrichtung einer Türfreigabe über Zahlencode oder Magnetkarte. Dies gilt im wesentlichen nur für die Personen- und Materialschleuse. Der Zahlencode (z. B. vierstellig) läßt sich häufiger wechseln, ist aber erfahrungsgemäß störanfälliger und leichter durch Weitergabe an Unbefugte zu mißbrauchen als die Magnetkarte, die auch für eine Dokumentation tauglich ist.

Fußboden

Polyvinylchlorid (PVC), in breiten miteinander verschweißten Bahnen verlegt, ist auch heute noch eine verschleißarme und preiswerte Auswahlmöglichkeit. Dies gilt zumindest in den Laborbereichen der niedrigen Sicherheitsstufe. Allerdings ist es sinnvoll, auch schon ab der Stufe S1 über eine Hohlkehle für die Dichtheit des Fußbodens zu sorgen. Die chemische Beständigkeit ist kein Problem, da man üblicherweise das biotechnologische Labor als „wasser-chemisches" Labor betrachten kann, in dem z. B. organische Lösemittel oder Säuren nur in geringen Mengen gebraucht werden.

Anspruchsvoller, aber auch teurer und dennoch empfehlenswert, insbesondere für den S3-Bereich, ist ein Fußboden mit Epoxid-Kunstharz-Beschichtung und Hohlkehle. Zur Beschichtung, z. B. von Betonflächen, gibt es reaktionshärtende Mehrkomponenten-Bindemittel zur Abmischung mit Quarzsand. Damit lassen sich selbstverlaufende und preisgünstige Kunststoffbeschichtungen herstellen. Dieser Boden ist glatt. Die Rutschgefahr läßt sich mindern durch verschiedene Quarzsandbeimischungen. Ferner können Qualitäten mit Beimischungen von Aluminiumspänen empfehlenswert sein, um statische Aufladungen abzuleiten. Im Gegensatz zu PVC zeichnet sich ein Kunstharzfußboden durch geringe Schichtdicke, besondere Härte und höhere Chemikalien- und Temperaturbeständigkeit bis 90 °C aus. Das Bodenmaterial ist auch hervorragend für Bodensanierungen geeignet.

Die Bodenhaftung beim Gehen kann generell durch geeignetes Schuhwerk verbessert werden (Abschn. 6). Immerhin sind nach Aussage der Berufsgenossenschaften im Durchschnitt der Jahre ab 1990 18 % der meldepflichtigen Arbeitsunfälle im Betrieb Stolper-, Rutsch- und Sturzunfälle.

Werden im Labor Volumina von $\geq 10\,l$ gehandhabt (Fermentation, Down-Stream-Processing), dann sollte ein Bodengefälle von 5 % und ein Pumpensumpf vorgesehen werden. Mit Hilfe eines Füllstandsmessers mit Alarmmeldung kann so auch ein Auslaufen außerhalb der normalen Arbeitszeit erkannt werden. Eine bessere Alternative ist ein Linienentwässerungssystem, da eine Punktentwässerung wie oben in seiner Einzugsfläche schwerer zu erstellen ist.

Wird viel mit Flüssigstickstoff gearbeitet (>1 Lagertank, Vorratstank mit Auffüllautomatik, Volumina von insgesamt >100 l), so ist es ratsam, diesen Laborbereich mit einem Gitterrost zu unterlegen und in der Senke ein Isoliermaterial mit großer Oberfläche vorzusehen, um Bodenrissen vorzubeugen, die durch lokale Unterkühlung beim Austritt von zu Boden fließenden gasförmigen Stickstoffschwaden verursacht werden können.

Eine Flüssigstickstoffanlage läßt sich auch auf einer Palette mit Auffangwanne und Gitterrost einrichten. Möglicherweise muß diese erhöhte Ebene über Stufen zugänglich gemacht werden.

Wird schweres Gerät mit größerdimensioniertem Motor, Getriebe, Wellen usw. aufgestellt, muß die Schwingungsisolation oder -dämpfung berücksichtigt werden, um Lärm, Vibration und zusätzlich eine Gebäudebelastung zu minimieren.

Generell ist ein einfarbiger Fußboden in hygienischer Hinsicht zweckmäßiger. Die Wahl der Farben lindgrün oder hellgelb erweist sich als vorteilhaft, um insbesondere auslaufende Kultur in Mikrobiologie und Zellkultur optisch wahrnehmbar zu machen.

Ein Grünton wird auch von den Beschäftigten als angenehme Farbgestaltung wahrgenommen. Für die Fußbodenpflege sollte der Abschn. 6.7 besonders beachtet werden.

Als weitere Alternative bietet sich der gefliste Fußboden an. Dieser ist gemäß der ZKBS-Stellungnahme „Beschaffenheit von Wand- und Fußbodenoberflächen in gentechnischen Anlagen der Sicherheitsmaßnahmen Stufe 2 und 3" vom Januar 1994 zulässig.

Für S2 muß jedoch nach DIN 58 956 das Labor fugenarm ausgestattet sein. Ab S3 ist hier der gefliste Fußboden nicht mehr zulässig. Für sämtliche anderen Fälle gibt es heute aber hochwertige Fliesen, die auch mechanisch dauerhaft belastbar sind. Die Fugen müssen flüssigkeitsdicht ausgeführt sein und können dann über lange Zeit dicht bleiben. Auftretende feine Haarrisse stellen kein besonderes Problem dar, da auch hier Reinigungs- und Desinfektionsmittel vordringen können. Außerdem ist ein nachträgliches Abdichten von Rissen möglich.

Einige Vorteile von hochwertigen Keramikfliesen sind:

- Biegefestigkeit im Fugenquerschnitt, die größer ist als die Eigenfestigkeit des keramischen Werkstoffs,
- Verschleiß-, Druck-, Stoß- und Schlagfestigkeit,
- chemische und thermische Resistenz sowie Säure- und Laugenbeständigkeit,
- niedrige Wasseraufnahme (0,5 %, kein Quellungsvermögen).

Keramikplatten können in maschinell verdichtetem Mörtel und Kitt auch maschinell verlegt und verfugt werden. Sie können an der Unterseite scharfe Riefenprofilierung für das Haften oder Verkrallen im Plattenbett besitzen. Eckzähne an den Platten wirken als Abstandshalter für einen vorbestimmten Fugenraum. Gefliste Böden haben gegenüber Kunststoffböden eindeutig den Vorteil, partiell repariert werden zu können. Schäden treten häufiger auf, je öfter die Nutzung von Räumlichkeiten wechselt.

Erfahrungsgemäß ist es nicht gut, innerhalb eines Raumes Teilflächen mit verschiedenen Materialien auszulegen, da die Übergänge bezüglich Dichtung immer eine Problemzone darstellen.

Im übrigen gilt für alle Laborsicherheitsstufen, daß die Fußbodenhygiene im Arbeitsbereich besonders im Erdgeschoß oder Eingangsnähe zweckmäßigerweise mit einer Schmutzsperre beginnt. Hier reicht ein Gitterrost allein nicht aus, sondern es sollten zusätzlich Gummi- oder Vinylläufer oder Synthetikmatten mit Bürsteneffekt oder Kratzprofil mit hoher Schmutzaufnahmekapazität vorgesehen werden, um ein Einbringen von Split, Straßenschmutz und damit vorhandener mikrobieller Belastung zu minimieren. Grobprofiliertes Schuhwerk von Monteuren und Handwerkern ist im Eingangsbereich zum biologischen Sicherheitsbetrieb auf jeden Fall zu wechseln. In der Schleuse (ab S3) kann sich eine Feinstaub-Adhäsiv-Matte bewähren.

Wände und Decken

Wände und Decken bestehen in modernen Laborgebäuden häufig aus Beton, Zwischenwände aus Gasbetonsteinen und Gipsplatten, beschichtet oder z. B. aus Montagewänden mit Aluminiumoberfläche. Unzugängliche Nischen, unverkleidete Rohrleitungs- oder Kabelbündel sind zu vermeiden.

Gerade mit zunehmender Sicherheitsstufe muß bei der Oberflächenbeschaffenheit der Wände auf wasserabweisende/wasserfeste Oberflächen bzw. Wasserdichtheit geachtet werden. Für S1 genügt wischbeständige Dispersionsfarbe, die für S2 und S3 durch eine zusätzliche klare Lackschicht gedichtet und geglättet wird. Sind Setzungsrisse durch die Baugrundbeschaffenheit oder Bauteilbelastung durch Vibration oder Schwingungen zu erwarten, kann eine Synthetiktapete (Glasfaser) mit gitterförmiger Struktur verklebt werden, die anschließend mit wasserbeständigem Lack gestrichen wird.

Ab der Sicherheitsstufe 3 kann man mit partikeldichten Reinraumdecken arbeiten. Ist ein Deckenraster, z. B. in Form von Kassetten, vorhanden, können diese wechselweise mit Zuluft-, Beleuchtungs-, Blind- und Abluftrastern bestückt werden (s. Abschn. 3.2).

Für die Beleuchtung von S1 gelten die Beleuchtungsteile der Arbeitsstättenverordnung. Es ist aber sinnvoll, für die leichte Pflege – wie in S2-Laboratorien – Leuchtstoffröhren in fester Glasverkleidung einzusetzen. Ab S2 sollten die Beleuchtungskörper dicht und zumindest in Feuchtraumausführung IP 54 sein, um lokale Desinfektionsmaßnahmen zu erlauben.

Ab S3 muß die vollständige Dichtheit gewährleistet sein, d. h. die Beleuchtungskörper oder Leuchtstoffröhren in Spritzwasserausführung IP 55 sind am besten in der Decke zu integrieren.

Der Austausch von Leuchtstoffröhren sollte einfach durchführbar sein (ggf. ohne Wartungspersonal).

6.2.2
Be- und Entlüftung

Nach allgemeiner Auffassung und entsprechenden Regelwerken ist für S1- und S2-Laboratorien keine technische Lüftung erforderlich, wenn die Arbeitsstättenverordnung beachtet wird. Hinweise zur Installation und zum ordnungsgemäßen Betrieb sind aus der VDI-Richtlinie 2051 „Raumlufttechnik in Laboratorien", BGZ-Richtlinie ZH 1/119 „Richtlinien für Laboratorien" sowie aus dem Merkblatt der BG Chemie B 002 „Sichere Biotechnologie: Ausstattung und organisatorische Maßnahmen: Laboratorien" zu entnehmen. Nach dem Gentechnikgesetz ist jedoch die räumliche Abgrenzung vorgeschrieben und Fenster und Türen sind ab S2 während der Arbeiten geschlossen zu halten. Erst bei S3 muß eine technische Raumbelüftung vorgenommen werden, im Labor ist dann in der Regel ein ständiger Unterdruck einzuhalten, der durch einen Alarmgeber überwacht wird. Auf Unterdruck kann nur verzichtet werden, wenn mit pathogenen Organismen gearbeitet wird, die üblicherweise nicht über die Luft übertragen werden. Davon ist jedoch abzuraten, da dies die vielseitige Nutzung des Sicherheitslabors wesentlich einschränkt und eine spätere Nachrüstung der Lüftungsanlage technisch und finanziell erheblich aufwendiger ist als die Sofortinstallation.

In Gebieten, die eine hohe Luftverschmutzung (z. B. Staub) aufweisen, ist eine Raumbelüftung auch bei S1 über Filter, die mindestens der Klasse R entsprechen, aus Gründen der Reduzierung der partikelgebundenen Keimbelastung als Maßnahme für den Produktschutz empfohlen.

Tabelle 6.2 gibt einen Überblick über die Luftfilter- und Schwebstofffilterklassen und der dazugehörigen Kennzeichnung.

Wichtige Richtlinien hierzu sind DIN 24185 „Luftfilterklassen", DIN 24184 („Schwebstofffilterklassen, Typprüfung") und VDI 2051 („Raumlufttechnik in Laboratorien") bzw. VDI 2083 („Reinraumtechnik, Einzelblatt 3, Meßtechnik der Luft").

Jeder, der sich mit der Be- und Entlüftung in biologischen Sicherheitslaboratorien der Sicherheitsstufen 3 und 4 beschäftigt, wird rasch die fachliche Nähe und Gemeinsamkeiten mit Reinraumbetrieben feststellen. Das Studium der 11 Blätter der VDI 2083 „Reinraumtechnik" ist darum sehr empfehlenswert.

In der Gebäude- und Raumplanung muß die anfallende Abwärme von Laborgeräten und Gasbrennern bedacht werden. Es handelt sich hierbei u. a. um Sicherheitswerkbänke, Laborautoklaven und In-situ-sterilisierbare Laborfermenter. In Verbindung mit einer meist niedrigen Deckenhöhe von < 4 m sollte er den Faktor 10 nicht unterschreiten. DIN 58956 beschreibt für medizinische Laboratorien die Be- und Entlüftung in der Biotechnologie.

Für S3 ist ein 10- bis 15facher Luftwechsel pro Stunde üblich.

Die Luftwechselgeschwindigkeit stellt in geringerem Maße und einer trotz zunächst gering erscheinenden Effektivität ein nicht zu unterschätzendes Sicherheitselement gegen akzidentelle Aerosol-Freisetzung oder Aerosol-Freisetzung aus einem unerkannten Leck dar (Verdünnungslüftung).

Tabelle 6.2 Filtersysteme bei Zwangsbelüftung von Arbeitsräumen im Vergleich

Belüftung	Absolutfilter	Laminarflow	Sterilraum	Keimarmer Raum	Raum mit verminderter Keimzahl	Technische Belüftung
Luftwechsel/h	Nicht genormt	0,4 m/s	10- bis 20fach	10- bis 20fach	10- bis 20fach	5- bis 10fach
VDI-Klasse VDI 2083	0–2	3	3 4	5	6	
PIC-Klasse		A	B	C	D	
US Federal Standard 209e	0,1/1/10	100	100 1000	10000	100000	
DIN-Filterklasse	U T S	S	S	S	R A-Q	R A-Q
EU-Filterklasse	17 16 15	14	14 13	13 12	11 10	11 10
Abscheide-Grad in % (EU)	99,99995 (EU 15)	99,9995	99,9995 99,995	99,995 99,95	99,0 90 99,0	99,0 90,0
Partikelgröße > 0,5 μ max./m^3	Nicht genormt	3500	3500 35000	350000	3,5 Mio.	
Partikelgröße > 5,0 μ max./m^3	Nicht genormt	0	0	2000	20000	
Keimzahl max./m^3	Nicht genormt	<1	5 <50	100 <200	500 <500	

Mehrfache Zahlenangaben bedeuten Filteralternativen bzw. zulässige Unterschiede je nach beabsichtigtem Zweck in der Betriebsnutzung.

Die Verdünnungslüftung erfordert allgemein höhere Luftmengen. Wählt man dieses Sicherheitselement, ist zu beachten, daß Rauchmelder dezentral in den Laborbereichen installiert werden müssen. Werden sie in die Abluftkanäle eingebaut, so besteht die Gefahr, daß der hohe Luftdurchsatz den Rauch aus einem kleineren Brandherd so stark verdünnt, daß der Rauchmelder keinen Alarm gibt.

Neben dem Betrieb einer Lüftungsanlage mit Filtern der Klassen R und S, die heute schon Stand der Technik ist, und einem passenden Luftdurchsatz kommt es weiterhin auf die Art der Luftführung bei der Be- und Entlüftung an. Es muß auf möglichst zugfreie Belüftungsverhältnisse geachtet werden. Wenig empfehlenswert ist die Schlitzbelüftung, die konzentriert über kleine Flächen erfolgt. Sie wird lokal von den Mitarbeitern als sehr störend empfunden, ist gesundheitlich bedenklich und bei der Arbeit lästig. Einziger Vorteil einer breit ausgeführten Schlitzbelüftung ist eine ausrichtbare Luftströmung, die dem Entstehen von Totzonen entgegenwirkt.

In kleineren Laboratorien wird man zwecks guter Luftverteilung und Durchmischung den Drallbelüfter wählen. Nachteil ist, daß bei der Freisetzung von Aerosolen sofort eine intensive Verbreitung des Aerosols erfolgt. Sind Abluftstrecken in der Decke integriert, so ist auf eine maximale räumliche Entfernung der Zu- und Abgänge zu achten, damit eine effektive Raumdurchlüftung gewährleistet ist und Totzonen sowie Kurzschlußluftführung vermieden werden.

Ab S3 erfolgt zwangsweise eine Anlehnung an Konstruktionen der Reinraumtechnik, wie bei der Chip-Fertigungsindustrie. Bei Reserven in der Deckenhöhe kann die Belüftung beispielsweise über eine abgehängte, dichte Kassettendecke erfolgen, in der mehr oder weniger wechselweise Zuluft, Beleuchtungsfeld und Blindfeld eingerichtet sind (s. Abb. 6.5 und 6.6).

Abb. 6.5   Kassettendecke mit wechselnder Feldfunktion

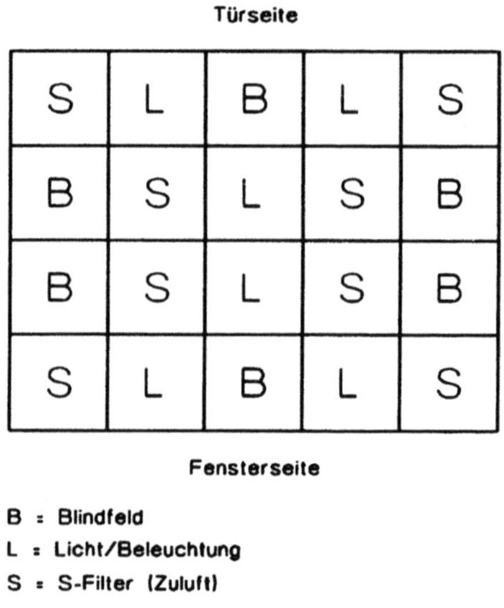

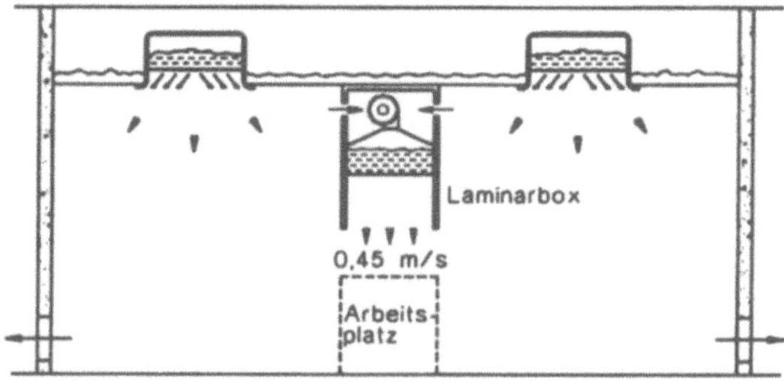

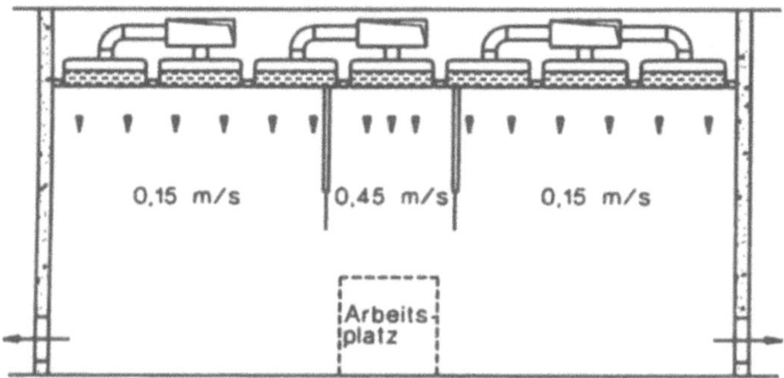

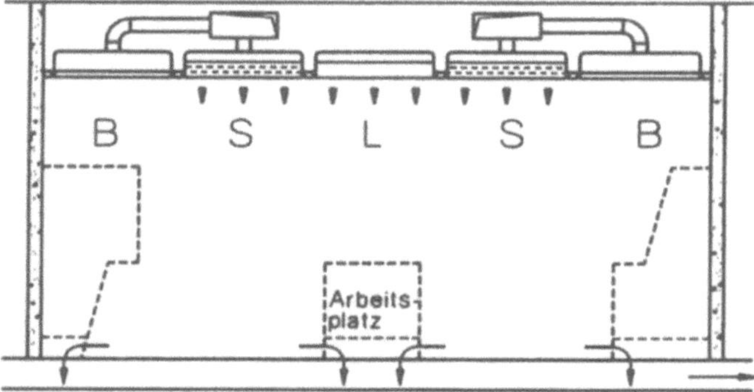

Abb. 6.6 Luftströmungsverhältnisse im S3-Labor mit wechselnder Kassettenfeldnutzung

Werden S-Filter vorgesehen, läßt sich über Arbeitszonen mit besonderem Gefährdungspotential unterhalb dieser Luftaustritte mit Hilfe von halbhohen Schürzen, die fest installiert oder mit Pendel versehen oder als Schiebeschürze (Luftleitbleche) konstruiert sind, eine quasi-laminare-Luftströmung einrichten, für die man zwecks höherer Effektivität möglichst in Bodennähe, gleichmäßig verteilt Abluftschlitze oder Abluftlöcher vorsieht (Abb. 6.6a–c).

Für den Zulufteintritt stellt Abb. 6.6a die herkömmliche Situation dar, bei der anstelle von laminaren Luftstrom Drallbelüfter eingesetzt werden. In beiden Fällen kann die Abströmung der Luft über die gesamte perforierte Raumgrundfläche in Form eines Doppelbodens erfolgen. Diese technische Variante dürfte für den durchschnittlichen Betrieb allerdings kostenmäßig zu teuer sein.

Abb. 6.7 Unterdruckstaffelung im S3-Labor

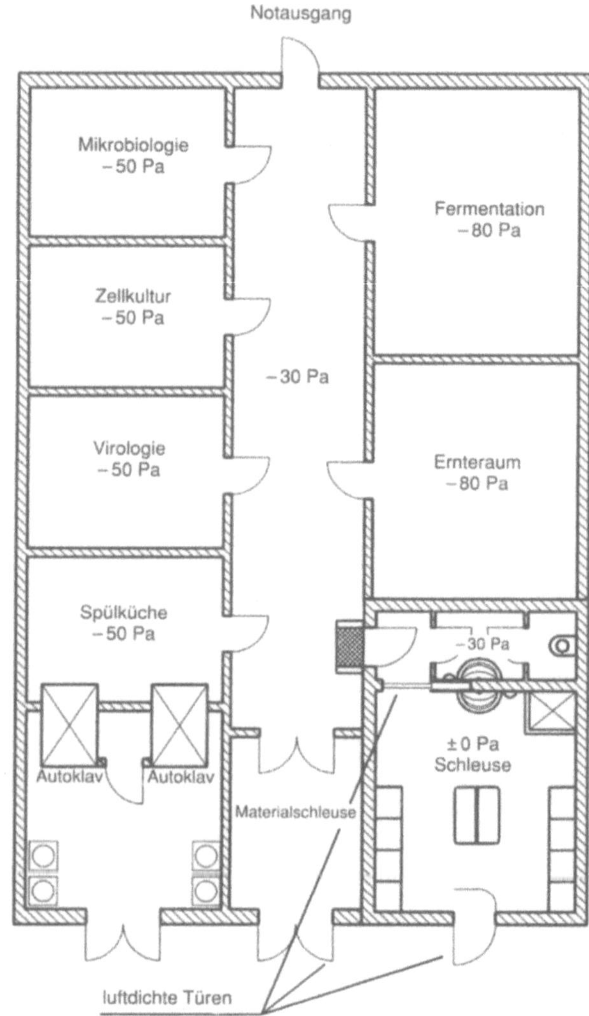

Im Laborbereich ist bis S3 ein Umluftbetrieb erlaubt und aus Gründen des Umweltschutzes (Energieeinsparung) vernünftig. Voraussetzung ist die keim- bzw. partikelfreie Fortluft, die nicht mit gesundheitsschädlichen oder toxischen Dämpfen belastet ist. Um den Frischluftbedarf zu decken, wird man stets einen Teil der Abluft über den Schornstein führen. Eine Wärmerückgewinnung vor der Luftfreisetzung und ohne Vermischung der Luftstrecken kann für die Erwärmung der Frischluft genutzt werden. Wenn größere Mengen umgesetzt werden, kann dies auch wirtschaftlich sein. Bewährt haben sich auch Dachwärmerückgewinnungsanlagen, bei denen ein rotierender Regenerativwärmetauscher mit umlaufender Speichermasse der Fortluft ca. 80 % Wärme entzieht und auf die Zuluft überträgt.

Im S3-Bereich kann eine Unterdruckstaffelung, wie in Abb. 6.7 dargestellt, vorteilhaft sein. Bei Inbetriebnahme kann Dichtheit und Stabilität mit bis zu 800 Pa Unterdruck (= 80 kg/m²) geprüft werden.

Sowohl die GenTSV als auch die Unfallverhütungsvorschriften fordern ab S3 einen Alarmgeber für den Raumunterdruck (z. B. Leuchtfeld, Blitzleuchte oder Analoganzeige) mit Alarmgeber. Abbildung 6.8 zeigt ein Beispiel für ein solches Display.

Abb. 6.8   Raumunterdruckanzeige

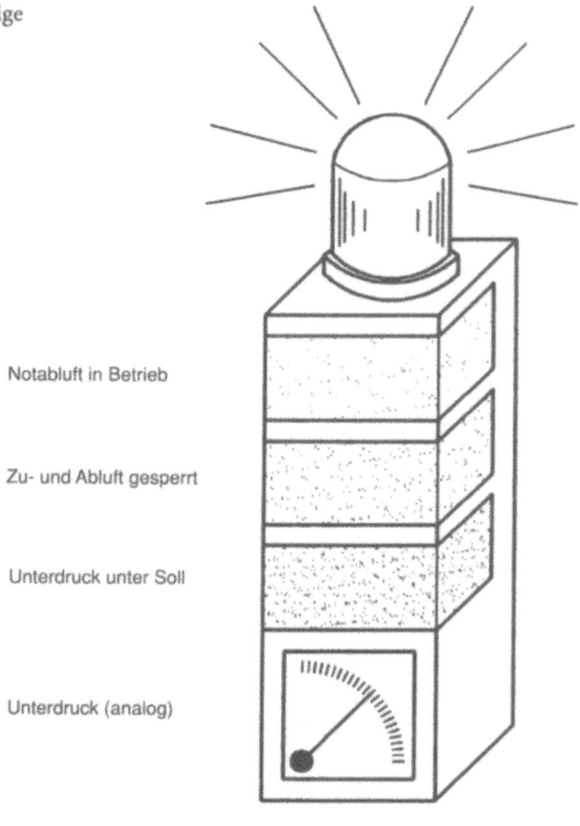

Während für S1 und S2 die Raumbeheizung über gewöhnliche Heizkörper erfolgt, erscheint es sinnvoll, ab S3 in Verbindung mit dem geforderten Unterdruck von 30–50 Pa eine Raumtemperierung über die Zuluft einzurichten. Hier ergibt sich neben der eben erwähnten Energieeinsparung über die Abkühlung der Abluft als zusätzliche Möglichkeit über die Wärmerückgewinnung (WRG) einer Abwasserdampfsterilisationsanlage Abwärme zu nutzen. Man erspart sich dabei die Heizkörper, die sich unweigerlich als Staubfänger und Schmutzträger gestalten und bei lokalen Desinfektionsmaßnahmen und Reinigung wegen ihrer Oberflächenbeschaffenheit eine Problemzone darstellen. Die Trockenheit der Zuluft im Winter stellt ein Problem dar, wenn nicht eine Luftbefeuchtung, z. B. über Dampf, vorgesehen wird. Es kommt sonst bei den Beschäftigten zum Austrocknen der Atemwege und vermehrten Auftreten von Erkältungskrankheiten beim Unterschreiten von ca. 35 % Luftfeuchte.

Je größer der klimatechnische Aufwand ist, um so mehr kann auch auf Energieeinsparung aus Umweltschutzgründen und betriebswirtschaftlichem Handeln geachtet werden.

Es ist ratsam, eine Einstellmöglichkeit der Klimatechnik auf (1) Normalbetrieb und (2) Betrieb außerhalb der Dienstzeit und an Wochenenden und Feiertägen vorzusehen.

Besondere Anforderungen an die Dichtheit im Sinne einer definierten Leckrate (m³/h) sind für S3 nicht gefordert. Allerdings muß beachtet werden, daß bei einem Unterdruckbetrieb besondere Anforderungen an die Verglasung entstehen. Hier sind zwei Aspekte zu beachten:

- Steuerung der Klimaanlage
  Die Meß- und Regeltechnik der Klimaanlage kann klima- oder wetterbedingt, z. B. bei wechselnder Windrichtung (Luv-Lee-Seite) und durch undichte Fenster (d. h. durch Ansaugen von Außenluft) nachhaltig gestört werden.
- Raumunterdruck
  Es besteht die Gefahr des Berstens schon bei leichter mechanischer Belastung und einer damit verbundenen Verletzungsgefahr für die Mitarbeiter (Abschn. 3.1).

Aus beiden Gründen sollte schon für S3 eine Sicherheitsverglasung gewählt werden.

Für den Schutz gegen erhöhte Wärmelast durch Sonneneinstrahlung ist die Verwendung von getöntem Glas ratsam. Die Investition ist gegenüber Außenjalousien wegen deren Reparaturanfälligkeit gerechtfertigt. Für einen vielleicht notwendigen Schutz gegen Einsicht von außen kann zusätzlich gespiegeltes Glas zweckmäßig sein.

Der Unterdruck erfordert als Arbeitsschutzmaßnahme weiterhin, daß Zugangstüren in der Schleuse, Montagetüren – kurz Außentüren des Bereiches entweder nur nach außen zu öffnen sind oder zumindest einen Türschließer besitzen, der den Schließvorgang ölhydraulisch verzögert oder dämpft.

Verzinktes Blechrohr oder Polypropylen ist die übliche Auslegung von Klimakanälen. Ab S3 kann es sinnvoll sein, wenigstens die Abluftstrecke aus Edelstahl zu gestalten, um gegen Korrosionsschäden bei Desinfektionsmaßnahmen vorzubeugen. Die Dichtheit der Luftkanäle läßt sich an den Rohrverbindungen durch PE-Schrumpfdichtungen zusätzlich sichern. In der Praxis sind solche Desinfektionsmaßnahmen ein sehr seltenes Ereignis.

Für die Lecksuche bzw. Absicherung der Dichtheit ist ein berührungsloses Lecksuchgerät auf der Basis von Ultraschallmessungen empfehlenswert. Ein typisches Produkt ist der Ultrasonic Detector von SDT, Brüssel. Das tragbare und eichfähige Gerät ist in der Lage, ohne Sender über einen einstellbaren Fühler die Amplitude von Ultraschallsignalen aufzufangen und zu messen. Die Meßwerte werden in dB (bis 100 dB) umgewandelt und angezeigt. Der Detektor ist auf Geräusche mechanischen, hydraulischen, pneumatischen oder elektromagnetischen Ursprungs anwendbar und durch seine vielseitige Verwendbarkeit eine sinnvolle Anschaffung für jeden Betrieb.

Besondere Vorsicht ist in Abluftbereichen geboten, die mit feuchter Luft oder Dampf und damit mit Kondensat belastet sind. Dies können sein:

- Fermenterabluft,
- Autoklavenabdampf,
- Abdampf von Abwassersterilisatoren,
- Abkühlungszonen unter den Taupunkt.

Das Kondensat stellt eine Gefahr für die Schwebstoff-Filter dar, die bei Nässeeinwirkung ihr Rückhaltevermögen verlieren.

Üblicherweise werden Schwebstoffilter, in situ mit Hilfe des Ölfadentests in Anlehnung an die Prüfanordnung nach DIN 24 184 („Schwebstoffilterklassen, Typprüfung") auf Dichtheit und Dichtsitz geprüft. Dabei handelt es sich um einen Test auf Unversehrtheit und nicht auf Wirksamkeit.

Als Prüfhilfen dienen ein Ölnebelgenerator und eine Prüflampe für die visuelle Ergebniskontrolle. Voraussetzung ist eine Schwarzfärbung im Inneren des Filtergehäuses auf der Reinluftseite sowie ein kleines Glasfenster. Auf der unreinen Seite des Filters wird ein Parffinölnebel in das Filtergehäuse eingetragen. Lecks sind durch lange, weißliche Ölfäden auf der Reinseite erkennbar.

Festeres Anpressen reicht unter Umständen aus, um Dichtheit zu erzielen. Die Verwendung von Klebstoff ist wenig empfehlenswert.

Ist das Filtermedium selbst undicht, muß diese Filterzelle erneuert werden.

Es gibt inzwischen Filter mit austauschbaren Teilfilterelementen und Rückspülungsvorrichtungen. Sie dürften für Betriebe mit verstärkter Staubbelastung der Luft geeignet sein.

Neben dem Ölnebeltest sind auch Tests mit definierten Aerosolen aus Dioctyl-phthalat (DOP) und Diethyl-hexyl-sebacetat (DEHS)-Lösungen weit verbreitet (s. Abschn. 6.4.2).

Neben den eben genannten Prüfungen auf Unversehrtheit, gibt es Tests auf Filterwirksamkeit (Filterklassifizierung, Filtergüte). Diese Belastungstests mit Latexkugeln definierter Größe oder mikrobiellen Sporen sind jedoch Typprüfungen, die die Filterhersteller ausführen. Sie sind überwiegend filterdestruktiv.

Während der Ölnebeltest vorwiegend bei Neuinstallationen oder Filterwechsel angezeigt ist, sollten Schwebstoffilter auch regelmäßig auf Partikelrückhaltevermögen geprüft werden.

Für „regelmäßig" gibt es keine nach VDI, DIN oder vom Gesetzgeber vorgeschriebenen Intervalle. Aus der Praxis gilt jedoch die Erfahrung, daß man halbjährlich die Prüfung und Dokumentation mit dem Partikelzähler vornimmt (max. 3500/m³ der Größe $\geq 0{,}5$ µm, 0/m³ der Größe ≥ 5 µm, in kumulativer oder differentieller Zählung).

Allgemein muß bedacht werden, daß ein Test ohne Einführung von Aerosol definierter Größe (z. B. 0,5 µ) in den Rohluftstrom auf der unreinen Filterseite nur bedingt aussagekräftig ist. Abnahmemessungen für Schwebstoffilter werden auch von einschlägigen Service- oder Fachfirmen angeboten, wenn die Meßtechnik im eigenen Hause nicht vorhanden ist. Adressen können bei der BG Chemie erfragt werden. Der Mehrpreis für Partikelmessungen mit definierter Aerosolbelastung kann marginal sein.

Für den Filterwechsel ist eine In-situ-Gassterilisation vorzusehen. Dazu müssen vor und hinter dem Filtergehäuse gasdichte Klappen (GDK) installiert sein. Diese GDK oder Rapidoklappen, die mit einer Prüfrille lieferbar sind, könnte man auch in der Zuluft vorsehen, um im Notfall in einem ganzen Labor eine Gassterilisation durchführen zu können.

Die Maßnahmen sind jedoch eher S4-Vorkehrungen. Im S1- bis S3-Bereich ist im üblichen Betriebszustand nur mit lokalen Desinfektionsmaßnahmen zu rechnen (Abschn. 6.2.3). Allerdings schreibt das GenTG vor, daß S3-Einrichtungen für diesen Fall grundsätzlich luft- bzw. gasdicht ausgestattet sein müssen.

Weniger empfehlenswert für den Filterwechsel ist das Überführen von Filtereinheiten ohne vorherige Desinfektion in eine handelsübliche autoklavierbare Tüte zwecks anschließender Dampfsterilisation. Die autoklavierbaren Tüten sind mechanisch wenig belastbar, und Risse entstehen leicht auch bei doppelter Tütenverpackung. Ferner wird durch die Bewegung der Tüte bzw. des Plastiksackes ein Luftwechsel zwischen innen und außen stattfinden, der keimhaltigen Staub freisetzt. Diese Keime können auch bloße Luftkeime sein, und trotzdem entsteht eine Unhygiene. Im übrigen muß der Filtersack vor dem Autoklavieren entlüftet und mit Wasser beschickt werden, um im Inneren eine gesättigte Dampfatmosphäre zu erhalten.

Eine Ausnahme zu dieser allgemeinen Darstellung über den Umgang mit Plastiktüten stellt das Marktangebot für Filterhalterkonstruktionen dar, bei denen das S-Filter beim Beschicken des Filtergehäuses mit einem dickwandigen Wartungssack versehen ist. Das Filtergehäuse besitzt zwei umlaufende Rillen in einem Aluminiumkragen für die Befestigung des Wartungs- oder Entsorgungssackes. Dabei wird der Kunststoffsack mit Gummibändern arretiert. Nach dieser Vorbereitung wird er beim Filtereinschub sorgfältig eingerollt und vor das Filter gelegt. Abschließend wird die Gehäuseöffnung mit einem Deckel verschlossen. Kontaminierte Filter lassen sich ohne Kontaminationsgefahr für das Wartungspersonal herausziehen, der Kunststoffsack läßt sich glätten und zwischen dem umschlossenen Filter und dem Filtergehäuse kann eine breite Schweißnaht angelegt werden, die in der Mitte durchgeschnitten wird, um dann das verpackte Filter sicher kontaminationsfrei zu entsorgen.

Nach Sterilisation können Filter ohne weitere Maßnahmen mit dem hausmüllähnlichen Gewerbeabfall entsorgt werden.

Luftentkeimung durch UV-C-Bestrahlung

Mit den gleichen Quecksilberniederdrucklampen, die für die Werkbankdesinfektion eingesetzt werden (Abschn. 6.3.2), läßt sich auch Raumluft effektiv entkeimen. Im kommerziellen Angebot befinden sich direkte und indirekte Strahlungslampen, z.B. die Sterisollampen von Heraeus (Hanau). Wandstrahler, Pendel- oder sogenannte Strahlungsschranken gegen die Keimverschleppung sind für den längeren Betrieb vorgesehen. Dabei ist unbedingt an die maximale Lebensdauer von ca. 8000 h zu denken. Die periodische Kontrolle der Strahler mit dem UV-Dosimeter ist unverzichtbar.

Die Messungen werden in $\mu W/cm^2$ durchgeführt. Der Strahlenwechsel erfolgt bei < 30 % der ursprünglichen Leistung.

6.2.3
Medienversorgung

Für S1 – S3-Sicherheitsbereiche sind keine besonderen Vorsorgemaßnahmen für die Medienversorgung vorgeschrieben. Erst für S4 werden Maßnahmen gegen Rückfluß in Versorgungsleitungen gefordert. Bedenkt man aber, daß auch Versorgungsleitungen eigentlich zum Bereich des primären Containments gehören, wäre dies für die Sicherheitsstufe 2 ab dem Umgang mit Erregern übertragbarer Krankheiten im Sinne des Bundesseuchengesetzes vielleicht ratsam. Ab S3 entsteht ein beträchtlicher Konstruktionsaufwand für die erhöhte biologische Sicherheit. Die folgenden Maßnahmen treffen im wesentlichen nur für S3 und S4 zu.

Es ist sinnvoll, für die Versorgung mit Trink-, Eis-, Kühl- und vollentsalztem Wasser eine drucklose Übergabestation einzurichten, um bei Unterdruck im zentralen betrieblichen Versorgungsnetz eine mögliche Kontamination auszuschließen. Eine solche Übergabestation besteht aus einem Auffangbehälter mit einer freien Fließstrecke und einem darunterliegenden Reservoir. Der stets etwa halbvolle Behälter funktioniert mit Schwimmerschalter und Zufluß im Deckelbereich bzw. Abfluß und Entnahme am Behälterboden über eine direkte Öffnung oder ein Steigrohr. Eine Pumpe versorgt daraus die einzelnen Verbraucher. Durch diese nachgeschaltete Druckerhöhungsanlage entstehen zusätzliche Betriebskosten.

Wird die Übergabestation um mehr als das doppelte Volumen des täglichen Wasserverbrauchs überdimensioniert, kann es durch Verweilzeiten (Stagnation) und damit verbundene Verkeimung Wasserhygiene-Probleme geben. Es vermehren sich Mikroorganismen auf biologisch abbaubaren organischen Verbindungen, die von den Werkstoffen der Anlage sowie den verwendeten Dichtungsmassen freigesetzt werden. Zu vertiefender Auskunft zu diesem Thema siehe Schoenen und Schöler [1].

Eine effektive Keimabtötung im Trinkwasser kann notfalls durch einen Ozongenerator erzielt werden. Die Trinkwasserqualität wird aber durch die Anreicherung von fiebererzeugenden Stoffen (Pyrogenen) beeinträchtigt, und dies kann Eignungsprobleme für GMP-Betriebe erzeugen.

Alternativ ist der Einbau eines Rückschlagventils oder einer Lippendichtung denkbar. Nach DIN 1988 („Technische Regeln für Trinkwasser-Installationen") sind auch Rohrtrenner für den Trinkwasserschutz zugelassen. In dieser Konstruktion kann ein federbelasteter Kolben den Durchfluß sperren oder ihn in einer anderen Position freigeben. Rückschlagventil, Rohrunterbrecher oder Rückflußverhinderer mit oder ohne Rohrbelüfter bieten als Trinkwassernetzsicherung keine so hohe Sicherheit wie der Rohrtrenner. Trotzdem wird der Rohrtrenner noch relativ selten in biologischen Sicherheitslaboratorien eingesetzt.

Bei den heute verfügbaren, technisch hochentwickelten Rohrtrennern wird höchster Sicherheitsstandard geboten. Läge [2] hat das Funktionsprinzip knapp und schlüssig definiert:

„Rohrtrenner im Sinne des geltenden deutschen Normen- und Regelwerkes sind Sicherungsarmaturen, die bei Absinken des Eingangsdruckes unter einem definierten Sicherheitswert, d.h. bei Auftreten eines Unterdruckes, eine sichtbare Trennung innerhalb des Rohres von mindestens 20 mm herbeiführen können. Es handelt sich dabei um eine Durchgangsarmatur, die bei Eintritt des Risikofalles absperrt und zugleich eine Öffnung zur freien Atmosphäre herstellt, wodurch die nachgeschaltete Rohrleitung belüftet wird und rückfließendes Nichttrinkwasser gefahrlos über einen Ablauftrichter in die Kanalisation gelangen kann..."

In DIN 1988 sind drei Einbauarten für unterschiedliche Anforderungen genannt:

- Bei Typ 1 befindet sich die Armatur grundsätzlich in Durchflußstellung. Der Rohrtrenner trennt bei abfallendem Eingangsdruck ($0,5 \times 10^4$ Pa oder 500 hPa Sicherheitszuschlag). Der Schaltvorgang ist federgesteuert.
- Bei den Einbauarten Typ 2 und Typ 3 sind die Rohrtrenner nur bei Wasserentnahme in Durchflußstellung.
- Bei Typ 2 ist der Schaltvorgang vollautomatisch entweder elektrisch oder ohne Hilfsenergie hydraulisch.
- Beim Typ 3 ist der Schaltvorgang vollautomatisch elektrisch. Der Einbauort ist mindestens 30 cm über dem maximal möglichen Nichttrinkwasserspiegel. Eine vertikal belüftete Strecke hinter dem Rohrtrenner kann regelmäßig austrocknen, um den Rückfluß von Kontamination zu verhindern.

Der letztere Typ ist auch der für das biologische Sicherheitslabor ab der Risikostufe 3 geeignete. Generell müssen die Sicherheitsarmaturen in regelmäßigen Abständen gewartet werden.

Für eine eventuell benötigte Eiswasserversorgung bietet sich aus Kostengründen ein interner Kreislauf an, der über einen Wärmeaustauscher versorgt wird. Ist der S3-Bereich größer als 100 m², muß für die ausreichende Kühlkapazität an einen isolierten Zwischenbehälter gedacht werden. Als Mindestvolumen hat sich 1 m³ als zweckmäßig erwiesen.

Der interne Kreislauf kann auf Dichtheit überwacht werden, z.B. mit einer Leitfähigkeitssonde mit Alarmgeber. Auch bei den Sondergasversorgungen ist eine Rückflußsicherung empfehlenswert, wenn man bedenkt, daß z.B.

CO_2-Brutschränke und Anaerobiersysteme direkt versorgt werden und hier eine unmittelbare räumliche Nähe zu biologischen Kulturen gegeben ist. Es werden Partikelfilter empfohlen, die für Medien wie Gase Standzeiten von mehreren Jahren zeigen.

Ob für flüssige Medien oder Gase, sobald Partikel- oder Barrierefilter verwendet werden, müssen periodische Druckdifferenzmessungen im Abstand von etwa vier Wochen die Filterintegrität belegen. Die im folgenden beschriebenen Integritätstests sind – bezogen auf die Filter – nicht destruktiv. Heute verwendet man routinemäßig vollautomatische Integritätstester, wie z. B. das Sartocheck III der Firma Sartorius oder den Palltronic Flowstar der Firma Pall Filtrationstechnik. Beide Geräte dokumentieren sogar den Prüfvorgang lückenlos.

Von der unreinen Seite kann durch den Bubble-Point-Wert der Filtertyp bestätigt werden (Porengröße). Der Bubble-Point ist der Druck, der die Flüssigkeit einer zuvor benetzten Membran aus den Poren dieses Filters drückt.

Mit dem Druckhaltetest wird durch die Gasdiffusion über das vollständig benetzte Membranfilter, gemessen am Druckabfall während der Meßphase und einem unzulässig hohen Druckabfall, Undichtigkeit von Filtergehäuse oder Membranfilterbeschädigung nachgewiesen. Dazu wird Druckluft auf das Filter angelegt. Auch kleinste Undichtigkeiten werden sicher erfaßt ohne Eingriff in die Filtrat- oder Stirnseite. Beim Druckhaltetest wird ein Druck von nur 80 % des Bubble-Points angelegt, um anschließend über einen konstanten Zeitraum die Diffusion durch die Membran zu messen.

Bei der Verwendung von hydrophoben Filtern für die Gasfiltration muß in der Praxis mit Lösemittel-Wasser-Gemischen gearbeitet werden. Für den Ex-Schutz und zur Verhinderung von Produktkontamination kann man vorzugsweise auf den Wasserintrusionstest ausweichen. Hierbei wird das hydrophobe Filterelement nicht nur benetzt und dann mit Druckluft beaufschlagt, sondern es wird im Gehäuse eingangsseitig mit Wasser geflutet. Nach dem Beaufschlagen mit Druck wird dann nicht ein diffundierender Gasstrom wie beim Druckhaltetest sondern das in die hydrophobe Membran eingedrungene Wasservolumen pro Zeiteinheit indirekt gemessen.

Im Vordergrund dieses Abschnittes steht die Absicherung von biologischen Sicherheitslaboratorien. Die Technologie mit den genannten Prüfmethoden wird genauso bei Bioreaktoren zur Sicherung des Primärcontainments und für den Produktschutz angewendet.

Ein besonderer Aspekt in der zentralen Versorgung mit Kohlendioxid ist die Giftigkeit dieses Gases schon ab Konzentrationen von 3 – 4 % in der Atemluft. Schwere Atemnot tritt ab 8 – 10 % auf, und Konzentrationen ab 12 % wirken rasch tödlich. Deshalb muß in dichten/geschlossenen S3-Bereichen insbesondere bei Ausfall oder gewünschter Stillegung der Klimaanlage innerhalb von Minuten die CO_2-Versorgung unterbrochen werden. Der beschriebene Anreicherungseffekt ist prinzipiell auch für alle anderen Gase zu bedenken. Dabei sollte auch die Versorgung mit Flüssigstickstoff oder die Verwendung von Trockeneis sicherheitstechnisch berücksichtigt werden.

Eine zentrale Sauerstoff- und Brenngasversorgung ist nicht empfehlenswert, da akute Explosionsgefahr besteht, wenn Gase dieser Art sich durch Fahrlässigkeit (Ventil offen gelassen) oder undichte Stelle im Versorgungsnetz ausgerechnet im Sicherheitslabor anreichern, insbesondere bei mäßiger Luftwechselzahl pro Stunde und/oder Ausfall der Hauptklimaanlage.

Von einer zentralen Versorgung eines Laborbereiches mit Druckluft gehen keine besonderen Gefahren aus. Allerdings sind gerade für den Labormaßstab kleine Kompressoren erhältlich, die den zusätzlichen Wanddurchbruch für eine Druckluftversorgung überflüssig machen. Sie ist nur dann sinnvoll, wenn größere Abnehmer wie Fermenteranlagen im Labor angesiedelt sind.

Bei einer zentralen Vakuumversorgung beunruhigt das „unbekannte Leck", das theoretisch zu einem kontinuierlichen Aerosolabzug aus dem Labor führen könnte. Deshalb ist hier die Verwendung von kleinen, dezentral angesiedelten Kompressoren angeraten.

Ab S3 sollte die Dampfversorgung besonders durchdacht eingerichtet werden. Sinnvoll ist ein Schnellschlußventil in der Zuleitung, das selbsttätig bei der Unterschreitung eines vorgegebenen Dampfdrucks schließt. Dessen Funktionstüchtigkeit sollte bei Inbetriebnahme und danach periodisch zweimal im Jahr überprüft werden. Das Kondensat aus der Dampfversorgung unmittelbar am Laborgerät sollte nicht in das betriebliche Rückgewinnungsnetz – falls vorhanden – fließen, sondern in die Abwassersterilisation eingeleitet werden.

In den einzelnen Abschnitten der Dampfversorgung sind je nach Geräteanschluß verschiedentlich Druckminderer installiert. In keinem Bereich darf durch Unterdruckstau ein Vakuum entstehen, das im Extremfall sogar nichtsterilisiertes Abwasser zurücksaugt.

Elektrische Versorgungsleitungen werden allgemein ohne erhöhten Aufwand für die Dichtheit durch die Bausubstanz in den Betrieb hinein verlegt. Üblicherweise verwendet man für die Abdichtung des Wanddurchbruchs unter Beachtung von Brandschutzvorschriften schrumpfarmes, elastisches Dichtungsmaterial.

Allerdings kann man ab S3 auch über diesen Aufwand hinausgehen und sorgfältig verlegte Füllsteine verwenden. Dies muß jedoch mit dem Gesamtkonzept des Betriebes abgestimmt sein. So ist es in sich widersprüchlich, wenn einerseits Zuleitungsschächte mit Füllsteinen abgesichert werden, aber andererseits Fenster und Schleusentüren nicht luft- oder gasdicht sind.

Gerade für die Sicherheitsstufen S2 und S3 sind mehr oder weniger fließend verschärfte bauliche Maßnahmen vorzusehen, ohne daß die kategorische, absolute Dichtheit erzielt sein muß. Der Betriebsleiter bzw. letztendlich der Unternehmer trägt die volle Verantwortung für die Laboreinrichtung und -funktion. Er hat dabei einen gewissen Ermessensspielraum, um in Abstimmung mit den vorgesehenen Arbeiten die Schwachstellen in seinem Betrieb und zusätzlich zu den in Gesetzen und Richtlinien genannten Minimalanforderungen abzusichern. Am Beispiel der Alternativen für die Medienversorgung zeigt sich, wie schwierig es sein kann, zwischen notwendigen und übertriebenen Aufwand zu unterscheiden. Hier hilft im Zweifelsfall nur der Erfahrungsaustausch mit Kollegen.

Aus den Tabellen 6.3 und 6.4 geht hervor, wie stark die Medienversorgung und Abwasserentsorgung beim Einsatz von rekombinanten Organismen entlastet werden können (nach Schumacher [3]).

Tabelle 6.3   Umweltentlastung durch den Einsatz von rekombinanten Mikroorganismen im Produktionsprozeß

G-6-PDH[a] aus Leuconostoc bzw. rec E.coli

I. Fermentation	Leuconostoc	rec E.coli
Fermentationsvolumen	$600\,m^3$	$1\,m^3$
Salze und Nährstoffe	$64\,000\,kg$	$160\,kg$
Trinkwasser	$120\,m^3$	$1\,m^3$
Kühlwasser	$15\,000\,m^3$	$30\,m^3$
O_2-freies Wasser	$740\,m^3$	–
Eiswasser	$4800\,m^3$	–
Dampf	$16\,000\,kWh$	$270\,kWh$
Druckluft	$114\,000\,m^3$	$570\,m^3$
Abwasserwerte/EGW	$300\,000$	300

[a] G-6-PDH: Glucose G-Phosphat dehydrogenase.

Tabelle 6.4   Umweltentlastung durch den Einsatz von rekombinanten Mikroorganismen im Aufarbeitungsprozeß

G-6-PDH[a] aus Leuconostoc bzw. rec E.coli

II. Aufarbeitung	Leuconostoc	rec E.coli
Menge Biomasse	$22\,000\,kg$	$200\,kg$
Abwassermenge	$1200\,m^3$	$0,2\,m^3$
Energien		
Wasser	$300\,m^3$	$10\,m^3$
Eiswasser	$4000\,m^3$	$50\,m^3$
Trinkwasser	$300\,m^3$	$10\,m^3$
Dampf	180 to	10 to
Strom	$4000\,kWh$	$100\,kWh$
Ammoniumsulfat	$13\,000\,kg$	$200\,kg$

[a] G-6-PDH: Glucose 6-Phosphatdehydrogenase.

6.2.4
Entsorgung

Abfallvermeidung gehört schon aus Kostengründen zu den überzeugendsten Prämissen beim Betrieb eines biologischen Labors, auch ohne gesetzliche Bestimmungen (GenTG).

Zunächst gilt es, zwischen flüssigem und festem Abfall zu unterscheiden, und ein besonderes Thema ist die Entsorgung von Biomasse in Form der dichtgewachsenen Zellkultur oder Feuchtmasse aus der Ernte nach Fermentationsende bzw. nach Zellaufschluß. Auch in Zusammenhang mit der Entsorgung ist die Kenntnis der Definitionen für „Inaktivierung" und „Sterilisierung" nach

§ 3 Gentechniksicherheitsverordnung (GenTSV) (Begriffsbestimmungen) unbedingt erforderlich.

Inaktivierung

Zerstörung der Vermehrungs- und Infektionsfähigkeit sowie der Toxizität von Mikroorganismen, Pflanzen und Tieren sowie Zellkulturen und Zerstörung der Toxizität ihrer Zellinhaltsstoffe.

Sterilisierung

Abtötung von Zellkulturen sowie von Mikroorganismen und Pflanzen einschließlich deren Ruhestadien durch physikalische und/oder chemische Verfahren.

Sicherheitsstufe 1 (S1)

Wenn Abfälle mit rekombinanten Mikroorganismen belastet sind, die unter Verwendung von Spender- und Empfängerorganismen der Risikogruppe 1 nach Anhang II, Teil A konstruiert wurden, so kann nach § 13 GenTSV dieser Flüssig- oder Festabfall ohne besondere Vorbehandlung entsorgt werden. Dies gilt auch für andere als biologische Sicherheitsmaßnahmen anerkannter Mikroorganismen.

Sonstiges Abwasser oder Abfall kann bei geringer Kontamination ebenfalls ohne Vorbehandlung entsorgt werden, wenn schädliche Einwirkungen für Mensch und Umwelt nicht zu erwarten sind. Es entspricht jedoch einer weit verbreiteten Praxis, auch diese Abfälle grundsätzlich zu inaktivieren.

Mit Ausnahme der oben genannten Regelungen müssen nach der GenTSV die mit Mikroorganismen kontaminierten oder belasteten Fest- und Flüssigabfälle inaktiviert werden, oder, wie im § 13 der GenTSV beschrieben, gentechnisch veränderte Organismen müssen „in geeigneter Weise nach dem Stand der Wissenschaft unschädlich entsorgt werden".

In S1 muß Sterilisierkapazität vom Labor aus erreichbar sein. Stark kontaminierte Gegenstände und Kulturabfall werden in der Regel durch Autoklavieren inaktiviert. Flüssigkulturabfall über 10 l, aus Fehlansätzen, Kulturüberstand, nach Zellaufschluß, kann auch ohne großen Aufwand (wie dem Autoklavieren) durch Erhitzen auf 60 bis 100 °C in Gegenwart von 0,05 bis 0,1 % Peressigsäure inaktiviert werden. Hier gilt es, die Methode verfahrensspezifisch in Vorversuchen einschließlich der Behandlungsdauer zu validieren.

Noch einfacher ist ein patentiertes Sterilisierungsverfahren auf der Basis von Chlorhexidin-Gluconat (0,03 – 0,05 %). Es wird eine Inaktivierung von $\geq 10^{-8}$ mit einer gering toxischen Substanz bei einem breiten Wirkungsspektrum erreicht (EP 0 189 587 B1, Method of Sterilizing Recombinant Microorganisms).

Interessant ist auch die bei der Gesellschaft für Biotechnologische Forschung mbH (GBF, Braunschweig) entwickelte Methode der Hochtemperatur-Kurzzeitsterilisation (e. g. 80 °C/4 s), die vegetative Keime von rec E. coli vollständig abtötet. Gleiches gilt für die alternative Methode der Anwendung anorganischer (Salzsäure, Phosphorsäure) oder organischer Säuren (Zitronensäure, Essigsäure) in Verbindung mit einer Erhitzung auf 60 bis 100 °C, bei pH 3 – 4, die ebenfalls als sehr wirksam beschrieben ist (EP 0 457 035 A1, Verfahren zur Inaktivierung der Biologischen Aktivität von DNA).

Bei allen Methoden der Kaltsterilisation ist zu beachten, daß sie schon durch geringe Schwankungen in den Arbeitsbedingungen nicht validiert sind.

Unter S1 muß beim Umgang mit natürlichen Organismen praktisch der heutige Hygienestandard nach den Grundregeln guter mikrobiologischer Praxis eingehalten werden. Harmlose Organismen können unbehandelt entsorgt werden, aber dies ist zum Schutz von biologischen Kläranlagen bei Reinkulturen sicherlich ein Mengenproblem, das zum Erhalt der Leistungsfähigkeit der Kläranlage grundsätzlich beachtet werden muß.

Sicherheitsstufe 2 (S2)

Nach der GenTSV sind für S2 Abfälle, die gentechnisch veränderte Organismen enthalten, zu inaktivieren. Inaktivierung bedeutet in der Regel Autoklavieren bei 121 °C für die Dauer von 20 Minuten. Diese Entsorgungspraxis gilt auch für den Umgang mit natürlichen Organismen der Risikostufe 2 und weiterhin bei der Haltung von Pflanzen und Tieren in der Sicherheitsstufe 2. Es reicht aber u. U. die Erhitzung auf 95 °C oder 110 °C für eine zu objektivierende Zeitdauer. Bei der Abfallentsorgung in der Sicherheitsstufe 2 unterscheidet man nicht zwischen infektiösen Mikroorganismen allgemein und den Erregern für auf Menschen übertragbarer Krankheiten.

Innerhalb des Sicherheitsbereichs ist die Festabfallentsorgung möglichst einfach zu organisieren. Primär bedeutet dies die Unterscheidung zwischen unbelastetem und potentiell kontaminiertem Material.

Für letzteres eignen sich besonders Edelstahldeckeltonnen mit einer durch Drehen des Stechdeckels schließbaren Lochung. Die Tonnen werden in Größen bis zu mehreren hundert Litern Fassungsvermögen gefertigt. Um sie vor Verschmutzung zu schützen, werden sie innen mit einer autoklavierbaren Tüte ausgekleidet.

Noch höhere Sicherheit bieten z. B. 70 l-Edelstahltonnen, in die zunächst ein temperaturbeständiger Rundbodensack aus Kunststoff eingehängt wird. Im Deckel selbst ist ein ebenfalls temperaturbeständiges Schwebstoffilter der Klasse S (bis 150 °C) mit einem Abscheidegrad von 99,9 % nach DIN 24184 (s. o.) integriert. Beim Desinfizieren oder Sterilisieren des Abfalls im Autoklaven dringt Dampf ungehindert durch das Filter ein und entkeimt den Tonneninhalt zuverlässig.

Für den zusätzlichen Komfort kann der Behälter mit einem Deckelheber ausgestattet werden. Desgleichen gibt es Transport- und Beschickungswagen für zentrale Desinfektionsanlagen innerhalb eines Betriebes.

Um Mißverständnisse auf einer Deponie als Endlagerung zu vermeiden, sollten Etiketten vom harmlosen Abfall vorher entfernt oder unkenntlich gemacht werden, da z. B. Gefahrensymbole bei der Reinigung vor der Entsorgung nicht unbedingt entfernt werden.

Die Kennzeichnung von Abfalltonnen muß für Mitarbeiter unmißverständlich sein. Glasbruch, der mit sonstigem Abfall gedankenlos vermischt wird, kann gerade im biologischen Sicherheitsbetrieb eine unheilvolle Laborinfektion auslösen.

Ab S2 muß ein Autoklav im Labor oder innerhalb des Gebäudes verfügbar sein. Handelt es sich um mehr als ein einziges Labor, in dem biologischer Abfall zu entsorgen ist, sind Transporte auch in speziell vorgesehenen Gefäßen zeitaufwendig. Die Beschaffung eines geeigneten Laborautoklaven (s. Abschn. 4.1) ist gut vertretbar, denn man wird nicht längere Wege für das Sterilisieren von Glaswaren, Instrumenten und Medien einplanen, die letztendlich mehr Personalkapazität erfordern und ineffizient sind.

In der Praxis muß die Inaktivierungstemperatur und -dauer durch Anzeigen am Gerät überprüfbar sein, falls nicht schon automatische Programmabläufe vorgesehen sind.

Natürlich kann man normalerweise mit einer Geräteeinheit frisches Material sterilisieren und Abfall entsorgen. Dies darf jedoch nicht simultan, sondern muß in getrennten Arbeitsgängen oder Programmabläufen erfolgen. Nach einem Abfallentsorgungsprogramm muß der Sterilisator einer üblichen Reinigung unterzogen werden. Die Elektropolitur des Autoklaveninnenraumes darf dabei nicht mechanisch beschädigt werden.

Bei Geräten mit einer Wasservorlage für die Dampferzeugung muß diese vor einem Lauf mit Reinartikeln gewechselt werden, um die Kontamination mit schädlichen Dämpfen aus dem Abfallentsorgungslauf zu verhindern. Kulturabfall aus zu verwerfenden Ansätzen im Fermenter oder nach Kulturauftrennung in der Zentrifuge oder im Separator sollte möglichst in situ sterilisiert bzw. ohne Verzug/Zwischenlagerung und Transportwege sterilisiert werden.

Gleiches gilt für mehr oder weniger fließfähige Abfallbiomasse aus biologischen Verfahren mit extrazellulärem Produkt.

Ein Abweichen von den üblichen Bedingungen des Schnellautoklavierens (121 °C/20 min) durch Autoklavieren bei niedrigerer Temperatur ist prinzipiell erlaubt, jedoch muß die Wirksamkeit der gewählten Bedingungen über eine Inaktivierungskinetik überprüft und aufgezeichnet werden. Gleiches gilt übrigens auch, wenn flüssige Abfälle, wie unter S1/2 beschrieben, chemisch desinfiziert werden. Die Anwendungsbedingungen müssen validiert sein.

Sicherheitsstufe 3 (S3)

In S3 muß kontaminierter Festabfall über Autoklaven entsorgt werden. Verpackungsmaterial sollte allgemein schon vor dem Einbringen in den Sicherheitsbereich entfernt werden.

Während unter S2 allgemeines Abwasser noch nicht gesammelt und inaktiviert werden muß, ist dies für die Sicherheitsstufe L3 nach der GenTSV und den berufsgenossenschaftlichen Regelwerken zwingend erforderlich. Selbstverständlich erfolgt die Sterilisation von Biomasse, Flüssigabfall und Festabfall ab S3 im Labor oder entsprechend angeschlossenen Einrichtungen.

Technisch gibt es für die Flüssigabfallentsorgung drei Möglichkeiten:

a) mobiler, über Filter belüfteter Killtank als Sammelbehälter für die Sterilisation im Schrankautoklaven,
b) kontinuierliche Dampfsterilisation im Gegenstromverfahren,
c) Batchsterilisation mit Direktdampf.

a) kann als Minimallösung für einen besonders kleinen Bereich bezeichnet werden. Dieser Weg ist umständlich, zeitaufwendig und fast schon ein Notbehelf, denn allzu leicht wird der Mengenanfall unterschätzt, und es kommt zu Entsorgungsengpässen.

b) und c) sind leistungsfähige Konzeptionen, die dem heutigen Stand der Technik entsprechen. Beide erfordern einen zusätzlichen Sammelbehälter, wobei man bei c) auch den Sammelbehälter als Sterilisator auslegen kann. Dies ist platzsparend und schafft Sterilisierreservekapazität, da im Batch-Verfahren mit mindestens zwei Behältern gearbeitet werden muß. Dies gilt für einen unerwartet hohen Anfall von Abwasser wie auch für die Berücksichtigung der Zeitdauer für einen Sterilisator-Programmablauf. Natürlich stellen Investitionen für einen 2. Sterilisator wegen der Kesselisolierung, der Dampfversorgung, temperatur- und druckbelastbare Füllstandsmessung usw. mit > 300 000 DM einen wesentlichen Kostenfaktor dar.

Die kontinuierliche Entsorgung ist sicherlich vom Energieverbrauch betrachtet vorteilhaft und im übrigen platzsparend. Es gibt schon eine in Serie gebaute anschlußfertige Kompaktanlage mit einer Leistung von 400 l/h. Als Nachteile lassen sich jedoch nennen: relativ störanfällig wegen Verstopfungsgefahr, wenn die Lösung nicht klar ist und/oder viskös, korrosionsanfälliger, und bei Störungen liegt die gesamte Entsorgung brach. Im übrigen wird man auch hier nicht ohne Sammelbehälter auskommen, denn es ist unwahrscheinlich, daß Flüssigabfall kontinuierlich-gleichmäßig mit konstanter Rate über 24 Stunden anfällt. Vor dem Erhitzen müssen Feststoffanteile wie Streu aus dem Tierstall per zentrifugaler Einrichtung abgetrennt und in einen separaten Killtank für das batchweise Autoklavieren überführt werden. Die Gegenstromanlage wird am besten nur für das Erhitzen auf Solltemperatur verwendet. Das zu sterilisierende Abwasser durchquert dann eine zeitmäßig berechnete Ablaufstrecke in einem Isolierbehälter.

Allgemein besteht die Gefahr, daß bei Störungen zunächst unbemerkt wegen zu geringer Verweilzeit infektiöses Material den biologischen Bereich verläßt, während der reine Batchansatz nach Programmablauf erst nach ordentlicher Kontrolle durch das Personal den Bereich verläßt.

Ein wichtiges Thema bei der Batchanlage ist die Füllstandsanzeige, die erfahrungsgemäß über die Störanfälligkeit der Anlage entscheidet. Wegen wechselndem Druck und wechselnder Temperatur (bis $4,5 \times 10^5$ Pa, 4500 hPa od. $4,5 \times 10^5$ Pa, 134–165 °C) sowie den Kondensatschlägen bei einer Direktdampfeinspeisung (Kessel mit Doppelmantel sind wesentlich teurer und langsamer in der Aufheizung) werden die Füllstandsmessungen nach dem Prozeß mechanischer Schwimmer, kapazitativer, konduktiver und sonstiger Sonden leicht in ihrer Funktionsfähigkeit gestört. Es kommt zu Fehlanzeigen, die bestenfalls das scheinbare Arbeitsvolumen drastisch reduzieren (falsche Vollanzeige, falsche Leeranzeige).

Noch ungünstiger wirkt sich dies bei Erreichen der maximalen Behälterfüllung aus. Spätestens, wenn nicht mehr genügend Kapazität für die Aufnahme des Kondensats aus der anstehenden Sterilisation verbleibt, muß umgepumpt oder chemisch desinfiziert werden. Hier wird also vorausschauende Betriebsführung gefordert.

Nur die radioaktive Füllstandsmessung z. B. mit ^{137}Cs oder ^{60}Co als Gamma-Strahler außerhalb des Kessels funktioniert über lange Zeit völlig störungs- und wartungsfrei (s. Abb. 6.9).

Die Stahlungsquelle ist gegen Katastrophen schon herstellerseitig gut gesichert. So überdauert das Gehäuse z. B. Druckbelastungen durch Explosionen und Temperaturen, die üblicherweise bei Bränden auftreten.

Als wichtige Empfehlung gilt die Einrichtung einer über den ganzen Bereich kontinuierlichen Füllstandsmessung. Verläßt man sich nur auf Endpunkt-messungen (Leer-Voll-Maximum), ist der ständige Überblick auf die noch vorhandene Entsorgungskapazität nicht vorhanden, und es kann zum Entsorgungsstillstand und damit zum Stillstand des Betriebes kommen.

Die Dimensionen von Sammelbehältern und Sterilisatoren sind natürlich von der Größe des Sicherheitsbereiches abhängig. Fermenter für Routineaufgaben erhöhen den Bedarf merklich. Als grober Anhaltspunkt ist eine maximale Kapazität von 40 m³/24 h bei einer Bereichs-/Betriebsfläche von ca. 500 m² zu nennen. Dafür wäre z. B. eine Anlage bestehend aus 3 × 5 m³-Einheiten optimal.

Selbstverständlich wählt man Edelstahl als Werkstoff. Leckmatten oder Pumpensumpf mit Alarmgeber sichern gegen den Notfall (Leckage) ab. Sofern der Abwassersammelbehälter lediglich zum Sammeln und nicht zum Autoklavieren ausgelegt wird, sollte er zumindest thermoisoliert sein, damit sein Inhalt über die Abfallenergie der Sterilisatoren vorgewärmt werden kann. Will man die Abfallenergie anderweitig nutzen, wie z. B. generelles Einspeisen in ein betriebliches Wärmerückgewinnungsnetz oder für die Temperierung/Heizung des eigenen Betriebes, muß mit einem Wärmeaustauscher gearbeitet werden.

Hier gilt es, die Wärmeaustauscherplatten aus dem passenden Werkstoff zu wählen, denn gefordert wird:

- Korrosionsbeständigkeit,
- Druckfestigkeit (Lebensdauer),
- geringe Rauhtiefe,
- gute Reinigungsfähigkeit.

Ob Abdichtung der Strömungskanäle mit Weich- oder Hartdichtungen, geklebt oder ungeklebt, die Dichtungen müssen temperaturbeständig sein. Ein Satz Ersatzdichtungen muß stets verfügbar sein, denn Leckage führt auch hier zum Betriebsstillstand. Natürlich kann man auch für diesen Fall vorbeugen, indem meß- und regeltechnisch eine Abkühlung des dampfsterilisierten Abwassers per Kühlwasserzudosierung eingeplant wird.

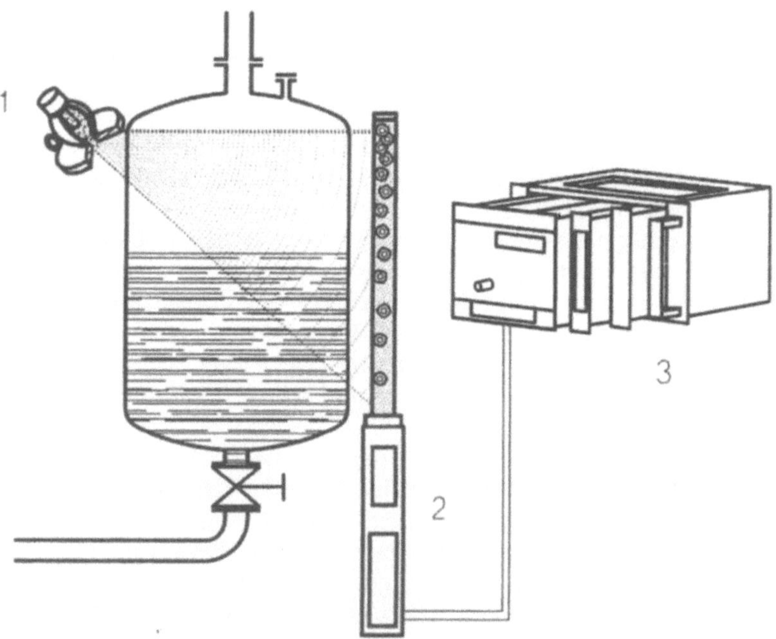

Abb. 6.9　Radiometrische Füllstandsmessung nach dem Punktstrahlprinzip; *1* Strahlungsquelle (γ-Strahlen), *2* Sensor, *3* Zustandsanzeiger

Ansonsten muß der Plattenaustauscher schon konstruktiv eine Medienvermischung verhindern, auch wenn nach dem Sterilisieren keine biologische Gefahr von dem Abwasser ausgeht. Hier helfen kompetente Firmen mit Systemelementen wie doppelte Abdichtung der Strömungsräume. Bei Leckagen an den umlaufenden Dichtungen oder an den Plattenöffnungen tritt die Flüssigkeit mit hoher Wahrscheinlichkeit nach außen aus und ist dort registrierbar.

Weiterhin können bei Wärmeaustauschern beidseitige Randverstärkung, doppelseitige Profilierung und exakte Dichtungsführung zur Stabilisierung von Dichtung und Plattenpaket beitragen.

Für die Auslegung des Abwassernetzes im biologischen Sicherheitsbereich S3 ist die Absicherung aller Zuleitungen mit tief ausgelegten Siphons sehr wichtig. Selten benutzte Abflüsse sollten per Deckel dicht verschließbar sein. Gegen Siphonaustrocknung hilft eine dünne Flüssigparaffinschicht. Zumindest in der Versuchstierhaltung muß das Wasser im Auffangbehälter regelmäßig desinfiziert werden.

Das gesamte Abwasserrohrnetz sollte für Desinfektionszwecke im Falle von Reparaturen oder Umarbeiten auffüllbar/flutbar sein. Es muß über großdimensionierte Partikelfilter in beheizten Gehäusen gegen Druckaufbau und Rückschlag vorgebeugt werden. Gegen Undichtigkeit werden die Rohre vorzugsweise verschweißt. Andernfalls erhöht man die Sicherheit durch Schrumpfschläuche aus Polyethylen oder Weich-PVC an den Rohrkupplungen. Das drucklose Abwassersystem sollte vor der Inbetriebnahme mit einem Prüfdruck von

1000 hPa oder 10^5 Pa auf Dichtheit geprüft werden. Kritisch sind weniger die Ableitungen größeren Querschnitts, sondern die angeschlossenen Labormöbel mit ihren Handwasch-, Spül- und Eimerbecken.

Ein geschweißtes Edelstahlrohrnetz für Laborabwässer des S3-Betriebs ist als hoher technischer Standard zu betrachten. Neben Metall- sind auch Kunststoffrohre zulässig. Beides wird bekannterweise auch als Doppelrohrsystem angeboten, das in Kombination mit punktuellen, linienförmigen oder flächendeckenden Leckagedetektoren ausgerüstet sein kann (Kabel-, Band- oder Teppichdetektoren). Bei aggressiven Abwässern muß an emaillierte Rohrleitungen in Flanschausführung gedacht werden. Weitere Sicherheit können hochwertige, beschichtete oder ummantelte O-Ringe bieten.

Bisheriger Höhepunkt der Entwicklung sind Endlosdoppelrohrsysteme in Edelstahl oder Edelstahlrohre in Flanschausführung mit überwachbarer Dichtfläche.

Die obige Aufzählung der Möglichkeiten soll nicht ein Gefährdungspotential veranschaulichen, sondern dem Betriebsleiter oder Betreiber die Alternativen nennen. Nur er selbst verantwortet die Sicherheit in seinem Betrieb und muß ggfs. über den normalen Standard hinaus nach- oder aufrüsten.

Heene [4] hat die interessante Möglichkeit zitiert, die Laborabwasserentsorgung über Unterdrucksauganlagen zu gestalten. Vorteil wäre die Möglichkeit, Abwasserleitungen im Durchmesser sehr dünn zu gestalten, sie könnten mit Klemmschellen auf gewöhnlichen Trassen verlegt werden und bei denkbarer Leckage würde kein Medienaustritt erfolgen. Allerdings sind Erfahrungen mit dieser Technologie noch nicht vorhanden.

Neben dem Autoklavieren bzw. der umweltbelastenden Verbrennung gibt es eine neuere Technologie auf der Basis von Mikrowellen, die geeignet ist, infektiösen Müll sicher zu desinfizieren.

Eine von der Firma ABB Fläkt Sanitec GmbH, entwickelte Anlage desinfiziert sicher auch die Abfallkategorien B und C nach der vom Bundesgesundheitsamt (BGA) herausgegebenen „Richtlinie für die Erkennung, Verhütung und Bekämpfung von Krankenhausinfektionen".

Hier bedeuten:

A = Abfälle die keiner besonderen Maßnahme zur Infektionsverhütung bedürfen.

B = Abfälle, die beim Sammeln und ggfs. beim Transport innerhalb des Krankenhauses Maßnahmen zur Infektionsverhütung erfordern.

C = Abfälle, die beim Sammeln, Transportieren und Lagern innerhalb des Krankenhauses sowie beim Beseitigen besonderer Maßnahmen der Infektionsverhütung bedürfen.

Die Desinfektion ist nach den Anforderungen des BGA durch Gutachten und mikrobiologische Untersuchungen nachgewiesen. Das System genießt allerdings bislang noch nicht die Anerkennung des BGA.

Das Verfahren läßt sich in verschiedene Abschnitte unterteilen.

Zunächst wird der infektiöse Müll in einen verschließbaren Edelstahltrichter gefüllt. Eine Luftabsaugung verhindert die Verbreitung von Aerosol. Der Trichter kann abschließend chemisch oder mit Dampf desinfiziert werden. Anschließend wird der Abfall bei gleichzeitiger Volumenreduzierung und Durchmischung mechanisch zerkleinert. In einer röhrenförmigen Schneckenförderstrecke wird das Material mit Dampf zur Befeuchtung und Aufheizung behandelt. Die Befeuchtung ist essentiell für die Sterilisation, da Mikrowellen ihre Energie nur an befeuchtete Materie abgeben.

Danach wird der Abfall auf der Transportschnecke an einer Batterie von Mikrowellengeneratoren mit je > 2 kW Leistung vorbeigeführt. Es erfolgt eine Temperaturüberwachung, die die Laufgeschwindigkeit des Fördersystems kontrolliert. Es können Temperaturen um 121 °C erreicht oder eingestellt werden. Nach abgeschlossener Behandlung wird der behandelte Abfall in einem Preßcontainer kompaktiert und kann anschließend deponiert werden.

Die Mikrowellendesinfektion ist nach wirtschaftlicher Betrachtung etwa 50 % billiger als das Dampfautoklavieren.

Zur Desinfektion von Abfällen sind vorzugsweise thermische Verfahren zu verwenden, da chemische Verfahren im Routinebetrieb nicht validiert werden und damit unsicher sind. Zum Thema Kaltsterilisation siehe Abschn. 6.6.

6.3
Laboreinrichtungen und apparative Ausstattung

Auch aus Sicht regulativer Texte wie GenTG und UVV „Biotechnologie"/ BG-Merkblätter unterscheidet man deutlich zwischen Labor und Betrieb/Technikum. Das Containment im Labor muß gewährleistet sein – nicht wegen der (großen) Dimension wie in Produktionsbetrieben, sondern weil hier üblicherweise geforscht wird. Mit dem Betreten unbekannten Forschungsterrains, mit dem Streben nach einem neuen, zusätzlichen Kenntnisstand ergeben sich auch für die biologische Sicherheit potentiell Risiken, die beherrscht werden müssen.

Im einfachsten Fall vermehrt man pathogene Organismen, um sie zu charakterisieren. Nachzüchtungen ergeben sich zwangsweise, und leicht arbeitet man dann routinemäßig mit Organismen mit Gefährdungspotential bei nicht immer geklärtem Ausgang der Versuche.

Für die Produktion gilt allgemein, daß man überwiegend biologische Systeme nutzt, die man in der Verfahrensentwicklung genügend charakterisiert hat, damit Sicherheit, Reproduzierbarkeit, Ausbeute usw. stimmen. Der beste Beleg, um die Situation zu verdeutlichen, ist der Unterschied in der Belüftung im Labor und Produktion unter S3-Bedingungen. Für das Labor als Einstieg in das neue und unbekannte System wird Zu- und Abluftfiltration sowie Unterdruck und Dichtheit verlangt, sofern die verwendeten Mikroorganismen eine Infektion über den Luftweg erzeugen können. Im Produktionsmaßstab entfallen diese Maßnahmen.

Trotzdem ist die Maßnahme nicht ganz schlüssig, denn das Gefährdungspotential hat sich in der Produktion nicht verringert, und die Dimension schon gar nicht. Eher beherrschbar ist jedoch das Containment bei größerem Gerät und notwendige Investitionen sind für Produktionsverfahren sicherlich auch wirtschaftlich, wenn ein biotechnologisches Verfahren über viele Jahre genutzt wird.

Hierzu werden gezielt Gerät und Anlagen für ein Verfahren ausgesucht, die konstruktionsbedingt einen Produktionsprozeß vollkommen dicht umschließen. Eine Anlage kann partikeldicht umschlossen werden wie z.B. durch eine Klasse 3-Werkbank. Diese Maßnahme erzeugt jedoch allgemein erschwerte Arbeitsbedingungen, da man während des Prozesses Eingriffe nur z.B. über Handschuhöffnungen vornehmen kann, partikeldichte Medienversorgung gewährleistet sein muß sowie ein Schleusenbetrieb für die Beschickung und Entleerung erforderlich ist.

Sei es eine komplexe antigene Wirkung oder der hochkomplizierte Aufbau einer natürlichen Substanz, das Ausweichen auf ein alternatives biologisches System ist sicherlich nicht immer realisierbar.

Zu unrecht werden Gesetze wie das GenTG, Richtlinien und Merkblätter in der Biotechnologie häufig als Exzeß betrachtet oder als Eingriff in die ureigene Verantwortung des Biologen eingeordnet. Tatsächlich kennt jeder studierte Fachmann die Gefährdung durch die konstruktiv und verschleißbedingten Schwachstellen am Laborgerät aus eigener Erfahrung. Aber nicht jeder kennt den technischen Fortschritt im Detail oder zum richtigen Zeitpunkt. Deshalb kann es nicht sein, daß jemand von den Aussagen der folgenden Abschnitte überhaupt nicht profitiert.

Die moderne Biotechnologie ist ohne die technischen Entwicklungen der letzten drei Jahrzehnte unvorstellbar. Traditionelles und kompliziertes neues Gerät gebietet eine Vorsorge in der sicheren Anwendung. Auch ohne ein unmittelbares Pendant zur Medizingeräteverordnung ist jeder Beschäftigte verpflichtet, die Risiken in der Gerätebenutzung zu kennen und sie durch vorschriftsmäßige Bedienung auszuschließen.

Wenn der Gesetzgeber national und auf europäischer Ebene letztlich im Auftrag der Bevölkerung und für die Umwelt das geschlossene System und das zuverlässige Containment beim Umgang mit Organismen mit Gefährdungspotential fordert, dann geschieht dies auch für den Arbeitsschutz.

Für die sichere Laborausstattung kann es eigentlich nur das Problem der Verhältnismäßigkeit des Aufwandes für das Schutzziel (Technology Not Exceeding Costs) geben.

Die Verhältnismäßigkeit ist nicht immer leicht einzuschätzen, denn Regularien fordern meist den Minimalaufwand, und über einen eventuell notwendigen höheren Sicherheitsaufwand entscheidet der verantwortliche Unternehmer. Er ist mit Überlegungen zum größten anzunehmenden Unfall (MCA oder Maximum Credible Accident) gefordert. Ob Vorfall, Unfall oder Notfall, diese Ereignisse passieren nicht, sondern sie werden verursacht.

Der Fortschritt auf dem Laborgerätesektor ist objektivierbar.

Noch vor 30 Jahren waren Sicherheitswerkbänke kaum verbreitet. Heute sichern sie routinemäßig den Arbeits- und Produktschutz. Die zukünftige Entwicklung ist das eingebaute Absolutfilter.

Beim Laborfermenter handelte es sich früher um mehr oder weniger sonderbare Eigenkonstruktionen. Heute ist der Fermenter fast schon genormt, über die

Meß- und Regeltechnik im gewarteten Zustand höchst zuverlässig und, z. B. durch die aerosoldichte Probenahme sehr sicher. Zentrifugen sind trotz immenser Leistungssteigerung über Röhrchen, Rotor und Zentrifugenkammer aerosoldicht. Im Down-stream-Processing herrschte vor Jahren der größte Handlungsbedarf, da fast ausschließlich offen gearbeitet wurde. Heute ist auch hier das geschlossene System möglich.

Das Labor der Zukunft wird in Modularbauweise errichtet und die konstante Nutzung für einen gebundenen Zweck wird zur Ausnahme werden. Es wird mehr und mehr technisiert und zumindest für die Routinearbeit automatisiert. Die Geräte werden nicht nur dicht sein, sondern in ihren Funktionen sich auch selbst reinigen und desinfizieren. Auch eine einfache Unhygiene, wie das offene Wasserbad, wird verschwinden und durch das geschlossene Luftbad oder den Metallblockthermostat ersetzt werden.

Regularien wie Good Laboratory Practices, Good Manufacturing Practices und DIN/ISO 9000 („Qualitätsmanagement und Qualitätssicherungsnormen") beschleunigen diese Entwicklung über die Gerätequalifikation, Arbeits- und Herstellvorschriften, die menschliches Fehlverhalten minimieren. Der Arbeitsschutz ist durch eigene Beiträge direkt oder indirekt beteiligt an der Qualitätssicherung.

6.3.1
Sterilisation

6.3.1.1
Dampfautoklaven

In diesem Abschnitt wird der Dampfsterilisator als große Laboreinheit im biotechnologischen Betrieb behandelt. Schwerpunkte sind gegenüber dem Abschnitt 3.4 „Entsorgung" die Technik, organisatorische Maßnahmen und die Möglichkeiten der Funktionskontrolle.

Essentiell ist die Beachtung der in §3 GenTSV angeführten Definitionen für Inaktivierung und Sterilisierung, die auf Seite 296 zitiert sind.

Nur sehr kurz wird der Heißluftsterilisator behandelt, da er als technisches Hilfsmittel für den biologischen Arbeitsschutz wenig Bedeutung hat. Bei der Sterilisation mit Gasen berührt man die Probleme im Bereich der Krankenhaushygiene. Nur in Sonderfällen wird in der Biotechnologie ausgewichen und sie stellen deshalb hier kein Diskussionsthema dar.

Dampfsterilisator

Nach DIN 58946 Teil 2 („Dampfsterilisatoren, Großsterilisatoren, Anforderungen") betragen die Mindesteinwirkungszeiten (Abtötungszeit plus Sicherheitszuschlag) für 120 °C, 20 min und für 134 °C, 5 min. Auch die GenTSV gibt der Inaktivierung durch Erhitzung in der Dampfatmosphäre (20 min, 121 °C oder 134 °C) den Vorrang gegenüber Methoden wie die chemische Desinfektion.

Sehr ausführlich sind hierüber Angaben in §13 GenTSV zu finden.

Mit gentechnisch veränderten Organismen kontaminiertes Abwasser und Abfall aus Anlagen, in denen gentechnische Arbeiten der Sicherheitsstufe 1 nach §7 Abs. 1 Satz 1 Nr. 1 GenTG durchgeführt werden, kann ohne besondere Vorkehrungen entsorgt werden, wenn es sich um biologische Sicherheitsstämme im Sinne von Anhang I Teil BI handelt. Außer für den Fall geringer Kontamination sind andere Organismen der Stufe 1 so vorzubehandeln, daß Gefahren für Mensch und Umwelt, nicht zu erwarten sind. Mittels Inaktivierungskinetik soll nachgewiesen werden, daß die Inaktivierungsdauer mindestens dem Wert entspricht, bei dem keine Vermehrungsfähigkeit und ggf. keine Infektionsfähigkeit des gentechnisch veränderten Organismus mehr beobachtet wird.

Für die Sicherheitsstufe 3 und 4 wird fachgerechtes Autoklavieren unter Verwendung selbstschreibender Geräte für die Aufzeichnung vorgeschrieben. Für die chemische Sterilisierung wird die Aufzeichnung der Chemikaliendosis verlangt. Außerdem muß allgemein das Gerät so ausgelegt sein, daß bei Nichteinhaltung der Anforderungen eine Freisetzung von Organismen ausgeschlossen ist.

Es gibt verschiedene Dampfsterilisationsverfahren:

Gerätesterilisation

- Strömungsverfahren,
- Vorvakuumverfahren,
- fraktionierte Vorvakuumverfahren,
- Verfahren mit Trocknungs- oder Nachvakuum.

Flüssigkeitssterilisation (mit oder ohne Stützdruck)

- Strömungsverfahren,
- Dampf-Luft-Gemisch-Verfahren.

Die Vorteile des Autoklavierens sollten nicht nur dem Fachmann vertraut sein:
- zuverlässige Wirkung, hohe Sicherheit durch Overkill,
- automatisierbar, validierbar,
- hohes Durchdringungsvermögen,
- keine chemische Belastung des Sterilisierguts,
- umweltfreundlich,
- keine Gesundheitsbelastung für das Personal,
- relativ geringe Korrosionswirkung,
- geringe Kosten.

Die Automatisierbarkeit ist eine Arbeitserleichterung und erzeugt Vertrauen, wenn die regelmäßigen Kontrollen (s. u.) positiv verlaufen. Im Gegensatz zur chemischen Desinfektion ist ein Autoklaviervorgang leicht validierbar.

Abbildung 6.10 zeigt die schematische Darstellung eines konventionellen Dampfsterilisators mit Druckkammer, Doppelmantel, Dampfversorgung und Kondensatabführung.

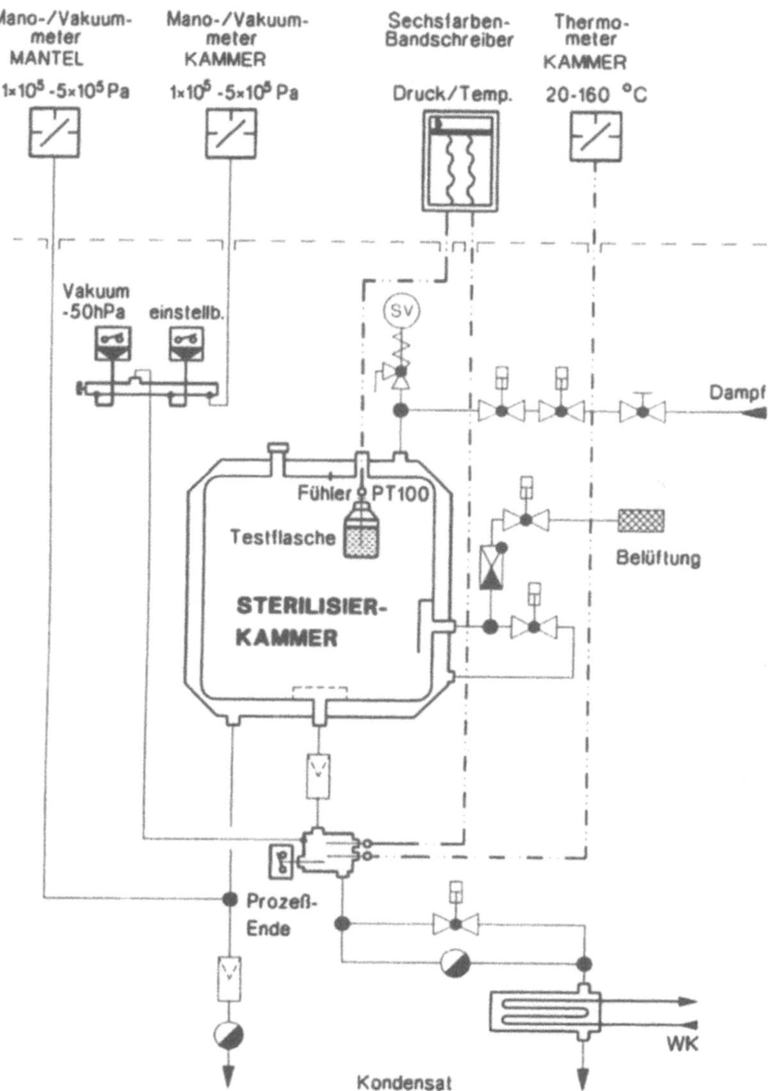

Abb. 6.10 Dampfsterilisator, schematisch

Das Arbeitsvolumen für den Laborbereich beträgt üblicherweise 0,1 – 0,5 m³. Um Betriebsstörungen zu vermeiden, die durch einen Geräteausfall oder Wartungsarbeiten bedingt sind, ist es empfehlenswert, eher 2 kleinere Einheiten zu installieren als eine große.

Vakuumschritte in der Anlaufphase sind heute Standardprogrammbestandteil, um den Sterilisiervorgang zu beschleunigen und gerade bei heterogenem Sterilisiergut wie z.B. diversem Festabfall die Luft restlos abzusaugen. Dies erzeugt zusätzliche Sicherheit.

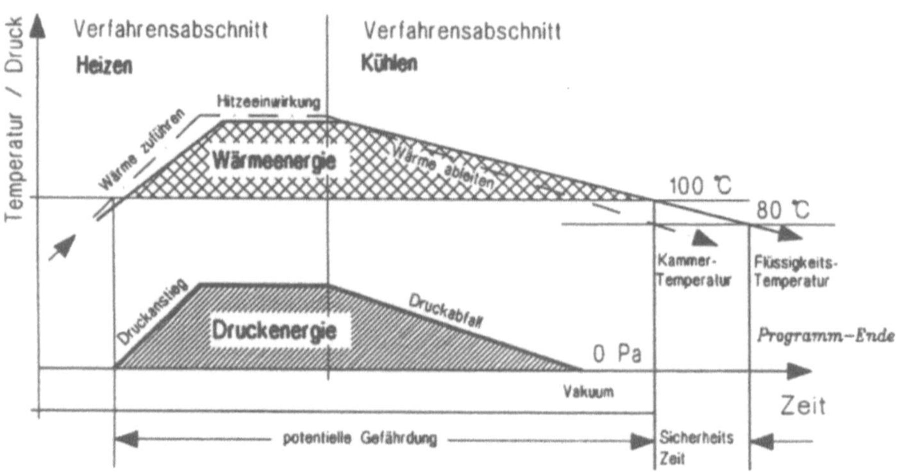

Abb. 6.11   Programmablauf bei der Flüssigkeitssterilisation

Tabelle 6.5   Stellt eine Zusammenfassung für die zeitgemäße Sicherheitsausstattung von Autoklaven dar

---

Technische Sicherheit in der Autoklavenkonstruktion

---

1. Schließkantensicherung bei Schiebetüren
2. Türdichtungsdrucküberwachung bei druckbeaufschlagten Türdichtungen
3. Programmverriegelung nach Programmstart
4. Druckwarneinrichtung für handbetätigte Schnellverschlüsse
5. Verriegelung zwischen Programmstart und den Ventilen für Dampf/Druckluft mit der Endstellung der Tür
6. Selbstüberwachende Temperaturmeßfühler (Kurzschluß und Fühlerbuch)
7. Flaschenfühlerüberwachung. Sterilisationsvorgang wird abgebrochen, wenn Fühler nicht im Referenzgefäß oder Sterilisiergut. Wenn Referenzgefäß bricht, wird die Abkühlphase automatisch verlängert.
8. Verriegelung des Verschlusses über Referenzgefäß (Temperatur) und Programmende
9. Stützdrucküberwachung, Kühlung erst ab Erreichen des Soll-Stützdruckes
10. Grenztaster (Öffner), gibt Tür nur bei ordnungsgemäßem Programmablauf frei
11. Sicherheitsventil/Berstscheibe gegen unzulässigen Überdruck
12. Sicherheitsschalter für Einstieg
13. NOT-AUS, Programmstop bei Störungen, Sterilisator wird in den energielosen Zustand überführt

---

Im oberen Bildfeld sind die üblichen Analog/Digitalanzeigen für Druck und Temperatur aufgeführt. Ein Schreiber dokumentiert jeden Programmablauf. Nach der Gentechnik-Aufzeichnungsverordnung (GenTAufzV) ist diese Dokumentation für das S3-Labor verbindlich vorgeschrieben.

Abbildung 6.11 zeigt einen typischen Programmablauf für die Flüssigkeitssterilisation. Der parallele Verlauf von Wärme- und Druckenergieanstieg belegt den ordnungsgemäßen Programmablauf. Um aus Sicherheitsgründen einen Siedeverzug zu verhindern, muß mit Stützdruck gearbeitet werden. Der Siedeverzug ist gekennzeichnet durch ein stoßartiges Entweichen von Wasserdampf aus wäßrigen Lösungen – vor allem wenn diese partikel- und gasfrei sind – und reine Gefäße verwendet werden. Beim Abkühlvorgang können diese Lösungen noch über ihren Siedepunkt hinaus erwärmt sein, ohne daß es zunächst zum Sieden kommt. Das Sieden kann aber z.B. durch Erschütterung oder durch geringe Gasmengen an lokalen Grenzflächen zwischen fester (Glasgefäß) und flüssiger (erhitzte Lösung) explosionsartig einsetzen.

Um den Siedeverzug zu vermeiden, wird in der Abkühlphase ein künstlicher Druck oberhalb des atmosphärischen Drucks eingehalten bis die Kammer und deren Inhalt auf deutlich unter 100 °C abgekühlt sind. Diese Vorschrift ist auch in den Technischen Regeln zur Druckbehälterverordnung – Druckbehälter (TRB) des BGZ enthalten (TRB 402 „Ausrüstung der Druckbehälter; Öffnungen und Verschlüsse", ZH 1/621). Die Anwendung einer medientemperaturgesteuerten Sterilisierkammerverschlußsperre gilt auch für die Sterilisation von verschlossenen Plastikbeuteln.

Automatischer Abdampfkondensator

Im Laborbereich besteht besonders bei älteren Autoklaven-Modellen die Gefahr der Verbreitung von Aerosolen, die infektiöse Erreger tragen. In der Dimension von 50/100 l Topf- oder Schrankautoklaven, die während der Anheizphase ein Dampf-Luft-Gemisch frei in die Laboratmosphäre (Dampfströmungsverfahren) blasen, um in der Sterilisierkammer reine Dampfatmosphäre zu erzeugen, wird auch biologischer Flüssigabfall und kontaminierter Festabfall autoklaviert. So besteht hier die Gefahr der Keimverbreitung – unabhängig von der Dampfbelastung des Labors, die zur Gerätekorrosion, Beschlagen von Fenstern und einer Geruchsbelästigung führen kann. Dieser Zustand ist aus Sicht des Arbeitsschutzes ab der Sicherheitsstufe 2 nicht mehr vertretbar. Altgerät kann jedoch mit einem automatischen Abdampfkondensator nachgerüstet werden.

Der Abdampfkondensator ist wassergekühlt und kondensiert automatisch den Abdampf, der vorzugsweise in einen Killtank oder eine Abwassersterilisation überführt wird. Neben dem wassergekühlten Abluftkondensator gibt es luftgekühlte, die weniger effektiv sind, aber keinen festen Anschluß am Standort benötigen und damit mobil bleiben. Im übrigen können in beiden Fällen mehrere Sterilisatoren an einem Abdampfkondensator angeschlossen werden. Neuerdings befindet sich auch ein Gerät im Handel, das mit einem keimdichten hydrophoben Abluftfilter ausgestattet ist.

Zulassung von Autoklaven

Der Betrieb von Dampfsterilisatoren unterliegt der Druckbehälterverordnung. Vor der Inbetriebnahme muß der Sterilisator dem Technischen Überwachungsverein (TÜV) gemeldet werden. Zur Genehmigung TÜV-pflichtiger Sterilisatoren ist folgendes erforderlich:

- Bauprüfung und Wasserdruckprobe nach TÜV-geprüften Zeichnungen (BPWP-Bescheinigung),
- Zulassungsnummer und Einstelldruck des Sicherheitsventils,

– Bescheinigung über die Eignung des Sicherheitstemperaturbegrenzers und
– Bedienungsanleitung und Begleitpapiere.

Das Gerät wird im Abstand von 2 Jahren regelmäßig überprüft. Einzelheiten über die nach dem Stand der Technik übliche Dampfsterilisatorkonstruktion sind in DIN 58946 Teil 1ff. („Dampfsterilisatoren") enthalten. Allgemeine Grundlagen erläutert die DIN 58946 Teil 1 („Begriffe"). Teil 2 beschreibt die allgemeinen Anforderungen. Die elektrische Ausstattung von Autoklaven entspricht der VDE 0750.

Organisatorische Maßnahmen

Von größter Wichtigkeit ist die gesättigte Dampfatmosphäre für den Sterilisiervorgang. Nur bei vollständiger Entlüftung und mit Wasser stets in Berührung stehendem Dampf liegt die erforderliche Sattdampfatmosphäre vor, in der Druck und Temperatur mit ihrer keimtötenden Wirkung im berechneten Maß ansteigen.

Das Lehrbuch von Wallhäußer [15] beinhaltet Basiswissen für die fachgerechte Autoklavenbenutzung inklusive der bedeutsamen Unterschiede in der Dampfqualität. Die verschiedenen Dampfarten werden in gekürzter Form erläutert.

Strömender Dampf
Entsteht durch Erhitzen von Wasser in einem offenen Gefäß, wie z.B. einem Dampftopf mit Dampfaustrittsöffnung, wobei in Abhängigkeit vom Luftdruck maximal 100 °C Wasser- und Dampftemperatur erreichbar sind.

Gespannter Dampf
Beim Erhitzen von Wasser in einem geschlossenen Gefäß, wie z.B. einem Autoklaven, erhöhen sich Wasser- und Dampftemperatur. Der Dampfdruck, der bei siedendem Wasser von 100 °C bei 1013 hPa liegt, steigt an. Er beträgt 2050 hPa bei der üblichen Sterilisiertemperatur von 121 °C.

Gesättigter Dampf oder Sattdampf
Steht in einem Druckgefäß nach Entfernung der Luft ausreichend Wasser zur Verfügung, ist der mit dem Wasser unmittelbar in Berührung stehende Dampf stets gesättigt. Mit steigender Temperatur nimmt der Druck immer rascher zu, solange noch verdampfbares Wasser zur Verfügung steht.

Überhitzter Dampf oder Heißdampf
Entsteht, wenn bei weiterer Wärmezufuhr kein verdampfbares Wasser mehr vorhanden ist. Die keimtötende Wirkung ist geringer als die des gespannten Dampfes.

Dampf-Luft-Gemisch
Der gesättigte Dampf besitzt im lufterfüllten Raum, wie z.B. einem verschlossenen Behälter mit Luft im Kopfraum, den gleichen Druck wie in einem gleichgroßen, aber nur mit Dampf gefüllten Raum. Jedoch ist seine Temperatur geringer als bei reiner Dampfatmosphäre. Deshalb ist seine keimtötende Wirkung schlechter als die von reinem Dampf.

Die Temperatur in Abhängigkeit vom Druck in gesättigter Dampfatmosphäre
beträgt:

Temperatur in	°C	100	109,7	121	134	144
	°F	212	230	250	273	292
Dampfdruck	in hPa	1013	1430	2050	3040	4040
	in lb./sq.in.	0	6	14,7	29,3	44

Natürlich wird vorwiegend im Krankenhausbereich auf die Luftdichtheit des
Autoklaven geprüft. Es bietet sich der Bowie & Dick-Test an, der schon 1963
konzipiert wurde. Hierzu gibt es Einmal-Testpackungen oder wiederholt vewend-
bare Testpackungen, in denen lediglich das Testpapier ausgetauscht wird. Das
Testpapier verfärbt sich jeweils bei vollständiger Abwesenheit von Luft und dem
Erreichen der Solltemperatur. Sind die meist mit einem Muster aus konzentri-
schen Ringen bedruckten Papiere uneinheitlich entwickelt, so war in dem Testan-
satz noch Luft vorhanden. Dies ist ein Beweis für die unvollständige Luftabsaugung im Vakuumprogramm bzw. für eine Behälterundichtheit (Luft strömt nach).

Der Test wird auch für die Kontrolle bei Produktionsverfahren angewendet
und er kann für die regelmäßige Geräteüberprüfung auch im biologischen
Sicherheitslabor angebracht sein, wenn es um die sichere Entsorgung von
kontaminiertem Abfall geht.

Als eine von mehreren Alternativen ist das Daily Air Removal Test System
(DART) zu nennen. Hier sind in einem durchsichtigen Kunststoffgehäuse Test-
streifen eingeschmolzen. Ein Luftzutritt erfolgt über einen gekoppelten längeren
Zylinder, der mit Textilmaterial ausgestopft ist. Die Indikatorstreifen können
sich nur gleichmäßig verfärben, wenn innerhalb von wenigen Minuten die Luft
über den Verbindungskanal vollständig abgesaugt wird.

Die notwendigen organisatorischen Maßnahmen im Umgang mit Autoklaven
lassen sich folgendermaßen zusammenfassen:

- Unterweisung in der Bedienung vor Inbetriebnahme,
- Inbetriebnahme: Dampfversorgung, Hauptschalter, Zustandsanzeige,
- fachgerechtes Beladen der Kammer: Kontrollen, Temperaturfühler,
- Auswahl und Start des Programmes,
- fachgerechtes Entladen der Kammer: Schutzkleidung, Kontrollen,
- Außerbetriebnahme: Hauptschalter, Dampfabsperrventil,
- Verhalten bei Störungen,
- Pflege und Wartung/Instandhaltung,
- wiederkehrende Prüfungen.

Die typisch wiederkehrenden Fehler in der Autoklavenbedienung sind:

- ungenügende Entlüftung der Sterilisierkammer,
- Quetschen von Zuleitungen des/der Temperaturfühler,
- Temperaturfühler im Referenzgefäß falscher Dimension:
  Referenzgefäß zu klein: Sterilisierzeit zu kurz, Soll-Temperatur wird nicht
  erreicht, Referenzgefäß zu groß: im wesentlichen Energieverschwendung,
- Sterilisierkammer ungepflegt, Korrosionsschäden werden schlecht erkannt,

- Kondensatsieb verstopft, bei direkter Wasserkühlung Fluten der Sterilisierkammer,
- mangelhafte Dokumentation (Benutzerbuch, Schreiberfahne),
- Kurzanleitung fehlt, Programme nicht gekennzeichnet,
- stark verschmutztes Laborgerät vor dem Dampfsterilisieren reinigen, sonst backen Schmutzreste an oder Mikroorganismen werden nicht wirksam abgetötet.

Im Regierungsbezirk Oberbayern wird für gentechnische Anlagen verlangt, daß Autoklaven „mindestens halbjährlich durch geeignete Methoden (Bioindikatoren, externe Temperatursonden, o. ä.) auf ihre Funktionsfähigkeit, d. h. auf den Autoklaviererfolg zu überprüfen" sind. Darüber sind Aufzeichnungen zu führen. Eine offizielle Information zum GenTG derselben Dienststelle bestimmt, daß „Weicht man von den Standardbedingungen ab, so ist die Wirksamkeit der gewählten Bedingungen mittels einer Inaktivierungskinetik zu überprüfen. Darüber sind Aufzeichnungen zu führen."

Die Protokollierung bzw. Dokumentation von Sterilisierabläufen sind auch nach der GenTSV wesentlicher Bestandteil der Routine.

Ab Sicherheitsstufe S3 ist der Sterilisiererfolg durch die Funktionskontrolle des Autoklaven vom Betreiber zu überprüfen.

Kontrolle des Sterilisiererfolges

Für die Funktionskontrolle gibt es zahlreiche Möglichkeiten, die in der folgenden Tabelle zusammengefaßt sind:

Die Bequemste Methode ist sicherlich der Bio-Indikator in Form einer 2 ml Sterikon-Ampulle (Fa. Merck, Darmstadt). Hier werden Bacillus stearothermophilus-Sporen (Stamm: ATCC 7953) in mikrobiologischem Medium mit Resazurin-Indikator suspendiert. Nach dem Sterilisiervorgang (mind. 14 min/121 °C) und einer Inkubation über Nacht darf kein Auskeimen (Germinieren) der Sporen zu vegetativen Zellen den Indikator von rot nach gelb verfärben.

Tabelle 6.6   Erfolgskontrolle in der Dampfsterilisation

- **Schreiberfahne** (ab S3 zwingend erforderlich)
- **Thermoindikatoren (irreversibel)**
  - Meßstreifen (Steam, Clox, Celsi Strip, Thermax)
  - Farben
  - Tinten
  - Kreiden/Schmelzkreiden
- **Bioindikatoren**
  - Streifen (Spordex)
  - Ampullen (Sterikon, Chemspor)
  - Direktverimpfung:
    Bacillus stearothermophilus ATCC 7953 oder ATCC 12 980
    Bacillus subtilis ATCC 9372

Für Autoklaven bis 250 l wird die Verwendung von mindestens 2 Ampullen, die an für den Sterilisiererfolg erfahrungsgemäß ungünstigen Positionen deponiert werden sollen, empfohlen. Für größere Arbeitsvolumina werden mindestens 6 Ampullen empfohlen.

Der Nachteil des Indikators ist offenkundig: Das Testergebnis liegt erst nach der Inkubation vor. Weiterhin muß beachtet werden, daß die eingeschmolzene Sporensuspension lediglich einen Titer von 10^3/ml aufweist. Im Prinzip belegt der Test für die Autoklavenkontrolle eine eingehaltene Temperatur von 121°C über 15 min. In der pharmazeutischen Produktion arbeitet man mit Systemen, die auf einer Inaktivierung zusätzlicher Zehnerpotenzen basiert, um die Sterilisation zu gewährleisten. Üblich ist ein Testergebnis, das eine Überlebenswahrscheinlickeit von $< 1:10^{-6}$ belegt.

So bieten verschiedene Hersteller unterschiedlich beladene Sporenstreifen (10^4 bis 10^8 Sporen) an, so daß das Ergebnis aussagekräftiger wird.

Andere Firmen bieten Sporenstreifen und das zugehörige Kulturmedium oder Ampullen, die neben dem oben beschriebenen Sterikon-System noch einen Schmelzkörper enthalten, der sich nach der gewünschten Prozeßdauer auflöst.

Ähnlich der eben beschriebenen Methode läßt sich eine selbst für diesen Zweck angelegte Reinkultur dem Sterilisiervorgang beifügen und anschließend auf vollständige Inaktivierung prüfen. Sie ist dem Bioindikator gleichwertig.

Weniger aussagekräftig sind qualifizierte Thermoindikatoren wie in Tabelle 6.6 aufgeführt. Hier kann es sich um irreversibles Thermoklebeband, Meßstreifen, Farben, Tinten, Kreiden, Schmelzkreiden oder Schmelzröhrchen handeln, die jedoch lediglich die erreichte Solltemperatur anzeigen, nicht aber die eingehaltene Sterilisierdauer.

Als weitere praktische Alternative in Form von Klebeetiketten sind Celsi-Strip und Celsi-clock (Handelsnamen) zu nennen.

Ähnlich funktioniert das ATI-System (Aseptic Thermo Indicator Co., CA, USA) und Steam-Clox (Vertrieb über BAG, Lich), die speziell auf die Dampfsterilisator-Anwendung zugeschnitten sind. Der Vorteil des Systems gegenüber Konkurrenzprodukten ist das temperaturspezifische Reaktionsbild, das nicht nur die erfolgreiche Sterilisation anzeigt, sondern auch noch differenziert zwischen

- eingehaltener Mindeststerilisierzeit,
- Mindeststerilisierzeit und Sicherheitszuschlag und
- übererfüllten Sterilisationsbedingungen (Temperatur zu hoch oder Sterilisierzeit unnötig lang).

Beim Autoklavieren als Sterilisationsvorgang geht man von einer Keimreduktion um mindestens 12 Zehnerpotenzen aus. Für eine Desinfektion wäre eine Verminderung der Keimzahl um mindestens 5 Zehnerpotenzen erforderlich.

Die klassische Definition der Sterilisation über die oben genannte hohe Keimzahlreduktion allein durch Autoklavieren ist nicht mehr zeitgemäß. In Fachkreisen ist die chemische Behandlung von Sterilisiergut als Kaltsterilisation inzwischen anerkannt.

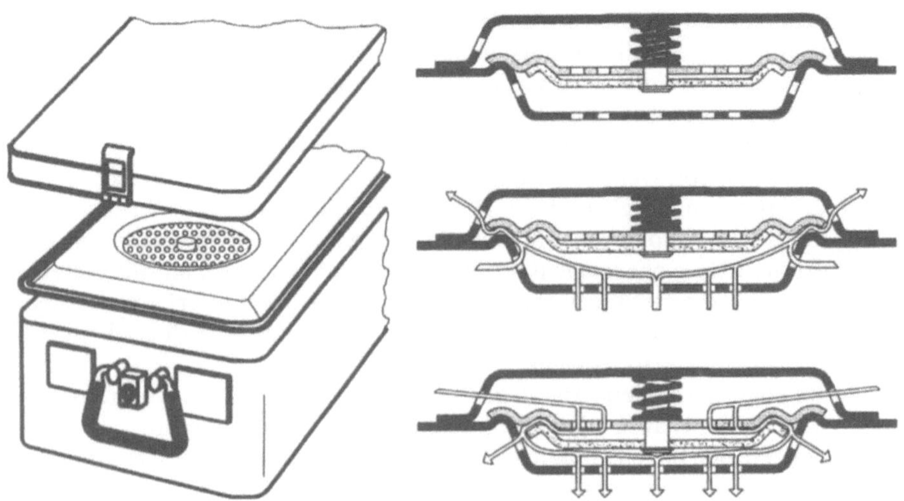

Abb. 6.12 Autoklavierbehälter mit Patentventil. Druckabhängiger Luftaustritt und Dampfzutritt gemäß Pfeilrichtung

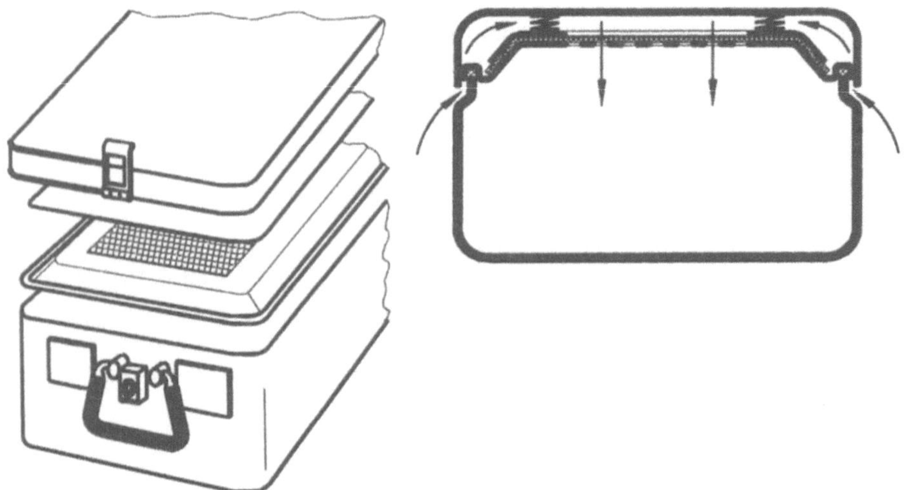

Abb. 6.13 Autoklavierbehälter mit Luft- und Dampfaustausch über integriertes Filter im Deckel

Autoklavenbehälter/autoklavierbare Tüten

Behältnisse für die Abfallentsorgung wurden schon in Abschnitt 3.4 behandelt. An dieser Stelle muß die Bedeutung der Wärmeleitfähigkeit und Dampfpenetration für den Sterilisiervorgang betont werden.

Die Wärmeleitfähigkeit von Stahlbehältern ist 100- bis 500fach größer als die von Polypropylenbehältern. Die Hitzeverteilung oder der Hitzetransfer durch Wasser in den autoklavierbaren Behältnissen ist 20- bis 30mal größer als in Luft.

Deshalb sollen feste Behälter stets mit etwas Wasser beschickt werden, während Kunststofftüten idealerweise aus dampfdurchlässigem Polyamid hergestellt sind oder ebenfalls mit ausreichend Wasser gefüllt werden.

Für die sichere Dampfpenetration in Sterilisierbehältern gibt es für den Laborbereich für die Sterilgutversorgung kommerziell erhältliche Konstruktionen wie in Abb. 6.12 und 6.13 dargestellt.

Eine der Behälterkonstruktionen (Abb. 6.12) hat ein patentiertes, wartungsfreies Ventilsystem im Deckel für den Luftabstrom bei Unterdruck und für den Dampfzutritt beim Druckanstieg (Dampfeinströmphase). Gleichzeitig ist der Behälter unter normalen Druck- und Temperaturverhältnissen im Labor aerosoldicht verschlossen.

Eine zweite Konstruktion (Abb. 6.13) schützt Labor und Sterilisierkammer gegen infektiöse Aerosole über ein im Deckel integriertes Filter. Luft kann im Vakuum austreten, während Dampf beim Sterilisieren Zugang zum Sterilisiergut hat.

In beiden Fällen läßt sich das Sterilisiergut im Container vor übermäßigem Kondensatanfall schützen. Unter erschwerten Trocknungsbedingungen oder bei Naßkühlung des Sterilisiergutes zum Programmende kann der Container mit einem thermischen Kondensatableiter bestückt werden, der die Nässe in der Nachtrocknungsphase ablaufen läßt.

Inaktivierung rekombinanter Nucleinsäuren

Die Inaktivierung rekombinanter Nucleinsäuren ist im Gegensatz zu den früheren Gen-Richtlinien keine gesetzliche Forderung mehr (e.g. nach dem GenTG). Es gibt jedoch eine „Empfehlung der ZKBS für Vorsichtsmaßnahmen beim Umgang mit Nucleinsäuren mit onkogenem Potential". Hierzu zählen u. a. DNA-Sequenzen, die im Tierversuch Tumore erzeugen, virale Onkogene und Sequenzen, die zur Expression hochwirksamer und in aktiver Form erzeugter Substanzen führen.

Immer wieder wird die Frage gestellt, ob Nucleinsäuren beim Autoklavieren ihre biologische Aktivität verlieren. Erwiesen ist, daß Nucleinsäuren beim Autoklavieren unter Standardbedingungen (!) quantitativ auf eine Größe von < 500 bp degradiert werden und damit ihre biologische Aktivität verlieren. Ab > 5 min Größe < 500 bp an, wobei nicht definiert ist, um welche Art von Fragmenten es sich handelt. Es ist vermutlich eine Mischung aus Basen, Nucleosiden, Nucleotiden und einsträngigen Nucleinsäurefragmenten.

Die alternativen Methoden der Nucleinsäureinaktivierung ohne Druckbehälter werden in Abschnitt 7 beschrieben (Erhitzen auf 60 bis 100 °C in Gegenwart von Peressigsäure, Säure oder Lauge).

6.3.1.2
Heißluftsterilisatoren

Die Heißluftsterilisation durch trockene Hitze hat ihr Haupteinsatzgebiet in der Behandlung hitzebeständiger Instrumente aus Metall sowie Glas- und Porzellan-

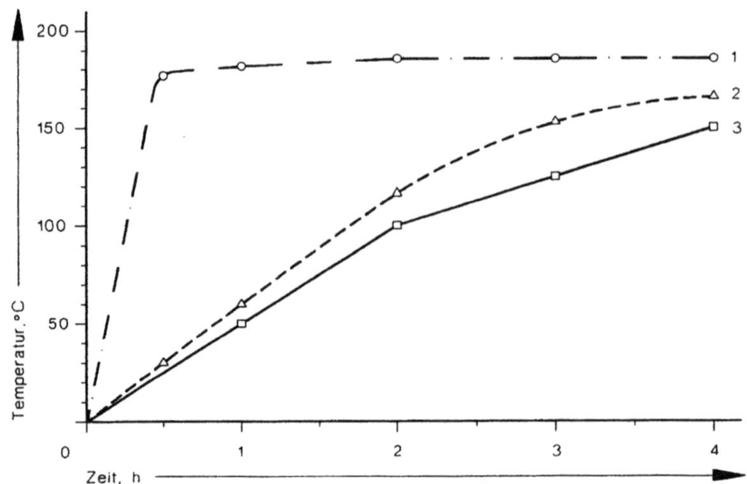

Abb. 6.14   Zeitabhängige Objekttemperatur im Heißluftsterilisator

geräten im biologischen Labor. Sie dient weniger dem Arbeitsschutz als dem Produktschutz oder dem Patienten in der Klinik und wird deshalb nur kurz behandelt.

Die keimtötende Wirkung entsteht durch die trockene Hitze bei 160–180 °C. Trockene Hitze ist genauso wie Luft ein schlechterer Wärmeleiter als Wasserdampf. Heißluftsterilisatoren werden deshalb üblicherweise mit einem Umluftgebläse ausgestattet.

Typische Anwendungstemperaturen für die Sterilisation im Heißluftsterilisator:

Temperatur	Sterilisierzeit
160 °C	120 min
170 °C	100 min
180 °C	30 min

Entscheidend für die Sterilisation ist die Temperatur am Objekt (s. Abb. 6.14).

Auch für die Heißluftsterilisation gibt es Sterilisationsindikatoren, wie z. B. Heißluftetiketten.

Eine Variante des traditionellen Heißluftsterilisators ist der Kugelsterilisator. Hier wird ein kleines Tischgerät mit Glasperlen oder Kochsalz gefüllt. Die Füllung wird elektrisch auf 245–255 °C erhitzt und nimmt dann feines Werkzeug wie Spatel, Pinzetten, Scheren, Nadeln, Ösen usw. auf, die nachweisbar in weniger als 30 s sterilisiert werden.

Plasmasterilisatoren

Als sehr vielversprechende Technologie entwickelt sich die Sterilisation mit H_2O_2 im Plasmazustand. Bei diesem Verfahren wird in einer evakuierten Sterilisierkammer bei Raumtemperatur konzentriertes Wasserstoffperoxid verdampft.

Durch die Anregung mittels Hochfrequenz im MHz-Bereich wird der Wasserstoffperoxiddampf ionisiert. Die in diesem Niederdruckplasma vorhandenen Hydroxy- und Hydroxylradikale inaktivieren Mikroorganismen irreversibel. Die Vorteile der Methode sind:

- kurze Sterilisierzeit (min),
- geringe Temperaturbelastung des Sterilisiergutes (Raumtemperatur),
- umweltfreundlich, keine gesundheitliche Belastung des Personals.

Die Methode ist nur für die Instrumenten- und Gerätesterilisation anwendbar. Das Verfahren ist zur Zeit noch nicht genügend erprobt, und es fehlen zur allgemeinen Anerkennung Prüfrichtlinien zur Verfahrenskontrolle. Es ist jedoch beispielhaft für die stetige Entwicklung der Technik auch für den Bereich der Biotechnologie.

6.3.2
Sicherheitswerkbänke der Klassen 1 – 3

Allgemeines

Wenn es im biotechnologischen Labor um Schutz gegen Aerosole geht, dann ist die Sicherheitswerkbank der Klasse 2 unentbehrlich. Ab Sicherheitsstufe 2 ist es der eigentliche Ort im Labor, wo Kulturgefäße zur Weiterverarbeitung, Probenahme usw. geöffnet werden. Dementsprechend ist hier ein Kontaminationsrisiko vorhanden, wenn an dem Gerät nicht sachgerecht gearbeitet wird.

Synonyme Bezeichnungen für die Sicherheitswerkbank sind Flow Box, Clean Bench, Laminar-Flow Bank, Sterilbox, Sterile Werkbank, Reine Werkbank usw. Es besteht keine Korrelation zwischen Werkbank-Klassen-Nummerierung und den Risikogruppen bei Mikroorganismen und Viren.

Während vor Jahrzehnten Reinkulturarbeiten, Kulturauftrennungen und Kulturausstriche noch an der offenen Flamme durchgeführt wurden, um über die intensive Wärmeabstrahlung der Flamme Kontaminanten aus der Luft von offenen Flüssig- oder Oberflächenkulturen oder sterilen Medienflaschen fernzuhalten, ist diese durch Sicherheitswerkbänke im Labor heute entbehrlich. Ihre zusätzliche Verwendung ist dann vielfach nur noch als Kulthandlung anzusehen. Eine restliche Daseinsberechtigung der offenen Flamme ist vielleicht noch bei Arbeiten am Laborfermenter gegeben, wenn Zudosierungen oder Probenahmen über Steckkupplung oder Septumanschluß erfolgen. Wird die Flamme dennoch als unentbehrlich erachtet, verwendet man einen Lötkolben oder Vielzweckbrenner mit eingebauter Piezo-Zündung und einstellbarer Leistung. Die Gasversorgung erfolgt über eine Campinggaskartusche. Die Kartuschen sollten vorzugsweise über den Brenner angestochen werden. Besitzt die Kartusche ein eigenes Ventil, so besteht bei der Entsorgung Explosions- und Brandgefahr, da leicht noch Restgas enthalten ist und die Gaskartusche weiterhin unter Druck steht.

Ursprung der mikrobiologischen Sicherheitswerkbank

Die mikrobiologische Sicherheitswerkbank hat ihren Ursprung in der Entwicklung einer Klasse-3-artigen belüfteten Kammer der Fa. W. K. Mulford Pharmaceutical Co., Glenolden, Pa., für den Infektionsschutz bei der Tuberkulin-Herstellung. Die geschlossene Arbeitskammer aus dem Jahr 1909 war nur über luftdichte Handschuhe zugänglich, die Zuluft wurde über Baumwollfilter geführt und die Abluft über ein Desinfektionsmittelbad gewaschen.

Über viele eigenwillige Konstruktionen kam es 1948 zur Entwicklung einer nach heutigen Maßstäben sehr vollständigen Version Wedum [38], wobei die Partikeldichtheit letztendlich eine Entwicklung der US Army Biological Laboratories, Fort Detrick, Md. darstellt.

Im Gegensatz zur früheren Verwendung von getrocknetem Gras und Asbest wurde hier immerhin schon Fiberglaswolle als Filtermaterial eingesetzt. Die modernen Werkbänke wurden in ihrer Entwicklung stark durch die hohen Reinheitsanforderungen aus der Elektronik-Industrie beeinflußt.

Sicherheitswerkbanktypen

Unter den Sicherheitswerkbänken ist die Klasse 2-Konstruktion die vorteilhafteste, denn nur sie bietet gleichzeitig den Personen-, Produkt- und Umweltschutz ohne umständliches Arbeiten zu erfordern.

Abb. 6.15 Funktion der Klasse-2-Sicherheitswerkbank (schematisch)

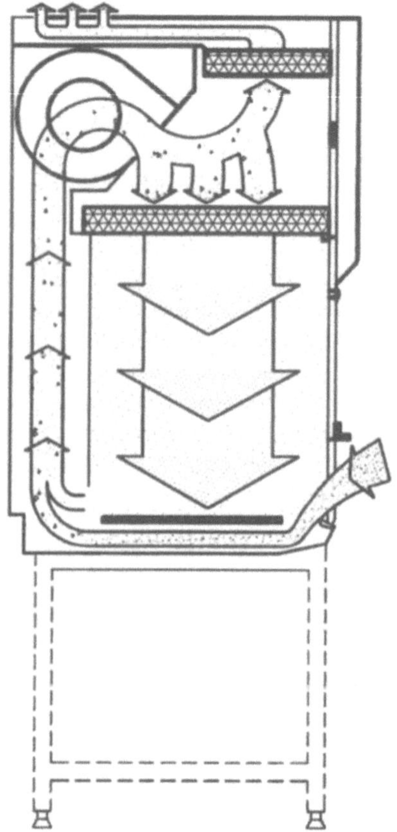

Die Klasse-2-Werkbank bietet vorne einen offenen Zugang zum Arbeitsraum, der von oben (vertikal) mit laminarer, partikelfrei-filtrierter Luft bespült wird. Die Abluft verläßt den Arbeitsbereich z.B. über Bohrungen in der Rückwand oder in der Arbeitsfläche und wird mehr oder weniger gebündelt über einen Lüfter erneut auf das HEPA-Filter (high efficiency particulate adsorption oder air filter) geblasen, das Partikel und Mikroorganismen zurückhält. Synonyme Bezeichnungen für HEPA-Filter sind HOSCH- oder Hochschicht- oder Hochleistungsschwebstoffilter oder Schwebstoffilter Klasse S. Zu den Filtereigenschaften s. Abschn. 6.2.2. Die Funktionsweise einer Klasse-2-Werkbank ist in Abb. 6.15 schematisch dargestellt.

Ein Teil der Abluft aus dem Arbeitsbereich – üblicherweise 30 % – wird über ein gesondertes HEPA-Filter in die Raumluft abgegeben. Dies verhindert eine Erwärmung des Luftkreislaufes über den Lüfter und anderes elektrisch betriebenes Gerät bzw. der offenen Flamme.

Wird sehr viel mit wärmeabstrahlendem Gerät gearbeitet, so muß die Abluft aus dem Gebäude abgeführt werden, oder es wird eine Kühlung in die Werkbank integriert. Im letzteren Fall ist weniger mit einem Kondenswasserproblem zu rechnen als vielmehr mit Verstopfungen oder Verkalkung des Kühlkreislaufes. Die Verwendung von voll entsalztem Wasser begünstigt allerdings Korrosionsschäden.

Während in der beschriebenen Weise der Produkt- und Umweltschutz gewährleistet ist, wird über die 30 % Zuluft im vorderen Bereich der Werkbank der Arbeitsschutz gesichert.

Abb. 6.16 Günstige Standorte für Sicherheitswerkbänke (Erklärung im Text)

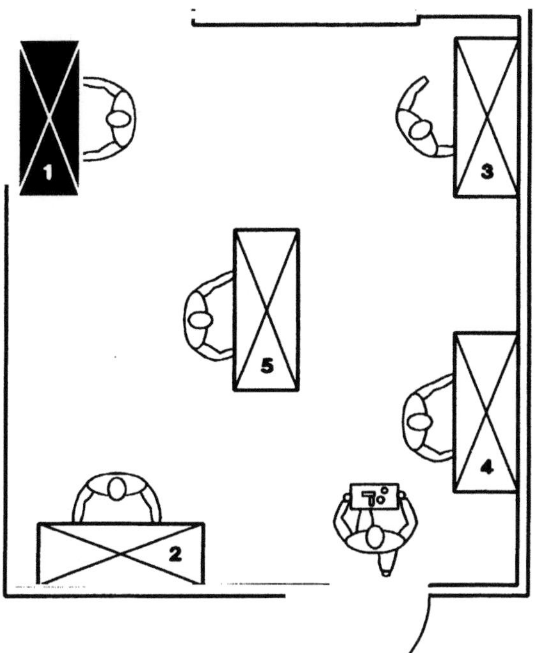

Der Schutz eines Mitarbeiters gegen potentielle Aerosole, die im Arbeitsbereich freigesetzt werden könnten, wird durch eine perforierte, schmale Platte oder Lochplatte am vorderen Ende der Werkbank erreicht. Ein starker Zuluftstrom, erzeugt durch den Unterdruck aus der Lüfterfunktion, bildet eine Luftbarriere oder einen Luftvorhang, der von Partikeln aus dem Arbeitsbereich nicht durchwandert werden kann.

Der Luftumsatz einer Sicherheitswerkbank (70 % Umluft/30 % Frischluftzuführr) beträgt ca. 1800 m³/h.

Nach der Gentechnik-Sicherheitsverordnung sollen schon ab der Stufe 1 die Türen während der Arbeit geschlossen gehalten werden. In den Gesetzestext gehörte eigentlich auch das notwendige Schließen von Fenstern, denn jede Art von Zugluft stört den Betrieb einer Sicherheitswerkbank.

Abbildung 6.16 veranschaulicht Standorte in Tür- und Fensternähe, die auf jeden Fall vermieden werden müssen. Die Standorte 1 und 2 kann man als „günstig" bezeichnen. Standort 5 ist „akzeptabel". Nicht empfehlenswert sind die Standorte 3 und 4 wegen Zugluftgefahr und der damit verbundenen möglichen Gefahr des Austreibens von kontaminierter Luft aus dem Arbeitsbereich der

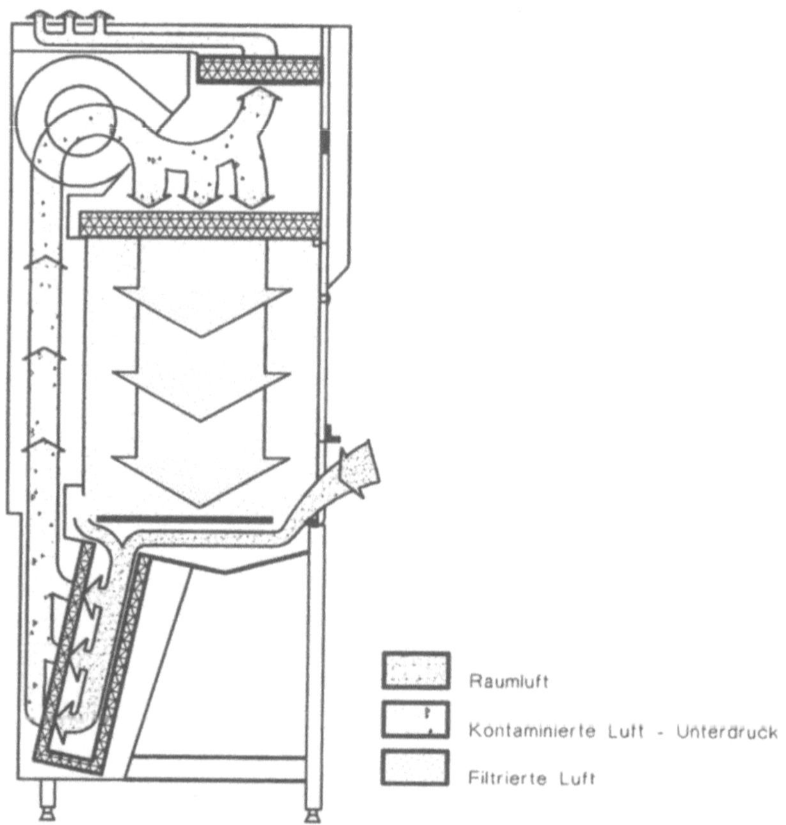

Abb. 6.17 Sicherheitswerkbank Klasse 2 mit zusätzlichem Vorfilter

Sicherheitswerkbank. Das muß nicht bedeuten, daß der für Laboratorien vorgeschriebene Luftwechsel gemäß Arbeitsstätten-Verordnung ohne Zwangsbelüftung nicht eingehalten werden kann, sondern zwischen den Arbeitsgängen an
der Werkbank kann über die Fenster normal Frischluftzufuhr erfolgen.

Bei der Sicherheitswerkbank Klasse 2 können Sicherheit und Standzeit des
HEPA-Hauptfilters durch eine zusätzliche Filtereinheit zwischen dem Arbeitsraum und dem Lüfter erhöht werden (s. Abb. 6.17), d. h., die Umluft und die Abluft
werden doppelt filtriert. Weiterhin werden die Luftkanäle nicht kontaminiert.

Wegen einer durchschnittlichen Standzeit der HEPA-Filter von mehr als fünf
Jahren ist die daraus sich ergebende Standzeitverlängerung um etwa den Faktor
3 nicht der eigentliche Gewinn, sondern es ist tatsächlich die zusätzliche Sicherheit und das rasche Abfangen von Stäuben, Partikeln und Organismen kurz nach
Beginn der Abluftstrecke.

Für bequemeren Service ist es vorteilhaft, wenn das 3. HEPA-Filter aus Einzelelementen besteht, die ohne Kontaminationsrisiko im sterilen Arbeitsbereich
herausgenommen und anschließend in autoklavierbaren Tüten entsorgt werden
können.

Zur Grundausstattung einer Klasse-2-Werkbank gehört für längeres Arbeiten
vor Ort und insbesondere im Bereich der Stufe S3 eigentlich der Kniestuhl, insbesondere, wenn der Unterbau der Werkbank-Konstruktion nicht komfortable
Knieraumfreiheit bietet und wenn verschiedene Mitarbeiter mit unterschiedlicher Bein- und Oberschenkellänge an derselben Werkbank tätig sind. Der
Kniestuhl ist tatsächlich auch ein Sicherheitsfaktor, denn der Oberkörper wird
etwas dichter an die Werkbank herangeführt, man sitzt automatisch gerade und
erzielt mehr Bewegungsfreiheit im Arbeitsbereich. Gegenstände können fester

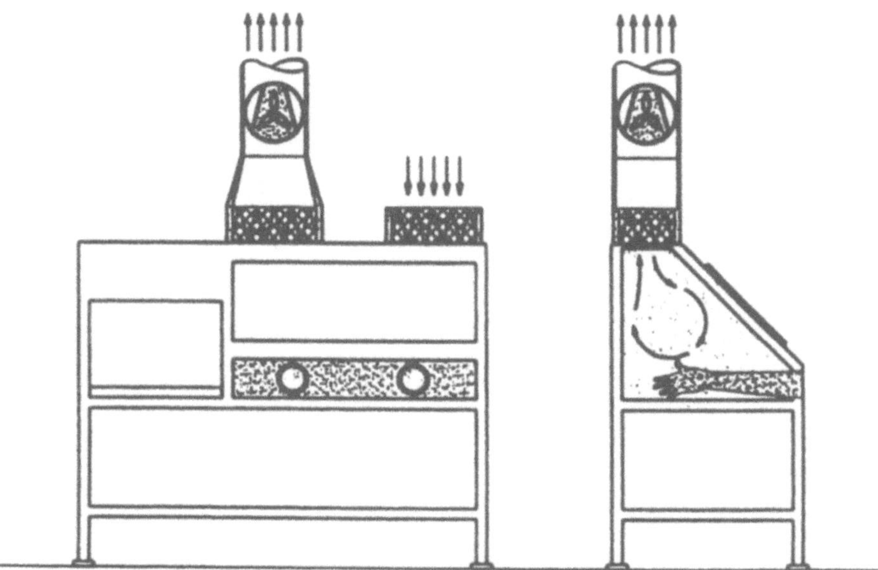

Abb. 6.18   Sicherheitswerkbank Klasse 3 mit Schleusenkammer

gegriffen werden, ohne danach zu angeln oder sogar den Körper zur Seite zu drehen und den Arbeitsraum aus dem Gesichtsfeld zu verlieren.

Die Werkbank der Klasse 1 ist im wesentlichen ein modifizierter Labor-Abzug oder -Digestorium und bietet durch den monodirektionell in die Werkbank gerichteten unbehandelten oder unfiltrierten Luftstrom lediglich Personenschutz und ist für biotechnologische Arbeiten völlig ungeeignet, da offene Kulturen durch die von der unbehandelten Luft mitgeführten Kontaminanten gefährdet sind.

Die Werkbank Klasse 3 – auch Handschuhkasten oder Glove Box genannt – ist partikeldicht, kann gegen unerkannte Leckage mit einem Unterdruck von ca. 100 Pa versehen werden, ist aber für das Arbeiten über armlange luftdichte Handschuhe umständlich und zeitintensiv. Sicheres Arbeiten hängt hier von dem Handschuhmaterial (z. B. Brombutyl-Kautschuk oder Chloropren/Neopren), von der Materialstärke und Paßform der Arbeitshandschuhe ab, als auch von dem möglichst unbegrenzten Zugang zum Objekt durch die verfügbare Armlänge.

Weiterhin ist der Arbeitsraum nur nach einer Zwischensterilisation frei zugänglich, wenn z. B. weiteres Verbrauchsmaterial oder Kulturen eingeführt werden sollen. Alternativ kann eine Peressigsäureschleuse oder UV-/Ozon-Schleuse oder ein von innen und außen benutzbares Desinfektions- oder Tauchbad (dunk tank) eingerichtet werden.

Ideal erscheint eine Schleusenkonstruktion, wie in Abb. 6.19 dargestellt. Für die chemische Kaltsterilisation von Oberflächen kann wahlweise Peressigsäure

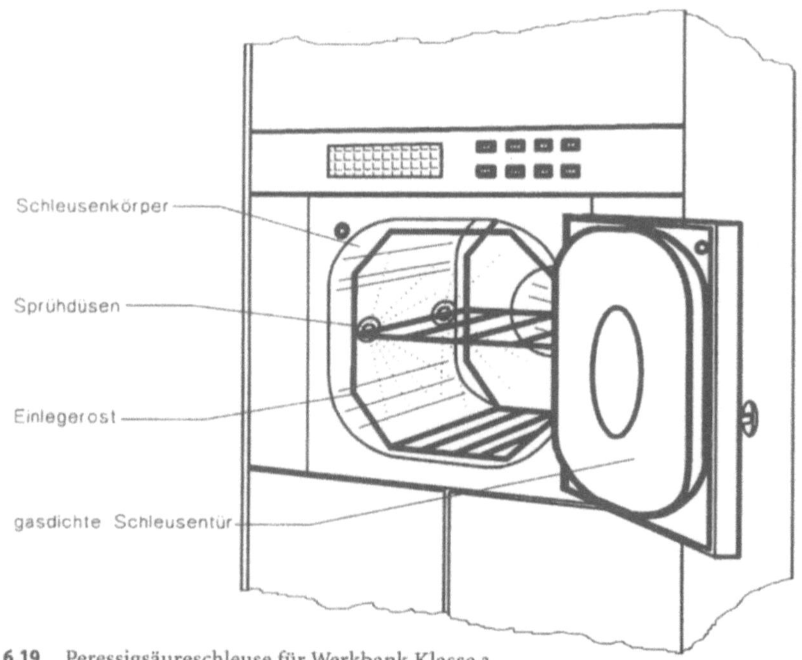

Abb. 6.19   Peressigsäureschleuse für Werkbank Klasse 3

(-Nebel) in einer Kammer versprüht werden oder die Kammer wird als Flutschleuse vollständig mit wäßrigem Desinfektionsmittel aufgefüllt und nach der erforderlichen Einwirkungsdauer wieder entleert.

Will man effizienter arbeiten, so gehören in die Klasse-3-Werkbank Aggregate integriert, wie Kühlschrank (z.B. in die Tischfläche versenkt), Brutschrank, größerer Festabfallsammelbehälter (ebenfalls in die Tischfläche eingelassen),

Abb. 6.20 a–c Schleuse für Sicherheitswerkbank Klasse 3 mit Bajonettanschluß

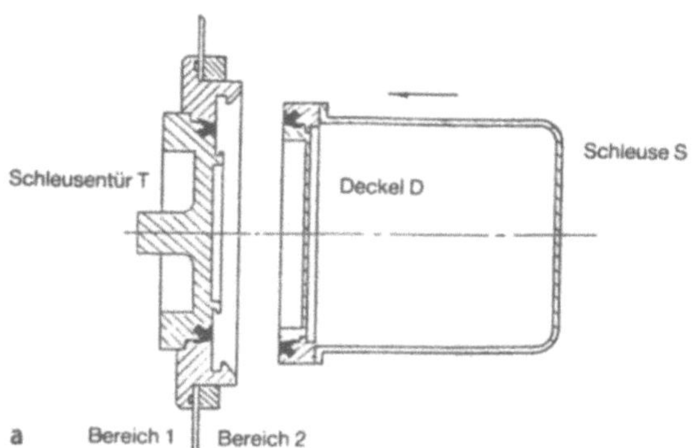

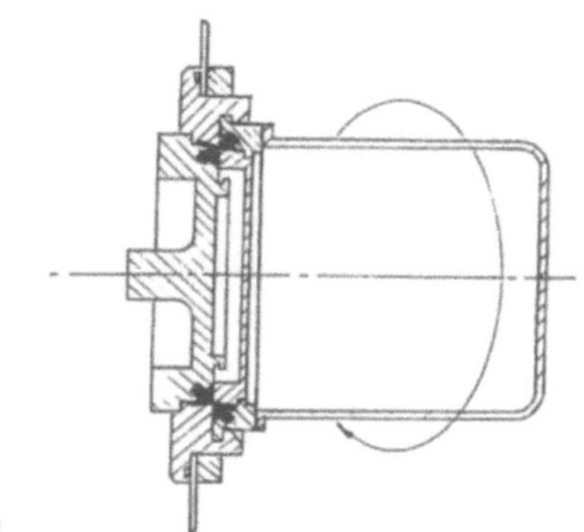

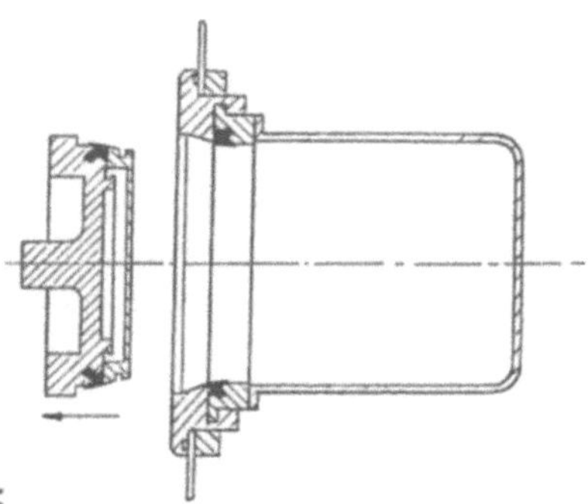

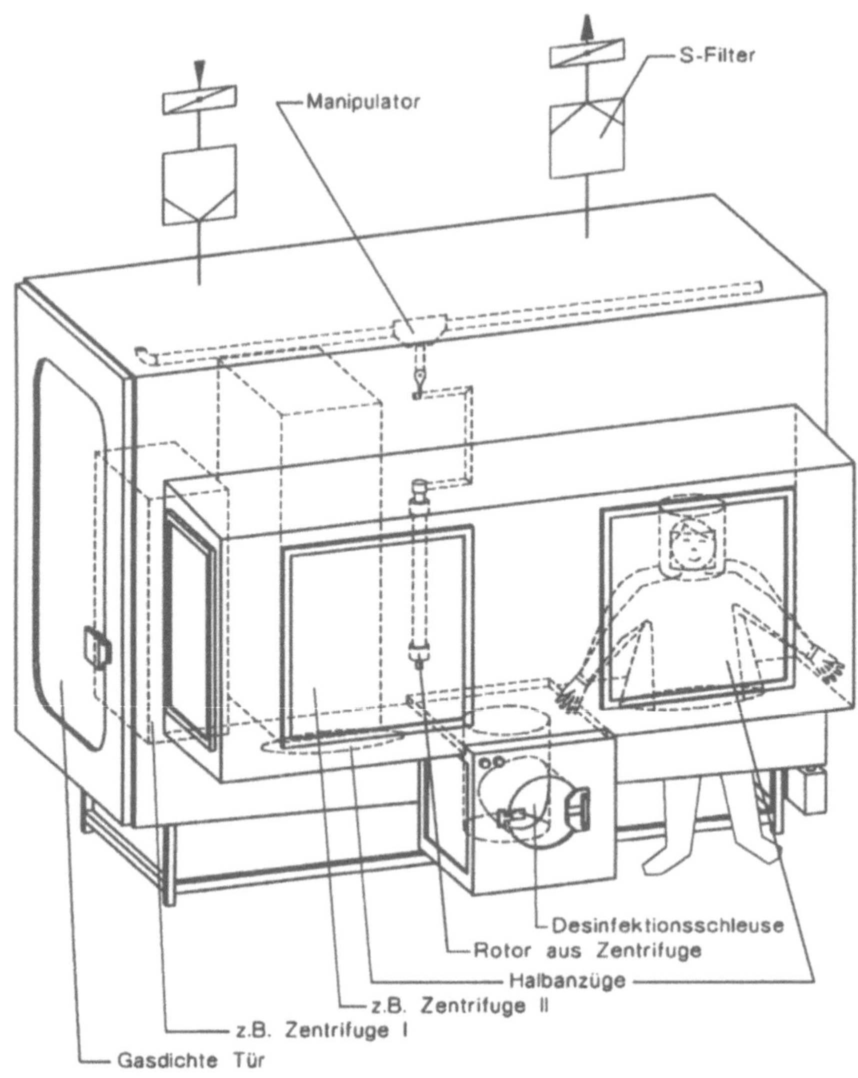

Abb. 6.21   Sicherheitswerkbank Klasse 3 mit Halbanzugausstattung

doppeltüriger Autoklav, sowie mit dem dadurch bedingten Größenzuwachs ein
Transportband und/oder Manipulatoren.

Es gibt verschiedene Firmen, die einzelnes Gerät, aber auch Systemlösungen
mit Halbanzügen anbieten, die einige Nachteile der Klasse-3-Werkbank durch
den komfortablen Zugang und einen Aktionsradius von > 250 °C ausgleichen
und höchste Sicherheit gewährleisten.

Eine andere Entwicklung ist das Doppeltürschleusensystem (s. Abb. 6.20).
Hier kann mit Hilfe einer Deckel-in-Deckel-Konstruktion und einem Bajonettanschluß der rasche Transfer von infektiösem Material aus der Klasse-3-Werk-

bank in ein anderes Containment erfolgen. Es entfällt der Zeitaufwand für die Desinfektion/Sterilisation in einer Schleusenkammer oder im Tauchbad.

Abbildung 6.21 zeigt ein Beispiel für eine aufgerüstete Werkbank Klasse 3. Wenn eine Klasse-3-Werkbank erst einmal eine Arbeitsfläche von $\geq 4\,\mathrm{m}^2$ erreicht, ist es sinnvoller, eine Kammer zu konstruieren, die über Halbanzüge zugänglich ist. Diese Art der Werkbank Klasse 3 ist die Konstruktion der Zukunft für S3- und S4-Bereiche. Über die Halbanzüge, die ursprünglich für die Kernreaktortechnik entwickelt wurden, ist der fließende Übergang von der Labor- in die technische Produktionsdimension gegeben.

Technische Richtlinien

Allgemeine Anforderungen an Sicherheitswerkbänke Klasse 2 sind in den Richtlinien DIN 12950 Teil 10 („Sicherheitswerkbänke für mikrobiologische und biotechnologische Arbeiten") abgehandelt.

Als weitere relevante Vorschrift hinsichtlich Funktion, Kontrolle und Prüfung ist die VDI-Richtlinie 2083 Blatt 3 („Reinraumtechnik, Meßtechnik") zu nennen.

Wenn es um Ausrüstung und Betrieb einer Sicherheitswerkbank geht, ist die Beachtung des HVBG-BGZ-Merkblattes „Merkblatt für das Arbeiten an und mit mikrobiologischen Sicherheitswerkbänken" (ZH 1/48) empfohlen.

Für den Bezieher von Werkbänken aus angelsächsischen Ländern ist der Hinweis wichtig, daß es in der Bundesrepublik Deutschland eine Unterscheidung nach Klasse 2 Typ A, Typ B, Typ A 100 % Exhaust bzw. nach der National Sanitation Foundation (NSF) in Typ A, Typ B1, B2 und B3 nicht gibt.

Prüfmethoden

Der Abscheidegrad der verschiedenen Raumluftfilter ist in DIN 24184 „Typprüfung von Schwebstoffiltern; Prüfung mit Paraffinölnebel als Prüfaerosol" beschrieben. In Zusammenhang mit Sicherheitswerkbänken interessiert besonders die Filterklasse S mit einem Abscheidegrad bezogen auf eine Partikelgröße von 8,5 µm von > 99,97 bis 99,999 %. Hieraus ist ersichtlich, daß HEPA-Filter keine Absolutfilter sind. Eine Durchlässigkeit für Mikroorganismen, tierischen Zellen und Viren ist trotzdem nicht gegeben.

Sicherheitswerkbänke der Klasse 2 werden überprüft bei:

- Aufstellung und Inbetriebnahme,
- Standortveränderung,
- Routinekontrollen/-Wartung sowie nach dem
- Filterwechsel.

Als erforderlich gilt mindestens die Überprüfung von:

- Lufteintrittsgeschwindigkeit in der Arbeitsöffnung,
- Dichtheit der Luftfilter und
- Dichtheit der Werkbank (Gehäuse).

Routinekontrollen in Deutschland sind bezüglich der zeitlichen Abstände nicht vorgeschrieben, aber der jährliche Abstand ist als Mindestzeitraum zu empfehlen. In USA gilt die jährliche Prüfung für Arzneimittelhersteller (GMP-Forderung). Der British Standard fordert die Prüfung mindestens nach 14 Monaten. Sinnvoll wäre auch der Einbau eines Betriebsstundenzählers.

Neben der Filterintegrität ist die Luftgeschwindigkeit von höchster Bedeutung. Sie kann mit handlichen thermischen oder Flügelrad-Anemometern gemessen werden und soll unterhalb des Hauptfilters im Arbeitsbereich 0,45 m/s betragen. Auch im Bereich der vorderen Lochplatte darf die Luftgeschwindigkeit 0,3 m/s nicht unterschreiten.

Im Bereich des Arbeitsraumes sind mehrere Meßstellen vorzusehen, die im Wartungsbuch aufgeführt sein sollten. Wiederholungsmessungen im Abstand von Monaten geben Auskunft über Veränderungen während der Filterstandzeit bis zu einem Verblockungsgrad, der den Filterwechsel erforderlich macht.

Man kann allerdings je nach Betriebsbedingungen und Nutzungsintensität von einer Standzeit von $\geqslant$ 5 Jahren ausgehen.

Zusätzlich zum Einsatz von Anemometern können routinemäßig Messungen mit optischen Partikelzählern erfolgen.

Üblicherweise orientiert man sich an den Anforderungen für die Reinheitsklasse 100 (s. Abschn. 3.2).

Die maximale Partikelzahl pro m^3 Luft muß für die Größe > 5 µm 0 betragen, für die Größe > 0,5 µm darf sie 3500 nicht überschreiten.

Die Filterbeschaffenheit läßt sich weiter validieren durch den Dioctylphthalat (DOP)- oder Diethyl-hexyl-sebacetat (DEHS)-Test.

Moderne Werkbänke besitzen bereits integrierte Anschlüsse für diese Prüfungen. Ansonsten sind diese nachrüstbar. Diese zerstörungsfreien Tests finden also im eingebauten Zustand statt.

Objektiv betrachtet ist der HEPA-Filtertest ohne Belastung mit einem künstlichen Aerosol nicht aussagekräftig. In der Praxis wird ein Testaerosol mit bekannter Partikelgröße (ca. 0,3 µm) aus einem Aerosolgenerator mit Rohluft vermischt.

Die HEPA-Filterbelastung beträgt etwa 160 g DOP/m^2/h. Die Partikelzählung sollte gemäß des oben erwähnten Abscheidegrades mindestens 5 Zehnerpotenzen betragen. Einzelheiten sind dem VDI 2083 Blatt 3 („Reinraumtechnik, Meßtechnik") zu entnehmen.

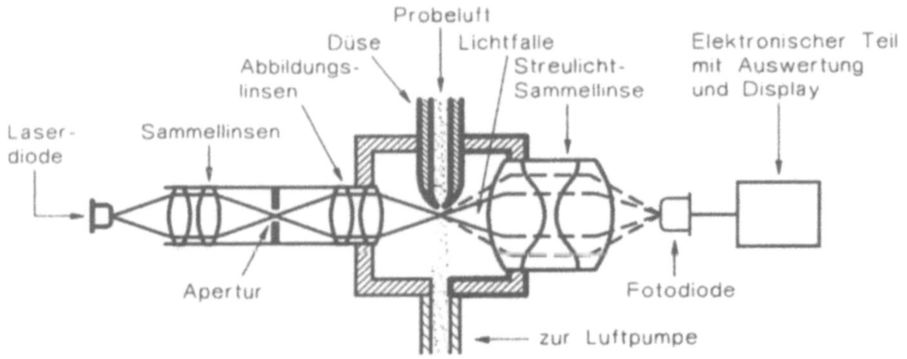

Abb. 6.22 Laseroptische Partikelmessung (schematisch)

Nachdem DOP seit 1989 in der MAK-Wert-Liste als leicht toxisch aufgeführt ist (die max. Arbeitsplatzkonzentration beträgt 10 mg/m^3), ist es sinnvoll, dem Prüfpersonal diese Exposition zu ersparen und mit der Ersatzsubstanz DEHS zu arbeiten, die ebenfalls flüchtig ist und aus den HEPA-Filtern mit Luft wieder ausgespült werden kann (Spülphase).

Die Messung der Filterbeschaffenheit mit Streulichtphotometern oder Partikelzählern kann zusätzlich objektiviert werden durch mikrobiologische Tests einfachster Art (Verschleppungsschutz).

Hierbei werden bei eingeschalteter Werkbank offene Petrischalen mit sterilem Nähragar aufgestellt. Nach ca. 30 min verschließt man die Nährbodenplatten und inkubiert sie über 1 bis 3 Tage. Bei einwandfreier Funktion der Werkbank ist keine Kontamination erkennbar.

Der Aufwand kann im Bedarfsfall erhöht werden durch die Auswahl verschiedener Nährböden für Bakterien, Hefen und Pilze oder Selektivnährböden sowie durch die Verwendung von Parallelplatten für die Inkubation bei unterschiedlichen Temperaturen.

Als weiterer Funktionstest ist die Überprüfung des Luftvorhanges an der offenen Seite der Werkbank möglich. Hier wird im Arbeitsbereich wiederum ein Aerosolgenerator aufgestellt, der neben DOP oder DEHS auch mit Kaliumjodid oder Natriumchlorid betrieben werden kann. Außerhalb der Werkbank dürfen mit den passenden Meßmethoden keine Partikel aus dem Arbeitsbereich meßbar sein.

Sicherlich ist dieser Test wegen des relativ hohen Aufwandes routinemäßig nicht anwendbar. Auf jeden Fall sollte man sich aber auf das GS-Zeichen (Geprüfte Sicherheit) für typgeprüfte Sicherheitswerkbänke verlassen. Dieses Prädikat vergibt – ähnlich wie die amerikanische Organisation der Biological Safety Cabinet Certifiers – die Berufsgenossenschaft für Gesundheitsdienst und Wohlfahrtspflege in Zusammenarbeit mit dem TÜV Norddeutschland in Hamburg (s. Liste der GS-geprüften Werkbänke).

Für die Gerätebeschaffung ist der Blick in die aktuelle Liste der geprüften Werkbänke ratsam. Das Gütesiegel garantiert nicht nur die elektrische Sicherheit, die Verwendung passender Materialien usw., sondern bürgt auch für nach DIN durchgeführte biologische Prüfversuche. Typspezifisch muß der Hersteller ein entsprechendes Zertifikat vorlegen können.

Seit 1993 listet die Berufsgenossenschaft für Gesundheitsdienst und Wohlfahrtspflege auch GS-geprüfte Zytostatikawerkbänke. Diese sind modifizierte Klasse-3-Werkbänke, bei denen der vordere Zugang zum Arbeitsbereich geschlossen und mit 2 Armöffnungen versehen ist.

Die Ausstattung dieser Werkbänke mit zusätzlichem Aktivkohlefilter (s. u., Arbeiten mit Radionucliden) ist umstritten, da es kaum Möglichkeiten gibt, das Nachlassen der Wirksamkeit zu kontrollieren. Gleiches gilt für Filterschäume als neuere Entwicklung. Die Filterschäume bestehen aus einem Polyurethanschaum-Pulverkohle-Verbund und sollen den Vorteil einer größeren Filterkohlenoberfläche durch die Verwendung von Pulverkohle anstelle von Aktivkohle bieten.

Wird größeres Gerät, z. B. ein programmierbarer Laborautomat Typ Biomek für die Verarbeitung von Mikrotiterplatten in die Werkbank Klasse 2 eingeführt, kann die Effektivität der Werkbank unter diesen Bedingungen geprüft werden, indem der Automat ein Arbeitsprogramm mit einer mikrobiellen Keimsuspension absolviert, während gleichzeitig offene Nährbodenschalen im Umfeld der Apparatur plaziert werden (s. o.).

Wenn nach dem Probelauf keine Kontamination aufgetreten ist, die sich über Kolonien auf dem Nährboden zeigen würde, ist der schützende Luftvorhang nicht gestört.

Filterabscheidegrad

Für den Betreiber einer Sicherheitswerkbank ergibt sich oft die Frage ob ein HEPA-Filter, das mit Testaerosolen der durchschnittlichen Partikelgröße von 0,3 µm auch für kleinere Partikel, wie z. B. Viren, dicht ist. Diese Leistung ist tatsächlich gegeben und empirisch erwiesen. Das Rückhaltevermögen eines HEPA-Filters erhöht sich sogar bei einer Partikelgröße von > 0,3 µm, so daß selbst Viren der Größe 20 – 30 µm zurückgehalten werden.

Eine Erklärung für diese Filtereigenschaft ist die rasche Bindung zwischen Viren und Partikeln der Luft wie Staub, Tröpfchen, Kulturmedium, Speichel usw., so daß sofort ein größeres Aggregat entsteht. Wer die Virusdichtheit der HEPA-Filter in Frage stellt oder den unerkannten Filterdurchbruch nach längerer Standzeit fürchtet, kann sich bei der Handhabung von Organismen der Risikogruppen 2 und 3 nur durch den Anschluß der Werkbankabluft über einen Abluftadapter (den die meisten Hersteller als Option anbieten) an ein technisches Entlüftungssystem absichern, das über ein S-Filter die Abluft nach außen führt. Dabei muß unbedingt beachtet werden, daß Unterdruck oder Unterdruckschwankungen in der Raumatmosphäre einen Aerosolaustritt an der vorderen Öffnung der Werkbank bewirken kann, wenn der Abluftstrom nicht an einen Druckausgleichskanal (Überströmkanal) angeschlossen ist oder – noch einfacher – die Abluftleitung mit einer Rückschlagklappe versehen ist.

Als technische Weiterentwicklung sind elektrostatische Filter der Elektro-Aktivkohle-Filter zu nennen, die als zusätzliches Sicherheitselement eingesetzt werden können. Mit diesem technischen Prinzip können Partikel und Mikroorganismen der Größe ≥ 0,1 µm sicher zurückgehalten werden, und sie verbleiben auch bei Stromausfall im Filterbett.

Filterwechsel/Filterdesinfektion

Einzelheiten über die Filterbegasung mit Formaldehyd vor dem Wechsel sind in Abschn. 3.2 beschrieben.

Sowohl für die Desinfektion von S-Filtern im Bereich der Klimaanlage als auch im Laborbereich eignet sich ein Gerät wie der Typ Autex (Dr. Gruß GmbH, Mönchengladbach). Anhand einer ausführlichen Beschreibung wird Formaldehyd-Dampf in ein Filtergehäuse eingespeist oder in die dicht verklebte Werkbank Klasse 2 oder in die Werkbank Klasse 3. Nach vorgeschriebener Einwirkungsdauer wird die Werkbank entweder mit Luft gespült oder das Formaldehyd mittels Ammoniak neutralisiert. Bei dieser Reaktion entsteht letztendlich Hexamethylentetramin, das reversibel wieder in Formaldehyd und Ammoniak zerfällt. Diese Rückreaktion ist die Ursache für die persistierende Wirkung des Formaldehyds. Auch hier gilt es, die TRGS 522 zu beachten. Als kleinere, handlichere Einheit ist der Heraeus-Desinfektionsapparat RD 6004 anzusehen. Er ist für bedampfbare Bereiche bis 7 m³ geeignet und kann auch z. B. für Begasungsbrutschränke verwendet werden. Wenn eine Werkbank häufiger dekontaminiert wird, bieten die Hersteller z. T. fest installierte, kompakte Formalin-Begaser als Zubehör an, die an der Seite der Werkbank montiert sein können und die das Gerät über Nacht desinfizieren. Vorzugsweise verwendet man sie an Klasse-2-Werkbänken, die die Abluft ins Freie führen.

Die Stellungnahme der ZKBS zur Entsorgung von Filtern aus gentechnischen Anlagen vermittelt Empfehlungen zur Vorgehensweise in Anlagen der Stufen S1 und S2.

Ein gutes Beispiel für den technischen Fortschritt ist ein neues Gerät der Firma Amsco, das die Dekontamination über H_2O_2-Wasserdampf erreicht (s. Abb. 6.23). Das vollautomatische Gerät wird in Europa über die Firma Finn-Aqua vertrieben und ist mit Anschaffungskosten von DM 110 000 für kleinere Betriebe kaum rentabel. Größere Betriebe ab ca. 15 Werkbänken und höherem Hygienestandard können sicherlich über viele Jahre diese Investition nutzen.

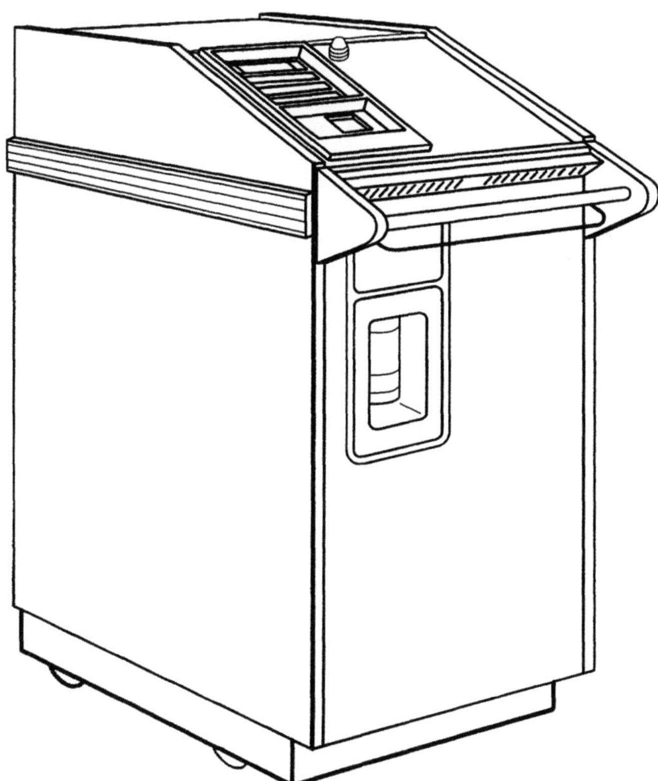

Abb. 6.23 Wasserstoffperoxid-Dampfsterilisator

Der Vorteil der Peroxidsterilisation ist offensichtlich. Hohe Wirkungseffektivität ist verbunden mit geringster Belastung für Mitarbeiter, Bevölkerung und Umwelt. Zumindest Fachfirmen sollten den Desinfektionsservice mit H_2O_2 anbieten. Das Gerät kann für Räume bis 30 m³ eingesetzt werden, fertig entwickelt ist eine Einheit für 70 m³, und geplant ist eine Einheit für die Dimension 150 m³.

Die Firma IBK Industriebedarf bietet seit kurzem das UV-/Ozon-Sterilisationsgerät Sterizon an, das für die Dekontamination von Sicherheitswerkbänken entwickelt wurde. Das Ozongas in der Wirkkonzentration von 25 ppm entsteht durch UV-Bestrahlung von Luft bei einer Wellenlänge von > 200 nm. Aus dem Luftsauerstoff wird Ozon gebildet. Das Gerät vermeidet die Verbreitung gesundheitsschädlicher Dämpfe, wie sie z. B. bei der Verwendung von Formaldehyd und Ammoniak entsteht. Restozon läßt sich über einen Palladiumkatalysator zersetzen. Die Anerkennung des Verfahrens ist beim Robert-Koch-Institut beantragt.

Für die Routinedesinfektion, die ab Sicherheitsstufe 2 nach GenTSV erforderlich ist, verwendet man üblicherweise Schnelldesinfektionsmittel (s. Abschn. 7) wegen Brand- und Explosionsgefahr oder wäßrige Desinfektionsmittel zur Wischdesinfektion.

Für den verbesserten Hygienestandard speziell ab Sicherheitsstufe 3 kann die zusätzlich UV-Desinfektion sinnvoll sein. Sie setzt mangels genügender Eindringtiefe der UV-C-Strahlen (200–280 nm, wirksamer Bereich: ca. 254 nm, Absorptionsmaximum der Nucleinsäuren) relativ saubere Oberflächen voraus. Unter diesen Voraussetzungen und auch für die Entkeimung der Luft ist UV-Strahlung sehr empfehlenswert. Folgende Tatsachen sind jedoch strikt zu beachten:

- Die Lebensdauer der UV-Quecksilberniederdruckstrahler ist begrenzt (≤ 8000 Std.).
- UV-Lampen dürfen nicht ohne UV-Dosimeter für die UV-C-Strahlung eingesetzt werden. Nur so kann das natürliche Nachlassen der Strahlungsintensität, die optisch vom Mitarbeiter nicht wahrzunehmen ist, gemessen werden, um bei < 30 % Strahlungsleistung die Strahlungsquelle auszutauschen.
- Als Bestrahlungsdauer pro Desinfektionszyklus reichen 20 – 30 min.

Organisatorische Maßnahmen allgemein

Abschließend muß jedoch betont werden, daß der Mensch eine Risikogröße für den Nutzen der Sicherheitswerkbank ist. Unsachgerechtes Arbeitsverhalten, wie im folgenden aufgelistet, führt nur zu einem vermeintlichen Schutz vor der Laborinfektion:

- vordere Luftansaugöffnungen abgedeckt,
- Unterarme auf den Luftansaugöffnungen aufliegend,
- Werkbank überfrachtet (Abstellplatz),
- große Flaschen im vorderen Arbeitsbereich,
- Abluftfilter zugestellt,

- zu schnelle Armbewegungen,
- starke Wärmequelle im Arbeitsbereich,
- Einblasen von Druckluft und Gasen,
- Frontscheibe mit Aufklebern belegt,
- optische und akkustische Alarmierung inaktiviert,
- Arbeiten zu zweit an einer Werkbank,
- UV-Desinfektion ohne Kontrolle mit UV-C-Dosimeter,
- Rückschlagklappe fehlt für Abluft in Klimakanal oder direkt ins Freie.

Arbeiten mit Radionukliden in der Sicherheitswerkbank Klasse 2

Wenn auch im biologischen Sicherheitsbereich das Arbeiten mit radioaktiven Substanzen möglichst vermieden wird und sich heutzutage dafür mehr Alternativen als je zuvor bieten, lassen sich für den unausweichlichen Fall verschiedene Konzeptionen konstruieren, die spezielle, erfahrene Hersteller auf dem Markt anbieten.

Immer noch Stand der Technik ist die Kombination von HEPA-, Aktivkohle- und Abriebfilter. Die Forderungen der DIN 25466 „Radionuclidabzüge; Anforderungen an die Ausführung und an die Betriebsweise" müssen erfüllt werden.

In der Regel wird Edelstahl als Werkstoff für das Gerät gewählt. Die Gehäuse sind gasdicht geschweißt. Natürlich wählt man für diesen Werkbanktyp den Außenanschluß für die Abluft, d. h., es findet keine Laborluft-Rückführung statt. Die Funktionstüchtigkeit der Anlage hängt von der Kontrolle des Rückhaltevermögens ab. Im Zweifelsfall kann man zusätzlich mit einem Abluftwäscher für Laborabzüge arbeiten.

6.3.3
Laborfermenter

Trotz eines anhaltenden Trends zur stetigen Verbesserung von Fermentern sowie der Abkehr von 100 %igen Eigenkonstruktionen und der heute routinemäßigen Anwendung von kommerziell angebotenen Fermentern ist man weit entfernt von einer Standardisierung und wahrscheinlich wäre letzteres ein großes Innovationshemmnis für die weitere Fermenterentwicklung.

Sicherheit beim Fermenterlauf beginnt eigentlich schon bei der Vorkultur. Beim Umgang mit Pathogenen in der Mikrobiologie können statt einfacher Schüttelkolben Vorkulturen in kunststoffummantelten Erlenmeyerkolben mit Schraubverschluß angesetzt werden. Die Belüftung erfolgt über ein bakteriendichtes Membranfilter im Schraubverschluß. Dieser kann zusätzlich mit einer aerosoldichten Steckkupplung (s. u.) für den Transfer in den größeren Kulturansatz versehen werden.

Weiterhin kann man die Inkubation in einem Inkubationsschüttler, wie dem Typ Aerotron, durchführen. Statt mit einem trotz Biocidzugabe kontaminationsanfälligen Wasserbad zu arbeiten, wird hier mit Luft temperiert. Der Inkubationsraum besteht aus einer dichten Wanne und einem Klarsichtdeckel, so daß bei Kolbenbruch das Kulturmedium nicht austreten kann. Der Antrieb erfolgt magnetisch.

Auch in der Zellkultur/Virologie gibt es fortschrittliche Entwicklungen auf der Vorkultur-Ebene wie Zellkulturflaschen aus PETG (Polyethylen-tetra-phthalateglycol), die bruchsicher sind.

CO_2-Inkubatoren werden z. T. schon mit Desinfektionszyklus und Sterilfiltern im Gaskreislauf ausgestattet und sind damit optimal ausgelegt für den Produkt- und Arbeitsschutz.

Obwohl Bakterienstämme, wie Bacillus caldovelox bekannt sind, die eine Generationszeit von wenigen Minuten aufweisen, und Kontaminanten in der Vermehrung kaum konkurrieren könnten, gilt auch heute noch, daß ein Fermenter ein dichtes, geschlossenes System darstellen muß, da nur so das Führen einer kontrollierten Reinkultur im Sinne des Produktionsschutzes gewährleistet ist.

Im Betrieb eines Fermenters sind die bedeutsamsten Schwachstellen bezüglich Leckage:

- Abluftfilter,
- einfache Schraubanschlüsse, O-Ringe,
- Probenahme,
- Gleitringdichtung (Untenantrieb).

Auch im Labor kann die Züchtungsdimension > 30 l betragen, und es gilt, die potentielle Leckage oder Aerosolbildung zu beherrschen. Während Leckagen oder auslaufende Flüssigkeiten über die üblicherweise gefärbten Medien in Mikrobiologie und Zellkultur relativ rasch erkennbar sind, sind wohl physikalisch/mechanisch erzeugte Aerosole wegen ihrer schwereren visuellen Erkennbarkeit die größere Gefahr. Im biologischen Sicherheitslabor will man also das unerkannte, stille Leck primär ausschließen.

Ashcroft und Pomeroy [5] beschreiben das Auftreten und Verhalten in gezielt ausgelösten Leckagen am mikrobiologischen Fermenter. Auch ein Laborfermenter der 10 l-Dimension kann schon wesentliche zusätzliche Elemente des Primärcontainments aufweisen. Allerdings müssen im biologischen Sicherheitslabor definierte und kontrollierte Kleinkulturansätze nicht gleich die 10 l-Fermentation bedeuten. Das Sixfors-System reduziert die Kulturmenge auf lediglich 300 ml und bis zu sechs in Reihe angeordnete Stellplätze bieten einen übersichtlichen Aufbau bei Parallelversuchen.

Kulturgefäß/Bioreaktorkessel

Für den Leckschutz ist es außer bei kleinsten Fermentereinheiten unter 1 l Gesamtvolumen sinnvoll, als Werkstoff nicht Glas, sondern Edelstahl zu verwenden, wenn das Gerät für die In-situ-Sterilisation ausgelegt ist.

Die Dauerbelastbarkeit von Glas durch die Dampfsterilisation ist fraglich, die Kosten für den Ersatz nach Glasbruch werden unterschätzt und schließlich kann sich ein wechselnder Lichteinfall durch phytochrome Effekte negativ auf das biologische System auswirken, indem Stoffwechselleistungen und Wachstumsraten sich verändern.

Für Stahlgefäße stehen verschiedene Stahlsorten zur Verfügung, die höchsten Anforderungen genügen. Bei extremer Metallionensensitivität, z. B. bei Zellkulturansätzen oder Korrosionsproblemen, lassen sich die Oberflächen mit Kunststoff beschichten oder emaillieren.

Obenantrieb:

Bei diesem Fermenterdesign werden die Antriebswelle, alle Stutzen und Sonden von oben durch den Deckel in den Kessel eingeführt. Die Ernte erfolgt über ein Steigrohr. Vorausgesetzt, daß auch eine Drucküberwachung vorhanden ist, kann auf diese Weise bei Fermenterstillstand keine Kultur austreten, da keine mit Kultur belasteten Anschlüsse, Stutzen, Sondeneinführungen usw. am unteren Behälter- oder Kesselbereich vorhanden sind.

Doppelte Zu- und Abluftfiltration

Heute wird für die Zu- und Abluft – mit Ausnahme der kleinsten Fermentereinheit unter 1 l Arbeitsvolumen – jeweils ein hydrophobes Tiefen- und Membranfilter in Serie angeordnet. Eine ggf. In-situ-Filtervalidierung ist mittels Druckhalte- oder Forward-Flow-Test durchführbar.

Für den Labormaßstab gibt es mehrstufige elektrische Abluftverbrennungsanlagen mit einem Durchsatz von 10 – 7500 l/min. Diese Maßnahme ist jedoch nur für die Stufe S 4 gerechtfertigt und durch den heutigen Entwicklungsstand in der Abluftfilterleistung eigentlich überholt.

Sicherheitsprobenahmesystem

Neben der Fermenterabluftstrecke ist die Probenahme eine der am meisten mit Gefährdung behafteten Tätigkeiten.

Denkbar ist die Verbindung einer offenen Probenahme mit der räumlich direkten Ansiedelung einer mobilen oder stationären kleinen Klasse-2-Werkbank. Um die HEPA-Filter funktionsfähig zu erhalten, darf keine Filterbelastung mit Dampf auftreten. Vermutlich hat aber dieses Konzept aus Platzgründen noch keine Verbreitung gefunden.

Im übrigen lassen sich für Organismen ab Risikogruppe 3 Laborfementer bis 10 l bequem in einer Klasse-3-Werkbank integrieren. Dies kann sogar billiger sein als eine Vielzahl von Containment-Elementen wie sie unten aufgeführt sind. Nachteil ist die behinderte, umständliche Bedienung über Handschuhe. Auch die Handschuhe von Glove-Boxen sind mit Preisen von > DM 200/Paar als Verbrauchsmaterial ein Kostenfaktor.

Auch heute ist es noch unmöglich, alle notwendigen analytischen Parameter eines Fermentationsansatzes on line zu bestimmen. Deshalb ist die Entnahme von originalen frischen Proben aus dem Kulturansatz unverzichtbar.

Für das aerosolfreie Arbeiten sind allerdings zuverlässige, aerosoldichte Systeme erhältlich.

Im einfachsten Fall benutzt man ein System wie von Fa. Braun, Melsungen, das auf der Basis miniaturisierter Dampfventile in Dreiergruppen funktioniert, über die alle Rohrleitungen vor dem Abkuppeln des Fermenterprobenahmegefäßes dampfsterilisiert werden können (s. Abb. 6.24).

Werden Probenahmegefäße aus Glas gewählt, ist auf einen geeigneten Schutzmantel gegen potentiellen Glasbruch bei der Sterilisation zu achten.

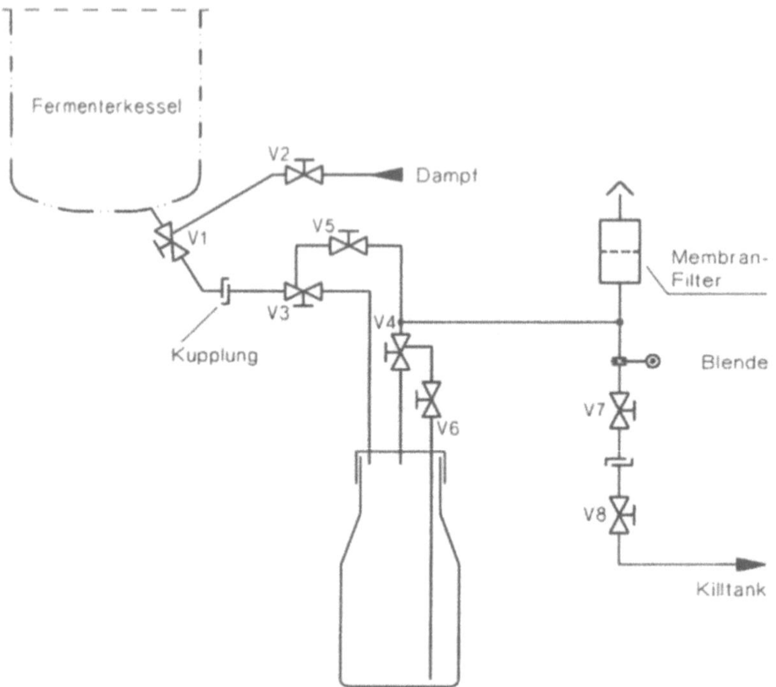

Abb. 6.24   Braun-Probenahmesystem, schematisch

Ventilstellungen

	Sterilisieren der Flasche	Probenahme	Sterslisieren nach Probenahme
V1	–	+	–
V2	+	–	+
V3	+	+	–
V4	0	+	–
V5	0	–	+
V6	+	–	–
V7	+	–	+
V8	+	–	+

– zu,   + auf,   0 zeitweise auf

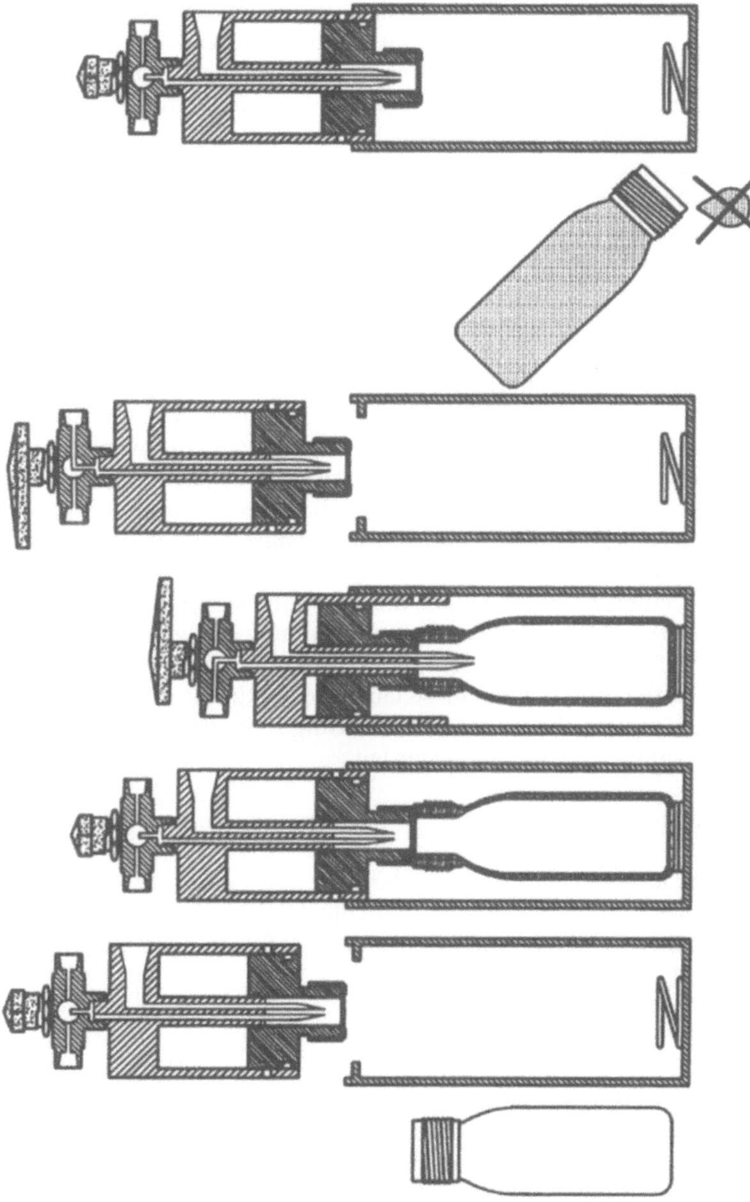

Abb. 6.25 Dopak-Probenahme-System. Aerosoldichte Probenahme über Doppelnadelsystem (Probeentlüftung)

Alternativ gibt es Systeme auf der Basis von Probeflaschen mit Septumverschluß, die im geschlossenen System mit Impfnadeln beschickt werden. Ein Beispiel ist das Dopak-System. Dieses System gilt auch als zuverlässig, da die Impfnadel sich nach der Probenahme hinter die Septumdichtung zurückzieht (s. Abb. 6.25).

Eine einfachere Version, die auch auf der Basis von Septumdichtung an der Probenflasche funktioniert, ist ein Probenahmesystem von Bioengineering. Das System ist jedoch viel zeitaufwendiger, da vor dem Abkoppeln der Probeflasche die Dampfdesinfektion der Ableitung abgewartet werden muß.

Notabschaltung über Druck und Antischaumsonde

Auch ein Laborfermenter kleinerer Dimension (1–5 l) sollte ab S2 über diese technische Ausstattung verfügen. Ein Laborfermenter wird im Gegensatz zum größeren Produktionsfermenter außerhalb der Arbeitszeit eher weniger durch Personal überwacht, und Schaum führt zur kritischen Gefährdung des Abluftsystems, während anormaler Druckaufbau, z.B. erzeugt durch schaumverblockte Abluftfilter, alle Dichtungen und Sondengehäuse belastet und somit das Primärcontainment gefährdet.

Während im kleinen Laborfermenter die Schaumbekämpfung in der Regel chemisch über die Reduktion der Oberflächenspannung erfolgt, kann es für den größeren Laborfermenter sinnvoll sein, eine mechanische Schaumzerstörung vorzusehen. Ob rotierende Scheiben, Schaufelräder, Rührer, Rotationskörper oder Zyklone, eine zusätzliche Wellendurchführung sollte bei einem Fermenter für pathogene Organismen vermieden werden.

Verkapselte Fermentersonden

Es ist möglich und in der Regel schon Standard, die über genormte Stutzen zugeführten Sonden wie pH, O_2 oder Redox in dichten Gehäusen zu verkapseln, so daß der Laborfermenter durch eine materialdefekte Sonde nicht ausläuft oder Aerosole generiert.

Ventile

Standard ist immer noch das hand-, fremd- oder motorgesteuerte Membranventil, wobei ein moderner S3-Fermenter leicht mit ≥ 130 Stück ausgestattet sein kann. Vorteil dieses Ventiltyps ist seine Dichtheit auch bei Membrandefekt. Das Ventil stellt seine Funktion ein, aber Leckage bleibt verhindert durch das dichte Gehäuse.

Lebensdauertests bei Kugelhähnen zeigen, daß auch diese nach 100 000 Schaltzyklen noch dicht sein können. Die dauerhafte Dichtheit muß aber als besondere Spezifikation beim Hersteller angefordert werden, denn Erfahrung zeigt, daß Kugelhähne sehr häufig tropfen.

Für allerhöchste Ansprüche an Dichtheit ist der gekapselte Kugelhahn der Firma Rötelmann, Werdohl, zu erwähnen (s. Abb. 6.26). Das Gehäuse ist

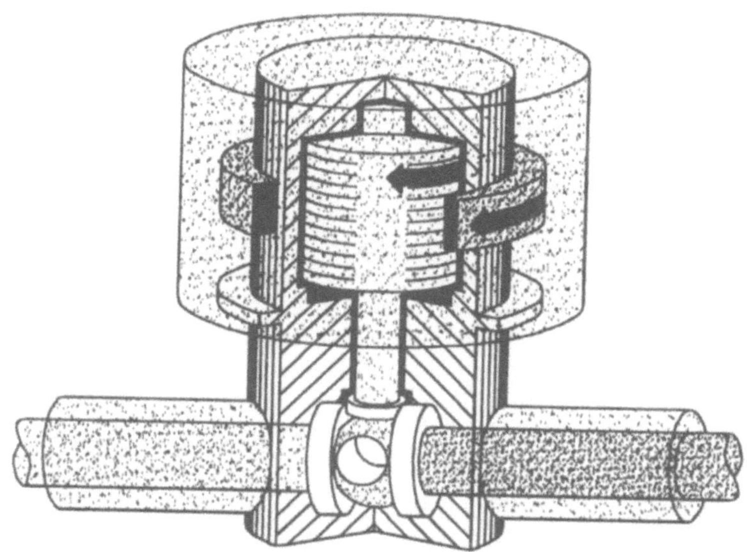

Abb. 6.26   Kugelventil, dicht verschweißt, mit Magnetkupplung

durch allseitiges Verschweißen völlig geschlossen. Die Betätigung des Kugel-
hahnes erfolgt durch indirekte Kraftübertragung mit einer Permanent-
magnetkupplung. Der Magnetkern ist ebenfalls verkapselt und geschützt.
Dieser Kern ist mit der Schaltwelle verbunden, so daß der sich auf dem ge-
kapselten Kugelhahn befindliche Magnetring bei der Drehung den Magnetkern
mitführt. Der Kugelhahn kann ohne mechanische Verbindung geschaltet
werden.

Der gekapselte Kugelhahn kann natürlich auch durch einen Stelltrieb automatisch geschaltet werden.

Periphere Zuleitungen

Sofern es der alltägliche Fermenterbetrieb erlaubt, sollten periphere Zuleitungen aus geschweißtem Edelstahlrohr bestehen. Sorgfältig bediente Schraub-
verbindungen stellen ebenfalls kein Dichtheitsproblem dar. Notwendigerweise
flexible Leitungsenden können kurz gehalten werden oder aus Schlauch
bestehen, der mit Metallgewebe armiert ist. Schon textilgewebeverstärkte PVC-
Schläuche weisen einen Betriebsdruck von mehreren tausend hPa auf, und der
Berstdruck beträgt $> 20 \times 10^6$ Pa.

Allgemein sollten einfache Schläuche zum Schutz vor Quetschungen oder
Abknickungen zumindest mit einer Edelstahlspirale oder Schutzfeder umgeben
sein. Wenn Schläuche für flexible Verbindungen unabdingbar sind, verwendet
man idealerweise für die Medienversorgung Spiralschläuche mit Gewichtsaus-
gleichsfeder für eine lange Lebensdauer der Schläuche. Schlauchanschlüsse im
Labor sind auch heute noch häufig ungesichert. Eine Sicherung – je nach Be-

lastung – durch Klemmbacken, Plastikbinder, Ohr-, Lochbandklemme oder Universalschelle mit Schraubspannschloß ist unverzichtbar.

Ab der 10 l-Dimension sind pneumatisch bedienbare Vorlagengefäße einem Schlauchpumpenbetrieb vorzuziehen. Die hier üblicherweise eingesetzten Silikonschläuche können durch Herstellungsfehler, Schäden beim Transport oder Lagern vorgeschädigt sein, so daß durch mechanische Belastung Leckage im Schlauchpumpenbetrieb kein seltenes Ereignis darstellt.

Der Schlauchabrieb läßt sich ggf. durch Überziehen mit einem Schlauch aus gleichem Material, aber mit größerem Innendurchmesser vermeiden. Im übrigen sollten Schlauchleitungen im Alltag häufiger oder bei längerer Ansatzlaufzeit sogar grundsätzlich zu jedem Beginn erneuert werden. Verstoß gegen diese Grundhaltung ist falsche Sparsamkeit und häufige Ursache für Leckagen.

Ab der 10 l-Dimension gibt es eine Reihe zusätzlicher Konstruktionsmerkmale, die das Containment verbessern:

- doppelte O-Ring-Dichtungen,
- doppelte O-Ring-Dichtungen mit Schleichdampf an allen Anschlüssen und Stutzen des Kulturgefäßes,
- doppelte Gleitringdichtung, insbesondere bei Untenantrieb,
- Füllstandsüberwachung für die Gleitringflüssigkeit,
- bei Doppelmantelausstattung am Kulturgefäß Kühlung über geschlossenen Kreislauf und Überwachung über Leitfähigkeitsmessung,
- regelmäßige Lecksuche mit Ultraschallgerät (s. Abschn. 3.2), insbesondere bei Langzeitversuchen,
- redundante Sensoren sichern Fermenterlauf bei Ausfall einzelner Sonden; kein Sondenaustausch während des Betriebs erforderlich.

Aus dieser Aufzählung ist ersichtlich, daß hier Mehrkosten in der Anlagenbeschaffung entstehen. Diese lassen sich mit einem Zuschlag in Höhe von ca. 30 % der Gesamtkosten beziffern. Sicherlich läßt sich teilweise auch Standardgerät nachrüsten. Jede konstruktive Maßnahme führt dabei zur erhöhten Sicherheit. Ein nicht immer einfach zu definierendes Restrisiko bleibt immer erhalten.

Wartungsplan

Gegen Ausfälle, Störungen und Leckagen kann ein detailliertes Wartungsprogramm vorbeugen. Dies sollte unbedingt in enger Kommunikation mit dem Fementer-Hersteller geschehen, der nicht nur Checklisten für die Kontrolle jeder Fermentation bieten sollte, sondern auch Listen für monatliche und vierteljährliche Wartungsarbeiten in Verbindung mit einer Aufstellung über Verschleiß- und Ersatzteile. Der Aufwand für ein solches Programm hängt natürlich auch von der Häufigkeit der Laborfermenterbenutzung ab.

Schnellverschlußkupplungen

Gerade im Laborbereich, in dem sich die Verwendung von Schlauchleitungen häufig nicht vermeiden läßt, werden Schnellverschlußkupplungen immer beliebter. Sie bieten als rationelle Leitungsverbindung die Möglichkeit einer flexiblen Handhabung von Zu- und Ableitungen zwischen den Behältern einer dichten Strecke aus Vorkultur, Hauptkultur, Substrat- und Korrekturmittelvorlagen, Probenahmesystem, Erntebehälter usw.

Schnellverschlußkupplungen bieten hohe Sicherheit durch die erreichte Fertigungsgenauigkeit und die korrekte Auswahl für ein dem Medium entsprechendes Material und Dichtungswerkstoff. Man unterscheidet zwischen Standard-Schnellverschlußkupplungen sowie tropffreien Schnellverschlußkupplungen.

In allen Branchen der Industrie werden Standard-Schnellkupplungen eingesetzt, z.B. für Dampf, Hydraulik und Vakuum, so daß sich aus Erfahrung langjähriger Praxis schon hohe Zuverlässigkeit ergibt. Für die sichere Biotechnologie wird die beidseitig absperrende Verschlußkupplung aus Edelstahl bevorzugt. Im Gegensatz zur einseitigen Absperrung ist hier die Dichtheit des Systems gewährleistet.

Die Dichtheit der Verschlußkupplungen wird in wesentlichen garantiert durch:

- *Material und Bearbeitung des Stecknippels* (1)
  Die Stecknippel werden standardmäßig gehärtet und geschliffen.

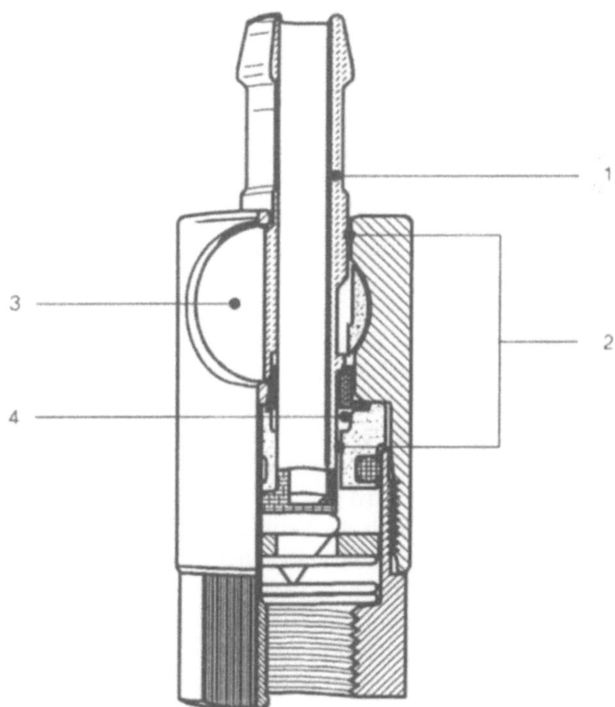

Abb. 6.27   Schnellverschlußkupplung (schematisch)

- *Die Führung des Stecknippels* (2)
  Zwei weit auseinanderliegende Führungen des Stecknippels garantieren einen optimalen Sitz. Ein Verkanten vor Eintritt in die O-Ring-Dichtung ist ausgeschlossen; die mechanischen Kräfte, die während der Handhabung auf den Stecknippel einwirken können, werden auf ein Minimum reduziert.
- *Verriegelung* (3)
  Verriegelungen mit außergewöhnlich großer Auflagefläche garantieren einen minimalen Verschließ, wie der bei Kupplungen mit Kugelverriegelung nicht zu erreichen ist.
- *Dichtung* (4)
  Die Dichtung ist das empfindlichste Teil einer jeden Kupplung. Die Dichtungen sind in einer langen und geschützten Dichtheitszone angesiedelt, die nur sehr geringen mechanischen Beanspruchungen ausgesetzt ist. Für hohe Dichtheitsanforderungen können auch zwei Dichtungen eingesetzt sein. Je nach Medium oder Verwendungszweck muß hochwertiges Dichtungsmaterial aus Nitrilkautschuk, Polyethylen, Polypropylen oder Viton verwendet werden.

Beim Anschluß bzw. Trennen von Schläuchen, Probenahmegefäßen und anderen Geräten an stationären oder mobilen Einrichtungen kann es beim Einsatz von herkömmlichen Schnellkupplungen zum Nachtropfen von Flüssigkeiten kommen. Handelt es sich bei den Flüssigkeiten beispielsweise um Kulturmedium mit infektiösen Organismen, muß dieses Nachtropfen minimiert oder verhindert werden.

Zunächst bietet sich die Möglichkeit der Leitungstrennung im Desinfektionstauchbad. Vorteilhafter ist jedoch die Verwendung einer tropffreien, leckarmen Stäubli-Schnellverschlußkupplung als neuere Entwicklung. Der Totraum an der Trennstelle zwischen den Kupplungshälften ist sehr gering (max. 0,003 ml). Hier braucht man nach der Trennung höchstens eine alkoholische Sprüh-Schnelldesinfektion vorzunehmen, um vollständige Sicherheit zu erzielen.

Konstruktionsbedingt liegen hier beim Einkuppeln ebene Metallflächen plan aufeinander. Zunächst wird durch einen O-Ring die Abdichtung nach außen hergestellt. Durch das Ineinanderschieben von Kupplungsgehäuse und Verschlußnippel werden die Ventile geöffnet und der Produktstrom ohne Lufteinschluß freigegeben. Gleichzeitig sind die beiden Hälften der Kupplung miteinander fest verriegelt.

Zum Lösen der Verbindung wird erst die Schiebehülse zurückgezogen. Nach dieser Entriegelung schließen sich die Ventile durch die Auseinanderbewegung von Kupplung und Nippel wieder. Dabei wird das Medium vollständig in die Innenräume der Kupplungshälften zurückgedrängt und beim Trennen wird durch diese Bauart ein Austritt von Flüssigkeit weitestgehend (s. o.) verhindert.

Zur allgemeinen Vertiefung der Kenntnisse von Aufbau und Funktion von Fermentern ist das Dechema-Taschenbuch „Standardisierungs- und Ausrüstungsempfehlungen für Bioreaktoren und periphere Einrichtungen" [28] sehr empfehlenswert.

6.3.4
Laborzentrifugen und Separatoren

6.3.4.1
Zentrifugen

Für den biologischen Arbeitsschutz muß unabhängig von der Laborsicherheitsstufe vor allen Dingen auf dichtes Laborgerät geachtet werden. Auch Zentrifugen
gehören zu dem Ensemble aus Laborgeräten, die potentiell keimhaltige Aerosole
generieren, wenn sie älter als fünf Jahre sind und nicht fachgerecht bedient
werden.

Aus dem Inneren der Zentrifuge betrachtet, beginnt der kontrollierte Zentrifugenlauf mit dem überlegten Beschicken der Zentrifugenröhrchen. Gegen-
überliegende Röhrchen müssen austariert sein (s. Abb. 6.28), wenn Unwucht
beim Zentrifugenlauf verhindert sein soll. Es genügt meist sogar eine preiswerte
mikroprozessorgesteuerte Briefwaage. Gerade kleinere Laborzentrifugen
verfügen heute noch nicht über eine automatische Unwuchtabschaltung. Bei
Festwinkelrotoren sollte auf 0,5 g, bei Ausschwingrotoren auf 0,1 g genau austariert werden.

Abbildung 6.28 und 6.29 zeigen, daß das Austarieren nicht blinde Routine ist,
sondern z. B. bei der Handhabung von Mikrotiterplatten überlegt vorgenommen
werden muß. Um Dichtheit zu gewährleisten, muß als nächstes der werkstoff-

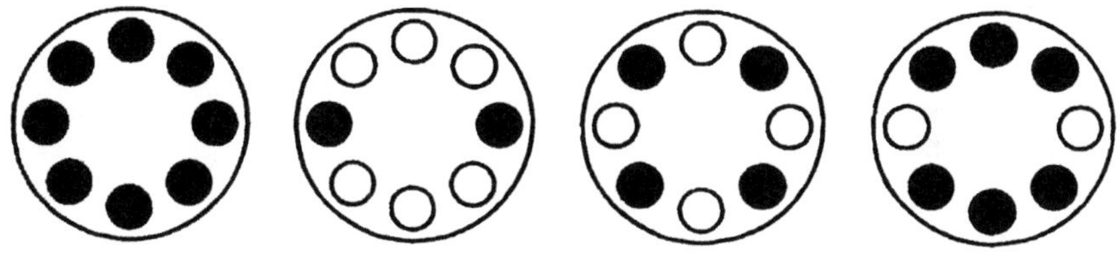

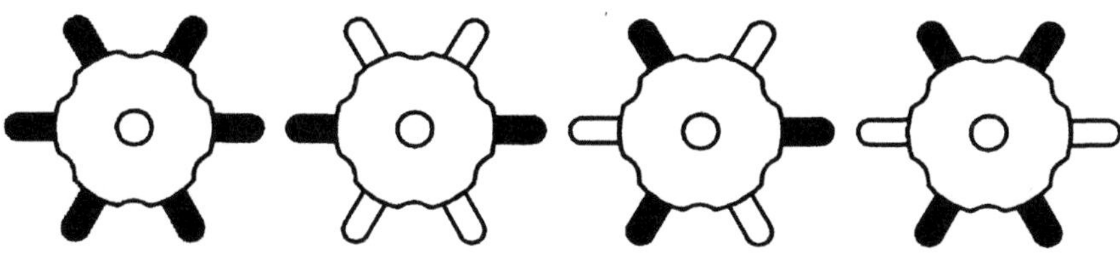

Abb. 6.28 Beladen von Festwinkel- und Ausschwingrotoren

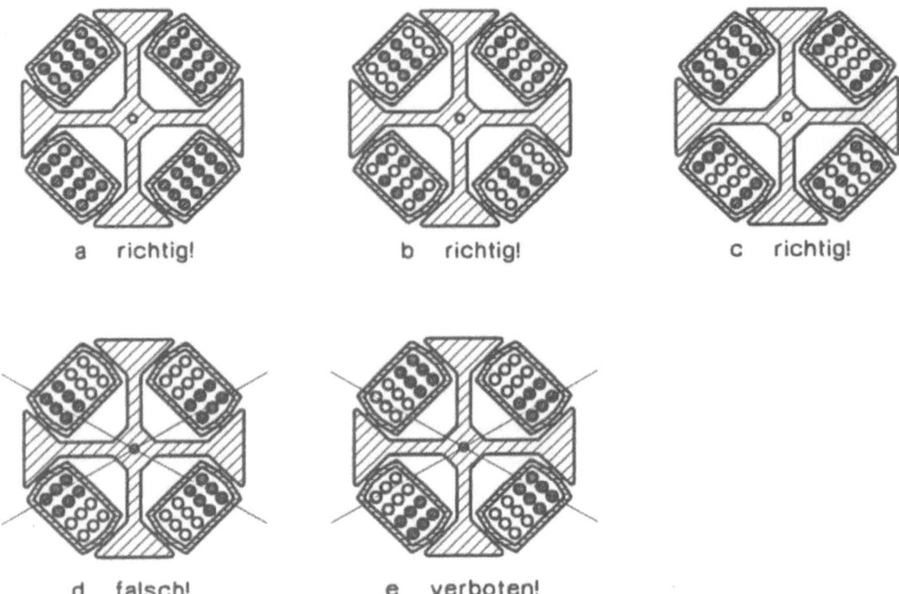

Abb. 6.29   Beladen von Tragringrotoren

abhängige maximale und minimale Füllstand bekannt sein und eingehalten werden.

Für Laborzentrifugen unter dem ultratourigen Bereich ($< 50\,000$ g) sind Edelstahl-Gefäße am sichersten einzusetzen. Trotz eines hohen Investitionsaufwandes für das V2A-Zubehör-Material können hiermit schätzungsweise $> 50\,\%$ an Bruch und Leckage im Labor verhindert werden. Gleichzeitig werden in erheblichem Maße Einmal-Artikel und Verbrauchsmaterial eingespart.

Der Verschluß des Zentrifugenröhrchens ist das primäre Containment-Element und bedarf sorgfältigster Bedienung. Nachteil der Edelstahlröhrchen ist das relativ aufwendige Verschließen und Öffnen von Deckeln mit Quetschdichtung. Schraubverschlußkappen mit feinen Gewinden neigen zum Verkanten oder das Gewinde zeigt rasch Verschleiß bei ungenügender Pflege, d. h., es wird der sorgfältige Umgang mit den Artikeln von den Mitarbeitern gefordert.

Als nächste Containment-Barriere sind die aerosoldichten Zentrifugenbecher, -behälter, -träger oder Gehänge zu nennen, d. h., in der Regel werden Zentrifugenröhrchen oder -flaschen in einem Hermetik- oder Hygienebecher eingesetzt und mit Deckel und Dichtung dicht verschlossen. Der Deckel ist in der Regel transparent, so daß Unregelmäßigkeiten nach der Zentrifugation sofort erkannt werden können.

Schwenkbecherrotoren besitzen gegenüber Festwinkelrotoren den Vorteil, daß die Verschlußkappen im Stillstand und während des Zentrifugierens nicht

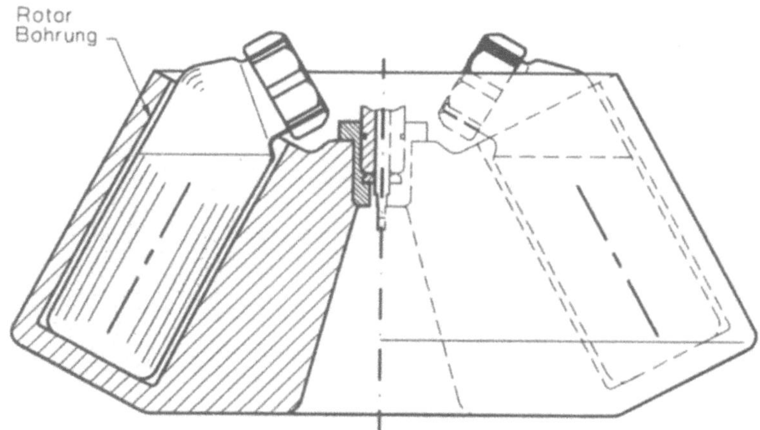

Abb. 6.30 Querschnitt durch Festwinkelrotor mit Dry-Spin-Flaschen

belastet werden. Als interessante Neuentwicklung sind die Winkelhalszentrifugenflaschen oder „canted neck tubes" (Dry-Spin-Flask, s. Abb. 6.30) zu erwähnen, bei denen es auch bei hohem Füllstand im Festwinkelrotor eine vom Zentrifugiergut unbelastete Dichtung gibt.

Selbst für kleine Laborzentrifugen mit 1,5 ml- oder 1,7 ml-Zentrifugengefäßen gibt es inzwischen Sicherheitselemente, wie Schraubdeckel oder Deckelverriegelung über Häkchen bzw. mit Verschlußclip.

Nach dem Verschluß von Zentrifugenröhrchen oder -flaschen wird der Rotor vorschriftsmäßig beladen. Manche Hersteller bieten Geräte mit einer elektronischen Unwuchtanzeige bzw. einem Schnellstop bei Unwucht. Als weitere Konstruktionsmerkmale, die indirekt auch dem biologischen Arbeitsschutz dienen, sind die automatische Rotoridentifikation oder Rotorkennung mittels Strichcode (Stroboskopscheibe) und Ultraschall und einem damit möglicherweise verbundenen Überdrehzahlschutz zu nennen.

Tabelle 6.7 Organisatorische Maßnahmen für den sicheren Zentrifugenbetrieb

1. Betriebsanweisung erstellen (Kurzanleitung) und aushängen
   Sie enthält auch Hinweise für Notfallmaßnahmen (Bruch, Leckage sowie Angaben zur Desinfektion.

2. Tabelle aushängen mit Angabe von relativer zentrifugaler Beschleunigung, Rotortyp und zulässiger Drehzahl.

3. Benennung eines Zentrifugen- oder Gerätebeauftragten

4. Prüfungen und Prüfbuch vorsehen ab Leistungsaufnahme 500 W und kinetischer Energie > 10 000 Nm

5. Ultrazentrifuge (UZ) jährlich im zerlegten Zustand prüfen, Benutzerhandbuch führen

6. Beschäftigungsverbot für Jugendliche unter 18 Jahren

Weitere Hinweise siehe Unfallverhütungsvorschrift „Zentrifugen" (VBG 7z)

Tabelle 6.8   Technische Sicherheitselemente im Betrieb von Zentrifugen

1. Zentrifugenröhrchen und -flaschen besitzen Schraubverschluß oder Schraubverschluß mit Dichtung
2. Festwinkelrotor:
   Sicherheitszentrifugenröhrchen oder -flaschen benutzen, Rotordeckel aerosoldicht
3. Ausschwingrotor (Kriterien zusätzlich zu 2):
   Schwenkbecher rund statt rechteckig;
   Schwenkbecherdeckel mit Schraub- statt Klemmverschluß oder Magnethalterung, Deckel aus Metall, möglichst Edelstahl, vorzugsweise Innengewinde mit Dichtung
4. Zentrifugenkammer aerosoldicht
5. Schutzdeckel/Deckelverriegelung vorhanden

Zu den wichtigsten Vorsichtsmaßnahmen im Zentrifugenbetrieb gehören:

- Rotor prüfen, auf Korrosion achten,
- Zentrifugenröhrchen auf Risse prüfen, füllen und austarieren,
- in Festwinkel- und Vertikalrotoren müssen die Röhrchen randvoll gefüllt sein (Gefahr des Kollabierens),
- Zentrifugenröhrchen und -flaschen müssen zu dem Rotor passen (Durchmesser, Tiefe der Bohrungen).
- Bodenstücke, Adapter, Spacer, O-Ring-Dichtungen kontrollieren,
- Zentrifugenröhrchen dicht verschließen (Gewinde leichtgängig, eventuell durch Fetten),
- Becherdeckel/Rotordeckel vor dem Schließen prüfen,
- Rotor nie ohne Deckel benutzen,
- aufmerksame Sichtprüfung nach dem Zentrifugenlauf,
- Rotor ohne Deckel im Schrank lagern, Bohrungen nach unten auf z.B. Lattenrost,
- Schmutzringbildung wie in Abb. 6.31 zeigen Leckage an.

Wichtige organisatorische Maßnahmen für den sicheren Zentrifugenbetrieb siehe Tabelle 6.7.

Weitere sehr wichtige Information technischer und organisatorischer Art ist in der Unfallverhütungsvorschrift „Zentrifugen" (VBG 7z) enthalten. Für den Fachinteressierten ist auch die IEC-Norm (International Electrotechnical Commission) für Laborzentrifugen IEC 1010-2D/Entwurf, identisch mit dem DIN-Norm-Entwurf („Besondere Sicherheitsbestimmungen – Laborzentrifugen"), bedeutsam.

Einige typische Werkstoffeigenschaften bei Zentrifugenröhrchen [6]:

- *Polystyrol:* Transparent, nicht autoklavierbar, nicht für hohe RZB geeignet, umweltneutral, bevorzugtes Einwegröhrchen.
- *Polyethylen:* Mechanisch nicht besonders fest, nicht autoklavierbar, jedoch stabil beim Zentrifugieren unter 0 °C, chemisch gut resistent.
- *Polycarbonat:* Klar, durchsichtig, für wäßrige Lösungen, autoklavierbar, auch für Kühlzentrifugen gut einsetzbar.

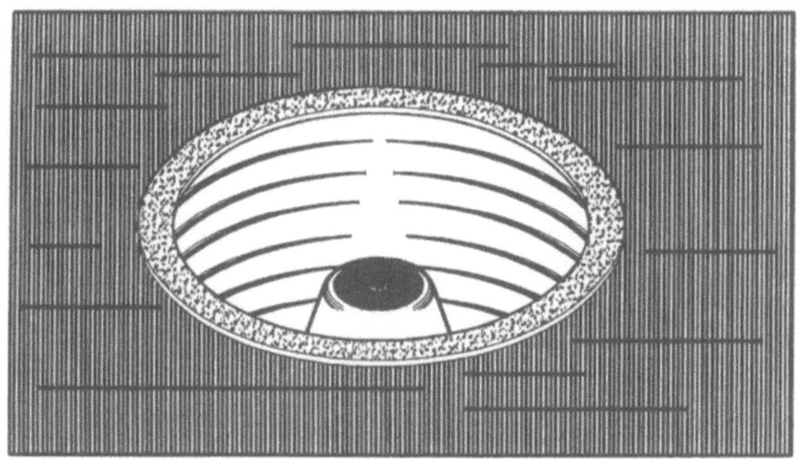

Abb. 6.31   Schmutzringe an Kühlwand einer Kühlzentrifuge

- *Polysulfon:* Klar, gelblich durchsichtig, für wäßrige und alkoholische Lösungen, vielfach autoklavierbar, für Kühlzentrifugen gut geeignet.
- *Polyallomer:* Durchscheinend, kontaktklar, für Proben mit Lösemitteln, Salzen und Chemikalien äußerst beständig, für Kühlzentrifugen geeignet, vielfach autoklavierbar. Häufigster Rohstoff für Ultrazentrifugen.
- *Polypropylen:* Trüb, Flüssigkeitsspiegel erkennbar, vielfach autoklavierbar, chemikalienbeständig wie Polyallomer, bis 0 °C einsetzbar, hoch bruchfest, Formbeständig, steif, hart, umweltneutral.
- *Polytetrafluorethylen (Teflon):* Durchscheinend, Phasen erkennbar, für alle Chemikalien hervorragend geeignet, unbegrenzt autoklavierbar, für tiefe Temperaturen sehr gut geeignet.
- *Glas:* **Corex** als gehärtetes Spezialglas, 4- bis 6mal stärker mechanisch beanspruchbar als normales Glas, chemisch sehr beständig, autoklavierbar.
  Borex als Borosilikatglas, dickwandiger als Corex, weit fester als Pyrex und Duran.

Die Hersteller von Zentrifugenröhrchen führen in ihren Katalogen Tabellen auf mit Angaben über die Beständigkeit der Kunststoffe gegen verschiedenste Chemikalien. Kunststoffröhrchen sollten in der Regel nicht länger als 20 min bei 121 °C autoklaviert werden, da sie sonst Form und mechanische Stabilität verlieren können. Außerdem werden sie sich durch wiederholtes Autoklavieren verziehen und verlieren so im Verschlußbereich ihre Dichtheit. Durch die Absorption von Wasserdampf kann transparenter Kunststoff reversibel und schadlos eintrüben.

Eine Kaltsterilisation durch Einlegen in geeignetem Desinfektionsmittel ist die bevorzugte Methode gegenüber Autoklavieren, wenn die Keiminaktivierung im Musterversuch validiert ist. Im übrigen müssen zellhaltige Sedimente vor dem Einlegen stets ausgespült werden (Werkbank Klasse 2).

Eine der wichtigsten Verhaltensweisen beim Zentrifugieren ist die Sichtprüfung nach dem Programmablauf. Dies gilt insbesondere ab der Risikogruppe 2. Ist Bruch oder Leckage nach dem Öffnen der Zentrifugenkammer zu erkennen, so ist die Zentrifuge sofort wieder zu schließen, und es wird nach einem Notfallplan verfahren.

Die Vorgehensweise umfaßt im wesentlichen:

- Anlegen von Schutzkleidung (nebst Kittel, Handschuhe und ggf. Augen- und Mundschutz),
- Anwendung wirkungsvoller Desinfektionsmittel unter Einhaltung besonders der Wirkkonzentration und Einwirkungsdauer sowie
- sachgerechte Abfallentsorgung und Reinigung.

Die Firma Kontron bietet als Zubehör für Ultrazentrifugen eine Ausstattung aus Formalinbehälter, Fußpumpe und Magnetventil (s. Abb. 6.32). Letzeres schließt bei einem Rotorunfall automatisch die Vakuumstrecke zwischen Diffusions- und Vakuumpumpe. Zwischen Diffusionspumpe und Magnetventil befindet sich außerdem noch ein Virusfilter. Durch das Belüftungsventil der Rotorkammer kann nach dem Magnetventilverschluß mit der Fußpumpe Formaldehyd in die Rotorkammer gespritzt werden, um die Kammer zu desinfizieren.

Ein solcher Pumpmechanismus läßt sich im Bedarfsfall sicherlich auch für Kühl- und einfache Laborzentrifugen installieren, wenn mit hochdichten Zellsuspensionen mit Organismen der Gruppen 2, 3 und 4 gearbeitet wird.

Insbesondere bei Kühlzentrifugen ist bei undichten Röhrchen und Flaschen an der Wandung der Kühlkammer eine typische Bandierung durch z. B. festgefrorenes Medium zu erkennen.

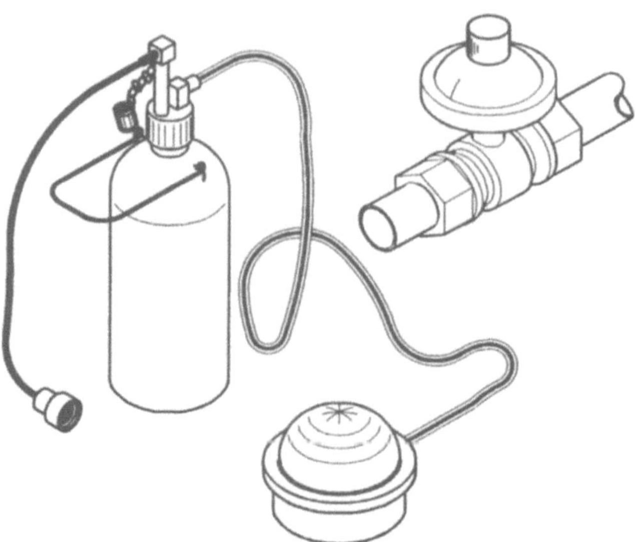

Abb. 6.32   Zentrifugenkammerdesinfektion für den Notfall (Zubehör)

Leistungsfähige größere Zentrifugen (Füllvolumen 6- bis 8mal 1 l) oder kontinuierlich Geräte im Grenzbereich zum Pilot- oder Technikumsmaßstab werden häufig nicht aerosoldicht geliefert.

Hier ist es im Sinne des modernen biologischen Arbeitsschutzes notwendig, die Zentrifuge nachzurüsten oder in einer Klasse-3-Werkbank zu integrieren.

Eine Klasse-3-Werkbank hat grundsätzlich den Nachteil des begrenzten Aktionsradius durch die vorgegebene Armlänge der Handschuhe. Ferner kann das Ausschleusen von Produkt über Tauchbäder, z. B. mit alkalischen Desinfektionsmitteln beschickt, unsauber und die Werkbankreinigung umständlich sein. Die wesentlich elegantere Problemlösung wurde bereits in Abschn. 4.2 beschrieben. Eine partikeldichte Kammer besitzt einen eigenen Lüfter, Unterdruck und ist sogar mit einem Manipulator oder Bedienhilfe ausgestattet. Der Zugang für das Bedienpersonal ist über einen Halbanzug gewährleistet, wobei gegenüber den obigen Handschuhen viel mehr Bewegungsfreiheit und Aktionsradius geboten wird. Ebenfalls vorhanden ist eine dichte und automatische Materialschleuse. Die Kammer kann bei Bedarf mit dem Gartenschlauch gereinigt und abschließend gassterilisiert werden.

Besondere Probleme bezüglich der biologischen Sicherheit können sich theoretisch bei der Ultrazentrifugation ergeben, wenn nicht ein Rotorunfall auftritt, sondern es um das potentielle Aerosol geht. Anwendungsgebiet ist häufig die Virusanreicherung und -reinigung und durch die allgemein geringeren Infektionsdosen könnte für das Laborpersonal ein höheres Gefährdungspotential bestehen. Die theoretische Schwachstelle der Ultrazentrifuge ist die Vakuumpumpe, die den Unterdruck während der Zentrifugation aufrecht erhält. Während die Zentrifugenkammer bei der Zentrifugation dicht sein muß, setzt der Kompressor ständig Abluft frei. Kommt es zu einer Leckage während des Zentrifugierens, dann durchwandern die infektiösen Partikel die Abluftstrecke und werden schließlich freigesetzt.

Allerdings wird das Öl der Vakuumpumpe im Betrieb ca. 90 °C heiß, und der ganze Vorgang wird sehr hypothetisch. Im Zweifelsfall bleibt nur die Empfehlung, die Abluft in eine schadlos abzuführende Abluftstrecke zu entsorgen oder die Leitung mit einem Absolutfilter zu verschließen, wobei der störende Ölnebel aus der Vakuumpumpe zu berücksichtigen ist.

Sicherlich kann vorausgesetzt werden, daß bei der Ultrazentrifugation der vorteilhafteste Werkstoff für das Zentrifugenröhrchen ausgewählt wird (s. o.). Weiterhin bieten die renommierten Ultrazentrifugen-Hersteller Verschluß-Systeme für Zentrifugenröhrchen, die die Dichtheit während der Zentrifugation sichern. Hierzu gehören z. B. die folgenden Systeme:

1. Beckmann-Quick-Seal,
2. Sorvall-Ultracrimp (Dupont),
3. Beckmann-Druckringverschluß (Open Top Tube Kit),
4. Selfseal-Verschlüsse (Kontron) usw.

Das Quick-Seal-System basiert auf dem Prinzip des thermischen Abschmelzens von Polyallomerröhrchen. Beim Ultracrimp-System werden die Zentrifugen-

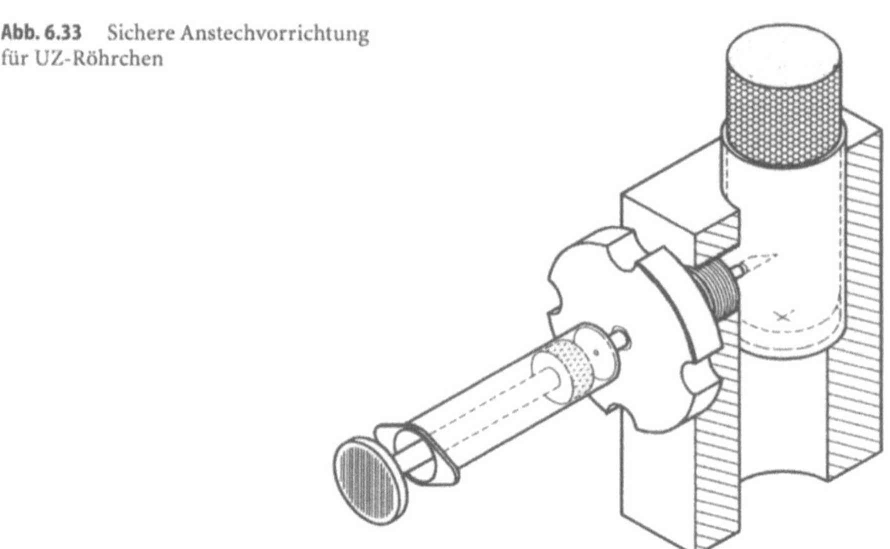

Abb. 6.33 Sichere Anstechvorrichtung für UZ-Röhrchen

röhrchen mit einem Gummistopfen verschlossen, zusätzlich mit einer Aluminiumhülse bestückt, die anschließend über eine Druckpresse den ganzen Zentrifugenröhrchenkopf mechanisch dicht versiegelt.

Bei sachgerechter Handhabung zeigen alle Systeme Dichtheit, auch unter den Unterdruckverhältnissen eines Ultrazentrifugenlaufs.

Stichverletzungen mit der Nadel bei Fraktionierungen nach dem UZ-Lauf (Polyallomer- und Celluloseröhrchen) lassen sich durch die Verwendung von Anstechgerät ausschließen (s. Abb. 6.33). Die Ultrazentrifugenröhrchen (UZ-Röhrchen) werden im passenden Röhrchenständer arretiert, und die Nadel kann gezielt durch sanftes Drehen einer Rändelschraube in das UZ-Röhrchen eingeführt werden, um die gewünschte Bande kontaminationsfrei abzuziehen.

Dieses Prozedere ist besonders empfohlen im Viruslabor, wenn z. B. mit infektionsfähigem HIV umgegangen wird.

6.3.4.2
Separatoren

Der Separator kann im größeren Labormaßstab eine gängige Alternative zur Zentrifuge sein. Allerdings lohnt sich der Einsatz erst ab ≥ 100 l. Wenn die Differenz zwischen Dichte des Kulturmediums und der suspendierten Zellen groß genug ist, ist er sogar der klassischen Zentrifugation überlegen, denn er bietet die Möglichkeit der sterilen Kultur- oder Produktauftrennung bei gleichzeitiger Aerosoldichtheit.

Natürlich wird die Trennung durch Stoffdaten wie Viskosität und Zellgrößen-Spektrum in einem Kulturansatz beeinflußt, und der Nachteil der Separatoranwendung kann in einer hohen Empfindlichkeit des Trennungsganges liegen, der rasch zu starkem Produktverlust führt, wenn Biomaterial mit dem Überstand verloren geht. Ferner kann bei gelöstem Produkt im Überstand eine ungenügende Phasentrennung stattfinden, d. h., zusätzliche Arbeitsschritte sind erforderlich, um einen reineren Aufarbeitungsansatz zu gewinnen. Dies würde zunächst die Verwendung von Sedimentationshilfen, wie polymere Flockungsmittel bedeuten, die die Kosten erhöhen.

Brunner [7] nannte folgende Vorteile der Anwendung von Zentrifugalseparatoren:

- Verarbeitung großer Volumenströme,
- kontinuierliche Arbeitsweise,
- geringer Platzbedarf,
- einfache Maßstabsübertragung,
- geschlossenes System,
- aseptische Produktbehandlung,
- Anpassung an unterschiedliche Trennaufgaben durch Variation der Durchsatzleistung.

Ein weiterer wichtiger Vorteil des Separators gegenüber den Zentrifugen ist der mögliche Einsatz von selbstentleerenden Konstruktionen. Das heißt, größere Mengen von Sediment können wiederholt aus dem Ernteprozeß abgefahren werden, *ohne* daß der eigentliche Erntevorgang für längere Zeit durch die Entleerung unterbrochen wird. Dabei ist das Containment nicht gefährdet unter der Voraussetzung, daß die gasdichten Schweißnähte unbeschädigt sind und leckfreie Verbindungen zum Sammelbehälter vorhanden sind.

In Abhängigkeit vom Feststoffgehalt einer Kultursuspension (durchschnittlich 1–60 %) muß unter verschiedenen Separatorkonstruktionen gewählt werden (Kammerseparator, Selbstentleerender Separator, Düsenseparator usw.). Für die biologische Sicherheit ist der aerosoldichte Betrieb und die Autoklavierbarkeit ein wesentlicher Vorzug. Auch im Separator kann während des Betriebes Schaum auftreten, der jedoch durch Druck beherrscht werden kann.

6.3.5
Homogenisatoren, Zellaufschlußgeräte, Aufarbeitung

Allgemeines

Es ist immer noch nicht üblich, biotechnologische Produkte möglichst aus dem Kulturüberstand zu gewinnen. Dies gilt sowohl für Verfahren auf der Basis rekombinanter als auch natürlicher Produktionsstämme.

Die Kulturaufarbeitung beginnt deshalb bei intrazellulären Produkten in der Regel nach einer Kühlphase und Verweilzeit in einem Zwischenbehälter mit einer Auftrennung in Bio- oder Feuchtmasse und Überstand sowie dem anschließenden Zellaufschluß. Ziel ist dabei, sowohl bei Verwendung der Zentrifuge als auch des Separators, die Produktströme auf etwa 1/10 des Ausgangsvolumens zu reduzieren und die anschließend erfolgende Aufreinigung kostengünstig zu gestalten.

Zentrifugen und Separatoren wurden bereits in Abschn. 6.3.4 erläutert. Simultan können Cross-Flow-Anlagen eingesetzt werden, um die Zelldichte zu erhöhen und die Erntezeit zu verkürzen. Alternativ, als vereinfachender Schritt, ist die Flockung von Zellen mittels polymerer Substanzen, wie Praestol, Polymin etc. möglich. Hier muß verfahrensspezifisch/empirisch optimiert werden.

Nach der Kulturauftrennung erfolgt der Zellaufschluß mittels Kugelmühle, Hochdruckpresse oder – bei kleineren Ansätzen der Dimension $\leq 5\,l$ – per Ultraschall oder Mixer. Ein weiterer Zentrifugationsschritt kann an dieser Stelle Zelltrümmer bzw. Glasperlen, die als Mahlkörper verwendet werden, abtrennen (s. unter „Kugelmühlen"). Produktabhängig wird dann konzentriert bzw. angereichert.

Die am häufigsten beschrittenen Wege zur Isolierung und Konzentrierung von Proteinen sind dann Fällungen, z. B. mit Ammoniumsulfat, Polymin, Aceton und Ethanol. Seltener bzw. erst nach vorheriger Sterilfiltration würden präparative Chromatographiesäulen spezifisch (nach dem Prinzip der Immunadsorption) oder unspezifisch (nach Molekulargewicht oder Ladungszustand) erfolgen.

Spätestens nach diesen Aufarbeitungsschritten erfolgt üblicherweise eine Sterilfiltration der Produktlösung, um eine weitere Keimverschleppung zu verhindern, und damit endet an dieser Stelle die Aufmerksamkeit für den biologischen Arbeitsschutz.

Im folgenden soll auf die einzelnen Geräte bezüglich ihrer Aerosoldichtheit und damit ihrer Eignung auch für das biologische Sicherheitslabor eingegangen werden.

Behältertechnologie (Zwischenlagerung, Standzeiten)

Völlig unproblematisch ist die Behälterkonstruktion, wenn man von der Behälterperipherie oder dem -zubehör absieht. Es gibt nur eine Schwachstelle, wenn es sich um einen rührbaren Behälter handelt: die Gleitringdichtung.

Beim Obenantrieb ist sie jedoch nicht produktberührt und erzeugt in der Quantität keine Gefährdung durch Leckage. Im übrigen ist eine defekte Gleitringdichtung relativ leicht erkennbar durch auffälliges Geräusch.

Noch besser oder vorteilhafter ist der Einsatz von Magnetrührern, die heute auch schon für die größere Dimension (bis $10\,m^3$, $25\,m^3$ bei Doppelantrieb) lieferbar sind (s. Abb. 6.34). Ansonsten kann ein Behälter nur an den Anschlußstutzen undicht werden. In der sorgfältigen Handhabung sind jedoch Verbindungen per Molkereigewinde, Schlaucholive/Schlauch mit Schelle oder Binder gesichert, oder der Pharma-Anschluß ist routinemäßig dicht. Sehr praktisch ist auch der Einsatz von Steckkupplungen (s. Abschn. 4.3).

Der Druckausgleich kann heute ohne Containmentgefahr durch in situ validierte Filterpatronen gewährleistet werden.

Pumpen

Besonders im Laborbereich ist es kein Problem, mit leckfreien, sterilisierbaren Pumpen zu arbeiten. Schlauchpumpen wurden schon in Abschn. 6.3.3 (S. 337)

Abb. 6.34 Erntebehälter mit magnetischem Rührantrieb

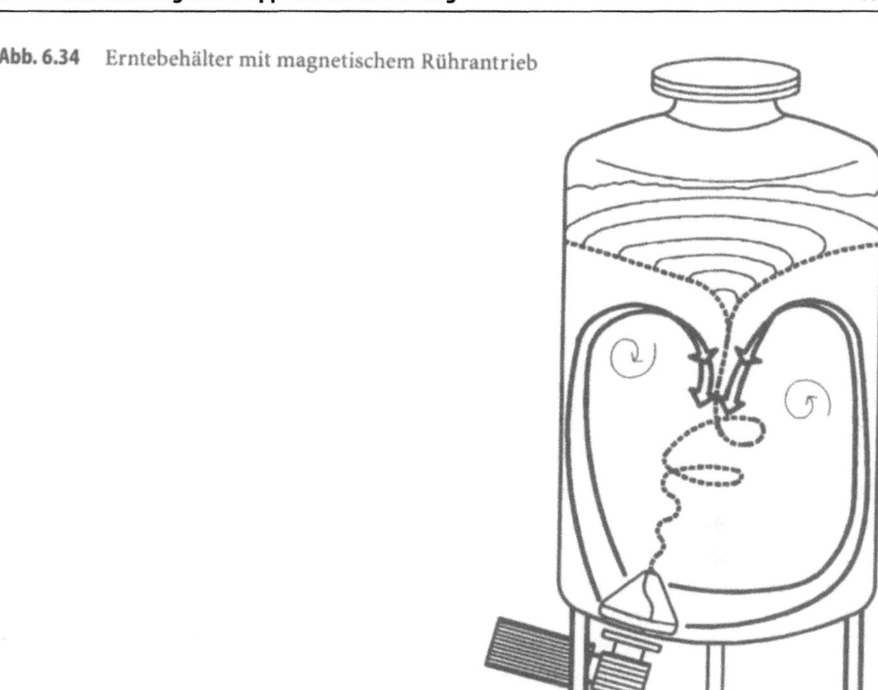

behandelt. Im kommerziellen Angebot befinden sich darüber hinaus dichte Membranpumpen, die leicht mit 150 °C über 30 min belastbar sind. Weitere Alternativen sind Magnetkupplungspumpen oder im einfachsten Fall magnetgetriebene Kreiselpumpen.

Cross-Flow-Geräte

Cross-Flow oder Tangentialfiltrationsgeräte für den Labormaßstab sind als dicht zu betrachten, wenn die Geräte vorschriftsmäßig bedient werden. Hierzu gehört die Verwendung eines Drehmomentschlüssels bei der Filterkassettenmontage. Ab Sicherheitsstufe 2 ist ein Puffervorlauf zwecks Dichtheitsprüfung unaufwendig und empfehlenswert.

In der Pilotdimension/technischer Maßstab oder für die zeitkritische Aufreinigung bietet sich der Einsatz von Parallelkassetten an. Es gibt Geräte mit einer Kapazität von > 20 Filtereinheiten. Die Besonderheit an diesen Geräten ist die mikroprozessorgesteuerte Einspannung der Kassetten mit automatischer Druckregulierung. Erfahrungen zeigen, daß am Gerät im Routinebetrieb keine Leckage auftritt.

Das Angebot für Filterkassetten unterschiedlichster Ausschlußgrenze (Molukargewicht 1000 bis 1 000 000) ist ziemlich komplett. Kritisch ist jedoch das gewählte Filtermaterial, das den Verlust durch Adsorption, z. B. bei Enzymen oder Antigen-Präparaten entscheidend beeinflussen kann.

Im allgemeinen ist die Sterlifiltration von Kulturderivat problemlos, bei der sich für die höchste Sicherheit die Kombination von Cross-Flow und anschließender Filtration über ein in situ validiertes Membranfilter anbietet.

Als Kontrollmöglichkeit für die erfolgreiche Sterilfiltration, z. B. bei der Verarbeitung von Risikogruppe 3-Organismen kann der Einsatz von Automaten zur Erfassung einer Kohlendioxid-Entwicklung (Bactec), den O_2-Verbrauch oder die Veränderung der Leitfähigkeit von Lösungen (Bactometer) in dicht verschlossenen Lösungen sinnvoll sein, wobei brauchbare Meßergebnisse schon in Stunden anstatt in Tagen anfallen.

Hochdruckpresse

Insgesamt sind Cross-Flow-Einrichtungen eine unverzichtbare und für den biologischen Arbeitsschutz problemlose Technologie im Labor.

Für den Aufschluß von Mikroorganismen und Zellen wird sehr häufig die Hochdruckpresse eingesetzt. So werden z. B. 20 %ige Zellsuspensionen in einem Zylinder mit einem Druck bis 10^8 Pa oder 10^6 hPa beaufschlagt. Der Austritt der Zellsuspension durch eine definierte Öffnung/Ventil führt zu einem stoßartigen Druckabfall auf 1000 hPa/atmosphärischen Druck und einer Desintegration der Zellmembranen. Das Prinzip ist praktisch universell auf alle Mikroorganismen anwendbar.

Bezüglich des Containment sind Hochdruckpressen nicht unproblematisch. Trotz Vorversuche mit Wasser oder Puffer neigen die Geräte zu Undichtheiten während des Aufschlusses unter hohem Druck. Hilfreich ist eine sorgfältige Überprüfung der Kolbendichtungen und des Keramikzylinders vor der Inbetriebnahme bzw. ein lückenloses Wartungsprogramm. Werden Dichtungen gelöst, müssen diese erneuert werden. Luft im Aufschlußsystem zerstört Zylinder, Dichtungen und Düsen.

Ab Stufe 2 und bei der Handhabung von Erregern übertragbarer Krankheiten nach dem Bundesseuchengesetz sollte die Hochdruckpresse in einer Klasse-3-Werkbank integriert werden. So können Leckagen beherrscht werden, auch wenn es sich nur um wenige Milliliter handelt.

Im kommerziellen Angebot befinden sich inzwischen sogenannte leckagefreie Hochdruckhomogenisatoren (s. Abb. 6.35). Die rechts vom Kolben erkennbare Dichtungsmembran ist aus einem hochbelastbaren Verbundmaterial oder aus Edelstahl. Für einen Überdruck, der allerdings auf ca. 450×10^5 Pa begrenzt ist, werden hier nicht Tauchkolbenpumpen eingesetzt, sondern Mehrlagenmembranpumpen mit Bruchüberwachung. Diese Alternative zeigt, daß es für den Kunden wichtig ist, über das Marktangebot einen Überblick zu haben. Ist der Kunde Betriebsleiter, trägt er ein hohes Maß an Verantwortung – nicht nur für betriebswirtschaftliche Aspekte.

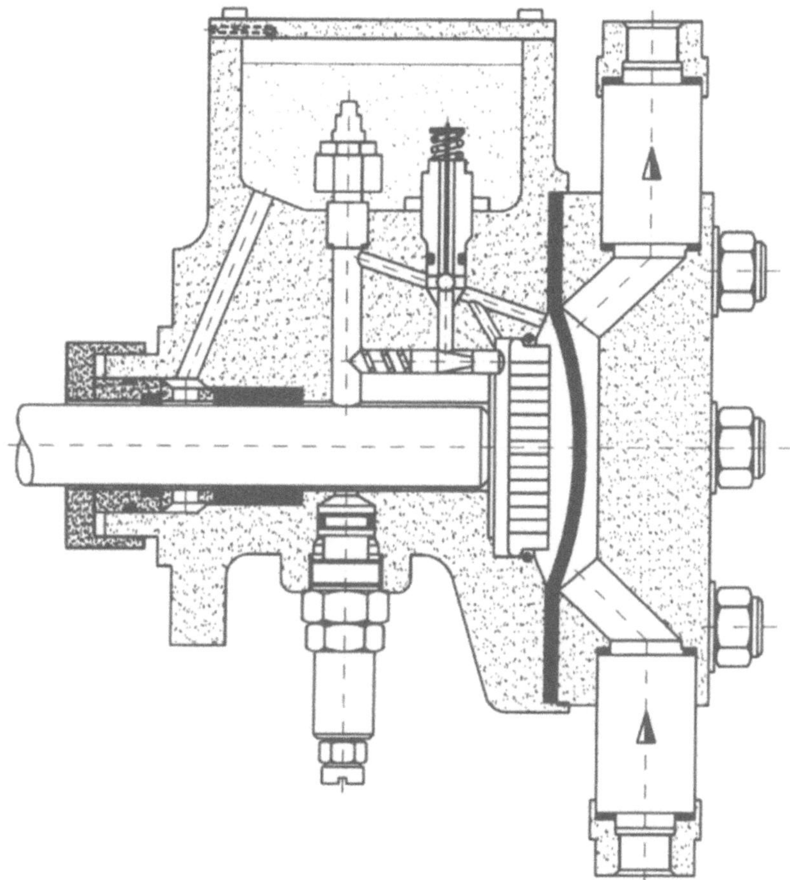

Abb. 6.35 Leckagefreier Hochdruckhomogenisator im Querschnitt

Kugelmühlen

Wesentlich zuverlässiger im Containment sind Kugelmühlen, z.B. die Dyno-Mill. Für die Zelldesintegration werden dabei Zellsuspensionen im Verhältnis von etwa 1:1 mit Mahlkörpern bzw. Glasperlen der Größe 0,1 bis 2 mm Durchmesser versetzt und im schnellaufenden Rührwerk durchmischt. Die Stoß- und Scherkräfte der Mahlkörper führen zur Zelldesintegration. Der Aufschluß kann kontinuierlich und im Umlauf durchgeführt werden. Auch beim Umgang mit Kugelmühlen ist Sorgfalt und regelmäßige Wartung essentiell. Kugelmühlen sind aus eigener Erfahrung die beste Empfehlung für den Zellaufschluß, wenn biologische Sicherheit gefordert ist.

Für den Laboraufschluß bieten sich aber noch weitere Alternativen an. Ein gewöhnlicher Mixer mit Rührwelle, wie der Omni-Mixer, kann mit Glasperlen beschickt und so für den Aufschluß genutzt werden. Die Rührwelle kann messerscharfe Schneiden führen oder endständig mit einer Gummischeibe verbunden sein, die die Mischung aus Zellsuspension und Glasperlen für den Aufschluß in Bewegung hält. Das System wird als „geschlossen und dicht" angeboten.

Eine weitere Aufschlußvariante ist die Vibrogenmühle. Damit erfolgt der Aufschluß über ein Schütteln der Glasperlenmischung.

Ultraschall

Der Ultraschallaufschluß gebietet die routinemäßige Verwendung eines Gehörschutzes bzw. die Installation eines Ultraschallschutzschrankes. Ein Ultraschallgerät kann auch kontinuierlich betrieben werden, aber ohne Schutzmaßnahme ist es insgesamt nicht dichter als die offene Reibschale! Deshalb ist die Eignung unter Sicherheitsbedingungen tatsächlich nur für den Kleinmaßstab gegeben (Fermentationsanalytik). Der Ultraschallgenerator gehört ab Sicherheitsstufe 2 in die Werkbank Klasse 2 oder 3.

6.4
Organisatorische Maßnahmen

Für das biotechnologische Labor ist eine Fülle von Maßnahmen zu nennen, die in ihrer Vollständigkeit hier nicht abgehandelt werden können. Aus der eigenen Erfahrung werden hier solche genannt, die unbedingt einzuhalten sind. Umfassende Information bieten Originalgesetzestexte mit Verordnungen und Durchführungsanweisungen, Richtlinien und Merkblätter der Berufsgenossenschaften. Für den Praktiker kann eine Beratung durch den Beauftragten für die Biologische Sicherheit (BBS) sehr hilfreich sein. Wird mit Organismen gearbeitet, die nach BSeuchG eine Erlaubnis erfordern, so ist bezüglich der organisatorischen Maßnahmen auf die DIN 12956 Teil 3 „Medizinisch-mikrobiologische Laboratorien, Anforderungen an den Organisationsplan" zu achten. Für alle organisatorischen Maßnahmen gilt:

- Organisieren,
- Unterweisen,
- Motivieren,
- Anweisen,
- Durchsetzen.

Organisatorische Maßnahmen müssen letztendlich vom Betriebsleiter durchgesetzt werden und spätestens, wenn es sich um gesetzliche Vorschriften handelt, gibt es kein Ausweichen.

Betriebsanweisung

Die Grundlagen aller organisatorischen Maßnahmen im biotechnologischen Labor müssen in der Betriebsanweisung enthalten sein. Das Gentechnikgesetz fordert die Betriebsanweisung schon ab Stufe 1 und sie muß wesentliche Abschnitte enthalten wie:

Tabelle 6.9 Inhaltsverzeichnis einer umfassenden S3-Betriebsanweisung

Betriebsanweisung/Sicherheitsstufe 3

1.   Funktionsbeschreibung
2.   Gebäudebeschreibung
3.   Betriebsbeschreibung
3.1 Fest installierte Großgeräte
3.2 Apparative Ausstattung/bewegliches Gerät
4.1 Organisatorische Maßnahmen
  – Verzeichnis der Beschäftigten
  – Verzeichnis der Organismen/Viren im Betrieb
  – Gesundheitsvorsorge, Impfschutz
  – Schwangerschaft
  – Erstunterweisung, periodische Sicherheitsunterweisung
  – Laborkleidung, persönliche Hygiene
  – Zutrittsregelung
  – Funkgeräte-Einsatz
  – Arbeitsablauf und Routine
  – Dokumentation
4.2 Betriebsstörungen und Notfälle
  – Gefahr für Mensch und Umwelt allgemein
  – Gefahr durch Aerosol, Leckage und Bruch
  – Unfall, Erste Hilfe, Meldepflicht
  – Energieausfall
  – Störung in der Lüftungstechnik
  – Feuerbekämpfung
  – Fluchtplan
  – Telefonverzeichnis
5.   Transport im Sicherheitsbereich
6.   Entsorgung Festabfall
7.   Entsorgung Flüssigabfall
8.   Desinfektion, Reinigung und Hygienekontrollen
  – Hygieneplan
  – Desinfektionsmaßnahmen im Routinebetrieb
  – Periodische Betriebswartung
9.   Anhang
  – Wichtige Regelwerke
  – Grundregeln „Guter mikrobiologischer Praxis"
  – Arbeitsanweisung Bedienung Autoklaven
  – Arbeitsanweisung Sicherheitswerkbank
  – Arbeitsanweisung S-Filter-Wechsel
  – Arbeitsanweisung Zentrifugen
  – Arbeitsanweisung Aufschlußgeräte
  – Prüfliste: Neulinge im Betrieb
  – Kurzanleitung Bedienung Funkgerät
  – Arbeiten mit HIV
  – Sterilisation der Energiefilter

- Kennzeichnung und Zugangsregelung,
- Allgemeine Verhaltensregeln, Regeln für sicheres Arbeiten,
- Persönliche Schutzausrüstung,
- Hygieneplan (ab S2),
- Entsorgungsplan,
- Wartung/Instandhaltung,
- Stör- und Notfälle (Gefahrfall),
- Unfall, Erste Hilfe, Mitteilungspflicht,
- Aufzeichnungspflicht (GenTG).

In der Anlage zur allgemeinen Betriebsanweisung können spezielle und ausführliche Anweisungen zum Umgang mit großem und schwerem Laborgerät enthalten sein, wie z. B. für

- Sicherheitswerkbänke,
- Autoklaven,
- Zentrifugen,
- S-Filter-Wechsel.

Inzwischen gibt es auch über die Veranstaltungen zur Qualifikation als Projektleiter nach §15(4) GenTSV oder den einschlägigen Fortbildungsveranstaltungen der BG Chemie genügend Musterbetriebsanweisungen, die sich leicht an die eigenen betrieblichen Voraussetzungen anpassen lassen.

Tabelle 6.9 zeigt das Inhaltsverzeichnis einer umfassenden S3-Betriebsanweisung. Es ist einfach, sie auf S2 oder S1 zu reduzieren. Sie kann quasi als Prüfliste verwendet werden.

Hilfreich für den Aufbau einer Betriebsanweisung ist auch die Technische Regel für Gefahrstoffe (TRGS) 555 („Betriebsanweisung und Unterweisung nach §20 GefStoffV", verkürzte Form einer Betriebsanweisung).

Für die Kurzfassung der Betriebsanweisung gibt es Klapprahmen, damit die Vorschrift sichtbar und geschützt ausgehängt werden kann.

Ohne die gesetzlich geforderte Erstunterweisung und den periodisch zu wiederholenden Unterweisungen sind Betriebsanweisungen sinnlos. Gleiches gilt für die Aktualität der Betriebsanweisungen, die im jährlichen Abstand oder bei Bedarf und Notwendigkeit früher überarbeitet oder zumindest von dem Betriebsleiter durchgesehen werden sollten.

Unterweisung

Jäger [8] hat sich mit dem Grundwissen beschäftigt, das jeder Vorgesetzte zu diesem Thema kennen muß. Von dieser Voraussetzung ist auch das biologische Labor nicht ausgenommen.

Zu den Rechtsgrundlagen zählt nicht nur das GenTG, sondern das Ordnungswidrigkeitengesetz, das Bürgerliche Gesetzbuch, das Handelsgesetzbuch, das Jugendschutzgesetz und die Gefahrstoffverordnung (GefStoffV).

Als besonders „labornah" läßt sich insbesondere die UVV 1 „Allgemeine Vorschriften" (VBG 1) und die UVV 102 „Biotechnologie" (VBG 102) mit den dazugehörigen Merkblättern zitieren.

Ähnlich wie auf dem Gebiet der Sterilisation und Desinfektion gilt es hier, Begriffe klar zu definieren ([18], gekürzt):

- *Informieren* bedeutet Weitergeben von Kenntnissen, in der Regel ohne Verständniskontrolle.
- *Belehren* bedeutet Weitergeben von Kenntnissen oder Fertigkeiten, in der Regel mit Kritik, unter Androhung von Maßnahmen.
- *Unterweisen* bedeutet das Weitergeben von Kenntnissen zum Zweck des Erwerbs von Fertigkeiten. Eine Verständnis- und Anwendungskontrolle ist eingeschlossen.

Ob erstmalige Unterweisung oder die geforderte periodische Wiederholung, folgende Hinweise und Vorschläge gelten zum Inhalt einer Unterweisung (s. Tabelle 6.10).

Hilfreich ist hier auch das Merkblatt A 005 „Leitfaden für den neuen Mitarbeiter" der BG Chemie. Im Sinne der Pflichtenübertragung wird die Durchführung häufig delegiert. Für Einzelheiten siehe Merkblatt A 006 „Arbeitsschutzrecht, Verantwortung für Arbeitssicherheit, Grundlagen und Rechtsfragen" der BG Chemie.

Die Sicherheitsunterweisung wird von den betriebsnahen oder unmittelbaren Vorgesetzten durchgeführt und Inhalt, Teilnehmer und Zeitpunkt müssen dokumentiert werden.

Dokumentation

Weiterführender als jede Betriebsanweisung ist sicherlich das Arbeiten nach Good Laboratory Practices (GLP) (Chemikaliengesetz; gewerbemäßiges Inver-

Tabelle 6.10 Themenvorschläge für die Sicherheitsunterweisung

1. Risikobetrachtung der verwendeten Organismen
   - Einteilung der Organismen und Viren in Risikogruppen;
   - Bandbreite innerhalb einer Risikogruppe
2. Labor-Sicherheitsstufen
3. Erläuterung der Betriebsanweisung
4. Grundregeln „Guter Mikrobiologischer Technik"
5. Arbeiten an und mit Sicherheitswerkbänken
6. Abfallentsorgung
   - Flüssige Abfälle, feste Abfälle, grundsätzliche Risiken
7. Einsatz von Desinfektionsmitteln
   - Wirkungsspektrum, Einwirkungszeit
8. Sterilisation thermisch, chemisch
9. Allgemeine Hygiene
   - Hygieneplan, Schutzkleidung, Einmal-Handschuhe, Laborhandschuhe;
   - Aufbewahrung/Trennung von Straßenkleidung
10. Austritt infektiösen Materials
11. Instandhaltung/Wartung
    - Geräterreinigung, Handwerker im Labor
12. Ansprechpartner bei Problemen: Vorgesetzter Beauftragter für Biologische Sicherheit (BBS)

kehrbringen eines neuen Stoffes oder eines Bestandteils einer Zubereitung) oder Good Manufactoring Practices (GMP) (FDA, BGA/PEI; fabrikmäßige Herstellung von Präparaten für den therapeutischen Zweck oder für Diagnostika in der Humanmedizin). Hier muß systematisch eine Gerätequalifikation aufgebaut werden und das Arbeiten hat nach lückenlosen, schriftlichen Arbeitsvorschriften zu erfolgen und muß in authentischen Protokollen dokumentiert werden.

Das Stichwort „Dokumentation" ist von wesentlicher Bedeutung. Schon das GenTG beschreibt detailliert die für gentechnische Arbeiten erforderliche Dokumentation wie:

- Angaben zur Anlage,
- Angaben zum Projekt/Verfahren,
- Projekt-/Verfahrensbeschreibung,
- Risikobewertung,
- Leerblatt für „Besondere Vorkommnisse",
- Liste der am Projekt Beschäftigten.

Zum heutigen Standard im biotechnologischen Labor gehört das Führen eines Prüf-, Wartungs- oder Logbuches genauso wie das Benutzerhandbuch bei häufig frequentiertem Gerät. Natürlich ist Laborkleingerät, wie eine Eppendorf-Zentrifuge, hiervon ausgenommen.

Das Prüfbuch ist auch unmittelbar verwendbar zu der nach GLP/GMP/DIN 9000 ff geforderten Gerätequalifikation. Sehr empfehlenswert ist in diesem Zusammenhang die Vergabe von Gerätezuständigkeiten. Das qualifizierte Fachpersonal übernimmt in einer Art Patenschaft vom Vorgesetzten die Bedienungsanleitung und erstellt ggf. mit ihm zusammen eine Bedienungs- oder Bedienungskurzanleitung, führt das Wartungsbuch und stellt den Kontakt zur technischen Abteilung des Werkes oder dem externen Wartungsdienst her.

Zugangsregelung

Die allgemein übliche Zugangsregelung besagt, daß ab S2 der Zutritt betriebsfremder Personen nur mit Erlaubnis der Verantwortlichen möglich ist. Ab Stufe 3 wird der Zutritt schriftlich dokumentiert (Besucherliste).

Laborkennzeichnung

Die Laborkennzeichnung ist unmißverständlich aus dem Merkblatt B 002 „Sichere Biotechnologie: Ausstattung und organisatorische Maßnahmen – Laboratorien" der BG Chemie zu entnehmen.

Hygieneplan

Der Hygieneplan beschreibt alle Routinemaßnahmen zur Desinfektion, Reinigung und Sterilisation sowie ggf. zur Ver- und Entsorgung eines Betriebes. Schon die UVV „Gesundheitsdienst" der BG Chemie (VBG 103) fordert im §11 für das medizinische Labor und den Krankenhausbereich einen Hygieneplan. Auch wer in der Biotechnologie mit Erregern übertragbarer Krankheiten des human-medizinischen Bereichs nach BSeuchG oder mit Agenzien mit Gefährdungs-potential nach der UVV „Biotechnologie" (VBG 102) arbeitet, benötigt einen Hygieneplan. Die gleiche Forderung besteht für das Genlabor ab der Stufe 2 gemäß GenTSV, Anhang III.

Der eben zitierte § 11 beschreibt den Sinn und Inhalt eines Hygieneplanes aus-führlich:

- Reinigung der Räume und Einrichtungsgegenstände,
- Händedesinfektion,
- Flächendesinfektion,
- Raumdesinfektion,
- Desinfektion von Apparaten, Instrumenten und anderen Gegenständen,
- Wäscheerfassung und -desinfektion,
- Abfallerfassung und -entsorgung,
- Reinigung und Desinfektion der Abwurfschächte und pneumatischen Trans-portsysteme,
- hygienische Überprüfung der lüftungstechnischen Anlagen,
- Anzahl, Leistung, Betriebszeit und Ersatz von Ultraviolett-Strahlern.

Verschiedene Reinigungs- und Desinfektionsmittelhersteller bieten einen kostenlosen, übersichtlichen, tabellarischen Hygieneplan in vorgedruckter Form an. Dieser Vordruck enthält natürlich die wesentlichen Fragen, die für die Beschäftigten abgeklärt sein müssen: Was, Wann, Womit, Wie, Wer?

Der Hygieneplan sollte an unübersehbarer Stelle im Betrieb ausgehängt werden und stets aktuell sein. Zur Kontrolle der Ausführung des Hygieneplans kann das ständige Abzeichnen nach dem Arbeitsgang vor Ort empfehlenswert sein. Für diesen Fall hängt das Dokument, z.B. im Format DIN A 6 in einem Kartenhalter aus.

Gerade der Hygieneplan kann das Ziel einer Kontrolle im Rahmen einer soge-nannten Selbstinspektion sein, bei der der Betriebsleiter den Zustand seiner Betriebseinheit vorsorglich überprüft.

Personalschwierigkeiten sind Probleme ersten Ranges, da der Hygieneplan in der Regel von Laborhilfskräften ausgeführt wird, die den wissenschaftlichen Zuar-beiten immer den Vorzug geben werden und sich leicht ablenken lassen. Hier hilft nur, möglichst mit einer bestimmungsgemäßen Vollzeitkraft für Reinigung und Desinfektion zu arbeiten, so daß ein Konflikt mit anderen Arbeiten erst gar nicht entstehen kann. Weiterhin ist der Hygieneplan besonders durch Personalausfälle und wegen der stetigen Arbeitszeitverkürzung durch Abwesenheit gefährdet.

Besonders schädlich ist der Einsatz von Putzkolonnen. Sie sind zwar preis-wert, aber die Nachteile überwiegen wegen der verbreiteten Personalfluktuation, sprachlichen Schwierigkeiten bei ausländischem Personal und flüchtiger Arbeitsausführung bei mangelnder Aufsicht. Ab S2 sollte nur mit Stammperso-nal gearbeitet werden. Gerade noch vertretbar ist die Fußbodenreinigung durch Fremdpersonal.

Zum Thema „Biocontrol-Programm" siehe Abschn. 8.

Selbstinspektion

Oben wurde die Selbstinspektion erwähnt. Für den biologischen Sicherheitsbereich ist die periodische Begehung durch die Vorgesetzten unabhängig von der Sicherheitsstufe dringend empfohlen. Sie sichern den betrieblichen Arbeitsstandard, auch wenn ein höherer Aufwand, wie z. B. für GLP oder GMP nicht erforderlich ist. Ein Leitfaden für solche Begehungen können Prüf- oder Checklisten sein, wie sie von den Berufsgenossenschaften angeboten werden. Sie lassen sich leicht auch an die eigenen räumlichen und apparativen Verhältnisse anpassen.

Wartung

Ab Stufe 3 ist es empfehlenswert, den Betrieb 1 – 2mal pro Jahr völlig stillzulegen, damit Wartung, technische Kontrolle, Nach- und Umrüstung effizient ausgeführt werden kann. Diese Vorsorge verhindert ungeplante Störfälle oder Betriebsunterbrechungen während des Jahres und es kann bei rechtzeitiger Planung auch der externe Kundendienst einbezogen werden, der sonst nur über den Schleusenbetrieb Zugang hat. Schon ab Sicherheitsstufe 2 muß gewährleistet sein, daß der technische Service während des Betriebes nicht einem biologischen Gefährdungspotential ausgesetzt ist und unter Aufsicht nur an desinfiziertem Gerät gearbeitet wird.

Betriebsstörungen und Notfälle allgemein

Bei allen Stör- und Notfallbetrachtungen sollte man beachten, daß die Sicherheitsausstattung im Bereich S1 – S4 durchweg nur für den Notfall eingerichtet ist. Das heißt, in der täglichen Routine sorgt das Primärcontainment für den biologischen Arbeitsschutz. Erst bei Leckage oder Bruch ist das Sekundärcontainment – vorwiegend bei S3 – gefordert, auch Bevölkerung und Umwelt zu schützen.

Leckage, Laborinfektion und andere Unfälle

Auch im biologischen Sicherheitsbetrieb gelten natürlich die für die chemische Industrie üblichen Sicherheitsmaßnahmen. Eine besondere Gefährdung ist der akzidentielle Kulturaustritt. Hierfür ist als ideale Vorsorgemaßnahme die Impfung geeignet, wenn sie für die üblicherweise verwendeten Organismen erhältlich ist. Von den wiederholt oder routinemäßig gezüchteten Mikroorganismen sollten Antibiogramme vorhanden sein, die im Bedarfsfall zur gezielten Prophylaxe bei möglichen Laborinfektionen verwendet werden können. Der Betriebs- oder Durchgangsarzt ist hierüber zu informieren.

Tritt im mikrobiologischen oder virologischen Labor ab der Stufe 2 Kultur aus, verläßt der Mitarbeiter sofort diesen Arbeitsbereich und warnt seine Kollegen – vorzugsweise über eine Wechselsprechanlage. Er kehrt dann zurück mit Schutzkleidung sowie Atemschutz oder Vollmaske und Desinfektionsmittel.

Es gibt auch Aufsaugmittel in Form von handlichen Schläuchen, Tüchern, Matten oder Kissen, die bis ca. 5 l Flüssigkeit aufsaugen und binden können (z. B. Powersorb, 3M). Im Idealfall würden diese Hilfsmittel auch trockenes Desinfektionsmittel in Lösung geben und somit die rasche Inaktivierung gewährleisten.

Ansonsten kann sich eine einfache 5- oder 10l-Gießkanne bewähren, die mit Desinfektionsmittel-Konzentrat gefüllt und zur Ausbreitung über den Sprühkopf bestens geeignet ist, um Mikroorganismen zu binden und zu inaktivieren.

Bei Verletzungen besteht für die Beschäftigten die übliche Meldepflicht. Der betriebliche Wegweiser mit folgendem Inhalt hilft mit Telefonnummern bei der medizinischen Versorgung im Verletzungsfall:

- Name des Laborleiters mit Telefon- und Raumnummer,
- Name des Betriebsingenieurs mit Telefon- und Raumnummer,
- Name des Beauftragten für Biologische Sicherheit mit Telefon- und Raumnummer,
- Rufnummer Feuerwehr,
- Name des Betriebsarztes mit Telefon- und Raumnummer,
- Name des Durchgangsarztes mit Telefon und Anschrift,
- Standort des Verbandkastens,
- Namen der Ersthelfer mit Telefonnummer.

Die Betonung auf Aktualität ist Absicht. Ob Wegweiser oder andere Kennzeichnung/Aushang, im biologischen Sicherheitsbetrieb empfiehlt sich die Beschaffung eines vollelektronischen Beschriftungsgerätes für Texte mit Buchstaben in variabler Größe und auf selbstklebendem Band, um höheren Aufwand in der Änderung der Beschilderung bei normaler Personalfluktuation zu vermeiden.

Kontaminierte Wäsche muß erst ab der Risikostufe 2 desinfiziert werden. Bei kleineren Flecken wird Desinfektionsmittel direkt zur Einwirkung aufgetragen. Anschließend wird das Laborkleidungsstück normal in die Wäsche gegeben. Ab S3 wird kontaminierte Laborwäsche autoklaviert oder, z.B. mit Peressigsäure, kalt sterilisiert.

Ab S3 kann freiwillig im Personenschleusenbetrieb eine Duschmöglichkeit angeboten werden. Zusätzlich wird die Dekontaminationsdusche empfohlen. Hier handelt es sich im einfachsten Fall um eine normale Dusche mit Desinfektionsmitteldosierung zum reinen Duschwasser.

Aufwendigere Konstruktionen sind programmiert mit Wechsel zwischen wäßrigem, hautfreundlichem Desinfektionsmittel und Klarspülung mit Wasser, mehreren Duschköpfen auf unterschiedlichen Höhen für die Ganzkörper- oder Rundumwäsche inklusive eines Schlauches mit einer Waschbürste. Diese Einrichtung ist natürlich hervorragend geeignet für Feuerwehrleute, die nach dem Einsatz im biologischen Sicherheitsbetrieb mit Vollschutzanzug abgebraust werden sollen.

Feuerbekämpfung

Biologische Sicherheitsbereiche sind unabhängig von der Risikostufe der eingesetzten Organismen, wie allgemein üblich, mit Feuerschutzmaßnahmen wie

Handfeuerlöscher (CO_2), Feuermelder, Fluchtweghinweisen, Atemschutzfiltern usw. ausgestattet. Es sind im wesentlichen wasserchemische Laboratorien, die keine besondere Gefahr bezüglich Brandlastvolumen oder brennbaren Lösemittelvorräten darstellen.

Die größte Gefahr ist eigentlich der Schwel- oder Kabelbrand durch die heute unverzichtbare lückenlose Stromversorgung der Laboratorien.

Im Notfall retten sich die Beschäftigten über die Fluchtwege. Sie selbst entscheiden als Fachkräfte über die Notwendigkeit einer Desinfektionsmaßnahme für Kleidung oder Haut vor dem Verlassen des Arbeitsbereiches. Wird die Feuerwehr benötigt, so betreten die Feuerwehrmänner den biologischen Sicherheitsbetrieb ab der Stufe 2 nur im Vollschutzanzug mit Preßluftatmer (ggf. Überdruckversion) und duschen in dieser Ausstattung vor dem Verlassen des Betriebes wie oben beschrieben.

Dem Sicherheitsdienst oder Werkschutz ist für den Notfall im S3-Betrieb für den Zugang eine versiegelte Magnetkarte zu übergeben bzw. der aktuelle Zahlencode zu melden. Zur betriebsfreien Zeit, wie z. B. in der Wartungsphase, wird die Feuerwehr persönlich vor Ort in die betrieblichen und räumlichen Verhältnisse eingewiesen.

Innerbetrieblicher Transport

Nach der GenTSV, Anhang III ist ab der Stufe 2 der innerbetriebliche Transport geregelt. Abfall muß gefahrlos gesammelt und in geeigneten Behältern transportiert werden.

Problemgefäße müssen während des Transports verschlossen und insbesondere gegen Bruch geschützt sein.

Verpackung, die der DIN 55515 Teil 1 („Versandverpackungen für medizinisches Untersuchungsgut") entspricht, genügt sicherlich zur Vorsorge gegen Leckage. Ob Stoffaufzählung nach GefStoffV oder nach der UN-Liste (Wirtschafts- und Sozialrat der UN), im Idealfall wählt man als einmalige und überzeugende Anschaffung Verpackung mit Gefahrgutverordnung-Straße-(GGVS-) und UN-Zulassung (über Bundesamt für Materialforschung, BAM), die die Einzelbauartprüfungen bestanden hat (Stapeldruck-, Fall-, Durchstoß- und Dichtheitsprüfung) und geeignete Polstermittel enthält (z. B. Universal- oder Formpolster, Aufsaugmaterial oder Kunststoffeinsätze).

Außerbetrieblicher Transport

Der außerbetriebliche Transport ist durch die GGVS, GGVE und GGV-See geregelt. Ungefährlich ist der Transport von Organismen der Risikogruppe 1 und 2, sofern sie nicht unter die Regelungen des BSeuchG fallen. Andere Organismen, inklusive der rekombinanten Formen, unterliegen besonderen Kennzeichnungs-, Verpackungs- und Transportvorschriften. Sie zählen zur Klasse der infektiösen Stoffe oder nach GefStVO zur Klasse 6.2 (ekelerregende und ansteckungsgefährliche Stoffe). Da es kommerziell noch keine Verpackung gibt, die Klasse 6.2-

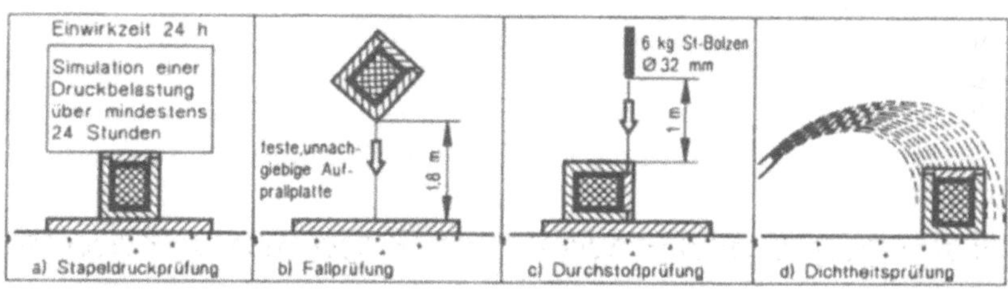

Zulassungs-Kennzeichnung (Codierung)

Abb. 6.36   BAM-geprüfter und UN-zugelassener Aluminiumtransportbehälter

gerecht und gleichzeitig BAM-geprüft ist, wird empfohlen, solche Transporte mit den Behörden abzustimmen.

Ein Verpackungsbeispiel, das anerkannt werden dürfte, ist auf Abb. 6.36 dargestellt.

6.5
Arbeitskleidung und persönliche Schutzausrüstung

Allgemeines

Über die persönliche Schutzausrüstung gibt es bereits viele Publikationen und Informationsmaterial. Ein sehr guter Einstieg in das Sachgebiet sind die Vorschriften und Merkblätter der BG Chemie mit ihren beachtenswerten Bibliographien. Standard-Auskunft für die Laborsicherheit bietet schon das Merkblatt B 002 „Sichere Biotechnologie: Ausstattung und organisatorische Maßnahmen – Laboratorien"; umfassend informiert das Merkblatt A 008 „Persönliche Schutzausrüstungen" und wichtige Ergänzungen sind die Merkblätter M 053 „Allgemeine Arbeitsschutzmaßnahmen für den Umgang mit Gefahrstoffen", ZH 1/134 „Atemschutz-Merkblatt" und ZH 1/192 „Augenschutz-Merkblatt".

Laborkittel

Grundelement der Schutzkleidung im Labor ist der Baumwollkittel des Typs „vorne geschlossen, ggf. mit wasserabweisender Oberfläche, mit Stehkragen, langen Ärmeln mit Bund, Länge bis über dem Knie". Dieser Kittel sollte mit jeder Neuanschaffung die bisherigen, vorne knöpfbaren Kittel mit V-Ausschnitt ersetzen. Gegen die vorne geschlossenen Kittel gibt es keine haltbaren Argumente, wie z.B. mangelhafte Praktikabilität und geringer Komfort. Im Gegenteil, sie bieten optimalen Schutz auch gegen Verschleppung durch ungeschützte Stellen der persönlichen Kleidung und sind schon nach wenigen Übungen selbst sicher anzulegen.

Für die Stufe 1 fordert die novellierte GenTSV das Tragen eines Schutzkittels, und obwohl in den Merkblättern der BG Chemie für S1 unter dem Stichwort „Schutzkleidung" nur der Begriff „fallweise" für Hygiene und Produktschutz, z.B. in der Lebensmittelindustrie geführt wird, so muß festgestellt werden, daß der Laborkittel heute eine Selbstverständlichkeit auch im Genlabor darstellen muß. Schließlich kann sich wohl niemand mit der Verschleppung von Organismen und Chemikalien in Kantinen oder gar in den familiären, privaten Bereich identifizieren.

Es erscheint trivial, aber dennoch soll erwähnt werden, daß Laborkittel mit und ohne vorheriger Desinfektion – je nach Sicherheitsstufe – natürlich in die professionelle Wäscherei gehören und nicht mit nach Hause genommen und mit privater Kleidung vermischt werden sollen.

Laborschuhe

Ab Stufe 2 ist die Benutzung von speziellem Laborschuhwerk angebracht. Individuelle Vorstellungen zum Schuhtyp sollte man bei der Angebotsvielfalt berücksichtigen. Es gibt allerdings eine Reihe besonders beachtenswerter Konstruktionsmerkmale:

- Schuh vorne geschlossen (Spritzschutz),
- Fersenriemen vorhanden (Tragekomfort, Trittsicherheit),
- flache Sohle (Laufstabilität),
- Material desinfektionsmittelbeständig,
- Sohle aus rutschfestem Material bzw. mit rutschfestem Profil.

Labor-/Einmalhandschuhe

Das Tragen von Handschuhen beim Umgang mit Organismen ist Vorschrift ab Sicherheitsstufe 3. Zwei wesentliche Erkenntnisse aus der Praxis sind hier bemerkenswert:

- Latexhandschuhe sind nach dem Stand der Technik durch eine relativ geringe Ausschußquote in der Herstellung am wenigsten fehlerhaft.
- Es gibt keine fehlerfreie Handschuhqualität.

Eine wichtige Publikation hierzu ist die von Wefers [9]. Abbildung 6.37 stellt das Ergebnis seiner Untersuchung dar. Es bleibt nur noch zu ergänzen, daß bei Latexhandschuhen ein Alterungsprozeß bekannt ist. Die relative Dichtheit gilt also primär für „frische" Ware, und diese Anforderung sollte für den Fachhandel sowie zur Beachtung für die eigene Bevorratung gelten.

Besteht bei Mitarbeitern eine Empfindlichkeit gegenüber Puder als Gleitmittel, so sind seit längerer Zeit schon leicht puderfreie Latexhandschuhe erhältlich.

Bei in neuerer Zeit auftretender Latexallergie kann auf latexfreie Handschuhe ausgewichen werden, die im Handel angeboten werden.

Die Literatur zum Thema Dichtheit von Einmalhandschuhen gegen Mikroorganismen und Viren/Phagen wird immer umfangreicher, aber sie ist auch wegen sehr unterschiedlicher Versuchsbedingungen nicht sehr aufschlußreich.

Deshalb sollte man vorläufig von der Annahme ausgehen, daß sie keinen absoluten Schutz bieten.

In Abhängigkeit von der Gebrauchsintensität ist auch bekannt, daß Einmalhandschuhe, z.B. gegen Viren/Phagen, undicht werden [10]. Um so wichtiger wird die Maßnahme, nach dem Abziehen der Schutzhandschuhe, die Hände gewissenhaft zu waschen und im übrigen die Handschuhe bei Laborarbeiten über längere Zeit gelegentlich zu wechseln.

Konkrete Maßstäbe oder Zeitvorgaben hierfür sind nicht bekannt.

Natürlich läßt sich die Sicherheit in der Routine erhöhen:

- Kräftige Einfärbung macht Perforationen auf der Hand leichter erkennbar.
- Es gibt Latexhandschuhe in dickwandiger Ausführung.
- Handschuhe können doppelt getragen werden.
- Drucklufttest vor der Benutzung durchführen.

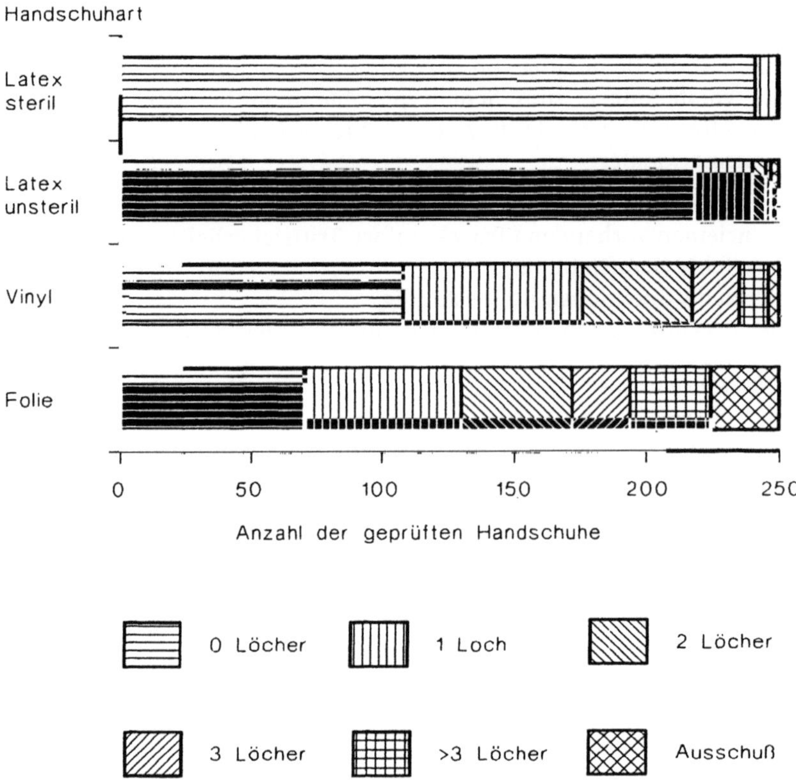

Abb. 6.37   Handschuhprüfung nach Wefers

Für den Hautschutz gegen Ekzembildung und Allergie sollten dünne Baumwollunterzieh- oder Trikothandschuhe getragen werden. Bei häufigen Arbeiten mit offenen Kulturen in der Werkbank Klasse 2 ist besonders ab Sicherheitsstufe 3 die Benutzung von Einmalstulpen oder Ärmelschonern für die Unterarme empfehlenswert.

Im Schutzhandschuh-Angebot gibt es einen ständigen Fortschritt. Als Beispiel sei ein desinfektionsmittelgetränkter Handschuh genannt. Leider besteht der Handschuh nur aus PVC – einem Werkstoff, der in dieser Verwendung wegen seiner hohen Produktfehlerquote bekannt ist. Er könnte jedoch gut zusammen mit einem Latexhandschuh als Unterhandschuh benutzt werden.

Bei dem Wirkstoff handelt es sich um Nonoxynol-9, ein nichtionisches Detergens, das Viren hemmt bzw. inaktiviert. Der Wirkstoff ist sowohl mit dem PVC bei der Herstellung vermischt als auch auf der inneren und äußeren Oberfläche aufgetragen. Auf diese Weise ist zusätzlicher Schutz gewährleistet, z.B. gegen HIV, wie er im Blutbank- oder Krankenhausbereich geboten ist.

Aber nicht nur mit dieser Neuheit läßt sich ein Bezug zur Biotechnologie und Gentechnologie herstellen. Da eine der größten Gefahren im biologischen

Sicherheitsbereich die Schnittwunde an der Hand mit anschließend großer Infektionsgefahr darstellt, ist ein Schnittschutz durch Handschuhe sehr wünschenswert. Speziell für die Chirurgie wurde ein relativ dünner, weicher Handschuh aus einer Kombination der Fasern Kevlar/Lycra/Betatec von den Firmen DePuy und Dupont für den Schnittschutz entwickelt. Dieser zusätzliche Schutz kann ratsam sein, insbesondere beim Umgang mit großen Glasgebinden oder Kulturflaschen bzw. im Technikumsbereich oder in der Nährboden-und Spülküche.

Ansonsten muß jeder Labor- oder Betriebsleiter selbst entscheiden, welcher Typ von Handschuh ggf. in welcher Kombination mit einem zusätzlichen Typ maximalen Schutz bietet. Die vollständige Dichtheit kann nicht garantiert werden. Die Konsequenz kann aber nicht der Verzicht auf Laborhandschuhe sein. Optimal ausgesuchte Handschuhe sind immer besser als gar keine!

Schutzbrille

Weniger diskussionsträchtig ist die Schutzbrille als Schutzausrüstung im Labor. Sie muß auf jeden Fall im Labor- und Technikumsbereich ständig getragen werden, z. B. beim Umgang mit Druckbehältern (Fermentation mit Vorlagen aus Säure, Lauge etc.), und im Labor dient sie dem Spritzschutz im Umgang, z. B. mit Desinfektions- und Lösemittel und Virusmaterial (HIV!).

Auch wenn man den biologischen Sicherheitsbereich als „wasserchemisches Labor" bezeichnen kann, so werden hier Lösungen verwendet, die das Sehvermögen gefährden können. Hierzu zählen nicht nur verdünnte Säuren und Laugen, sondern auch die Desinfektionsmittel wie Aldehyde, Alkohole, organische Peroxide usw., die häufig aus größeren Gebinden umgefüllt und in die Endkonzentration verdünnt werden müssen.

Im biotechnologischen Labor, in dem UV-Strahlung für die Desinfektion angewendet wird (Sicherheitswerkbänke!) muß die Schutzbrille zusätzlich gegen UV schützen. Als eine Verbesserung im Tragekomfort gegenüber der Schutzbrille kann eine Gesichtsmaske als Spritzschutz für biologisches Material oder z. B. flüssigen Stickstoff angesehen werden. Im übrigen gilt für die Schutzbrille, daß das Tragen *am Körper* beim Betreten des biologischen Sicherheitsbereiches die Voraussetzung für das Aufsetzen vor Ort ist.

Atemschutz

Die allgemeinen Anforderungen für Gasfilter inklusive der Partikelfilterklasse P3 sind in DIN 3181 „Atemschutzgeräte" beschrieben.

Im Notfall muß für den Atemschutz gegen Aerosol, das Infektionserreger verbreitet, eine P3-Vollmaske zur Verfügung stehen. Dies ist Vorschrift für die S4-Einheit. Gleiches ist natürlich sinnvoll für die S3- und S2-Laboreinheit, wenn an kritischer Stelle Leckage oder Bruch auftritt. Als Beispiele seien Fermenter, Kulturen in Glasgefäßen oder Zentrifugen genannt.

Für einen längeren Einsatz kommt die Gebläse-Vollmaske in Frage, die mit einem batteriegetriebenen Gebläse den Atemwiderstand des Filters reduziert (Racal Arbeitssicherheit GmbH).

Doppelfiltermasken reduzieren ebenfalls den Atemwiderstand.

Preßluftatmer sind für den Notfall ab Sicherheitsstufe 3 vorzusehen (s. Abschn. 5).

Für das gelegentliche Tragen über eine kürzere Zeitdauer in der Sicherheitsstufe 2 und 3 kann eine komfortable Halbmaske des Typs 3M-8835 ideal sein. Diese Entwicklung bietet das passende Rückhaltevermögen, Dichtsitz und Tragekomfort bei relativ niedrigem Preis.

Von chirurgischen Atemschutzmasken wird dringend abgeraten. Sie sitzen nicht dicht, werden durch feuchte Atemluft schnell undicht und haben so nur noch symbolischen Wert.

Aus der Praxis ist noch ein Hinweis wichtig: das Rückhaltevermögen von Atemfiltern hat in der Kennzeichnung mit arabischen Ziffern nichts mit der Risikogruppierung von Organismen zu tun!

6.6
Desinfektion

Der Umgang mit Organismen und Viren ab der Risikogruppe 2 erfordert nach der GenTSV, nach DIN 58956 (s. o.) sowie den Richtlinien der BG Chemie die Anwendung von Desinfektionsmitteln im Labor.

Allgemein geht es um die

- persönliche Hygiene,
- Arbeitsplätze,
- Geräte- oder Instrumentendesinfektion,
- Flächen- und Raumdesinfektion,
- Flüssigabfallentsorgung und die
- Wäschedesinfektion.

Für die persönliche Hygiene – im wesentlichen die Händedesinfektion – werden alkoholische Desinfektionsmittel an Waschbecken und in den Schleusen angeboten. Im Idealfall werden Seifendesinfektionsmittel und alkoholische Schnelldesinfektion simultan angeboten.

Nach der GenTSV muß nach Abschluß der Laborarbeit ab S2 die Arbeitsfläche stets desinfiziert werden. Die Gerätedesinfektion ist nicht nur erforderlich bei Kontaminationen im Labor, sondern ebenfalls bei Routine-Wartungsarbeiten oder Reparaturen. Die Flächen- oder Raumdesinfektion wird im Rahmen des zu erstellenden Hygieneplans praktiziert (s. Abschn. 6.4).

Es kann kein Kapitel zum Thema Desinfektion abgehandelt werden, ohne zunächst die Begriffe Desinfektion, Sterilisation, Entkeimung und Sanitation klar voneinander abzugrenzen, denn allzu häufig werden diese Maßnahmen falsch eingestuft bzw. werden Begriffe auch im Gespräch unter Fachleuten verwechselt. Zusätzlich zu den Definitionen in Abschnitt 6.2.4 „Entsorgung" und unabhängig von der GenTSV werden im folgenden Begriffe aus dem Desinfektionsmittelwesen definiert:

Steril

Frei von vermehrungsfähigen Organismen.

Sterilisation

Abtötung aller vermehrungsfähigen Organismen und Viren. Das Sterilgut kann ggf. noch tote oder inaktivierte Keime enthalten.

In der GenTSV § 3 „Begriffsbestimmungen" sind Viren unter der Definition „Sterilisierung" nicht genannt, aber sie sind durch die nicht ganz überzeugende Einreihung der Viren unter dem Begriff „Mikroorganismen" mit einbezogen. Auffallend ist, daß nach der Definition in der GenTSV chemische Verfahren ausdrücklich als Möglichkeit der Sterilisierung anerkannt sind. Damit ist de facto der Begriff „Kaltsterilisation" abgesegnet, der von vielen Fachleuten an den Hochschulen abgelehnt wird.

Desinfektion

Nach traditioneller Definition bedeutet die Desinfektion das Abtöten aller pathogenen oder krankmachenden Keime inklusive Sporen. Desinfektion wird üblicherweise durch die Anwendung von Chemikalien erzielt.

Allgemein versteht man unter der Desinfektion ein Verfahren, das zu einer Keimreduktion um mindestens 5 Zehnerpotenzen oder 99,999 % führt. Für die Sterilisation gilt als Maßstab eine Keimzahlverminderung von ≥ 10 Zehnerpotenzen oder durch Autoklavieren sogar um 12 Zehnerpotenzen.

Entkeimung

Abtrennen aller Mikroorganismen durch Sterilfiltration inklusive der toten Zellen.

Sanitation

Zusätzlich zur Desinfektion fordert sie eine möglichst intensive Verminderung sonstiger Mikroorganismen und Viren.

Inaktivierung

Zerstörung der Vermehrungs- und Infektionsfähigkeit sowie der Toxizität von Mikroorganismen, Pflanzen und Tieren sowie Zellkulturen und Zerstörung der Toxizität ihrer Zellinhaltsstoffe.

Wegen der Aktualität des Begriffes wurde die Definition für „Inaktivierung" zitiert. Trotz der guten Absichten des Gesetzgebers muß bedacht werden, daß im üblichen Sprachgebrauch unter Naturwissenschaftlern die Inaktivierung ein gradueller Prozeß ist, der als Rate (Inaktivierung pro Zeiteinheit) gemessen oder als Stufe (z. B. 50 %, 90 % oder 100 % = vollständig) angegeben wird.

Verbrennung

Vollständige Zerstörung aller lebender und organischer Materie durch die trockene Hitze einer Flamme mit einer Temperatur von $\geq 800\,°C$.

Dekontamination

Überführung in den nichtinfektiösen Zustand durch eine der obigen Maßnahmen (Desinfektion, Entkeimung, Sanitation usw.).

Es gibt allgemein anerkannte Grundsätze für die Anwendung von Desinfektionsmitteln wie in Tabelle 6.11 aufgeführt. Hier kann nicht lückenloses Lehrbuchwissen vermittelt werden, und deshalb sei auf Standardwerke verwiesen, die in der Bibliographie aufgeführt sind.

Desinfektion ist also ein komplexes Zusammenwirken von Konzentration, Zeit, Temperatur, pH usw. Auch scheinbar geringe Abweichungen von Desinfektionsverfahren führen zum Leistungskompromiß und bedeuten schwierige Validierbarkeit. Diesbezüglich sind thermische Desinfektionsverfahren, wenn anwendbar, immer vorteilhafter.

In der Auswahl des Desinfektionsmittels muß das Wirkungsspektrum die entscheidende Bedeutung haben. Hilfreich sind hier die ausführlichen Produktspezifikationen und ggf. neutrale Gutachten oder Sicherheitsdatenblätter nach DIN 52900 „DIN-Sicherheitsdatenblatt für chemische Stoffe und Zubereitungen" über die Leistungsfähigkeit und Eigenschaften eines Präparates, die die meisten Hersteller kommerzieller Produkte anbieten. Hier ist der Anwender gefordert, diese Information einzuholen und anzuwenden.

Obwohl Desinfektionsverfahren Bestandteil aller einschlägigen Studiengänge und Ausbildungsprogramme sind, gibt es anscheinend Bedarf für verstärkte Anstrengungen z. B. mit Kursen für den staatlich geprüften Desinfektor oder den qualifizierten Begaser nach der TRGS 555.

Tabelle 6.11   Auswahlkriterien und Anwendung von Desinfektionsmitteln

- Wirkungsspektrum,
- primäre bakterielle Resistenzentwicklung, Adaption,
- Einwirkungsdauer,
- wirksame Endkonzentration,
- pH-Optimum, Temperatur,
- Stabilität, Haltbarkeit,
- Ausgangskeimzahl im Einsatzbereich,
- Feuchtigkeit und Oberflächenbenetzung,
- Inaktivierung durch Reinigungsmittel (Seifenfehler),
- Inaktivierung durch katalytisch wirksame Stoffe,
- Arbeitsplatzbelastung, Gesundheitsbelastung für Personal,
- Umweltbelastung, biologische Abbaubarkeit,
- Metallkorrosion,
- hoher Preis,
- Abfallvolumen, Verpackung.

Gesetzlich vorgeschrieben ist inzwischen die Einhaltung der TRGS 522 über Begasungen mit Formaldehyd (s. S. 290).

Zeit und Konzentration sind die Parameter, gegen die in der Praxis am meisten verstoßen wird. Es reicht also nicht das Benetzen mit Desinfektionsmitteln aus, sondern selbst bei alkoholischen Desinfektionsmitteln müssen 30 s bis 5 min Einwirkzeit für die Inaktivierung eingehalten werden.

Wäßrige Desinfektionsmittel in üblicher Endkonzentration wirken in der Regel vollständig nur nach 15 min bis 3 h. Die Desinfektionsmittelwirkung läßt sich durch Konzentrationserhöhung beschleunigen, aber da es kein gesundheit-

Tabelle 6.12   Desinfektionsmittel-Steckbrief

Wirkstoff (-mechanismus)	Eigenschaften
Aldehyde (denaturierend) Formaldehyd Glutaraldehyd Glyoxal	+ Wirkungsspektrum, wäßrigen Lsg., niedrige Konzentration (0,5 – 3 %) stabil, persistent, biologisch abbaubar, materialverträglich – wirksam in Stunden, Resistenzentwicklung, Verdacht auf Kanzerogenität bei Formaldehyd, TRGS 522, gesundheitsschädlich
Alkohole (denaturierend) Ethanol Propanol Isopropanol	+ Wirkungsspektrum, wirksam in Sekunden/Minuten, stabil, materialschonend, biologisch abbaubar, z. T. hautverträglich – keine sporizide Wirkung, hohe Konzentration (70 – 90 %), Brand- und Explosions-Gefahr, hautentfettend
Perverbindungen (oxidierend) Wasserstoffperoxid Peressigsäure Kaliumperoxomonosulfat	+ Wirkungsspektrum, wirksam in Sekunden/Minuten, wäßrige Lösung, niedrige Konzentration (0,02 %), biologisch abbaubar – Instabil, druckfrei lagern, z. T. ätzend, Explosions-Gefahr bei ⩾ 15 %, druckfreier Transport und Lagerung
Halogene (oxidierend) Natriumhypochlorit Chlordioxid Natriumchlorit Chloramin	+ wäßrige Lösung, niedrige Konzentration (1 – 5 %), wirksam in Minuten, viruzid ± Wirkungsspektrum, Stabilität – Biologisch schwer abbaubar, AOX-[a] Abwassergrenzwert 1 mg/l, schleimhautreizend, korrosiv
Halogenierte Phenole (denaturierend) m-Kresol p-Chlor-m-Kresol p-Chlor-m-Xylenol	+ wäßrige Lösung, niedrige Konzentration (0,1 – 1 %), stabil, persistent, materialfreundlich ± Wirkungsspektrum, biologisch schwer abbaubar, gesundheitsschädlich
Quaternäre Ammoniumverbindungen (grenzflächenaktiv) Alkyl-dimethyl-benzyl-ammoniumchlorid Hexadecyl-trimethylammoniumbromid	+ wäßrige Lösung, niedrige Konzentration (0,1 – 1 %), wirksam z. T. < 60 Minuten bei Gram-positiven, Netz-/Emulgatoreigenschaften, material- und hautfreundlich, ungiftig, geruchlos ± nur zum Teil biologisch abbaubar – Wirkungsspektrum

[a] AOX: Adsorbierbare Organische Halogenide.

lich unbedenkliches Mittel gibt, muß vor dem Motto „Viel hilft viel" gewarnt werden.

Jeder Fachkraft ist geläufig, daß Desinfektionsmittellösungen nicht ohne Überlegung verändert werden dürfen. Dies gilt insbesondere für den Zusatz von Tensiden oder Lösungsvermittlern, die die Wirksamkeit von Desinfektionsmitteln rasch vermindern können.

Eigene Rezepturen und Formulierungen für Mischpräparate müssen in ihrer Wirksamkeit zunächst objektiviert werden, ehe man sich auf sie verläßt. Ansonsten ist dieses Vorgehen bei Großverbrauchern aus wirtschaftlichen Gründen durchaus empfehlenswert.

Für den Umweltschutz und wegen des Abfallvolumens sollte auf die Verpackungsgröße geachtet werden. Allzu viele Hersteller bieten nur Verpackungsgrößen zu ≤1000 ml an, und ab einem Bedarf von 20 l pro Monat ist der Verpackungsabfall erheblich.

Tabelle 6.12 gibt einen Überblick über wesentliche und häufig verwendete Desinfektionsmittel. Zu den kommerziellen Präparaten wird auf BGA-Liste bzw. Liste der anerkannten Desinfektionsmittel der Deutschen Gesellschaft für Hygiene und Mikrobiologie (DGHM) verwiesen (s. u. und Bibliographie).

Aldehyde

Mit dem Oberbegriff „Aldehyde" ist eine der traditionsreichsten Stoffklassen genannt, die auch heute noch unentbehrlich ist. Formaldehyd steht unter dem Verdacht der Krebserzeugung, aber man kann ohne Vorbehalt vertreten, daß ein wissenschaftlicher Beweis für die krebserzeugende Wirkung bis dato nicht vorhanden ist. Trotzdem ist Formaldehyd eine gesundheitlich sehr schädliche Verbindung, wenn in der Anwendung die bekannten Stoffdaten nicht hinreichend berücksichtigt werden.

Die Aldehyde werden in Form von wäßrigen Lösungen in Konzentrationen, die im Prozentbereich liegen (0,5–5%), eingesetzt, und sie eignen sich vorzüglich als hochwirksame Desinfektionsmittel für die Raum- und Flächendesinfektion.

Die Wirkung von Aldehyden läßt sich durch die Beimischung von Alkoholen wie z. B. Ethanol deutlich verstärken. Wegen seines stechenden Geruchs und der schleimhautreizenden Wirkung ist es vorteilhaft, Formaldehyd in trägerfixierter Form einzusetzen. Damit wird der Dampfdruck und die reizende Wirkung vermindert, ohne die Leistungsfähigkeit des Mittels zu beeinträchtigen.

Auf diesem Mechanismus beruht auch die persistierende Wirkung. Zwar inaktiviert man mittels Ammoniak vorläufig die Wirkung des Formaldehyds. Durch die Reaktion entsteht allerdings Formaldehyd-Ammoniak und letztlich Hexamethylentetramin, das jedoch langsam wieder in Formaldehyd zerfällt.

Das Merkblatt M 010 „Formaldehyd und Paraformaldehyd" (ZH 1/296) der BG Chemie sollte jedem Betriebsleiter im biologischen Sicherheitsbereich vertraut sein. Selbst für die Betriebshygiene und den Produktschutz in S1 können Aldehyde sehr brauchbar sein. Glutaraldehyd hat ebenfalls ein breites Wirkungsspektrum und ist noch wirksamer als Formaldehyd. Es steht nicht unter dem Verdacht, krebserzeugend zu sein und ist ein Mittel erster Wahl in der Virologie. Bei Bakterien und Sporen sind z. T. $\ll 0,5\,\%$ wirksam. Die Wirksamkeit ist nicht anfällig gegen die Anwesenheit organischer Verbindungen.

Formaldehyd und Krebs

Nach einer Veröffentlichung des Chemical Industry Institute of Toxicology (USA) von 1979 erzeugt Formaldehyd im Rattentierversuch bei einer Inhalation der Dosis 6 ppm über 6 h pro Tag und an 5 Tagen pro Woche innerhalb von 2 Jahren 1,5 % tumortragende Ratten (Kollektiv: ca. 204 Tiere). Der Prozentsatz betrug 43,2 bei 15 ppm. Diese hohen Dosen muß man mit dem gültigen MAK-Wert von 0,5 ppm oder 0,5 ml pro m^3 vergleichen (Faktor 30). Weiterhin wurden bei Mäusen bei 6 ppm keine Tumorträger festgestellt (Kollektiv: 220 Tiere). Erst bei 15 ppm traten Tumore auf (= 2,4 %, Kollektiv: 85 Tiere). In Langzeitversuchen mit Hamstern war überhaupt keine Tumorbildung zu beobachten.

Kurz, hier haben Überdosierungen zu einer unrealistischen Einschätzung des Krebsgefährdungspotentials geführt.

Der Stand von heute ist jedoch nach wie vor, daß Formaldehyd in die Gruppe III B nach TRGS 900 eingeordnet ist (Stoffe, bei denen ein nennenswertes krebserzeugendes Potential zu vermuten ist und die dringend der weiteren Abklärung bedürfen).

Es gilt aber nach dem Bundesgesundheitsamt (heute Robert-Koch-Institut) und der Bundesanstalt für Arbeitsschutz, daß nach dem gegenwärtigen Stand des Wissens keine hinreichenden Anhaltspunkte bestehen, daß Formaldehyd unter den Bedingungen, unter denen Menschen ihm ausgesetzt sind, Krebs am Menschen erzeugt (gemeinsamer Formaldehydbericht des Bundesgesundheitsamtes, der Bundesanstalt für Arbeitsschutz und des Umweltbundesamtes).

Alkohole

Die alkoholischen Desinfektionsmittel werden überwiegend für die Desinfektion kleinerer Flächen und für die Händedesinfektion eingesetzt. Als wichtiges BGZ-Merkblatt ist hierzu die ZH 1/589 „Sicherheitsregeln zur Vermeidung von Brand- und Explosionsgefahren durch alkoholische Desinfektionsmittel" zu erwähnen. Alkoholische Desinfektionsmittel können bei großflächiger Anwendung Brand und Explosionen auslösen.

Für die alkoholische Desinfektion müssen allgemein Konzentrationen von $\geqslant 50\,\%$ angewendet werden. Sie gelten neben den Perverbindungen als die am raschesten wirkenden Desinfektionsmittel. Es gibt keine Stabilitätsprobleme bei alkoholischen Desinfektionsmitteln.

Im einfachsten Fall verwendet man 70 %igen Ethanol. Dieses Präparat beugt bei sorgfältiger Anwendung einer Hautbelastung vor, wirkt allerdings praktisch gar nicht gegen bakterielle Sporen. Die mikrobizide Wirkung der Alkohole wächst mit der Kettenlänge und dem Molekulargewicht bei einem Maximum von 5–8 C-Atomen. Primäre Alkohole wirken stärker als höhere Alkohole. Weit verbreitet ist der Einsatz von N- und Isopropanol, insbesondere bei desinfizierenden Mischpräparaten.

Perverbindungen

Anorganische und organische Perverbindungen sind wegen ihres sehr breiten Wirkungsspektrums und der raschen Wirkung von starkem Interesse. Insbesondere bei der Peressigsäure ist eine sehr niedrige Wirkkonzentration zu beobachten. Man erreicht eine vollständige Desinfektion bereits bei Endkonzentrationen von $\ll 1\%$ (0,05–0,02 %).

Das größte Problem bei den Perverbindungen ist ihr rascher Zerfall, der einen Verbrauch der Lösung in Anwendungskonzentration innerhalb von 24 h erforderlich macht. Der Zerfall kann sich auch stark beschleunigen durch die katalytische Wirkung von z. B. Buntmetall.

Auch die korrosive Wirkung der Peroxide auf Metall kann die Anwendungsmöglichkeiten stark einschränken.

Das Problem der Explosionsgefahr von Peressigsäure wird durch den Vertrieb von Lösungen mit einer Konzentration $\ll 30\%$ beherrscht. So ist z. B. eine 15 %ige Lösung gut transportfähig. Wichtig ist sowohl beim Transport als auch bei der kurzzeitigen Aufbewahrung verdünnter Lösungen, daß druckfrei abgefüllt und gelagert wird, da sonst schon bei Raumtemperatur z. B. Glasgefäße explodieren können.

Ansonsten sind Perverbindungen durch die Unschädlichkeit und biologische Abbaubarkeit als sehr umweltfreundlich einzustufen.

Halogene

Hier handelt es sich im wesentlichen um anorganische und organische Substanzen, die aktives Chlor entwickeln (Hypochlorite, Chloramine). Die Mittel besitzen eine sporizide Wirkung, sind allerdings weniger stabil und zeigen Wirkungslücken bei verschiedenen gram-positiven Keimen sowie Hefearten.

Bezogen auf Chlor als aktives Agens sind sie voll wirksam im Konzentrationsbereich $\ll 1\%$. Die halogenierten Verbindungen wurden traditionell z. B. in der Wäschedesinfektion (Natriumhypochlorit) und der Klärschlamm- und Schwimmbaddesinfektion (Natriumchlorit) eingesetzt.

Im Labor- und Technikumsbereich werden Chlordesinfektionsmittel z. T. noch für die Gerätedesinfektion eingesetzt, aber auch hier findet ein Umdenken statt. Heute sind sie als wenig umweltfreundlich eingestuft, da bekannt ist, daß Halogene auf diverse organische Verbindungen übertragbar sind und diese dadurch einen biologisch schwer abbaubaren Zustand erreichen. Tatsächlich müßte man der biologischen Abbaustufe in Kläranlagen bei größerem Anfall von AOX-Verbindungen (Adsorbierbare Organische Halogenide) dehalogenaseaktive Mikroorganismen zuführen, da nach den gesetzlichen Abwasserbestimmungen die Belastung von Abwässern mit AOX-Verbindungen begrenzt ist (Abwasserabgabengesetz, DIN 38 409 „Deutsches Einheitsverfahren zur Wasser-, Abwasser- und Schlammuntersuchung").

Phenole

Zwar ist Phenol als Konservierungsmittel für Injektabilia und Impfstoffe
bekannt, und es wirkt stark proteindenaturierend und cytotoxisch, aber als Desinfektionsmittel ist es unbedeutend.

Die Wirkung von Phenol erhöht sich beträchtlich mit seinen Derivaten (Cl-,
CH_3-Substituenten). Die halogenierten Phenole mit ihrer ausgeprägten Wirksamkeit und Stabilität werden immer noch stark verbreitet angewendet. Ohne
gezielten Abbau in der biologischen Kläranlage sollte aber auch diese Substanz-
klasse in größeren Mengen nicht routinemäßig eingesetzt werden.

Zu den Vorteilen der halogenierten Phenole zählen ihre Stabilität und ihre
ziemlich pH-unabhängige Wirkung. Sie werden deshalb auch gerne in Desinfek-
tionstauchbädern eingesetzt. Die Endkonzentration beträgt üblicherweise bis
3 %. Durch mehrfache Chlorierung werden die halogenierten Phenole deutlich
wirksamer. Beispiele sind Dichlorphenol und Trichlorphenol anstelle von Chlor-
phenol. Es steigt die mikrobizide Wirkung. Allgemein werden Phenole gerne auch
in Mischung aus Chlorphenolen und Kresolen angeboten und sind so noch wirksamer.

Als auffällige Nachteile sind folgende Eigenschaften zu nennen:
- ähnlich wie Alkohole, wenig wirksam gegen Sporen,
- problematische Wirkungslücken in der Virologie, aber auch bei gramnegativen Bakterien, wie z. B. Pseudomonaden.

Mit diesen Merkmalen sollten sie eigentlich zumindest aus dem klinischen
Bereich entfernt werden. Trotzdem finden sie noch breite Verwendung in Seifen-
und Dekontaminationspräparaten, und durch ihre Emulgierfähigkeit werden sie
vielfach in der Scheuer- und Flächendesinfektion eingesetzt.

Oberflächenaktive Verbindungen

Unter den Lösungsvermittlern oder Tensiden sind von wichtiger Bedeutung
für die Desinfektion die kationischen Verbindungen, die aus höhermolekularen
aliphatischen Aminen bestehen, sowie die quaternären Ammoniumbasen.

Allerdings ist die antimikrobielle Wirksamkeit niedrig. Das Wirkungsspektrum ist vorwiegend gegen grampositive Keime gerichtet, aber es handelt sich
um sehr stabile Lösungen im Konzentrationsbereich um 0,02 %. Auch Mittel wie
Cetrimid (Soja-trimethylammoniumchlorid oder Benzalkon A- bzw. Benzol-
Bezalkoniumchlorid) inaktivieren Sporen nicht, und sie werden in der Regel als
Zusatzstoff in Mischpräparaten oder als Konservierungsstoffe im pharmazeutischen oder kosmetischen Bereich benutzt.

Viele Hersteller bieten heute sogenannte aldehydfreie Desinfektionsmittel
an. Hier handelt es sich in der Regel um oberflächenaktive Verbindungen,
deren Wirksamkeit so schwach sein kann, daß sie nicht im biologischen
Sicherheitsbereich angewendet werden sollten. Als recht neue Wirkstoffe
sind Sulfobetaine und Carbobetaine zu nennen, von denen man aufgrund
ihrer mikrobiziden und antiviralen Eigenschaften breitere Anwendung erwartet.

Guanidine

Diese Substanzgruppe sei als letztes Beispiel für wichtige Desinfektionsmittel genannt. Die Einsatzmenge beträgt um 0,1%. Auch hier ist ein lückenhaftes Wirkungsspektrum zu nennen. Positiv und besonders auffällig ist jedoch das breite pH-Optimum (pH 4–9).

Ähnlich wie die oberflächenaktiven Verbindungen sind die Guanidine eher Zusatzstoff in Mischpräparaten, wie z. B. Flächendesinfektionsmitteln. Allerdings wirken auch sie nicht sporizid.

Liste von BGA und DGHM: Wirksame Desinfektionsverfahren

Unverzichtbar für den Desinfektionsmittelverbraucher ist die von Bundesgesundheitsamt (BGA) und Deutscher Gesellschaft für Hygiene und Mikrobiologie (DGHM) herausgegebenen Liste der Desinfektionsmittel, die nach den Richtlinien für die Prüfung und Bewertung chemischer Desinfektionsverfahren geprüft und als wirksam befunden wurden. Gültig ist die 12. Ausgabe der BGA-Liste „Liste der vom Bundesgesundheitsamt geprüften und anerkannten Desinfektionsmittel und -verfahren" mit dem Stand vom 1.1.94. Nach Auflösung des BGA wird in Zukunft das Robert-Koch-Institut in Berlin das Bundesinstitut für Infektionskrankheiten und nichtübertragbare Krankheiten sein. Nach §13 GenTSV sind in gentechnischen Anlagen für die Inaktivierung nur BGA-anerkannte Desinfektionsmittel und -verfahren anzuwenden.

Die BGA-Liste berücksichtigt die Virologie nur unscharf. Hier muß man für zuverlässige Information auf die Listen von DVV (Deutsche Vereinigung zur Bekämpfung von Viruskrankheiten) und DVG (Deutsche Veterinärmedizinische Gesellschaft, 7. Liste/Stand: 1.10.90) ausweichen.

Inaktivierung von biologisch aktiven Nucleinsäuren

In Abschn. 6.3.1.1 wurde schon auf die Empfehlung der ZKBS eingegangen, beim Umgang mit Nucleinsäuren mit onkogenem Potential vorsorglich auch die biologische Aktivität von Nucleinsäuren dieser Art im Abwasser auszuschließen.

Neben den beschriebenen Leistungen der Dampfsterilisation gibt es Ausweichmöglichkeiten, wenn ein Autoklav oder Druckbehälter nicht verfügbar ist. Herbei wird das Abwasser, z. B. mit organischen oder anorganischen Peroxiden wie Peressigsäure, Na-Peroxid, Na-Perborat oder Kaliumperoxomonosulfat versetzt und für 30–60 min auf 60–80 °C erhitzt.

Gleich wirksam ist eine Säurebehandlung bei pH ≤ 4/60–70 °C (Zitronensäure, Salz-, Phosphorsäure o. ä.).

BSE (Bovine spongiforme Encephalopathie)

Einige Infektionskrankheiten des zentralen Nervensystems bei Mensch und Haustier werden durch sogenannte Prionen verursacht und zeichnen sich durch langjährige Inkubationszeit aus (Beispiel: Creutzfeldt-Jakob-Erkrankung des Menschen, Scrapie beim Schaf).

Die spongiforme Encephalopathie beim Rind (BSE) gilt als fortschreitende und tödlich endende neurologische Erkrankung. Bis heute ist die BSE-Ursache noch nicht geklärt. Ob Viruspartikel oder selbstvermehrende Mikrofibrillen aus Protein – das Phänomen läßt sich unter üblichen Bedingungen nicht inaktivieren.

Nach Hope (Edinburgh) sind beim Autoklavieren von Abfällen mindestens 45 min bei 138 °C erforderlich.

Im Bereich der chemischen Desinfektion versagen praktisch alle als wirksam bekannten Maßnahmen!

6.7
Raum- und Gerätedesinfektion, Biocontrol-Programm

Raumdesinfektion

Hygiene hängt nicht von der Verwendung von Desinfektionsmitteln ab. Im einfachen Fall riechen Wasser und Seife. Nach Daschner, Freiburg, kann sogar für den Krankenhausbereich feuchtes Wischen ausreichen. Es beseitigt 50 % der am Boden haftenden Bakterien. Nach 2 – 3 h soll die Keimzahl auch bei der Verwendung von Desinfektionsmitteln nicht niedriger, sondern gleich sein. Die meisten Desinfektionsmittel weisen eine persistierende und damit prophylaktische Wirkung auf, so daß ihr überlegter und gezielter Einsatz doch rational ist.

Für den biologischen Sicherheitsbetrieb ab Stufe 2 sind Desinfektionsmittel unverzichtbar, und bei ihrer Anwendung muß berücksichtigt werden, daß es kein Desinfektionsmittel gibt, das nicht gesundheitsschädlich ist.

Aus der Rechtssprechung ist bekannt, daß es insbesondere durch die Überdosierung von Desinfektionsmitteln in Verbindung mit der Raumpflege zu einer Erwerbsunfähigkeit kommen kann.

Für die Raumdesinfektion mit zuverlässiger Wirkung werden immer noch bevorzugt aldehyd- oder peroxidhaltige Desinfektionsmittel eingesetzt. Dies gilt für Fußböden, größere Labortischflächen und Wände. Für Flächen von Quadratmetergröße ist die alkoholische Desinfektion unter Beachtung der Einzelheiten in ZH 1/598 „Sicherheitsregeln zur Vermeidung von Brand- und Explosionsgefahren durch alkoholische Desinfektionsmittel" die bevorzugte Wahl.

In beiden Fällen kann man davon ausgehen, daß die behandelten Flächen ohne Nachpolieren nicht streifenfrei werden. Dies kann in Verbindung mit dem noch weit verbreiteten Gebrauch von talcumbehandelten Latexhandschuhen, die besonders ab der Stufe S3 beim Umgang mit biologischem Material vorgeschrieben sind, bei Betrieben mit vielen Edelstahlflächen zu einem ungepflegten Eindruck führen, der falsche Kritik auslöst.

Für die Persistenz in der Desinfektionsmittelwirkung muß darauf geachtet werden, daß eine Putzkraft aus Gründen der Fußbodenästhetik nicht wenige Minuten nach der Flächendesinfektion gründlich nachwischt, um wegen Wischspuren ein rückstandsloses Entfernen des Desinfektionsmittels zu erreichen.

Im Fall von Formaldehyd und Glutaraldehyd als Desinfektionsmittel werden unter Beachtung der Herstellervorschrift nur mit seltenen Ausnahmen Raumluftbelastungen erreicht, die über dem MAK-Wert von 0,1 mg pro m^3 liegen, obwohl bei diesen Messungen weder Fensterlüftung, noch Zwangsbelüftung durch eine Klimaanlage stattfand.

Sicherheit gewinnt man durch Messungen im eigenen Betrieb. Für den Formaldehydgehalt der Luft sind als schnelle Meßmethode Röhrchenmessungen gut geeignet (z. B. Firma Draeger, Einhandgasmeßsystem, 2–50 mg/m^3).

Allgemein gibt es folgende wichtige Schutzmaßnahmen gegen gesundheitliche Belastungen durch Desinfektionsmittel:

- Händeschutz/Schutzhandschuhe, besonders beim Umgang mit unverdünntem Desinfektionsmittel,
- Schutzbrille gegen den Spritzschutz beim Umfüllen aus größeren Gebinden in kleine Behälter,
- Einhalten der vorschriftsmäßigen Konzentration; Überdosierung ausschließen,
- Sprühdesinfektion nur mit Atemschutz gegen Aerosole ausführen.

Allergische Beschwerden sollten bei den Beschäftigten immer durch einen Test objektiviert werden.

Zur Raumdesinfektion gehört als betriebliche Ausstattung der Einsatz eines Reinigungswagens mit funktionsgerechtem Zubehör für den objektgerechten Einsatz. Bei einer entsprechenden Betriebsgröße kann auch ein Scheuersaugautomat sinnvoll sein. Selbst für den engen Laborbereich gibt es inzwischen kompakte Hochleistungsmaschinen für rauhe und glatte Fußböden sowie mit praktischem Scheuersaugarm für den schwer zugänglichen Bereich. Sie können mit Desinfektionsmittel beschickt werden.

Der Vorteil dieser Maschinen ist der effiziente Personaleinsatz und eine sehr gute Trocknung nach der Reinigung, die gegen Rutschgefahr insbesondere auf den glatten Fußböden vorbeugt (s. Abschn. 6.2.1).

Da im Raumpflegebereich auch der biologischen Sicherheitsbetriebe sehr häufig Personal ohne Fachausbildung eingesetzt wird und die Personalfluktuation überdurchschnittlich hoch ist, kann es für größere Betriebe vorteilhaft sein, aus dem kommerziellen Angebot ein dezentrales Dosiergerät zur Entnahme gebrauchsfertiger Standarddesinfektionsmittellösungen anzuschaffen. Ein Automat dieser Art kann auch zum Befüllen oder Nachfüllen von Sprühdesinfektionsgeräten inklusive Druckversorgung genutzt werden. Die Vermischung von Wasser und Desinfektionsmittel sollte jedoch nicht vor der Leitungsöffnung geschehen, da es sonst zur Ansiedelung und Anreicherung resistenter Keime kommen kann.

Das Dosiergerät sorgt automatisch für das Einhalten der Wirkkonzentration nach Hersteller-Spezifikation und eine Überdosierung mit ihrem gesundheitsschädlichem Potential nebst unnötiger Betriebskostenerhöhung und Umweltbelastung wird ausgeschlossen.

Raumdesinfektion mittels Formaldehydverdampfung

Routineformaldehydbegasungen von Räumlichkeiten sind selbst in der Sicherheitsstufe S3 bedenklich. Diese Maßnahme sollte auf den Notfall beschränkt sein (s. Abschn. 6.4), da sonst toxikologische Probleme bei den Beschäftigten auftreten müssen. Unverzichtbar ist die Formaldehydbegasung jedoch bei Unfällen, die zum Austritt von Infektionserregern aus geschlossenen Behältnissen führen.

Schon allein die Laborausstattung mit hochwertigem elektronisch gesteuertem Gerät wie Analysenautomaten, Zentrifugen, Spektralphotometer, HPLC, AS-Analyzer etc. ist prohibitiv für eine Raumbegasung. Dabei ist weniger das Formaldehyd als korrosives Agens zu nennen als die mit der Begasung verbundene, notwendige Feuchtigkeit und Nässe.

Im übrigen muß erwähnt werden, daß bei *regelmäßigen* Begasungen mit Formaldehyd auch im geschlossenen Großgerät nach einer Änderungsverordnung zur Gefahrstoff-Verordnung seit dem 1.1.92 nur noch mit behördlicher Genehmigung unter Leitung eines befähigten Begasers durchgeführt werden dürfen (TRGS 522). Für den Befähigungsschein werden qualifizierende $2^{1}/_{2}$-tägige Lehrgänge angeboten.

Wenn die Raumbegasung tatsächlich erforderlich ist, setzt man üblicherweise automatische Formaldehydverdampfungsgeräte ein. Die Hersteller bieten detaillierte Arbeitsvorschriften für die zuverlässige Raumdesinfektion an. Als Standardmenge gilt die Formel 5 g Formaldehyd pro m³ Raum. Selbstverständlich müssen Klimaanlagen vor der Desinfektion abgeschaltet werden [11].

Gerätedesinfektion

Die Formaldehydbegasung von Geräten, wie Sicherheitswerkbank beim Filterwechsel (s. Abschn. 6.2.2) oder Klasse-3-Werkbank beim Abschluß von Arbeiten und vor dem Öffnen, ist Stand der Technik.

In den vergangenen Jahren wurde eine weitere vielversprechende Kaltsterilisationsmethode entwickelt. Praktisch das gesamte Spektrum an Organismen und Viren läßt sich mit Wasserstoffperoxidgas (WP-Gas) sterilisieren. Die WP-Atmosphäre wird in einem geschlossenen Gerät durch Vernebelung im Vakuum erzeugt oder aus einer 30 %igen WP-Lösung in der strömenden Luft als Trägergas. Die Wirkkonzentration beträgt 0,5 mg/l.

Natürlich ist WP weder mutagen, noch steht es im Verdacht der Kanzerogenität und es zerfällt in die völlig schadlosen Produkte Wasser und Sauerstoff. Die Vorteile der Methode sind offenbar: Es ist kein Druckgefäß erforderlich, die Temperatur kann sogar auf 4 °C abgesenkt werden, Korrosion tritt nicht auf und WP-Gas durchdringt Kunststoffe wie PE, PP, und PVC. Sie ist anwendbar für verschiedene Geräte wie Werkbänke, Inkubatoren, Zentrifugen, Lyophilisiergeräte, für Instrumente, Verpackung, Abfall usw. Mit dem Amsco VHP 100 (s. Abb. 6.23) ist ein kommerzieller WP-Gasgenerator inklusive Bio- und Chemoindikatoren für die Prozeßvalidierung erhältlich.

Als weitere Alternative zur Formaldehydbegasung von Laborgerät sind UV-/Ozon-Gaserzeuger im Handel erhältlich.

Ozon ist ein starkes Oxidationsmittel, das ein sehr breites Wirkunsgsspektrum besitzt und auch Sporen und sogar Pyrogene inaktiviert. Die Wirkkonzentration liegt bei 5 ppm. Die Einwirkungszeit beträgt nur Minuten.

Handelsübliche Ozongeneratoren erzeugen ein Vielfaches der Wirkkonzentration im geschlossenen Gerät innerhalb von weniger als 30 min. Nach der Einwirkdauer bis zu 24 h (hoher Sicherheits- und Angstzuschlag) kann das Ozongas gezielt über ein Palladium-Platin-Katalysator abgebaut werden, um innerhalb von 30 min unter den MAK-Wert von 0,1 ppm zu sinken.

Drei Vorsichtsmaßnahmen müssen beachtet werden:

- konzentrierte Ozonluftgemische sind explosiv,
- die Ozonsterilisation kann bei starker Verschmutzung (Schmutzkrusten) mangels genügender Eindringtiefe beschränkt effektiv sein,
- direkte UV-Bestrahlung versprödet gewöhnlichen Kunststoff (z.B. Plexiglas).

Biocontrol-Programm

Die Effektivität der Routinedesinfektionsmaßnahmen sollte ab S2 periodisch überprüft werden. Der Abstand zwischen den Tests könnte jährlich oder halbjährlich ab S3 sein. In der Praxis kann das Biocontrol-Programm durch einen unangemessenen Prüfungsumfang zum Problem werden. Nur allzu leicht kann durch eine endlose Probenzahl das Programm zum Selbstzweck ausarten. Es gibt eigentlich „zu viel" Oberfläche und Luftraum und damit zu viele ökologische Nischen, um ein lückenloses Bild der betrieblichen Keimverbreitung zu erhalten. Hier hilft nur der Mut zur Entscheidung für die zufällige, statistische Auswahl potentiell besonders exponierter Oberflächen.

Man strebt drei wichtige Ziele mit dem Biocontrol-Programm an:

- Keimverbreitung auf Oberflächen und in der Luft (lokales Ereignis),
- pathogene Keime ausschließen, insbesondere die Anwesenheit eigener Forschungs- und Produktionsstämme (betriebsweite Verschleppung),
- Routinedesinfektonsmaßnahmen in ihrer Wirksamkeit zu überprüfen.

Die vorteilhafteste Methode der mikrobiologischen Untersuchung von Oberflächen ist die Abklatschplatte. Kenntnis der Wachstumsansprüche der im eigenen Betrieb verwendeten Stämme lassen den gezielten Nachweis zu. Das Ergebnis sollte natürlich negativ sein.

Generell ist bei der Auswahl eines Nährbodens durchaus eine Anlehnung an die Vorgaben aus den beschriebenen Methoden für den Sterilitätsnachweis in Pharmakopöen sinnvoll.

Bei der Verwendung von Tupfern für Abstriche auf Oberflächen ist für die quantitative Auswertung die Keimaggregation oder das Verklumpen von Staub, Partikeln und Keimen sehr hinderlich. Man weist nur noch ca. 1/3 der tatsächlich vorhandenen Keime nach. Noch schlechter verhält sich diesbezüglich der Klebestreifen, der nur etwa die Hälfte der Keime aufnimmt und ca. 20 % indirekt nachweist.

Damit ist eine quantitative Auswertung praktisch nicht mehr möglich. Nach der Desinfektionsmaßnahme (bis 30 min) muß die zu prüfende Oberfläche sehr keimarm sein oder sogar keimfrei. Andernfalls liegt ein Arbeitsfehler vor oder die Kontaminanten sind resistent gegen das gewählte Mittel geworden und ein Wechsel der Desinfektionsmittelformulierung ist notwendig.

Wenn man nach den Prüfmethoden der Desinfektionsmittelhersteller vorgeht, müßte man vor jedem Test ein Entkeimungsmittel wie Tween 80, Lecithin, Cystein, Thiosulfat, Katalase, Semicarbazid (je nach verwendetem Desinfektionsmittel) anwenden, um vor der Lebendkeimzahlbestimmung restliches Desinfektionsmittel zu neutralisieren. In der Routinepraxis übergeht man jedoch diesen Schritt wegen des zusätzlichen Arbeitsaufwandes und um bei den als geeignet beurteilten Mitteln die Persistenz zu erhalten.

Im biotechnologischen Labor muß in der Routine keine Identifizierung bis zur Art vorgenommen werden. Das eigentliche Ziel ist das quantitative Ergebnis als Aussage über den tatsächlich vorliegenden Hygienestandard.

Neben der Abklatschplatte gibt es auch kommerzielles Verbrauchsmaterial, das den Keimgehalt auf Oberflächen bestimmt. Das Hycon Contact Slide System besteht aus einer flexiblen Folie mit 25 Vertiefungen oder Kammern, die mit Nährboden gefüllt sind. Der Nährbodenträger ist mit einer Folie verschlossen und wird nach dem Test wieder abgedeckt, inkubiert und ausgewertet.

Alternativ bietet sich das Hycheck System von Difco an. Der Artikel ist im Prinzip ein Nährbodenträger wie aus der Urindiagnostik (z. B. Uricult) seit Jahrzehnten bekannt. Die Verbindung zum Deckel ist hier jedoch biegsam und so kann die zu prüfende Oberfläche plan abgedrückt werden.

Luftuntersuchungen

Luftkeime sind in der Regel partikelgebunden. Im einfachsten Fall findet die Raumluftkontrolle mit offenen Petrischalen statt, die einen Universalnährboden enthalten (Sedimentationsverfahren). Quantitative Aussagen sind hier praktisch nicht möglich.

Bei Impaktierungsverfahren wird normalerweise Luft über ein Flügelrad angesaugt und gezielt auf einen Nährbodenstreifen oder auf eine verkleinerte miniaturisierte Agarplatte gerichtet. Partikel und Keime werden so auf dem Nährboden fixiert und können nach der Bebrütung quantitativ und qualitativ analysiert werden. Beispiele für kommerziell erhältliches Gerät sind der SAS-Sampler (Surface Air System) und der sehr verbreitete RCS-Sampler (Reuter Centrifugal Sampler), der von der FDA anerkannt ist. Vom RCS-Sammler gibt es inzwischen eine Neukonstruktion mit verbesserter Abscheideeffizienz für Partikel der Größe < 4 µ und einem validierbaren Sammelvolumen bis 1 m³ ohne Austrocknung des Nährbodenstreifens.

Der Andersen-Sampler trennt die Keimträger der Luft nach Größe auf (< 1 µ bis > 8 µ).

Beim Schlitz-Sammler wird die zu prüfende Luft durch einen Schlitz angesaugt. Darunter befindet sich eine Nährbodenplatte. Die Umdrehungsgeschwindigkeit kann eingestellt werden, so daß sowohl mehrere Prüfungen im zeitlichen

Abstand als auch in verschiedenen Räumen mit einer Platte durchgeführt werden können.

Die Luftkeimzahl läßt sich auch durch Filtration bestimmen. Ein weit verbreitetes, zuverlässiges und validierbares Gerät ist das Sartorius MD 8 Luftkeimsammelgerät. Hier werden definierte Mengen an Luft über ein Gelatinemembranfilter angesaugt. Danach wird das Filter auf eine Nährbodenplatte übertragen und inkubiert.

Gemessen an 0,5 μ Latex-Partikeln weist das Gerät ein beachtliches Rückhaltevermögen für Bacillus subtilis var. niger von nahezu 100 % auf. Das Gelatinefilter eignet sich auch für das Abscheiden von Viren und Bakteriophagen aus der Luft. Damit dürfte das Gerät eine der vielseitigsten Gebrauchseinheiten sein.

Vorsicht ist geboten, wenn der Raum frisch desinfiziert wurde und sich Desinfektionsmittel auf dem Filter niedergeschlagen hat, das zu einer Hemmung der Luftkeime führt. Hier muß eine passende Kontrolle mit einem Teststamm durchgeführt werden.

Das Feld der möglichen Luftkeimzahlbestimmungen wird komplettiert mit der Methode des Abscheidens in wäßrigen Lösungen wie Puffer oder Peptonwasser in Gasflaschen. Hier gibt es allerdings Probleme mit Keimaggregaten.

Weiter Einzelheiten bietet ein Review-Artikel [12].

6.8
Zusammenfassung

Technische Sicherheitsmaßnahmen in gen- und biotechnologischen Einrichtungen sind auch heute noch nicht üblicher Bestandteil eines Curriculums an den Universitäten. Wenn Forschung, Entwicklung und Produktion den Umgang mit Organismen mit Gefährdungspotential unumgänglich machen, verläßt man die höchste Stufe der Sicherheit – nämlich die biologische Sicherheit. Um die Gefährdung von Beschäftigten, Bevölkerung und Umwelt auszuschließen, benötigt man dann zuverlässige technische Ausstattung, um gefahrlos arbeiten zu können. In diesem Beitrag werden sicherheitsbezogen Leistung und Grenzen einer modernen technischen Ausstattung in Verbindung mit langjähriger Erfahrung dargestellt. Schwerpunktmäßig wird das geschlossenen System (Richtlinie 90/219/EWG der EU über die Anwendung genetisch veränderter Mikroorganismen in geschlossenen Systemen) und dessen Schwachstellen bezüglich Leckage, Bruch, Freisetzung von Aerosolen und Produktkontamination behandelt.

Angefangen bei einer Planung werden im Anschluß an den Grundriß schwere Laborgeräte wie Sterilisatoren, Sicherheitswerkbänke, Laborfermenter und Zentrifugen behandelt. Zum Betrieb eines biologischen Sicherheitsbereiches gehören aber auch typische organisatorische Maßnahmen, die ebenfalls erläutert werden.

Im wesentlichen werden die Sicherheitsstufen 2 und 3 beschrieben, da die Sicherheitsstufe 1 – der Umgang mit harmlosen Mikroorganismen – den Normalfall darstellt, der z.B. über die Grundregeln guter mikrobiologischer

Technik bereits weit abgedeckt ist, während die Sicherheitsstufe 4 ein extrem seltenes Erfordernis ist, dessen aufwendige Technik zu speziell ist, um hier detailliert beschrieben zu werden.

Dieser Beitrag dient damit zur Ergänzung rechtlicher Vorschriften bzw. der Umsetzung von Regularien in die Praxis.

Abhandlungen wie diese erwecken zwangsweise den Eindruck, daß biologische Sicherheitsbereiche unsicher sind. Hier gilt es jedoch zu rationalisieren, und der aufmerksame Leser wird erkennen, wo Mindestanforderungen beschrieben werden und wo Neuentwicklungen den technischen Fortschritt aufzeigen.

Literaturhinweise

1. Schoenen D, Schöler HF (1983) Trinkwasser und Werkstoffe. Fischer, Stuttgart
2. Läge K (1989). Rohrtrenner unter dem Aspekt der neuen DIN 1988 (HLH) 40:87–90
3. Schumacher G (1990) Umweltschutz durch Gentechnik. LABO 10
4. Heene GV (1987) Außeninstallierte Laborbauten für Forschung und Entwicklung (Geschoßbauten) Pharm Indust 49(11):1139–1145
5. Ashcroft J, Pomeroy NP (1983) The generation of aersols by accidents which may occur during plant-scale production of microorganisms. J Hyg 91:81–91
6. Dobrindt E (1990) Kunststoff-Zentrifugenröhrchen: Praktische Tips zur Auswahl und Anwendung. LABO 9
7. Brunner KH Separatoreneinsatz in der Biotechnologie. Eine neue Herausforderung an den Zentrifugenbrenner? Vortrag Concept-Symposion Biotechnologie I Grundlagen und Grundoperation, Heidelberg, (Okt. 1982)
8. Jäger W (1991) Einweisen statt abspeisen. Gezielte Unterweisung führt zu mehr Sicherheitsbewußtsein. Reinigung + Service 4:35
9. Wefers KP (1988) Untersuchungen über die Dichtigkeit von Schutzhandschuhen. ZWR 97:1053–1056
10. Korniewicz DM et al. (1990) Leakage of virus through used vinyl and latex examination gloves. J Clin Microbiol 28:787–788
11. Peeters M (1991) Praktische Durchführung der Raumdesinfektion mittels Formaldehydverdampfung. Hyg Med 16:319–322
12. Hecker W, Meier R (1991) Überwachung der Luftkeimzahl im Rahmen der mikrobiologischen Qualitätssicherung von Arzneimitteln. Pharm Indust 52:939–947
13. Collins CH (1988) Laboratory acquired infections 2nd edn. Butterworths, London
14. Fleming DO (1994) Laboratory safety, principles and practices, 2nd ed. American Societey for Microbiology, Washington D.C.
15. Wallhäußer KH (1988) Praxis der Sterilisation, Desinfektion, Konservierung, 4. Aufl. Thieme, Stuttgart
16. Liberman DF, Gordon JG (1989) Biohazards Management Handbook. Marcel Dekker, New York
17. Reinhardt PA, Gordon JG (1990) Infectious and medical waste management. Lewis Publishers, Boca Raton
18. DIN-Taschenbuch 222 (1992) Medizinische Mikrobiologie und Immunologie. Beuth, Berlin
19. DIN-Taschenbuch 169 (1983) Medizin 3/Normen über Sterilisation, Desinfektion, Sterilgutversorgung. Beuth, Berlin
20. DIN-VDE-Taschenbuch 188 (1993) Laborgeräte und Laboreinrichtungen. VDE, Beuth Berlin
21. Block S (1991) Disinfection, Sterilization and Preservation, 4th edn. Lea & Febinger, Philadelphia
22. Rayburn SR (1990) The Foundation for laboratory safety. Springer, Berlin Heidelberg New York Tokyo

23. Furr AK (1990) CRC Handbook of laboratory safety, 3rd edn. CRC, Boca Raton
24. Beck-Texte im DTV (1988) Gesundheitsrecht, Bd. 5555. DTV, München
25. Beck-Texte im DTV (1990) Umweltrecht, Bd 5533 DTV, München
26. Ashbrook PC, Renfrew MM (1990) Safe laboratories: principles and practices for design and remodelling. Lewis, Boca Raton
27. Bernabei D (1991) Sicherheit – Handbuch für das Labor. GIT, Darmstadt
28. Standardisierungs- und Ausrüstungsempfehlungen für Bioreaktoren und periphere Einrichtungen (1991) DECHEMA, Frankfurt/Main
29. Jäger W, Bönning J (1991) Auf sicheren Sohlen; Unfallverhütung durch richtiges Schuhwerk. Resch, Gräfelfing
30. Stadler P, Wehlmann H (1992) Arbeitssicherheit und Umweltschutz in Bio- und Gentechnik VCH, Weinheim
31. Rickwood D (1989) Centrifugation, a practical approach. IRL, Oxford
32 Collins CH, Beale AJ (1993) Safety in industrial microbiology and biotechnology. Butterworth Heinemann, Oxford
33 Lutz W (1993) Lexikon der Reinigungs- und Hygienetechnik 4. Aufl. Lutz, Dettingen
34. Bodenschatz W (Hrsg.) (1993) Handbuch für den Desinfektor in Ausbildung und Praxis. Fischer, Stuttgart
35. Laboratory Biosafety Manual (1993) 2nd edn. World Health Organisation, Geneva
36. Biosafety in microbiological and biomedical laboratories (1993) 3rd edn., U.S. Department of Health and Human Services, Public Health Service, Centers for Disease Control and Prevention, and National Institutes of Health U.S. Government Printing Office, Washington
37. Materialien und Basisdateien für gentechnische Arbeiten und für die Einrichtung und den Betrieb gentechnischer Anlagen (1994) Band 1: Biologische Sicherheit; Band 2: Containment; Band 3: Systemtechnik; Band 4A: Umweltschutz, Regelwerke mit Bezug zum Umweltschutz; Band 4B: Umweltschutz, technische und organisatorische Maßnahmen zur Abfall-, Abwasser- und Abluftbehandlung; Band 5: Monitoring; Band 6: Regelwerke. DECHEMA, Frankfurt/Main
38. Wedum AG (1953) Bacteriological safety. Am J Public Health 43:1428 – 1437

Maßnahmen für den sicheren Umgang mit biologischen Agenzien im Produktionsbereich

H. Heine und S. Wegel

7.1
Die bioverfahrenstechnische Anlage
(Umfang der sicherheitsrelevanten Verfahrensstufen)

Im Anhang III der Gentechnik-Sicherheitsverordnung (GenTSV) sind nach Stufen geordnet technische und organisatorische Sicherheitsmaßnahmen aufgeführt, die dem jeweiligen Risikopotential der verwendeten Organismen angepaßt sind, wobei für die nächsthöheren Stufen nur die Maßnahmen genannt werden, die über die der vorhergehenden hinausgehen. Das berufsgenossenschaftliche Merkblatt B 003 „Betrieb" [1] ist in gleicher Weise aufgebaut. Die dort definierten Sicherheitsstufen P 1 bis P 4 entsprechen weitgehend den Stufen 1 bis 4 der Sicherheitsverordnung. Abweichungen sind in der jüngsten Auflage [Stand: 1/92] der Merkblätter behoben.

Im folgenden sollen die den Sicherheitsstufen zugeordneten technischen Maßnahmen dargestellt und aus der Sicht der Verfasser kommentiert werden. Diese entsprechen dem derzeitigen Stand von Wissenschaft und Technik, wie sie sich in der Praxis bewährt haben.

Aus der Vielzahl der in der Sicherheitsverordnung aufgeführten Maßnahmen können folgende Schutzziele für den Bereich lebender, gentechnisch veränderten Organismen abgeleitet werden:

- Stufe 1   Die Organismen weisen kein Gefährdungspotential auf. Der Arbeitsschutz ist gewährleistet, wenn die Regeln der guten mikrobiologischen Technik[1] (GMT) bzw. der Good Industrial Large Scale Practice = GILSP[2] eingehalten werden. Sie umfassen Maßnahmen der Hygiene und Sauberkeit sowie des Produktschutzes. Alle weiteren Maßnahmen sind vergleichbar mit denen anderer Chemieanlagen.
- Stufe 2   Es liegt ein geringes Gefährdungspotential vor. Das Austreten der Organismen aus der Apparatur muß daher auf ein Minimum beschränkt werden. Insbesondere ist Aerosolbildung im Arbeitsbereich zu vermeiden. Abfälle, die gentechnisch veränderte Organismen enthalten, müssen inaktiviert werden.

---

[1] Zusammenstellung der GMT-Regeln in [2].
[2] Zusammenstellung in [3].

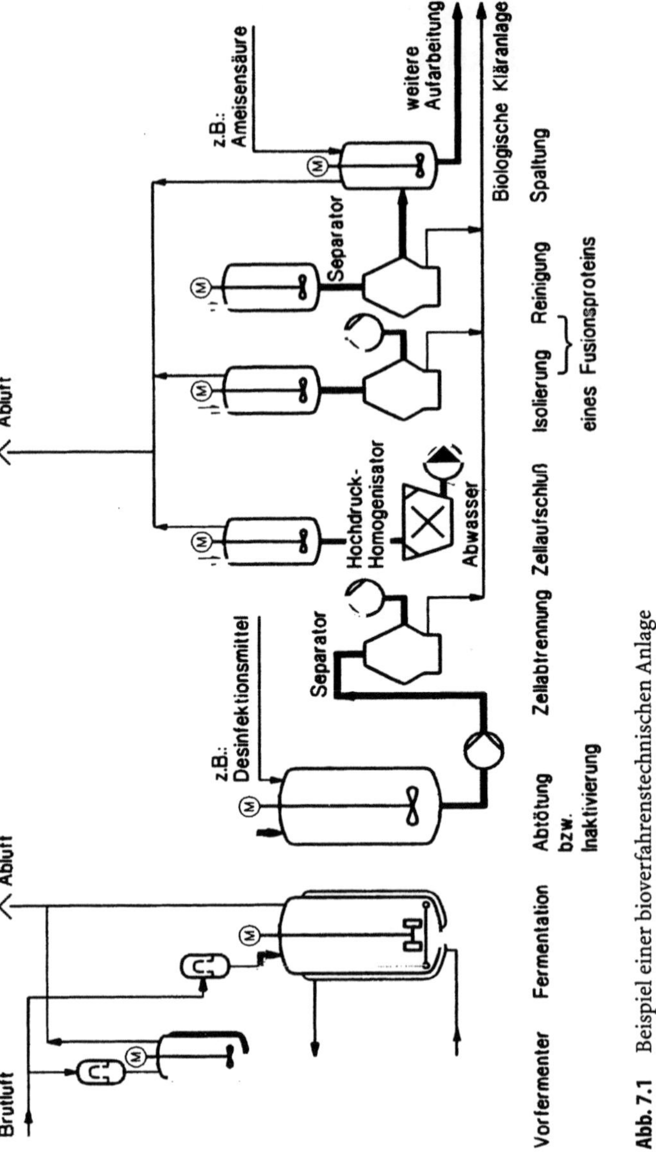

Abb. 7.1　Beispiel einer bioverfahrenstechnischen Anlage

- Stufe 3　Es liegt ein mäßiges Gefährdungspotential vor. Das Austreten der Organismen muß durch eine sichere technische Ausführung verhindert werden, d. h. die Apparatur muß dicht sein. Abluft und Abwasser werden sterilisiert. Etwa austretendes Material muß gefahrlos beseitigt werden können.
- Stufe 4　Es liegt ein hohes Gefährdungspotential vor. Bei Versagen einer Barriere muß eine zweite greifen.

In den Schutzzielen von der Stufe 1 an wird die Vermeidung von Aerosolen angesprochen. Für Stufe 1 in dem Sinne, daß keine vermeidbaren Aerosole auftreten sollen, in der Stufe 2 müssen sie im Arbeitsbereich verhindert werden. Aerosole können beim Austritt von Kulturlösung aus einer Apparatur entstehen, in der sie hohem Druck (Hochdruckhomogenisator) oder einem Fliehkraftfeld (Zentrifugen) ausgesetzt sind, sei es aufgrund eines nicht geschlossenen ausgeführten Systems oder aufgrund defekter bzw. ungeeigneter Dichtungssysteme. Die Dichtungsproblematik wird in den Abschn. 2.1.3.2, 2.1.3.4 und 2.1.3.7 besprochen.

Diese Schutzziele können durch Verwendung geeigneter technischer und organisatorischer Maßnahmen erreicht werden. Beide Gesichtspunkte sollen im folgenden diskutiert werden.

In der Abb. 7.1 sind die wesentlichen Verfahrensstufen einer bioverfahrenstechnischen Anlage aufgezeichnet. Welche dieser Stufen entsprechend den Sicherheitsmaßnahmen des Gentechnikgesetzes (GenTG) betrachtet werden müssen, hängt von folgenden Randbedingungen ab:

- Liegt das Produkt intra- oder extrazellulär oder liegt ein Gemisch aus beidem vor?
- Wird das gewünschte Produkt durch Sterilisations- oder Abtötemaßnahmen geschädigt oder zerstört?
- Liegt im Verlauf der Aufarbeitung ein Lösevorgang in einem Medium vor, das gleichzeitig zur Abtötung von Organismen führt?

Folgt auf die Fermentation eine Abtötung (Stufe 2: Inaktivierung), sind die Sicherheitsmaßnahmen nur für die Fermentation relevant.

Kann eine solche nicht durchgeführt werden, müssen die Maßnahmen beachtet werden, bis die lebenden Organismen quantitativ durch Separatoren und/oder Filtration entfernt sind.

Der Zellaufschluß erfolgt auch bei mehrstufiger Verwendung von Homogenisatoren nicht zu 100 %, d. h., diese Verfahrensstufe kann nicht als Maßnahmengrenze angenommen werden. Als letzte denkbare Barriere gilt der Eintrag in ein Medium, z. B. Ameisensäure, welches zur Abtötung von Organismen führt.

7.2
Fermenter für aerobe Submerskultur

7.2.1
Rührkessel

Für die Fermentation von Submerskulturen existiert eine große Zahl unterschiedlicher Fermenterkonstruktionen [4]. Aus diesen wird der Rührkessel zur Darstellung und Diskussion der Sicherheitsmaßnahmen ausgewählt, weil er einmal in Produktionsanlagen am gebräuchlichsten ist und zum anderen alle sicherheitsrelevante Aspekte abdeckt. Prinzipiell gelten die für den Rührkessel erhobenen Anforderungen auch für alle anderen Konstruktionen.

7.2.1.1
Aufbau, Ausrüstung, MSR-Technik (Messen, Steuern, Regeln)

Abbildung 7.2 zeigt einen Fermenter mit seiner Aufrüstung und MSR-Technik. Die Behälter werden mit einem Volumen von wenigen Litern bis 500 m^3 – in Einzelfällen auch größer – gebaut. Das Höhen-Durchmesserverhältnis schwankt zwischen 2:1 und 3:1. Die Prozesse verlaufen meist exotherm, so daß eine Kühl-

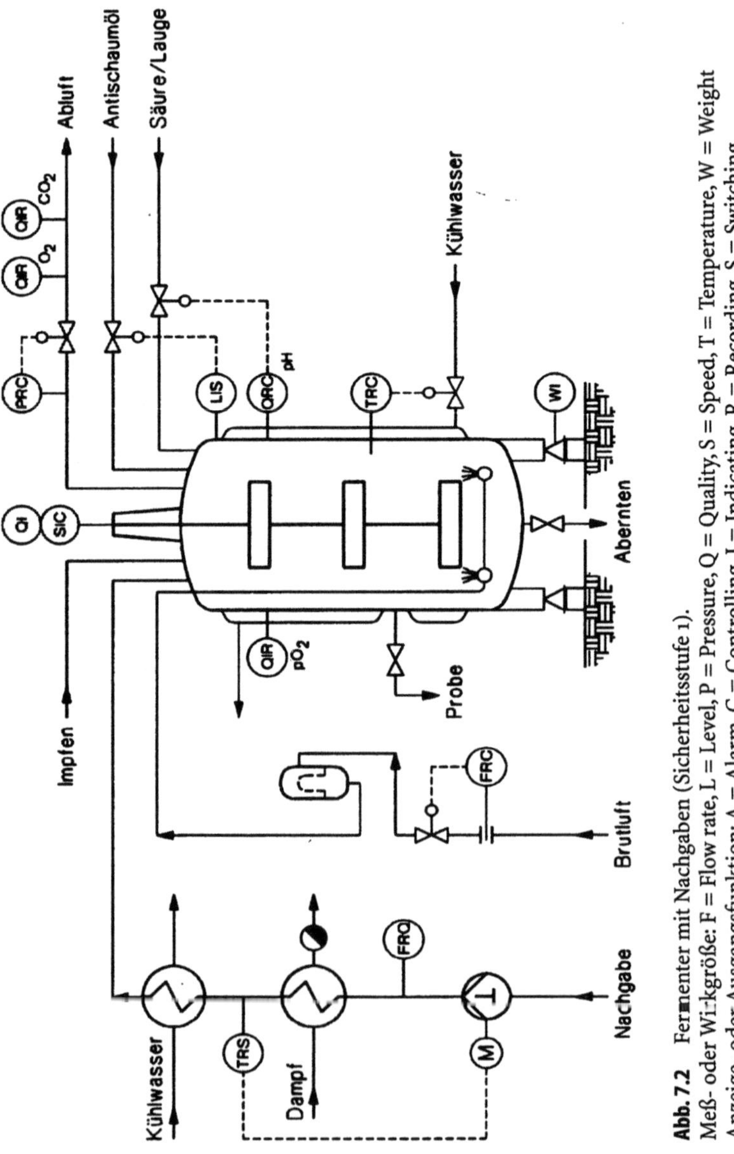

Abb. 7.2 Fermenter mit Nachgaben (Sicherheitsstufe 1).
Meß- oder Wirkgröße: F = Flow rate, L = Level, P = Pressure, Q = Quality, S = Speed, T = Temperature, W = Weight
Anzeige- oder Ausgangsfunktion: A = Alarm, C = Controlling, I = Indicating, R = Recording, S = Switching.

fläche vorgesehen werden muß. Dazu werden der Behältermantel oder auch eingebaute Rohrschlangen oder -register verwendet. Zur Dispergierung der steril filtrierten Brutluft und zur Mischung der Fermenterkultur dienen Rührwerke. Der Energieeintrag beträgt 0,1–15 kW/m³. Die Rührerdrehzahl kann sowohl fest als auch verstellbar konzipiert werden.

Um die Nährstoffkonzentration den Produktionsbedingungen anzupassen, müssen Nachgaben steril zugeführt werden. In der Abb 7.2 ist eine kontinuierliche Zugabe mit Sterilisations- und Kühleinrichtung gezeigt. Hierfür sind auch andere Lösungen denkbar, z. B. die Zugabe über zeitgesteuerte Ventile aus einer sterilen Vorlage.

Die in der Abb. 7.2 gezeigte meßtechnische Ausrüstung ist sehr umfangreich. Nicht alle Fermentationsprozesse benötigen diesen Aufwand. Für die Sicherheit von Bedeutung sind die Temperaturen, die Schaumkontrolle, die Messung des Fermenterinhaltes, hier über Gewichtsmessung (WI), und der Druck (PRC). Die Temperaturen (TRC, TRS) sind notwendig, um zu gewährleisten, daß die Sterilisationsbedingungen eingehalten werden. Die Schaumniveaukontrolle (LIS) soll vermeiden, daß größere Mengen von Kulturlösung mit der Abluft austreten.

Der Fermenterinhalt muß gemessen werden, damit eine Füllung von 80% eingehalten wird und somit über der Flüssigkeitsoberfläche ein genügend großer Abscheideraum für die durch die Luft mitgerissenen Tropfen erhalten bleibt. Die Druckmessung ist dann notwendig, wenn die Abluft filtriert werden muß (Sicherheitsstufe 3 und 4). Ein Ansteigen des Druckes signalisiert, daß der Abluftfilter verstopft ist.

7.2.1.2
Verfahrensschritte einer Fermentation

Für Zellwachstum und -erhaltung sowie ggf. die Produktbildung eines speziellen Organismus wird eine Nährlösung (Substrat) nach einem optimierten Rezept zusammengestellt. Dieses findet bei kleinen Einheiten im Fermenter selbst statt oder bei größeren in einem Ansatzbehälter. Die Nährlösung wird dann in den Fermenter überführt und dort durch Erwärmen auf mindestens 121 °C und Halten dieser Temperatur über mindestens 20 min sterilisiert. Die dafür notwendige Wärme kann indirekt und/oder direkt durch Einblasen von Dampf erfolgen. Die nicht mit Flüssigkeit bedeckten Innenteile des Fermenters werden auf diese Weise ebenfalls sterilisiert.

Nach dem Sterilisationsvorgang wird die Nährlösung auf die Fermentationstemperatur abgekühlt. Nun werden auch die anderen Startbedingungen wie Rührerdrehzahl, Brutluftmenge, Fermenterinnendruck und evtl. auch der pH-Wert eingestellt. Danach erfolgt die Beimpfung der Nährlösung mit dem Produktionsorganismus entweder aus einem aus dem Labor stammenden Impfkolben oder einem Vorfermenter.

Der Fermentationsprozeß verläuft in Abhängigkeit vom verwendeten Organismus nach Dauer und Art sehr unterschiedlich. Es sind Fermentationszeiten von wenigen Stunden bis zu mehreren Wochen möglich. Folgende Arten der Prozeßführung werden angewendet:

- batch: Der Fermenter wird nach dem Beimpfen ohne weitere Zugaben von außen so lange gefahren, bis die gewünschte Bildungsrate abklingt.
- controlled batch: Während der Fermentation werden bestimmte Parameter, z. B. pH, oder die Sauerstoffkonzentration geregelt.
- fed batch: Während der Fermentation wird Substrat so nachgefahren, daß die Nährstoffkonzentration der jeweiligen Prozeßphase optimal angeglichen wird.
- repeated batch: Ein Teil der Kulturlösung wird abgeerntet und durch Substratnachgabe wieder ergänzt. Die Bildungsrate kann auf diese Weise längere Zeit aufrechterhalten werden.
- kontinuierlich: Die Fermentation wird kontinuierlich geführt, d. h., es wird ständig Kulturlösung entnommen und durch Substrat ersetzt. Diese Fahrweise ist limitiert durch die Degeneration des Produktionsorganismus.

Wie Abb. 7.2 zeigt, können viele physikalische und chemische Parameter überwacht bzw. geregelt werden. Bei einer größeren Anzahl von Fermentern empfiehlt sich der Einsatz eines Prozeßrechners mit dem Ziel, die Datenflut zu reduzieren und beispielsweise nur Abweichungen von Sollwerten zu vermerken. Viele chemische und mikrobiologische Werte können nur über Proben im Labor ermittelt werden. Die on-line Messung solcher Werte wäre zwar sehr wünschenswert, sie stößt aber z. Z. noch auf Schwierigkeiten, insbesondere durch den der Analyse vorgeschalteten Filtrationsvorgang. Im Labormaßstab sind zwar hoffnungsvolle Ansätze zu erkennen, sie sind aber in der Produktion noch nicht zu verwenden.

Wenn die Fermentation beendet ist, wird der Fermenterinhalt in einen der Aufarbeitung vorgeschalteten Behälter abgeerntet. Der Fermenter wird gereinigt und für den nächsten Ansatz vorbereitet.

7.2.2
Sicherheitsanforderungen an die technische Ausführung der Apparatur

Die technische Ausführung der Apparatur, einschließlich der für die einzelnen Verfahrensschritte erforderlichen peripheren Einrichtungen, muß den Schutzzielen in der jeweiligen Sicherheitsstufe genügen.

Im Detail sind die Maßnahmen in der Gentechnik-Sicherheitsverordnung zum Gentechnikgesetz, Anhang III, aufgeführt; sie entsprechen im wesentlichen den Festlegungen der BG Chemie für natürliche und gentechnisch veränderte Organismen [1] und geben den Stand der Wissenschaft und Technik wieder.

Entsprechend der unterschiedlichen Bandbreite des Gefährdungspotentials bzw. -weges des speziellen Mikroorganismus können innerhalb einer Gruppe nach Beurteilung der Risiken durch die Zentrale Kommission für die Biologische Sicherheit (ZKBS) abweichende oder auch ergänzende Maßnahmen empfohlen und durch die zuständige Behörde gefordert werden.

Das Verhindern eines unkontrollierten Austritts von Mikroorganismen aus der Apparatur, aber auch das Vermeiden ungewollter Kultivierung evtl. pathogener Keime im Fermenter, erfordert die Beachtung einer Reihe von Vorgaben [6].

Neben der trivialen Forderung, daß das Containment nicht plötzlich versagt und die Kulturlösung freigibt, sind besonders die Stellen als potentielle Kontaminationswege kritisch zu bewerten, an denen die Containmentgrenzen für Zu- und Ableitung von Medien, Durchführungen für Pumpen- und Rührwellenantriebe oder aber Meßsonden u. ä. durchbrochen sind.

Zusammengefaßt sind als wichtigste die folgenden Anforderungen an das Primär-Containment zu stellen; sie sollen im Anschluß diskutiert werden:

1. mechanisch sichere Konstruktion
2. ausreichende Dichtheit
3. Sterilisierbarkeit und Reinigbarkeit
4. aseptisch konstruierte Bauteile
   - Anordnung einer zweiten Barriere in der Sicherheitsstufe 4 an Teilen, bei denen ein Versagen der ersten nicht auszuschließen ist
5. sichere Einleitvorgänge für
   - die Zugabe von Substraten, Antischaummitteln, Säuren und Laugen für pH-Korrektur etc.
   - das Beimpfen
   - das Belüften
6. – sichere Ausgänge für
   - die Abluft
   - die Probeentnahmen
   - das Abernten
7. sichere Dichtung von Wellendurchführungen.

Diese Anforderungen dienen unmittelbar dem Schutz der Beschäftigten; einer Gefährdung der Bevölkerung und der Umwelt wird durch zusätzliche Anforderungen an die Ausführung des Gebäudes, die bis hin zur Ausbildung eines dichten Sekundär-Containments in der Stufe 4 führen, vorgebeugt (s. Abschn. 4).

7.2.2.1
Mechanisch sichere Konstruktion

Fermenter aus metallischen Werkstoffen werden bis zu großen Volumina mit einem hohen Maß an Sicherheit hergestellt und betrieben. Die Wahrscheinlichkeit eines Fermenterbruchs mit plötzlicher Freigabe des gesamten Inhalts ist allenfalls bei den noch häufig verwendeten Glasapparaten im Labor- und Anzuchtbereich gegeben. Der Bruch eines größeren Fermenters aus metallischem Werkstoff ist nicht bekannt und ist auch nicht zu erwarten. Die Fermenter werden als Druckbehälter ausgelegt und unterliegen der Druckbehälterverordnung. Nach dem Konzept dieser Verordnung sind Werkstoffwahl (duktiles Verhalten), Konstruktion und Berechnung so angelegt, daß im Schadensfall „Leck vor Bruch" aufträte. Evtl. vorliegende, nicht entdeckte Materialfehler würden sich bei Überlastung nicht katastrophal als Sprödbruch auswirken, sondern allenfalls durch Rißbildung, evtl. Rißfortschreiten zu nur kleinen Lecks führen. Des weiteren sehen die Technischen Regeln Druckbehälter (TRB) strenge Prüfungen bei der Herstellung, vor der Inbetriebnahme und später in regelmäßigen

Abständen während der Betriebszeit vor, so daß für den Behälter ein hohes Maß an Sicherheit gegen Bersten gegeben ist. Zusätzliche Einbauten im Fermenter zur Wärmeabführung, wie Rohrschlangen oder -register, sind Belastungen durch Strömungskräfte bzw. durch strömungsinduzierte Schwingungen ausgesetzt. Abhängig von der eingebrachten Rührleistung können diese erhebliche Ausmaße annehmen und müssen bei der Dimensionierung unbedingt berücksichtigt werden. Um im Falle eines Schadens, z. B. eines Risses, das Austreten von Organismen mit Gefährdungspotential mit dem Kühlwasserstrom zu verhindern, kann in diesen Sicherheitsstufen ein über dem Fermenterdruck liegender Kühlwasserdruck eingestellt werden; eine andere Möglichkeit besteht in der Ausbildung eines geschlossenen, überwachten Sekundärkühlkreises.

Die bei der Fermentation vorliegenden Verfahrensschritte beinhalten in der Regel kein Potential für unkontrollierbar große bzw. schnelle Druckanstiege durch Explosionen, Zersetzungs- oder andere Reaktionen. Es empfiehlt sich, den Auslegungsdruck der Fermenter dem maximal möglichen Druck, z. B. dem der angeschlossenen Energien, wie Dampf oder Luft, anzupassen, um auf Sicherheitsventile oder Berstscheiben am Fermenter als Schutz gegen Drucküberschreitungen verzichten zu können, denn die Folgeprobleme wären beachtlich. Für den Fall des Ansprechens dieser Einrichtungen müßten austretende biologische Agenzien mit Gefährdungspotential gefahrlos abgeführt werden, evtl. nach Auffangen in einem genügend großen Behälter.

Für den Fall, daß auf eine Druckentlastungseinrichtung nicht verzichtet werden kann, ist eine Berstscheibe vor dem Sicherheitsventil mit Zwischenraumüberwachung entsprechend Abb. 7.3 vorzuziehen. Sie verbindet den Vorteil der

Abb. 7.3 Sicherheitsventil mit vorgeschalteter Berstscheibe

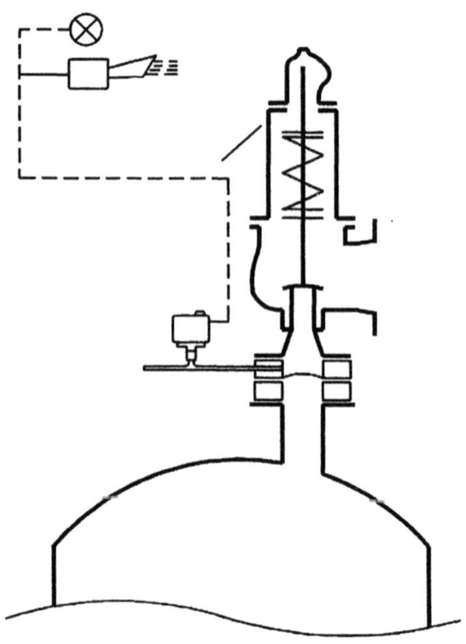

hermetischen Abdichtung durch die Berstscheibe und ihrer guten Reinigbarkeit und Sterilisierbarkeit mit der Reduzierung der austretenden Masse durch das Wieder-Schließen des Sicherheitsventils nach der Druckentlastung.

7.2.2.2
Dichtheit

Die absolute „dichte" Apparatur gibt es nicht; „dicht" bedarf hier einer näheren Definition. „Flüssigkeits-dicht" ist leichter zu erreichen als „Gas-dicht", bei Apparaturen, die unter Hochdruck oder Hochvakuum arbeiten, sind höhere Anforderungen an die Dichtungen zu stellen, damit sie als „dicht" erscheinen, als bei solchen, die nur unter geringem Über- oder Unterdruck betrieben werden. Auch hängt es in hohem Maße von der Prüfmethode ab, ob eine Undichtigkeit überhaupt festgestellt wird.

Die Vielzahl der Dichtstellen für Medienein- und -ausgänge, Durchführungen für Meßsonden und Rührerwelle sowie Flansche am Fermenter (s. Abb. 7.2) erfordert große Sorgfalt bei Konstruktion und Auswahl der Dichtungen, um Leckagen zu verhindern bzw. auf ein tolerierbares Maß zu beschränken. Dies ist sowohl eine Forderung des Personen- und Umweltschutzes wie auch des Produktschutzes. Da der Produktschutz eine wesentliche Rolle spielt, ist normalerweise mit der Auswahl des Dichtungssystems nach dessen Kriterien auch den Sicherheitsanforderungen genüge getan. Bis auf die Sicherheitsstufe 3 und 4 wird deshalb keine Zuordnung von Dichtungstypen vorgenommen.

Zur Feststellung des Grades der Dichtheit bzw. zur Suche nach evtl. Leckstellen bedient man sich unterschiedlicher Prüfmethoden (Tabelle 7.1). Die einfachste Methode ist der Druckhaltetest, bei dem der Druckabfall des unter Gas-(Luft-)druck stehenden Fermenters mit einem Feinmeßmanometer gemessen wird. Temperaturänderungen während der Meßzeit wirken sich dabei verfälschend auf den Meßwert aus und müssen bei der Beurteilung berücksichtigt werden. Es ist ein integraler Test, der die Summe aller Undichtheiten an der Apparatur beinhaltet. Über die Größe einer möglichen Einzelleckage sagt er

Tabelle 7.1 Leckprüfmethoden

Methode	nachweisbare Leckraten in Pa · l · s-1	Nachweismittel
– Dichtheitsprüfung		
Gasdrucktest (integral)	10^{-1}	mit Feinmanometer
Seifenblasentest (lokal)	10^{-2}	bei Einzelleckage
Gasschnüffeltest	10^{-4}	mit Frigen 22
Gasschnüffeltest	10^{-7}	mit Helium bei Vakuum
Biologische Methode		
– Lokale Fehlstellensuche		
Farbeindringtest		
Röntgen-/γ-Strahlen		

wenig aus, höchstens im Fall signifikanter Änderungen gegenüber bekannten Werten aus vorhergegangenen Tests an derselben Apparatur.

Einzelleckagen können mit dem Seifenblasentest durch Benetzen der zu untersuchenden Dichtstelle mit einer Seifenlösung gefunden werden. Die Empfindlichkeit der Methode ist mit ca. 10^{-2} Pa $\cdot$ l $\cdot$ s^{-1} um ein bis zwei Zehnerpotenzen höher als beim Gasdrucktest. Weit empfindlicher sind die Gasschnüffeltests bei Verwendung von Frigen oder Helium zur Auffindung von Einzelleckagen. Zur Detektion der Frigen- bzw. Heliumleckagen werden dabei Halogendetektoren und Massenspektrometer eingesetzt. Die Gasschnüffeltests können auch als Integraltest angewendet werden.

Die Beurteilung der Frage, ob eine festgestellte Undichtheit zu groß ist, um die Mikroorganismen zurückzuhalten, können durch einen biologischen Test erfolgen. Dabei würde man beispielsweise die fragliche Stelle mit einem Streifen mit Nährmedien überdecken und diesen anschließend bebrüten. Ein einfacher Zusammenhang zwischen der Größe einer lokalen Gasleckmenge und Dichtheit für Mikroorganismen ist allerdings nicht zu erwarten. Wie das Beispiel der Membransterilfilter für die Luftfiltration zeigt, ist auch bei hohen Luftleckagen, bedingt durch die Porösität des Materials, durchaus eine totale Rückhaltung der Mikroorganismen möglich. Die Auffindung der Zusammenhänge zwischen lokalen Gasleckmengen, Dichtungsform und -material einerseits und Mikroorganismenrückhaltung andererseits, könnte ein Ziel künftiger Sicherheitsforschung sein. Für die Beurteilung von Gleitringdichtungen im aseptischen Betrieb wird in [7] ein Versuchsaufbau beschrieben, der im Prinzip auch für die systematische Untersuchung von Dichtungen modifiziert werden könnte.

Fehlstellen in den Wandungen der Apparatur in Form von Rissen oder Hohlräumen, die während der Herstellung durch die mechanische Bearbeitung oder durch Schweißen bzw. durch mechanische Überbeanspruchung während des Betriebs entstanden sein können, stellen potentielle Leckstellen oder „Nester" für Kontaminationen dar. Sie sind bei oberflächigem Auftreten mit dem Farbeindringtest bzw. bei verdecktem Auftreten durch Durchstrahlung, z.B. mit Röntgenstrahlen, zu finden. Schweißnähte in Apparateteilen, die biologische Agenzien mit hohem Gefährdungspotential führen, sollten grundsätzlich so geprüft werden. Ein Teil solcher Fehlstellen wird auch schon durch die üblichen Oberflächenbearbeitungsmethoden, wie z.B. Schleifen der Schweißnähte, Beizen oder Elektropolieren erkennbar.

Bei den statisch wirkenden Dichtungen handelt es sich zum einen um die Dichtungen von Flanschen und Deckeln am Behälter, für Rohrleitungsverbindungen, Armatureneinbau und für den Zusammenbau von Armaturen und zum anderen um die Dichtungen von Durchführungen, beispielsweise für Meßsonden.

Für die Abdichtung von Flanschverbindungen werden häufig Flachdichtungen eingesetzt. Lange Zeit waren auch die IT-(Gummi-Asbest)Dichtungen in biotechnischen Anlagen mit geringeren Anforderungen an die Asepsis gebräuchlich, während jetzt nur noch asbestfreie Materialien zum Einsatz kommen. Voraussetzung für ihre Anwendbarkeit ist genügende Stabilität und Elastizität bei wechselnden Temperaturen unter Druck. PTFE in reiner Form genügt

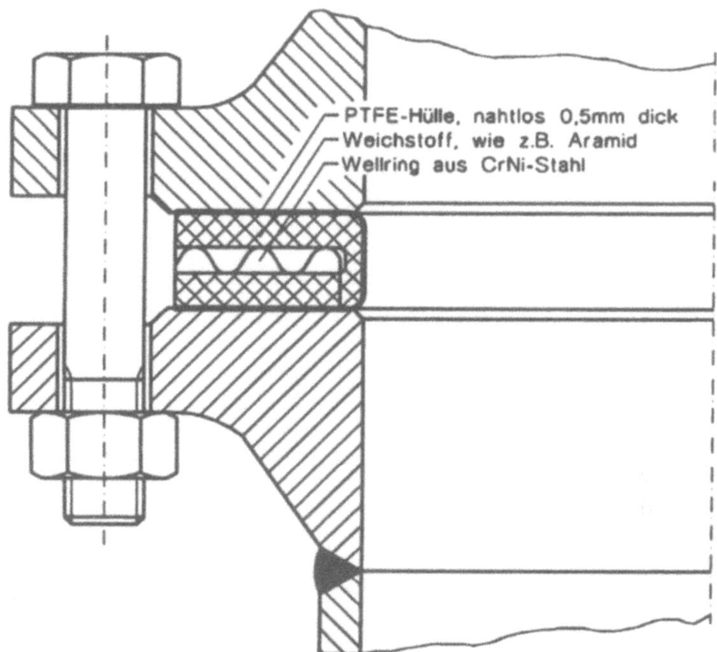

Abb. 7.4 Flachdichtung

diesen Bedingungen wegen seiner Fließneigung nicht, als Ummantelung von Dichtungen mit Weichstoffeinlagen, wie z. B. Aramid, zusammen mit metallischen Wellringen (s. Abb. 7.4) ist es jedoch hervorragend geeignet – auch wegen des glatten und leicht reinigbaren Abschlusses zum Produktraum hin. Zum Einsatz kommen außerdem Compounds von Polytetrafluorethylen (PTFE) oder -Abkömmlingen z. B. Hostaflon – TFM mit Glasfasern, andere Polymere, beispielsweise Aramid, aber auch Graphit wegen seiner günstigen Eigenschaften bezüglich Formstabilität und Dauerelastizität bei Temperaturwechseln.

Die Dichtwirkung der Flanschdichtung hängt nicht nur vom ausgewählten Dichtungsmaterial, sondern von der Gesamtheit des Systems Flansch – Schraubverbindung – Dichtung ab. Dimensionierung der Flansche und der Schrauben in Zusammenhang mit den Eigenschaften des Dichtungsmaterials – Verformbarkeit und Anpassungsfähigkeit, Formstabilität in vorliegendem Temperaturbereich und Dauerelastizität bei wechselnden Temperatur- bzw. Druckverhältnissen – muß entsprechende Berücksichtigung finden [8].

Die gebräuchlichste Dichtungsform in biotechnischen Anlagen ist die O-Ring-Dichtung. Sie kann sowohl als Dichtung von Flanschen, Deckeln als auch von Durchführungen in den Containmentwänden (z. B. für Meßsonden, s. Abb. 7.6) eingesetzt werden. In Abbildung 7.5 sind einige Einbaumöglichkeiten als radial (Bild oben) bzw. axial wirkende Dichtung (Bild unten) gezeigt.

Wichtig für die Erzielung der vollen Dichtwirkung ist die Einhaltung der richtigen Abmessungen von Nut und O-Ring, um eine definierte Verformung zu

Abb. 7.5 Verschiedene Einbaufälle für O-Ringe

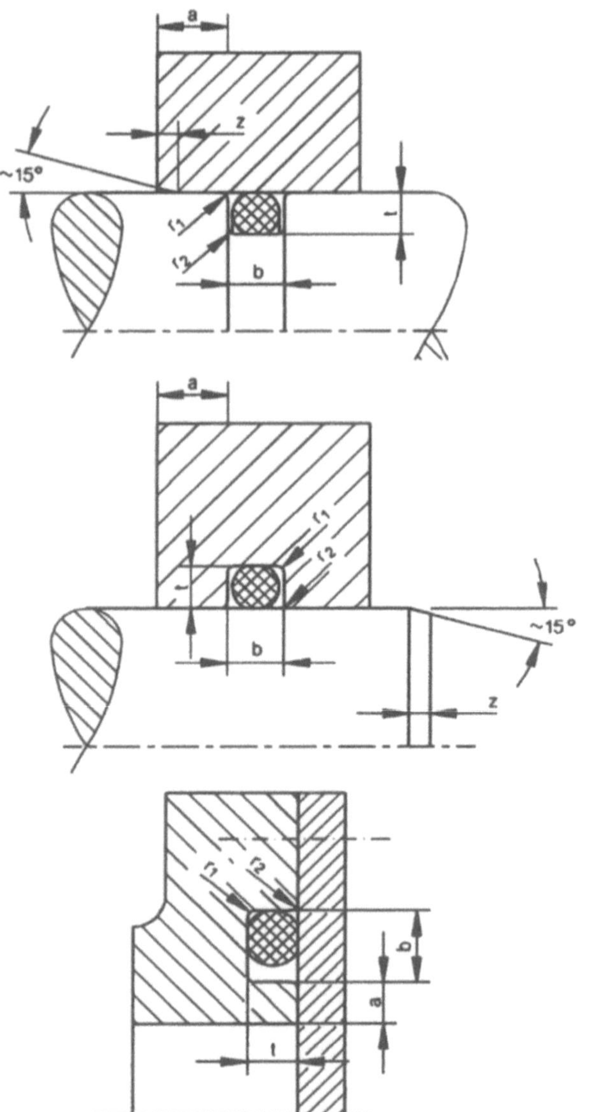

erreichen. Sie sind in DIN 3771 bzw. in den Unterlagen der Hersteller abhängig von Beanspruchungsfall (z. B. statisch oder dynamisch) angegeben. Konstruktive Details, wie 15°-Anschrägungen oder Abrundungen der Nut und Oberflächengüte der abzudichtenden Teile sollen Beschädigungen des O-Ringes bei der Montage bzw. während des Betriebes verhindern. Bevorzugt eingesetzter Kunststoff in der Biotechnologie ist EPDM (Ethylen-Propylen-Dien-Kautschuk) wegen seiner beim Sterilisieren geforderten Beständigkeit gegen Wasserdampf und Heißwasser bis ca. 140 °C. Bei zusätzlicher chemischer Beanspruchung

Abb. 7.6 O-Ringanordnung im Sonderstutzen

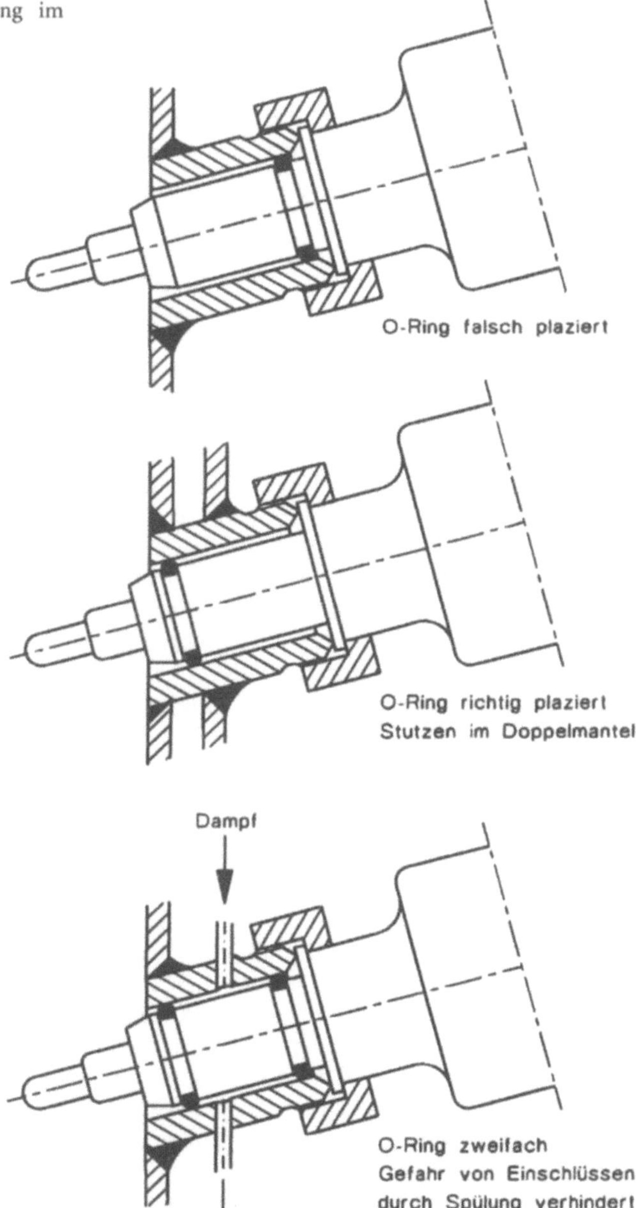

Tabelle 7.2 Leckraten (qualitative Angaben)

Dichtungsart	Leckrate
Armaturen:	Prüfmethoden und Leckraten nach DIN 3230
„flüssigkeitsdicht":	$100\,\mathrm{Pa} \cdot l \cdot s^{-1}$ Luftleckage
IT-Flachdichtung:	ca. 1 Pa „flüssigkeitsdicht"; im Frigentest „undicht"
PTFE mit Wellringeinlage:	$10^{-3}\,\mathrm{Pa} \cdot l \cdot s^{-1}$, im Frigentest evtl. „undicht"
O-Ringdichtung:	$10^{-4}\,\mathrm{Pa} \cdot l \cdot s^{-1}$, im Frigentest „dicht"
Schweißnähte:	im He-Test „dicht"

können höherwertigere, aber u. U. wesentlich teurere Elastomerenqualitäten, wie z. B. Kalrez (ein Perfluorelastomer) o. ä., notwendig werden.

In der Tabelle 7.2 sind für einige statistische Dichtungsarten erreichbare Leckarten angegeben, die jedoch nur qualitativ zum Vergleich der Dichtungsgüte zu werten sind. „Flüssigkeitsdicht" ist eine Dichtung schon bei ziemlich hoher Luftleckage, was auch mit den einfachen IT-Dichtungen leicht erreicht wird. Ähnliche Leckraten werden auch mit einer der asbestfreien Nachfolgedichtungen auf Aramidfaser-Basis erreicht. Dieser Befund ist auf die großen Kapillarkräfte bei Flüssigkeitsbenetzung der porösen Dichtungsstruktur zurückzuführen. Im Gasraum eingesetzt, erscheinen die IT- und auch die PTFE-Dichtung mit Weichstoff und Wellringeinlage beim Frigentest als „undicht". Von allen Dichtungen erreicht der O-Ring bei korrekter Dimensionierung und sorgfältiger Montage die beste Dichtwirkung. Die sicherste Verbindung ist jedoch die geschweißte, nicht nur wegen der größten Dichtheit, sondern auch wegen des Fehlens einer Dichtung, die wegen Beschädigung oder Alterung während der Betriebszeit versagen könnte. In Bereichen mit hohem Gefährdungspotential (Stufe S 4) sollte sie so weitgehend wie möglich eingesetzt werden.

Auch die doppelte Anordnung von Dichtungen mit Dampfsperraum ist sowohl bei Flanschverbindungen als auch bei Durchführungen, evtl. mit unterschiedlichen Dichtungsformen oder -materialien, für höhere Sicherheitsanforderungen einsetzbar. In Abb. 7.6 (unten) ist das Beispiel einer Sondendurchführung mit doppelter O-Ringdichtung gezeigt [9]. Für Flanschverbindungen sind in [10] entsprechende Möglichkeiten für den Chemiebereich gezeigt, die bei Bedarf auf die Belange der Biotechnik abgeändert werden könnten.

Auch statisch wirkende Dichtungen bedürfen der ständigen Überwachung. Abhängig von Betriebsbedingungen und Dichtungmaterialien ist mit „Verschleiß" durch Altern zu rechnen, was einen Austausch in festzulegenden zeitlichen Abständen erforderlich macht. Auch nach Lösen und Wiederherstellen einer Verbindung sollte in der Regel eine neue Dichtung eingesetzt werden. Regelmäßige Überprüfung des Dichtheitszustandes der Apparatur und besonders von kritischen Dichtungsstellen gehört zur betrieblichen Routine.

Auf die Problematik der dynamischen Abdichtungen wird in den Kapiteln über Armaturen und Wellendurchführungen noch eingegangen.

7.2.2.3
Sterilisierbarkeit der Apparatur

Das gesamte Fermentationssystem (s. Abb. 7.7), also der Fermenter selbst und alle Ein- und Ausgangsleitungen, müssen sicher durch Sterilisation in einen aseptischen (keimfreien) Zustand gebracht werden können [11]. Vor Beginn der Fermentation ist dieser Zustand erforderlich, um nur den Produktionsmikroorganismus, nicht aber irgendwelche Fremdorganismen zu kultivieren. Das ist

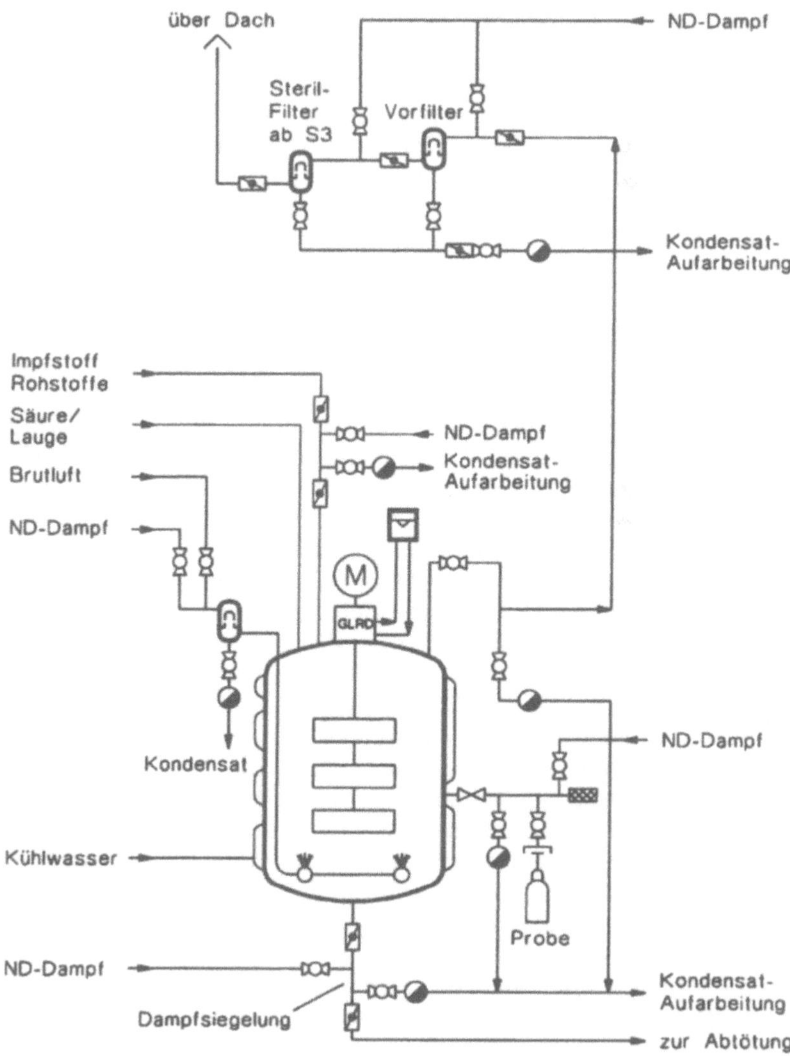

Abb. 7.7   Verrohrung des Fermenters (Sicherheitsstufe 3) zur Dampfsterilisation

zum einen eine Forderung des Produktschutzes, zum anderen aber auch der Sicherheit, da von Fremdorganismen eine Gefährdung ausgehen könnte. In der Arzneimittelproduktion muß der Sterilisationsvorgang für die verwendete Apparatur validiert werden.

Nach Abschluß von Fermentation und Abernten, frühestens aber wenn das System an einer Stelle zum erneuten Befüllen oder aber zu Reparatur- bzw. Wartungszwecken geöffnet werden soll, muß die sichere Abtötung aller Mikroorganismen mit Gefährdungspotential in allen Teilen der Apparatur erfolgt sein.

In der Regel erfolgt die Sterilisation mit gesättigtem Wasserdampf infolge der Einwirkung von Hitze in Verbindung mit Feuchte. Gängige Sterilisationsbedingung ist eine Temperatur von 121 °C über einen Zeitraum von 20 – 30 min. Im Fall von thermoresistenten oder sporenbildenden Mikroorganismen, aber auch bei der Sterilisation von feststoffhaltigen Kulturmedien, können auch verschärfte Bedingungen erforderlich sein [12]. Die Erwärmung des Fermenters, häufig zusammen mit dem flüssigen Inhalt (Nährmedium vor bzw. Wasser mit Reinigungszusätzen nach der Fermentation) erfolgt entweder durch direkte Dampfeinleitung oder indirekt über den Heizmantel. Aus Gründen der Schonung hitzelabiler Nährmedien oder der Energieeinsparung bei größeren Anlagen kann statt der Batch-Sterilisation der Nährmedien auch die kontinuierliche mit Wärmerückgewinnung eingesetzt werden.

Ab 100 °C beginnt der wäßrige Inhalt zu sieden, und der Druck steigt an. Leichtes Öffnen des Abluftventils erlaubt das Ausströmen der eingeschlossenen Luft zusammen mit heißem Wasserdampf. Die Entfernung der Luft ist wichtig, da die Temperatur einer Luft/Dampfmischung unter der des Sattdampfes bei gleichem Druck liegt und die Sterilisationsbedingungen nicht eingehalten würden. Der ausströmende Dampf sterilisiert gleichzeitig die Abluftstrecke und das Druckhalteventil. Während des Hochheizens wird zusätzlich durch alle anderen Anschlüsse (Medienzuleitungen, Probeentnahmestelle, Abernteleitung am Boden, Brutlufteingang usw.) Dampf in den Fermenter geleitet und somit die Anschlußarmaturen im Durchgang mit sterilisiert.

Kritisch für das Erreichen der Sterilisationsbedingungen sind lange dünne „tote" Stutzen (DN < 15 mm) [13] oder Dome im Gasraum. Sie sollten ebenso vermieden werden, wie enge lange Spalten – auch mit Flüssigkeitsbereich. In der Abb. 7.6 ist als Beispiel der Einbau einer Sonde in einem Stutzen in der Behälterwand mit O-Ringdichtung gezeigt. Im oberen Bild mit weit zurückliegendem O-Ring entsteht ein langer enger Spalt, in dem wegen Behinderung des konvektiven Wärmetransports und zusätzlich durch Wärmeableitung in die metallischen Teile des Stutzens und der Sonde die geforderte Temperatur nicht oder nur stark verzögert erreicht wird. Was das bedeuten kann, soll eine Betrachtung der Abtötekinetik am Beispiel des Bacillus stearothermophilus zeigen.

Die Abtöterate der Mikroorganismen dN/dt (N: Anzahl der Mikroorganismen pro Volumen; t: Zeit) kann als Reaktion 1. Ordnung angesetzt werden:

$$dN/dt = - k \cdot N$$

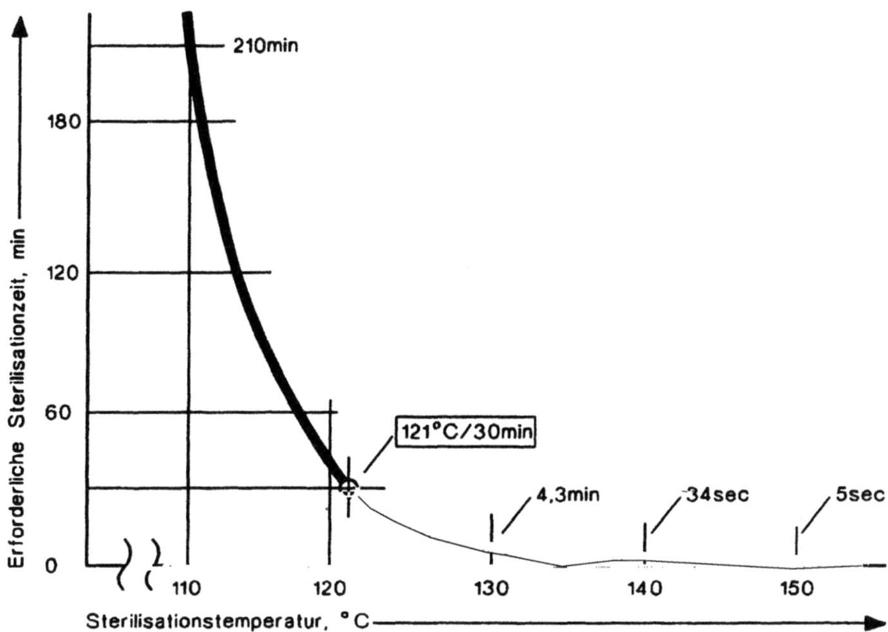

Abb. 7.8 Abhängigkeit der Sterilisationszeit von der Sterilisationstemperatur (Beispiel: Bac. stearothermophilus)

Für die spezifische Keimminderungszahl N_0/N (N_0: Anzahl der Mikroorganismen zur Zeit $t = 0$) ergibt sich

$$\ln(N_0/N) = -k \cdot t$$

Wobei k eine Konstante der spezifischen Abtöterate bedeutet. Ihr Einfluß von der Temperatur T kann nach dem Arrhenius-Ansatz mit

$$k = k_0 \cdot \exp\left[-E_a \cdot (R \cdot T)^{-1}\right]$$

(E_a für den Mikroorganismus-Stamm spezifische Konstante, vergleichbar einer Aktivierungsenergie, R: Gaskonstante) angegeben werden.

Ausgehend von den Standard-Sterilisationsbedingungen 121 °C/30 min ergeben sich daraus die erforderlichen Zeiten bei geänderten Temperaturen entsprechend Abb. 7.8. Eine um 10 K niedrigere Temperatur erforderte bei gleicher Keimminderungszahl N/N_0 eine um sechs- bis siebenmal so lange Zeit. Das sind Verhältnisse, die in einem solchen langen engen Spalt durchaus auftreten können.

Die Abb. 7.8 verdeutlicht andererseits auch den geringen Zeitbedarf von weniger als einer Minute bei kontinuierlichen UHT(Ultrahochtemperatur)-Anlagen [14], die bei 140 °C – 150 °C betrieben werden.

7.2.2.4
Konstruktion von Bauteilen und Elementen
(Armaturen, Rohrverbindungen, Schaugläser, Meßgeräte)

Für alle Bauteile und Elemente der Apparatur gelten die Anforderungen bezüglich mechanischer Sicherheit, Dichtheit und Sterilisierbarkeit bzw. Reinigbarkeit wie für den Fermenter. Werkstoffe, Konstruktion und Prüfung auf mechanische Belastung bzw. Dichtheit von Armaturen sind in Normen festgelegt. Ausreichende Dichtigkeit, Sterilisierbarkeit bzw. Reinigbarkeit sind Ziele aseptischen Konstruierens. Zur Anwendung in der pharmazeutischen und Nahrungsmittelindustrie steht eine Anzahl diesen Bedingungen genügender Konstruktionen zur Verfügung, die auch für den Einsatz in biotechnischen Anlagen mit Sicherheitsanforderungen geeignet sind [15, 16]. Neben dem Vermeiden von Toträumen,

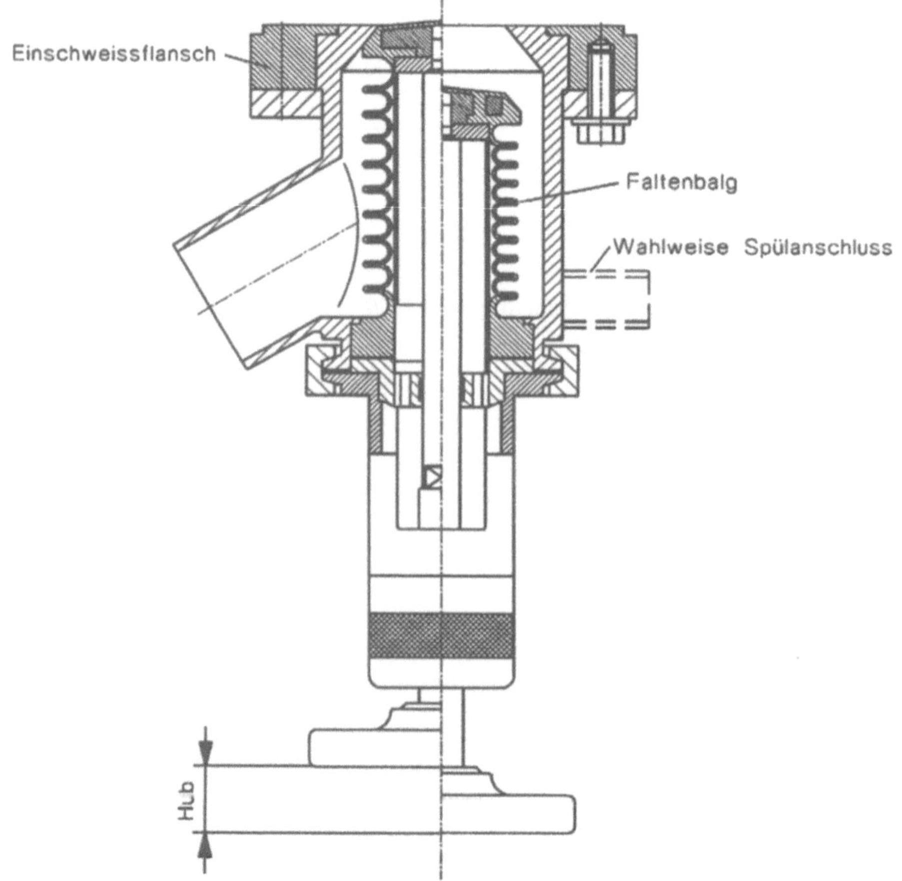

Abb. 7.9   Entnahmeventil mit Abdichtung am Reaktionsraum

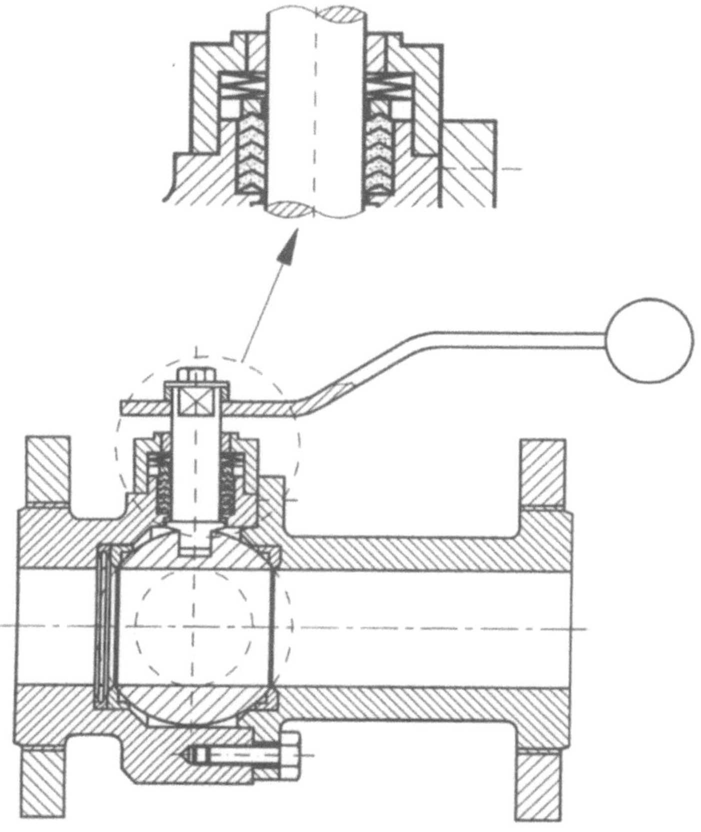

Abb. 7.10   Kugelhahn mit Dachmanschettendichtung

Spalten und Säcken wegen der Sterilisierbarkeit kommt in gewissen Fällen der Oberflächenqualität der produktberührenden Teile erhöhte Bedeutung wegen der Reinigbarkeit zu. Während als Oberflächenbearbeitung zur Reinigung und Passivierung der verwendeten CrNi-Stähle in der Regel eine chemische Behandlung mit Beizlösungen ausreicht, ist dann evtl. eine Elektropolitur erforderlich. Das kann auch bei der Anwendung von sehr empfindlichen Zellkulturen der Fall sein.

Als Armaturen zum Abschluß von mediengefüllten Räumen an Behältern oder zur Unterbrechung bzw. Regelung eines Medienstromes in Rohrleitungen kommen unterschiedliche Konstruktionen, wie Sitz-Kegel-Ventile, Membranventile, Kugelhähne und Klappen oder Scheibenventile zum Einsatz. Zur Verhinderung ungewollten Rückströmens in zuführende Medienleitungen können Rückschlagklappen oder -ventile und zur Druckbegrenzung Sicherheitsventile angewendet werden. Spezielle Konstruktionen mit der Abdichtung direkt am Reaktionsraum stehen für die Entnahme von Fermentationsbrühe für Proben bzw. zum Abernten am Bodenauslauf (s. Abb. 7.9) zur Verfügung.

Abb. 7.11   Klappe

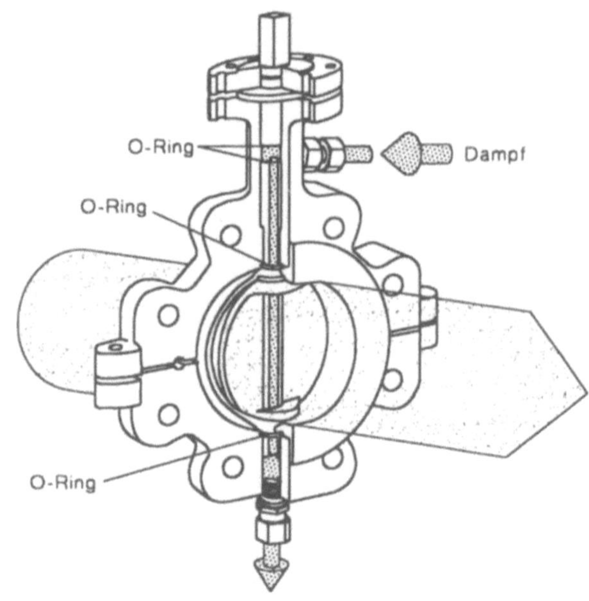

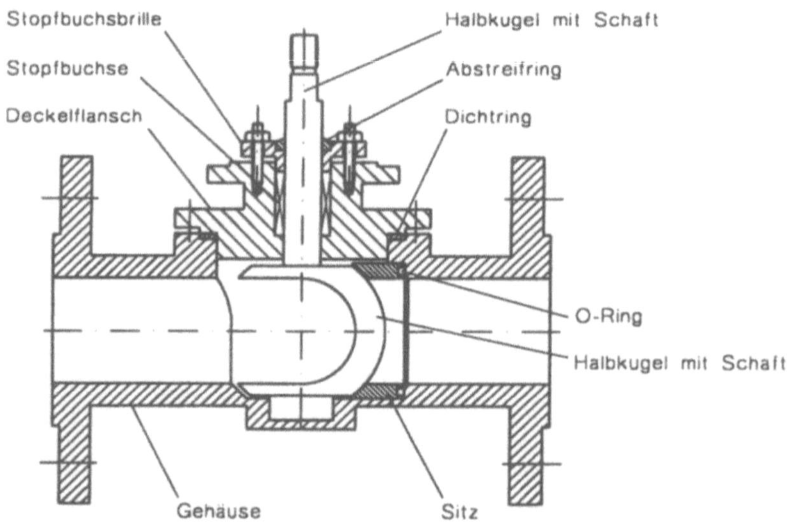

Abb. 7.12   Totraumfreier Kugelhahn

Neben der Totraumfreiheit und Entleerbarkeit wegen der Reinig- und Sterilisierbarkeit ist die erreichbare Sicherheit der Dichtungen nach außen für die Auswahl des Armaturentyps in einer bestimmten Sicherheitsstufe von Bedeutung. Für die statischen Dichtungen zum Einbau bzw. zum Zusammenbau der Armatur gelten die Ausführungen in Abschn. 7.2.1.5. Dynamischen Charakter haben die Dichtungen des Absperrelements zur Unterbrechung des Stoffstroms und die Dichtung der nach außen führenden Spindel oder Welle zur Betätigung des Absperrelements. Prinzipiell ist bei den Schaltelementen zwischen solchen mit reiner (90°-)Drehbewegung bei Kugelhähnen und Klappen und solchen mit zusätzlicher axialer, steigender Bewegung bei Ventilen zu unterscheiden.

Dementsprechend unterscheiden sich auch die zum Erreichen einer geforderten Dichtheit und ihrer Zuverlässigkeit zu wählenden Konstruktionen der Abdichtung. Für Armaturen mit nichtsteigender, also rein drehender Schaltwellenfunktion, können die einfachen Stopfbuchsdichtungen (s. Abb. 7.12) in

Abb. 7.13 Kugelhahn mit Reinigungsmöglichkeit

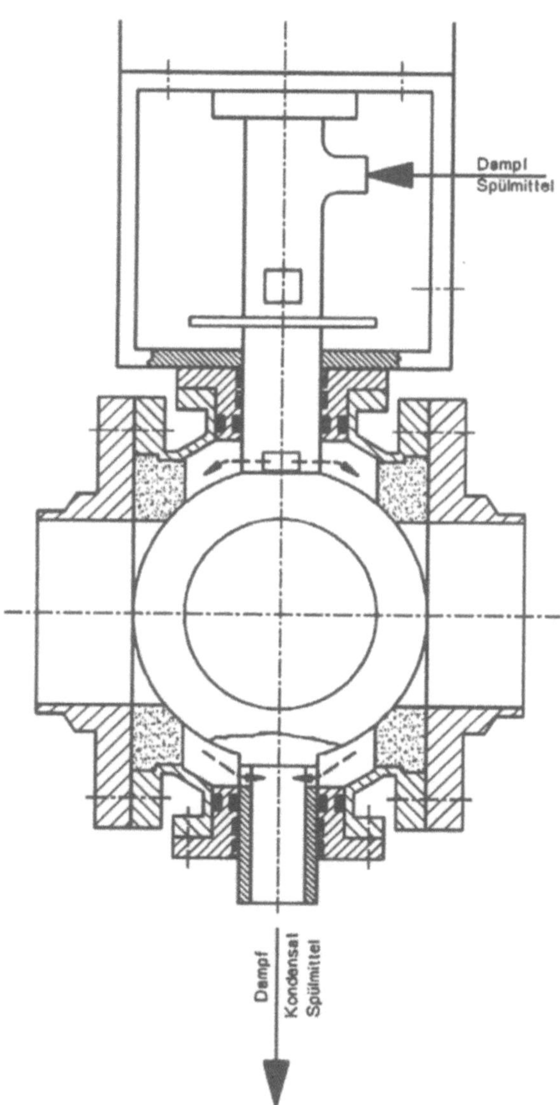

den unteren Sicherheitsstufen (S1, S2) bzw. die Dachmanschettendichtung (s. Abb. 7.10), die bei Innendruckbelastung zusätzliche Dichtkräfte entfaltet, auch in Stufe 3 eingesetzt werden. Eine Zwischenkammer mit Dampfüberlagerung kann dabei zusätzliche Sicherheit schaffen. In Abb. 7.11 ist die Abdichtung der Schaltwelle einer Klappe zu sehen, die zusätzlich zu den primären Schaltwellen-Grunddichtungen nahe am Produktraum noch eine sekundäre, mit Dampf gesperrte äußere Dichtung aufweist.

Die Vorteile des Kugelhahns (s. Abb. 7.10), wie leichte Bedienbarkeit, gute Stellungskontrolle und nicht-verengter Durchgangsquerschnitt, können trotz seines nicht ganz vermeidbaren Totraums hinter den Dichtungen der Kugel in Prozessen genutzt werden, die keine sehr hohen Anforderungen an die Asepsis stellen, weil entweder die Kulturbedingungen oder das gebildete Produkt Kontaminanten nur schlechte oder keine Lebensbedingungen bieten. Sogenannte totraumfreie Kugelhähne (s. Abb. 7.12) vermeiden diesen Nachteil; die gezeigte Konstruktion ist allerdings für den Chemiebereich entwickelt und müßte den biotechnischen Anforderungen angepaßt werden. Eine andere Möglichkeit, diesen Nachteil zu vermeiden, zeigt die Abb. 7.13. Der Raum zwischen den Kugel-

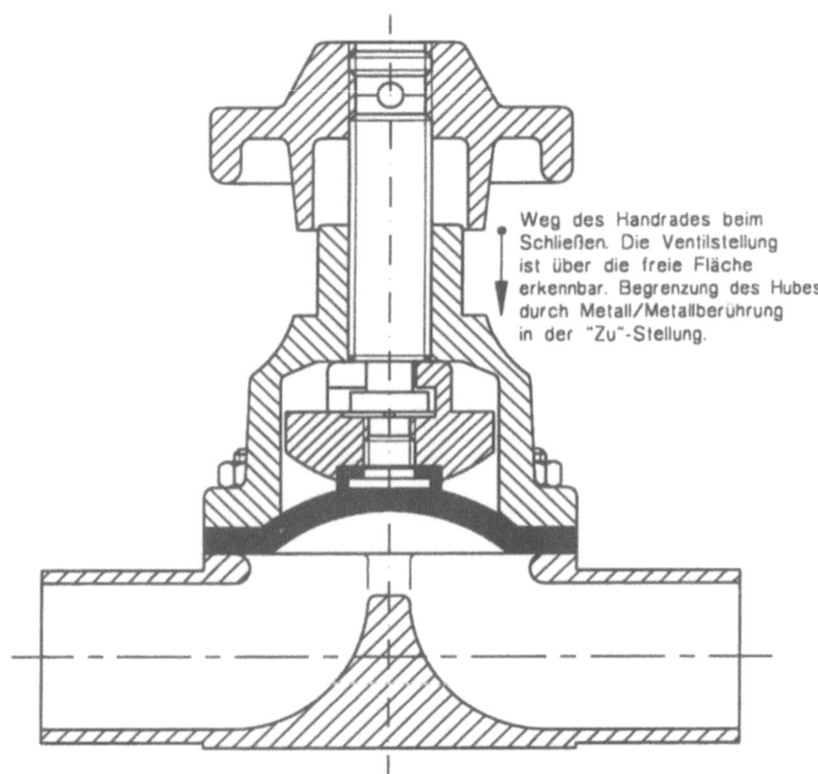

Abb. 7.14 Membranventil

dichtungen und dem Gehäuse kann hier mit einem Spülmedium (Dampf, Kondensat) gereinigt werden.

Für Nennweiten ab 25 mm ist auch die Klappe (s. Abb. 7.11) als totraumfreie Armatur mit nur geringer Versperrung des Durchgangs einsetzbar.

In Armaturen mit steigender Spindelbewegung kommen Stopfbuchse bzw. Dachmanschetten nicht in Betracht. Die axiale Bewegung würde zum „Durchschleppen" von Mikroorganismen führen und auch zum Einschleppen von evtl. beim Sterilisieren verkrustenden Medienbestandteilen, die eine Beschädigung der Dichtung bewirken würde.

Hier stehen aber auch mit dem Membranventil (s. Abb. 7.14) und dem Faltenbalgventil (s. Abb. 7.9, 7.15, 7.33) Konstruktionen zur Verfügung, die hohen

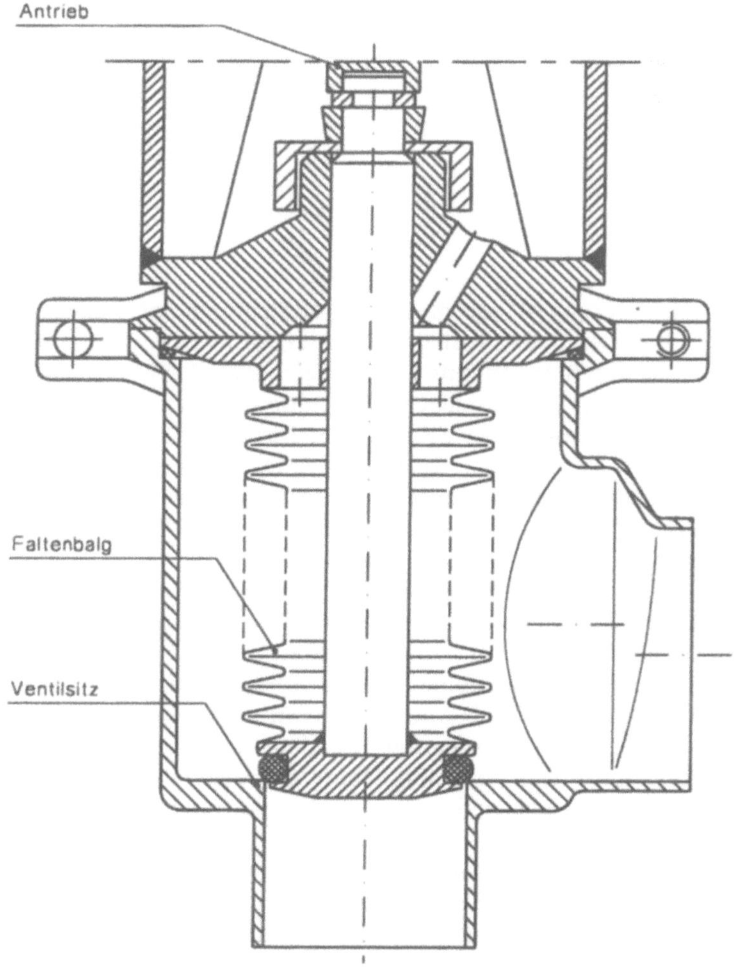

Abb. 7.15 Faltenbalgventil

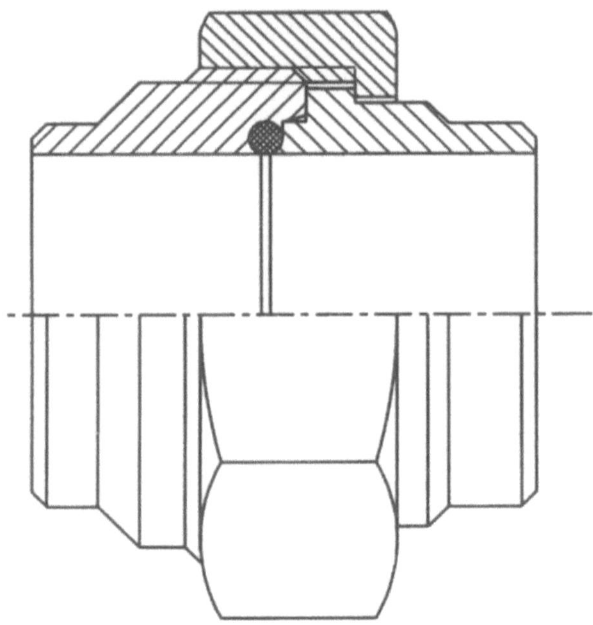

Abb. 7.16 Sterilverschraubung mit Rundgewinde und Nutmutter

Sicherheitsanforderungen bezüglich der Abdichtung nach außen genügen. Obwohl die Standzeit der Faltenbälge (Metall oder PTFE) groß ist, läßt sich die Sicherheit noch durch Anordnung einer zusätzlichen (Sicherheits-)Dichtung in Form einer Packung und durch Überwachung des Zwischenraums erhöhen. Damit ist die Armatur sicher S4-geeignet. Das Membranventil (s. Abb. 7.14) genügt aufgrund seines totraumfreien, glatten Durchgangs den Anforderungen an ein aseptisches Bauteil. Verbesserungen der Membranen (Werkstoff, Mehrlagenaufbau) und der Konstruktion (Hubbegrenzung, Stellungsanzeige) führten zu größeren Standzeiten.

Zur Erhaltung der vollen Sicherheit ist jedoch ein Austausch der Membranen in regelmäßigen Zeitintervallen erforderlich. Dann ist auch bei hohen Sicherheitsanforderungen sein Einsatz zu empfehlen.

Gegen Kontaminationen infolge „innerer" Undichtheiten des Dichtelementes im Sitz, kann man sich durch Anordnung von zwei Armaturen in Reihe mit Dampfüberlagerung des Zwischenraumes, den sogenannten „Dampfsiegelungen" (s. Abb. 7.7), schützen. Eine Maßnahme, die wegen Produktschutzes schon in den unteren Sicherheitsstufen angewendet wird und die Sicherheit in den oberen Stufen garantiert.

In diesem Sperraum evtl. eindringende Mikroorganismen werden durch die hohe Temperatur abgetötet. Für das Erreichen und Halten der erforderlichen Temperatur ist effektive Entlüftung und Entwässerung erforderlich, wofür eine Reihe unterschiedlicher Konstruktionen von Kondensatableitern mit integrierter Entlüftungseinrichtung zur Verfügung steht.

Als Verbindungselement zum Anschluß der Armaturen an die Rohrleitungen bzw. den Behälter kann die Flanschverbindung mit Flachdichtungen, für höhere Anforderungen mit O-Ringen, eingesetzt werden. Eine gute Ausführung ist die in Abb. 7.16 gezeigte Sterilverschraubung, bei der der O-Ring praktisch spaltfrei an die Rohrinnenwand anschließt und seine Verformung durch Anliegen der metallischen Teile auf das gewollte Maß begrenzt wird. Als sicherste Verbindung sollte in Sicherheitsstufe 4 die Verschweißung gewählt werden.

Wenn Dichtungen nicht zu vermeiden sind, sollte ihre Anzahl soweit wie möglich reduziert werden – evtl. durch neue Konstruktionen von Bauteilen. Als Beispiel seien die beiden Ausführungen von Behälterschaugläsern in Abb. 7.17 gezeigt. Durch Verwendung einer in einen Metallring eingeschmolzenen Glasscheibe an Stelle der (aus Gründen der mechanischen Sicherheit) vormontierten und versiegelten Einheit (oberes Bild) ist nur noch eine Dichtung im Bio-Gefährdungsbereich erforderlich.

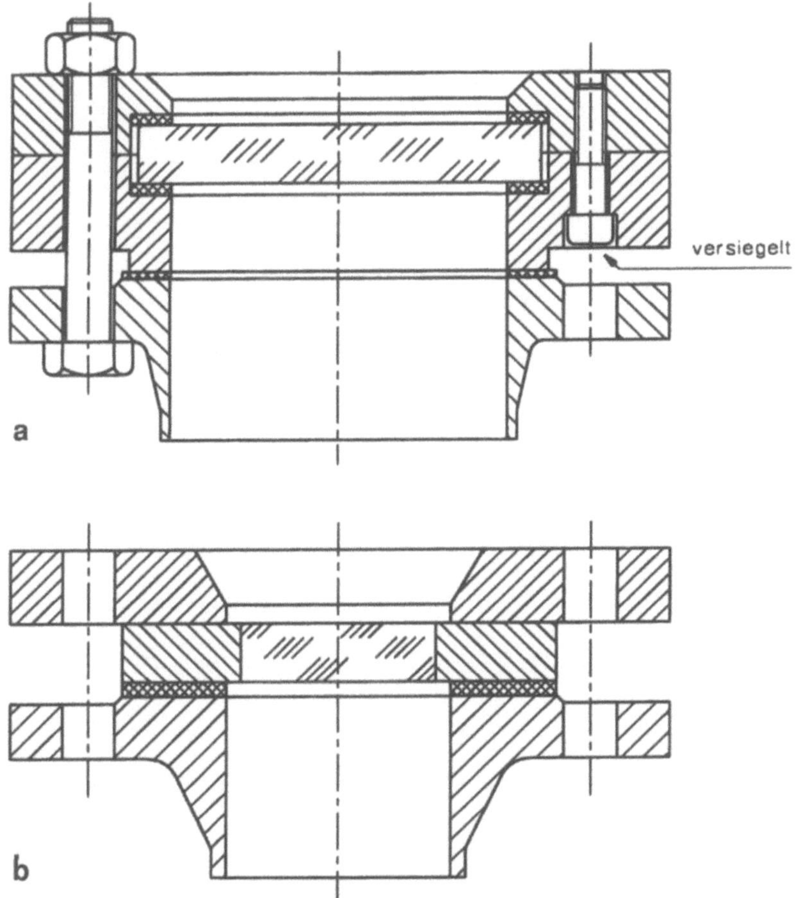

Abb. 7.17 a, b   Schaugläser, a eingespannt, b metallverschmolzen

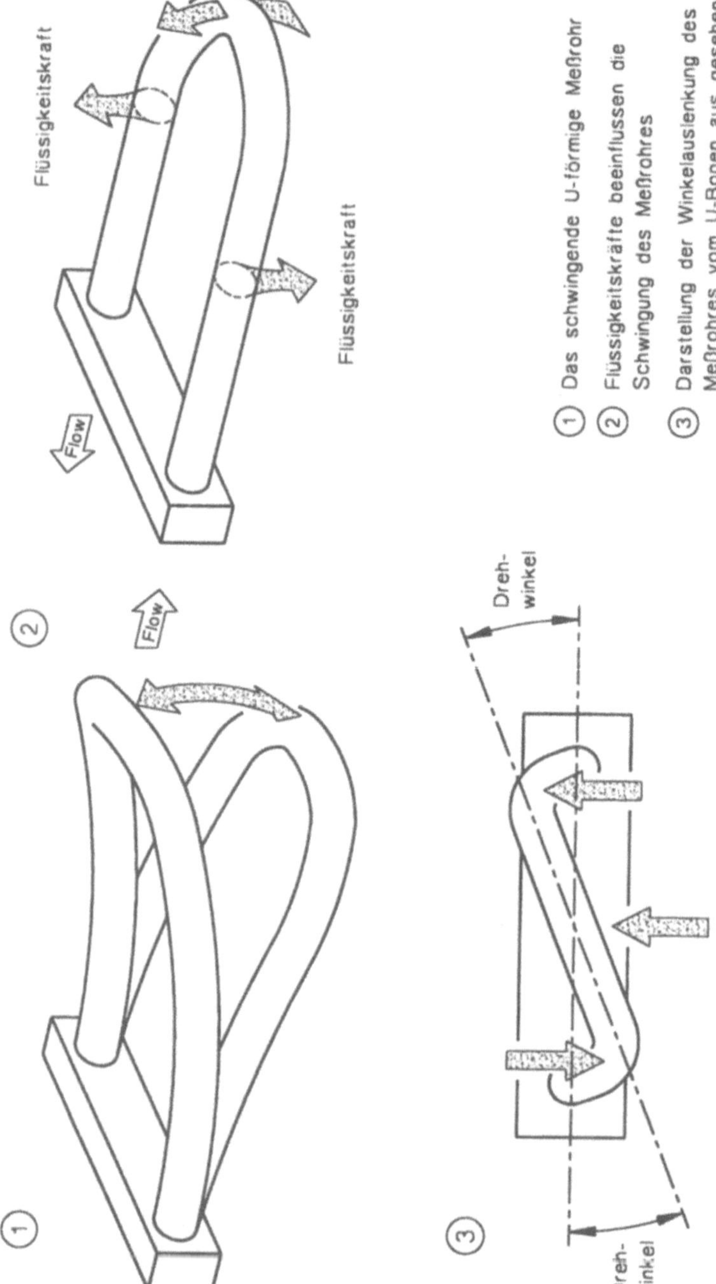

Abb. 7.18   Massedurchflußmeßgerät – basierend auf dem Prinzip der Coriolis-Kraft

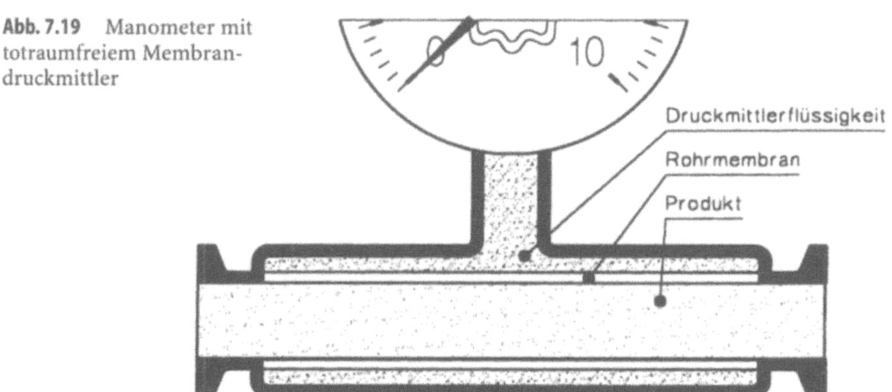

Abb. 7.19 Manometer mit totraumfreiem Membrandruckmittler

In der biotechnischen Apparatur eingesetzte Meßgeräte müssen ebenfalls den oben genannten Kriterien genügen, so daß eine Reihe von Geräten, die in anderen Bereichen der chemischen Verfahrenstechnik angewendet werden, entfallen.

Meßfühler für Temperaturmessung, Platinwiderstandsthermometer PT 100 in der Regel, werden in eingeschweißten Schutzrohren untergebracht und bedeuten kein Problem. Auch Sonden zur pH- oder pO_2-Messung liegen in geeigneter sterilisierbarer Form vor.

In der Abb. 7.18 ist das Prinzip eines Massedurchflußmeßgerätes dargestellt, bei dem der Produktstrom hermetisch dicht durch ein glattes U-förmiges Metallrohr geführt wird. Es basiert auf der Wirkung der Coriolis-Kraft. Das Rohr wird elektromagnetisch in Schwingung versetzt. Solange es nicht durchströmt wird, erfolgt eine symmetrische Auslenkung des U-Rohres um seine Einspannachse („1" in Abb. 7.18). Bei Durchströmung treten Fluidkräfte mit entgegengesetzten Richtungen bei Entfernung vom bzw. Annäherung an den Schwingungsmittelpunkt („2" in Abb. 7.18) auf, die sogenannten Coriolis-Kräfte. Diese Kräfte führen zu einer Verdrehung des U-Rohres („3" in Abb. 7.18), die mit empfindlichen Sensoren erfaßt wird und direkt dem Massestrom proportional ist. Dieses Gerät läßt sich gut reinigen und sterilisieren.

Für die Druckmessung können normale Manometer (z. B. Rohrfedermanometer) eingesetzt werden, wenn sie indirekt mit einer Druckmittlerflüssigkeit beaufschlagt werden. Der Druck wird dabei vom Produktraum über eine dichte, glatte Membran in die Druckmittlerflüssigkeit zum Manometer gleitet. In Abb. 7.19 ist für den Einbau in Rohrleitungen eine rohrförmige Membran dargestellt; für den Einbau an Flansche stehen auch ebene zur Verfügung. Mit direktem Kontakt zum Produktraum können piezoresistive oder DMS(Dehnmeßstreifen)-Druckaufnehmer eingesetzt werden, die mit glattem Membrananschluß erhältlich sind.

In Abb. 7.20 ist ein Viskosimeter gezeigt, das direkt in den Fermenter eingebaut werden kann. Die Viskosität wird aus der Dämpfung des zu Schwingungen angeregten Stabes durch das Medium ermittelt. Da Schwingungsfrequenz und

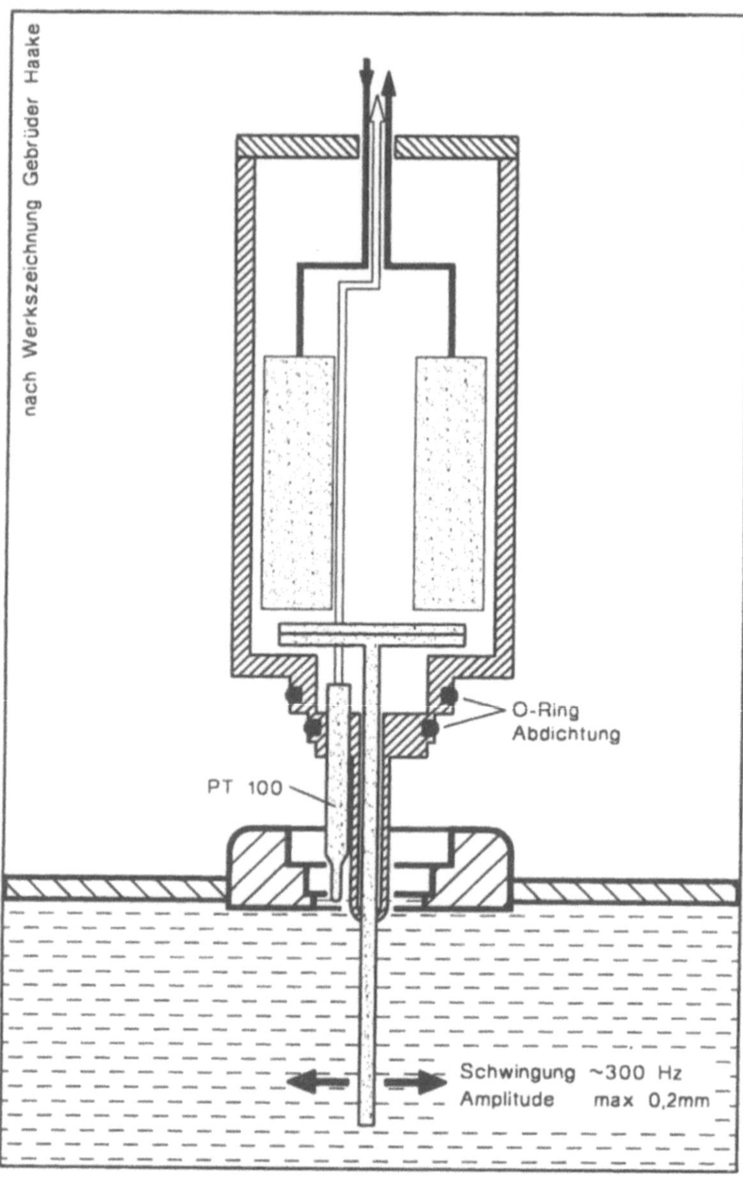

Abb. 7.20   Viskosimeter (Haake)

-amplitude dabei konstant sind, können zwar keine vollständigen rheologischen Daten erhalten werden, Veränderungen des Wachstums der Mikroorganismen lassen sich aber bei bekannten Kulturen gut damit verfolgen.

Die gezeigten Beispiele für geeignete Bauteile einer biotechnischen Apparatur sollten die Prinzipien verdeutlichen, denen sie zur Gewährleistung der geforderten Sicherheit folgen müssen. Zur Beurteilung anderer vorhandener oder zukünftiger Konstruktionen sollen die wichtigsten Punkte noch einmal zusammengefaßt werden:

- Minimierung von Dichtungen,
- Schweißen ist Dichten vorzuziehen,
- glatte und saubere Oberflächen,
- Toträume und Spalten vermeiden,
- unvermeidbare Spalten möglichst breit ausführen,
- hermetische Konstruktionen für Stufe 4 bevorzugen,
- Sperräume, wie z. B. Dampfsiegelungen, für zusätzliche Sicherheit vorsehen.

7.2.2.5
Einleitvorgänge

Nachdem der Fermenter mit dem Nährmedienansatz sterilisiert wurde und in aseptischem Zustand vorliegt, müssen für den Start der Fermentation zuerst der Impfstoff und im weiteren Verlauf Medien zur Einhaltung erforderlicher pH-Werte bzw. Nährstoffkonzentrationen zudosiert werden. Für die Versorgung der Mikroorganismen mit Sauerstoff wird außerdem Luft eingeleitet. Bei diesen Einleitvorgängen muß zum einen vermieden werden, daß Fremdorganismen in das Fermentationssystem gelangen und zum anderen, daß Produktionsorganismen in die Umgebung austreten oder in die zuführenden Leitungen durch Rückströmen eindringen.

Beimpfen

In der Regel wird die erste Vermehrung der Mikroorganismen des Produktionsstammes von der tiefgefrorenen Konserve (1–2 ml) ausgehend bis auf 1–2 l in einem Schüttelkolben im Labor unter den dort geltenden Sicherheitsmaßnahmen durchgeführt. Die weitere Kultivierung kann in mehreren Stufen bis zur Haupt-(Produktions-)Fermentation in Reaktoren mit wachsendem Volumen im Produktionsbereich erfolgen. Während der Transfer des Impfmediums von einem Fermenter zum nächsten durch festverrohrte Leitungen im geschlossenen System vor sich geht, wird der erste Vorfermenter in der Regel aus dem Schüttelkolben inoculiert. Entsprechend dem Gefährdungspotential der Mikroorganismen sind die Anforderungen an diesen Transfervorgang unterschiedlich hoch.

Werden Mikroorganismen ohne Gefährdungspotential (Sicherheitsstufe 1) benutzt, kann die in Abb. 7.21 dargestellte offene Form der Beimpfung angewendet werden, wenn nicht aus Gründen des Produktschutzes höhere Anforderun-

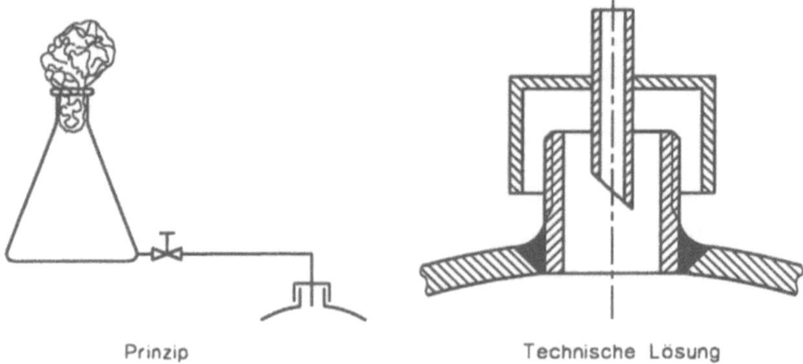

Abb. 7.21   Beimpfen mit Impfglocke

gen zu stellen sind. Am Fermenter wird dabei ein Stutzen geöffnet und eine mit dem Schüttelkolben verbundene Glocke zum Einfüllen des Inhaltes darübergestülpt. Zur Vermeidung von Kontaminationen werden vorher der offene Stutzen und die von einer Schutzfolie befreite Glocke in einer Gasflamme sterilisiert.

Eine halbgeschlossene Art des Beimpfens mit der Septumanstichtechnik zeigt die Abb. 7.22. Die mit dem Impfkolben verbundene Anstech-(Impf-)Nadel wird durch die aus weichem, flexiblem Kunststoff (EPDM) bestehende Membran (Septum) gestochen. Während des Transfers besteht praktisch ein geschlossenes System. Auch nach Herausziehen der Nadel schließt sich die Anstichstelle wieder. Es kann jedoch nicht vollständig verhindert werden, daß Restflüssigkeit in geringer Menge nach Herausziehen der Nadel in die Umgebung gelangt. Diese Methode ist für Arbeiten mit Organismen mit geringem Gefährdungspotential in der Sicherheitsstufe 2 geeignet.

Soll der Austritt von Mikroorganismen in die Umgebung verhindert werden, wie es beim Umgang mit Organismen der Stufe 3 gefordert wird, muß der Transfer in geschlossener Anordnung erfolgen. Eine mögliche Ausführung ist in Abb. 7.23 dargestellt. Mit Schnellkupplungen (mit Verschluß) werden die Verbindungen zu den Energien bzw. zum Fermenter hergestellt. Bevor der Schüttelkolben angeschlossen wird (*a* in Abb. 7.23), wird der Anschluß am Fermenter mit Dampf durchsterilisiert. Der Inhalt des angeschlossenen Kolbens wird dann mit Luft in den Fermenter gedrückt (Bildteil *b*). Vor Lösen der Verbindung können der metallene Kolben und die metallarmierte Schlauchleitung zusammen in situ mit Dampf durchsterilisiert werden (Bildteil *c*).

Es muß sichergestellt sein, daß der Austritt von Mikroorganismen durch Beschädigung des Kolbens beim Transport verhindert wird. Ist der Kolben nicht aus bruchsicherem Material, sondern wie häufig üblich, aus Glas, so ist er in einem sicheren Gefäß zu transportieren.

Bei Arbeiten mit Organismen der Stufe 4 soll auch bei nichtbestimmungsgemäßem Betrieb ihr Austritt in die Umgebung zum Schutz der Umwelt und der Beschäftigten verhindert werden. Auch ein System, wie das für Stufe 3 darge-

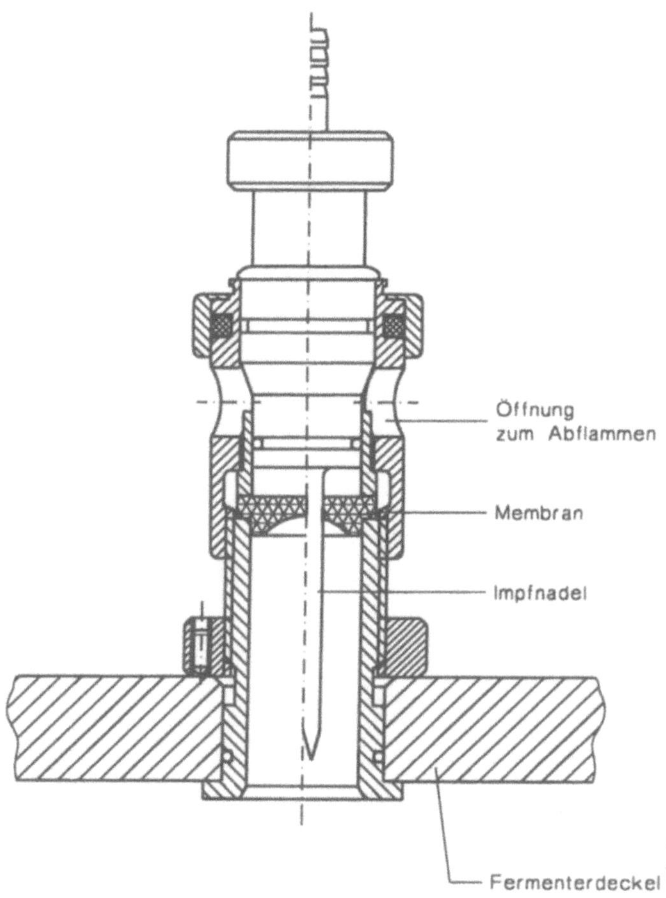

Abb. 7.22   Beimpfen mit Septumanstechtechnik (Anstechstutzen mit Schnellschlußkupplung)

stellte, garantiert das u. U. wegen möglicher Fehlbedienungen oder Versagens einer Dichtung nicht mit Sicherheit. Eine zusätzliche Umhausung der Impfstelle in Form eines Handschuhkastens mit Entlüftung über HEPA (High Efficiency Particulate Air)-Filter und dichter Wanne kann hier zusätzlich erforderlich sein. Eine andere Möglichkeit besteht in dem Verzicht der Laboranzucht im Schüttelkolben. Der erste Vermehrungsschritt kann auch in einem Kleinfermenter im Produktionsbereich erfolgen, der über feste Rohrleitungen mit dem nächstgrößeren Fermenter verbunden ist.

Der Impfmediumtransfer von einem Fermenter zum nächsten ist in Abb. 7.24 dargestellt.

Die Verbindungsleitung zwischen den Fermentern steht vor und nach dem Impfmediumtransfer unter Dampfdruck und bildet damit eine Dampfsiegelung für das Bodenablaßventil (V1) des Vorfermenters und das Einlaßventil (V3) des

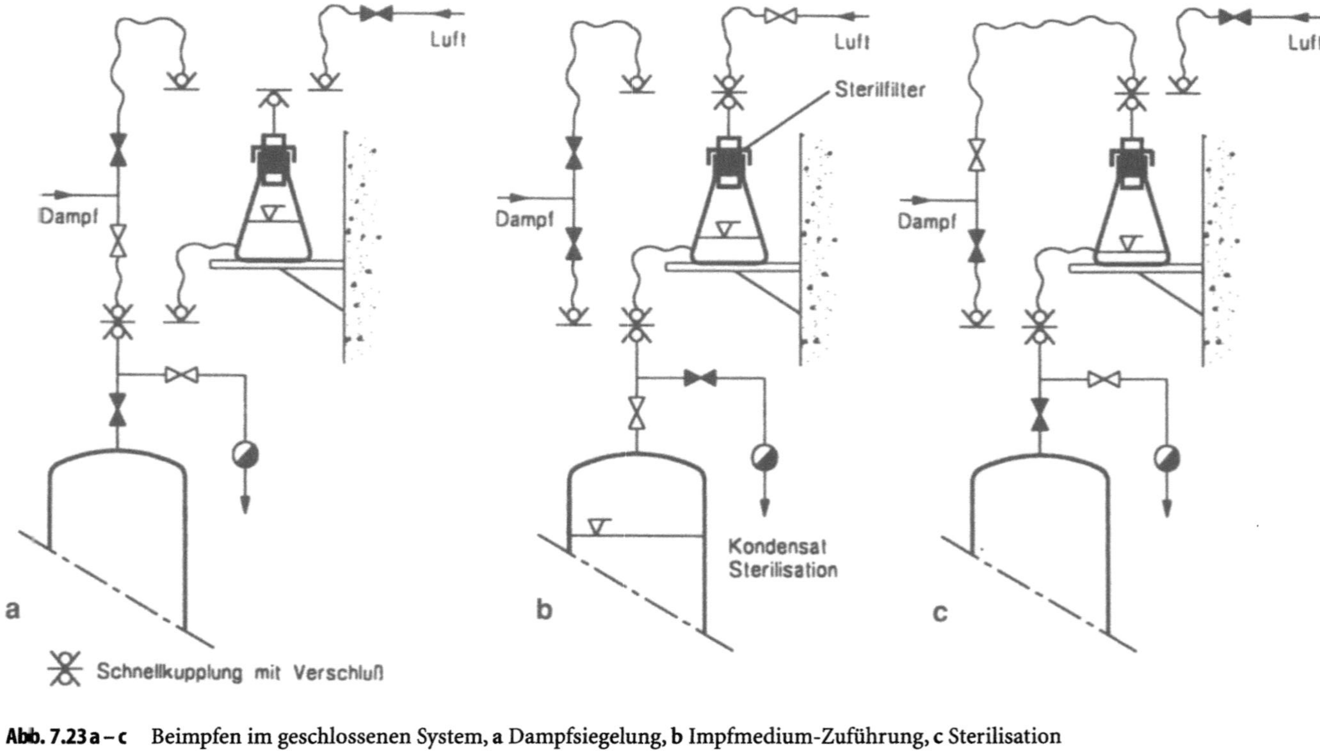

Abb. 7.23 a – c   Beimpfen im geschlossenen System, **a** Dampfsiegelung, **b** Impfmedium-Zuführung, **c** Sterilisation

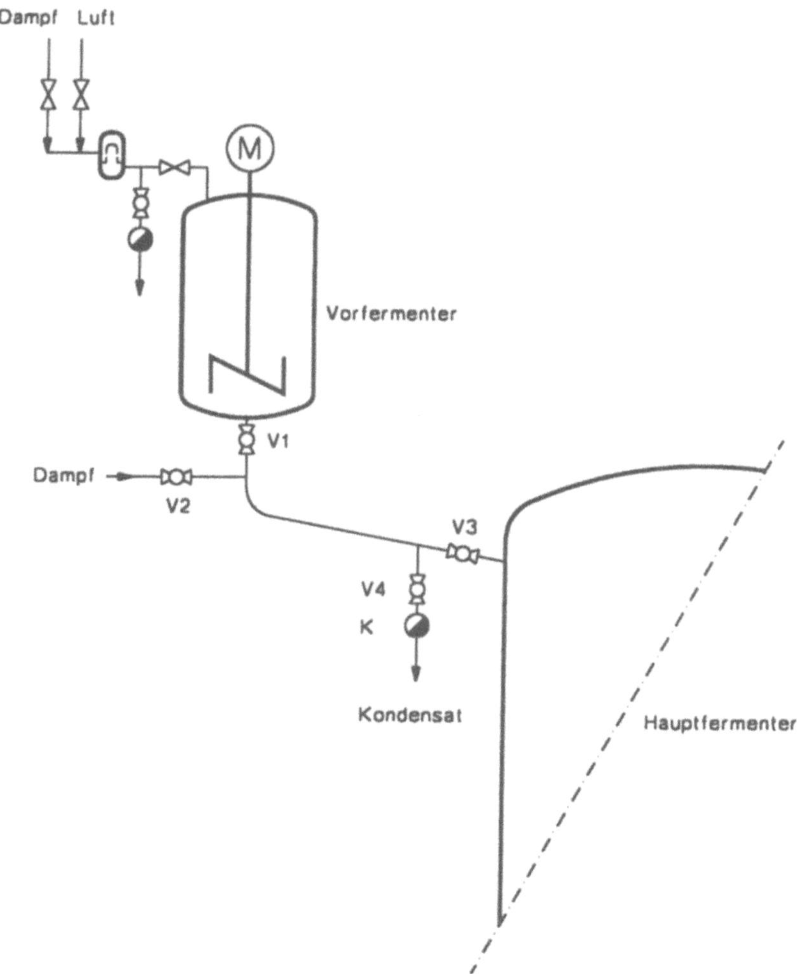

Abb. 7.24   Impfen vom Vor- zum Hauptfermenter mit Dampfsiegelung

Hauptfermenters (V2 und V4 offen; V1 und V3 geschlossen). Anfallendes Kondensat wird über den Ableiter K zur Abwasserbehandlung (Inaktivieren oder Sterilisieren) abgeführt. Beim Sterilisieren der Fermenter wird das entsprechende Ventil geöffnet und mit Dampf durchsterilisiert (beim Vorfermenter V1 und V2 offen, V3 und V4 geschlossen; bei Hauptfermenter: V2 und V3 offen, V 1 und V4 geschlossen). Nach Beendigung der Vorfermention kann der Transfer durch die so vorbereitete Verbindung erfolgen (V1 und V3 offen, V2 und V4 geschlossen).

Mediennachgaben

Die batchweise oder kontinuierliche Nachgabe von Medien während der Fermentation erfolgt durch Leitungen, die in gleicher Weise, wie beim Impfmediumtransfer, angeschlossen und durch Sterilisation vorbereitet wurden. Für die Sterilisation der Medien stehen verschiedene Möglichkeiten zur Verfügung (s. Abb. 7.25), die in Abhängigkeit von deren Eigenschaften ausgewählt werden können. In Abb. 7.25 (a) ist die Batch-Sterilisation dargestellt, bei der die gesamte benötigte Menge sterilisiert und dann entsprechend dem Bedarf der Kultur in den Fermenter dosiert wird. Die Förderung kann dabei, wie im Bild dargestellt,

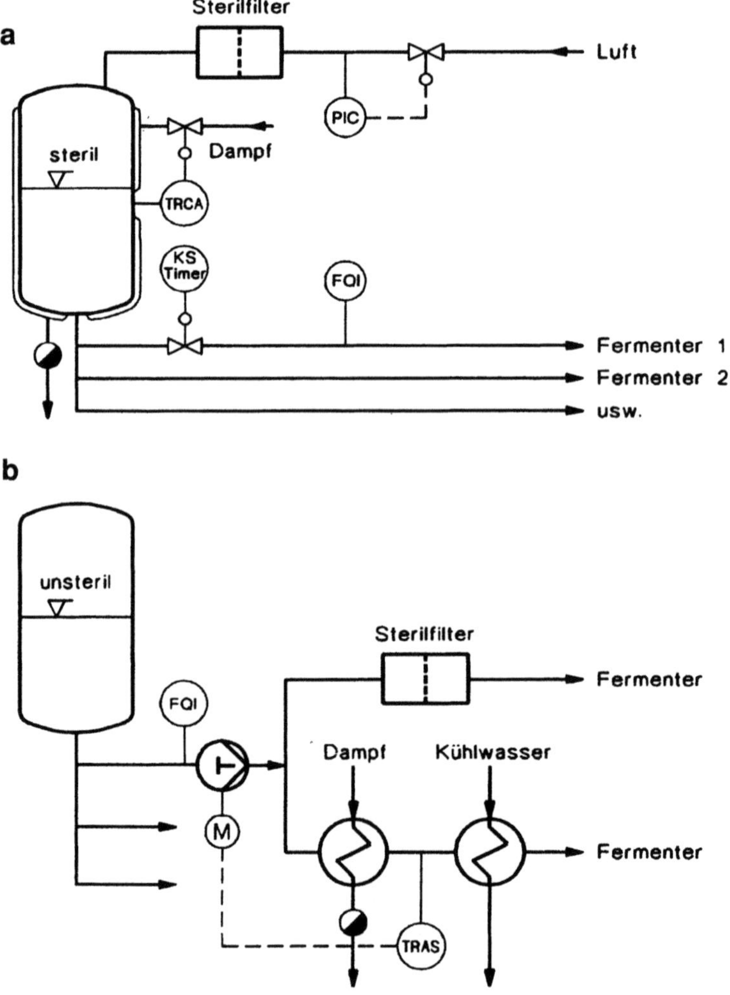

Abb. 7.25 a, b   Nachgabetechnik

durch Luftdruck erfolgen oder aber durch sterilisierbare aseptische Pumpen. In der Abb. 7.25 (b) ist die kontinuierliche Sterilisation gezeigt, bei der das Medium unsteril vorgelegt wird und mit normalen Pumpen durch die Sterilisiereinrichtung, bestehend aus Erhitzer, Temperaturhaltestrecke und Kühler, in den Fermenter gefördert wird. Die Sterilisation erfolgt in der Regel durch Erhitzen. Bei thermolabilen Medien kann die Anwendung hoher Temperaturen (135 – 145 °C) bei kurzen Zeiten [14] und, falls es sich um klare Lösungen handelt, die Sterilfiltration vorteilhaft sein (s. Abb. 7.25 b oben).

Belüften des Fermenters – Luftfiltration

Die für die Versorgung der Mikroorganismen mit Sauerstoff eingeleitete Luft muß aus Produktschutzgründen keimfrei filtriert werden. Das Sterilfilter wird dazu in unmittelbarer Nähe der Einleitung in den Fermenter angeordnet und bei der Fermentersterilisation gemeinsam mit der sich anschließenden Rohrleitung mit Dampf durchströmt (s. Abb. 7.26). Bei den zum Einsatz kommenden Sterilfiltern unterscheidet man prinzipiell zwischen den Tiefenfiltern und den Membran- oder Oberflächenfiltern. Zum Schutz der Membranfilter gegen Verblockung durch mitgeführte Feststoffpartikel ordnet man Vorfilter, in der Regel Tiefenfilter, an.

Tiefenfilter können aus gepackter Glaswolle, Keramik, Sintermetall oder Geweben aus organischen bzw. Glasfasern bestehen. Wegen des unproblematischen Handlings und der kontrollierbaren Fertigungsprozesse werden heute bevorzugt auch Tiefenfilter in Kerzenform eingesetzt (bzw. in Cassettenform als HEPA-Filter in reinen Werkbänken und zur Raumbe-/entlüftung). Die Abscheidewirkung von Tiefenfiltern beruht auf den v. d. Waals-Kräften, die das Festhalten der einmal an das Filtermedium gelangten Partikel bewirken. Aufgrund unterschiedlicher Mechanismen kann es für verschieden große Partikel zum Kontakt mit den Fasern kommen (s. Abb. 7.27). Große Partikel, die wegen ihrer Trägheit nicht den Stromlinien der Luft an den Fasern vorbei folgen können, prallen direkt auf; sehr kleine Partikel bewegen sich aufgrund der Brownschen Molekularbewegung (Diffusion) auch quer zu den Stromlinien und können auf die Faseroberfläche gelangen; Partikel einer mittleren Größe können den Stromlinien der Luft zwar folgen, werden aber, wenn sie Fasern genügend nahe kommen, eingefangen. Da für das Wiederablösen einmal haftender Partikel sehr viel größere Luftgeschwindigkeiten erforderlich wären als sie bei den Betriebsbedingungen auftreten, ist die Abscheidung gewissermaßen „endgültig". Die genannten Mechanismen führen zu verschieden großen Abscheidegraden für unterschiedliche Partikelgrößen mit einem Minimum bei etwa 0,2 – 0,3 μm (s. Abb. 7.28). Gute Abscheidegrade werden in den Größenbereichen über 1 μm und unter 0,05 μm erreicht, so daß sowohl die Abscheidung von Mikroorganismen als auch Bakteriophagen sehr effektiv ist.

Voraussetzung für den hohen Abscheidegrad der Tiefenfilter ist ihr trockener Zustand. Durch geeignete Maßnahmen ist sicherzustellen, daß die zu filtrierende Luft ausreichend trocken ist. Im Falle der Brutluft kann die Trocknung durch Adsorption an einem Trocknungsmittel oder durch Auskondensieren des

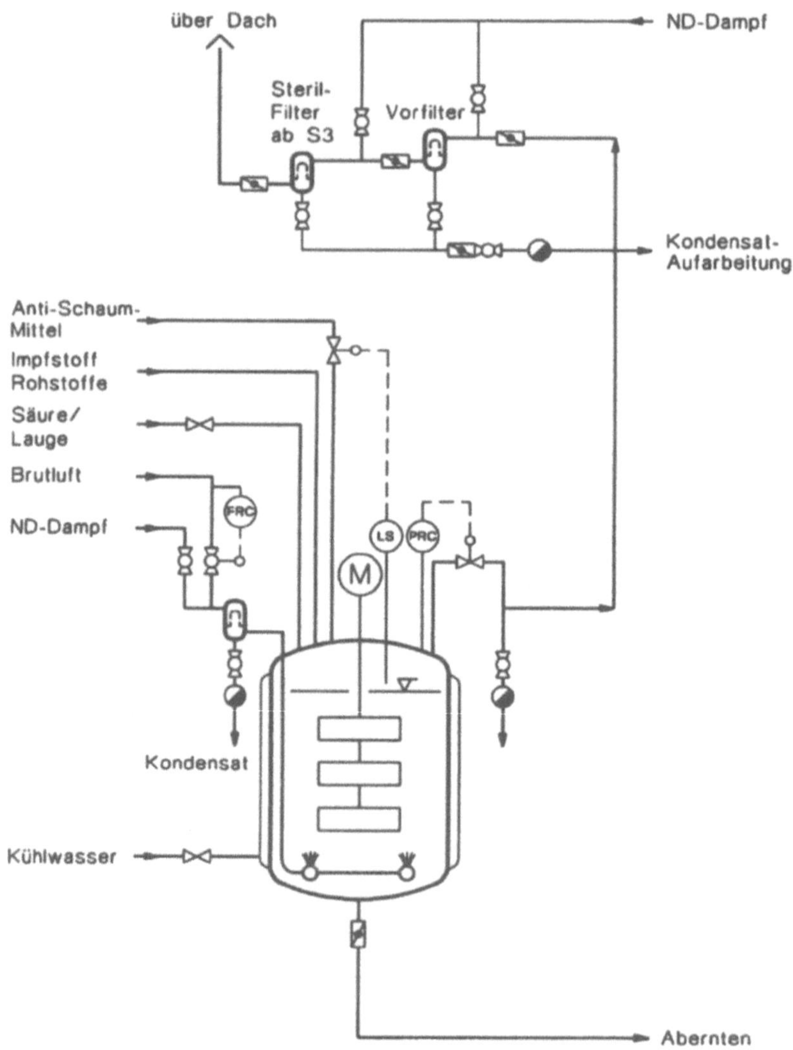

Abb. 7.26   Fermenter mit Zu- und Abluftfilter

Wassers bei genügend tiefen Temperaturen und anschließender Erwärmung erfolgen.

Durch die Fortschritte in der Technologie der Membranherstellung kommen Membranfilter in letzter Zeit verstärkt als Sterilfilter zum Einsatz, und zwar sowohl für die Behandlung der Fermenterzu- als auch der -abluft. Verwendet werden für ihre Herstellung Membranen aus PTFE (Polytetrafluorethylen) bzw. PVDF (Polyvinylidenfluorid) oder Polypropylen mit nominellen Porenweiten von 0,1; 0,2 oder 0,45 µm. Membranen mit 0,1 µm nomineller Porenweite gewährleisten auch eine sichere Abscheidung der kleineren Bakteriophagen. Das

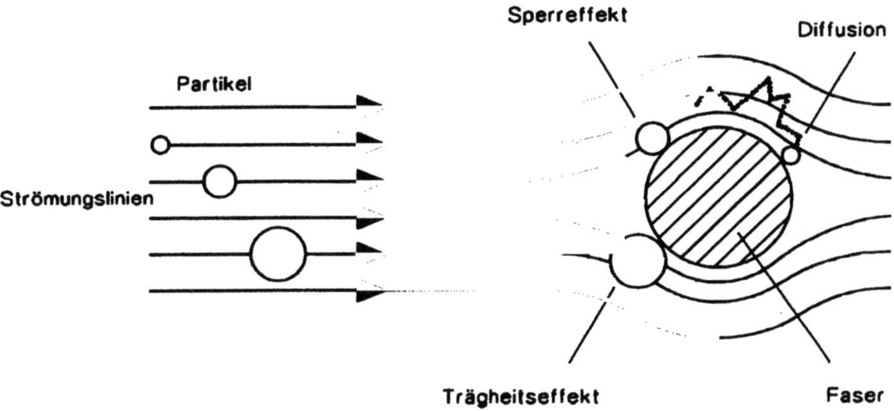

Abb. 7.27   Filtrationsmechanismen im Hochleistungs-Schwebstoff-Filter

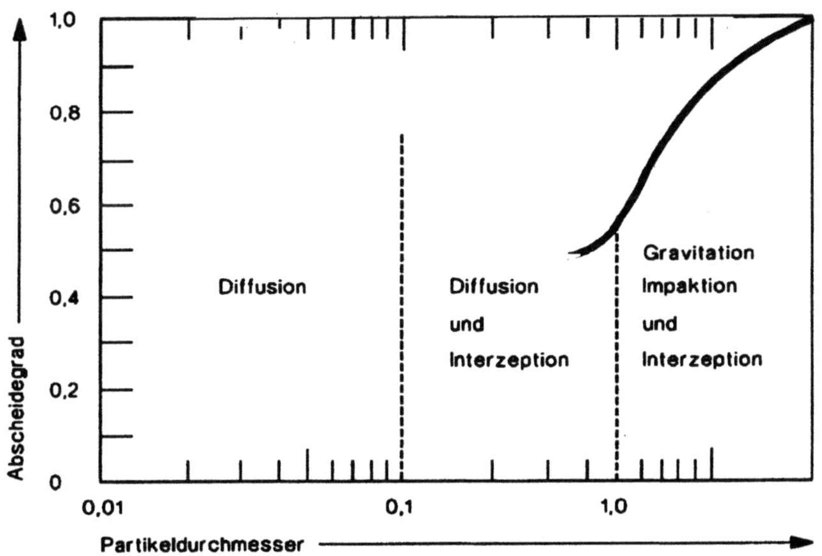

Abb. 7.28   Prinzipieller Verlauf des Abscheidegrades von Tiefenfiltern

läßt sich mit der mikroporösen Struktur der Membranen erklären, die zwar für „große" Partikel (z. B. Mikroorganismen, wie Bakterien oder Hefezellen) wie ein Oberflächenfilter (Siebeffekt) wirken, kleinere Partikel (z. B. Phagen) jedoch entsprechend den für das Tiefenfilter beschriebenen Abscheidemechanismen im Innern der Membran zurückhalten.

Bei bestimmten Störungen der normalen Betriebsbedingungen ist eine Umkehr des Druckabfalls zwischen Zuluftleitung und Fermenterinnerem möglich, was zum Rückströmen der Kulturbrühe führen würde. Membransterilfilter würden in diesem Fall den Durchtritt von Mikroorganismen verhindern und stellen somit eine zusätzliche Sicherheit für die geforderte Einhaltung der Containmentbedingungen in den Stufen 3 und 4 neben den sowieso eingebauten Rückschlagventilen dar.

Die wirksame Rückhaltung von Mikroorganismen, Viren oder Phagen wird für einen Filtertyp prinzipiell vom Filterhersteller nachgewiesen. Das geschieht in der Regel durch Beaufschlagung des Filters mit einer Suspension eines repräsentativen Testmikroorganismus bis zu einer festgesetzten Beaufschlagungsdichte. Mit mikrobiologischen Mitteln wird auf evtl. Durchschlag getestet.

Diese Beaufschlagungstests beeinträchtigen das Filter soweit, daß ihr anschließender praktischer Einsatz nicht mehr möglich ist. Sie werden daher im Herstellverfahren der Membranen nur stichprobenartig durchgeführt. Von der Größe der verwendeten Testorganismen wird dann auf die nominale Porengröße der Membran geschlossen.

Für den Einsatz in der Praxis stehen physikalische, nicht-destruktive Methoden zur Verfügung, deren Beurteilungskriterien mit den Ergebnissen der Beaufschlagungstests korrelieren und vom Filterhersteller durch die Prüfungen statistisch abgesichert sind. Dieses Vorgehen setzt einen validierten Prozeß der Herstellung des Filtermediums und der Filterkerzen voraus.

Diese Filterintegritätstests sollten vor Einsatz der Kerzen in der Praxis erfolgen und jeweils nach einer bestimmten Anzahl von Sterilisationszyklen wiederholt werden.

Die Prüfung von Tiefenfiltern auf Integrität erfolgt, z.B. beim DOP (Dioctylphthalat)-Test, durch Beaufschlagung mit einem Testaerosol von definierter Partikelgröße (ca. 0,3 μm), wobei der gemessene Durchschlag einen bestimmten Prozentsatz nicht übersteigen darf. Eine Beeinträchtigung der Filterwirksamkeit durch diesen Test ist vernachlässigbar, die gewählte Aerosolflüssigkeit muß allerdings mit dem Prozeß verträglich sein.

Mit dem Bubble-Point-Test und dem Diffusions- oder Forwardflow-Test stehen für die Integritätsprüfung von Membranfilterkerzen aussagefähige und gut praktikable Methoden zur Verfügung. Bei diesen Tests wird eine hydrophobe Membran der Filterkerze mit einer geeigneten Flüssigkeit (z.B. Isopropanol/Wasser-Gemisch) benetzt und in einem Testgehäuse mit Luft eines bestimmten Druckes beaufschlagt.

Die Flüssigkeitsbenetzung blockiert den konvektiven Durchfluß durch die Membran, solange die Kapillarkräfte die Druckkräfte übersteigen, und es stellt sich lediglich ein kleiner Diffusionsvolumenstrom V_D der Größe $V_D = K \cdot D \cdot P_D \cdot s^{-1}$ ein. Er hängt ab vom Diffusionskoeffizient D, dem angelegten Differenzdruck P_D und den Membranparametern Membrandicke s sowie den in der Konstanten K zusammengefaßten Einflüsse ihrer Porosität und Fläche.

Bei Steigerung des Differenzdruckes kommt es dann zum Ausblasen der Flüssigkeit, zuerst aus der Pore mit dem größten Durchmesser, was durch einen signifikanten und detektierbaren Anstieg des Luftvolumenstromes bzw. Druckabfalls vor dem Filter verbunden ist. Der Druck, bei dem der Durchbruch erfolgt, ist der „Bubble-Point"-Druck (P_{BP}) und ist nach $P_{BP} \sim 4 \cdot \sigma \cdot \cos \Theta \cdot d^{-1}$ von der Oberflächenspannung σ, dem Benetzungswinkel Θ und dem Membranparameter Porendurchmesser d abhängig.

Beide Tests für sich allein können zur Beurteilung der Filterintegrität angewendet werden. Will man über längere Zeit das Verhalten und evtl. Veränderungen der Membran verfolgen, um z. B. rechtzeitig einen Austausch vornehmen zu können, empfiehlt es sich, beide Tests durchzuführen, da sie unterschiedliche Membranparameter erfassen – Porosität beim Forward-Flow-Test bzw. größten Porendurchmesser beim Bubble-Point-Test – und somit weitere Rückschlüsse erlauben. Da die meisten der auf dem Markt befindlichen automatisch arbeitenden Testgeräte beide Möglichkeiten nacheinander in einem Testlauf bieten, bedeutet das auch keinen höheren Aufwand [13].

In der Regel erfolgt die Prüfung der ausgebauten einzelnen Filterkerze. In-situ-Prüfung der Filter bedeutet u. U. größeren apparativen Aufwand, kann aber auch zu Ex-Schutzproblemen wegen der Verwendung brennbarer Lösemittel als Benetzungsflüssigkeit im Betrieb führen.

Für größere Filter mit vielen Kerzen (mehr als ca. fünf 10”-Kerzen) können die z. Z. verfügbaren, oben beschriebenen Methoden wegen der physikalischen Randbedingungen und der vom Filterhersteller angegebenen Toleranzwerte für die Integrität einer einzelnen Kerze zu Fehlinterpretationen führen. Schon sehr kleine Temperaturänderungen der Testluft im Filtergehäuse während der Prüfung können zur Vortäuschung von Diffusionsvolumenströmen führen, die je nach Vorzeichen unter insgesamt intakten Kerzen eine oder mehrere als defekt oder umgekehrt, tatsächlich defekte als intakt erscheinen lassen. Bis für die Prüfung großer Filter geeignete Prüfmethoden zur Verfügung stehen, muß durch geeignete organisatorische und arbeitstechnische Maßnahmen sichergestellt sein, daß die Funktionsfähigkeit des Filters erreicht wird. Die einzeln getesteten Filterkerzen müssen nach Prüfung der O-Ringdichtung und des Kerzensitzes sorgfältig eingebaut werden. Voraussetzung hierfür ist eine Konstruktion des Filtergehäuses, bei der der Einbaubereich gut einsehbar ist, d. h., die Teilungsebene sollte im Bereich der Filtergrundplatte liegen. Besonders bei Forderung nach vollständiger Rückhaltung aller Mikroorganismen in den Stufen 3 und 4 ist der Einbau in Filterabluftgehäusen streng zu überwachen und zu protokollieren.

7.2.2.6
Ausgänge

Abluftbehandlung

Der Behandlung der Fermenterabluft muß, besonders im Falle der Verwendung von Mikroorganismen mit Gefährdungspotential, besondere Beachtung geschenkt werden. Verläßt doch hier ein großer Volumenstrom den Reaktor, wobei Mikroorganismen jedoch je nach Sicherheitsstufe teilweise, größtenteils oder sogar vollständig zurückgehalten werden müssen.

Die Mikroorganismen könnten den Fermenter prinzipiell mit dem Schaum beim Überschäumen der Kulturbrühe, in vom Luftstrom mitgerissenen Tröpfchen (Entrainment) oder in Form von Aerosolen verlassen. Dementsprechend beginnen die Rückhaltemaßnahmen auch direkt am Fermenter mit der Bekämpfung der Schaumbildung durch Zugabe von Antischaummitteln oder

der Verhinderung des Schaumaustritts durch seine mechanische Zerstörung mit Zentrifugalschaumzerstörer (s. Abb. 7.29). Eine Reduzierung des Austritts von Tropfen erreicht man durch einen genügend großen Gasraum oberhalb der Kulturbrühe (ca. 80 % Füllung), wo sich diese z. T. durch Sedimentation abscheiden können. Die Tröpfchenrückhaltung im Fermenter kann weiter gesteigert werden durch Anordnung eines Demisters (Packung eines Gestricks aus Metallfäden) direkt im Fermenterabluftstutzen. Solche Grundmaßnahmen wird man in allen Sicherheitsstufen durchführen, auch in der Stufe ohne Gefährdungspotential zur Produktrückhaltung im Fermenter und aus Gründen der allgemein üblichen Einhaltung von Sauberkeit und Hygiene in der Umgebung der Anlage. Aus dem Fermenter ins Abluftsystem gelangte Mikroorganismen müssen durch weitere

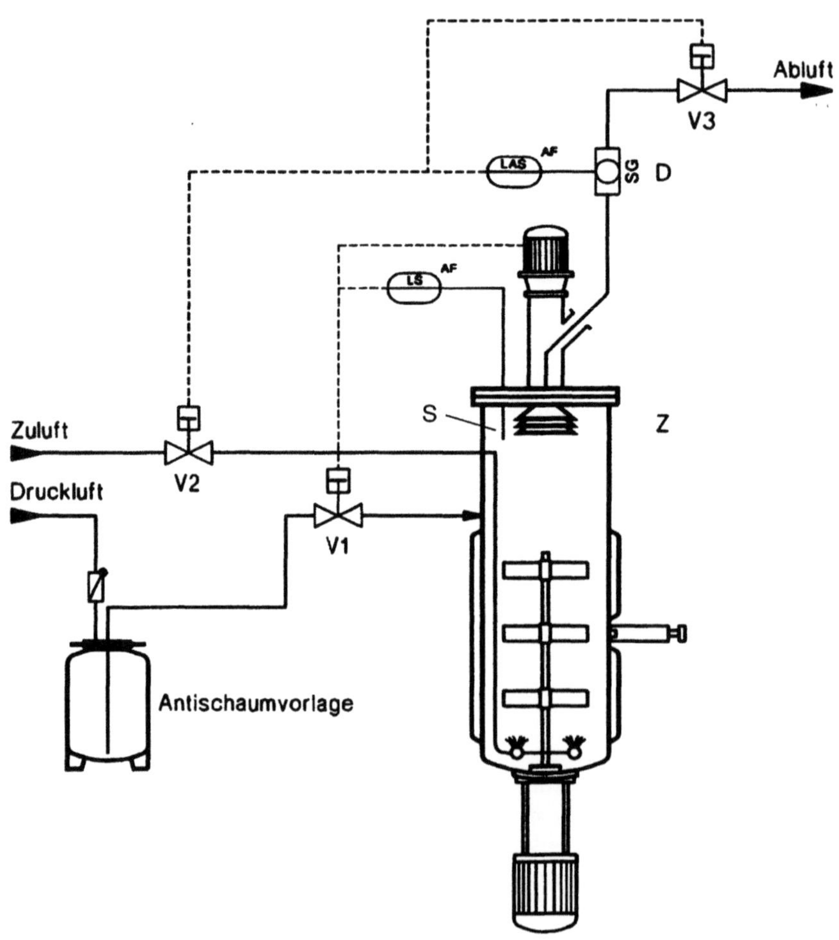

Abb. 7.29 Kombinierte chemische und mechanische Schaumzerstörung, *S* Schaumniveau-Sonde, *V1* Ventil für Antischaummittel, *V2*, *V3* Schnellschlußventile, *Z* Zentrifugalschaumzer-störer, *D* (opt.) Schaumdetektor

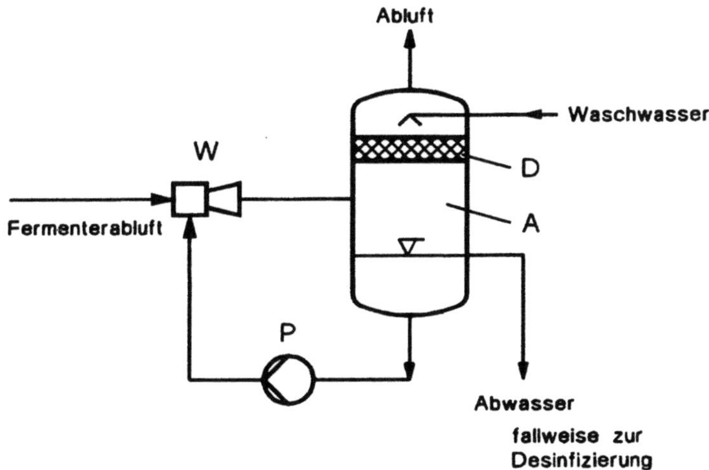

Abb. 7.30 In Reihe geschalteter Venturiwäscher und Zentrifugalabscheider mit Demister, *W* Venturiwäscher, *A* Zentrifugalabscheider, *P* Pumpe für Waschflüssigkeit, *D* Demister

Maßnahmen am Austritt in die Umgebung gehindert werden. Der Forderung nach Minimierung des Austritts in der Stufe 2 kann man z. B. durch den zusätzlichen Einbau von Zentrifugalabscheider und Venturiwäscher mit Demister (s. Abb. 7.30) oder von Tiefenfiltern genügen.

Für die Stufen 3 und 4 wird vollständige Verhinderung des Austretens in die Umgebung verlangt, was den Einsatz von Membran-Sterilfiltern oder die thermische Behandlung in Verbrennungseinrichtungen erfordert. Den Charakter einer für die Stufe 4 geforderten sekundären Containmentgrenze besitzt ein in Reihe geschaltetes zweites Membran-Sterilfilter, das bei Störung der Funktion des ersten die erforderliche Sicherheit gewährleistet.

Bei der Installation der Membran-Sterilfilter können geeignete Maßnahmen erforderlich werden, die einem vorzeitigen Verblocken der Membran durch mitgerissene Flüssigkeit und/oder Feststoff begegnen. Neben dem Einbau eines Demisters oder groberen Vorfilters (s. Abb. 7.26) kann eine zusätzliche Trocknung der Luft (durch Erwärmung oder durch Entspannen vor dem Filter, s. Abb. 7.26) zum Erfolg führen. Im einzelnen hängen die zu wählenden Maßnahmen von den Bedingungen des Systems ab. Diese sind z. B. Fermentationsdruck oder die das Entrainment bestimmende Luftaustrittsgeschwindigkeit aus der Kulturbrühe und deren Viskosität. Dampf- und Kondensatanschlüsse zum Sterilisieren der Filter zwecks risikolosen Ausbaus der Kerzen für die Prüfungen oder den Austausch müssen vorgesehen werden.

Da keine direkten Methoden für den Nachweis der vollständigen Rückhaltefähigkeit solcher Systeme in der Betriebsanlage existieren und die indirekten physikalischen Integritätstestmethoden für große Filter nicht anwendbar sind, ist ihre Funktionsfähigkeit entsprechend dem in Abschn. 2.3.5.3 beschriebenen Vorgehen sicherzustellen.

Probeentnahme

Die Entnahme von Probemengen an Kulturbrühe aus dem Fermenter in bestimmten zeitlichen Abständen ist sowohl wegen der für viele Parameter fehlenden Möglichkeiten einer on line-Messung oder -Analytik erforderlich als auch zur Feststellung des geforderten monoseptischen Zustandes bzw. der Identifikation evtl. Kontaminanten.

Für den Vorgang der Probeentnahme und die Ausführung der entsprechenden Einrichtung sind Maßnahmen zu treffen, die sowohl eine Kontamination des Fermenters als auch ein ungewolltes Austreten von Mikroorganismen mit Gefährdungspotential in die Umgebung verhindern.

Dem Produktschutz dient die Anordnung einer Dampfsiegelung bei der für die Sicherheitsstufe 1 geeigneten offenen Probeentnahmeeinrichtung, die in Abb. 7.31 dargestellt ist; in den Stufen mit Gefährdungspotential verhindert sie zusätzlich den Austritt biologisch aktiven Materials bei undichtem Probeentnahmeventil. Die Möglichkeit, daß während der Probeentnahme biologisches Material durch Verspritzen in die Umgebung gelangt, kann mit der Anstechtechnik verringert werden. Allerdings ist dabei nicht ausgeschlossen, daß nach dem Entfernen des Probeentnahmebehälters biologisch aktives Material abtropfen kann. Um das zu verhindern, sind für die Stufen 3 und 4 Einrichtungen erforderlich, die während des Transfers fest verbunden sind und vor dem Lösen der Verbindung die Inaktivierung der Mikroorganismen in der Verbindungsleitung erlauben. Eine mögliche Ausführung einer geschlossenen Probeentnahme, die diese Forderung erfüllt, ist in Abb. 7.32 dargestellt. Das Probeentnahmeventil ist mit einer Dampfsiegelung versehen (Bildteil *a*), während der Entnahme der Probe ist das Probengefäß über eine Kupplung fest mit dem Ventil verbunden (Bildteil *b*), und vor dem Abkuppeln kann die Verbindung zwischen Ventil und Gefäß mit Dampf durchsterilisiert werden (Bildteil *c*).

Für die Stufe 4 soll für den Fall des denkbaren Versagens der Einrichtung, z. B. durch den Defekt einer Dichtung, eine sekundäre Barriere vorgesehen werden,

Abb. 7.31   Offene Probenahme mit Dampfsiegelung

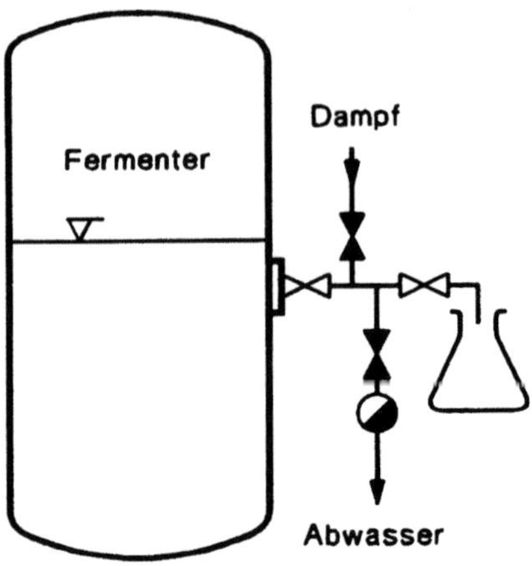

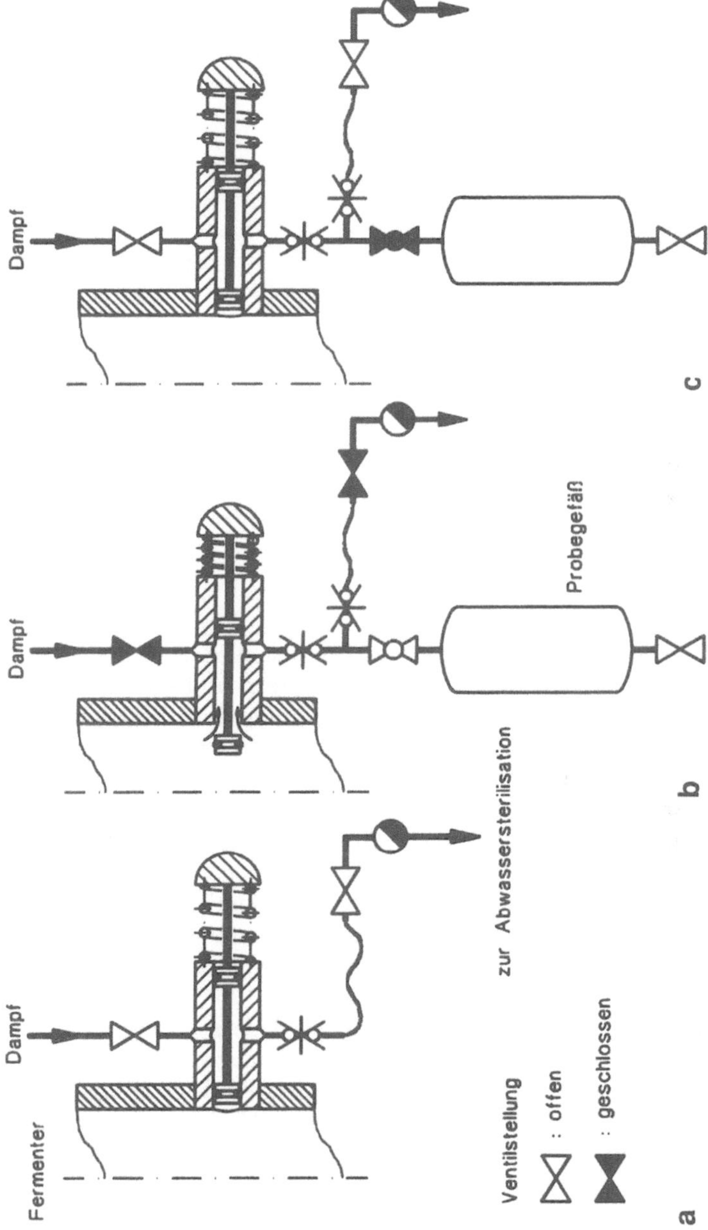

Abb. 7.32a–c Probeentnahme im geschlossenen System, **a** Dampfsiegelung, **b** Entnahme der Probe, **c** Sterilisieren der Verbindung

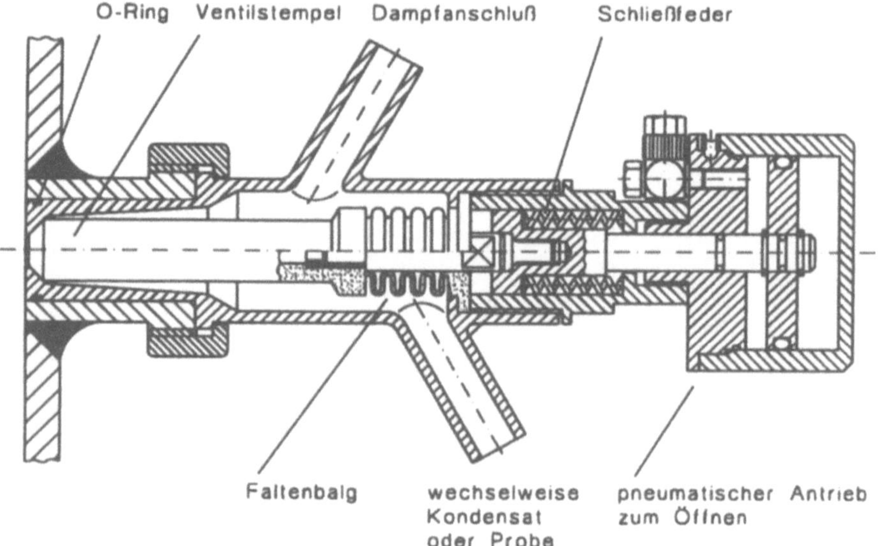

Abb. 7.33   Probenahmeventil

um eine Gefährdung der Beschäftigten auszuschließen. Diese kann in einer Umhausung mit Handschuheingriff, HEPA-Filtern und dichter Auffangwanne bestehen. Nur falls solche oder ähnliche Anordnungen aus bestimmten Gründen nicht möglich sind, sollte auf die Anwendung entsprechender persönlicher Schutzausrüstung, wie z. B. Vollschutzanzug mit Fremdbelüftung, während der Probeentnahme zurückgegriffen werden.

Konstruktion und Anordnung des Probeentnahmeventils selbst sollen die Entnahme repräsentativer Probemengen möglichst ohne größeren Produktvorlauf gestatten. Das bedeutet daß die Dichtung des Ventils nahe an der Innenwand des Fermenters liegen muß. Wegen der häufigen Betätigung des Ventils während der Fermentation mit den dazugehörigen Temperaturwechseln sind hohe Anforderungen an die Abdichtung zu stellen.

Eine bewährte Konstruktion ist in Abb. 7.33 wiedergegeben, bei der mit einem stabilen PTFE-Faltenbalg hermetisch nach außen abgedichtet wird. Die Abdichtung zum Fermenterinhalt erfolgt durch Anpressen des PTFE/Glasfaser-Stempels gegen den konischen metallenen Ventilsitz. Abdichtungen des Ventilstempels zum Fermenter hin oder auch nach außen mit O-Ringen, wie sie bei dem Ventil in Abb. 7.32 schematisch angedeutet sind, haben sich bei den vorliegenden Beanspruchungen weniger bewährt; diese Dichtungen müssen wegen Beschädigung durch die dynamische Belastung häufig erneuert werden.

Zur Reduzierung der Anzahl notwendiger Probeentnahmen, besonders in den oberen Sicherheitsstufen, sollten die vorhandenen bzw. neu erscheinenden Methoden der on line-Analytik soweit wie möglich genutzt werden. Auch der Einsatz von Einrichtungen zur Entnahme von Kulturlösung ohne Mikroorganismen stellt eine Möglichkeit der Gefährdungsminderung dar. Hierbei wird durch eine im Fermenter angeordnete Mikrofiltrationssonde oder durch einen in einem kleinen externen Umpumpkreis liegenden Filter sterile Lösung abgezogen.

Abernten

Nach Beendigung der Fermentation wird der gesamte Inhalt abgeerntet und in einem den folgenden Aufarbeitungsstufen vorgeschalteten Lagerbehälter überführt. Der Transfer erfolgt durch fest verrohrte Leitungen, die wieder mit Dampfsiegelungen der Abschlußarmaturen angeschlossen sind (s. Abb. 7.7).

Die Weiterverarbeitung kann in der Stufe ohne Gefährdungspotential (Stufe 1) ohne Inaktivierungsmaßnahmen erfolgen. In den Stufen mit Gefährdungspotential wird man in der Regel einen Inaktivierungs- bzw. Abtötungsschritt einschieben, um anschließend im offenen System weiter arbeiten zu können. Nur in Fällen, wo das Produkt durch solch eine Behandlung geschädigt würde, wird man ohne Abtötung, dann aber im geschlossenen System, fortfahren.

Die Inaktivierung oder Abtötung führt man normalerweise in einem eigens dafür bestimmten Behälter durch. Sie kann sowohl thermisch als auch chemisch durch Zugabe von Desinfektionsmitteln oder Säuren erfolgen. Verträglichkeit mit dem Produkt entscheidet über die Wahl des Mittels, jedoch sollen auch Fragen der Abwasserbelastung berücksichtigt werden. Gute biologische Abbaubarkeit soll gegeben sein, und halogenierte Stoffe sollen möglichst vermieden werden.

Bedingungen für die sichere Abtötung können neben Chemikalienkonzentration und Wirkungsdauer auch pH-Wert und Temperatur sein. Die Effektivität der im Labor ermittelten Bedingungen muß im verwendeten technischen Apparat durch Vorversuche nachgewiesen werden, um Effekte, wie unterschiedliche Mischzeit, Homogenität u. ä., zu berücksichtigen. Durch automatische Steuerung mit Verriegelungsfunktion wird sichergestellt, daß der Inhalt erst nach Erfüllung der geforderten Abtötebedingungen weitergeleitet werden kann.

7.2.2.7
Wellendurchführungen

Der Dichtung der Wellendurchführung an einem Rührkesselfermenter ist besondere Aufmerksamkeit zu widmen, handelt es sich doch um eine mechanisch, hochbelastete, dynamische Dichtung. Ausreichende Dichtheit bzw. Funktionsfähigkeit muß auch für längere Betriebszeiten durch geeignete Wahl der Konstruktion und der Dichtwerkstoffe gewährleistet sein. Zu dem ständig wirkenden Verschleiß der Dichtelemente durch die rotierende Bewegung kommt die Beanspruchung durch Schwingungen der Rührerwelle hinzu. Lagerung und schwingungstechnische Auslegung der Rührwelle sind für die Funktionsfähigkeit der Dichtung mitentscheidend. Für die Erhaltung der Dichtwirkung sind regelmäßige Wartung und Überwachung unbedingt erforderlich.

Entsprechend den Anforderungen an den Produktschutz und die Sicherheit kommen unterschiedliche Konstruktionen zum Einsatz.

Die einfache Stopfbuchsdichtung genügt den Sicherheitsanforderungen der Stufe 1 und wird auch mit Erfolg in Fermentationen eingesetzt, wo die Fermentationsbedingungen oder das gebildete Produkt (z. B. Antibiotika) ungünstige Kulturbedingungen für Fremdorganismen darstellen, so daß auch dem Produktschutz ausreichend Genüge getan ist.

Bei großen Fermentern hat die Entscheidung für die Stopfbuchse neben der leichten Handhabbarkeit auch einen wirtschaftlichen Aspekt.

An das Packungsmaterial sind die Forderungen nach Temperatur- und Wasserdampfbeständigkeit wegen der Sterilisierbarkeit, guter Wärmeleitfähigkeit zur Ableitung der Reibungswärme, geringem Reibungskoeffizienten und geringer Wärmedehnung zu stellen. Zum Einsatz können asbestfreie Materialien, wie z. B. Schnüre aus (Weiß-)graphitimprägnierten PTFE-Fasern, aus Graphitfasern, Aramidfasern o. ä., kommen.

Durch eine Aufteilung der Stopfbuchse in zwei Teile mit einem Dampfsperraum dazwischen, läßt sich der Austritt von Mikroorganismen soweit verringern, daß sie auch in der Stufe 2 einsetzbar ist. Ebenfalls einsetzbar in dieser Stufe sind Lippenringdichtungen und einfache Gleitringdichtungen (GLRD).

Die Funktion der einfachen GLRD kann anhand der Abb. 7.34 gezeigt werden. Es handelt sich hierbei um die Wellenabdichtung einer Kreiselpumpe, bei der die Verhältnisse ja ähnlich wie beim Fermenter sind. Die Fläche, wo der rotierende

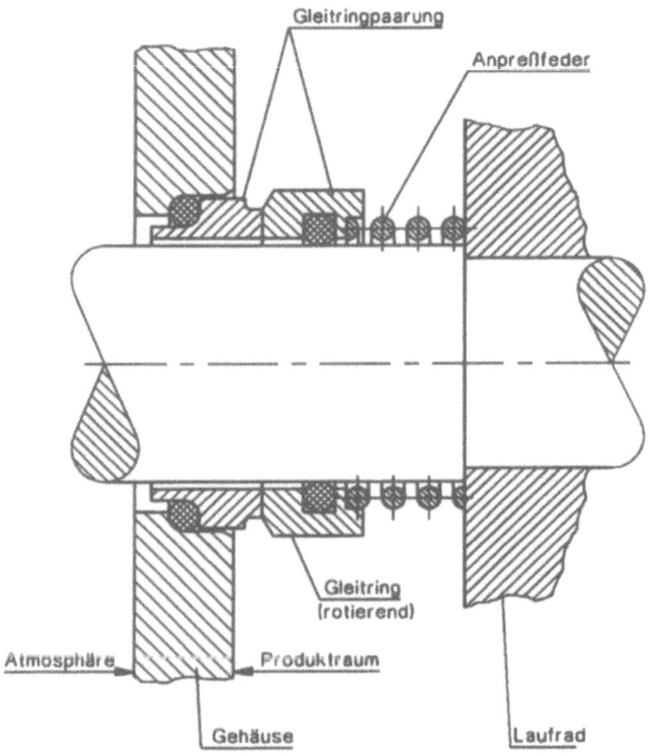

Abb. 7.34   Einfachwirkende Gleitringdichtung Beispiel Pumpe

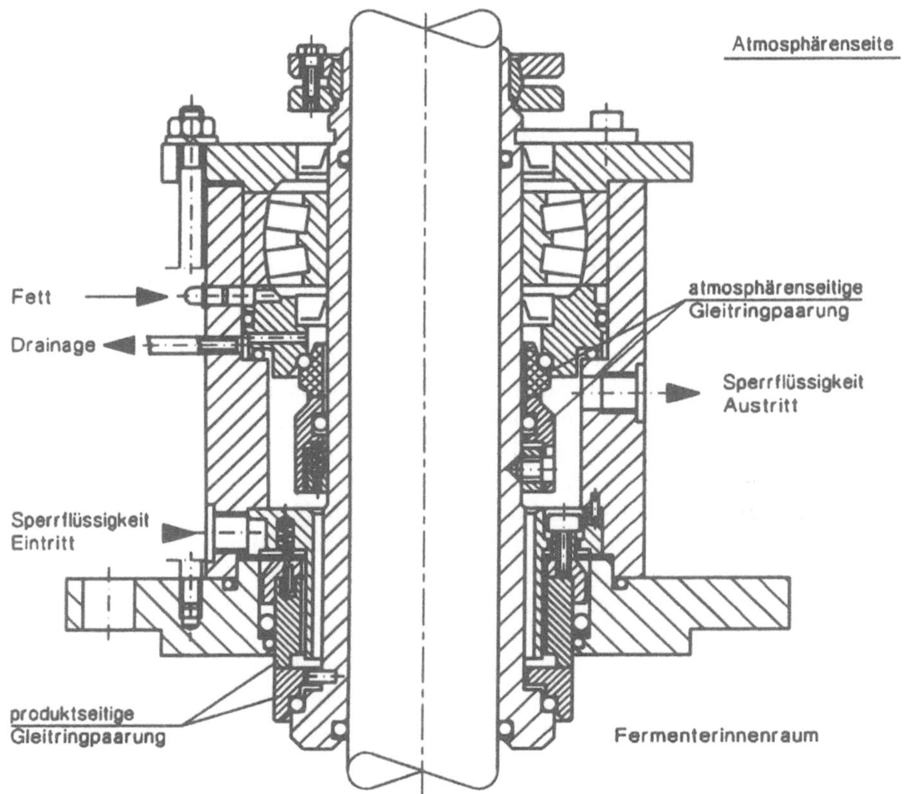

Abb. 7.35   Doppeltwirkende Gleitringdichtung

Gleitring auf dem stationären Sitzring gleitet, ist die Dichtstelle zwischen Produktraum und umgebender Atmosphäre. Der ständige Kontakt beider Flächen, auch im Falle von Vibrationen bzw. Verschleiß durch die Reibung, wird durch die Anpreßfeder erreicht. Der rotierende Gleitring muß also auch axial beweglich sein. Gleit- und Sitzringe sind durch O-Ringe als Sekundärdichtungen mit Welle bzw. dem Gehäuse dicht verbunden. Zwischen Gleit- und Sitzring bildet sich ein dünner Flüssigkeitsfilm, der Trockenlauf, und damit einen zu hohen Verschleiß, verhindert.

In diesem Fall wird er durch die Flüssigkeit im Produktraum selbst gebildet. Bei dieser Dichtung ist also immer eine, wenn auch sehr geringe, Leckage vorhanden.

Zur Einhaltung der Forderung nach einem dichten Containment kann die Gleitringdichtung in doppeltwirkender Ausführung eingesetzt werden (s. Abb. 7.35). Sie stellt den Typ der am meisten eingesetzten Dichtungsarten im Bereich mittlerer bis großer (Einschränkung s. o.) Fermentervolumen dar, auch aus Produktschutzgründen in den unteren Sicherheitsstufen.

Bei der doppeltwirkenden Gleitringdichtung sind zwei Gleitringpaarungen hintereinander angeordnet und bilden einen dazwischen liegenden Raum, der von einer Sperrflüssigkeit durchströmt wird. Dieser Sperrflüssigkeitskreislauf wird unter einen Druck gesetzt, der über dem Fermenterinnendruck liegt, so daß eine Leckage aus dem Fermenter heraus unterbunden ist. Lediglich in den Fermenter hinein gelangen geringe Mengen der Überlagerungsflüssigkeit durch den Dichtspalt, was Produktverträglichkeit mit ihr voraussetzt.

Als Sperrflüssigkeit kommt Kondensat bei normalen Temperaturen oder bei gewünschter inaktivierender Wirkung bei höheren Temperaturen bzw. mit Zusätzen von Desinfektionsmitteln in Frage. Der Sperrflüssigkeitskreislauf dient neben dem Sperren durch den höheren Druck und der Schmierung der Dichtflächen auch der Abfuhr der Reibungswärme. Der Umlauf der Flüssigkeit wird in der Regel durch Wirkung des Thermosyphonprinzips in Gang gehalten, kann in besonderen Fällen aber auch durch eine Pumpe unterstützt werden. Zur Überwachung der Funktionsfähigkeit des Systems werden Druck und Temperatur der Flüssigkeit überwacht.

Die Standzeit der GLRD wird entscheidend durch den Verschleiß der Gleitringe beeinflußt. Durch den Einsatz keramischer Materialien, wie SiC (Siliziumkarbid), konnte sie erheblich gesteigert werden.

Die in Abb. 7.35 dargestellte GLRD ist eine aseptische Konstruktion. Die produktseitige Gleitringpaarung ragt in den Fermenterinnenraum hinein und wird bei der Fermentersterilisation gut vom Dampf erreicht. Auch das Fehlen längerer Spalten auf der Produktseite gestattet gut die Reinigung und Sterilisierung. Die axiale Beweglichkeit der durch Federn angepreßten Ringe kann durch ihre Verlegung in den Sperraum nicht durch Ablagerung von Feststoffen aus der Fermentationsbrühe beeinträchtigt werden. Der schädliche Einfluß von Wellenschwingungen auf die Gleitringdichtung wird durch Integration eines Wellenlagers in unmittelbarer Nähe minimiert.

Bei Einsatz einer doppelten GLRD solcher Konstruktion und bei Verwendung hochverschleißfester Gleitringwerkstoffe dürften für die Entscheidung der oft umstrittenen Frage über die Rührerantriebsanordnung von oben oder unten nur noch andere Punkte als ihre Funktionsfähigkeit entscheiden.

Außer der doppelten GLRD ist für die Stufen 3 und 4 die Magnetkupplung im kleinen bis mittleren Maßstab verfügbar. Für größere Antriebe liegen noch keine Erfahrungen im Fermentationsbereich vor. Das gleiche gilt auch für die Antriebe von Pumpen, wo eine weitere hermetisch dichte Konstruktion mit der Spaltrohrmotorpumpe zur Verfügung steht.

Die zweite geforderte Barriere für den Fall des Versagens der ersten in der Stufe 4 kann durch eine dreifache GLRD mit einem zweiten Sperrkreislauf, der bei Versagen des ersten automatisch aktiviert wird, geschaffen werden. Eine andere Möglichkeit, im Schadensfall an der doppelten GLRD den Austritt von Mikroorganismen zu unterbinden, bestünde in der Anordnung einer aufblasbaren Gummibalgdichtung, eines sogenannten Pneumostops, die sich bei gleichzeitigem Abstellen des Rührwerks dichtend an die Welle anlegt. Beides sind Konstruktionen, die in speziellen Fällen im Bereich der Chemie schon eingesetzt wurden.

7.2.2.8
Wartung und Reparatur

Reparaturarbeiten, verursacht durch den plötzlichen Defekt eines wichtigen, unter Umständen komplizierten Anlagenteils, sind oft sehr zeitaufwendig und schwierig. Die Ausführung dieser Arbeiten wird um so aufwendiger, je höher die Sicherheitsstufe ist. Es empfiehlt sich daher, eine vorbeugende Instandhaltung oder Wartung einzuführen, um plötzliche Ausfälle soweit wie möglich zu reduzieren.

Für alle in einer Fermentationsanlage verwendeten Anlagenteile, angefangen vom Dichtungsmaterial und Sterilfiltern, bis zu den anspruchsvollen Abtrennmaschinen, wie Separatoren, liegt umfangreiches Erfahrungsmaterial vor, welches es ermöglicht, einen Wartungsplan aufzustellen. Dieser erlaubt es dann – in Abstimmung mit dem Betriebsablauf – vorbeugende Maßnahmen, wie z. B. Druckproben, Öl- oder Bauteilwechsel, durchzuführen. Für bestimmte kritische Elemente der Anlage kann durch spezielle Überwachung fortschreitender Verschleiß oder „Ermüdung" rechtzeitig vor dem Versagen festgestellt werden.

Die organisatorischen Maßnahmen müssen auf die jeweilige Sicherheitsstufe abgestimmt werden.

In der Sicherheitsstufe S1 entsprechen diese denen einer normalen Chemieanlage. In die nächsten Stufen S2 und S3 greifen weitergehende Vorschriften. Wartungs- und Reparaturarbeiten dürfen nur mit schriftlicher Erlaubnis, in denen die notwendigen Sicherheitsmaßnahmen festgelegt werden, durchgeführt werden. So sind, bevor die Arbeiten beginnen, alle produktberührten Flächen mit Dampf- oder Desinfektionsmitteln zu inaktivieren. Ferner sind die Beschäftigten über den geplanten Arbeitsvorgang zu unterweisen. Vor dem Befahren eines Behälters muß sich der Aufsichtsführende davon überzeugen, daß alle schriftlich festgelegten Maßnahmen getroffen sind.

In der Sicherheitsstufe 4 tritt insofern noch eine Verschärfung hinzu, als alle Arbeiten nur unter sachkundiger Aufsicht durchgeführt werden dürfen. Die Arbeitserlaubnis ist nur auf einen Arbeitsvorgang beschränkt. Zur weiteren Absicherung der Beschäftigten müssen fremdbelüftete Vollschutzanzüge vorhanden sein.

7.2.3
Ausführung der Anlagen
(Apparatur und Gebäude) für die Sicherheitsstufen S1 – S4

Zusätzlich zu den Maßnahmen an der Apparatur (Primärcontainment) sind solche am Gebäude, die in Stufe 4 bis zu einem kompletten Sekundärcontainment führen, erforderlich, um

- die Einhaltung organisatorischer Maßnahmen für einen kontrollierten Betrieb der Anlage (Zugangsregelung/-beschränkung; Erlaubnis für Wartungs-/Reparaturarbeiten usw.) zu gewährleisten,
- die Reinigung und Dekontamination im Falle von Leckagen sicher zu ermöglichen,

- die weitere Ausbreitung im Arbeitsbereich innerhalb der Anlage zu beschränken und
- den Austritt in die Umgebung außerhalb der Anlage zu begrenzen bzw. ganz zu verhindern.

In den Abb. 7.36, 7.37, 7.38 und 7.39 sind beispielhaft die erforderlichen Maßnahmen zusammengefaßt.

Sicherheitsstufe 1 (Abb. 7.36)

Die Anlage ist in einem abgegrenzten Gebäudebereich installiert, wobei das zugehörige Impfmediumlabor auch getrennt an einer anderen Stelle angeordnet werden kann, da der Transport des Impfmaterials ungefährlich ist. Die bauliche Ausführung und die Be- und Entlüftung muß der Arbeitsstättenverordnung entsprechen, wobei darauf Wert zu legen ist, daß Wände, Fußböden und Fenster so ausgeführt werden, daß sie leicht zu reinigen sind. Die Zugangserlaubnis zum Betrieb entspricht der einer normalen Chemieanlage. Das Abwasser wird der biologischen Kläranlage zugeführt.

An die Apparate werden die normalen Sicherheitsanforderungen des Chemieanlagenbaus gestellt. Als Wellenabdichtung des Rührwerks genügt eine Stopfbuchse. Der Fermenter wird nur zu 80 % gefüllt gefahren und besitzt eine Schaumüberwachung und -kontrolle durch Zugabe von Antischaummittel. Hierdurch wird verhindert, daß größere Mengen von biologischem Material über das Abluftrohr austreten. Die Abluft selbst wird ohne besondere Behandlung an die Umgebung abgegeben.

Auch für die Beimpfung und Probenahme genügen einfache Armaturen.

Sicherheitsstufe 2 (Abb. 7.37)

Der Gebäudeteil oder das Gebäude ist soweit von anderen Einrichtungen abgegrenzt, daß nur ein kontrollierter Zugang mit Erlaubnis möglich ist. Der Arbeitsbereich ist mit dem Warnzeichen „Biogefährdung" gekennzeichnet. Die Ausführung des Gebäudes und der Räume hinsichtlich Wände, Decken, Fußböden u. Belüftung entspricht der Sicherheitsstufe 1. Auch das Impfmedium- und Kontrollabor kann getrennt vom Betriebsbereich aufgebaut werden. Es sollte aber darauf geachtet werden, daß Impfmedium- und Probeflaschen geschützt transportiert werden.

Kontaminiertes Abwasser wird gesammelt und vor der Abgabe zur biologischen Abwasserreinigung inaktiviert.

Etwa austretendes biologisches Material aus der Apparatur wird in entsprechend angeordneten Wannen aufgefangen und durch Dampf oder Desinfektionsmittel inaktiviert. Desinfektionsmittel muß in ausreichender und gut zugänglicher Menge vorhanden sein.

Die Abluft des Fermenters wird zusätzlich über einen Zentrifugalabscheider geführt, um den Austritt von biologischem Material zu reduzieren. Die Wellendurchführungen der Rührwerke werden durch eine einfach wirkende Gleitringdichtung gesichert.

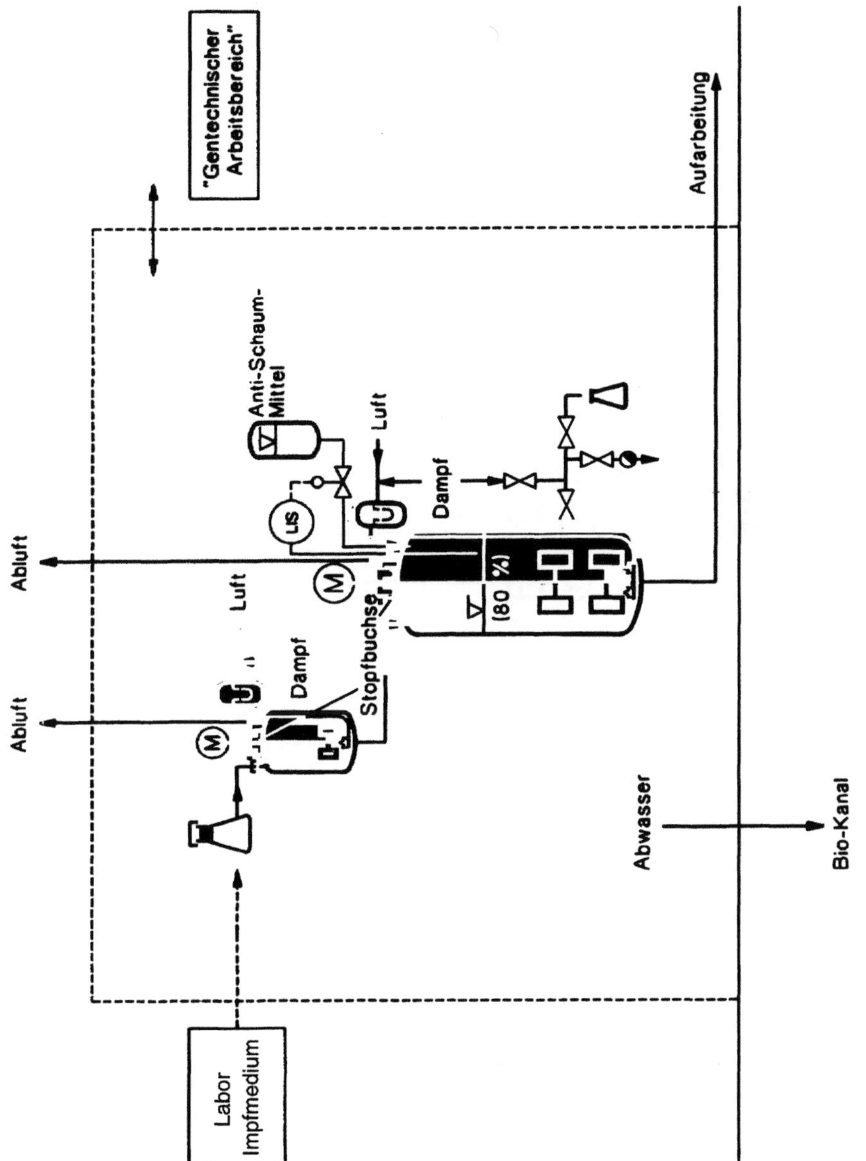

Abb. 7.36 Zusammenstellung von Maßnahmen der Sicherheitsstufe 1

Die Armaturen für den Impf- und Probenahmevorgang verhindern bei sachgerechter Bedienung, daß der Beschäftigte mit biologischen Agenzien in Berührung kommt.

Die Kulturlösung wird vor der Aufarbeitung durch Zugabe von Desinfektionsmittel inaktiviert, wobei eine durch Zeit und Konzentration des Desinfektionsmittels bestimmte Verriegelung vorgesehen ist.

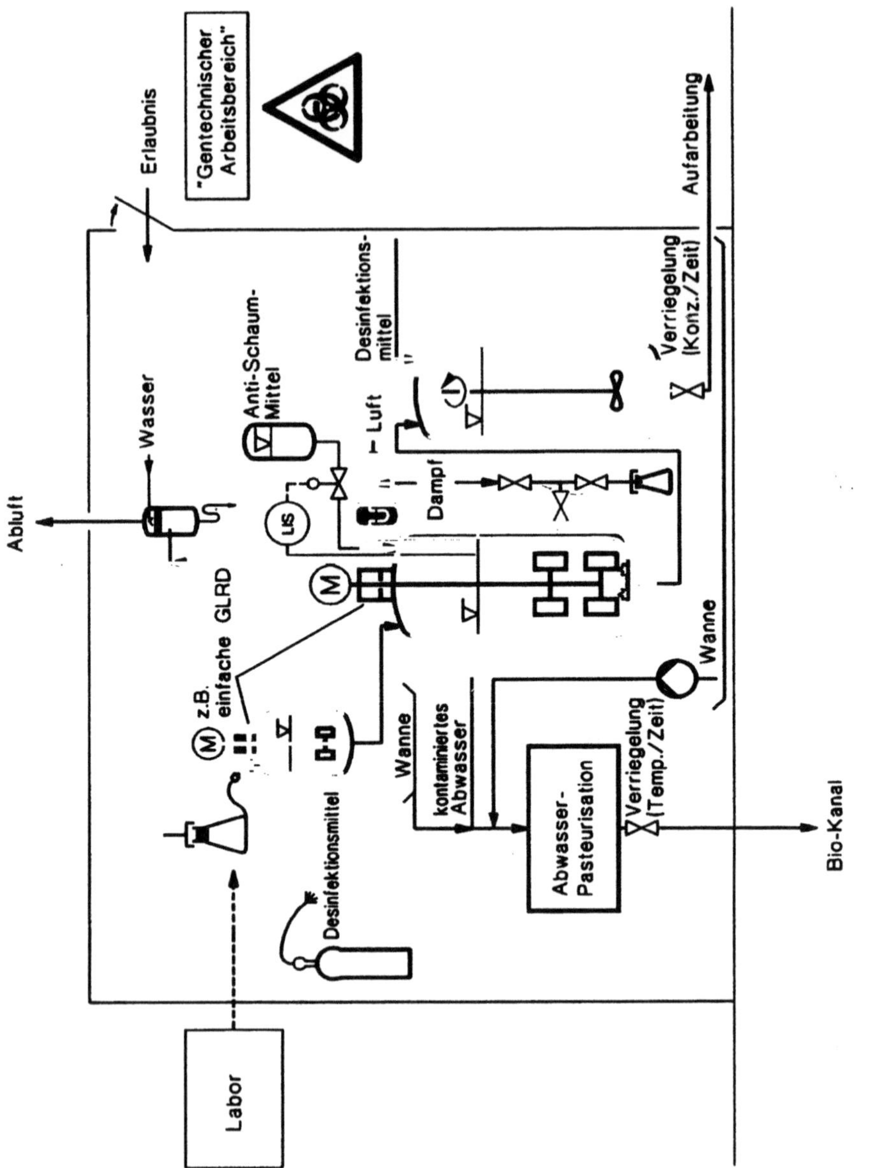

Abb. 7.37   Zusammenstellung von Maßnahmen der Sicherheitsstufe 2

Sicherheitsstufe 3 (Abb. 7.38)

Das Gebäude ist nur über eine Schleuse mit Dusche und Waschbecken zu betreten. Das Impfmedium- und Kontrollabor ist innerhalb dieses Gebäudes angeordnet. Material wird über eine Warenschleuse in den Sicherheitsbereich
gebracht. Vor der Ausschleusung werden die Teile autoklaviert. Das Gebäude

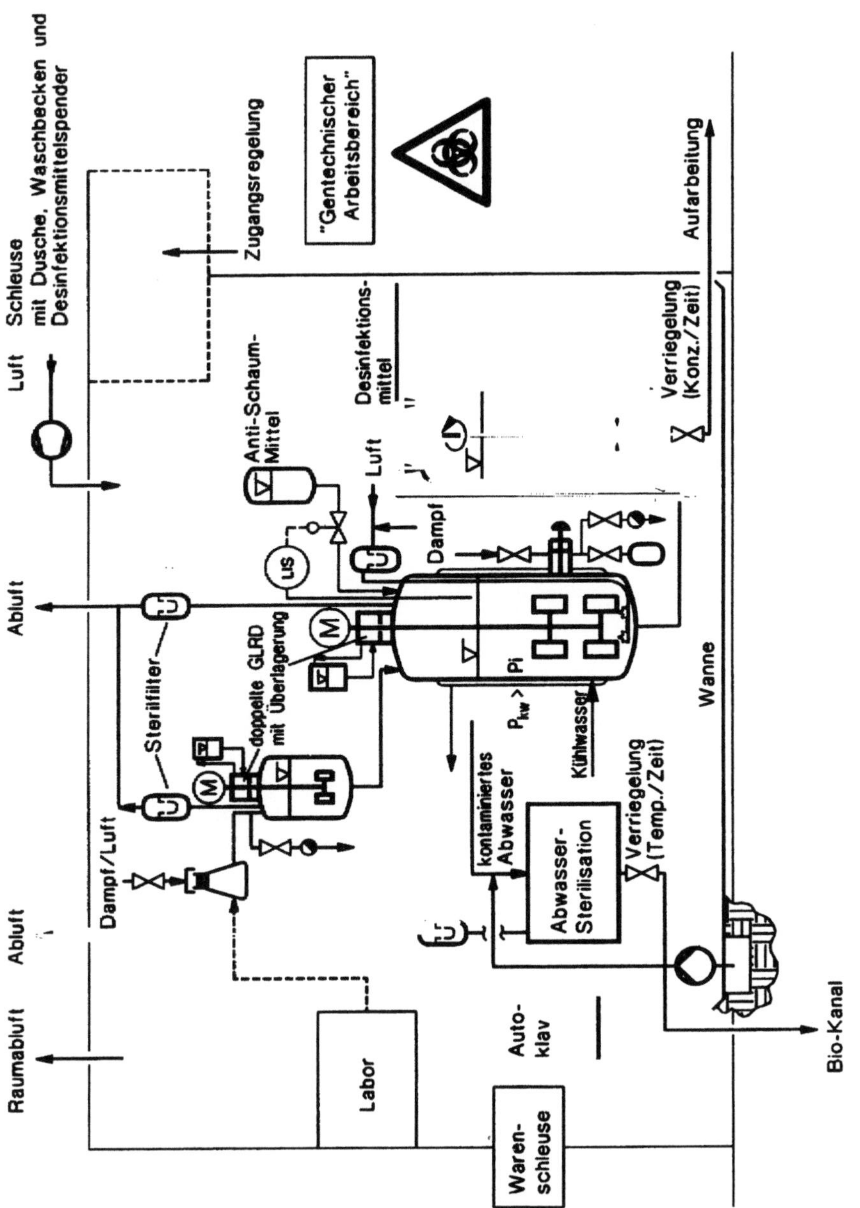

Abb. 7.38 Zusammenstellung von Maßnahmen der Sicherheitsstufe 3

besitzt eine technische Lüftung, wobei die Luft nicht filtriert wird. Das kontaminierte Abwasser wird vor Abgabe in den Biokanal sterilisiert. Die gesamte Apparatur muß so ausgebildet sein, daß im betriebsmäßigem Zustand keine lebenden Organismen austreten können. So ist die Wellendurchführung des Rührwerkes mit einer doppeltwirkenden Gleitringdichtung mit Sperrkreislauf ausgerüstet.

Die Armaturen für den Impf- und Probenahmenvorgang verhindern, daß das Personal mit lebenden Organismen in Berührung kommt. Die Abluft der Fermenter wird über Sterilfilter geführt. Es werden Vorrichtungen vorgesehen, z. B. eine Wanne, die bei unkontrolliertem Austritt die größte zusammenhängende Menge auffangen kann.

In der GenTSV werden Maßnahmen zur Absicherung des Kühlwassersystems gefordert. Eine technische Lösung wäre z. B., den Kühlwasserdruck höher als den Fermenterinnendruck einzustellen.

Sicherheitsstufe 4 (Abb. 7.39)

Das Gebäude kann nur über eine 3-Kammerschleuse mit Kleiderwechsel betreten werden. Es besitzt eine Lüftung, wobei sowohl die Zu- als auch die Abluft über doppelt angeordnete HEPA-Filter geführt wird. Der Betriebsraum und die drei Kammern der Schleuse werden unter gestaffeltem Unterdruck gehalten.

Fenster, Wände, Decken und Fußböden müssen nach außen dicht sein. Die Apparatur ist so konstruiert, daß die Beschäftigten und die Umwelt auch beim nichtbestimmungsgemäßen Betrieb nicht mit lebenden Organismen in Berührung kommen. Die Abluft des Fermenters wird daher über zwei hintereinander geschaltete Sterilfilter geführt, für den Impf- und Probenahmevorgang ist eine zweite Barriere, z. B. eine Laminar Flow (LF-)Einheit, eingebaut.

Abwasserbehandlung

Abwässer aus biotechnischen Anlagen, die lebende Mikroorganismen mit Gefährdungspotential enthalten können, dürfen erst nach geeigneten Inaktivierungs- bzw. Sterilisierungsmaßnahmen aus der Anlage entlassen werden. In der Sicherheitsstufe 1 ist auch im Falle gentechnischer Arbeiten keine Abwasserbehandlung erforderlich, da kein Gefährdungspotential vorliegt.

Andere Anforderungen an die Abwasserentsorgung, wie Grenzwerte für bestimmte Stoffe, bleiben bestehen. In der Anlage können mit Mikroorganismen kontaminierte Abwässer anfallen bei der Fermenterreinigung, aus den Dampfsiegelungen der Armaturen am Fermenter und der Entwässerung von Abluftfiltern (s. Abb. 7.7), Leckagen und im Falle der Aufarbeitung mit nicht abgetöteten Organismen aus diesen Stufen. Abwässer aus Duschen und Handwascheinrichtungen sind in der Stufe 3 gegebenenfalls und in Stufe 4 immer, wie auch alle anderen Abwässer, zu behandeln.

Die Abwasserbehandlung kann mit chemischen oder physikalischen Mitteln erfolgen. Bevorzugt eingesetzt wird die thermische. Nach § 13 GenTSV sind hierfür die Bedingungen 121 °C für die Dauer von 20 Minuten, für besonders thermostabile Keime 134 °C, zum Sterilisieren vorgeschrieben.

In der Sicherheitsstufe 2 können die Inaktivierungsbedingungen auch niedriger angesetzt werden, wenn durch eine Kinetik nachgewiesen wird, daß die Inaktivierungskurve mindestens die „Nullinie" schneidet. Gemeint ist die Linie mit dem Exponent „0" zur zehn, (also 10^0) in der üblichen logarithmischen Auftragung.

Zur Sterilisation des Abwassers werden zwei unterschiedliche Systeme verwendet, die diskontinuierliche und kontinuierliche Apparatur.

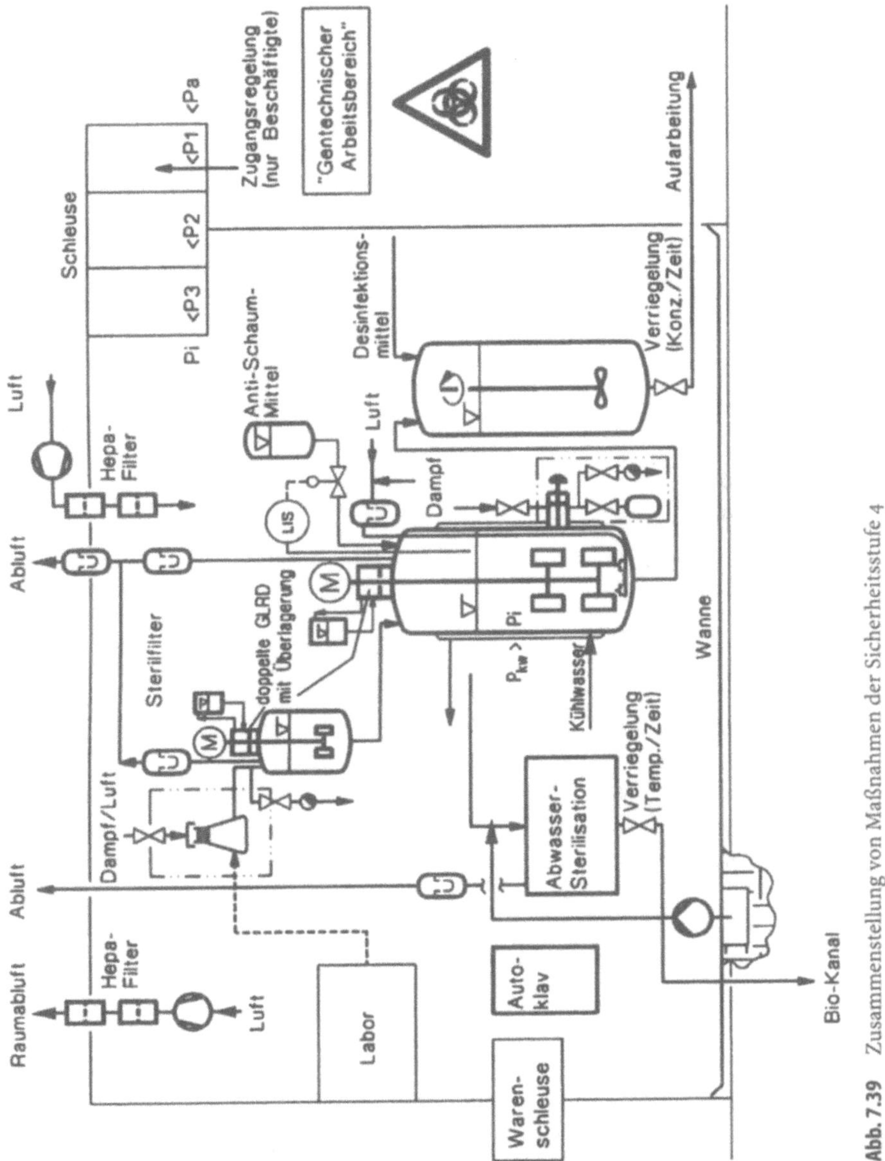

Abb. 7.39 Zusammenstellung von Maßnahmen der Sicherheitsstufe 4

Die diskontinuierliche (s. Abb. 7.40) wird bevorzugt, wenn kleine Mengen unregelmäßig anfallen. Es werden zwei Rührbehälter benötigt, die im Wechsel arbeiten. In einem Behälter wird das Abwasser gesammelt, während im zweiten durch Abfahren eines Temperaturzeitprogramms sterilisiert wird.

Die kontinuierliche Apparatur (s. Abb. 7.41) empfiehlt sich dann, wenn gleichmäßig Abwasserströme anfallen, z. B. wenn bei Verwendung von Separatoren die abfließende Flüssigkeit sterilisiert werden muß.

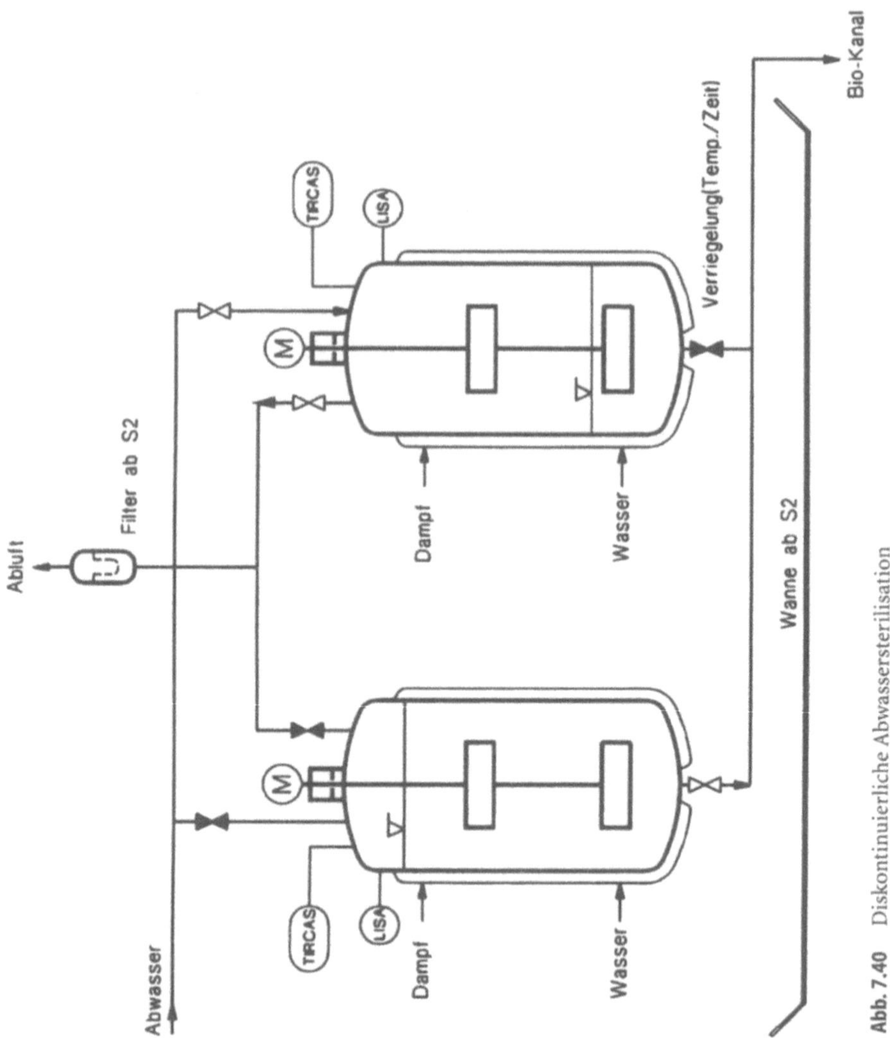

Abb. 7.40   Diskontinuierliche Abwassersterilisation

Das Abwasser wird im Wärmetauscher durch das sterilisierte Abwasser
erwärmt und anschließend durch Dampf direkt oder indirekt auf Sterilisationstemperatur gebracht. Die direkte Erwärmung hat den Nachteil, daß die
Abwassermenge durch den kondensierten Dampf erhöht wird, allerdings den
Vorteil der einfachen Apparatur.

Der Erwärmung nachgeschaltet ist eine Verweilzeitstrecke, die temperatur-
überwacht ist. Ist die Temperatur nicht ausreichend, wird auf Kreislauf in den
Stapeltank zurückgeschaltet.

Da in diesen Abwasseranlagen lebende Organismen behandelt werden, müssen für die technische Ausführung dieser Apparatur die gleichen Bedingungen
eingehalten werden wie für die Fermentationsanlage.

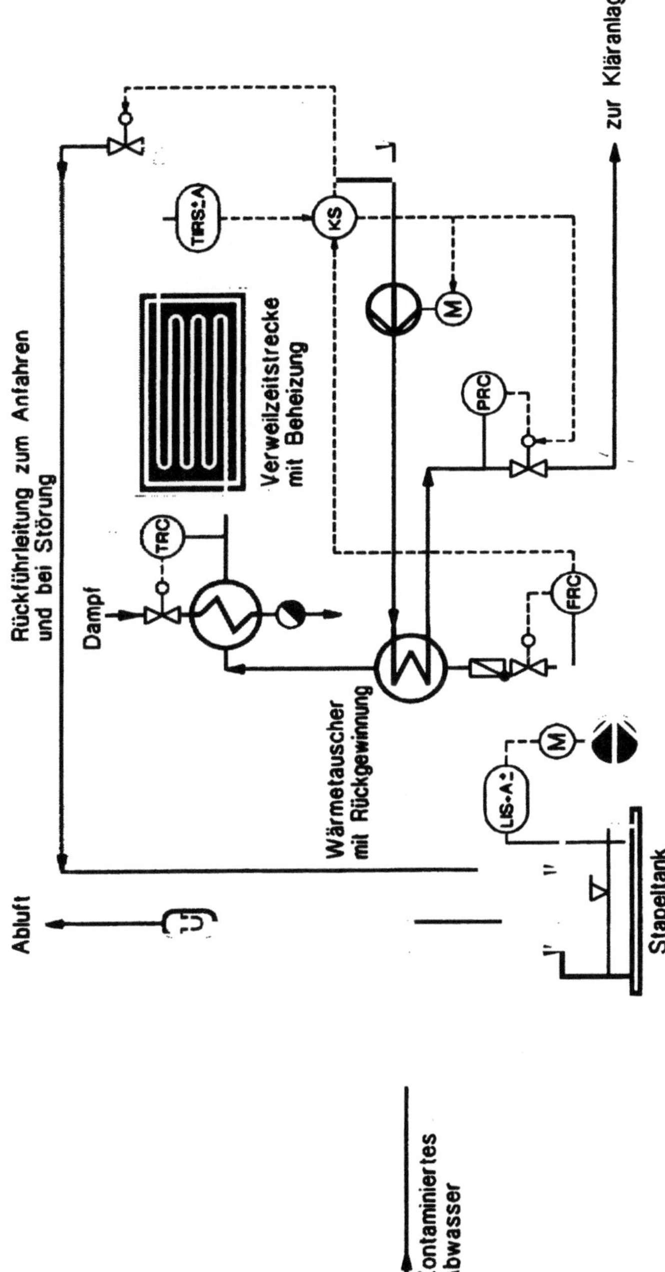

Abb. 7.41 Kontinuierliche Abwassersterilisation

7.2.4
Notfallmaßnahmen

7.2.4.1
Energieausfall

Der Stromausfall hat die am weitest reichenden Folgen, weil er früher oder später den Ausfall aller anderen Energien wie Kühlwasser, Instrumentenluft, Dampf und Brutluft, nach sich zieht. Die Anlagen müssen in diesem Fall, wie auch beim Ausfall von Instrumentenluft, in Sicherheitsstellung gehen. Sämtliche Armaturen in Ein- und Ausgängen des Containments müssen schließen.

Die Installation einer Notstromversorgung wird nur für die Sicherheitsstufe 4 zur Aufrechterhaltung des Lüftungssystems, d.h. des Unterdruckes im Sicherheitsbereich, gefordert.

Eine weitergehende Stromversorgung, wie die der Rührwerke und Pumpen, kann aus wirtschaftlichen Gründen sinnvoll sein.

Bei Dampfausfall versagen alle Hitzesterilisationsmaßnahmen, z.B. für Substratnachgaben und Abwasser sowie die Dampfsiegelungen am Containment. Der Prozeß kann nur solange aufrechterhalten werden, bis das Stapelvolumen für das Abwasser gefüllt ist. In der Sicherheitsstufe 3 und 4 sollte die Anlage abgefahren werden. Brutluft- und Kühlwasserausfall haben keine sicherheitstechnische Relevanz.

7.2.4.2
Fallstudien

In den folgenden Tabellen 7.3 bis 7.7 sind Fälle des nichtbestimmungsgemäßen Betriebes aufgeführt, die auftreten können und auf die durch technische oder organisatorische Maßnahmen reagiert werden muß. Diese Maßnahmen sind aufgelistet und entsprechend den Sicherheitsstufen geordnet.

Tabelle 7.3   Maßnahmen zur Beseitigung von Kontaminationen mit biologischen Agenzien

Maßnahmen	In Stufe			
– Beschäftigte verlassen den Leckagebereich	–	–	3	4
– Raum-Zu- u. Abluft abstellen	–	–	3	–
– Körperschutzmittel verwenden	–	2	3	4
– Vollschutzanzüge mit Fremdbelüftung	–	–	–	4
– evtl. Maßnahmen zur Eindämmung der Leckage	1	2	3	4
– Desinfektionsmittel aufsprühen	–	2	3	4
– Leckage in Abwassersterilisation pumpen (bei größeren Mengen)	–	2	3	4
– Abgabe in die Kläranlage	1	–	–	–
(nach Sicherstellung der Inaktivierung)	–	2	3	4
– Desinfektion des Arbeitsbereiches	–	2	3	4
– Raumdesinfektion, z.B. mit Formalingas	–	–	3	4
– Kleider wechseln	–	2	3	4
– Kleider desinfizieren, autoklavieren	–	2	3	4

Tabelle 7.4 Maßnahmen zur Beseitigung von Kontaminationen eines Beschäftigten mit biologischen Agenzien

Maßnahmen	In Stufe			
– Arbeit unterbrechen	1	2	3	4
– kontaminierte Kleider ausziehen	1	2	3	4
– *Gesamte* Kleidung ablegen	–	–	3	4
– Kleider mit Desinfektionsmittel besprühen, in Beutel einschließen und autoklavieren	–	2	3	4
– Kontaminierte Körperoberfläche desinfizieren (z. B. mit Dodigen 2 %ig oder Desinfektionsseife)	–	2	3	4
– Duschen	–	–	3	4
Bei zusätzlichen Verletzungen:				
– Arzt herbeirufen	1	2	3	4
– Erste Hilfe: Wunddesinfektion (z. B. mit Betaisodona-Lösung)	–	2	3	4

Tabelle 7.5 Maßnahmen am Fermenter bei undichter Probeentnahme

Maßnahmen	In Stufe			
1. Fermentation *weiterführen*	1	2	–	–
– versuchen, Leck abzudichten (Bandage o. ä.)	1	2	–	–
– Leckage gezielt auffangen	1	2	–	–
– desinfizieren bzw. sterilisieren	–	2	–	–
2. Fermentation *abbrechen*	–	–	3	4
bei fortgesetzter großer Leckage	1	3	–	–
– von Druck entlasten	1	2	3	4
– Fermenter mit Inhalt chemisch desinfizieren oder ins Abtötegefäß pumpen	–	2	3	4
– Kontamination beseitigen	1	2	3	4

Tabelle 7.6 Maßnahmen am Fermenter bei Schaden an der Rührwellendichtung

Maßnahmen	In Stufe [a]			
1. Fermentation *weiterführen*	1	–	–	–
– Stopfbuchse nachziehen/reparieren	1	–	–	–
2. Fermentation *abbrechen*	–	2	3	4
– Rührer abstellen	1	2	3	4
– Belüftung und Druck wegnehmen	1	2	3	4
– Sicherheitsdichtung aktivieren (3fache GLRD oder Pneumostop)	–	–	–	4
– Fermenter mit Inhalt aktivieren (chemisch desinfizieren)	1	2	3	4
3. Kontamination beseitigen	1	2	3	4

[a] Abhängig von Art der Dichtung

Tabelle 7.7 Maßnahmen am Fermenter bei Schaumaustritt

Maßnahmen	In Stufe[a]			
1. Fermentation *weiterführen*	1	2	–	–
– Schäumen bekämpfen:	1	2	–	–
Luft, Drehzahl und Substratdosierung reduzieren,				
Antischaummittelzugabe erhöhen				
2. Fermentation *abbrechen*	–	–	3	4
bei fortgesetztem Schaum	1	2	–	–
– Zu- und Abluftventil schließen	1	2	3	4
– Fermenter sterilisieren (pasteurisieren)	1	2	3	4
– Abluftsystem sterilisieren oder chemisch desinfizieren	–	2	3	4
– reinigen	1	2	3	4
– Filter austauschen	–	–	3	4

[a] Abhängig von Ausführung des Abluftsystems

Abhängig vom Typ der Anlage bzw. des Verfahrens sind ähnliche oder andere mögliche Schwachstellen denkbar. Für diese sind dann Maßnahmen in ähnlicher Weise zur Behebung oder Begrenzung der Kontamination im voraus zu überlegen und in der Betriebsanweisung festzulegen.

Literaturhinweise

1. Berufsgenossenschaft der chemischen Industrie (1993) Merkblatt B 003 „Sichere Biotechnologie: Betrieb", Heidelberg
2. Bundesminister für Forschung und Technologie (Hrsg) (1986) Richtlinien zum Schutz vor Gefahren durch In-vitro-neukombinierte Nukleinsäuren, 5. Aufl
3. Recombinant DNA Safety Considerations (1986) Paris Cedex, OECD (ISBN 92-64-12857)
4. Präve P, Faust U, Sittig W, Sukatsch DA (1982) Handbuch der Biotechnologie. Akademische Verlagsgesellschaft, Wiesbaden
5. Sittig W, Heine H (1977) Erfahrungen mit großtechnisch eingesetzten Bioreaktoren. CIT 49:8
6. Crueger W, Krämer P, Präve P (Hrsg) (1987) Steriles Arbeiten in der Biotechnik Dechema-Symposium, 7.–9. Dezember
7. Schnepple H, Trösch W (1991) How to charakterize construction principles referring to sterility. In: Reuss M, Chmiel H, Gilles E-D, Knackmuss H-J (Hrsg). Biochemical Engineering. Fischer, Stuttgart
8. Franz G, Wilke S, Wetzel U (1990) Neue Erkenntnisse zum Zeitverhalten von Dichtungen in Flanschverbindungen. Chemie-Technik, 19. Jg, Nr 12
9. Beyeler W (1987) Bau und Einsatz von Sensoren. In: [6]
10. Weiß H (1990) Dichtungen für die chemische Industrie. Chemie-Technik, 19. Jg, Nr 12
11. Wallhäuser KH (1986) Praxis der Sterilisation-Desinfektion-Konservierung, 4. Aufl, Thieme, Stuttgart
12. Crueger W: Betriebserfahrungen und -Anforderungen in der Biotechnologie. In: [6]
13. Storhas W (1989) Entsorgung und ökologische Aspekte. Vortrag während des DECHEMA-Kurses „Sicherheit in der Biotechnologie" Stufe II, GBF Braunschweig
14. Svensson R (1987) Continuous Media Sterilisation in Biotechnical Fermentation. In [6]
15. Präve P, Krämer P, Crueger W, Deckwer W-D (1991) Standardisierungs- und Ausrüstungsempfehlungen für Bioreaktoren und periphere Einrichtungen. Dechema-Studie zur Forschung und Entwicklung, Dechema, Frankfurt am Main
16. Kessler HG (1988) Lebensmittel- und Bioverfahrenstechnik. Kessler, Freising

KAPITEL 8

Muster-Betriebsanweisungen und Hygienepläne

H.-G. Heidrich

8.1
Einleitung

Diese Muster-Betriebsanweisungen sind als Beispiele gedacht. Sie müssen nach den jeweiligen Bedingungen durch den zuständigen Projektleiter betriebsspezifisch abgeändert werden.

Unumgängliche betriebsspezifische Angaben sind im Text unterstrichen. Sie müssen entweder entfernt, ausgefüllt oder abgeändert werden.

Die in der rechten Spalte gerastert aufgeführten Ausführungen sollen nur der Hintergrundinformation dienen und dürfen aus Gründen der Übersichtlichkeit nicht in den endgültigen Text der Betriebsanweisung aufgenommen werden; eine Betriebsanweisung sollte so kurz und klar wie nur möglich sein.

Alle im betreffenden Bereich Tätigen müssen in die Details der Betriebsanweisung eingewiesen werden.

Im folgenden wird nur auf die am häufigsten verwendeten Betriebsanweisungen, nämlich für Laborbereiche S1 und S2, Tierhaltungsräume S1 und Gewächshäuser S1 eingegangen. In diesen Betriebsanweisungen ist die Änderung der Gentechnik-Sicherheitsverordnung (GenTSV) vom 22. 03. 1995 berücksichtigt.

8.2
Betriebsanweisung und Benutzerordnung für Labors
der Sicherheitsstufe 1

8.2.1
Betriebsanweisung – Benutzerordnung für den Laborbereich ../...
Sicherheitsstufe S1

1 Geltungsbereich

Das Labor (die gentechnische Anlage) ist für gentechnische Arbeiten vorgesehen, die unter die Sicherheitsstufe S1 (kein Risiko für die menschliche Gesundheit und die Umwelt) fallen. <u>Wenn notwendig, legt der zuständige Projektleiter weitergehende betriebsspezifische Maßnahmen fest.</u>

2 Gesetzes- und Vorschriftengrundlagen

- GenTG § 7
- GenTSV §§ 8, 9, 12 und Anhang III
- Unfallverhütungsvorschrift der Berufsgenossenschaft Chemie, Abschnitt 31 (Biotechnologie VBG 102) vom 01. 01. 1988
- DIN 58 956 Medizinisch-mikrobiologische Laboratorien

3 Anmeldung der gentechnischen S1-Anlage und der erstmaligen gentechnischen Arbeiten

Weitere gentechnische Arbeiten im Laborbereich ../...

Vor Aufnahme von Arbeiten ist eine Risikobewertung (Bestimmung des Gefährdungspotentials) für die geplante gentechnische Arbeit vorzunehmen, aus der sich die erforderliche Sicherheitsstufe 1 der gentechnischen Anlage ergibt (GenTG §§ 6, 7; GenTSV §§ 5, 7 und Anhang II).

Die erforderliche Anmeldung der S1-Anlage und der darin erstmalig vorgesehenen gentechnischen Arbeiten sind vor Aufnahme der Arbeiten durchzuführen. Letztere können 3 Monate nach der Eingangsbestätigung der Anmeldung aufgenommen werden, falls die Behörde nicht mehr reagiert hat. Beachten Sie die Möglichkeit für kürzere Fristen gemäß GenTG § 12 Abs. 7. Anfragen nach Ergänzungen von seiten der zuständigen Behörden unterbrechen die laufende Frist.

Der Beginn weiterer S1-Arbeiten in der genehmigten S1-Anlage bedarf keiner Anmeldung oder Genehmigung, aber der betriebsinternen Aufzeichnung (siehe 4.5).

Die Daten der Anmeldung, oder auch das Datum einer vorzeitigen Anlagengenehmigung, einer Teilgenehmigung, oder auch Daten von evtl. Nachforderungen von Unterlagen durch die Behörde (d. h. eine Fristenunterbrechung!) sollten in der Betriebsanweisung an dieser Stelle angegeben werden (Behörde, Datum, AZ, Projektnummer, etc.).

Die Verfügbarkeit dieser Daten ist bei einer Begehung sehr erwünscht.

4 Betrieb des Laborbereiches ../...

Kennzeichnungsregelung

„S1" und „Genlabor". Kein Biogefährdungs-Schild! Es besteht für eine gentechnische Anlage der Sicherheitsstufe 1 auch keine Zugangsregelung.

Verwendete biologische Agenzien

Hier sollten die in diesem Bereich verwendeten Organismen angegeben werden.

Gefahren für Mensch und Umwelt

In diesem Bereich wird nur mit biologischem Material ohne Gefährdungspotential umgegangen.

Regeln für sicheres Arbeiten

- Türen oder Fenster der Arbeitsräume sollen während der Arbeiten geschlossen sein.
- In den Arbeitsräumen darf nicht getrunken, gegessen oder geraucht werden. Nahrungsmittel und Tabakwaren dürfen im Laboratorium nur so aufbewahrt werden, daß sie mit gentechnisch veränderten Organismen nicht in Berührung kommen.
- Laborkittel oder andere Schutzkleidung (welche) müssen im Arbeitsraum getragen werden.
- Mundpipettieren ist untersagt, mechanische Pipettierhilfen sind zu benutzen.
- Spritzen und Kanülen sollen nur, wenn unbedingt nötig, benutzt und in besonderen Gefäßen gesammelt werden (in welchen).
- Bei allen Manipulationen muß darauf geachtet werden, daß keine vermeidbaren Aerosole auftreten (z. B. gewisse Arbeiten in einer Sicherheitswerkbank vorschreiben).
- Wird biologisches Material verschüttet, muß der kontaminierte Bereich desinfiziert werden (womit, in welcher Konzentration).
- Nach Beendigung der Tätigkeiten sind alle Arbeitsflächen zu desinfizieren (womit, in welcher Konzentration).
- Nach Beendigung eines Arbeitsganges und vor Verlassen des Laboratoriums müssen die Hände sorgfältig gewaschen werden [desinfizieren (womit), waschen (womit), nachfetten (womit)].
- Laboratoriumsräume sollen aufgeräumt und sauber gehalten werden. Auf den Arbeitstischen sollen nur die tatsächlich benötigten Geräte und Materialien stehen. Vorräte sollen nur in dafür bereitgestellten Räumen oder Schränken gelagert werden.

- Die Identität der benutzten Mikroorganismen ist regelmäßig zu überprüfen (<u>wie</u>).
- In der Mikrobiologie unerfahrene Mitarbeiter müssen vom Projektleiter über die möglichen Gefahren unterrichtet, sorgfältig angeleitet und die vorschriftsmäßige Ausführung gentechnischer Arbeiten muß überwacht werden.
- Ungeziefer muß, wenn nötig, regelmäßig bekämpft werden (<u>wie, womit</u>).

Aufzeichnungspflicht

> Über die Durchführung aller gentechnischen Arbeiten, besonders von „weiteren gentechnischen Arbeiten", sind Aufzeichnungen (Name, Datum, Beginn, Ende, Art der Arbeiten, Mikroorganismen, besondere Vorkommnisse, Personalwechsel, etc.) zu führen (§ 6 GenTG; GenTAufzV). Die Aufzeichnungen müssen den Anforderungen der GenTAufzV genügen; die Form der Aufzeichnung ist frei. Hilfreich ist das Formblatt Z, besonders dann, wenn es modifiziert und verkürzt wird.

<u>In welcher Form die Aufzeichnungen geführt werden müssen und wo sie aufbewahrt werden (sie müssen bei Begehungen durch die Behörden verfügbar sein!), muß in der Betriebsanweisung geregelt sein.</u>

Hygiene

Schutzkittel müssen vor Verlassen des Labors gewechselt werden. Die Schutzkleidung ist getrennt von der normalen Kleidung aufzubewahren (<u>wo?</u>).

> Ob die Schutzkleidung autoklaviert werden muß, ist betriebsspezifisch zu regeln und in der Betriebsanweisung festzulegen.

Nach Abschluß der Arbeit sind die Hände zu desinfizieren [desinfizieren (<u>womit</u>), waschen (<u>womit</u>), nachfetten (<u>womit</u>)].

Entsorgung

Organismen der Sicherheitsstufe S1 sind nach dem Stand der Wissenschaft in geeigneter Weise unschädlich zu beseitigen.

> Abwasser und Abfall aus Arbeiten der Sicherheitsstufe S1 können eigentlich ohne besondere Vorbehandlung entsorgt werden, wenn bei der Herstellung der GVO als Empfängerorganismen Mikro-

> organismen der Risikogruppe S1 nach Anhang I, Teil A und Vektoren nach §6, Abs. 5 eingesetzt wurden oder wenn Abwasser und Abfall so gering kontaminiert sind, daß schädliche Einwirkungen auf die in §1, Nr. 1 GenTG bezeichneten Rechtsgüter nicht zu erwarten sind oder wenn Tiere oder Pflanzen verwendet werden, von denen ebenfalls solche schädlichen Auswirkungen nicht zu erwarten sind (§13, Abs. 2 GenTSV).
>
> Es empfiehlt sich aber trotzdem, Mikroorganismen durch Autoklavieren bzw. Sterilisieren vor der Entsorgung abzutöten (<u>in welchem Autoklaven, wo</u>). Diese Art der Entsorgung entspricht den „Grundregeln guter mikrobiologischer Technik".
>
> Alle Abwässer und Abfall, auf die §13, Abs. 2 GenTSV keine Anwendung findet, müssen in jedem Fall so inaktiviert werden, daß keine Vermehrungs- und keine Infektionsfähigkeit der GVO mehr vorhanden ist (s. §13 Abs. 3 GenTSV).

<u>In diesem Sinne muß der Absatz „Entsorgung" in der Betriebsanweisung formuliert werden, wobei auch auf die Sammelbehälter für die einzelnen Abfallarten hingewiesen werden muß und auf ihre Kennzeichnung (z. B. flüssige, feste Abfälle, Spritzen, etc.).</u>

5 Stör- und Notfälle

Austreten biologischen Materials

Verschüttetes Material (GVO, Mikroorganismen, Viren u. ä.) muß sofort mit Desinfektionsmitteln (<u>mit welchen</u>) inaktiviert und mit Papiertüchern aufgewischt werden.

Verletzung, Unfall

Soweit möglich, sind Wunden im Rahmen der Erstversorgung zu desinfizieren und zu verbinden.

Notarzt Tel. <u>.....</u>

Betriebsarzt Tel. <u>.....</u>

Ersthelfer Tel. <u>.....</u>

Brand

Die gültigen Notstandspläne des Institutes sind zu befolgen (welche, und wie? oder besser, einen eigenen Notstandsplan aushängen).

> Für die Feuerwehr sind beim Einsatz in S1-Bereichen (auch als Genlabors gekennzeichneten) keine über die bei der üblichen Brandbekämpfung hinausgehenden Schutzmaßnahmen erforderlich.

Feuerwehr Tel. .....

Brandschutzbeauftragter Tel. .....

Anhang A: Arbeiten in der Sicherheitswerkbank

Falls es betriebsspezifische Gründe für das Arbeiten in einer Sicherheitswerkbank geben sollte, müssen diese hier erläutert werden. Dann die Bedienung Ihrer Sicherheitswerkbank kurz beschreiben, z. B.:

Folgende Punkte sind beim Arbeiten mit der Sicherheitswerkbank zu beachten:

- Sicherheitswerkbank ca. 30 min vor Benutzung einschalten
- Warnsignal nicht inaktivieren!
- alle Geräte, die in die Sicherheitswerkbank gebracht werden, vorher reinigen/desinfizieren (womit)
- Luftschlitze in der Sicherheitswerkbank nicht verdecken
- die Sicherheitswerkbank ist kein Abstellplatz, nicht mit Gegenständen überladen (Turbulenzvermeidung)
- Beschädigung der Hosch-Filter vermeiden
- Desinfektionsmittel in evtl. vorhandene Absaugflaschen füllen. Letztere in bruchsicheren Gefäßen aufstellen!
- die Sicherheitswerkbank nach der Arbeit säubern, mit Desinfektionsmittel auswischen (welchem) und UV-Licht einschalten
- Prüfungs- und Servicedaten beachten (Firma, wann, was)!

> Eine solche oder ähnliche Anweisung muß sich an jeder Sicherheitswerkbank befinden!

Anhang B: Autoklavieren zur Entsorgung

> Vorteile des Autoklavierens gegenüber einer chemischen Inaktivierung sind: hohe Zuverlässigkeit, Umweltfreundlichkeit, keine Gesundheitsbelastung (Allergien, Toxizität) für das Personal, geringe Korrosionswirkung auf Gerätschaften und geringe Kosten.

Die Bedienung Ihres Autoklaven kurz beschreiben und zu folgenden Punkten Anweisung geben, z. B.:

- Betriebsbuch mit Eintragungen der einzelnen Autoklavierungen (was, wann, wer)
- Bedienung/Programmwahl
- Inbetriebnahme
- Beladen der Kammer
- Starten des Sterilisationsablaufes
- Entladen der Kammer
- Außerbetriebnahme
- Prüfung des Erfolges der Sterilisation (womit, z. B. Schreiber, Testband mit Thermoindikator, Testampulle)
- Verhalten bei Störung
- Pflege/Instandhaltung (letzte Überprüfung durch TÜV/Sachverständigen, Sachkundigen, Prüfprotokoll)
- Verantwortlich für den Autoklaven ist ......, Tel......
- Servicefirma für den Autoklaven ist ......, Tel......

> Eine solche oder noch genauere Betriebsanweisung muß bei jedem Autoklaven vorhanden sein, ebenso ein Betriebsbuch für die tägliche und die Service-Arbeiten!

8.3
Betriebsanweisung für Labors der Sicherheitsstufe S2

8.3.1
Betriebsanweisung – Benutzerordnung für den Laborbereich ../...
Sicherheitsstufe S2

1 Geltungsbereich

Die gentechnische Anlage ist für gentechnische Arbeiten vorgesehen, die unter die Sicherheitsstufen S1 und S2 fallen. Wenn notwendig, legt der zuständige Projektleiter weitergehende betriebsspezifische Maßnahmen fest.

2 Gesetzes- und Vorschriftengrundlagen

- GenTG§7
- GenTSV §§ 8, 9, 12 und Anhang III
- BSeuchG §19
- Unfallverhütungsvorschrift der Berufsgenossenschaft Chemie, Abschnitt 31 (Biotechnologie VBG 102) vom 01.01.1988
- DIN 58 956 Medizinisch-mikrobiologische Laboratorien

3 Genehmigung der gentechnischen S2-Anlage und der erstmaligen gentechnischen Arbeiten

Anmeldung weiterer gentechnischer Arbeiten im Laborbereich ../.

Vor Aufnahme von Arbeiten ist eine Risikobewertung (Bestimmung des Gefährdungspotentials) für die geplanten gentechnischen Arbeiten vorzunehmen, aus der sich die erforderliche maximale Sicherheitsstufe 2 der gentechnischen Anlage ergibt (GenTG §§ 6, 7; GenTSV §§ 5, 7 und Anhang II). In der genehmigten S2-Anlage dürfen auch gentechnische Arbeiten der Sicherheitsstufe S1 durchgeführt werden.

Die erforderliche Genehmigung der S2-Anlage und der darin durchzuführenden erstmaligen gentechnischen Arbeiten in der Sicherheitsstufe S2 ist vor Aufnahme der Arbeiten einzuholen. Diese Arbeiten dürfen erst nach Erteilung der Genehmigung der Anlage und für ihren Betrieb beginnen, die spätestens 3 Monate nach Antragstellung schriftlich erfolgen muß, es sei denn, die Frist verlängert sich wegen Anfragen der Behörde nach ergänzenden

Unterlagen. Beachten Sie die Möglichkeit für eine Verkürzung der Genehmigungsfrist gemäß GenTG §11 Abs. 6.

Alle weiteren Arbeiten der Sicherheitsstufe 2, die in der S2-Anlage zu Forschungszwecken durchgeführt werden sollen, müssen 2 Monate vor Beginn der Arbeiten angemeldet werden (GenTG §9). Beachten Sie die Möglichkeit für kürzere Fristen gemäß GenTG §12 Abs. 8. Weitere Arbeiten in der Sicherheitsstufe 2 müssen, wie alle gentechnischen Arbeiten, gemäß GenTAufzV betriebsintern aufgezeichnet werden.

Die Daten der Genehmigung oder Anmeldung, einer Teilgenehmigung, oder auch Daten von evtl. Nachforderungen von Unterlagen durch die Behörde (Fristenunterbrechung!), sollten in der Betriebsanweisung an dieser Stelle angegeben werden (Behörde, Datum, AZ, Projektnummer, etc.).

Die Verfügbarkeit dieser Daten ist bei einer Begehung sehr erwünscht.

4 Betrieb des Laborbereiches ../...

Kennzeichnung und Zugangsregelung

„S2", „Biogefährdung", „Genlabor" und „Zutritt nur mit Erlaubnis des zuständigen Laborleiters oder dessen Stellvertreters".

In einigen Bundesländern fordert die Feuerwehr die Kennzeichnung „S2" und „Biogefährdung" als Prägeschild aus Metall/Blech.

Besucher/Servicepersonal dürfen nur mit fachkundiger Begleitung und nach Aufklärung über bestehendes Gefährdungspotential die Laboratorien betreten.

Verwendete biologische Agenzien

Hier sollten die in diesem Bereich verwendeten Organismen angegeben werden, evtl. auch Nucleinsäuren mit Gefährdungspotential (z. B. mit onkogenem Potential)

Gefahren für Mensch und Umwelt

Hier sind die Gefahren beim Umgang mit den unter 4.3 beschriebenen Agenzien zu beschreiben, sowie evtl. Infektionsrisiken und entsprechende Impfprophylaxen, evtl. toxische Wirkungen mit dagegen existierenden medikamentösen Behandlungsmöglichkeiten. Stellung zu nehmen ist hier auch zu Gefahren für einzelne Personengruppen, z. B. für Schwangere, für Mitarbeiter mit Immundefekten. Hinweise auf evtl. Tier- und Pflanzenpathogenität sind ebenfalls aufzuführen.

Regeln für sicheres Arbeiten

- Fenster und Türen der Arbeitsräume müssen während der Arbeiten geschlossen sein.
- In den Arbeitsräumen darf nicht getrunken, gegessen oder geraucht werden. Nahrungsmittel dürfen im Laboratorium nicht aufbewahrt werden.
- Laborkittel oder andere Schutzkleidung (welche) müssen im Arbeitsraum getragen werden. Wo werden sie abgelegt?
- Mundpipettieren ist untersagt, mechanische Pipettierhilfen sind zu benutzen.
- Spritzen und Kanülen sollen nur, wenn unbedingt nötig, benutzt und in besonderen Gefäßen gesammelt werden (in welchen).
- Werden humanpathogene Organismen verschüttet, muß der kontaminierte Bereich unverzüglich gesperrt und desinfiziert werden (womit, in welcher Konzentration). Sofortige Meldung an den Projektleiter oder Beauftragten für Biologische Sicherheit (BBS) (siehe auch 5. Stör- und Notfälle).

  Projektleiter Tel.   .....

  BBS Tel.   .....

- Bei allen Manipulationen muß darauf geachtet werden, daß keine vermeidbaren Aerosole auftreten (z. B. Arbeiten in einer Sicherheitswerkbank vorschreiben; Verwendung von Zentrifugenröhrchen mit Sicherheitskappe).
- Arbeitsgeräte, die in unmittelbarem Kontakt mit S2-Material waren, müssen vor einer Reinigung autoklaviert (wo?) oder desinfiziert werden (womit, in welcher Konzentration). Abfälle müssen ebenfalls autoklaviert werden.
- Nach Beendigung der Tätigkeiten sind alle Arbeitsflächen zu desinfizieren (womit, in welcher Konzentration).
- Nach Beendigung eines Arbeitsganges und vor Verlassen des Laboratoriums müssen die Hände sorgfältig gewaschen werden [desinfizieren (womit), waschen (womit), nachfetten (womit)].
- Laboratoriumsräume sollen aufgeräumt und sauber gehalten werden. Auf den Arbeitstischen sollen nur die tatsächlich benötigten Geräte und Mate-

rialien stehen. Vorräte sollen nur in dafür bereitgestellten Schränken gelagert werden.

- Die Identität der benutzten Mikroorganismen ist regelmäßig zu überprüfen (<u>wie</u>).
- In der Mikrobiologie unerfahrene Mitarbeiter müssen vom Projektleiter über die möglichen Gefahren unterrichtet und sorgfältig angeleitet und überwacht werden.
- Ungeziefer muß, wenn nötig, regelmäßig bekämpft werden (<u>wie, womit</u>).
- <u>Falls Material der Sicherheitsstufe S2 innerhalb des Gebäudes transportiert werden muß ...</u>

> An dieser Stelle muß auch der innerbetriebliche Transport (z. B. von einem S2-Labor zu einem anderen S2-Labor) von gentechnisch verändertem Material (GVOs) der Sicherheitsstufe S2 geregelt sein, da er nur in besonderen Transportgefäßen (verschlossen, gegen Bruch geschützt, <u>Kennzeichnung „S2"</u> und <u>„Biogefährdung"</u>, erfolgen darf.

Aufzeichnungspflicht

> Über die Durchführung von gentechnischen Arbeiten, auch über die von angemeldeten, weiteren gentechnischen Arbeiten in der Sicherheitsstufe 2, sind Aufzeichnungen zu führen (GenTG § 6; GenTAufzV). Die Aufzeichnungen müssen den Anforderungen der GenTAufzV genügen; die Form der Aufzeichnungen ist frei. Hilfreich ist das Formblatt Z, besonders dann, wenn es modifiziert und verkürzt wird. Beachten Sie, daß in der Sicherheitsstufe 2 bei den Aufzeichnungen die Mitarbeiter aufgeführt sein müssen!

<u>In welcher Form die Aufzeichnungen geführt werden müssen und wo sie aufbewahrt werden (sie müssen bei einer Begehung durch die Behörden verfügbar sein!), muß in der Betriebsanweisung geregelt sein.</u>

Hygiene

Schutzkittel müssen vor Verlassen des Labors gewechselt werden. Die Arbeitskleidung ist getrennt von normaler Kleidung aufzubewahren (<u>wo</u>).

> Ob die Schutzkleidung vor der Reinigung autoklaviert werden muß, ist betriebsspezifisch zu regeln und in der Betriebsanweisung festzulegen.

Schutzhandschuhe sind beim unmittelbaren Umgang mit biologischen Agenzien mit Gefährdungspotential zu tragen. Hautkontakt ist unbedingt zu vermeiden. Nach Abschluß der Arbeit sind die Hände zu desinfizieren [desinfizieren (womit), waschen (womit), nachfetten (womit)].

> Ob andere persönliche Schutzkleidung wie Mundschutz oder Schuhwerk zu tragen ist, ist betriebsspezifisch zu regeln und in der Betriebsanweisung festzulegen.

Für alle Laborbereiche der Sicherheitsstufe S2 ist der jeweilige Hygieneplan verbindlich und Bestandteil dieser Betriebsanweisung.

Entsorgung

> Alle Abwässer und Abfälle, auf die §13, Abs. 2 GenTSV keine Anwendung finden, und das betrifft jeden mit biologischem Material mit Risikopotential S2 kontaminierten Abfall, aber auch den der Risikogruppe S1, wie er in §13, Abs. 3 definiert ist) müssen vor dem Entsorgen so inaktiviert werden, daß keine Vermehrungs- und keine Infektionsfähigkeit des biologischen Materials mehr vorhanden ist.
>
> Das geschieht in der Regel physikalisch durch Autoklavieren bzw. Sterilisieren (§13, Abs. 4 GenTSV) (angeben, wo der Autoklav steht), seltener chemisch nach validierten Methoden (angeben welche, in welcher Konzentration, wie lange die Einwirkungszeit ist etc.).
>
> Wo Autoklavieren im Arbeitsbereich nicht möglich ist, muß der Abfall in geschlossenen und gegen Bruch geschützten Behältern (Kennzeichnung „Biogefährdung", „S2") innerbetrieblich zum Autoklaven transportiert werden.
>
> Spitze oder scharfkantige Materialien (z.B. Glaspipetten, Injektionsnadeln) müssen so gesammelt werden, daß eine Verletzung von Mitarbeitern ausgeschlossen ist.

In diesem Sinne muß der Absatz „Entsorgung" eindeutig und streng in der Betriebsanweisung formuliert werden.

Service- und Instandhaltungsarbeiten

Für Instandhaltungs-, Desinfektions-, Reinigungs- und Wartungsarbeiten sowie für Instandsetzungsarbeiten von Geräten muß eine schriftliche Erlaubnis durch den Projektleiter oder Stellvertreter vorliegen. Es besteht Protokollierungspflicht (<u>Betriebsbuch, wo</u>)!

> Diese Erlaubnis kann z. B. bei Routinearbeiten, wie Reinigungsarbeiten, ein Dauerauftrag sein.

Die Arbeiten dürfen erst vorgenommen werden, nachdem die notwendigen Sicherheitsmaßnahmen getroffen sind [Desinfektionsmaßnahmen (<u>welche</u>), Festlegung persönlicher Schutzausrüstung (<u>welche</u>)] und die zu Beschäftigten arbeitsplatzbezogen unterrichtet worden sind (<u>von wem</u>).

5 Stör- und Notfälle

Austreten biologischen Materials mit Gefährdungspotential

Verschüttetes Material (GVO, Mikroorganismen, Viren u. ä.) muß sofort mit Desinfektionsmitteln (<u>mit welchen</u>) inaktiviert und mit Papiertüchern aufgewischt werden. Diese müssen danach sterilisiert werden.

Beim Austritt größerer Mengen, insbesondere von humanpathogenem Material, ist der Gefahrenbereich zu räumen und der zuständige Projektleiter oder Beauftragte für Biologische Sicherheit (BBS) zu verständigen. Dieser ordnet geeignete Reinigungsmaßnahmen an (<u>welche</u>), die nur von besonders eingewiesenen Personen (<u>welchen</u>) ausgeführt werden dürfen. Bis zur Freigabe des betroffenen Bereichs durch den zuständigen Projektleiter oder BBS ist das Betreten durch Unbefugte verbogen.

Projektleiter Tel. .....

Beauftragter für Biologische Sicherheit (BBS) .....

Hautkontakt mit biologischem Material mit Gefährdungspotential

Tritt trotz der Sicherheitsmaßnahmen Hautkontakt ein, sind die entsprechenden Hautstellen sorgfältig zu desinfizieren (<u>womit, in welcher Konzentration</u>).

Verletzung, Unfall

Soweit möglich, sind Wunden im Rahmen der Erstversorgung zu desinfizieren und zu verbinden.

Der Projektleiter und BBS sowie der Vorgesetzte und der betriebsärztliche Dienst sind sofort zu verständigen. Bei Bedarf ist ein Krankenwagen anzufordern. Arzt und Rettungspersonal sind über die Möglichkeit einer Infektion mit biologischem Material mit Gefährdungspotential zu unterrichten.

Notarzt Tel. .....

Betriebsarzt Tel. .....

Ersthelfer Tel. .....

> Angaben über eine evtl. mögliche Immunisierung oder eine spezielle medikamentöse Behandlung gegen das zu bearbeitende Material mit Gefährdungspotential sollten den Mitarbeitern an dieser Stelle bekannt gemacht werden.

Brand

Die gültigen Notstandspläne des Institutes sind zu befolgen (<u>welche und wie, oder besser, einen eigenen Notstandsplan aushängen</u>).

> Für die Feuerwehr sind beim Einsatz in S2-Bereichen (auch als „Genlabors" gekennzeichneten) keine über die bei der üblichen Brandbekämpfung hinausgehenden Schutzmaßnahmen erforderlich.

Feuerwehr Tel. .....

Brandschutzbeauftragter Tel. .....

6 Vorsorgeuntersuchungen

> Werden in diesem S2-Bereich Arbeiten in der Sicherheitsstufe S2 mit humanpathogenem Material durchgeführt, müssen alle in diesem Raum Beschäftigten, auch wenn sie nur Arbeiten in der Sicherheitsstufe S1 durchführen, zur jährlichen Vorsorgeuntersuchung gehen, ebenfalls beim Ausscheiden aus dem Betrieb. Beachten Sie auch die Bestimmungen zu den nachgehenden Untersuchungen (GenTSV, Anhang VI, Teil K)!

Hier genau festlegen, wer die Untersuchungen durchführt, wer untersucht werden muß, wer die Vorsorgekartei führt (Betreiber oder Projektleiter aufgrund einer schriftlichen Delegation).

> Die Vorsorgekartei muß bei einer Begehung durch die zuständigen Behörden verfügbar sein!

Betriebsarzt Tel.   .....

8.4
Hygieneplan für Labors der Sicherheitsstufe S2

Hygieneplan für den S2-Bereich ../...

1 Gesetzes- oder Vorschriftengrundlagen

- GenTSV § 8, Anhang III, Abs. A II, Satz 11
- UVV Abschnitt 31 „Biotechnologie" (VBG 102) § 15
- DIN 58 956 Teil 5, Oktober 1990

2 Flächen- und Raumreinigung, Raumdesinfektion

- zeitliche Terminvorschrift festlegen (<u>nach Beendigung der Arbeit, täglich, wöchentlich, monatlich</u>; bei Durchführung durch eine Reinigungs-/Desinfektionsfirma <u>evtl. Dauerauftrag</u>). Unterweisung des Personals <u>durch Projektleiter oder Stellvertreter. Diese Arbeiten müssen im Betriebsbuch protokolliert werden.</u>
- Vorschrift der geeigneten Desinfektionsmittel für Arbeitsplätze und Geräte (<u>welches, wieviel</u>), für Fußboden (<u>welches, wieviel</u>) und zur Raum-/Klimaanlagendesinfektion (<u>Gas oder Sprüh, welches, wieviel, wielange Einwirkungszeit</u>).

3 Sammeln von Abfällen

- kontaminierte, nichtkontaminierte, evtl. Glas in bezeichneten Gefäßen sammeln (<u>in welchen, wie bezeichnet</u>)
- Entsorgung der Abfälle (<u>wie, wo; siehe Betriebsanweisung 4.7</u>)

4 Persönliche Arbeitskleidung und Schutzausrüstung

- im S2-Bereich erforderliche Schutzkleidung (<u>welche: Schutzkittel, Schutzhandschuhe, gegebenenfalls Mundschutz, besonderes Schuhwerk</u>)
- getrennte Aufbewahrungsmöglichkeit für Arbeitskleidung/Schutzausrüstung (<u>wo im S2-Bereich</u>) und Straßenkleidung

- Wechsel der Arbeitskleidung und Schutzausrüstung nach Beendigung der Arbeit und nach Verunreinigung, Aufbewahrung im S2-Bereich (<u>wo im S2-Bereich</u>)
- Desinfektion und Reinigung der abgelegten Arbeitskleidung und Schutzausrüstung (<u>wie und wo</u>) oder evtl. Vernichtung
- Duschen zur Personenreinigung und -dekontamination (<u>in welchem Raum</u>)

5 Organisatorische Maßnahmen

- im S2-Bereich nicht essen, trinken, rauchen und schnupfen, keine Kosmetika verwenden. Im S2-Bereich keine Aufbewahrung von Speisen, Getränken oder Rauchwaren.
- Für den mit biologischen Agenzien mit Gefährdungspotential Arbeitenden sind Bereiche zum Essen, Trinken, Rauchen oder Schnupfen vorhanden (<u>wo</u>).
- Nach Beendigung der Arbeiten und beim Verlassen des S2-Bereiches Hände waschen [desinfizieren (<u>womit</u>), waschen (<u>womit</u>), nachfetten (<u>womit</u>)].

6 Kontamination

- Hautkontakt mit Material vermeiden, das biologisches Gefährdungspotential enthält. Nach einem evtl. Hautkontakt mit solchem Material eine sorgfältige Desinfektion der entsprechenden Partien durchführen (<u>womit, Konzentration, Einwirkungszeit</u>). Projektleiter/BBS verständigen.

Projektleiter Tel.   <u>.....</u>

Beauftragter für Biologische Sicherheit (BBS) Tel. <u>.....</u>

- bei Kontamination des Arbeitsplatzes siehe Anweisungen in der Betriebsanweisung unter 5.1.

Anhang C: Arbeiten in der Sicherheitswerkbank (Sicherheitsstufe S2)

<u>Hier müssen alle Arbeiten, die in einer Sicherheitswerkbank durchgeführt werden müssen, festgelegt werden!</u>

> Bei Arbeiten in der Sicherheitsstufe S2, bei denen Aerosolbildung erwartet werden kann, muß in einer Sicherheitswerkbank Klasse 2 mit einem Hochleistungsschwebstoff-Filter gearbeitet werden.

<u>Für die Bedienung der Sicherheitswerkbank siehe Text der Betriebsanweisung für Sicherheitswerkbänke in gentechnischen Anlagen der Sicherheitsstufe S1, der auch für S2 gilt (Anhang A, Seite 450).</u>

> **Anhang D: Autoklavieren zur Entsorgung (Sicherheitsstufe S2)**
>
> > Inaktivierung von biologischem Material vor der Entsorgung gemäß GenTSV § 13, Abs. 3 geschieht in der Regel physikalisch durch Autoklavieren bzw. Sterilisieren bei einer Temperatur von 121 °C für die Dauer von 20 min (§ 13, Abs. 4 GenTSV) in einem Entsorgungsautoklaven (angeben, wo der Autoklav steht).
> >
> > Wo Autoklavieren im Arbeitsbereich nicht möglich ist, muß der Abfall in geschlossenen und gegen Bruch geschützten Behältern (Kennzeichnung „Biogefährdung", „S2") innerbetrieblich zum Autoklaven transportiert werden.
>
> Siehe den Text der Betriebsanweisung für das Autoklavieren in der Sicherheitsstufe S1, der auch für S2 gilt (Anhang B, Seite 451).

8.5
Betriebsanweisung für Tierhaltungsräume der Sicherheitsstufe S1

> **Betriebsanweisung – Benutzerordnung für den Tierbereich ../...**
> **Sicherheitsstufe S1**
>
> ### 1 Geltungsbereich
>
> Der Tierraum ../... (gentechnische Anlage) ist für die Haltung und Zucht von gentechnologisch veränderten Tieren (transgenen Tieren) bestimmt, die unter die Risikogruppe S1 (kein Gefährdungspotential) fallen. Wenn notwendig, legt der zuständige Projektleiter weitergehende betriebsspezifische Maßnahmen fest.
>
> ### 2 Gesetzes- und Vorschriftengrundlagen
>
> - GenTG § 7
> - GenTSV §§ 8, 9, § 11 (Haltung von Versuchstieren in Tierhaltungsräumen), § 12 und Anhang III und Anhang V
> - TierSchG § 7 Abs. 1 Satz 2
> - Unfallverhütungsvorschrift der Berufsgenossenschaft Chemie, Abschnitt 31 (Biotechnologie VBG 102) vom 01.01.1988
> - Merkblatt der Berufsgenossenschaft Chemie für Tierlaboratorien (Merkblatt M 007)

3 Halten von gentechnisch veränderten Tieren im Tierbereich ../..

> Vor Aufnahme der Arbeiten ist eine Risikobewertung (Bestimmung des Gefährdungspotentials) für die geplanten gentechnischen Arbeiten vorzunehmen, aus der sich die erforderliche Sicherheitsstufe 1 des Tierbereiches (gentechnische Anlage) ergibt (GenTG §§ 6, 7; GenTSV §§ 5, 7 und Anhang II).
>
> Die erforderliche Anmeldung der S1 gentechnischen Anlage (Tierhaltungsraum ../...) und der darin vorgesehenen erstmaligen gentechnischen S1-Arbeiten [Haltung von gentechnisch veränderten (transgenen) Tieren, etc.] sind vor Aufnahme der Arbeiten durchzuführen. Letztere können erst 3 Monate nach der Eingangsbestätigung der Anmeldung der Anlage durch die zuständige Behörde aufgenommen werden. Beachten Sie die Möglichkeit für kürzere Fristen gemäß GenTG § 12 Abs. 7. Anfragen nach Ergänzungen von seiten der zuständigen Behörden unterbrechen diese Frist (§§ 9, 11–13 GenTG, GenTVfV).
>
> Der Beginn weiterer S1-Arbeiten in der genehmigten S1-Anlage bedarf keiner Anmeldung oder Genehmigung, aber der betriebsinternen Aufzeichnung (siehe 4.4).
>
> Die Erzeugung transgener Tiere fällt in den Bereich des Tierschutz-Gesetzes (TierSchG § 7 Abs. 1 Satz 2) und bedarf einer Genehmigung nach diesem Gesetz. Beachten Sie das!

Die Daten der Anmeldung/Genehmigung, auch nach TierschutzG, oder auch das Datum einer vorzeitigen Anlagengenehmigung, oder auch Daten von evtl. Nachforderungen von Unterlagen durch die Behörde sollten in der Betriebsanweisung an dieser Stelle angegeben werden (Behörde, Datum, AZ, Projektnummer, etc.).

4 Betrieb des Tierbereiches ../...

Kennzeichnungsregelung

„S1", „Genlabor" (oder „Gentechnik-Arbeitsbereich") und „Zutritt nur für Berechtigte!"

> Kein Biogefährdungs-Schild verwenden!

Zutrittsregelung

Der Zutritt zum Raum ist auf hierzu bevollmächtigte und unterwiesene Personen beschränkt (<u>welche</u>).

> Die für den Umgang mit Tieren verantwortliche Person muß sicherstellen, daß alle, die mit den Tieren und Abfallmaterial in Berührung kommen, mit den örtlichen Regeln vertraut sind und alle anderen, möglicherweise erforderlichen Vorsichtsmaßnahmen und Verfahren kennen.

Regeln für sicheres Arbeiten

- Der Tierraum soll aufgeräumt und sauber gehalten werden. Er muß regelmäßig gereinigt (<u>womit</u>) und desinfiziert (<u>womit, wieviel</u>) werden.
- Ungeziefer muß, wenn nötig, regelmäßig bekämpft werden (<u>womit</u>).
- Die für den Umgang mit Tieren verantwortliche Person (<u>welche</u>) stellt sicher, daß alle, die mit den Tieren oder Abfallmaterial in Berührung kommen, mit den örtlichen Regeln in einer Unterweisung vertraut gemacht werden und alle anderen, möglicherweise erforderlichen Vorsichtsmaßnahmen und Verfahren kennen.
- In den Tierräumen darf nicht getrunken, gegessen, geraucht oder geschnupft werden. Nahrungsmittel und Tabakwaren dürfen in Tierräumen nicht aufbewahrt werden.
- Es müssen im Tierraum Laborkittel oder andere geeignete Schutzkleidung (<u>welche</u>) und Schuhwerk (<u>welches</u>) getragen werden, die beim Verlassen des Tierraumes abzulegen sind.
- Nach Beendigung eines Arbeitsganges müssen die Hände sorgfältig gewaschen werden [desinfizieren (<u>womit</u>), waschen (<u>womit</u>), nachfetten (<u>womit</u>)]. Sie sind in jedem Fall unverzüglich zu desinfizieren, wenn der Verdacht auf Kontamination besteht, sowie nach dem Umgang mit Tieren oder Tierabfällen.
- Die Türen des Tierraumes müssen nach der Arbeit abgeschlossen werden.
- Alle untergebrachten transgenen Tiere müssen einwandfrei und leicht zu identifizieren sein (<u>wie</u>).

> Das Nukleinsäure-Insert selbst kann als zusätzlicher Marker verwendet werden.

> Sofern in Tierhaltungsräumen mit gentechnisch veränderten Mikroorganismen gearbeitet wird, gelten sinngemäß die Anforderungen für Genlabors der Sicherheitsstufe 1.

Aufzeichnungspflicht

> Über die Durchführung von Arbeiten im Tierraum, die nicht unter Haltungsroutine fallen, besonders über den Transfer fremder Gene sowie Züchtung, Umsetzung und/oder Beseitigung aller transgenen Tiere, empfiehlt sich, ein Benutzerbuch zu führen (Name, Datum, Beginn, Ende, Art der Arbeiten, etc.).

Hier ggf. die Führung des Benutzerbuches (wer, wann, was) regeln!

> Über die gentechnischen Arbeiten, besonders auch über „weitere gentechnische Arbeiten", sind vom Projektleiter Aufzeichnungen entsprechend der GenTAufzV (siehe auch GenTG §6) zu führen (Name, Datum, Beginn, Ende, Art der Arbeiten, besondere Vorkommnisse, Personalwechsel, etc.). Die Form der Aufzeichnungen ist frei. Hilfreich ist das Formblatt Z, besonders wenn es modifiziert und verkürzt wird.

In welcher Form die Aufzeichnungen geführt werden müssen und wo sie aufbewahrt werden (sie müssen bei einer Begehung durch die Behörden verfügbar sein), muß in der Betriebsanweisung geregelt sein.

Hygiene

- Schutzkleidung (welche? Schutzkittel und evtl. Schuhwerk) müssen vor Verlassen des Labors gewechselt werden. Die Arbeitskleidung ist getrennt von normaler Kleidung aufzubewahren (wo?).
- Nach Beendigung eines Arbeitsganges müssen die Hände sorgfältig gewaschen werden [desinfizieren (womit), waschen (womit), nachfetten (womit)]. Sie sind in jedem Fall unverzüglich zu desinfizieren (womit), wenn der Verdacht auf Kontamination besteht, sowie nach dem Umgang mit Tieren oder Tierabfällen.

Entsorgung

> Benutzte Tierkäfige sind nach Gebrauch keimarm zu machen (<u>Autoklav des Tierhauses in Raum ../...</u>). Material, das zur Sterilisierung oder Verbrennung bestimmt ist, sowie benutzte Tierkäfige sind so zu transportieren, daß Verunreinigungen der Umgebung auszuschließen sind.
> Tierkadaver sind in geeigneter Weise unschädlich zu entsorgen (<u>wie</u>), ohne besondere Vorbehandlung, wenn von ihnen keine schädlichen Auswirkungen ausgehen (GenTSV § 13 Abs. 2).
> Beachten Sie das Tierkörperbeseitigungsgesetz!

<u>In diesem Sinne muß der Absatz „Entsorgung" in der Betriebsanweisung eindeutig formuliert werden.</u>

Tierkadaverbeseitigungsanstalt Tel.   .....

5 Stör- und Notfälle

Verletzung, Unfall

– Soweit möglich, sind Wunden im Rahmen der Erstversorgung zu desinfizieren (<u>womit?</u>) und zu verbinden.

Notarzt Tel.   .....

Betriebsarzt Tel.   .....

Ersthelfer Tel.   .....

– Unfälle, einschließlich Bisse und Kratzer von Tieren, sind vom Betroffenen dem Projektleiter/BBS zu melden.

Projektleiter Tel.   .....

Beauftragter für Biologische Sicherheit   .....

Brand

Die gültigen Notstandspläne sind zu befolgen (<u>welche und wie, oder besser, einen eigenen Notstandsplan aushängen</u>).

Für die Feuerwehr sind beim Einsatz in S1-Bereichen (auch als Genlabors gekennzeichneten) keine über die bei der üblichen Brandbekämpfung hinausgehenden Schutzmaßnahmen erforderlich.

Feuerwehr Tel.   ....

Brandschutzbeauftragter Tel.   .....

8.6
Betriebsanweisung für Gewächshäuser der Sicherheitsstufe 1

Betriebsanweisung – Benutzerordnung für den Gewächshausbereich ../...
Sicherheitsstufe S 1

1 Geltungsbereich

Der Gewächshausbereich ist für gentechnische Arbeiten mit natürlichen und rekombinanten Agenzien und mit transgenen Pflanzen vorgesehen, die unter die Risikogruppen S1 (kein Gefährdungspotential) fallen. Wenn notwendig, legt der zuständige Projektleiter weitergehende betriebsspezifische Maßnahmen fest.

2 Gesetzes- und Vorschriftengrundlagen

- GenTG § 7
- GenTSV §§ 8, 9, § 10 (Haltung von Pflanzen in Gewächshäusern), § 12 und Anhang III und Anhang IV
- Pflanzenschutzgesetz
- Unfallverhütungsvorschrift der Berufsgenossenschaft Chemie, Abschnitt 31 (Biotechnologie VBG 102) vom 01.01.1988
- DIN 58 956 Medizinisch-mikrobiologische Laboratorien

3 Anmeldung der gentechnischen S1-Anlage und der erstmaligen gentechnischen Arbeiten im Gewächshaus ../...

Weitere gentechnische Arbeiten im Gewächshaus ../...

Vor Aufnahme von Arbeiten ist eine Risikobewertung (Bestimmung des Gefährdungspotentials) für die geplanten gentechnischen Arbeiten vorzunehmen, aus der sich die erforderliche Sicherheitsstufe 1 des Gewächshausbereiches (gentechnische Anlage) ergibt (GenTG §§ 6, 7; GenTSV §§ 5, 7 und Anhang II).

Die erforderliche Anmeldung der S1-Anlage und der darin vorgesehenen gentechnischen S1-Arbeiten sind vor Aufnahme der Arbeiten durchzuführen. Letztere können erst 3 Monate nach der Eingangsbestätigung der Anmeldung der Anlage durch die zuständige Behörde aufgenommen werden. Beachten Sie die Möglichkeit für kürzere Fristen gemäß GenTG § 12 Abs. 7. Anfragen nach Ergänzungen von seiten der zuständigen Behörden unterbrechen diese Frist (GenTG §§ 9, 11 – 13; GenTVfV, etc.).

Der Beginn weiterer S1-Arbeiten in der genehmigten S1-Anlage bedarf keiner Anmeldung oder Genehmigung, aber der betriebsinternen Aufzeichnung (siehe 4.3).

Diese Daten der Anmeldung, oder auch das Datum einer vorzeitigen Anlagengenehmigung, oder auch Daten von evtl. Nachforderungen sollten in der Betriebsanweisung an dieser Stelle angegeben werden (Behörde, Datum, AZ, Projektnummer, etc.).

Die Verfügbarkeit dieser Daten ist bei einer Begehung sehr erwünscht.

4 Betrieb des Gewächshausbereiches ../...

Kennzeichnungsregelung

„S1" und „Genlabor" (oder „Gentechnik-Arbeitsbereich")

Kein Biogefährdungs-Schild! Es besteht keine Zugangsregelung.

Verwendete biologische Agenzien

Hier sollten die in diesem Bereich verwendeten Organismen angegeben werden.

Gefahren für Mensch und Umwelt

In diesem Bereich wird nur mit biologischem Material ohne Gefährdungspotential umgegangen.

Regeln für sicheres Arbeiten

- Die Fenster und sonstige Öffnungen in den Wänden und im Dach des Gewächshausbereiches können auch während der Arbeit zu Belüftungszwecken geöffnet werden. Gegen kleine Flugtiere (z.B. Gliederfüßler, Vögel) werden Netze empfohlen.
- Ein geeignetes, auf Experimentalpflanzen abgestimmtes Programm zur erfolgreichen Bekämpfung von Pflanzenkrankheiten, Unkräutern, Insektenbefall und Nagetieren ist aufzustellen (<u>womit, wieviel, wie</u>).
- Gliederfüßler und andere bewegliche Makroorganismen sind in geeigneten Behältern unterzubringen. Werden Makroorganismen, wie flugfähige Gliederfüßler oder Fadenwürmer im Gewächshaus ausgebracht, sind Vorsichtsmaßnahmen zu treffen, um das Austreten aus der Anlage auf das geringstmögliche Maß zu reduzieren (<u>welche</u>).
- Das Personal muß die Anweisungen des Projektleiters über die in den jeweiligen Sicherheitsstufen anzuwendenden Gewächshausregeln und -verfahren lesen und befolgen (<u>aushängen!</u>).
- In den Arbeitsräumen darf nicht getrunken, gegessen, geraucht oder geschnupft werden. Nahrungsmittel und Tabakwaren dürfen im Laboratorium nur so aufbewahrt werden, daß sie mit gentechnisch veränderten Organismen nicht in Berührung kommen.
- In der Mikrobiologie unerfahrene Mitarbeiter müssen vom Projektleiter über die möglichen Gefahren unterrichtet, sorgfältig angeleitet und die vorschriftsmäßige Ausführung gentechnischer Arbeiten überwacht werden.
- Mundpipettieren ist untersagt, mechanische Pipettierhilfen sind zu benutzen.

> Die Sicherheitsanforderungen der Stufe 1 gelten sinngemäß auch für Klimakammern.
> Sofern im Gewächshaus mit gentechnisch veränderten Mikroorganismen gearbeitet wird, gelten sinngemäß die Anforderungen für Genlabors der Sicherheitsstufe 1.

Aufzeichnungspflicht

> Über die Durchführung von gentechnischen Arbeiten, besonders über „weitere gentechnische Arbeiten", sind laufend Aufzeichnungen (<u>Name, Datum, Beginn, Ende, Art der Arbeit, besondere Vorkommnisse, Personalwechsel, etc.</u>) unter Einhaltung der Bestimmungen der GenTAufzV zu führen (GenTG § 6; GenTAufzV). Formblatt Z ist nützlich, besonders in verkürzter Form.

In welcher Form diese Aufzeichnungen geführt werden müssen und wo sie aufbewahrt werden (sie müssen bei einer Begehung durch die Behörden verfügbar sein!), muß in der Betriebsanweisung geregelt sein.

Hygiene

Schutzkittel müssen vor Verlassen des Labors gewechselt werden. Die Arbeitskleidung ist getrennt von normaler Kleidung aufzubewahren (wo?).

Nach Abschluß der Arbeit sind die Hände zu desinfizieren [desinfizieren (womit), waschen (womit), nachfetten (womit)].

Entsorgung

In gentechnischen Experimenten verwendete S1-Pflanzen sind mit geeigneten Methoden, insbesondere durch Abschneiden der Vermehrungsorgane, vermehrungsunfähig zu machen, bevor sie außerhalb des Gewächshauses, jedoch auf dem umgebenden Gelände des Betreibers, unschädlich entsorgt werden.

> Pflanzliche Abfälle aus Arbeiten in der Sicherheitsstufe S1 können ohne Vorbehandlung entsorgt werden, wenn es sich um Pflanzen ohne schädliche Auswirkung handelt (GenTSV §13, Abs. 2).
>
> Falls vor der Entsorgung eine Inaktivierung durchgeführt werden soll, kann das z.B. durch Einfrieren (Gefriertruhe in welchem Raum) oder Autoklavieren (Autoklav in welchem Raum) erfolgen.

In diesem Sinne muß der Absatz „Entsorgung" in der Betriebsanweisung formuliert werden.

5 Stör- und Notfälle

Austreten biologischen Materials

Verschüttetes Material (Mikroorganismen, Viren u.ä.) muß sofort mit Desinfektionsmitteln (mit welchen) inaktiviert und mit Papiertüchern aufgewischt werden.

Verletzung, Unfall

Soweit möglich, sind Wunden im Rahmen der Erstversorgung zu desinfizieren (<u>womit</u>) und zu verbinden.

Notarzt Tel.　　　<u>.....</u>

Betriebsarzt Tel.　　<u>.....</u>

Ersthelfer Tel.　　　<u>.....</u>

Brand

Die gültigen Notstandspläne des Institutes sind zu befolgen (<u>welche und wie</u>).

> Für die Feuerwehr sind beim Einsatz in S1-Bereichen keine über die bei der üblichen Brandbekämpfung hinausgehenden Schutzmaßnahmen erforderlich.

Feuerwehr Tel.　　　　　<u>.....</u>

Feuerschutzbeauftragter Tel.　　<u>.....</u>

KAPITEL 9

Arbeitsmedizinische Aspekte in der Gentechnologie

T. Eckebrecht

9.1
Die historische Entwicklung von Richtlinien
in der Bundesrepublik Deutschland

Die Entwicklung der Gentechnologie geschah von Beginn an unter besonders engagierten Sicherheitsvorkehrungen, die nicht erst durch das Bekanntwerden von Unfällen oder eingetretenen Schäden veranlaßt worden sind. Vielmehr haben sich bereits 1975 in Asilomar führende Vertreter der Gentechnologie getroffen. Dabei wurden ganz zu Beginn der Entwicklung dieses Forschungszweiges bereits eine ganze Reihe von sicherheitstechnischen Maßnahmen sowie einige Selbstbeschränkungen vereinbart.

In den USA wurden dann Empfehlungen für gentechnologische Experimente formuliert, die später vom National Institute of Health (NIH) in verbindliche Richtlinien für Arbeiten mit neukombinierter DNA umgesetzt wurden.

In der Bundesrepublik wurden in fünf aktualisierten Versionen von 1976 bis 1986 entsprechende Richtlinien vom Bundesministerium für Forschung und Technologie (BMFT) als sogenannte „Genrichtlinien: Richtlinien zum Schutz vor Gefahren durch in vitro neukombinierte Nucleinsäuren" vorgelegt.

Hier wurden erstmals auch arbeitsmedizinische Aspekte berücksichtigt und in den Punkten 25 bis 30 arbeitsmedizinische Vorsorgeuntersuchungen verlangt. Diese trugen der Befürchtung Rechnung, daß die eingesetzten gentechnisch veränderten Mikroorganismen das mit den Arbeiten betraute Personal infizieren könnten. In den „Genrichtlinien" waren die arbeitsmedizinischen Vorsorgeuntersuchungen allerdings erst ab der Sicherheitsstufe L2/B2 verlangt.

Im Jahre 1988 wurde dann mit Erlaß der Unfallverhütungsvorschrift (UVV) „Biotechnologie" (VBG 102) von den Berufsgenossenschaften eine neue Rechtsgrundlage geschaffen. In §5 wird auf arbeitsmedizinische Untersuchungen der Beschäftigten hingewiesen. Eine konkrete Ausformulierung dieser Untersuchung nach Umfang und Kriterien ist nicht aufgeführt.

Inzwischen ist das Gentechnikgesetz (GenTG) verabschiedet worden. Mit seinem Inkrafttreten und der Gentechniksicherheitsverordnung (GenTSV) (Anhang VI Punkt A und B) dürfen Beschäftigte, die gentechnische Arbeiten der Sicherheitsstufen 2, 3 und 4 durchführen, nur dann an ihrem Arbeitsplatz tätig werden, wenn sie vor Beginn ihrer Tätigkeit von einem ermächtigten Arzt untersucht wurden. Ermächtigte Ärzte sind solche, die entsprechend einer nachgewiesenen Qualifikation von den Berufsgenossenschaften sowie von den für den Gesundheitsschutz zuständigen Landesbehörden ernannt werden.

Es gibt weltweit in Jahrzehnten gewonnene Erfahrung im Umgang mit Mikroorganismen. Unter anderem bei der Antibiotika- und Impfstoffherstellung beziehen sich diese Erfahrungen auch auf den Umgang mit pathogenen Keimen. So war es in der industriellen Praxis möglich, mit über 20, z. T. auch hoch pathogenen Mikroorganismen, wie Diphtherie-, Tollwut- oder Typhuserregern, sicher umzugehen. Diese „natürlichen" Organismen werden seit Jahrzehnten in Kulturen von jeweils mehreren tausend Litern gehandhabt.

Bei der Beachtung der Grundregeln guter mikrobiologischer Technik (GMT) und konsequenter Anwendung der gebotenen physikalischen Schutzmaßnahmen am Arbeitsplatz ist in klinischen Laboratorien der Umgang mit pathogenen Keimen nachweislich sicher.

Der sicherheitstechnische und arbeitsmedizinische Handlungsbedarf richtet sich nach dem Grad der Gefährdungen durch die eingesetzten Mikroorganismen.

In verschiedenen Regelwerken der USA, der Weltgesundheitsorganisation (WHO) und der Bundesrepublik werden Mikroorganismen in verschiedene Risikogruppen mit ansteigendem Gefährdungspotential eingruppiert. Entscheidend für die Eingruppierung sind dabei:

- natürliche Virulenz oder Pathogenität,
- Übertragungswege,
- Überlebensfähigkeit der Erreger unter üblichen Umweltbedingungen,
- epidemiologische Situation in der Bevölkerung,
- Verfügbarkeit von Impfstoffen und/oder Therapeutika.

Die Klassifizierung erfolgt in vier Risikogruppen bzw. Sicherheitsstufen. Bei Arbeiten mit biologischen Agenzien, die durch In-vitro-Verknüpfungen von Nukleinsäuren gewonnen wurden, muß die Beurteilung des Gefährdungspotentials nach dem Stand der Wissenschaft erfolgen.

Die WHO führt aus: „Es gibt kein spezifisches Sicherheitsrisiko für Arbeiten mit rekombinierter DNA". Das bedeutet, daß sich auch in der Gentechnologie der sicherheitstechnische und arbeitsmedizinische Handlungsbedarf nach der bekannten Gefährlichkeit der verwendeten Mikroorganismen richtet.

Seit Asilomar sind weltweit in tausenden von Laboratorien ungezählte Experimente mit in-vitro-rekombinierten Organismen durchgeführt worden. Seit etwa 20 Jahren ist kein Bericht über einen Unfall oder eine Infektion eines Mitarbeiters bekannt geworden.

Man kann sagen, daß die ursprünglich geäußerten Befürchtungen über eine unbeabsichtigte Entwicklung von Supermikroorganismen sich inzwischen als unbegründet erwiesen haben. Es darf vielmehr als gesichert angesehen werden, daß ein gentechnisch veränderter Mikroorganismus eben nicht gefährlicher ist, als es aus den Eigenschaften des neu eingebrachten Erbmaterials und seiner Wirtszelle abschätzbar ist.

Bei der Diskussion denkbarer Gesundheitsgefährdungen steht die Befürchtung im Vordergrund, daß die eingesetzten gentechnisch veränderten Mikroorganismen das mit den Arbeiten betraute Personal infizieren könnten. Deshalb geht der berufsgenossenschaftliche Grundsatz G 43 auch von der Möglichkeit einer Infektionsgefährdung der Mitarbeiter aus. Es sind allerdings nur Beschäftigte an Arbeitsplätzen in der Biotechnologie gemeint, an denen mit gentechnisch veränderten Mikroorganismen mit Gefährdungspotential gearbeitet wird. Ein Ziel des berufsgenossenschaftlichen Grundsatzes G 43 ist es, nun jene Personen zu finden, die ein geschwächtes Immunsystem haben. Sie sollten von Arbeiten mit gentechnisch veränderten Mikroorganismen mit Gefährdungspotential ausgenommen werden. Damit soll erreicht werden, daß auch bei Versagen physikalisch-technischer Sicherheitsmaßnahmen eine Infektion der Mitarbeiter möglichst ausgeschlossen bleibt.

Der berufsgenossenschaftliche Grundsatz G 43 ist, bei dem Bemühen eine solche infektionsgefährdete Risikogruppe zu definieren, relativ breit angelegt worden. Durch ein breites Spektrum von Laborwerten sollen auch mögliche Gesundheitsschäden frühzeitig erfaßt werden. Allerdings ist eine so breit angelegte arbeitsmedizinische Untersuchung auch nur dann zu rechtfertigen, wenn das Gesundheitsrisiko am Arbeitsplatz, d. h. hier, daß das Risiko einer Infektion relevant groß ist und so die Eingruppierung der gentechnisch veränderten Mikroorganismen aus humanpathogenen Gründen mindestens in die Gruppe 2 erfolgt ist.

Aus der bisherigen Praxis ist zu berichten, daß die weit überwiegende Anzahl der eingesetzten Mikroorganismen in der Gentechnologie der Sicherheitsstufe 1 zuzuordnen ist. Diese Mikroorganismen sind in ihrer Gefährlichkeit vergleichbar mit dem Lactobacillus bulgaricus im Joghurt. Es zählen hierzu auch E.-coli K12, Bodenbakterien, Streptomyceten, Hefezellen und andere.

Von den zuständigen Behörden wurden z. T. arbeitsmedizinische Vorsorgeuntersuchungen auch dann verlangt, wenn nur solche bekannterweise ungefährliche Mikroorganismen eingesetzt wurden. Die untersuchten Mitarbeiter konnten daher den Eindruck gewinnen, daß der außergewöhnliche Umfang der medizinischen Untersuchungen doch ein größeres Arbeitsplatzrisiko widerspiegelt. Es ist außerdem eine große Diskrepanz zwischen dem Aufwand, dem Grad der Belästigung einerseits und dem Ergebnis dieser Untersuchung andererseits festzustellen. Aus arbeitsmedizinischer Sicht ist es nicht zu begründen, warum Mitarbeiter in Arbeitsbereichen der Sicherheitsstufe 1 intensiver betreut werden sollen, als Mitarbeiter in Brauereien oder in der Antibiotikafermentation. Darüber hinaus wären Einschränkungen der beruflichen Tätigkeiten medizinisch nach den Kriterien des Grundsatz G 43 auch nicht zu begründen.

Die GenTSV hat hier nun eine vernünftige Verknüpfung zwischen dem Grad der erkennbaren Infektionsgefährdung und den verlangten arbeitsmedizinischen Untersuchungen geschaffen. Im Anhang VI a (3) werden die Untersuchungen erst ab Sicherheitsstufe 2 vorgeschrieben, falls humanpathogene Mikroorganismen eingesetzt werden. Im Falle des Umgangs mit solchen pathogenen Mikroorganismen benötigt dann der betreuende Arbeitsmediziner Informationen über diese Erreger, wie z. B. (Quelle: Empfehlung der OECD 1986):

– welche Krankheiten werden verursacht, welche Pathogenitätsmechanismen liegen vor,

- wie geschieht die Übertragung,
- wie hoch ist die Infektionsdosis,
- welches ist der Wirtsbereich,
- welche Überlebensmöglichkeiten hat der Erreger,
- welche Vektoren und andere Übertragungsmittel liegen vor,
- wie ist die biologische Stabilität,
- wie ist die Antibiotikaresistenz,
- wie hoch ist die Toxigenität,
- besteht eine allergische Potenz.

Für die Klärung von Zusammenhangsfragen bei Auftreten von entsprechenden Infektionskrankheiten sind gezielte Nachweisverfahren der eingesetzten pathogenen Mikroorganismen erforderlich.

Zum Beispiel bei Arbeitsunfällen und Betriebsstörungen, bei denen biologische Agenzien mit Gefährdungspotential aufgenommen wurden, muß der betroffene Arzt auch über die Behandlungsmöglichkeiten informiert sein. Hierzu zählen insbesondere die Kenntnisse über die wirksamen Desinfektionsmittel sowie das Vorliegen eines Antibiogramms. In diesem Testverfahren wird geprüft, gegenüber welchen Antibiotika ein gegebener Keim empfindlich und damit einer Therapie zugänglich ist. Nur dann kann bei unfallmäßigem Einwirken im Bedarfsfall kurzfristig und gezielt behandelt werden.

Aus den oben genannten Gründen ist zu fordern, daß der betreuende Arbeitsmediziner diese Informationen vom Projektleiter oder dem Ausschuß für biologische Sicherheit erhält. Die verantwortlichen Personen im Betrieb, welche arbeitsmedizinische Untersuchungen verlangen, haben eine Bringschuld hinsichtlich dieser Informationen.

Inzwischen ist von der Berufsgenossenschaft der chemischen Industrie der Grundsatz (G) G 43 „Biotechnologie" erarbeitet worden. Hier werden die oben erwähnten arbeitsmedizinischen Untersuchungen ausführlich nach Umfang, Untersuchungsfristen und medizinischen Beurteilungskriterien aufgeführt.

Durch ein einheitliches Vorgehen ist die Möglichkeit des Vergleichs verschiedener Untersuchungen gegeben.

9.2
Arbeitsmedizinisches Konzept des Grundsatzes G 43 „Biotechnologie"

Aufbauend auf dem *Gefährdungskonzept des Infektionsrisikos* wird der Versuch unternommen, besonders infektionsgefährdete Menschen zu erkennen, die gegenüber Infektionen auch am Arbeitsplatz besonders anfällig sind.

In der Praxis ist dies ein schwieriges Unterfangen. Es ist nicht möglich, durch einzelne Laborwerte den Immunstatus eindeutig zu beschreiben. Deshalb ist das folgende pragmatische Vorgehen als Versuch zu verstehen, die Immunkompetenz annäherungsweise zu erfassen. Dies geschieht durch folgende Untersuchungen:

9.2.1
Erstuntersuchungen

Hier sollte vor Aufnahme einer entsprechenden Tätigkeit die Eignung des Mitarbeiters festgestellt werden, gleichzeitig werden mit der Untersuchung die Ausgangswerte festgehalten.

Zur Erstuntersuchung gehören:

- die Erfassung der Vorgeschichte. Hierbei wird insbesondere auf immunologisch bedingte und das Immunsystem nachhaltig schwächende Erkrankungen eingegangen.
- der Urinstatus mit Mehrfachteststreifen. Hier wird der Urin auf das Vorhandensein von zellulären Bestandteilen und Beimengungen von Zucker und Eiweiß sowie Gallenfarbstoffen geprüft.
- die Röntgenaufnahme des Thorax,
- der Blutstatus mit Differentialblutbild, d.h., die Kontrolle der Hauptzellinien des Knochenmarks im peripheren Blut: Zahl und Verteilung der weißen Blutkörperchen sowie die Zahl der roten Blutkörperchen.
- die Blutsenkungsgeschwindigkeit (BSG),
- die Laborwerte von gamma-GT, SGPT und Kreatinin,
- die Elektrophorese, eine Aufteilung der Eiweißmoleküle im elektrischen Feld. Diese wird als Untersuchung erwünscht und kann z. B. bei der Abklärung von BSG-Beschleunigungen nötig sein.
- die Spirometrie, eine Lungenfunktionsprüfung, bei der das Gesamthubvolumen der Lunge und die exspiratorische Einsekundenkapazität (FEV1) geprüft werden.

Die genannten technischen und laborchemischen Untersuchungen sollen dazu dienen, Erkrankungen des hämatopoetischen Systems, chronische Infekte, schwerwiegende Leber- und Nierenerkrankungen zu erkennen. Die Lungenaufnahme sowie die Spirometrie dienen zum Erkennen von organischen oder funktionellen Lungenerkrankungen. Die Kontrolle des FEV1 ist deshalb von Bedeutung, da man weiß, daß z. B. beim Umgang mit gramnegativen Bakterien einzelne Hüllbestandteile bei disponierten Personen zu asthmatischen Beschwerden Veranlassung geben können. Dies kann durch abfallende FEV1-Werte erkannt werden.

Im Grundsatz findet sich eine ausführliche Darstellung weitergehender fachimmunologischer Untersuchungen. Diese sind erst bei konkreten Hinweisen auf ein geschwächtes Immunsystem dann von entsprechenden Spezialisten durchzuführen und zu bewerten. Hierzu zählen z. B. die Untersuchungen der T-Lymphozyten.

Eine Besonderheit in dem Untersuchungsumfang besteht in dem Aufbewahren von Serumproben. Im Grundsatz G43 geschieht dies in Anlehnung an die „Genrichtlinien", da bei Formulierung des G 43 das Gentechnikrecht noch nicht erlassen worden war.

Bis zur Novellierung des Gentechnikrechts war das Einfrieren von Blutproben noch erforderlich. Diese Proben sollten mindestens bis 10 Jahre nach Beendigung der Tätigkeit aufbewahrt werden.

Wie oben erwähnt, ist mit der Novellierung des Gentechnikrechts eine Änderung in diesem Punkt vorgenommen worden.

Der ursprüngliche Gedanke dabei war, daß damit auch im Nachhinein bei Auftreten fraglicher Erkrankungen noch eine Abklärung möglich sei. Diese Serumaufbewahrung wurde in den „Genrichtlinien" erst ab Arbeiten der Sicherheitsstufe L2/B2 gefordert. Die Proben sollten mindestens bis 10 Jahre nach Beendigung der Tätigkeit aufbewahrt werden. Nach den alten „Genrichtlinien" galt dies für Erst- und Schlußuntersuchung. Es bleibt anzumerken, daß über die Technik der Serumeinfrierung hinsichtlich Temperatur etc. eine abschließende Meinungsbildung nicht gefunden wurde. Hier haben zwischenzeitlich verschiedene Expertengespräche stattgefunden, in denen übereinstimmend die Ansicht vertreten wurde, daß diese Forderung nach genereller Aufbewahrung nicht mehr zeitgemäß ist. Insbesondere hat sich die zentrale Kommission für Biologische Sicherheit (ZKBS) zum Thema „Aufbewahrung von Blutproben" inzwischen geäußert. Die ZKBS empfiehlt auf eine generelle Serumasservation im Rahmen der arbeitsmedizinischen Vorsorgeuntersuchung ganz zu verzichten. Dies ist möglich, weil eine rasante Entwicklung molekularbiologischer Nachweismethoden den Weg des direkten Erregernachweises inzwischen ermöglicht. Bei begründetem Verdacht, daß eine Erkrankung oder andere Veränderungen im Körper des Beschäftigten im Zusammenhang mit der Beteiligung an gentechnischen Arbeiten zu sehen sind, kann diese mit modernen molekularbiologischen Methoden abgeklärt werden. Diese haben höhere Aussagekraft als eine serologische Diagnostik. Nach Ansicht der ZKBS sollten derart spezifische Arbeitssicherheitsmaßnahmen einschließlich eventueller Serumasservation in Abhängigkeit vom Einzelfall vorgenommen und begründet werden.

In der Novelle der GenTSV heißt es nun: „Der Betreiber hat Proben von Körperflüssigkeiten oder Körperzellen aufzubewahren, soweit die Aufbewahrung nach gesicherten wissenschaftlichen Erkenntnissen erforderlich ist." In der Erklärung hierzu wird ausgeführt, daß die generelle Pflicht zur Blutasservation im Rahmen der arbeitsmedizinischen Vorsorgeuntersuchungen sich als wissenschaftlich nicht haltbar erwiesen hat. Es ist vielmehr im Einzelfall zu entscheiden, ob und von welchen Körperflüssigkeiten oder Körperzellen nach wissenschaftlichen Erkenntnissen die Aufbewahrung von Proben erforderlich ist. Diese Empfehlungen sollen unter Einbeziehung des Sachverstandes der ZKBS gegeben werden, diese hat sich hierzu im Bundesgesundheitsblatt 7/94, Seite 313 ff. bereit erklärt. Die wissenschaftlichen Erkenntnisse, die hierbei zu beachten sind, werden zukünftig im Bundesarbeitsblatt veröffentlicht.

9.2.2
Nachuntersuchungen

Nachuntersuchungen sollen jährlich erfolgen. Vorzeitige Nachuntersuchungen sind, wie auch bei anderen G-Untersuchungen, z.B. nach längerer, schwerer Erkrankung oder nach ärztlichem Ermessen usw. vorgesehen.

Als Neuheit ist anzusehen, daß der Grundsatz G 43 eine letzte Nachuntersuchung fordert, die nach Beendigung einer Arbeit von mindestens 12 Monaten in den entsprechenden Bereichen der Gentechnologie erforderlich wird.

9.2.3
Nachgehende Untersuchungen

In der vorliegenden Novelle der GenTSV sind die Möglichkeiten nachgehender Untersuchungen im Anhang VI als Teile K und L angefügt worden. Es heißt dort:

> „K. Nachgehende Untersuchungen:
> Nach Beendigung von Beschäftigung mit humanpathogenen Organismen der Sicherheitsstufe 2, 3 oder 4 hat der Betreiber den ehemals damit Beschäftigten nachgehende Untersuchungen zu ermöglichen, wenn Anhaltspunkte, insbesondere ein nach dem Stand der wissenschaftlichen Erkenntnissen begründeter Verdacht für mögliche gesundheitliche Spätfolgen vorliegen. Dies gilt auch, wenn ein Beschäftigungsverhältnis nicht mehr besteht.
>
> Nachgehende Untersuchungen sind regelmäßig, mindestens im Abstand von 5 Jahren zu ermöglichen. Die Frist für die erste nachgehende Untersuchung beginnt mit der letzten Nachuntersuchung.
>
> Teil A, Absatz 2, Satz 3 gilt entsprechend, soweit diese Pflicht vom zuständigen Träger der gesetzlichen Unfallversicherung übernommen werden."

Die Möglichkeit auch nachgehender Untersuchungen soll dem Umstand Rechnung tragen, daß bei bestimmten Infektionserregern im Einzelfall eine Infektion erst verzögert erkannt werden kann (z. B. HIV-Infektion). Andererseits können chronische Infektionen bei bestimmten Viruserkrankungen (z. B. chronische Hepatitisinfektion etc.) zum Auftreten von gesundheitlichen Spätschäden, auch von Krebserkrankungen führen.

Es ist deshalb vorgesehen, daß die ZKBS in ihren Beurteilungen der Projekte auch konkret zu der Notwendigkeit der nachgehenden Untersuchungen im Einzelfall Stellung nimmt. Diese Empfehlungen werden die längste mögliche Latenzzeit bis zur diagnostischen Sicherung berücksichtigen. Es werden davon abhängig im sinnvollen Abstand nachgehende Untersuchungen im Einzelfall empfohlen werden. Diese würden weitergeführt werden, wenn sich dabei eine chronische Infektion des Mitarbeiters nachweisen läßt. Das Instrument der nachgehenden Untersuchungen, welches uns aus dem Bereich der krebserzeugenden Arbeitsstoffe bekannt ist, wird so an die Gegebenheiten möglicher, chronischer Infektionskrankheiten angepaßt und nicht im starren Fünfjahresrhythmus übernommen werden.

9.2.4
Beurteilungskriterien

Dauernde gesundheitliche Bedenken bestehen bei solchen Erkrankungen, die die Abwehrmechanismen der Mitarbeiter nachhaltig schwächen. Dazu zählen beispielhaft:

- chronische Erkrankungen, z. B. Nierenschwäche mit Dialyse, chronische Hepatitis, bestehende Krebserkrankung, Zustand nach Milzentfernung,
- Behandlung mit Immunsuppressiva, Zytostatika und ionisierenden Strahlen,
- systemische Dauerbehandlung mit Kortikosteroiden und Antibiotika,
- chronische Hauterkrankungen, die die Schutzfunktion der Haut nachhaltig beeinträchtigen oder die Dekontamination der Haut erschweren.

Befristete gesundheitliche Bedenken bestehen bei Personen mit vorübergehend verminderter Immunabwehr, z. B. bei

- akuten Infektionskrankheiten,
- entgleistem Diabetes mellitus,
- während der Behandlung mit Antibiotika,
- während der systemischen Behandlung mit Kortikosteroiden.

In den „Genrichtlinien" wurden auch Allergien als beispielhafter Anlaß für medizinische Bedenken genannt. Damit wird aus Sicht der Mediziner eine relativ große Bevölkerungsgruppe unberechtigt als erhöht infektionsgefährdet beschrieben. Es erscheint ebenfalls nicht angebracht, gegenüber allen Diabetikern pauschal Bedenken zu äußern. Ihre Immunkompetenz hängt entscheidend von der Güte der Zuckereinstellung ab, sie unterscheidet sich bei einem gut eingestellten Zuckerpatienten praktisch nicht von einem Gesunden.

Als denkbare Gesundheitsgefährdungen wird eine mögliche Infektion der Mitarbeiter durch gentechnisch veränderte pathogene Mikroorganismen angesehen. Das umfangreiche Untersuchungsprogramm des G 43 baut auf diesem Konzept der Infektionsgefährdung auf.

Die Grenzen der medizinischen Überwachung sind vor mehr als 10 Jahren bereits angesprochen worden: „Die Wahrscheinlichkeit ist klein, daß in einem medizinischen Überwachungsprogramm der Gentechnik irgendeine Erkrankung durch neukombinierte Organismen erkannt wird. Es ist nichts bekannt über die Art einer solchen Erkrankung oder einem möglichen Zeitpunkt ihres Auftretens." Bisher sind auch in der Bundesrepublik keine Verdachtsfälle einer durch gentechnisch veränderte Mikroorganismen verursachten Infektionserkrankung aufgetreten.

Bei dem erwähnten breiten Aufwand unter Einfluß von Blutentnahmen und Röntgenuntersuchungen sollten die arbeitsmedizinischen Untersuchungen gezielt erfolgen. Die Forderungen von seiten der Arbeitsmedizin hinsichtlich der praktischen Umsetzung des G 43 sind deshalb:

1. Die Untersuchungen sollten streng in Abhängigkeit von dem erkennbaren Grad der Infektionsgefährdung erfolgen, d. h. konkret, wie in der GenTSV verlangt, ab der Sicherheitsstufe 2 bei Arbeiten mit humanpathogenen Erregern.
2. Bei Einsatz pathogener Mikroorganismen müssen deren Eigenschaften genau beschrieben sein und diese Mikroorganismen müssen durch spezifische Nachweismethoden erfaßbar sein.
3. Bei Einsatz pathogener, gentechnischer veränderter Mikroorganismen muß dem betreuenden Arbeitsmediziner die Möglichkeit der Therapie, z. B. durch Antibiogramme, bekannt sein.

Unter der Einbeziehung des klinisch-mikrobiologischen Sachverstandes der ZKBS soll gewährleistet werden, daß zukünftig die arbeitsmedizinische Überwachung der Mitarbeiter in der Gentechnik dem Gefährdungspotential entsprechend optimiert wird. Darin eingeschlossen sind die für den Einzelfall gegebenen Empfehlungen, ob Material asserviert werden soll, wie und unter welchen Bedingungen es aufzubewahren ist und in welchen Fällen nachgehende Untersuchungen in welchem Rhythmus zu erfolgen haben. Mit der zusätzlichen Empfehlung für verfügbare Impfungen kann somit der Gesundheitsschutz der Mitarbeiter zielgerichtet verbessert werden.

So kann sich das vorgestellte Grundsatzprogramm G 43 in der praktischen Anwendung bewähren. Es ist auch hier ein weiterer Erfahrungsaustausch unter den betroffenen Arbeitsmedizinern anzuregen.

KAPITEL 10

Biologischer Arbeitsschutz und die Mitgestaltungsmöglichkeiten der Arbeitnehmer

J. Katzek[1] · G. Meyer[2]

10.1
Einleitung

Die vielfältigen Anwendungsmöglichkeiten der Bio- und Gentechnologie in den unterschiedlichsten Forschungs- und Anwendungsbereichen haben dazu geführt, daß diese Technikbereiche innerhalb weniger Jahre zu einem Inbegriff von Schlüsseltechnologien geworden sind, um die eine intensive gesellschaftliche Diskussion entbrannt ist. An dieser Diskussion haben sich auch Gewerkschaften schon früh beteiligt, etwa durch die Mitarbeit in der Enquete-Kommission des Deutschen Bundestages „Chancen und Risiken der Gentechnologie" [2], durch ihre Stellungnahmen zum Gentechnikrecht und die mittlerweile zahlreich erschienenen gewerkschaftlichen Publikationen zu diesem Thema [2,3,4,5,6,7]. Im folgenden Beitrag sollen die Rechtsgrundlagen des biologischen Arbeitsschutzes für den Betrieb und insbesondere die Mitwirkungsmöglichkeiten des Betriebsrates und der Beschäftigten beim Umgang mit biologischen Agenzien der verschiedenen Sicherheitsstufen dargestellt werden. Dies umfaßt auch die Erstellung von Betriebsanweisungen sowie die Mitwirkung bei nichtbiologischen Gefährdungen. Abschließend werden Empfehlungen zur Weiterentwicklung des biologischen Arbeitsschutzes und zur Modifizierung des Gentechnikgesetzes vorgestellt.

Es gibt alleine in der Bundesrepublik mehr als 1500 Laboratorien, die mit gentechnisch veränderten Organismen (GVO) arbeiten [8]. Mit gefährlichen biologischen Agenzien, die nicht gentechnisch verändert wurden, und mit infiziertem klinischen Material arbeiten Zehntausende von Beschäftigten in Kliniken, Pharmaindustrie und Forschungseinrichtungen. Nach Auskunft der Bundesregierung sind „Todes- bzw. Krankheitsfälle, die nachweislich in ursächlichem Zusammenhang mit molekularbiologischen Forschungen und Arbeiten stehen, bislang nicht bekanntgeworden" [9]. Es gibt jedoch Untersuchungen [10], insbesondere aus den USA [11], die sich mit den Risiken beim Umgang mit biologischem Material beschäftigen und die Ursachen von Laborinfektionen

---

[1] Dipl.-Biochem., Referent für internationale Umweltpolitik beim Bund für Umwelt und Naturschutz Deutschland (BUND).

[2] Dr. rer. nat. Dipl.-Chem., Abt. Arbeitssicherheit beim Hauptvorstand der IG Chemie-Papier-Keramik.

analysieren. So stellen etwa nach Ansicht der Berufsgenossenschaft für Gesundheitswesen und Wohlfahrtspflege die Hepatitiserkrankungen die nach wie vor häufigste berufsbedingte Infektionskrankheit bei medizinischem und zahnmedizinischem Personal dar [12].

Angesichts der anhaltenden Dynamik der Entwicklung im Bereich der Bio- und Gentechnologie und der steigenden wirtschaftlichen Verwertung ihrer Ergebnisse ist ein rechtsverbindlicher Rahmen für den Umgang mit dieser Technologie genauso notwendig wie eine verbindliche Festschreibung von Sicherheitsstandards. Aber auch die Frage nach den sozio-ökonomischen Auswirkungen der Gentechnik nimmt in der öffentlichen Diskussion einen immer größeren Raum ein, und wurde, z. B. vom DGB, im „Memorandum zur Bio- und Gentechnologie" aufgegriffen [13].

Die Notwendigkeit eines umfassenden Schutzes der Arbeitnehmer vor potentiellen Gefährdungen durch die Bio- und Gentechnologie wurde auch auf europäischer Ebene erkannt. So wurde etwa neben den allgemeinen Gentechnik-Richtlinien [14] im Rahmen der Arbeitnehmerschutz-Richtlinie [15] eine Einzelrichtlinie zum Schutz der Arbeitnehmer vor biologischen Arbeitsstoffen erlassen [16], die von der Bundesregierung bis zum 26. November 1993 in nationales Recht hätte umgesetzt sein müssen. Grundlage dieser Richtlinie ist der Artikel 118 a des EWG-Vertrages, der auch stringentere nationale Regelungen erlaubt, wenn diese für notwendig erachtet werden. Mit dieser EG-Richtlinie hat der biologische Arbeitsschutz eine rechtsverbindliche Dimension für den europäischen Binnenmarkt erreicht. Als Generallinie gibt die EG-Richtlinie vor:

- Für jede Tätigkeit, bei der eine Exposition gegenüber biologischen Arbeitsstoffen auftreten kann, müssen die Art, das Ausmaß und die Dauer der Exposition ermittelt werden (Art. 3,2 a).
- Bei der vorzunehmenden Risikoabschätzung einer Arbeit mit biologischen Agenzien sind eine Reihe von Faktoren zu berücksichtigen, u. a. auch allergieauslösende und toxische Wirkungen (Art. 3,3).
- Die Arbeitgeber haben sich ständig über den neuesten Stand der Technik zu informieren, um den Schutz für Gesundheit und Sicherheit der Arbeitnehmer wirksamer gestalten zu können (Art. 3,2 c). Die Beschäftigten sind entsprechend zu informieren (Art. 9 und 10).
- Der Arbeitgeber vermeidet, ähnlich wie auch in der Gefahrstoffverordnung (GefStoffV) geregelt, die Verwendung eines gefährlichen biologischen Arbeitsstoffes, indem er ihn, soweit die Art der Tätigkeit dies zuläßt, durch einen biologischen Arbeitsstoff ersetzt, der weniger gefährlich für die Gesundheit der Arbeitnehmer ist (Art. 5).
- Zum Schutz von Gesundheit und Sicherheit der durch die biologischen Arbeitsstoffe gefährdeten Arbeitnehmer sollen vorbeugende Maßnahmen getroffen werden (Art. 6 u. 8).
- Vor und während der Tätigkeit in biologischen Laboratorien ist der Gesundheitszustand der Arbeitnehmer zu überwachen und zu bewerten (Art. 14).

10.2
Rechtsgrundlagen des biologischen Arbeitsschutzes für den Betrieb

Auf nationaler Ebene gibt es neben den allgemeinen Arbeits- und Gesundheitsschutzvorschriften zwei spezifische Regelungen, die beim Umgang mit biologischen Agenzien heranzuziehen sind und die Arbeitsgrundlagen für den biologischen Arbeitsschutz im Betrieb bilden. Zum einen ist zu nennen das am 1. Juli 1990 in Kraft getretene und zum 01. 01. 1994 novellierte Gentechnikgesetz (GenTG) mit seinen entsprechenden Rechtsverordnungen, wobei insbesondere die Gentechnik-Sicherheitsverordnung (GenTSV) von Bedeutung ist, und zum anderen die Unfallverhütungsvorschrift (UVV) „Biotechnologie" (VBG 102) in der Fassung vom 1. Januar 1988 mit den dazugehörigen Merkblättern [17]. Die GenTSV wurde vor kurzem überarbeitet. Die im Rahmen dieses Artikels angesprochenen Fragestellungen werden jedoch von den Novellierungen kaum berührt, wie man z.B. durch Vergleich der Änderungen im Gentechnikgesetz (s. Anhang) leicht ersehen kann.

Das Gentechnikgesetz will den Schutz von Mensch und Umwelt vor allem gewährleisten durch eine

- Verpflichtung des Betreibers zu eigenverantwortlicher Gefahrenabwehr, Risikovorsorge und der ständigen Berücksichtigung des aktuellen Standes der Wissenschaft (§ 6 GenTG),
- vorbeugende staatliche Kontrolle vor Aufnahme gentechnischer Arbeiten (§ 7 – § 13 GenTG),
- nachgehende Überwachung (§ 25, § 26 und § 30 Abs. 2 Nr. 9 a GenTG).

Im Genehmigungsverfahren für gentechnische Anlagen werden die zentralen organisatorischen Voraussetzungen für den biologischen Arbeitsschutz im Betrieb mitgeprüft (§ 11 GenTG). Dabei müssen die folgenden Angaben gemacht werden:

- Name des Projektleiters und Nachweis der erforderlichen Sachkunde,
- Name des Beauftragten für die biologische Sicherheit (BBS) und Nachweis der erforderlichen Sachkunde,
- Beschreibung der gentechnischen Anlage und ihres Betriebes, insbesondere der für die Sicherheit bedeutsamen Einrichtungen,
- Risikobewertung und Beschreibung der vorgesehenen Arbeit im Hinblick auf die erforderliche Sicherheitsstufe und die vorgesehenen Vorkehrungen,
- Beschreibung der verfügbaren Techniken zur Erfassung, Identifizierung und Überwachung des GVO,
- im Bereich gentechnischer Arbeiten zu gewerblichen Zwecken zusätzliche Angaben über Zahl und Ausbildung des Personals, Angaben über Reststoffverwertung und Notfallpläne.

Bereits im Anmelde- bzw. Genehmigungsverfahren ist der Betriebs-/Personalrat zu beteiligen. Dies ergibt sich insbesondere aus den Vorschriften des Betriebsverfassungsgesetzes (§ 89 Abs. 2 und § 90 BetrVG) sowie aus der Unfallverhütungsvorschrift (VBG) 102 „Biotechnologie" (§ 17 Abs. 3 und § 18 Abs. 3). In der Gentechnik-Sicherheitsverordnung (GenTSV) sind die vielfältigen Aufgaben der gesetzlich bestimmten, zentralen Personen benannt: Des Projektleiters, der die unmittelbare Planung, Leitung oder Beaufsichtigung einer Arbeit durchführt, des Betreibers und des Beauftragten für die biologische Sicherheit. Die folgende Tabelle gibt eine Übersicht über die Verantwortlichkeiten dieser Personen entsprechend des GenTG/GenTSV und der VBG 102 „Biotechnologie".

Tabelle 10.1 Vergleich der Verantwortlichkeit des Projektleiters entsprechend § 14 GenTSV und der VBG 102 „Biotechnologie"

GenTG/GenTSV	VBG 102 „Biotechnologie"
Projektleiter *Verantwortlichkeit (§ 14 GenTSV)* – Planung, Leitung und Beaufsichtigung gentechnischer Arbeiten – Beachtung von Arbeitsschutzvorschriften – Maßnahmen zur Gefahrenabwehr – Prüfung von Alternativen zur vorgenommenen Arbeit (bei Produktion S2 – S4) – Beachtung der in Anhang III (Labor- und Produktion), Anhang IV (Pflanzen), Anhang V (Tiere), und Anhang VI Vorsorgeuntersuchungen) GenTSV festgelegten Sicherheitsmaßnahmen – Evtl. Überwachung des Arbeitsbereiches auf Kontamination (§ 12 Abs. 7 GenTSV) – Kontrolle der Anforderungen an die Abwasserbehandlung – Beachtung anderer seuchen-, tierseuchen-, tierschutz-, artenschutz- und pflanzenschutzrechtlichen Vorschriften (§ 14 Abs. 1 GenTSV) – Umsetzung behördlicher Auflagen – Qualifikation und Einweisung der Beschäftigten – Veranlassung der arbeitsmedizinischen Vorsorgeuntersuchung – Unterrichtung des BBS über alle relevanten Vorgänge und Gefährdungsermittlung – Führung der erforderlichen Aufzeichnungen (§ 4 Abs. 2 GenTAufzV).	Der Begriff des „Projektleiters" existiert nicht. Dafür wird „Leiter des Arbeitsbereiches" verwendet (§ 8)

Tabelle 10.2   Vergleich der Betreiberpflichten entsprechend §6 GenTG und §19 GenTSV und der VBG 102 „Biotechnologie"

Pflichten (§6 GenTG und §19 GenTSV)	Pflichten nach VBG 102
– Bestellt den BBS (und evtl. den Projektleiter) – Führt eine umfassende Risikobewertung durch – Ordnet die Arbeiten einer Sicherheitsstufe zu – Verantwortlich für Gefahrenabwehr und Risikovorsorge, Erstellung von Betriebsanweisungen (§12 GenTSV – Haftbar (§32 GenTG) – Unterstützung des BBS (Hilfspersonal, Räume Arbeitsmittel, Fortbildungsveranstaltungen) – Muß vor Beschaffung von Einrichtungen den BBS hören. Muß für den BBS direkt ansprechbar sein, wenn Einigung mit dem Projektleiter nicht erzielt werden konnte – Erteilt schriftliche Erlaubnis bei Instandhaltungs- oder Änderungsarbeiten bei Stufe S2–S4 (§12 Abs. 5 GenTSV) – Anpassung des Arbeitsverfahrens an den Stand der Technik (§12 Abs. 6 GenTSV) Die Betreiberpflichten enden mit der endgültigen Einstellung des Betriebes	– Beurteilung des Gefährdungspotentials (§3 Abs. 1), Registrierung der Anlage und der Arbeit (§17 und §18) – Möglichst Beschränkung der Arbeit auf biologische Agenzien mit geringem Gefährdungspotential (§4) – Bestellung des BBS (§16) – Muß sicherheittechnische, arbeitsmedizinische und hygienische Maßnahmen zum Schutz der Versicherten treffen (§5, 7, 11 und §13) – Reduktion des Austretens von Organismen auf ein Minimum (§6) – Muß dafür sorgen, daß der Leiter des Arbeitsbereiches qualifiziert ist (§8) – Beschränkung der Versicherten auf notwendige Mindestzahl bei Arbeiten mit gefährlichen Organismen (§9) – Unterweisung der Beschäftigten (§10) – Erstellen einer Betriebsanweisung (§10) – Erteilt schriftliche Erlaubnis bei Instandhaltungs- oder Änderungsarbeiten bei Anlagen der Stufe S2–S4((§12) – Entsorgung von Rückständen (§14) – Vorschreiben der Hygienemaßnahmen (§15) – Unterstützung des BBS (Hilfspersonal, Räume, Arbeitsmittel, Fortbildung) (§16)

Eine Pflicht zur Zusammenarbeit mit dem Betriebsrat besteht nach dem GenTG nur eingeschränkt. Im Anhang VI-J der GenTSV ist lediglich die Verpflichtung des Betreibers zur Unterrichtung der Beschäftigten festgeschrieben. Diese umfaßt insbesondere die folgenden Bereiche:

– Mit den Arbeiten verbundene Risiken,
– Zu treffende Sicherheitsmaßnahmen,
– Gründe für die Auswahl der Schutzausrüstung,
– Betriebsstörungen.

Andere Mitbestimmungsrechte, wie sie in anderen Bereichen des Arbeitsschutzrechts gelten, wurden im Rahmen des GenTG nicht immer mit aufgenommen. Dies gilt z. B. für die Bestellung des Beauftragten für Biologische Sicherheit. Hier ist der Betriebsrat nur „zu hören" (§16 Abs. 1 GenTSV), während die VBG 102 „Biotechnologie", die auch den Umgang mit nicht gentechnisch veränderten Organismen abdeckt, davon ausgeht, daß ein BBS der beim „Umgang mit biolo-

Tabelle 10.3 Vergleich der Aufgaben des Beauftragten für die Biologische Sicherheit (BBS) entsprechend § 18 GenTSV und § 30 Abs. 2 Nr. 3 GenTG und der VBG 102 „Biotechnologie"

Aufgaben (nach § 18 GenTSV und § 30 Abs. 2 Nr. 3 GenTG)	Aufgaben nach VBG 102

– Überprüfung der Aufgaben des Projektleiters
 	
– Kontrolle der Labore und Produktionsstätten
– Vorschläge zur Beseitigung von Mängeln
– Beratung des Betreibers, des Betriebsrates und der „verantwortlichen Person" in Fragen der
  – biologischen Sicherheit
  – Planung, Ausführung und Unterhaltung von Einrichtungen, Beschaffung von Betriebsmitteln
  – Auswahl persönlicher Schutzausrüstung
  – Inbetriebnahme von Einrichtungen
  – Erstellung eines jährlichen Berichtes an den Betreiber
	Beratung des Unternehmers bei der
	– Planung, Ausführung, Inbetriebnahme und Unterhaltung von Einrichtungen sowie der Verwendung von Organismen
	– Beschaffung von Einrichtungen
	– Auswahl und Erprobung der persönlichen Schutzausrüstungen
	– Beratung des Betriebsrates

gischen Agenzien mit Gefährdungspotential" zu stellen ist, d.h. bei Arbeiten ab der Sicherheitsstufe 2, mit „Zustimmung des Betriebsrates zu bestellen ist" (§ 16 VBG 102 i. V. m. § 9 Abs. 3 ASiG). Dagegen sieht das GenTG wiederum vor, daß ein Beauftragter für Biologische Sicherheit für den Umgang mit GVO gentechnisch veränderten Organismen *aller* Sicherheitsstufen zu bestellen ist. In diesem Bereich ist von daher eine gewisse Inkonsistenz im gesetzlichen Regelwerk festzustellen. Ein anderes Beispiel stellt das Recht auf Arbeitsverweigerung dar, wie es in der Gefahrstoffverordnung existiert (§ 21 Abs. 6 GefStoffV), und das im GenTG nicht explizit aufgenommen wurde. Die Möglichkeit zur Arbeitsverweigerung besteht nach GefStoffV, „wenn eine unmittelbare Gefahr für Leben und Gesundheit" besteht. Hier sind für den biologischen Arbeitsschutz jedoch gesetzliche Veränderungen zu erwarten, wenn die EG-Richtlinie zum Schutz der Arbeitnehmer vor biologischen Arbeitsstoffen in der Bundesrepublik implementiert wird.

Für den biologischen Arbeitsschutz im Betrieb ist es entscheidend, daß die praktische Zusammenarbeit in Fragen der Arbeitssicherheit und Gesundheitsvorsorge auf dem Gebiet der Bio- und Gentechnik von Betroffenen und Verantwortlichen funktioniert. Der Gesundheitsschutz am Arbeitsplatz ist aus gewerkschaftlicher Sicht ohne die Beteiligung der betroffenen Arbeitnehmer nur schwer zu verbessern. Dies setzt eine umfassende Information der Beschäftigen in den Betrieben voraus. Der Betriebsrat sollte sich dafür einsetzen, daß für betroffene Mitarbeiter betriebsinterne Ausbildungseinheiten für das sichere Arbeiten in der Biotechnologie entwickelt und angeboten werden [18], und darüber hinaus externe Fort- und Weiterbildungsangebote genutzt werden können. Da viele Beschäftigte die betrieblichen Unterrichtungen als nicht ausreichend betrachten, wurde von Seiten der IG CPK ein Modellseminar konzipiert [19].

Neben dem Gentechnikgesetz gibt es noch eine Reihe gesetzlicher Einflußmöglichkeiten [20, 21], z.B. auf Grundlage des BetrVG, auf die sich die Beschäftigten und deren Interessenvertreter bei der sicheren Gestaltung des Arbeitsplatzes beziehen können. Darüber hinaus bestehen in einigen Betrieben, z.B. der BASF, bereits schon jetzt freiwillige „Biosafety-Komissionen", wie sie, ähnlich den Arbeitsschutzausschüssen im Rahmen des Arbeitssicherheitsgesetzes (§ 11 ASiG), in § 16 Abs. 1 GenTSV vorgeschlagen werden, und in denen auch ein Betriebsvertrauensmann Mitglied ist [18]. Wie vielfältig die Möglichkeiten für eine solche Zusammenarbeit sind, zeigt die folgende Übersichtstabelle:

Tabelle 10.4   Möglichkeiten für eine Beteiligung der Beschäftigten und deren Interessenvertreter bei der sicheren Gestaltung des Arbeitsplatzes

Tatbestand	Rechtsgrundlage
Anspruch auf umfassende Unterrichtung	§ 18 Abs. 1 Satz 2 BetrVG i.V.m. § 7 Abs. 2 der UVV „Allgemeine Vorschriften" (VBG 1), § 10 VBG 102 „Biotechnologie" und Anhang VI-J Gentechniksicherheitsverordnung (GenTSV)
Vorschlagsrecht	§ 82 Abs. 1 Satz 2 und § 90 BetrVG i.V.m. Anhang VI-J Abs. 2 GenTSV
Leistungsverweigerungsrecht	§ 273 Abs. 1, § 320 Abs. 1 Bundesgesetzbuch (BGB) i.V.m. § 53 Arbeitsstättenverordnung (ArbStättV) und § 14 VBG 1
Überwachungsrecht des Betriebsrates	§ 80 Abs. 1 Satz 1 BetrVG
Einbeziehung des Betriebsrates bei Betriebsbegehungen	§ 89 Abs. 2 Satz 1 BetrVG
Unterstützung der für den Arbeitsschutz zuständigen Behörden	§ 89 Abs. 1 BetrVG i.V.m. § 79 BetrVG
Hinzuziehen von Sachverständigen	§ 80 Abs. 3 BetrVG
Zusammenarbeit mit den Fachkräften für Arbeitssicherheit	§ 9 Abs. 1 und § 11 Arbeitssicherheitsgesetz (ASiG)
Konkretisierung von Rahmenvorschriften	§ 87 Abs. 1 Nr. 7 BetrVG
Freiwillige Betriebsvereinbarungen	§ 88 Abs. 1 BetrVG i.V.m. Anhang VI J Abs. 2 GenTSV
Bestellung von Fachkräften für Arbeitssicherheit	§ 9 Abs. 3 ASiG i.V.m. § 16 Abs. 1 VBG 102

Grundlage für einen verbesserten Gesundheitsschutz am Arbeitsplatz ist dabei der Anspruch des Arbeitnehmers auf eine umfassende Unterrichtung vor dem Beginn seiner Tätigkeit über die damit verbundenen Unfall- und Gesundheitsgefahren sowie der getroffenen Abwehrmaßnahmen. Auf Grundlage dieser Informationen ist es den Beschäftigten möglich, von ihrem Vorschlagsrecht für die Gestaltung des Arbeitsplatzes Gebrauch zu machen, um Gefahren abzuwehren und möglichst belastungsfreie Arbeitsbedingungen herzustellen. Ein Leistungsverweigerungsrecht des Arbeitnehmers besteht jedoch nur in schwerwiegenden Fällen, wie dem Verstoß gegen Gesetze und bei Gefahr für Leben oder Gesundheit. Informationsdefizite bestehen jedoch auch derart, daß selbst Beschäftigte mit einer fachspezifischen Ausbildung bestimmte Tatbestände nicht nachvollziehen können. Dies gilt nach Meinung der Leiterin der Abteilung Technologie beim ÖTV-Hauptvorstand, S. Groner-Weber, speziell in der Frage, „warum bestimmte Organismen in diese oder jene Sicherheitsstufe einklassifiziert sind." [22]. Es gibt eine Reihe von Kriterien (wie etwa Grad der Pathogenität, verfügbare Impfstoffe, notwendige Infektionsmenge etc.), nach denen Organismen in Risikogruppen eingruppiert werden. Die *Gewichtung* der einzelnen Einstufungskriterien ist jedoch z. Z. nicht nachvollziehbar. Aus diesem Grunde gibt es auch in einigen Fällen Unterschiede bei der Klassifizierung von Organismen, z. B. zwischen den von der BG Chemie erarbeiteten Listen und Vorschlägen bei der Erstellung europäischer Listen im Rahmen der Konkretisierung der Arbeitnehmerschutz-Richtlinie. Dieses Defizit könnte z. B. durch die Erstellung einer entsprechenden Datenbank von Seiten der BG Chemie beseitigt werden. Entsprechende Vorbereitungen sind z. Z. im Gange.

10.3
Mitwirkungsmöglichkeiten des Betriebsrates

Eine besondere Mitverantwortung bei der technisch-organisatorischen Gestaltung des „sicheren biologischen Arbeitens" kommt dem Betriebsrat zu. Er hat allgemein darauf zu achten, daß die zugunsten der Arbeitnehmer geltenden Vorschriften befolgt werden. Er hat ein Mitbestimmungsrecht bei der Konkretisierung ausfüllungsbedürftiger Rahmenvorschriften (§ 87 Abs. 1 Nr. 7 BetrVG), das selbständige Überwachungsrecht bei der Bekämpfung von Gefahren für Leben und Gesundheit der Arbeitnehmer (z. B. in Form eigenständiger Betriebsbegehungen) und das Recht auf seine Einbeziehung durch alle mit dem Arbeitsschutz befaßten Stellen (z. B. Gewerbeaufsicht und Berufsgenossenschaft), insbesondere bei Betriebsbegehungen und Unfalluntersuchungen. Darüber hinaus besteht eine Verpflichtung des Betriebsrates zur Unterstützung der für den Arbeitsschutz zuständigen Behörden, wie Gewerbeaufsicht oder Berufsgenossenschaft, durch „Anregung, Beratung und Auskunft". Hier die Grenzen gegenüber der Geheimhaltungspflicht nach § 79 BetrVG zu finden, ist jedoch nicht immer ganz leicht.

Desweiteren besteht von Seiten der Betriebsärzte und der Fachkräfte für Arbeitssicherheit, die unabhängig vom Beauftragten für biologische Sicherheit (BBS) zu bestellen sind, eine Verpflichtung zur Zusammenarbeit mit dem Betriebsrat auch außerhalb der Beratungen im Arbeitschutzausschuß. Die Bestellung von Fachkräften für Arbeitssicherheit war bis vor kurzem lediglich abhängig von der *Betriebsgröße*, nicht jedoch von der Art des *Gefährdungspotentials* der verschiedenen betrieblichen Tätigkeiten (einschließlich der biologischen Agenzien), im Gegensatz zur Bestellung eines BBS. Die Bestellung und Abberufung von Fachkräften für Arbeitssicherheit ist mitbestimmungspflichtig.

Dies gilt auch für den BBS, der in einem Betrieb arbeitet, in dem nicht gentechnisch veränderte Organismen verwendet werden. In Betrieben, die mit gentechnisch veränderten Organismen arbeiten, reicht es, wie bereits erwähnt, nach der GenTSV aus, den Betriebsrat lediglich „zu hören". Diese Unterscheidung durch den Gesetzgeber ist nicht nachvollziehbar. Eine Fachkraft für Arbeitssicherheit, wie es der BBS darstellt, muß eine Vertrauensposition ausfüllen, und kann deshalb u. E. seine Aufgaben nur dann vollwertig erfüllen, wenn sie im Einvernehmen mit dem Betriebs- und Personalrat bestellt wird.

Darüber hinaus besteht die Möglichkeit zusätzlicher Regelungen durch freiwillige Betriebsvereinbarungen, wie sie z. B. notwendig sein können, um spezifischen Gefährdungen durch einen Mikroorganismus entgegenzuwirken, die durch dessen Klassifizierung in eine bestimmte Risikostufe nicht abgedeckt ist, denn auch innerhalb einer Sicherheitsstufe befinden sich Organismen ganz unterschiedlichen Gefährdungspotentials. Organismen der Gruppe 2 können sich sowohl knapp über dem Gefährdungspotential von Organismen der Gruppe 1, aber auch kurz unter dem Potential von Organismen der Stufe 3 befinden. Im letzten Fall sind im Einzelfall zusätzliche Sicherheitsmaßnahmen notwendig, die über die schematischen, gesetzlich festgeschriebenen Vorkehrungen hinausgehen. Beispiele für eine solche Vorgehensweise sind z. B. in dem Merkblatt B 005 [23] genannt, in dem für einzelne Organismen spezifische Sicherheitsmaßnahmen aufgeführt wurden.

Im Mittelpunkt der Zusammenarbeit zwischen Betriebsrat und Betriebsleitung steht jedoch zunächst das Verfahren der Risikobeurteilung biologischer Arbeiten. Herkömmliche biotechnische Verfahren gelten dabei als unbedenklich, wenn sichergestellt ist, daß die gebotenen Verhaltens- und Hygieneregeln beachtet werden. Für diesen Bereich gelten zwar keine speziellen Anmelde- bzw. Genehmigungsvorschriften bezogen auf die Arbeitssicherheits- und Gesundheitsschutzprobleme im Betrieb, dennoch sollte der von der VBG 102 verlangte Unbedenklichkeitsnachweis (§ 3 Abs. 1) in Verbindung mit den allgemeinen Schutzpflichten nach § 5 mit dem Betriebsrat beraten und entsprechende Maßnahmen geregelt werden. Bei gentechnischen Arbeiten gilt im Unterschied zu den „herkömmlichen biotechnologischen Verfahren" grundsätzlich das Anmelde- bzw. Genehmigungsverfahren nach § 8 GenTG. Entsprechend der VBG 102 „Biotechnologie" sind dem Betriebsrat in Kopie die Unterlagen für die Anmeldung zuzuleiten.

Für die Art und den Umfang der praktischen Zusammenarbeit im Betrieb ist die Einstufung der vorgesehenen Arbeiten in die entsprechenden Sicherheitsstufen ausschlaggebend. Diese erfolgt letztlich durch die Vorgaben der ZKBS und der anschließenden Stellungnahme der Ländergenehmigungsbehörde. Bei der Erarbeitung von Anmelde- und Genehmigungsunterlagen sollte eine enge Kooperation zwischen betroffenen Mitarbeitern, dem zuständigen BBS und dem Betriebsrat organisiert werden. Soweit dabei Zweifel nicht ausgeräumt werden können, sollte Sachverstand von außen eingeschaltet werden. Hier ist insbesondere auf die für diesen Fachbereich zur Verfügung stehenden Technischen Aufsichtsbeamten der Berufsgenossenschaften hinzuweisen.

10.4
Mitarbeit der Beschäftigten und ihrer Interessenvertretung

10.4.1
Mitarbeit bei Arbeiten der Sicherheitsstufe 1

Sowohl bei herkömmlichen biotechnologischen Verfahren als auch bei gentechnischen Arbeiten im Bereich der Sicherheitsstufe 1 gilt es als unwahrscheinlich, daß beim Menschen Infektionen verursacht werden. Auch der sichere Umgang mit Organismen der Stufe 1 setzt allerdings manchmal besondere Maßnahmen voraus. So ist z. B. bekannt, daß beim Umgang mit großen Mengen des Austernpilzes *Ortreatus pleusotus*, eines Speisepilzes, der in die Sicherheitsstufe 1 klassifiziert wird, häufig allergische Reaktionen auftreten können. Organisatorische Vorkehrungen, die Art der persönlichen Schutzausrüstung sowie die erforderlichen technischen und hygienischen Maßnahmen sind unter Einbeziehung des Betriebsrates zu regeln. Dies umfaßt etwa

- Organisation der arbeitsplatzbezogenen Unterweisungen der Beschäftigten,
- Reinigungs- und Desinfektionsvorschriften,
- besondere Vorkehrungen bei Reparatur- und Wartungsarbeiten,
- Organisation der arbeitsmedizinischen Betreuung.

Die allgemeine Sicherheitsphilosophie unterstellt, daß die Beschäftigten aufgrund ihrer Ausbildung sowie ihrer Arbeitserfahrung ausnahmslos die „Grundregeln guter mikrobiologischer Technik" befolgen. In der Praxis der betrieblichen Arbeitsbedingungen (Platzmangel in den Labors bzw. Betriebsbedingungen in der Produktion) sowie durch den vermehrten Einsatz von Hilfskräften sollte sich der Betriebsrat nicht ungeprüft auf die Befolgung dieser „theoretischen Grundregeln" verlassen. Dort, wo aufgrund fehlender Ausbildung bzw. langjähriger Arbeitserfahrung an einer solchen Routine Zweifel bestehen, sollte der Betriebsrat besondere Maßnahmen bezüglich häufigerer Unterweisungen, fachkundiger Aufsicht und beruflicher Qualifizierung einfordern. Auch regelmäßige gemeinsame Begehungen der Arbeitsbereiche mit den Sicherheitsfachkräften bzw. Sicherheitsbeauftragten unter Hinzuziehen des Betriebsarztes sollten zum allgemeinen Sicherheitskonzept gehören.

10.4.2
Mitgestaltung bei Arbeiten höherer Sicherheitsstufen

Der Umgang mit Organismen in Arbeitsbereichen der Sicherheitsstufe 2–4 erfordert in Abhängigkeit vom spezifischen Gefährdungspotential besondere Konzepte zum Schutz der Gesundheit der Beschäftigten. Die Mitverantwortung des Betriebsrates erstreckt sich auch auf die Bereiche der Planung von Einrichtungen und Verfahren. In diesem Rahmen gewinnt insbesondere das Prinzip der Vermeidung von Verfahren mit höherem Gefährdungspotential (§ 4 VBG 102) besondere Bedeutung. Der Schutzgedanke der VBG 102 sowie die Sicherheitskonzeption nach dem GenTG beruht auf der Grundannahme, daß dort, wo es möglich ist, nicht mit pathogenen Organismen umgegangen wird. Bei der Gestaltung und Umsetzung von Gesundheitskonzeptionen für den Umgang mit bio- und gentechnischen Organismen der Stufen 2 – 4 sowie der Beurteilung des Gefährdungspotentials ist der Betriebsrat auf verschiedenen Ebenen einzubeziehen:

10.5
Beschäftigungsvorschriften und Betriebsanweisungen
(§§ 9 und 10 VBG 102)

Im Rahmen der Personalplanung ist der Betriebsrat bei der Festlegung des erforderlichen Personals (sowohl qualitativ als auch quantitativ) beteiligt. Über das Verfahren der arbeitsbereichs- oder arbeitsplatzbezogenen namentlichen Erfassung der Betroffenen sowie der Überwachung dieses Verfahrens sollte eine besondere Übereinkunft getroffen werden. Besondere Aufmerksamkeit ist dem Personenkreis, für den besondere Beschäftigungsbeschränkungen bestehen, zu schenken. Die erforderlichen Betriebsanweisungen sollten in Zusammenarbeit mit dem BBS erstellt werden. Die Betriebsanweisung muß dabei Angaben enthalten über:

- die erforderlichen Unterweisungen,
- die Maßnahmen zur Reinigung und Desinfektion,
- den Hygieneplan,
- die fachkundige Aufsicht bei nichterfaßten Versicherten und Betriebsfremden,
- das Verfahren der Erlaubniserteilung für Wartungs- und Abbrucharbeiten,
- die Art der Inaktivierung bzw. erforderliche Schutzausrüstung vor Arbeitsaufnahme in verunreinigten Bereichen,
- die sachgerechte Weiterverarbeitung bzw. Entsorgung einschließlich der Lagerung und des Transportes,
- Verhalten bei Stör- und Notfällen.

10.5.1
Betriebsanweisungen

Betriebsanweisungen und Unterweisungen sind arbeitsplatz- und tätigkeitsbezogene verbindliche schriftliche bzw. mündliche Anordnungen und Verhaltensregeln des Arbeitgebers an Arbeitnehmer zum Schutz vor Unfall- und Gesundheitsgefahren, wie zum Schutz der Umwelt beim Umgang mit biologischen Agenzien. Deshalb müssen alle Unfall- und Gesundheitsrisiken in Laboratorien und Produktion erfaßt werden (auch jene, die nicht unmittelbar im Zusammenhang mit biologischen Agenzien stehen).

Der Umfang von Betriebsanweisungen und die Dauer der Unterweisungen sind nicht allgemeingültig festzulegen, sondern werden durch die für den sicheren Umgang notwendigen Informationen bestimmt sowie durch die sprachliche, graphische bzw. pädagogische Aufarbeitung [24]. Betriebsanweisungen und

Unterweisungen sind deshalb von zentraler Bedeutung für das Informations- und Verhaltensniveau der Beschäftigten. Bei der Konzeption und konkreten Ausgestaltung sowohl von Betriebsanweisungen als auch von Unterweisungen hat der Betriebsrat ein Mitbestimmungsrecht.

Die folgenden Tabellen sollen eine Hilfestellung sein, worauf bei der Erstellung einer arbeitsplatzbezogenen Betriebsanweisung, bei einer Unterweisung oder aber auch bei der Begehung des Labors bzw. der Produktionsanlage zu achten ist. Dabei sind Maßnahmen, die in der Sicherheitsstufe 1 notwendig sind, natürlich auch bei Arbeiten in der Sicherheitsstufe 2 zu beachten.

Tabelle 10.5 Maßnahmen, auf die bei der Erstellung einer arbeitsplatzbezogenen Betriebsanweisung für die Sicherheitsstufe 1 zu achten sind

Sicherheitsstufe 1

Sind die Fenster der Arbeitsräume während der Arbeit geschlossen?
Wird in den Arbeitsräumen getrunken, gegessen oder geraucht?
Wo werden Nahrungsmittel und Tabakwaren aufbewahrt?
Werden Laborkittel oder andere Schutzkleidung im Arbeitsraum getragen?
Sind mechanische Pipettierhilfen vorhanden?
In welchen Gefäßen werden Spritzen und Kanülen gesammelt?
Womit wird biologisches Material, das verschüttet wurde, desinfiziert?
Womit werden nach Beendigung der Tätigkeiten die Arbeitsflächen desinfiziert?
Womit werden nach Beendigung eines Arbeitsvorganges und vor Verlassen
des Laboratoriums die Hände gewaschen, desinfiziert und nachgefettet?
Sind die Laboratoriumsräume aufgeräumt und sauber?
Wie wird die Identität der benutzten Mikroorganismen in regelmäßigen Abständen
überprüft?
Wurden Unterweisungen durchgeführt?
Wie und wo wird gegebenenfalls Ungeziefer bekämpft? Wer ist dafür verantwortlich?
Bestehen insbesondere bei der Durchführung „weiterer gentechnischer Arbeiten"
Aufzeichnungen (Name, Datum, Beginn, Ende, Art der Arbeiten, Mikroorganismen,
besondere Vorkommnisse, Personalwechsel, etc.)?
In welcher Form werden Abwasser und Abfälle entsorgt?
Hängen die Angaben über Notarzt, Betriebsarzt, Ersthelfer und Feuerwehr aus?
Welche Notfallpläne bestehen und wo hängen diese aus?

Tabelle 10.6 Maßnahmen, auf die bei der Erstellung einer arbeitsplatzbezogenen Betriebsanweisung für die Sicherheitsstufe 2 zu achten sind

Sicherheitsstufe 2

Wie und wo wird die abgelegte Arbeitskleidung desinfiziert und gereinigt?
Sind die Labore entsprechend gekennzeichnet und besteht eine Zugangsbeschränkung?
Sind Fenster und Türen der Arbeitsräume während der Arbeiten geschlossen?
Welche Schutzkleidung wird getragen?
Wo werden Schutzkleidung und Laborkittel abgelegt?
Wo werden die Schutzkittel, die vor Verlassen des Labors gewechselt werden, getrennt von
normaler Kleidung aufbewahrt?
Werden Schutzhandschuhe getragen?
Wird beim Verschütten humanpathogener Organismen der Projektleiter oder BBS informiert?
Hängen die Angaben über den BBS bzw. Projektleiter aus?

Tabelle 10.6   Fortsetzung

Sicherheitsstufe 2

Werden Arbeitsgeräte, die in unmittelbarem Kontakt mit S2-Material waren, vor einer
Reinigung autoklaviert oder desinfiziert?
Ist angegeben, welche Methoden zur Inaktivierung verwendet werden, und welche
Desinfektionsmittel in welcher Konzentration verwendet werden und wie lange
die Einwirkungszeit ist?
Wird der Abfall in geschlossenen und bruchsicheren Behältern zur Entsorgungseinrichtung
transportiert?
Liegen schriftliche Erlaubnisscheine für die Durchführung von Instandhaltungs-,
Desinfektions-, Reinigungs- und Wartungsarbeiten vor, die vom Projektleiter abzuzeichnen
sind? Ist dabei festgelegt, welche Desinfektionsmittel zu benützen, welche persönliche
Schutzausrüstung zu tragen und welche Sicherheitsmaßnahmen zu treffen sind?
Welche Maßnahmen sind beim Austritt größerer Mengen, insbesondere von
humanpathogenem Material, vorgeschrieben?
Ist festgelegt, daß bei Unfällen der Projektleiter und BBS sowie der Vorgesetzte und der
betriebsärztliche Dienst sofort zu verständigen sind?
Sind Angaben über eine evtl. mögliche Immunisierung oder eine spezielle medikamentöse
Behandlung gegen das zu bearbeitende Material im Gefährdungspotential den Mitarbeitern
bekannt gemacht worden?
Unterliegen Beschäftigte der jährlichen Vorsorgeuntersuchung? Wer führt diese
Untersuchungen durch und führt die Vorsorgekartei?
Sind für die einzelnen Arbeitsbereiche entsprechend der jeweiligen Gefährdung Maßnahmen
zur Desinfektion, Reinigung und Sterilisation festgelegt worden (Hygieneplan)?
Dabei ist eine zeitliche Terminvorschrift festzulegen (z. B. nach Beendigung der Arbeit, täglich
oder wöchentlich) und anzugeben, welche Mengen welchen Mittels für die Desinfektion der
Geräte, des Fußbodens und zur Raum-/Klimaanlagendesinfektion einzusetzen sind.

Tabelle 10.7   Hinweise, die an Sicherheitswerkbänken angebracht sein sollten

Sicherheitswerkbänke

Befindet sich an den Sicherheitswerkbänken eine Anweisung, in der auf die folgenden Punkte
hingewiesen wird?

Warnsignal nicht inaktivieren
Luftschlitze in der Sicherheitswerkbank nicht verdecken
Sicherheitswerkbank nicht überladen
Beschädigung der HOSCH-Filter vermeiden
Desinfektionsmittel in evtl. vorhandene Absaugflaschen füllen
Art des Desinfektionsmittels, mit dem die Sicherheitswerkbank nach der Arbeit ausgewischt
wird
Angaben über Prüfungs- und Servicedaten der Werkbank

Tabelle 10.8   Hinweise, die an Autoklaven angebracht sein sollten

Autoklaven

Obwohl §13 der GenTSV erlaubt, daß kontaminiertes Abwasser und Abfall nach Arbeiten
innerhalb Sicherheitsstufe 1 unter bestimmten Voraussetzungen ohne besondere
Vorbehandlung entsorgt werden kann (GenTSV §13 (2)), empfiehlt sich trotzdem, eine
chemische Desinfektion oder ein Autoklavieren vor der Entsorgung anzuwenden.

Tabelle 10.8 Fortsetzung

Autoklaven

Vorteile des Autoklavierens gegenüber einer chemischen Inaktivierung sind:
hohe Zuverlässigkeit, Umweltfreundlichkeit, keine Gesundheitsbelastung (Allergien, Toxizität)
für das Personal, geringe Korrosionswirkung auf Gerätschaften und geringe Kosten.

Befindet sich an den Autoklaven eine Anweisung, in der auf die folgenden Punkte hingewiesen
wird?

Führen eines Betriebsbuchs mit Eintragungen über die einzelnen Autoklavierungen (Wer hat
was, wann autoklaviert?)
Art der Bedienung/Programmwahl
Art des Beladens der Kammer
Starten des Sterilisationsablaufes
Entladen der Kammer
Art der Prüfung des Erfolges der Sterilisation
Außerbetriebnahme
Verhalten bei Störung
Pflege/Instandhaltung
Tel.-Nr. des Verantwortlichen für den Autoklaven
Tel.-Nr. der Servicefirma für den Autoklaven

10.6
Mitwirkung bei der arbeitsmedizinischen Vorsorge

In einem besonderen Prüfungs- und Abstimmungsprozeß zwischen BBS dem
Beauftragten für Biologische Sicherheit, Betriebsarzt und Betriebsrat sollten in
Korrespondenz zur Risikobeurteilung die für den jeweiligen Arbeitsbereich
gebotenen Vorsorge-, Schutz- und Betreuungsmaßnahmen geklärt werden. Die
Berufskrankheiten-Verordnung und die in Betracht kommenden berufsgenossenschaftlichen Grundsätze für arbeitsmedizinische Vorsorgeuntersuchungen
(Grundsatz G 43 „Biotechnologie" und G 42 „Infektionskrankheiten") bieten
gute Anhaltspunkte für zusätzliche Schutz- und Betreuungsmaßnahmen. Die
betroffenen Mitarbeiter sollten bei dieser Prüfung beteiligt sein.

10.7
Nichtbiologische Gefährdungen

Neben den spezifischen Gefährdungen, die beim Umgang mit Organismen
auftreten können, sind im Zusammenhang mit Fragen der „klassischen"
Arbeitssicherheit und Gesundheitsvorsorge weitere mögliche Gefährdungen
und Belastungen bei Arbeitnehmern zu berücksichtigen. Insbesondere sind hier
folgende Gesetze, Verordnungen und Arbeitsschutzrichtlinien zu beachten:

- Arbeitssicherheitsgesetz (ASiG)
- Arbeitsstättenverordnung (ArbStättV)
- Gerätesicherheitsgesetz (GSG)
- Medizingeräte-Verordnung (MedizingeräteV)

- Störfall-Verordnung (StörfallV)
- Chemikaliengesetz (ChemG)
- Gefahrstoffverordnung (GefStoffV) (z. B. bei Arbeiten mit Wirkstoffen, Enzymen, Toxinen, Lösemitteln)
- Strahlenschutzverordnung (StrlSchutzV) (z. B. bei Arbeiten mit radioaktiven Stoffen insbesondere im Laborbereich)
- VBG 1 „Allgemeine Vorschriften"
- VBG 100 „Arbeitsmedizinische Vorsorge"
- VBG 102 „Biotechnologie"
- VBG 103 „Gesundheitsdienst"
- VBG 122 „Sicherheitsingenieure und andere Fachkräfte für Arbeitssicherheit"
- VBG 123 „Betriebsärzte"

Der Hinweis auf diese Aspekte von Arbeitssicherheit und Gesundheitsschutz soll daran erinnern, daß der BBS nicht unbedingt zwangsläufig der umfassende Experte in Sachen Arbeitssicherheit ist. Die Kompetenz von Sicherheitsfachkräften entsprechen dem ASiG und die Funktion des Arbeitsschutz-Ausschusses nach § 11 ASiG sind integraler Bestandteil des biologischen Arbeitsschutzes. Deshalb empfiehlt es sich, einen ständigen Arbeitskreis „Sichere Biotechnologie" beim Arbeitsschutz-Ausschuß anzusiedeln.

10.8
Empfehlungen zur Weiterentwicklung des biologischen Arbeitsschutzes

Die Entwicklungsgeschwindigkeit der Bio- und Gentechnologie in Wissenschaft und Technik und ihre gezielte Förderung im Rahmen staatlicher Forschungsförderung berücksichtigt z. Z. den Aspekt systematischer Sicherheitsforschung noch nicht ausreichend [25]. Eine Verstärkung der Grundlagenforschung sollte dabei folgende Bereiche einbeziehen:

- Entwicklung von Sicherheitsstämmen/Sicherheitsvektoren, die für Freilandanwendungen und (evtl. gleichzeitig) für die Produktion geeignet sind,
- Analyse von Verhalten und Auswirkungen von biotechnologisch und medizinisch bedeutenden Organismen mit gentechnischen Veränderungen (Pflanzen, Pilze, Bakterien, Viren),
- Identifizierung- und Monitoringverfahren für die verwendeten Organismen für eine Sicherheitsüberwachung entsprechend dem Gentechnikgesetz,
- Gentransfer- und Verbreitungsmechanismen bei Pflanzen und Mikroorganismen,
- freies Erbmaterial in der Umwelt und dessen Auswirkungen, auch für den Arbeitsschutz.

Im Bereich der Organisation von Sicherheitsforschung sollte besonders gefördert werden:

- Verfügbarmachung von sicherheitsrelevanten Daten und Forschungsergebnissen durch elektronischen Datenverbund des In- und Auslandes und entsprechende Dokumentation,

- Nachvollziehbarkeit der Klassifizierung von Mikroorganismen in Risikogruppen,
- Internationale Koordinierung und Verknüpfung von Sicherheitsforschung
  auf den Ebenen der Wissenschaft und Administration,
- Schaffung eines Koordinierungsgremiums in der Bundesrepublik, das län-
  derübergreifend arbeitet und z. B. am Bundesgesundheitsamt in Berlin mit
  Nähe zur Zentralen Kommission zur Biologischen Sicherheit (ZKBS) angesiedelt ist.

Ebenfalls in diesem Zusammenhang gehört die Förderung der Sicherheitstech-
nikentwicklung und der Sicherheitsausbildung an Hochschulen und öffentlich
finanzierten Forschungseinrichtungen. Ein verstärktes Ausbildungsangebot im
Rahmen der beruflichen Qualifikation des BBS sowie regelmäßige Sicherheits-
weiterbildung und Sicherheitstraining der Beschäftigten ist vor diesem Hintergrund wünschenswert. Auch der Ausbau der systematischen Betreuung gentechnischer Anlagen, insbesondere in Zusammenarbeit mit dem Technischen
Aufsichtsdienst der BG Chemie und der Gewerbeaufsicht ist zu begrüßen.

Literaturhinweise

1. Bericht der Enquete-Kommission (1987) „Chancen und Risiken der Gentechnologie", Refe-
   rat Öffentlichkeitsarbeit des Deutschen Bundestages, Bonn
2. IG Chemie-Papier-Keramik (IG CPK) (1990) „Gentechnologie – Ein Nachschlagewerk für
   Arbeitnehmer", Hannover
3. IG CPK (1991) „Genetische Analysen in der Arbeitswelt", Hannover
4. Deutsche Postgewerkschaft (DPG) (1992) Gewerkschaftliche Praxis Nr 1
5. DPG (1992) „Bio- und Gentechnologie – Beitrag der DPG zur Positionsbestimmung der
   Gewerkschaften", Frankfurt
6. Gewerkschaft Nahrung, Gaststätten und Genußmittel (NGG) (1990) „Bio- und Gentechnologie in der Lebensmittelindustrie", Hamburg
7. Industriegewerkschaft Metall (IGM) (1991) „Gentechnologie – Fluch oder Segen. Eine
   Streitschrift nicht nur für Experten", Frankfurt
8. Kieper M (1991) „Arbeitsschutz und biologische Gefahrstoffe – Aufgaben für betriebliche
   ArbeitnehmerInnenvertretungen", Rundbrief „Umwelt und Arbeit" Nr 3 der Beratungsstel-
   le für Technologiefolgen und Qualifizierung im Bildungswerk des DAG, Oldenburg
9. Antwort der Bundesregierung, Drucksache 11/6433, Deutscher Bundestag, Fragen 35 und 36,
   5. März 1990
10. Kieper M (1992) „Seuchengefahr aus der Retorte – Vom sorglosen Umgang mit Genen, Viren
    und Bakterien", Reinbeck b Hamburg
11. Collins C H (1988) „Laboratory acquired infections", London
12. BWG (1989) Merkblatt M 613 „Aktive Immunisierung gegen Hepatitis B"
13. Deutscher Gewerkschaftsbund (DGB) (1989) „Memorandum zur Bio- und Gentechnolo-
    gie", Düsseldorf
14. Direktive 90/219/EWG, „Anwendung genetisch veränderter Mikroorganismen im geschlos-
    senen System", ABL L117/1 vom 8. Mai 1990 und die Direktive 90/200/EWG „Absichtliche
    Freisetzung gentechnisch veränderter Organismen in die Umwelt", ABL L117/15 vom 8. Mai
    1990
15. Richtlinie 89/391/EWG über die „Durchführung von Maßnahmen zur Verbesserung der
    Sicherheit und des Gesundheitsschutzes der Arbeitnehmer bei der Arbeit", Amtsblatt der
    Europäischen Gemeinschaft (ABL) L 183 vom 29. Juni 1989
16. „Schutz der Arbeitnehmer gegen Gefährdung durch biologische Arbeitsstoffe bei der
    Arbeit", ABL L374/1 vom 8. Mai 1990

17. Merkblatt B 002, Sichere Biotechnologie – Ausstattung und organisatorische Maßnahmen: LABORATORIEN
Merkblatt B 003, Sichere Biotechnologie – Ausstattung und organisatorische Maßnahmen: BETRIEB
Merkblatt B 004, Sichere Biotechnologie – Eingruppierung biologischer Agenzien: VIREN
Merkblatt B 005, Sichere Biotechnologie – Eingruppierung biologischer Agenzien: PARASITEN
Merkblatt B 006, Sichere Biotechnologie – Eingruppierung biologischer Agenzien: BAKTERIEN
Merkblatt B 007, Sichere Biotechnologie – Eingruppierung biologischer Agenzien: PILZE"
Merkblatt B 008, Sichere Biotechnologie – Eingruppierung biologischer Agenzien: GVO
Merkblatt B 009, Sichere Biotechnologie – Eingruppierung biologischer Agenzien: ZELLKULTUREN
18. Interview mit dem BASF-Betriebsratsmitglied H Schlapkohl. In: „Die Mitbestimmung – Sonderheft Gentechnik" 10/91, S 674 – 676, Hans-Böckler-Stiftung, Düsseldorf
19. Kretschmar D: „Die Mitbestimmung – Sonderheft Gentechnik" 10/91, S 679, Hans-Böckler-Stiftung, Düsseldorf
20. Egger H (1992) „Die Rechte der Arbeitnehmer und des Betriebsrates auf dem Gebiet des Arbeitsschutzes", Betriebs-Berater 9:629 – 636
21. Kieper M „Arbeitsschutz und biologische Gefahrstoffe", s. o.
22. Rundgespräch (1991) In: „Die Mitbestimmung – Sonderheft Gentechnik" 10:639
23. Berufsgenossenschaft Chemie, Merkblatt B005 „Sichere Biotechnologie – Eingruppierung biologischer Agenzien: Parasiten", ZH1/345
24. Allgemeine Hinweise zur Erstellung einer Betriebsanweisung finden sich in der Technischen Regel für Gefahrstoffe 555" (TRGS 555)
25. Katzek J, Wackernagel W (1991) „Stand der Forschung zur Risikoabschätzung bei der Anwendung gentechnisch veränderter Organismen und Aufdeckung von Forschungsdefiziten", Studie für die Hans-Böckler-Stiftung

KAPITEL 11

Anhang A–H zu Kapitel 4
Allgemeine Stellungnahmen der ZKBS

I. Kruczek

Anhang A: Vorsichtsmaßnahmen beim Umgang mit Nukleinsäuren mit onkogenem Potential

Diese Empfehlung soll möglichen Risiken begegnen, die beim Umgang mit Nukleinsäuren mit Onkogenpotential entstehen können. Sie trifft zu für alle Nukleinsäuren mit einem solchen Potential, unabhängig von einer eventuellen gentechnischen Veränderung.

Diese Empfehlung wird vorsorglich und unter dem Eindruck neuer Erkenntnisse gegeben, trotz deren gegenwärtig noch fehlender Absicherung in weiteren Untersuchungen. Dem wachsenden Kenntnisstand gemäß muß für die Zukunft mit Änderungen an dieser Empfehlung und gegebenenfalls auch mit deren Widerruf gerechnet werden.

Diese Empfehlung soll den betreffenden Mitarbeitern zur Kenntnis gegeben und den Betriebsanleitungen beigefügt werden.

Anlaß

- Im Tierexperiment konnte für eine Reihe von Nukleinsäuren mit onkogenem Potential gezeigt werden, daß entweder nach dem Auftragen dieser Nukleinsäuren auf die verletzte Haut der Tiere oder nach Injektion solcher Nukleinsäuren unter die Haut sich Tumore entwickeln, die besonders auf die Transformation von Endothelzellen zurückzuführen sind.
- In England wurde vom „Advisory Committee on Genetic Modification" in der Note 1 „Guidance on Construction of Recombinants Containing Potentially Oncogenic Nucleic Acid Sequences" (2. Überarbeitung von 1990) eine gleichartige Empfehlung gegeben. Das Bundesgesundheitsamt hat in einem Schreiben vom 12. Februar 1991 vorsorglich die zuständigen Behörden der Bundesländer unterrichtet.

Liste der Nukleinsäuren

Die folgende Liste bezieht sich auf Nukleinsäurepräparationen, die entweder ausschließlich aus diesen Nukleinsäuresequenzen mit Gefährdungspotential bestehen oder aber diese in einer hoch angereicherten Form enthalten (z. B. klonierte Gene oder virale Nukleinsäuren).

I.1 Virale Onkogene und ihre zellulären Homologe
I.2 DNA-Sequenzen, die im Tierversuch Tumore erzeugen
I.3 DNA-Sequenzen, die *in-vitro* Säugerzellen transformieren, z. B.:
    I.3.1 Sequenzen, die eine Immortalisierung von Zellen hervorrufen,
    I.3.2 Sequenzen, deren Genprodukte durch die Expression von Wachstumsfaktoren, ihren Rezeptoren oder Komponenten der Signaltransduktion zu einer Deregulation des Zellwachstums führen.
    I.3.3 Nukleinsäuren, die nach dem Einbringen in Zellen entweder zum Verlust der Kontaktinhibition dieser Zellen oder sonst zur Tumorigenität dieser Zellen im Tierversuch führen.

Personenschutz

II.1 Bei Arbeiten mit Nukleinsäuren mit dem o.g. Gefährdungspotential sollen Einmalhandschuhe getragen werden.

II.2 Der Gebrauch von scharfen, spitzen oder zerbrechlichen Laborgegenständen soll nach Möglichkeit vermieden werden.

II.3 Laborplatz und Laborgeräte, die mit diesen Nukleinsäuren in Berührung kommen, sollen nach Beendigung der Tätigkeit sorgfältig gereinigt werden.

II.4 Laborabfälle, die solche Nukleinsäuren enthalten, sollen durch Autoklavieren oder chemisch denaturiert werden.

II.5 Personen mit erheblichen Hautverletzungen (offene Ekzeme, Wunden und Infektionen) oder mit einer ausgeprägten Verrucosis (Warzenausbildung) sollten keine Arbeiten mit diesen Nukleinsäuren durchführen.

Es wird an dieser Stelle darauf hingewiesen, daß die Verwendung von chemischen oder physikalischen kanzerogen Faktoren bei gleichzeitigem Umgang mit Nukleinsäuren von Onkogenen ein erhöhtes Risiko darstellen kann.

Arbeitsmedizinische Vorsorgeuntersuchung

Über die Vorschriften des Gentechnikgesetzes hinausgehende allgemeine arbeitsmedizinische Maßnahmen können beim jetzigen Erkenntnisstand mangels klarer prospektiver Ziele für Vorsorgeuntersuchungen nicht begründet werden.

Bei Auftreten einer Tumorerkrankung und medizinisch begründetem Verdacht eines Zusammenhangs mit früheren Arbeiten, bei denen Nukleinsäuren mit onkogenem Potential verwendet wurden, sollten geeignete diagnostische Maßnahmen eingeleitet werden.

Literaturhinweise

1. Ito Y, Evans C (1961) Induction of tumors in domestic rabbits with nucleic acid preparations from partially purified Shope papilloma virus and from extracts of the papillomas of domestic and cottontail rabbits. J Exp Med 114:485 – 500
2. Fleckenstein B, Daniel MD, Hunt R, Werner J, Falk LA, Mulder C (1978) Tumor induction with DNA of oncogenic primate herpesviruses. Natur 274:57 – 59
3. Fung Y-KT, Crittenden LB, Fadly A, Kung H-J (1983) Tumor induction by direct injection of cloned v-*src* DNA into chickens. Proc Natl Acad Sci USA 80:353 – 357
4. Asselin C, Gélinas C, Branton PE, Bastin M (1984) Polyoma middle T antigen requires cooperation from another gene to express the malignant phenotype *in-vivo*. Mol Cell Biol 4:755 – 760
5. Burns PA, Jack A, Neilson F, Haddow S, Balmain A (1991) Transformation of mouse skin endothelial cells *in-vivo* by direct application of plasmid DNA encoding the human T24 H-*ras* oncogene. Oncogene 6:1973 – 1978

Anhang B: Risikobewertung von primären Zellen aus Vertebraten

I.
Präambel

Begriffsbeschreibung

Als primäre Zellen werden direkt aus Körperflüssigkeiten oder aus Körpergeweben gewonnene Explantate von vielzelligen Organismen bezeichnet. Primäre Zellkulturen sind in Kultur genommene primäre Zellen bis zur ersten Passage.

Problem

Gefährdungen durch Zellkulturen sind möglich, wenn die Kulturen mit Krankheitserregern kontaminiert sind. Es sind jedoch nur wenige Erkrankungsfälle bekannt geworden, die mit dem Umgang mit Zellkulturen im Zusammenhang standen. Im Unterschied zu gut charakterisierten, etablierten Zellinien können beim Umgang mit primären Zellen höherer Organismen durch nicht bekannte Kontaminationen Risiken der Übertragung von Krankheitserregern auf die Beschäftigten bestehen.

Gemäß Gentechnik-Sicherheitsverordnung Anhang I, Teil B, werden „höhere Tiere und Pflanzen bei der Verwendung als Spender- und Empfängerorganismen in die Risikogruppe 1 eingestuft, wenn keine schädlichen Auswirkungen auf die Rechtsgüter nach § 1 Nr. 1 Gentechnikgesetz zu erwarten sind. Zellen und Zellinien als Spender- und Empfängerorganismen werden in Risikogruppe 1 eingestuft, wenn sie keine Organismen einer höheren Risikogruppe abgeben. Enthalten sie Organismen höherer Risikogruppen, werden sie in die Risikogruppe dieser Organismen eingestuft."

Die begriffliche Unterscheidung „höhere Tiere und Pflanzen" reflektiert die taxonomischen Begriffe Tierreich und Pflanzenreich. Der Mensch ist taxonomisch dem Tierreich zugehörig.

Allein die Tatsache, daß höhere Tiere (einschließlich des Menschen) regelmäßig mit Mikroorganismen und Viren (z. B. Herpesviren) behaftet sind, war kein Anlaß für den Verordnungsgeber, von der grundsätzlichen Zuordnung zur Risikogruppe 1 abzusehen. Primäre Zellen, die aus höheren Organismen entnommen wurden, sind daher der Risikogruppe 1 zuzuordnen, wenn keine schädlichen Auswirkungen auf die Rechtsgüter des § 1 Nr. 1 Gentechnikgesetz zu erwarten sind.

Allgemein gilt, daß Zellen und Zellkulturen aus höheren Organismen nur unter Verwendung aufwendiger Medien und nur in spezifischen Anzuchtgefäßen in Kultur gehalten werden können. Eine Gefährdung der Umwelt durch Zellen höherer Organismen oder möglicher in ihnen enthaltenen Kontaminationen besteht grundsätzlich nicht, da sie ohne die genannten Kulturbedingungen nicht lebensfähig sind. Basierend auf dieser Erfahrung kann daher davon ausgegangen werden, daß die Bedingungen der Gentechnik-Sicherheitsverordnung für die Einstufung von primären Zellen in die Risikogruppe 1 in der Regel zutreffen.

Besteht jedoch begründeter Verdacht, daß primäre Zellen oder primäre Zellkulturen übertragbare Krankheitserreger enthalten und abgeben, muß von einem Risiko für das Laborpersonal ausgegangen werden. Die bisherige Erfahrung im Umgang mit diesem Zellmaterial hat gezeigt, daß eine Gefährdung von möglichen Kontaminationen mit humanpathogenen Viren ausgehen kann.

Die Möglichkeit, daß Viren in primären Zellen vorkommen, hängt im wesentlichen von der Art und dem Gesundheitszustand des Spenderorganismus sowie dem Gewebe bzw. der Körperflüssigkeit ab, von dem das Material stammt.

Wegen der besonderen Situation möglicher nicht bekannter Kontaminationen primärer Zellen mit viralen Krankheitserregern ist vorsorglich zu prüfen, ob der Spender frei von Krankheitssymptomen und/oder serologisch negativ für bestimmte Viren ist, um die grundsätzliche Einstufung in Risikogruppe 1 für den Einzelfall beizubehalten.

Im folgenden Teil werden Beispiele als Leitlinie für die differenzierte Risikobewertung primärer Vertebratenzellen und primärer Vertebraten-Zellkulturen genannt.

Andere Zellen, insbesondere primäre Pflanzenzellen und Insektenzellen, werden im Rahmen dieser Stellungnahme nicht betrachtet, da von ihnen kein Gefährdungspotential für das Laborpersonal zu erwarten ist.

II.
Risikobewertung von primären Vertrebratenzellen

Bei der Abschätzung des Gefährdungspotentials primärer Zellen ist es sinnvoll, zwischen Mensch, anderen Primaten und sonstigen Vertebraten zu unterscheiden.

Humane Zellen

Für die Risikobewertung primärer humaner Zellen kann auf die Erfahrungen der Transfusions- und Transplantations-Medizin zurückgegriffen werden. Es ist bekannt, daß bei Transfusionen/Transplantationen eine hohe Ansteckungsgefahr für den Empfänger besteht, wenn das verwendete Material mit Krankheitserregern kontaminiert ist. Aus diesem Grund werden serologische Untersuchungen des Spenderblutes vorgenommen. Die Erfahrung hat gezeigt, daß der Nachweis der Seronegativität des Spenders für die humanpathogenen Viren HIV (humanes Immundefizienz-Virus), HBV (Hepatitis B-Virus) und HCV (Hepatitis C-Virus) eine ausreichende Sicherheit vor übertragbaren Krankheitserregern gewährt, wenn der Spender ansonsten klinisch unauffällig ist. Beim Umgang mit primären Zellen zur Durchführung gentechnischer Arbeiten erfolgt im Gegensatz zur Transplantations- und Transfusions-Medizin keine Übertragung des Zellmaterials auf einen Empfänger. Die Forderung nach Seronegativität klinisch unauffälliger Spender für die o. g. Viren ist daher auch bei Verwendung von Zellmaterial für gentechnische Arbeiten nach dem Stand der Wissenschaft ausreichend.

Grundsätzlich werden folgende Sicherheitsmaßnahmen für den Umgang mit primären Zellen des Menschen vorgeschlagen:

Primäre Zellen aus klinisch unauffälligen Spendern sind in die Risikogruppe 1 einzuordnen, wenn durch immunologische Tests die Seronegativität des Spenders für HIV, HBV und HCV nachgewiesen ist oder durch andere Verfahren gezeigt ist, daß die Zellen frei von diesen Viren sind. Im Einzelfall, wenn ein begründeter Verdacht auf das Vorhandensein eines bestimmten Virus einer höheren Risikogruppe in den zu verwendeten Zellen besteht, ist das primäre Gewebe auf Abwesenheit dieses Virus zu überprüfen.

Sind Spender oder Zellen nicht auf Abwesenheit der o. g. Viren überprüft, so sind die primären Zellen – in Anlehnung an die Erfahrung bei der Handhabung diagnostischer Proben in der Medizin – unter Einhaltung von Maßnahmen der Sicherheitsstufe 2 zu verwenden.

Wenn primäre Zellen, die aus Gewebe oder Körperflüssigkeiten stammen, bei denen aufgrund von Erkrankungen des Spenders bzw. aufgrund der Art des erkrankten Gewebes eine Abgabe viraler Erreger zu erwarten ist, erfolgt eine Einstufung des Materials entsprechend der Risikogruppe des Virus.

Im folgenden sind Beispiele genannt:

Zervix-Karzinome: Mehr als 90 % dieser Tumore enthalten DNA von Papillomviren, und zwar meistens HPV-16, -18 und -33.

Burkitt-Lymphome: Bei Patienten mit solchen Tumoren enthält Blut und lymphoides Gewebe (Knochenmark, Thymus, Milz, Lymphknoten) Epstein Barr Viren (EBV).

Nichthumane Primatenzellen

Primaten können Träger viraler Erreger sein, die zwischen den verschiedenen Affenspezies und auch auf den Menschen übertragbar sind (Interspezies-Übertragung). Einige dieser übertragbaren Viren persistieren in den Tieren ohne erkennbare Symptome. Erkrankungen treten erst nach der Interspezies-Übertragung auf.

Beispielsweise finden sich Mitglieder der Spumaretroviren (Simian Foamy Virus) und Lentiviren (Simian Immundefizienz Virus, SIV) in zahlreichen Affenspezies in weiter Verbreitung. So sind die meisten in der Bundesrepublik gehaltenen Grünen Meerkatzen mit SIV oder Spumaviren infiziert; die Infektionen verlaufen jedoch ohne erkennbare Erkrankungen. Übertragung des SIV auf Makaken induziert hingegen in diesen Tieren AIDS-ähnliche Symptome.

Ähnliches gilt für das Herpes B Virus, einem humanpathogenen Erreger der Risikogruppe 4. Es kann in Affen persistieren; bei einer Übertragung auf den Menschen entwickelt sich eine schwere Herpes B-Enzephalitis. Seropositive Tiere finden sich hauptsächlich in freier Wildbahn. Antikörper gegen das Virus werden auch in Labortieren nachgewiesen. So ist die Mehrzahl der in Tierzucht gehaltenen Makaken und Rhesusaffen Herpes B Virus-seropositiv. Diese Tiere sind jedoch meist nicht virämisch; ihnen entnommene Gewebe oder Zellen geben das Virus nicht ab. Mit einer Virusabgabe ist nur bei Verwendung von Zellmaterial aus Tieren, die typische Krankheitssymptome zeigen, zu rechnen.

Für den Umgang mit primären Zellen aus Primaten (außer Mensch) werden grundsätzlich folgende Sicherheitsmaßnahmen vorgeschlagen:
Zellmaterial, das Primaten (außer Mensch) aus kontrollierten Zuchten entnommen wird, ist aufgrund der weiten Verbreitung Interspezies-übertragbarer Viren der Risikogruppe 2 zuzuordnen. Primäres Material aus Herpes B Virus infizierten, virämischen Tieren ist nicht zu verwenden. Für Zellmaterial von Primaten aus Wildfängen ist eine auf den Einzelfall bezogene Risikoabschätzung vorzunehmen.

Vertebratenzellen (außer Primaten)

In den meisten Fällen werden zur Durchführung gentechnischer Arbeiten Nager (Maus, Ratte, Hamster, Kaninchen, Meerschweinchen) als Spenderorganismen primärer Zellen verwendet. Darüber hinaus werden auch häufiger primäre Zellen aus Nutz- und Haustieren, z.B. Rind, Schwein, Ziege, Schaf, Hund sowie aus Amphibien und Vögeln entnommen. Die genannten Tiere können in seltenen Fällen humanpathogene Krankheitserreger enthalten. Beispielsweise findet sich in Fledermäusen, die keine Krankheitssymptome zeigen, das humanpathogene Rabies Virus.

Grundsätzlich werden folgende Sicherheitsmaßnahmen für den Umgang mit primären Zellen aus Vertebraten (außer Primaten) vorgeschlagen:
Primäre Zellen aus Vertebraten (außer Primaten) sind in die Risikogruppe 1 einzuordnen, wenn die Tiere keine Krankheitssymptome zeigen. Diese Zuordnung gilt insbesondere für Tiere aus veterinärmedizinisch überprüften Beständen. Im Einzelfall, wenn auch bei einem gesund erscheinenden Spender ein begründeter Verdacht auf das Vorliegen viraler Zoonose-Erreger im primären Gewebe besteht, erfolgt eine Einstufung entsprechend der Risikogruppe des Erregers.

Wenn primäre Zellen verwendet werden, die aus Geweben oder Körperflüssigkeiten stammen, bei denen aufgrund von offensichtlichen Erkrankungen des Spenders bzw. aufgrund der Art des erkrankten Gewebes eine Abgabe von humanpathogenen viralen Erregern zu erwarten ist, sind ebenfalls Sicherheitsmaßnahmen entsprechend der Risikogruppe des Krankheitserregers zu treffen.

Anhang C: Erläuterungen zum Begriff Selbstklonierung

Gemäß § 3 Abs. 3 Gentechnik-Gesetz gilt „bei der Verwendung in gentechnischen Anlagen ... nicht als Verfahren der Veränderung gentechnischen Materials ... die Selbstklonierung nichtpathogener, natürlich vorkommender Ausgangsorganismen, die keine Adventiv-Agenzien enthalten und entweder nachgewiesenerweise lange und sicher in gentechnischen Anlagen verwendet wurden oder eingebaute biologische Schranken enthalten, die die Lebens- und Replikationsfähigkeit ohne nachteilige Folgen in der Umwelt begrenzen, es sei denn, es werden gentechnisch veränderte Organismen als Spender oder Empfänger verwendet."

Zur Erläuterung des in Annex I B der Richtlinie 90/219/EWG eingeführten Begriffes der Selbstklonierung wurde von der EG-Kommission in Abstimmung mit den EG-Mitgliedsländern folgende Interpretation gegeben:

> „Self-cloning is the removal of nucleic acid from a cell of an organism, followed by reinsertion of all or part of that nucleic acid – with or without furhter enzymic, chemical or mechanical steps – into the same cell type (or cell line), or into cells of phylogenetically closely related species which can naturally exchange genetic material with the donor species."

Im Konsens mit der Interpretation der EG und nach Bewertung durch die ZKBS umfaßt Selbstklonierung insbesondere:

a) Verfahren der genetischen Veränderung von Organismen, bei denen gleiche oder in verschiedene Formen einer Spezies nichtpathogener, in der Natur vorkommender Organismen

einschließlich ihrer nichtpathogenen, in der Natur vorkommenden endogenen Viren (Bakteriophagen) als Spender- und Empfängerorganismen von Nukleinsäuren dienen,
b) Verfahren der genetischen Veränderung, soweit nur sogenannte technische Sequenzen (z.B. natürliche und/oder synthetische Oligonukleotide wie Linker, Adaptoren oder Sequenzen der Art wie das *lacZ*-alpha-Fragment) im Empfängerorganismus verbleiben,
c) Verfahren der Herstellung von Mutanten durch Insertion von im Empfänger genetisch inaktiven Nukleinsäure-Segmenten und/oder
d) Verfahren der Herstellung von Mutanten durch Deletion, Inversion und/oder Amplifikation.

Zu a)

Es gelten ohnehin nur solche Organismen als gentechnisch veränderte Organismen im Sinne des Gentechnik-Gesetzes, deren gentechnisches Material in einer Weise verändert worden ist, wie sie unter natürlichen Bedingungen durch Kreuzen oder natürliche Rekombination nicht vorkommt. Die natürlichen Bedingungen durch Kreuzen oder natürliche Rekombination schließen den natürlichen genetischen Austausch zwischen verschiedenen Organismen ein.

Zu b)

Die Einführung von technischen Nukleinsäure-Fragmenten, wie z.B.

- synthetischer Oligonukleotide (sog. Linker und Adaptoren),
- heterologen Teilen, z.B. von Vektoren bei der Integration eines homologen Nukleinsäure-Fragments in ein Chromosom,

in Empfängerorganismen gilt dann nicht als Verfahren der Veränderung gentechnischen Materials im Sinne des Gentechnik-Gesetzes, wenn eine eigene genetische Aktivität der eingeführten Nukleinsäure-Fragmente nicht zu erwarten ist.

Zu c)

Grundsätzlich gilt Mutagenese nicht als Verfahren der Veränderung gentechnischen Materials im Sinne des Gentechnik-Gesetzes und der Richtlinie 90/219/EWG. Wird jedoch für eine Mutationserzeugung, z.B. Inaktivierung eines Genes, ein genetisch funktioneller Abschnitt heterologer Nukleinsäure in das zu inaktivierende Gen mit gentechnischen Verfahren im Sinne von §3 Satz 1 Nr. 3 (Anhang I A Teil 1 der Richtlinie 90/219/EWG) inseriert, so kann der Aspekt der Einführung von Erbgut in den Organismus, der dann diese Mutation trägt, überwiegen. Die Einführung von DNA-Segmenten zum Zweck der Mutagenese hat dann nicht als Verfahren der Veränderung genetischen Materials zu gelten, wenn eine eigene genetische Funktion der DNA-Segmente im Empfängerorganismus nicht zu erwarten ist.

Zu d)

Deletion, Inversion, Erzeugung von Antisense-RNA und Amplifikation von genetischem Material aus den Erbträgern eines Organismus sind Formen der Mutationserzeugung. Diese Veränderungen des Erbgutes können mit gentechnischen Methoden erzeugt werden.

Aus §3 Sätze 1 bis 3 Nr. 3 Gentechnik-Gesetz geht nicht eindeutig hervor, ob bzw. wie die mit gentechnischen Verfahren erzeugten Deletionsmutanten dem Geltungsbereich des Gentechnik-Gesetzes zuzuordnen sind. Aus der amtlichen Begründung zum Gesetz ist zu entnehmen, daß mit den Begriffsbestimmungen des Regierungsentwurfs zum Gentechnik-Gesetz (Bundestagsdrucksache 11/5622 vom 9. November 1989) vorgesehen war, daß „Methoden der Gentechnik einschließlich der Beseitigung einer einzelnen Erbinformation aus der Gesamtinformation (Deletion) erfaßt werden". Der Regierungsentwurf wurde jedoch in diesem Teil seiner Begriffsbestimmungen gemäß Beschlußempfehlung und Bericht des Bundestagsausschusses für Jugend, Familie, Frauen und Gesundheit (Bundestagsdrucksache 11/6778 vom 27. März 1990) geändert. Die Änderung ist begründet mit der Angleichung an Art. 2 Nr. 2 der EG-Richtlinie

90/220/EWG in Verbindung mit Anhang I A und Anhang I B. Unbeschadet einer rechtlichen Prüfung kann die ZKBS derzeit nicht erkennen, daß die EG-Richtlinien zur Gentechnik ihren Geltungsbereich auch auf die Deletion von Erbmaterial aus einem Organismus beziehen. Sollte eine rechtliche Prüfung zu dem Ergebnis führen, daß die Erzeugung von Deletionen grundsätzlich ein Verfahren der Veränderung genetischen Materials im Sinne der EG-Richtlinie und des Gentechnik-Gesetzes ist, so hat ein solches Verfahren aus wissenschaftlicher Sicht als Selbstklonierung zu gelten, da keine heterologen Nukleinsäuren in dem betroffenen Organismus etabliert werden. Die in § 3 Satz 3 zweiter Spiegelstrich des Gentechnik-Gesetzes genannten Einschränkungen blieben unberührt.

Anhang D: Umgang mit rekombinanten Vacciniaviren

I.

Vacciniaviren werden in der biomedizinischen Forschung zunehmend als rekombinante Viren für die Expression von Fremdgenen in eukaryotischen Zellen benutzt. Gleichzeitig nimmt die Zahl der mit Vacciniavirus geimpften Personen ab, da seit 1976 Pocken-Schutzimpfungen nicht mehr durchgeführt werden.

Die bisherige Empfehlung der ZKBS, an Arbeiten mit Vacciniaviren nur Personen zu beteiligen, die gegen Pocken geimpft sind, wirft daher die Frage der Primär- als auch der Wiederimpfung Erwachsener auf.

II.

Bei der Abwägung von Risiko und Nutzen der Impfung Erwachsener sind folgende Faktoren zu berücksichtigen:

- Die Wahrscheinlichkeit einer akzidentellen Infektion bei Arbeiten mit rekombinantem Vacciniavirus in gentechnischen Anlagen der Sicherheitsstufe 2 wird als gering angesehen.
- Erstimpfungen und mit geringerer Wahrscheinlichkeit auch Wiederimpfungen können Nebenwirkungen wie Fieber, lokale Aussaat sowie in seltenen Fällen generalisierte Vaccinia und Enzephalitis verursachen. Betroffen sind insbesondere Personen mit Kontraindikation für die Vaccinia-Impfung wie Hautkrankheiten, familiäre Ekzemanamnese oder Hautverletzungen, Immunsuppression, bekannte Allergien gegen Polymyxin B, Streptomycin, Neomycin und Tetracycline sowie Schwangerschaft.
- Es besteht das Risiko der Transmission des Impf-Vacciniavirus von Geimpften auf Kontaktpersonen.
- In der Bundesrepublik ist kein zugelassener Impfstoff mehr vorhanden.
- Es sind kaum noch erfahrene Impfärzte verfügbar.

III. Empfehlungen:

1. Vom Umgang mit rekombinanten Vacciniaviren sind Personen mit Kontraindikationen auszuschließen. Dazu gehören

   - Hautkrankheiten oder Hautverletzungen
   - Familiäre Ekzemanamnese
   - Immunsuppression
   - Schwangere.

2. Personen mit Kontraindikationen für die Vacciniaimpfung sollten grundsätzlich auch nicht in Räumen tätig sein, in denen gentechnische Arbeiten mit Vacciniaviren durchgeführt werden bzw. nicht mit für Laborzwecke gelagerten rekombinanten Vacciniaviren in Kontakt kommen, selbst wenn diese sich unter relativ sicherem Verschluß befinden (z.B. im Stickstoff-Tank).

3. In gentechnischen Anlagen, in denen nicht gegen Pocken geimpfte Personen mit rekombinantem Vacciniavirus beschäftigt sind, sollte für den Expositionsfall Vaccinia-Immunglobulin zur passiven Immunisierung verfügbar sein.

4. Die lokale Augeninfektion stellt eine ernsthafte Komplikation dar und ist durch entsprechende zusätzliche Schutzmaßnahmen zu vermeiden.

5. In Abhängigkeit von den gentechnischen Arbeiten, vom verwendeten Vacciniastamm und von der möglichen erhöhten Virulenz des rekombinanten Vacciniavirus wird die ZKBS im Einzelfall darüber entscheiden, ob mit den Arbeiten nur gegen Pocken geimpfte Personen beschäftigt werden sollen.
   In folgenden Fällen sollten ausschließlich gegen Pocken geimpfte Personen eingesetzt werden:
   - Umgang mit Vaccinia-infizierten Versuchstieren;
   - Expression von Genen mit humanpathogenem Potential;
   - „Large Scale"-Produktion rekombinanter Vacciniaviren (z. B. für die Impfstoff-Produktion).

   Vorzugsweise sollte mit attenuierten Vacciniavirus-Stämmen gearbeitet werden.
   In Einzelfällen kann eine Erst- oder Wiederimpfung mit Vacciniavirus sinnvoll und notwendig sein.

IV.

Die Ständige Impfkommission beim Bundesgesundheitsamt (STIKO) wird gebeten, für die im Einzelfall durchzuführende Impfung und Wiederimpfung mit Vacciniavirus Empfehlungen hinsichtlich des zu verwendenden Impfstammes sowie der Durchführung und Überwachung der Impfung zu geben.
   Das Paul-Ehrlich-Institut für Sera und Impfstoffe wird um Informationen über die Bereitstellung von Vaccinia-Immunglobulin gebeten

Anhang E: Vermehrung von gentechnisch veränderten Viren der Risikogruppen 2–4 in eukaryonten Zellen und in Tieren

Die ZKBS prüft und bewertet gemäß GenTG sicherheitsrelevante Fragen und gibt hierzu Empfehlungen ab. Handelt es sich bei den beantragten gentechnischen Arbeiten um die Erzeugung gentechnisch veränderter, replikationskompetenter Viren, so schließt diese Arbeit grundsätzlich die Vermehrung des GVO in eukaryonten Zellen oder in Tieren ein. Die sicherheitstechnische Einstufung beinhaltet daher in diesen Fällen

1. die Risikoeinstufung des gentechnisch veränderten Virus
2. die Sicherheitseinstufung der Vermehrung des gentechnisch veränderten Virus in bestimmten Zellen oder Tierspezies.

Liegt eine Einstufung des GVO zu Punkt 1 in die Risikogruppe 2 – 4 bereits vor, stellt sich die Frage nach einer neuerlichen Beurteilung des Punktes 2 durch die ZKBS, wenn andere eukaryonte Zellen oder eine andere Tierspezies zur Vermehrung des GVO eingesetzt werden sollen.

Stellungnahme:

Eine erneute Prüfung und Bewertung des Punktes 2 durch die ZKBS ist *nicht erforderlich*, wenn zur Vermehrung des bereits in die Risikogruppe 2–4 eingestuften gentechnisch veränderten Virus

- weitere eukaryonte Zellen und primäre Zellen der Risikogruppe 1
  oder
- weitere Stämme der gleichen Tierspezies

eingesetzt werden.

Begründung:

Das Gefährdungspotential wird ausschließlich durch das gentechnisch veränderte Virus bestimmt.

Eine erneute Sicherheitseinstufung des Punktes 2 durch die ZKBS ist *erforderlich*, wenn zur Vermehrung des bereits in die Risikogruppe 2 – 4 eingestuften gentechnisch veränderten Virus

- durch Einführung viraler Genome oder Genomabschnitte veränderte eukaryonte Zellen oder Tiere der Risikogruppe 1
- eukaryonte Zellen oder Tiere, die durch Infektion oder genetische Veränderung der Risikogruppe 2 – 4 zuzuordnen sind oder
- eine andere Tierspezies

eingesetzt werden.

Anhang F: Risikobewertung der Empfängerzellinien COS, 293 und Raji

Beim Umgang mit den Zellinien COS-1, COS-7, 293 und Raji wird im Katalog der American Type Culture Collection (ATCC) „Biosafety Level 2" empfohlen.

Die ZKBS nimmt nach den Vorschriften des Gentechnikgesetzes und der Gentechniksicherheitsverordnung zur Risikobewertung dieser Zellinien wie folgt Stellung:

I. COS-1- und COS-7-Zellinie

Die Etablierung von COS-Zellinien wurde 1981 publiziert [2]. Dabei wurde eine CV-1-Zellinie, eine etablierte Nierenzellinie von Grünen Meerkatzen, die für die Vermehrung des SV40-Virus permissiv ist, mit einer SV40-Mutante transfiziert, die eine Deletion von 6 Bp im Replikationsursprung aufweist und somit nicht mehr replikationsfähig ist. Als Kontrolle wurde Wildtyp-SV40-DNA transfiziert. Die mit Wildtyp-DNA transfizierten CV-1-Zellen lysierten durch die virale Replikation nach ca. 6 Wochen. Bei der Transfektion mit den Mutanten bildeten sich 3 Zellpopulationen (COS-1, -3 und -7), wovon COS-1 die einzige klonierte Zellpopulation ist und genauer analysiert werden konnte. COS-1 enthält 2 Kopien defekter Genome der SV40-Mutante, welche im Wirtsgenom integriert vorliegen. Eine Kopie enthält die komplette frühe Region und einen Teil der späten (nur VP2), die zweite Kopie enthält nur die späten Gene VP1 und VP2.

Alle 3 COS-Zellinien exprimieren das SV40-T-Antigen und sind permissiv für die Infektion und Vermehrung von SV40-Virus.

Da die Transfektion der CV-1-Zellinie mit rekombinanten SV40-Plasmiden erfolgte, handelt es sich bei den COS-Zellinien gemäß § 3 GenTG um GVO.

Üblicherweise wird die COS-1- oder COS-7-Zellinie verwendet.

Stellungnahme der ZKBS:

Die *COS-1-* und *COS-7-Zellinien* sind gemäß § 5 Abs. 2 i. V. m. Anhang I Teil A II Nr. 2 GenTSV der *Risikogruppe 1* und der Umgang mit *COS-1-* und *COS-7-Zellinien* gemäß § 7 Abs. 3 GenTSV der *Sicherheitsstufe 1* zuzuordnen.

Die *COS-1-* und *COS-7-Zellinien* erfüllen die Voraussetzungen des § 6 Abs. 4 GenTSV. In Verbindung mit Vektoren, die den Replikationsursprung von SV40, aber keine späten SV40-Gene, oder die die späten SV40-Gene, aber keinen funktionsfähigen SV40-Replikationsursprung enthalten, und die die Bedingungen des § 6 Abs. 5 GenTSV erfüllen, handelt es sich um *anerkannte biologische Sicherheitsmaßnahmen.*

Begründung:

COS-1- und COS-7-Zellinien befinden sich bei vielen molekularbiologisch arbeitenden Labors seit langem in Gebrauch. Bei einer Reversion der integrierten SV40-Mutante zum Wildtyp würde diese Zellinie durch die lytische Vermehrung von Wildtyp-SV40 lysieren. Eine spontan auftretende Lyse wurde nicht beobachtet. Es ist somit davon auszugehen, daß die Deletion im SV40-Replikationsursprung bei den SV40-Mutanten in den COS-Zellen stabil ist. In COS-1-Zellen sind die Genome der SV40-Mutante noch durch zusätzliche Deletionen gekennzeichnet. COS-Zellen entsprechen somit etablierten Affennierenzellen, die defekte virale Genome enthalten und keine infektösen Viruspartikel abgeben.

Literaturhinweise

1. Tooze, J (1981) DNA-Tumor Viruses, CSH NY
2. Gluzman, Y (1981) Cell 23, 175 – 182

II. 293-Zellinie

Die Etablierung der Zellinie 293 wurde 1977 publiziert [2]. Dabei wurden menschliche embryonale Nierenzellen (HEK) mittels Scherkraft fragmentierter DNA von Adenovirus Typ 5 transformiert. Die durch die Scherung erzielte durchschnittliche Größe von DNA-Fragmenten betrug ein Drittel des viralen Genoms. Eine der wenigen dabei erhaltenen transformierten Zellklone führte zur Etablierung der 293-Zellinie. Die DNA-Analyse ergab, daß 4–5 Kopien vom linken Ende (12 % des viralen Genoms, E1a,b-Gene) und 1 Kopie vom rechten Ende (10 %, E4-Gen) in 293-Zellen vorhanden sind. Die RNA-Analyse zeigte, daß das linke Ende transkriptionell aktiv ist. Die 293-Zellinie ist permissiv für die Infektion mit Adenovirus Typ 5 und anderen humanpathogenen Adenoviren. Die Adenoviren durchlaufen dabei einen lytischen Replikationszyklus.

Da die Transfektion von menschlichen embryonalen Nierenzellen nicht mit rekominanter DNA durchgeführt wurde, handelt es sich bei 293-Zellen gemäß § 3 GenTG nicht um GVO.

Stellungnahme der ZKBS:

Die *293-Zellinie* ist gemäß § 5 Abs. 2 i. V. m. Anhang Teil B, Teil A II GenTSV der *Risikogruppe 1* zuzuordnen.

Die *293-Zellinie* erfüllt die Voraussetzungen des § 6 Abs. 4 GenTSV. In Verbindung mit Vektoren, die nicht die späten adenoviralen Gene enthalten und die die Bedingungen des § 6 Abs. 5 GenTSV erfüllen, handelt es sich um eine *anerkannte biologische Sicherheitsmaßnahme.*

Begründung:

Die 293-Zellinie befindet sich bei vielen molekularbiologisch arbeitenden Labors seit langem in Gebrauch. Hätten die transfizierten adenoviralen Genomabschnitte zu einem vollständigen viralen Genom rekombiniert, wären die Zellen durch die Vermehrung der Adenoviren lysiert und eine Zellinie hätte sich nicht etablieren können. Eine spontan auftretende Lyse der etablierten Zellinie wurde auch nicht beobachtet. Die DNA-Fragmente des Adenovirus liegen im Genom der Zellinie stabil integriert vor. Es konnten keine viralen DNA-Fragmente des mittleren genomischen Bereichs identifiziert werden, die für späte virale Proteine kodieren. Transkripte wurden nur vom linken adenoviralen Genomende, welches die transformierende Region enthält, nachgewiesen. Die 293-Zellinie entspricht somit einer etablierten menschlichen Zellinie, die Teile eines viralen Genoms enthält und keine infektiösen Viruspartikel abgibt.

Literaturhinweise

1. Tooze, J (1981) DNA-Tumor Viruses, CSH NY
2. Graham FL, Smiley J, Russell WC and Nairn R (1977) J Gen Virol 36, 59 – 72

III. Raji-Zellinie

Die Etablierung der Raji-Zellinie wurde 1964 publiziert [1]. Sie wurde aus einem Burkitt's Lymphom eines 11jährigen Jungen angelegt. Durch elektronenmikroskopische Analyse konnten keine Viruspartikel identifiziert werden. Die molekularbiologische Analyse ergab, daß in der Raji-Zellinie latente Epstein-Barr-Virus-(EBV)-Genome vorliegen, welche zwei Deletionen an unterschiedlichen Stellen im Genom enthalten [2]. Eine dieser Deletionen betrifft ein für die lytische Replikation essentielles Gen [3]. Selbst eine Behandlung mit TPA, die bei anderen Zellinien, die latentes EBV enthalten, die Abgabe infektiöser EBV bewirkt, führt bei der Raji-Zellinie weder zu einer Erhöhung der Replikationsrate der EBV-DNA noch zur Herstellung infektiöser EBV [4].

Stellungnahme der ZKBS:

Die *Raji-Zellinie* ist gemäß § 5 Abs. 2 i. V. m. Anhang I Teil B, Teil A II GenTSV der *Risikogruppe 1* zuzuordnen.

Die *Raji-Zellinie* erfüllt die Voraussetzungen des § 6 Abs. 4 GenTSV. In Verbindung mit Vektoren, die nicht in der Raji-Zellinie deletierten EBV-DNA-Fragmente enthalten und die die Bedingungen des § 6 Abs. 5 GenTSV erfüllen, handelt es sich um eine anerkannte biologische Sicherheitsmaßnahme.

Begründung:

Die Raji-Zellinie befindet sich bei vielen molekularbiologisch arbeitenden Labors seit langem in Gebrauch. Virale Partikel oder vollständige virale Genome konnten nicht identifiziert werden.

Die Raji-Zellinie entspricht somit einer etablierten menschlichen Zellinie, die Teile eines viralen Genoms enthält und keine infektiösen Viruspartikel abgibt.

Literaturhinweise

1. Pulvertaft RJV (1964) Lancet 1:238
2. Polack A, Delius H, Zimber U, Bornkamm GW (1984) Virology 133:146 – 157
3. Fixman ED, Hayward GS, Hayward SD (1992) J Virol 66:5030 – 5039
4. Hudewentz A, Bornkamm GW, zur Hausen H (1980) Virology 100:175 – 178

Anhang G: Einstufung von *Salmonella typhimurium* LT2-Stämmen und von *Salmonella typhimurium aro* A- bzw. *gal* E-Mutanten als Empfängerorganismen bei gentechnischen Arbeiten

I. Einführung

S. typhimurium ist ein zur Familie der Enterobakterien zählender Organismus, der als Wildtyp für den Menschen obligat pathogen ist und gemäß § 5 Abs. 2 i. V. m. Anhang I Teil B II GenTSV der *Risikogruppe 2* zugeordnet wird.

Für gentechnische Arbeiten, u. a. zum Testen mutagener Substanzen, werden vielfach Stämme (z. B. Mutanten) von *S. typhimurium* verwendet, die über eine stark abgeschwächte Virulenz verfügen. Es stellt sich daher die Frage, ob auch diese Stämme der *Risikogruppe 2* zugeordnet werden sollten.

Wildtypstämme von *S. typhimurium* verursachen, nach Aufnahme von wenigstens $10^5 - 10^6$ Bakterien mit der Nahrung, beim gesunden erwachsenen Menschen eine Gastroenteritis. Dabei dringen die Bakterien in die Epithelzellen des unteren Dünndarmes ein, werden zum darunterliegenden Bindegewebe (Lamina propria) transportiert und vermehren sich, zum Teil im Inneren von Makrophagen. Infolge der entzündlichen Reaktion unter Beteiligung des bakteriellen Endotoxins und Enterotoxins kommt es zu Störungen der Flüssigkeits- und Elektrolyttransportes und zu Durchfällen, Erbrechen und Fieber. Das Krankheitsbild hält wenige Tage an. Die Salmonellen sind in der Regel im Stuhl noch 4 – 6 Wochen nach Krankheitsbeginn nachweisbar.

Das Pathogenitätsprinzip von *S. typhimurium* besteht aus einer Reihe von Faktoren, die z. T. in ihrer Bedeutung noch nicht vollständig aufgeklärt sind. Hierzu gehören u. a. das Lipopolysaccharid (LPS) der Zellwand mit dem O-Antigen und dem als Endotoxin wirkenden Lipoid A, ein Enterotoxin mit ADP-Ribosyltransferaseaktivität (Chopra et al., 1987), ein Cytolysin mit hemmender Wirkung auf die Proteinsynthese (Koo et al., 1984) und eine Reihe plasmidkodierter Faktoren, die vermutlich an der Serumresistenz beteiligt sind (Hackett et al., 1987; *Vandenbosch* et al., 1987). Das Ausschalten einzelner Faktoren des Pathogenitätsprinzips wie z. B. das des vollständigen O-Antigens der Zellwand führt in der Regel zu einer starken Verminderung oder sogar zum vollständigen Verlust der Virulenz der Bakterien (Groisman et al., 1990).

Die bei gentechnischen Arbeiten eingesetzten Stämme von *S. typhimurium* gehören meistens dem Lysotyp LT2 an. In der wissenschaftlichen Literatur werden *S. typhimurium* LT2-Wildtypstämme mitunter als schwach pathogen bezeichnet (Hoiseth & Stocker, 1981). Die im Laborbereich eingesetzten *S. typhimurium* LT2-Laborstämme werden teilweise wie *E. coli* K12 seit vielen Jahren auch für gentechnische Arbeiten eingesetzt, ohne daß es, bei Einhaltung „guter mikrobiologischer Praxis", zu einer Infektion des Personals gekommen ist (Sanderson & Stocker, 1987). In den USA unterliegen *S. typhimurium* LT2-Stämme für gentechnische Arbeiten nicht den Richtlinien des NIH und können wie *E. coli* K12 unter den Laborsicherheitsmaßnahmen der niedrigsten Stufe gehandhabt werden. Allgemeingültige sicherheitsrelevanten Marker scheint es für Stämme des Lysotyps LT2 allerdings nicht zu geben. So ist im klinischen Bereich der Lysotyp LT2 bei epidemiologischen Untersuchungen häufig anzutreffen und hinsichtlich seines Gefährdungspotentiales nicht anders zu beurteilen als die übrigen Lysotypen von *S. typhimurium* (*Kühn & Tschäpe, BGA*, pers. Mitt.).

Von *S. typhimurium*-Stämmen wurden in den letzen Jahren eine Reihe stabiler Mutanten (Revertantenhäufigkeit $< 10^{11}$ pro Bakterium und Generation) erzeugt, mit dem Ziel der Entwicklung von avirulenten Lebendimpfstämmen (Cardenas & Clements, 1992). Bei den in die Salmonellen eingeführten Mutationen handelt es sich in erster Linie um die Mutationen *aro*A oder *gal*E. Die Auswirkung der Mutationen auf die Virulenz wurde überwiegend an Mäusen getestet, bei denen *S. typhimurium* ähnliche Krankheitssymptome hervorruft wie der Erreger des Typhus abdominalis, *Salmonella typhi*, beim Menschen. Während bei *S. typhimurium*-Wildtypstämmen bereits eine intraperitoneale Verabreichung von weniger als 20 Bakterien zum Tod der Mäuse führen kann, steigt die LD_{50} für die attenuierten *aro*A- bzw. *gal*E-Mutanten, je nach Art der Applikation, auf 10^{6} bis über 10^{9} Bakterien, so daß diese Stämme als avirulent angesehen werden können.

Bei der Mutation *aro*A handelt es sich um eine Deletion, die mit Hilfe einer Transposonmutagenese durch Insertion des Transposons Tn10 in das Gen *aro*A und anschließender ungenauer Excision des Transposons aus dem Gen hervorgerufen wurde. Das Gen *aro*A kodiert für das Enzym 3-Enolpyruvylshikimat-5-phosphat-Synthetase, das die Umsetzung von Shikimat-3-phosphat und Phosphoenolpyruvat in 5-Enolpyruvylshikimat-3-phosphat katalysiert. Durch die *aro*A-Mutation wird der Syntheseweg für einige aromatische Verbindungen, u. a. für die aromatischen Aminosäuren und die Metabolite p-Aminobenzoat und 2,3-Dihydroxybenzoat, die Vorstufen des Vitamins Folsäure bzw. des Enterochelins (eisenbindendes Siderophor) darstellen, blockiert (Hoiseth & Stocker, 1981). Da die letztgenannten Metabolite im Gewebe von Säugetieren nicht vorkommen, können sich die Mutanten dort nicht vermehren und verlieren somit ihre Virulenz (Dougan et al., 1988).

Bei der Mutation im Gen *gal*E handelt es sich ebenfalls um eine Deletion. Das Gen *gal*E kodiert für das Enzym Galactose-Epimerase, das die Umsetzung von UDP-Glucose in UDP-Galactose bei der Synthese der bakteriellen Zellwand katalysiert. Durch diese Mutation kommt es zu einer Störung in der Synthese des Lipopolysaccharids (LPS). Die Bakterien verfügen daraufhin nicht mehr über ein vollständiges O-Antigen mit entsprechend glattem („smooth"-Form) LPS und verlieren ihre Virulenz, da sie vom Immunsystem (Complement, Makrophagen) eliminiert werden (Hone et al., 1987; Jimenez-Lucho & Leive, 1990).

II. Empfehlung der ZKBS zur Einstufung von *Salmonella typhimurium* LT2-Stämmen und von *Salmonella typhimurium aro* A- bzw. *gal* E-Mutanten als Empfängerorganismen bei gentechnischen Arbeiten:

Salmonella typhimurium LT2-Stämme sind grundsätzlich der *Risikogruppe 2* zuzuordnen. Eine Herabstufung in die *Risikogruppe 1* gemäß § 5 Abs. 2 i. V. m. Anhang I Teil A II und Teil B II GenTSV kann nur nach einer Einzelfallbetrachtung vorgenommen werden, wenn sichergestellt ist, daß die verwendeten Organismen nicht pathogen sind.

Salmonella *typhimurium*-Stämme, die eine stabile *aro*A bzw. *gal* E-Mutation tragen, sind gemäß § 5 Abs. 2 i. V. m. Anhang I Teil A II und Teil B II GenTSV der *Risikogruppe 1* zuzuordnen, wenn sie bei gentechnischen Arbeiten als Empfängerorganismen eingesetzt werden. Hierbei ist zu berücksichtigen, daß die Mutanten durch Klonierung von Fremd-DNA, insbesondere der Gene *aro*A oder *gal*E, die auch in einem Gemisch von DNA-Sequenzen (z. B. Genbanken) vorliegen können, zum Wildtyp komplementiert werden können. Eine Höherstufung der GVOs in die *Risikogruppe 2* wäre dann im Einzelfall notwendig.

Literaturhinweise

1. Cardenas L, Clements JD (1992) Oral immunization using live attenuated *Salmonella* spp as carriers of foreign antigens. Clin Microbiol 5:328–342
2. Chopra AK, Houston CW, Peterson JW, Prasad RJ, Mekalanos J (1987) Cloning and expression of the *Salmonella* enterotoxin gene. J Bacteriol 169:5095–5100
3. Dougan G, Chatfield S, Pickard D, Bester J, O'Callagan D, Maskell D (1988) Construction and characterization of vaccine strains of *Salmonella* harboring mutations in two different *aro* genes. J Infect Dis 158:1329–1335
4. Groisman E A, Fields PI, Heffron F (1990) Molecular biology of *Salmonella* pathogenesis. In: Iglewski BH, Clark VL (eds) The Bacteria. Vol XI. Academic Press, San Diego
5. Hackett J, Wyk P, Reeves P, Mathan V (1987) Mediation of serum resistance in *Salmonella typhimurium* by an 11-kilodalton polypeptide encoded by the cryptic plasmid. J Infect Dis 155:540–549
6. Hoiseth SK, Stocker BAD (1981) Aromatic-dependent *Salmonella typhimurium* are non-virulent and effective as live vaccines. Nature 291:238–239
7. Hone D, Morona R, Attridge S, Hackett J (1987) Construction of defined *gal*E mutants of *Salmonella* for use as vaccines. J Infect Dis 156:167–174
8. Jimenez-Lucho VE, Leife LL (1990) Role of the O-antigen of lipopolysaccharide in *Salmonella* in protection against complement action. In: Iglewski BH, Clark VL (eds) The Bacteria Vol XI. Academic Press, San Diego
9. Koo FCW, Peterson JW, Houston CW, Molina NC (1984) Pathogenesis of experimental salmonellosis: Inhibition of protein synthesis by cytotoxin. Infect Immun 43:93–100
10. Sanderson KE, Stocker BAD (1987) *Salmonella typhimurium* strains used in genetic analysis. In: Neidhardt FC (ed), *Escherichia coli* and *Salmonella typhimurium*. Cellular and Molecular biology. American Society for Microbiology, Washington, DC
11. Vandenbosch JL, Rabert DK, Jones GW (1987) Plasmid-associated resistance of *Salmonella typhimurium* to complement activated by the classical pathway. Infection and Immunity 55:2645–2652

Anhang H: Risikobewertung von C-Typ-Retroviren der Hühner gemäß Gentechnik-Sicherheitsverordnung

1
Einführung

1.1
Problemdarstellung

Gemäß § 5 Abs. 2 i. V. m. Anhang I Teil B II Gentechniksicherheitsverordnung werden mit Ausnahme der humanpathogenen Retroviren HIV, HTLV I und HTLV II (Risikogruppe 3) exogene Retroviren generell der *Risikogruppe 2* zugeordnet.

Die ZKBS wurde gebeten, zur Einstufung von C-Typ-Retroviren der Hühner Stellung zu nehmen.

1.2
Kurzbeschreibung der Hühner-C-Typ-Retroviren

1.2.1
Unterteilung von C-Typ-Retroviren der Hühner [1, 2]

a. *Geflügelendotheliose-Viren*
   Es handelt sich um exogene Retroviren, die bei verschiedenen Spezies in Geflügelzuchten auftreten. Sie sind mit Retroviren von Säugetieren verwandt und werden den Säuger-C-Typ-Retroviren zugerechnet. Sie können Lymphome und andere Tumore verursachen.

b. *Virus der lymphoproliferativen Erkrankung des Truthahns*
   Es handelt sich hierbei um ein exogenes lymphotropes Virus des Truthahns, welches eine lymphoproliferative Erkrankung verursacht. Der natürliche Wirt ist der Truthahn, unter experimentellen Bedingungen vermehrt sich das Virus in Truthahn- und Hühnerzellen, nicht jedoch in Enten- oder Gänsezellen. Werden unter experimentellen Bedingungen 4 Wochen alte Truthähne infiziert, treten ca. 14 Tage nach Inokulation die ersten lymphoproliferativen Läsionen in der Milz und im Thymus auf.

c. *Fasanen-C-Typ-Retroviren*
   Es sind endogene Viren von Fasanen, die wahrscheinlich apathogen sind. Sie sind mit den endogenen Leukose-Sarkom-Viren, die in manchen Fasanen vorkommen, nicht verwandt.

d. *Geflügel-Leukose-Sarkom-Viren (GLSV)*
   GLSV sind als exogene oder endogene Retroviren sehr weit verbreitet. Es wird davon ausgegangen, daß – mit wenigen Ausnahmen – sämtliche kommerzielle Hühnerherden damit infiziert sind. Sie können Leukose, Sarkome und andere Tumore verursachen.

   Unterteilung der GLSV:
   (a) Viren ohne Onkogene (Avitäre Leukose-Viren, ALV):
       Sie erzeugen mit geringer Effizienz und langer Latenz (Monate bis Jahre) lymphatische Leukosen. Diese Tumore entstehen aufgrund der Integration eines Retrovirus-Genoms in der Nachbarschaft oder innerhalb eines Proto-Onkogens mit dessen nachfolgender Aktivierung.
   (b) Viren mit Onkogenen (Akute Leukämie/Sarkom Viren):
       Diese Viren erzeugen innerhalb von Wochen bis Monaten Tumore. Sie enthalten ein bis zwei Onkogene, die typischerweise virale Gene ersetzen. Sie können sich daher nur in Anwesenheit von replikationskompetenten „Helfer"-Viren vermehren und kommen im Gemisch mit Leukose-Viren vor. (Ausnahme: einige Stämme des Rous Sarkom Virus, die sich Helfer-unabhängig vermehren können). Als typische Onkogene seien beispielhaft genannt: *myb* (Myeloblastose), *erb* (Erythroblastose), *src* (Sarkomatose), u. a.

Bestimmte Hüllproteine sind verantwortlich für die Anheftung an Zellrezeptoren und bestimmen somit den Wirtsbereich. Sie sind darüber hinaus verantwortlich für serologische Eigenschaften. Es werden z. Z. bis zu 10 Subgruppen unterschieden, von denen die Subgruppen A, B, C, D und J beim Huhn als exogene Viren, Subgruppe E als endogene Viren, Subgruppen F und G beim Fasan, Subgruppe H beim ungarischen Rebhuhn und Subgruppe I bei der Gambel'schen Wachtel vorkommen.

1.3
Sicherheitsrelevante Eigenschaften der C-Typ-Retroviren der Hühner

a. Wirtsspektrum

GLSV sind eine in der Natur äußerst weit verbreitete Virusgruppe. Das Huhn ist der natürliche Wirt, daneben können Fasane, Perlhühner, Wachteln und einige andere den Phasaniden zugehörige Vogelarten betroffen sein. Eine Übertragung von GLSV auf Säugetiere ist in der Natur nicht beobachtet worden.

b. Transmissionswege

Die Übertragung verläuft vorwiegend vertikal, entweder kongenital über den Reproduktionstrakt in das Ei (Eiklar) mit Infektion des Embryos während der Brut, oder gametogen über ein in die Zellen der Keimbahn integriertes Provirus. Die Viren können bei unmittelbarem Kontakt zwischen den Tieren über Speichel, Sekrete verschiedenster Art und infizierte Zellen horizontal übertragen werden. Eine Übertragung durch Insekten, Wasser oder Aerosole wurde nicht beschrieben, wohl aber Übertragungen durch infizierte Kanülen bei Injektionen von Küken, z. B. bei Impfungen gegen die Marek'sche Krankheit.

c. Epidemiologie

Das Virus ist in den heutigen Hühnerbeständen sehr weit verbreitet. Es wird davon ausgegangen, daß mit wenigen Ausnahmen sämtliche kommerzielle Hühnerherden damit infiziert sind. Nur wenn die Tiere innerhalb der ersten Tage infiziert werden, kann es zu einer Virämie mit nachfolgender Leukose kommen. Obwohl das Virus in den heutigen Hühnerbeständen ubiquitär ist, liegen Verlustraten durch spontan erkrankte Tiere bei ca. 2 % und weniger.
Akute, Onkogen-enthaltende Stämme entstehen im Laufe der Evolution nur sporadisch.

d. Widerstandsfähigkeit des Organismus

Die Viren besitzen ein Lipid-haltiges Envelope, das seine geringe Stabilität und seine Empfindlichkeit in der Außenwelt bedingt. Außerhalb des unmittelbaren Zellmilieus werden die Viren rasch inaktiviert. Detergentien wirken desinfizierend, Temperaturen von 60 °C inaktivieren das Virus in weniger als 1 Minute, ebenso führen pH-Werte von 5 oder 9 zur schnellen Inaktivierung. Gegenüber Lipidlösungsmittel ist das Virus hochempfindlich.

e. Infektiosität für Säugetiere bzw. Säugerzellen

Eine Übertragung von GLSV auf Säugetiere ist in der Natur nicht beobachtet worden. Experimentell können einige Virusstämme auch an andere Zellsysteme adaptiert werden. Bestimmte Rous Sarkom Virus Stämme können Säugerzellen transformieren. Die menschlichen Fibroblasten zeigen dabei nur morphologische Veränderungen ohne eine erhöhte Proliferationsrate [3]. Im Vergleich zu Geflügelzellen ist die Transformationseffizienz für Säugerzellen generell niedriger. Transformierte Säugerzellkulturen produzieren entweder nicht nachweisbare oder um mehrere Größenordnungen niedrigere Titer an infektiösem Virus als entsprechende transformierte Hühnerzellen [4]. Die Fähigkeit zur Infektion bzw. Transformation von Säugerzellen ist beschränkt auf Viren bestimmter Subgruppen, die Hüllproteine des Typs C oder D enthalten. Es liegen keine Berichte über die Induktion von Tumoren in Säugern durch Leukose- oder Leukämieviren vor. Jedoch kann das Rous Sarkom Virus, wenn es Hüllantigene der Subgruppen C oder D trägt, Cysten und Tumoren in neugeborenen Nagern erzeugen. Diese Tumoren metastasieren aber nicht und gehen in der Regel nach ein paar Monaten zurück [4, 5].

f. Humanpathogenität

In Gegenwart von Leukoseviren der Subgruppen C und D vermehrte akut transformierende Retroviren sind in der Lage, humane Fibroblasten zu infizieren [1, 3, 4]. Natürliche Infektionen wurden jedoch bisher nicht beschrieben. Tumoren oder anderweitige Erkrankungen beim Menschen, die auf C-Typ-Retroviren der Hühner zurückgeführt werden können, sind nicht bekannt. Der Test von 101 Seren von leukämischen Patienten erbrachte keinen Hinweis auf GLSV-Virusantigene [6].

Eine Humanpathogenität von GLSV ist aufgrund von zwei anderen Befunden wenig wahrscheinlich:

1. In einem Selbstversuch injizierte sich J. G. Carr 1939 das Rous Sarcom Virus, und war 21 Jahre später immer noch symptomlos [7].
2. Bei der Verabreichung von Gelbfiebervakzine an amerikanisches Militär enthielten zumindest einige der verabreichten Chargen kontaminierende GLSV, da diese Vakzine in Hühnerfibroblasten hergestellt wurde [8, 9]. Zwanzig Jahre später konnte im Vergleich zu einer Kontrollgruppe kein Zusammenhang zwischen der Gelbfieber-Vakzinierung und der Entstehung von Tumoren festgestellt werden [10]. Auch gegen Influenza oder Typhus geimpfte Personen wiesen Antikörper gegen RSV und ein Hühner-Leukosevirus auf, jedoch wurde auch bei diesen Personen keine Krebserkrankung festgestellt, die mit diesen Viren in Verbindung gebracht werden konnte [11].

2
Empfehlung der ZKBS zur Risikobewertung von C-Typ-Retroviren der Hühner

Viren	Risikogruppe	Begründung
a. Geflügelendotheliose Virus	2	Die Viren weisen einen hohen Verwandtschaftsgrad zu Retroviren von Säugetieren auf und werden nach neueren Erkenntnissen den Säuger-C-Typ-Retroviren zugerechnet [1, 2]. Von einem engen Wirtsbereich kann somit nicht ausgegangen werden.
b. Lymphoproliferative Disease Virus of Turkeys	2	Es handelt sich um ein für Truthähne pathogenes lymphotropes Virus, welches noch wenig charakterisiert ist.
c. Fasanen-C-Typ-Retroviren	1	Es handelt sich um endogene tierische Retroviren, die auf natürliche Weise in das Genom gelangt und apathogen sind. Sie sind somit gemäß § 5 Abs. 2 i. V. m. Anhang I Teil B II GenTSV der Risikogruppe 1 zuzuordnen.

Viren	Risiko gruppe	Begründung
d. akute Leukämie/Sarkom-Viren der Subgruppen C und D	2	Die Viren haben einen erweiterten Wirtsbereich. Unter experimentellen Bedingungen sind sie in der Lage, neben Hühnerzellen auch Säugerzellen, einschließlich menschlicher Fibroblasten zu transformieren. In Nagern und Primaten können sie Cysten und Tumore erzeugen.
e. Geflügel-Leukose-Sarkom-Viren (GLSV), akute Leukämie/Sarkom-Viren der Subgruppen A und B	1	Die Viren sind ubiquitär bei Hühnern vorhanden, eine Erkrankung der Tiere erfolgt bei weniger als 2 % der infizierten Tiere. Die Viren verursachen keine Krankheitsepidemien. Eine Übertragung auf andere Tiere ist nicht beobachtet worden. Sie haben einen engen Wirtsbereich und sind durch Aerosole nicht übertragbar. Sie sind für den Menschen nicht pathogen. Außerhalb ihrer Wirtszellen sind die Viren sehr instabil.

Literaturhinweise

1. Levy JA (ed) (1992) The Retroviridae. Plenum Press, New York
2. Fields B (ed) (1985) Retroviridae. In: Virology, Vol 2, 2nd edn. Raven Press, New York
3. Stenkvist B (1966) Long-term cultivation of human and bovine fibroblastic cells morphologically transformed in vitro by Rous sarcoma virus. Acta Pathol Microbiol Scand 67:67–82
4. Simkovic D (1972) Characteristics of tumors induced in mammals, especially rodents, by virus of the avian leukosis sarcoma groups. Adv Virus Res 17:95–123
5. Zilber LA (1965) Pathogenicity and oncogenicity of Rous sarcoma virus for mammals. Progr Exp Tumor. Res Vol 7, Karger, Basel pp 1–48
6. Roth FK, Dougherty RB (1971) Search for group-specific antibodies of avian leukosis virus in human leukemia sera. J Nat Cancer Inst 46:1357–1360
7. Carr JG (1969) Lack of pathogenicity of Rous I virus for humans: a long term experiment. Vet Rec 72:87
8. Harris RJC, Dougherty RM, Biggs PM, Payne LN, Goffe, AP, Churchill AE, Mortimer R (1966) Contaminant viruses in two live vaccines produced in chick cells. J Hyg Camb 64:1–6
9. Piraino F, Krumbiegel Er, Wisniewski HJ (1967) Serologic survey of man for avian leukosis virus infection. J Immunol 98:702–706
10. Waters TD, Anderson PS, Beebe GW, Miller RW (1972) Yellow fever vaccination, avian leukosis virus, and cancer risk in man. Science 177:76–77
11. Richman AV, Aulisio CG, Jahnes WG, Tauraso NM (1971) Avian leukosis antibody response in individuals given chicken embryo derived vaccines (36117). Proc Soc Exp Biol Med 139:235–237

KAPITEL 12

Anhang zu Kapitel 10
Novellierung des Gentechnikgesetzes

J. Katzek

Das am 1. Juli 1990 in Kraft getretene Gentechnikgesetz (GenTG) steht seit langem im Mittelpunkt einer breiten öffentlichen Diskussion. Wissenschaft und Wirtschaft vertreten die Ansicht, daß das Gesetz seinem eigenen, in Artikel 1 formulierten Ziel der Förderung der Gentechnik widerspreche, da es die Forschung durch übermäßige bürokratische Erfordernisse beeinträchtige. Desweiteren wurde wiederholt darauf hingewiesen, daß Rechtsansprüche auf die Genehmigung von gentechnischen Produktionsanlagen von der Genehmigungsbehörde aufgrund politischer Vorgaben verschleppt wurden[1]. Dieser Darstellung wurde von verschiedener Seite widersprochen[2]. Am 12. November 1992 forderte der Bundestag dann auf Empfehlung des Ausschusses für Forschung, Technologie und Technikfolgenabschätzung die Bundesregierung auf, einen Entwurf zur Neuformulierung des Gentechnikrechtes vorzulegen.

Der Bundesminister für Gesundheit hat Mitte Februar als Reaktion darauf einen ersten Referentenentwurf zur Änderung des Gentechnikgesetzes vorgelegt. Der Entwurf berücksichtigt u. a. auch die durch das Schreiben der EU-Kommission vom 6. August 1992 notwendig gewordenen Änderungen des Gesetzes aufgrund unvollständiger Implementierung der EU-Richtlinien 90/2129/EWG („Umgang mit genetisch veränderten Organismen im geschlossenen System") und 90/220/EWG („Beabsichtigte Freisetzung"). Die angestrebte Gesetzesänderung zeichnet sich vor allen Dingen durch eine Vereinfachung des Genehmigungs- bzw. Anmeldeverfahrens sowohl für gentechnische Anlagen zu Forschungszwecken als auch zu Produktionszwecken aus, und bezieht die folgenden Punkte mit ein:

a. Forschungs- und Produktionsanlagen in der Sicherheitsstufe 1 (S1) sind, ohne Fristangabe, in Zukunft nur noch bei der Behörde anzumelden (§ 8). Dieser Passus ist insbesondere von Bedeutung, da über 80 % der von der ZKBS begutachteten Anträge der Sicherheitsstufe 1 angehören.
b. Die Durchführung weiterer Anlagen in der Sicherheitsstufe 2, 3 und 4 zu Forschungszwecken müssen, wiederum ohne Fristenvorgabe, lediglich angemeldet werden (§ 9).
c. Es ist vorgesehen, ein vereinfachtes Verfahren einzuführen, wenn gentechnische Arbeiten einer von der ZKBS bereits genehmigten Arbeit vergleichbar sind (§ 11).
d. Die Beteiligung der Öffentlichkeit wird reduziert (§ 8).

Die vorgeschlagenen Veränderungen wurden in der nachfolgenden Synopse in das bestehende Gentechnikgesetz vom 1. Juli 1990 eingearbeitet. Dabei wurde der von der Regierungskoalition in den Deutschen Bundestag eingebrachte Antrag zur Grundlage genommen (Bundestagsdrucksache 12/5145 vom 16. Juni 1993), die am 1. Oktober vom Deutschen Bundestag verabschiedete Empfehlung des beratenden Ausschusses für Gesundheit (Bundestagsdrucksache 12/5789) sowie die Bekanntmachung der Neufassung des GenTG im Bundesgesetzblatt I, S. 2066-2083 vom 21. 12. 1993.

---

[1] s. zum Beispiel Tagungsband der Veranstaltungsreihe „Sicherheit in der Biotechnologie und Gentechnik", 7. – 8. Oktober 1992 in Bonn, Herausgegeben von der BG Chemie.
[2] siehe z. B. „Stellungnahme des DGB zur Novellierung des Gentechnikgesetzes", Düsseldorf, 14. April 1993; R. Halentz „Die Standort-Lüge: Die Misere der deutschen Gentechnik ist selbstverschuldet", Wochenpost, 3. Juni 1993.

Zur Übersichtlichkeit wurden die vorgeschlagenen Gesetzesänderungen im Kontext kurz aufgeführt. Neue Passagen sind im **Fettdruck** hervorgehoben und unterstrichen; herausgenommene Teile wurden in eckigen Klammern [...] gesetzt und <u>unterstrichen</u>. Nicht veränderte Teile des Gesetzes wurden hier aus Platzgründen nicht wiedergegeben.

Eine Reihe von verwendeten Begriffen des Originalgesetzestextes werden zur Übersichtlichkeit als Abkürzung oder in Kurzform wiedergegeben um die Lesbarkeit zu erhöhen, ohne jedoch den Sinn zu verändern (so taucht z. B. der Begriff „Freisetzungsrichtlinie" in dieser Form nicht im Gesetzestext auf). Dabei handelt es sich um die folgenden Begriffe bzw. Abkürzungen:

- BGA   Bundesgesundheitsamt
- BGM   Bundesministerium für Gesundheit
- EU   Europäische Union
- EU-Kommission   Kommission der Europäischen Union
- Freisetzungsrichtlinie „Richtlinie 90/220/EWG des Rates vom 23. April 1990 über die absichtliche Freisetzung genetisch veränderter Organismen in die Umwelt", Amtsblatt der Europäischen Gemeinschaft (ABI) L 117 vom 8. Mai 1990
- GVOs   gentechnisch veränderte Organismen
- UBA   Umweltbundesamt

§ 1
Zweck des Gesetzes

Zweck des Gesetzes ist,
1. ...
2. den rechtlichen Rahmen für die Erforschung, Entwicklung, Nutzung und Förderung der wissenschaftlichen, technischen **und wirtschaftlichen** Möglichkeiten der Gentechnik zu schaffen.

§ 2
Anwendungsbereich

(2) Dieses Gesetz gilt nicht für die Anwendung von gentechnisch veränderten Organismen am Menschen.

§ 3
Begriffsbestimmungen

Im Sinne dieses Gesetzes sind
3. gentechnisch veränderter Organismus ...:

Nicht als Verfahren der Veränderung genetischen Materials gelten

- in-vitro-Befruchtung,
- Konjugation, Transduktion, Transformation oder jeder andere natürliche Prozeß,
- Polyploide-Indukation,

es sei denn, es werden gentechnisch veränderte Organismen als Spender oder Empfänger verwendet oder rekombinante DNS-Moleküle eingesetzt. Weiterhin gelten nicht als Verfahren der Veränderung genetischen Materials

- Mutagenese,
- Zell- und Protoplastenfusion von pflanzlichen Zellen, die zu solchen Pflanzen regeneriert werden können, die auch mit herkömmlichen Züchtungstechniken erzeugbar sind,

es sei denn, es werden gentechnisch veränderte Organismen als Spender oder Empfänger verwendet. **Sofern es sich nicht um ein Vorhaben der Freisetzung oder des Inverkehrbringens han-**

delt, [Bei der Verwendung in gentechnischen Anlagen] gelten darüber hinaus nicht als Verfahren der Veränderung gentechnischen Materials

- Erzeugung somatischer **menschlicher oder** tierischer Hybridoma-Zellen
- Selbstklonierung nichtpathogener, natürlich vorkommender Organismen, wenn sie keine Adventiv-Agenzien enthalten und entweder nachgewiesenermaßen lange und sicher [in gentechnischen Anlagen] verwendet wurden ...

8. Inverkehrbringen
die Abgabe von Produkten, die GVOs enthalten oder aus solchen bestehen, an Dritte und das Verbringen in den Geltungsbereich des Gesetzes, **soweit die Produkte nicht zu gentechnischen Arbeiten in gentechnischen Anlagen bestimmt oder Gegenstand einer genehmigten Freisetzung sind.** Unter zollamtlicher Überwachung durchgeführter Transitverkehr **und die Abgabe sowie das Verbringen in den Geltungsbereich des Gesetzes zum Zwecke der klinischen Prüfung** gelten nicht als Inverkehrbringen.

§ 4
Kommission

(1) Unter der Bezeichnung „Zentrale Kommission für die Biologische Sicherheit" wird beim Bundesgesundheitsamt eine Sachverständigenkommission eingerichtet.

2. Soweit es zur sachgerechten Erledigung der Aufgaben erforderlich ist, können nach Anhörung der Kommission in einzelnen Bereichen bis zu zwei Sachverständige als zusätzliche stellvertretende Mitglieder berufen werden.

§ 6
Allgemeine Sorgfalts- und Aufzeichnungspflichten, Gefahrenvorsorge

(1) Wer gentechnische Anlagen errichtet oder betreibt ... hat die damit verbundenen Risiken vorher umfassend zu bewerten **und diese Bewertung dem Stand der Wissenschaft anzupassen.**

(2) Der Betreiber hat die nach dem Stand von Wissenschaft und Technik notwendigen Vorkehrungen zu treffen ... und dem Entstehen von Gefahren vorzubeugen. **Der Betreiber hat sicherzustellen, daß auch nach einer Betriebseinstellung von der Anlage keine Gefahr für die in § 1 Nr. 1** [26] **genannten Rechtsgüter ausgehen können.**

(3) Über die Durchführung gentechnischer Arbeiten **und von Freisetzungen** hat der Betreiber Aufzeichnungen zu führen...

§ 8
Genehmigung und Anmeldung von gentechnischen Anlagen

(2) Die Errichtung und der Betrieb gentechnischer Anlagen, in denen gentechnische Arbeiten der Sicherheitsstufe 1 [zu Forschungszwecken] durchgeführt werden sollen ... sind der Behörde [spätestens drei Monate] vor dem beabsichtigten Beginn **der Errichtung oder, falls die Anlage bereits errichtet ist, vor dem beabsichtigten Beginn des Betriebs** der Arbeiten anzumelden.

§ 9
Weitere gentechnische Arbeiten zu Forschungszwecken

(1) Die Durchführung weiterer gentechnischer Arbeiten der Sicherheitsstufen 2, 3 und 4 zu Forschungszwecken ist bei der zuständigen Behörde [spätestens zwei Monate] vor dem beabsichtigten Beginn der Arbeiten anzumelden. **Weitere gentechnische Arbeiten, die durchgeführt werden**

1. von einer Hinterlegungsstelle zum Zweck der Erfüllung der Erfordernisse nach dem Budapester Vertrag vom 28. April 1977 über die internationale Anerkennung der Hinterlegung von Mikroorganismen für die Zwecke von Patentverfahren (BGBl. 1980 II S. 1104, 1984 II S. 679) oder

2. auf Veranlassung der zuständigen Behörde zur Untersuchung einer Probe im Rahmen der Überwachung nach § 25[3]

bedürfen keiner Anmeldung.

(3) Soll eine bereits angemeldete oder genehmigte gentechnische Arbeit der Sicherheitsstufe 2 zu Forschungszwecken in einer anderen genehmigten gentechnischen Anlage desselben Betreibers, in der entsprechende gentechnische Arbeiten durchgeführt werden dürfen, durchgeführt werden, ist dies der zuständigen Behörde vor Aufnahme der Arbeit anzuzeigen.

§ 10
Weitere gentechnische Arbeiten zu gewerblichen Zwecken

(1) Die Durchführung weiterer gentechnischer Arbeiten der Sicherheitsstufe 1 zu gewerblichen Zwecken ist bei der zuständigen Behörde [spätestens zwei Monate] vor dem beabsichtigten Beginn der Arbeiten anzumelden.

(3) Weitere gentechnische Arbeiten zu gewerblichen Zwecken, die einer höheren Sicherheitsstufe zuzuordnen sind als die von der Genehmigung nach § 8 Abs. 1[4] **oder von der Anmeldung nach § 8 Abs. 2**[5] umfaßten Arbeiten, dürfen nur aufgrund einer neuen Anlagengenehmigung durchgeführt werden.

§ 11
Genehmigungsverfahren

[(3) Ist vor der Entscheidung über die Genehmigung zur Errichtung und zum Betrieb einer gentechnischen Anlage ein Anhörungsverfahren nach § 18 Abs. 1 durchzuführen[6], sind die Unterlagen, soweit sie Geschäfts- oder Betriebsgeheimnisse oder personenbezogene Daten enthalten, zu kennzeichnen und getrennt vorzulegen ...]

---

[3] § 25 Abs. 1 „Die zuständigen Landesbehörden haben die Durchführung dieses Gesetzes ... zu überwachen. [Die zuständige Behörde kann Vertreter des BGA, des UBA und der Bundesanstalt für Arbeitsschutz als Sachverständige beteiligen.]"

[4] § 8 Abs. 1 „Gentechnische Arbeiten dürfen nur in gentechnischen Anlagen durchgeführt werden. Die Errichtung und der Betrieb ... bedürfen der Genehmigung (Anlagengenehmigung), soweit sich nicht aus den Vorschriften des Gesetzes etwas anderes ergibt. Die Genehmigung berechtigt zur Durchführung der im Genehmigungsbescheid genannten gentechnischen Arbeiten zu gewerblichen oder zu Forschungszwecken."

[5] § 8 Abs. 2 „Die Errichtung und der Betrieb gentechnischer Anlagen, in denen gentechnische Arbeiten der Sicherheitsstufe 1 [zu Forschungszwecken] durchgeführt werden sollen ... sind der Behörde [spätestens drei Monate] vor dem beabsichtigten Beginn **der Errichtung oder, falls die Anlage bereits errichtet ist, vor dem beabsichtigten Beginn des Betriebs** der Arbeiten anzumelden."

[6] § 18 Abs. 1 „vor der Entscheidung über die Errichtung und den Betrieb einer gentechnischen Anlage, in der gentechnische Arbeiten der Sicherheitsstufen [2], 3, oder 4 zu gewerblichen Zwecken durchgeführt werden sollen, hat die zuständige Behörde ein Anhörungsverfahren durchzuführen. **Im Falle des § 8 Abs. 4 entfällt ein Anhörungsverfahren, wenn nicht zu besorgen ist, daß durch die Änderung zusätzliche oder andere Gefahren für die in § 1 Nr. 1 bezeichneten Rechtsgüter zu erwarten sind.**"

(6) Über einen Genehmigungsantrag nach § 8 Abs. 1 Satz 2[7], Abs. 3 oder 4[8] ist innerhalb einer Frist von drei Monaten schriftlich zu entscheiden. [Die zuständige Behörde kann die Frist um bis zu drei Monate verlängern]. **Die zuständige Behörde hat im Falle der Genehmigung einer gentechnischen Anlage der Sicherheitsstufe 2 zu Forschungszwecken über den Antrag unverzüglich, spätestens nach 1 Monat zu entscheiden, wenn die gentechnische Arbeit einer bereits von der Kommission eingestuften gentechnischen Arbeit vergleichbar ist; Absatz 8 Satz 1 bis 3[9] finden keine Anwendung. Falls die Errichtung oder der Betrieb der gentechnischen Anlage, in der gentechnische Arbeiten der Sicherheitsstufe 2 zu Forschungszwecken durchgeführt werden sollen, weiterer behördlicher Entscheidungen nach § 22 Abs. 1[10] bedarf, verlängert sich die in Satz 2 genannte Frist auf drei Monate.**

(6 a) Die Kommission veröffentlicht allgemeine Stellungnahmen zu häufig durchgeführten gentechnischen Arbeiten mit den jeweils zugrunde liegenden Kriterien der Vergleichbarkeit im Bundesgesundheitsblatt.

(7) Über einen Genehmigungsantrag nach § 10 Abs. 2[11] ist innerhalb einer Frist von drei Monaten schriftlich zu entscheiden. **Die zuständige Behörde hat im Falle der Genehmigung weiterer gentechnischer Arbeiten der Sicherheitsstufe 2 zu gewerblichen Zwecken über den Antrag unverzüglich, spätestens nach zwei Monaten zu entscheiden, wenn die gentechnische Arbeit einer bereits von der Kommission eingestuften gentechnischen Arbeit vergleichbar ist; Absatz 8 Satz 1 bis 3[9] findet keine Anwendung.**

(8)...

(9) Vor Erhebung einer verwaltungsgerichtlichen Klage findet bei einer Entscheidung über den Antrag auf Genehmigung der Errichtung und des Betriebs einer gentechnischen Anlage ein Vorverfahren nicht statt, sofern ein Anhörungsverfahren nach § 18 durchgeführt wurde.

---

[7] § 8 Abs. 1 Satz 2 „Die Errichtung und der Betrieb gentechnischer Anlagen bedürfen der Genehmigung (Anlagengenehmigung), soweit sich nicht aus den Vorschriften des Gesetzes etwas anderes ergibt.“

[8] § 8 Abs. 3 und 4 „Auf Antrag kann die Genehmigung für:
1. die Errichtung einer gentechnischen Anlage oder eines Teils einer Anlage
2. die Errichtung oder den Betrieb eines Teils einer gentechnischen Anlage (Teilgenehmigung)
erteilt werden.
(4) Die wesentliche Änderung der Lage, der Beschaffenheit oder des Betriebs einer gentechnischen Anlage bedarf der Anlagengenehmigung.“

[9] § 11 Abs. 8 Satz 1–3 „Vor der Entscheidung über eine Genehmigung holt die zuständige Behörde über das BGA eine Stellungnahme der Kommission zur sicherheitstechnischen Einstufung der vorgesehenen gentechnischen Arbeiten und zu den erforderlichen sicherheitstechnischen Maßnahmen ein. Die Stellungnahme ist bei der Entscheidung zu berücksichtigen. Weicht die zuständige Behörde bei ihrer Entscheidung von der Stellungnahme der Kommission ab, so hat sie die Gründe hierfür schriftlich niederzulegen.“

[10] § 22 Abs. 1 „Die Anlagengenehmigung schließt andere die gentechnische Anlage betreffende behördliche Entscheidungen ein, insbesondere öffentlich-rechtliche Genehmigungen, Zulassungen, Erlaubnisse und Bewilligungen ...“

[11] § 10 Abs. 2 „Die Durchführung weiterer gentechnischer Arbeiten der Sicherheitsstufen 2, 3 oder 4 zu gewerblichen Zwecken bedarf jeweils einer gesonderten Genehmigung.“

§ 12
Anmeldeverfahren

(2) Einer Anmeldung nach § 8 Abs. 2[12] sind die Unterlagen nach § 11 Abs. 2 **Nr. 1 bis 5**[13] beizufügen.

(6) Die zuständige Behörde hat dem Betreiber unverzüglich den Eingang der Anmeldung und der beigefügten Unterlagen schriftlich zu bestätigen. [Der Ablauf der Frist nach § 8 Abs. 2, § 9 Abs. 1 oder § 10 Abs. 1 gilt als Zustimmung zur Durchführung der gentechnischen Arbeiten. Die Frist ruht, solange die Behörde die Ergänzung der Unterlagen abwartet.]

(7) Die zuständige Behörde hat über die Anmeldung nach § 8 Abs. 2[12] unverzüglich, spätestens nach Ablauf einer Frist von 1 Monat zu entscheiden. Absatz 5[14] findet keine Anwendung. Der Ablauf einer Frist von 3 Monaten gilt als Zustimmung zur Errichtung und Betrieb der gentechnischen Anlage und zur Durchführung der gentechnischen Arbeit. Falls die Errichtung oder der Betrieb der gentechnischen Anlage weiter behördlicher Entscheidungen bedarf, sind diese von der dafür zuständigen Behörde in einer Frist von 3 Monaten zu treffen. Die Fristen ruhen, solange die Behörde die Ergänzung der Unterlagen abwartet.

(8) Bei der Anmeldung nach § 9 Abs. 1[15] gilt der Ablauf der Frist von 2 Monaten als Zustimmung zur Durchführung der gentechnischen Arbeit. Mit Zustimmung der zuständigen Behörden können die gentechnischen Arbeiten vor Ablauf der Frist begonnen werden. Die Kommission veröffentlicht allgemeine Stellungnahmen zu häufig durchgeführten gentechnischen Arbeiten mit den jeweils zugrunde liegenden Kriterien der Vergleichbarkeit im Bundesgesundheitsblatt. Die zuständige Behörde hat im Falle der Anmeldung weiterer gentechnischer Arbeiten der Sicherheitsstufe 2 zu Forschungszwecken über die Anmeldung unverzüglich, spätestens nach Ablauf einer Frist von einem Monat zu entscheiden, wenn die gentechnische Arbeit einer bereits von der Kommission eingestuften gentechnischen Arbeit vergleichbar ist; Abs. 5[14] findet in diesem Fall keine Anwendung. Die Frist ruht, solange die Behörde die Ergänzung der Unterlagen abwartet.

---

[12] § 8 Abs. 2 „Die Errichtung und der Betrieb gentechnischer Anlagen, in denen gentechnische Arbeiten der Sicherheitsstufe 1 [zu Forschungszwecken] durchgeführt werden sollen ... sind der zuständigen Behörde [spätestens drei Monate] vor dem beabsichtigten Beginn der Arbeit anzumelden.“

[13] § 11 Abs. 2 Nr. 1–5
   1. Lage der Anlage
   2. Name des Projektleiters und dessen Sachkunde
   3. Name des Beauftragten für die biologische Sicherheit
   4. Beschreibung der Anlage
   5. Risikobewertung nach § 6 Abs. 1

[14] § 12 Abs. 5 „Die zuständige Behörde holt über das BGA eine Stellungnahme der Kommission zur sicherheitstechnischen Einstufung der vorgesehenen gentechnischen Arbeiten und zu den erforderlichen sicherheitstechnischen Maßnahmen ein. Die Stellungnahme ist bei der Entscheidung zu berücksichtigen. Weicht die zuständige Behörde bei einer Entscheidung von der Stellungnahme ab, so hat sie die Gründe hierfür schriftlich darzulegen.“

[15] § 9 Abs. 1 „Die Durchführung weiterer gentechnischer Arbeiten der Sicherheitsstufen 2, 3 und 4 zu Forschungszwecken ist bei der zuständigen Behörde [spätestens zwei Monate] vor dem beabsichtigten Beginn der Arbeiten anzumelden. **Weitere gentechnische Arbeiten, die**
   1. **von einer internationalen Hinterlegungsstelle zum Zwecke der Erfüllung der Erfordernisse nach dem Budapester Vertrag vom 28. April 1977 über die internationale Anerkennung der Hinterlegung von Mikroorganismen für die Zwecke von Patentverfahren (BGBl. 1980 II S. 1104, 1984 II S. 679) oder**
   2. **auf Veranlassung der zuständigen Behörde zur Untersuchung einer Probe im Rahmen der Überwachung nach § 25,**
   durchgeführt werden, bedürfen keiner Anmeldung.“

(9)   Die zuständige Behörde hat über die Anmeldung nach § 10 Abs. 1[16] unverzüglich, spätestens nach Ablauf einer Frist von einem Monat zu entscheiden. Absatz 5[14] findet keine Anwendung. Der Ablauf einer Frist von 2 Monaten gilt als Zustimmung zur Durchführung der gentechnischen Arbeit. Die Frist ruht, solange die Behörde die Ergänzung der Unterlagen abwartet.
[(9) Mit Zustimmung der zuständigen Behörde können die gentechnischen Arbeiten vor Ablauf der Frist nach Abs. 6 Satz 2 begonnen werden.]

(10)   (bisheriger Absatz 7)

(11)   (bisheriger Absatz 8)

§ 13
Genehmigungsvoraussetzungen

(1) Die Genehmigung zur Errichtung und zum Betrieb einer gentechnischen Anlage nach § 8 Abs. 1 Satz 2 oder Abs. 4 ist zu erteilen, wenn:

…

5. keine Tatsachen vorliegen, denen die Verbote des Art. 2 des Gesetzes vom 21. 2. 1983 zu dem Übereinkommen vom 10. 4. 1972 über das Verbot der Entwicklung, Herstellung und Lagerung bakteriologischer (biologischer) Waffen und von Toxinwaffen sowie über die Vernichtung solcher Waffen (BGB I 1983 II S. 132) **und die Bestimmungen zum Verbot von biologischen und chemischen Waffen im Ausführungsgesetz zu Art. 26 Abs. 2 des Grundgesetzes (Gesetz über die Kontrolle von Kriegswaffen in der Fassung der Bekanntmachung vom 22. 11. 1990 (BGBl. I S. 2506) zuletzt geändert durch Art. 17 des Gesetzes vom 21. 12. 1992 (BGBl. I S. 2150) entgegenstehen.**

§ 14
Freisetzung und Inverkehrbringen

(1) Einer Genehmigung des BGA bedarf, wer
1. gentechnisch veränderte Organismen freisetzt,
2. Produkte in den Verkehr bringt, die gentechnisch veränderte Organismen enthalten oder aus solchen bestehen,
3. Produkte, die gentechnisch veränderte Organismen enthalten oder aus solchen bestehen, zu einem anderen Zweck als der bisherigen bestimmungsgemäßen Verwendung in den Verkehr bringt. [Einer Genehmigung für ein Inverkehrbringen bedarf es nicht, wenn eine solche Genehmigung bereits für das Produkt erteilt wurde.]

[(2)   Eine Genehmigung ist nicht erforderlich für die Abgabe von Zwecken der Forschung von einem Betreiber, der nach den Vorschriften dieses Gesetzes befugt ist, gentechnische Arbeiten zu Forschungszwecken oder eine Freisetzung durchzuführen, an einen anderen Betreiber, der gleichfalls die erforderliche Befugnis hat.]

(4) Die Bundesregierung kann zur Umsetzung der Entscheidung der Kommission oder des Rates der EU nach Art. 6 Abs. 5[17] und Art. 21[23] der Freisetzungsrichtlinie nach Anhörung der Kommission durch Rechtsverordnung mit Zustimmung des Bundesrates bestimmen, daß für die Freisetzung ein von dem Verfahren des Dritten Teils dieses Gesetzes abweichendes verein-

---

[16]   § 10 Abs. 1 „Die Durchführung weiterer gentechnischer Arbeiten der Sicherheitsstufe 1 zu gewerblichen Zwecken ist bei der zuständigen Behörde [spätestens zwei Monate] vor dem beabsichtigten Beginn der Arbeiten anzumelden."

[17]   EG-Artikel 6 Abs. 5 „Ist die zuständige Behörde der Auffassung, daß mit der Freisetzung bestimmter GVO genügend Erfahrungen gesammelt worden sind, kann sie bei der Kommission einen Antrag auf Anwendung vereinfachter Verfahren für die Freisetzung dieser GVO-Arten stellen."

fachtes Verfahren gilt, soweit mit der Freisetzung von Organismen im Hinblick auf die in § 1 Nr. 1[26] genannten Schutzzwecke genügend Erfahrungen gesammelt sind.

(5) Der Genehmigung des Inverkehrbringens durch das BGA stehen Genehmigungen gleich, die von Behörden anderer EU-Mitgliedstaaten **oder anderer Vertragsstaaten des Abkommens über den europäischen Wirtschaftsraum** nach gleichwertigen Vorschriften erteilt worden sind. [Im übrigen kann die Bundesregierung nach Anhörung der Kommission durch Rechtsverordnung mit Zustimmung des Bundesrates bestimmen, daß außerhalb des Geltungsbereiches dieses Gesetzes in einem gleichwertigen Verfahren erteilte Genehmigungen der Genehmigung des Inverkehrbringens durch das BGA gleichstehen.]

§ 15
Antragsunterlagen bei Freisetzung und Inverkehrbringen

[(2) Soweit im Genehmigungsverfahren die Öffentlichkeit zu beteiligten ist, gilt § 11 Abs. 3[18] entsprechend.]

§ 16
Genehmigung bei Freisetzung und Inverkehrbringen

(3) Über einen Antrag auf Genehmigung einer Freisetzung oder eines Inverkehrbringens ist innerhalb einer Frist von drei Monaten schriftlich zu entscheiden; **will das BGA einen Antrag auf Inverkehrbringen genehmigen, leitet es innerhalb dieser Frist das Verfahren nach Art. 12 und 13 der EU-Freisetzungsrichtlinie ein.**

(4) Die Entscheidung über eine Freisetzung ergeht im Einvernehmen mit der Biologischen Bundesanstalt für Land- und Forstwirtschaft, dem UBA und, soweit gentechnisch veränderte **Wirbel**tiere **oder gentechnisch veränderte Mikroorganismen, die an Wirbeltieren angewendet werden,** betroffen sind, der Bundesforschungsanstalt für Viruserkrankungen der Tiere. ... Vor der Erteilung einer Genehmigung für ein Inverkehrbringen [ergeht im Einvernehmen] **sind Stellungnahmen** des UBA, der Biologischen Bundesanstalt für Land- und Forstwirtschaft **und, soweit gentechnisch veränderte Wirbeltiere oder gentechnisch veränderte Mikroorganismen, die an Wirbeltieren angewendet werden, betroffen sind, der Bundesforschungsanstalt für Viruserkrankungen der Tiere und des Paul-Ehrlich-Instituts einzuholen.**

(6) **Das Bundesministerium für Gesundheit** [Der Bundesminister] wird ermächtigt, durch Rechtsverordnung mit Zustimmung des Bundesrates das Verfahren der Beteiligung der EU-Kommission und der Mitgliedstaaten **oder anderer Vertragsstaaten des Abkommens über den europäischen Wirtschaftsraum** im Zusammenhang mit der Freisetzung und dem Inverkehrbringen von GVOs, und die Verpflichtung der zuständigen Behörde, [im Rahmen des Genehmigungsverfahrens] Bemerkungen der Mitgliedstaaten zu berücksichtigen oder Entscheidungen der EU-Kommission umzusetzen, zu regeln ...

---

[18] § 11 Abs. 3 „[Ist vor der Entscheidung über die Genehmigung zur Errichtung und zum Betrieb einer gentechnischen Anlage ein Anhörungsverfahren nach § 18 Abs. 1 durchzuführen, sind die Unterlagen, soweit sie Geschäfts- oder Betriebsgeheimnisse oder personenbezogene Daten enthalten, zu kennzeichnen und getrennt vorzulegen ...“]

(7) Vor Erhebung einer verwaltungsrechtlichen Klage findet bei einer Entscheidung über den Antrag auf Genehmigung einer Freisetzung ein Vorverfahren nicht statt, sofern ein Anhörungsverfahren nach § 18[19] durchgeführt wurde.

§ 17 a
Vertraulichkeit von Angaben

(1) Angaben, die ein Betriebs- oder Geschäftsgeheimnis darstellen, sind vom Betreiber als vertraulich zu kennzeichnen. Er hat begründet darzulegen, daß eine Verbreitung der Betriebs- und Geschäftsgeheimnisse ihm betrieblich oder geschäftlich schaden könnte. Hält die zuständige Behörde die Kennzeichnung für unberechtigt, so hat sie vor der Entscheidung, welche Informationen vertraulich zu behandeln sind, den Antragsteller zu hören und diesen über ihre Entscheidung zu unterrichten. Personenbezogene Daten stehen Betriebs- und Geschäftsgeheimnissen gleich und müssen vertraulich behandelt werden.

(2) Nicht unter das Betriebs- und Geschäftsgeheimnis im Sinne des Abs.$241 fallen
1. Beschreibung der GVO
2. Name und Anschrift des Betreibers,
3. Zweck der Anmeldung oder Genehmigung,
4. Ort der gentechnischen Anlage oder Freisetzung,
5. Methoden oder Pläne zur Überwachung der GVOs und für Notfallmaßnahmen,
6. Beurteilung der vorhersehbaren Wirkungen, insbesondere pathogene und ökologisch störende Wirkungen.

(3) Sofern ein Anhörungsverfahren nach § 18 durchzuführen ist, ist der Inhalt der Unterlagen, soweit die Angaben Betriebs- oder Geschäftsgeheimnisse oder personenbezogene Daten enthalten und soweit es ohne Preisgabe dieser geschützten Daten geschehen kann, so ausführlich darzustellen, daß es Dritten möglich ist zu beurteilen, ob und in welchem Umfang sie von den Auswirkungen des Vorhabens betroffen sind.

(4) Zieht der Anmelder oder Antragsteller die Anmeldung oder den Antrag auf Genehmigung zurück, so haben die zuständigen Behörden die Vertraulichkeit zu wahren.

§ 18
Anhörungsverfahren

(1) Vor der Entscheidung über die Errichtung und den Betrieb einer gentechnischen Anlage, in der gentechnische Arbeiten der Sicherheitsstufe [2], 3, oder 4 zu gewerblichen Zwecken durchgeführt werden sollen, hat die zuständige Behörde ein Anhörungsverfahren durchzuführen. Für

---

[9] § 18 Abs. 1 „Vor der Entscheidung über die Errichtung und den Betrieb einer gentechnischen Anlage, in der gentechnische Arbeiten der Sicherheitsstufe [2], 3, oder 4 zu gewerblichen Zwecken durchgeführt werden sollen, hat die zuständige Behörde ein Anhörungsverfahren durchzuführen. Für die Genehmigung gentechnischer Anlagen, in denen gentechnische Arbeiten der Sicherheitsstufe [1] **2** zu gewerblichen Zwecken durchgeführt werden sollen, ist ein Anhörungsverfahren durchzuführen, wenn ein Genehmigungsverfahren nach § 10 des BImSchG erforderlich wäre. **Im Falle des § 8 Abs. 4 entfällt ein Anhörungsverfahren, wenn nicht zu besorgen ist, daß durch die Änderung zusätzliche oder andere Gefahren für die in § 1 Nr. 1 bezeichneten Rechtsgüter zu erwarten sind."**

§ 18 Abs. (2) vor der Entscheidung über die Genehmigung einer Freisetzung ist ein Anhörungsverfahren durchzuführen, soweit es sich nicht um Organismen handelt, deren Ausbreitung begrenzbar ist, **oder soweit nicht ein vereinfachtes Verfahren nach § 14 Abs. 4 durchgeführt wird.** Die Bundesregierung bezeichnet nach Anhörung der Kommission durch Rechtsverordnung mit Zustimmung des Bundesrates **die Kriterien für** Organismen, deren Ausbreitung bei einer Freisetzung begrenzbar ist."

die Genehmigung gentechnischer Anlagen, in denen gentechnische Arbeiten der Sicherheitsstufe [1] **2** zu gewerblichen Zwecken durchgeführt werden sollen, ist ein Anhörungsverfahren durchzuführen, wenn ein Genehmigungsverfahren nach §10 des BlmSchG erforderlich wäre. **Im Falle des § 8 Abs. 4**[20] **entfällt ein Anhörungsverfahren, wenn nicht zu besorgen ist, daß durch die Änderung zusätzlich oder andere Gefahren für die in §1 Nr. 1 bezeichneten Rechtsgüter zu erwarten sind.**

(2) Vor der Entscheidung über die Genehmigung einer Freisetzung ist ein Anhörungsverfahren durchzuführen, soweit es sich nicht um Organismen handelt, deren Ausbreitung begrenzbar ist, **oder soweit nicht ein vereinfachtes Verfahren nach §14 Abs. 4**[21] **durchgeführt wird.** Die Bundesregierung bezeichnet nach Anhörung der Kommission durch Rechtsverordnung mit Zustimmung des Bundesrates **die Kriterien für** Organismen, deren Ausbreitung bei einer Freisetzung begrenzbar ist.

(3) Das Anhörungsverfahren regelt die Bundesregierung durch Rechtsverordnung mit Zustimmung des Bundesrates. Das Verfahren muß den Anforderungen des §10 Abs. 3 bis 8 BlmSchG entsprechen. **Bei Verfahren nach Absatz 2 gilt §10 Abs. 4 Nr. 3 und Abs. 6 des BlmSchG nicht: Einwendungen gegen das Vorhaben können schriftlich oder zur Niederschrift innerhalb eines Monats nach Ablauf der Auslegungsfrist bei der Genehmigungsbehörde oder bei der Stelle erhoben und begründet werden, bei der Antrag und Unterlagen zur Einsicht ausgelegt sind.**

§ 19
Nebenbestimmungen

Die zuständige Behörde kann ihre Entscheidungen mit Nebenbestimmungen versehen, soweit dies erforderlich ist, um die Genehmigungsvoraussetzungen sicherzustellen. Durch Auflagen können insbesondere bestimmte Verfahrensabläufe oder Sicherheitsvorkehrungen ... der gentechnischen Anlage **sowie Vorschriften für die bestimmungsgemäße und sachgerechte Anwendung des in Verkehr zu bringenden Produktes** angeordnet werden.

§ 20
Einstweilige Einstellung

(1) Sind die Voraussetzungen für die Fortführung des Betriebs der gentechnischen Anlage, der gentechnischen Arbeit **oder** der Freisetzung [oder des Inverkehrbringens] nachträglich entfallen, so kann anstelle einer Rücknahme oder eines Widerrufs der Genehmigung nach den Vorschriften des VerwVerfG die einstweilige Einstellung der Tätigkeit angeordnet werden ...

---

[20] § 8 (4) „Die wesentliche Änderung der Lage, der Beschaffenheit oder des Betriebs einer gentechnischen Anlage bedarf der Anlagengenehmigung."

[21] § 14 Abs. 4 **„Die Bundesregierung kann zur Umsetzung der Entscheidung der Kommission oder des Rates der EG nach Art. 6 Abs. 5 und Art. 21 der Freisetzungsrichtlinie nach Anhörung der Kommission durch Rechtsverordnung mit Zustimmung des Bundesrates bestimmen, daß für die Freisetzung ein von dem Verfahren des Dritten Teils dieses Gesetzes abweichendes vereinfachtes Verfahren gilt, soweit mit der Freisetzung von Organismen im Hinblick auf die in §1 Nr.1 genannten Schutzzwecke genügend Erfahrungen gesammelt sind."**

(2) Besteht der begründete Verdacht, daß die Voraussetzungen für das Inverkehrbringen nicht vorliegen, so kann das BGA bis zur Entscheidung der EU-Kommission oder des Rates nach Art. 16[22] i. V. m. Art. 21[23] der Freisetzungsrichtlinie das Ruhen der Genehmigung ganz oder teilweise anordnen.

§ 21
Anzeigepflichten

(1) Der Betreiber hat jede **Änderung in der Beauftragung** [jeden Wechsel in der Person] des Projektleiters, des BBS oder eines Mitgliedes des Ausschusses für Biologische Sicherheit der für die Anmeldung, die Erteilung der Genehmigung und der für die Überwachung zuständigen Behörde vorher anzuzeigen. **Bei einer unvorhergesehenen Änderung** [Bei einem unvorgesehenen Wechsel] hat die Anzeige unverzüglich zu erfolgen. Mit der Anzeige ist die erforderliche Sachkunde nachzuweisen.

(1a) Der Betreiber hat weitere gentechnische Arbeiten, die nach § 9 Abs. 1 Satz 2 Nr. 1[17] keiner Anmeldung bedürfen, der zuständigen Behörde unverzüglich anzuzeigen.

(1b) Beabsichtigt der Betreiber, den Betrieb einer Anlage einzustellen, so hat er dies unter Angabe des Zeitpunktes der Einstellung der für die Überwachung zuständigen Behörde unverzüglich anzuzeigen. Der Anzeige sind Unterlagen über die vom Betreiber vorgesehenen Maßnahmen zur Erfüllung der sich aus § 6 Abs. 2 Satz 2[24] ergebenden Pflichten beizuführen.

§ 22
Andere behördliche Entscheidungen

(1) Die Anlagengenehmigung schließt andere die gentechnische Anlage betreffende behördliche Entscheidungen ein, insbesondere öffentlich-rechtliche Genehmigungen, Zulassungen, Verleihungen, Erlaubnisse und Bewilligungen, mit Ausnahme von behördlichen Entscheidungen auf Grund atomrechtlicher Bestimmungen.

(2) Vorschriften, nach denen öffentlich-rechtliche Genehmigungen, Zulassungen, Verleihungen, Erlaubnisse und Bewilligungen erteilt werden, finden auf gentechnische Arbeiten, Frei-

---

[22] EG-Art. 16 Abs. 1–2 „(1) Hat ein Mitgliedstaat berechtigten Grund zur Annahme, daß ein Produkt, das nach dieser Richtlinie vorschriftsmäßig angemeldet wurde und für das eine schriftliche Zustimmung erteilt worden ist, eine Gefahr für die menschliche Gesundheit oder die Umwelt darstellt, so kann er den Einsatz und/oder den Verkauf dieses Produktes in seinem Gebiet vorübergehend einschränken oder verbieten. Er unterrichtet hiervon unter Angabe von Gründen unverzüglich die Kommission und die übrigen Mitgliedstaaten."

[23] EG-Art. 21 „Die Kommission wird von einem Ausschuß unterstützt, der sich aus Vertretern der Mitgliedstaaten zusammensetzt und in dem der Vertreter der Kommission den Vorsitz führt. Der Vertreter der Kommission unterbreitet dem Ausschuß einen Entwurf der zu treffenden Maßnahmen. Der Ausschuß gibt eine Stellungnahme zu diesem Entwurf innerhalb einer Frist ab, die der Vorsitzende unter Berücksichtigung der Dringlichkeit der betreffenden Frage festsetzen kann. Die Stellungnahme wird mit der Mehrheit abgegeben, die in Art. 148 Abs. 2 des Vertrages für die Annahme der vom Rat auf Vorschlag der Kommission zu fassenden Beschlüsse vorgesehen ist. Bei der Bestimmung im Ausschuß werden die Stimmen der Vertreter der Mitgliedstaaten gemäß dem vorgenannten Artikel gewogen. Der Vorsitzende nimmt an der Abstimmung nicht teil. Die Kommission erläßt die beabsichtigten Maßnahmen, wenn sie mit der Stellungnahme des Ausschusses übereinstimmen. Stimmen die beabsichtigten Maßnahmen mit der Stellungnahme des Ausschusses nicht überein oder liegt keine Stellungnahme vor, so unterbreitet die Kommission dem Rat unverzüglich einen Vorschlag für die zu treffenden Maßnahmen. Der Rat beschließt mit qualifizierter Mehrheit. Hat der Rat nach Ablauf einer Frist von drei Monaten von der Befassung des Rates an keinen Beschluß gefaßt, so werden die vorgeschlagenen Maßnahmen von der Kommission erlassen."

[24] § 6 Abs. 2 Satz 2 „**Der Betreiber hat sicherzustellen, daß auch nach einer Betriebseinstellung von der Anlage keine Gefahr für die in § 1 Nr. 1 genannten Rechtsgüter ausgehen können.**"

setzungen oder das Inverkehrbringen, die nach diesem Gesetz anmelde- oder genehmigungspflichtig sind, insoweit keine Anwendung, als es sich um den Schutz vor den spezifischen Gefahren der Gentechnik handelt; Vorschriften über das Inverkehrbringen nach § 2 Nr. 4 zweiter Halbsatz bleiben unberührt.

§ 24
Kosten

(1) Für Amtshandlungen nach diesem Gesetz und den zur Durchführung dieses Gesetzes erlassenen Rechtsvorschriften sind Kosten zu erheben. **Von der Zahlung von Gebühren sind außer den in § 8 Abs. 1 des Verwaltungskostengesetzes bezeichneten Rechtsträgern die als gemeinnützig anerkannten Forschungseinrichtungen befreit.**

(3) … Die Aufwendungen werden im Einzelfall festgesetzt; dabei können nach dem durchschnittlichen Personal- und Sachaufwand ermittelte feste Sätze oder Rahmensätze zugrundegelegt werden.

§ 25
Überwachung, Auskunfts-Duldungspflichten

(1) Die zuständigen Landesbehörden haben die Durchführung dieses Gesetzes … zu überwachen. **[Die zuständige Behörde kann Vertreter des BGA, des UBA und der Bundesanstalt für Arbeitsschutz als Sachverständige beteiligten.]**

§ 26
Behördliche Anordnungen

(1) … Die zuständige Landesbehörde kann den Betrieb einer gentechnischen Anlage, gentechnischer Arbeiten **oder** eine Freisetzung [oder ein Inverkehrbringen] ganz oder teilweise untersagen, wenn … Gründe vorliegen. **Die zuständige Behörde kann ein Inverkehrbringen untersagen, wenn die erforderliche Genehmigung nicht vorliegt. Sie kann ein Inverkehrbringen bis zur Entscheidung der EU-Kommission nach Art. 16 i. V. m. Art. 21[22, 23] der Freisetzungsrichtlinie untersagen, wenn das Ruhen der Genehmigung angeordnet ist oder der begründete Verdacht besteht, daß die Voraussetzungen für das Inverkehrbringen nicht vorliegen.**

[(4) Die zuständige Behörde kann den Vertrieb eines genehmigten inverkehrgebrachten Produktes … ganz oder teilweise untersagen, wenn sie aufgrund neuer Tatsachen oder Beweismittel berechtigten Grund zur Annahme einer Gefahr für die menschliche Gesundheit oder die Umwelt hat]

§ 28
Unterrichtungspflicht

(1) Die zuständigen Behörden unterrichten das BGA unverzüglich über **die im Vollzug des Gesetzes getroffenen Entscheidungen, über sicherheitsrelevante Erkenntnisse,** die ihnen nach § 21 Abs. 3, 4 oder 5[25] angezeigten … sicherheitsrelevanten Vorkommnisse …

---

[25] § 21 Abs. 3 – 5 „(3) Der Betreiber hat der für die Anmeldung, die Genehmigungserteilung und der für die Überwachung zuständigen Behörde unverzüglich jedes Vorkommnis anzuzeigen, das nicht dem erwarteten Verlauf der gentechnischen Arbeit oder der Freisetzung oder des Inverkehrbringens entspricht und bei dem der Bedacht einer Gefährdung der in § 1 Nr. 1 bezeichneten Rechtsgüter besteht. Dabei sind alle für die Sicherheitsbewertung notwendigen Informationen sowie geplante oder getroffene Notfallmaßnahmen mitzuteilen.

(4) Der Betreiber hat nach Abschluß einer Freisetzung dem BGA die Ergebnisse der Freisetzung im Zusammenhang mit der Gefährdung der menschlichen Gesundheit und der Umwelt anzuzeigen. Dabei ist ein geplantes Inverkehrbringen besonders zu berücksichtigen.

(5) Erhält der Betreiber neue Informationen über Risiken für die menschliche Gesundheit oder die Umwelt, so hat er diese der zuständigen Behörde unverzüglich anzuzeigen."

[(2) Die zuständigen Behörden unterrichten das BGA unverzüglich über die im Vollzug des Gesetzes getroffenen Entscheidungen.] Das Bundesgesundheitsamt gibt seine Erkenntnisse, soweit sie für den Gesetzesvollzug von Bedeutung sein könnten, den zuständigen Behörden bekannt.

§ 29
Auswertung **und Bereitstellung** von [sicherheitsrelevanten] Daten

(1) ... **Das BGA kann Daten über Stellungnahmen der Kommission zur Sicherheitseinstufung und zu Sicherheitsmaßnahmen gentechnischer Arbeiten sowie über die von den zuständigen Behörden getroffenen Entscheidungen an die zuständigen Behörden zur Verwendung im Rahmen von Anmelde- und Genehmigungsverfahren übermitteln. Die Empfänger dürfen die übermittelten Daten nur zu dem Zweck verwenden, zu dem sie übermittelt worden sind.**

(1a) **Die Einrichtung eines automatisierten Abrufverfahrens ist zulässig. Das BGA und die zuständigen Behörden legen bei der Einrichtung des automatisierten Abrufverfahrens die Art der zu übermittelnden Daten und die nach § 9 des Bundesdatenschutzgesetzes erforderlichen technischen und organisatorischen Maßnahmen schriftlich fest. Die Einrichtung des automatisierten Abrufverfahrens bedarf der Genehmigung des BMG im Einvernehmen mit dem BMW. Über die Einrichtung des Abrufverfahrens ist der Bundesbeauftragte für den Datenschutz unter Mitteilung der Festlegungen nach Satz 2 zu unterrichten. Die Verantwortung für die Zulässigkeit des einzelnen Abrufs trägt der Empfänger. Das BGA prüft die Zulässigkeit der Abrufe nur, wenn dazu Anlaß besteht. Es hat zu gewährleisten, daß die Übermittlung der Daten festgestellt und überprüft werden kann.**

(2) ... Die Übermittlung von sachbezogenen Erkenntnissen im Sinne des **§ 17 a** [§ 11 Abs. 3)] an die EU-Kommission und Behörden anderer Staaten darf nur erfolgen, wenn Vorkehrungen zum Schutz von Betriebsgeheimnissen getroffen sind, die den entsprechenden Vorschriften im Geltungsbereich dieses Gesetzes gleichwertig sind.

§ 30
Erlaß von Rechtsverordnungen und Verwaltungsvorschriften

(1) Die Bundesregierung bestimmt nach Anhörung der Kommission durch Rechtsverordnung mit Zustimmung des Bundesrates zur Erreichung der in § 1 Nr. 1[26] genannten Zwecke die Verantwortlichkeit sowie die erforderliche Sachkunde des Projektleiters, insbesondere im Hinblick **auf die Notwendigkeit und den Umfang** von nachzuweisenden Kenntnissen in klassischer und molekularer Genetik, von praktischen Erfahrungen im Umgang mit Mikroorganismen und die erforderlichen Kenntnisse einschließlich der arbeitsschutzrechtlichen Bestimmungen über das Arbeiten in einer gentechnischen Anlage.

(2) Die Bundesregierung wird ermächtigt nach Anhörung der Kommission durch Rechtsverordnung mit Zustimmung des Bundesrates zur Erreichung der in § 1 Nr. 1[26] genannten Zwecke zu bestimmen ...

---

[26] § 1 Nr. 1 „Zweck dieses Gesetzes ist Leben und Gesundheit von Menschen, Tieren, Pflanzen sowie die sonstige Umwelt in ihrem Wirkungsgefüge und Sachgüter vor möglichen Gefahren gentechnischer Verfahren und Produkte zu schützen und dem Entstehen solcher Gefahren vorzubeugen."

__9 a.__   __bei welchen Tätigkeiten Beschäftigten nachgehende Untersuchungen ermöglicht werden__
__müssen.__

__16.__   __daß für den Fall eines Unfalls in einer gentechnischen Anlage__

  __a.)__   __die zuständige Behörde auf der Grundlage von vom Betreiber zu liefernden Unter-__
  __lagen außerbetriebliche Notfallpläne zu erstellen, ihre Erstellung und Durchführung__
  __mit den zuständigen Behörden der Mitgliedstaaten der EU oder den anderen Ver-__
  __tragsstaaten des Abkommens über den Europäischen Wirtschaftsraumes, die von__
  __einem Unfall betroffen werden können, abzustimmen sowie die Öffentlichkeit über__
  __Sicherheitsmaßnahmen zu unterrichten.__

  __b.)__   __der Betreiber die Umstände des Unfalls sowie die von ihm getroffenen Maßnahmen__
  __der zuständigen Behörde zu melden,__

  __c.)__   __die zuständige Behörde diese Angaben dem BGA zur Weiterleitung an die EU-Kom-__
  __mission zu melden, die von den Mitgliedstaaten der EU und den anderen Vertrags-__
  __staaten des Abkommens über den Europäischen Wirtschaftsraum benannten Behörden__
  __zu unterrichten, soweit diese Staaten von dem Unfall möglicherweise betroffen sind, und__
  __alle Notfallmaßnahmen und sonstigen erforderlichen Maßnahmen zu treffen__

__hat.__

§ 36
Deckungsvorsorge

(1) Die Bundesregierung wird in einer Rechtsverordnung mit Zustimmung des Bundesrates
bestimmen, daß derjenige, der eine gentechnische Anlage betreibt [__die Betreiber von gentech-__
__nischen Anlagen__], in denen gentechnische Arbeiten der Sicherheitsstufe 2–4 durchgeführt werden sollen oder der Freisetzungen vornimmt, verpflichtet ist, zur Deckung der Schäden Vorsorge zu treffen, die durch Eigenschaften eines Organismus, die auf gentechnische Arbeiten beruhen, verursacht werden (Deckungsvorsorge).

§ 38
Bußgeldvorschriften

(1) Ordnungswidrig handelt, wer vorsätzlich oder fahrlässig

  5.   entgegen § 8 Abs. 2, § 9 Abs. 1 __Satz 1__ oder § 10 Abs. 1 gentechnischen Arbeiten nicht [oder
  nicht rechtzeitig] anmeldet,

  9.   entgegen § 9 Abs. 3, § 21 Abs. 1 Satz 1 __oder__ 2 i. V. m. Satz 1, __Abs. 1 a, 1 b Satz 1__, Abs. __2 i. V. m.__
  __Abs. 1 Satz 1__, Abs. 3, 4 oder 5 eine Anzeige nicht, nicht rechtzeitig oder nicht richtig
  erstattet.

§ 40
__Angleichung an Gemeinschaftsrecht__
__(weggefallen)__

§ 41
Übergangsregelung

(1) Für gentechnische Arbeiten, die bei Inkrafttreten der Vorschriften dieses Gesetzes … in
einem nach den ZKBS-Richtlinien registrierten Genlabor durchgeführt werden durften … gilt
die Anmeldung als erfolgt oder die Genehmigung als erteilt; __für gentechnische Arbeiten in sol-__
__chen Anlagen sind §§ 9 und 10 anwendbar.__

(6) Auf die bis zum 21.12.1993 begonnenen Verfahren finden die Vorschriften des Ersten Gesetzes zur Änderung des Gentechnikgesetzes vom 16. 12. 1993 (BGBl. I S. 2059) keine Anwendung. Dies gilt nicht für § 9 Abs. 2 [27] und § 24 Abs. 1 [28]; Anmeldungen nach § 9 Abs. 1 Satz 2 gelten als Anzeigen nach § 21 Absatz 1 a [29].

§ 41 a
Überleitungsvorschrift aus Anlaß der Herstellung der Einheit Deutschlands
(Entfällt)

§ 42
Anwendbarkeit der Vorschriften über die anderen Vertragsstaaten des Abkommens über den Europäischen Wirtschaftsraum

Bei Inkrafttreten des Abkommens über den Europäischen Wirtschaftsraum gelten die Vorschriften, die eine Beteiligung der Mitgliedstaaten der EU vorsehen, auch für die Beteiligung der anderen Vertragsstaaten des Abkommens über den Europäischen Wirtschaftsraum ab dem 1. Januar 1995.

---

[27] § 9 Abs. 1 Satz 1–2 „Die Durchführung weiterer gentechnischer Arbeiten der Sicherheitsstufen 2, 3 und 4 zu Forschungszwecken ist bei der zuständigen Behörde [spätestens zwei Monate] vor dem beabsichtigten Beginn der Arbeiten anzumelden. **Weitere gentechnische Arbeiten, die**
  1. von einer internationalen Hinterlegungsstelle zum Zwecke der Erfüllung der Erfordernisse nach dem Budapester Vertrag vom 28. April 1977 über die internationale Anerkennung der Hinterlegung von Mikroorganismen für die Zwecke von Patentverfahren (BGBl. 1980 II S. 1104, 1984 II S. 679) oder
  2. auf Veranlassung der zuständigen Behörde zur Untersuchung einer Probe im Rahmen der Überwachung nach § 25,
  durchgeführt werden, bedürfen keiner Anmeldung."

[28] § 24 Abs. 1 „Für Amtshandlungen nach diesem Gesetz und den zur Durchführung dieses Gesetzes erlassenen Rechtsvorschriften sind Kosten zu erheben. **Von der Zahlung von Gebühren sind außer den in § 8 Abs. 1 des Verwaltungskostengesetzes bezeichneten Rechtsträgern die als gemeinnützig anerkannten Forschungseinrichtungen befreit.**"

[29] § 21 Abs. 1 a **„Der Betreiber hat weitere gentechnische Arbeiten, die nach § 9 Abs. 1 Satz 2 Nr. 1 keiner Anmeldung bedürfen, der für die Überwachung zuständigen Behörde unverzüglich anzuzeigen.**"

Advances in Biochemical Engineering/ Biotechnology

vol. 52

A. Fiechter, A. Fiechter (Eds.)

Microbial and Enzymatic Bioproducts

With contributions by **P. Rusin, H.L. Ehrlich, S.Y. Lee, H.N. Chang, S.A. Markov, M.J. Bazin, D.O. Hall, A.L. Gutman, M. Shapira, Y. Inada, A. Matsushima, M. Hiroto, H. Nishimura, Y. Kodera, F. Kawai**

1995. Approx. 200 pp. 85 fig., 36 tabs. Hardcover **DM 185,-**; öS 1350,50; sFr 174,-
ISBN 3-540-59113-3

From the Contents: Developments in Microbial Leaching - Mechanisms of Manganese Solubilization. - Production of Polyhydroxyalkanoic Acid. - The Potential of Using Cyanobacteria in Photobioreactors for Hydrogen Production. - Synthetic Applications of Enzymatic Reactions in Organic Solvents. - Chemical Modification of Proteins with Polyethylene Glycols. - Breakdown of Plastics and Polymers by Microorganisms.

vol. 53

A. Fiechter (Ed.)

Downstream Processing/Biosurfactants/Carotenoids

With contributions by **E. Barzana, R. Freitag, C.G. Horvath, E.A. Johnson, W.A. Schroeder, P.K. Roychoudhury, A. Srivastava, V. Sahai, U.A. Ochsner, T. Hembach, A. Fiechter**

1995. Approx. 185 pp. 47 figs., 24 tabs. Hardcover **DM 158,-**; öS 1232,40; sFr 158,-
ISBN 3-540-59308-X

From the Contents: Gas Phase Biosensors. - Chromatography in the Downstream Processing of Biotechnological Products. - Extractive Bioconversion of Lactic Acid. - Production of Rhamnolipid Biosurfactants Microbial Carotenoids.

Tm.BA95.06.14